D1728143

RENÉ WYNIGER · Insektenzucht

Dr. René Wyniger

Insektenzucht

Methoden der Zucht und Haltung von
Insekten und Milben im Laboratorium

497 biologische und technische Zeichnungen

Verlag Eugen Ulmer Stuttgart

ISBN 3–8001–3100-5

© 1974 Eugen Ulmer, Stuttgart, Gerokstraße 19
Printed in Germany
Einbandtypografie: Alfred Krugmann, Stuttgart
Satz und Druck: Ferdinand Oechelhäuser Druck- und Verlags-GmbH, Kempten
Gebunden bei Karl Dieringer, Stuttgart

Inhaltsverzeichnis

Geleitwort 7

Vorwort 9

Einleitung 11

Voraussetzungen für die Zucht und Haltung von Insekten und Milben

A Lebensräume 13
  1 Aquatische Lebensräume 13
  2 Terrestrische Lebensräume . . . 14

B Fang der Tiere 16
  1 Mechanische Fanggeräte 16
  2 Fallen und Anlockmittel 19
  3 Auslesegeräte 23

C Transport und Einsetzen der Tiere . 25
  1 Transport 25
  2 Um- und Übersetzen (Geräte und Hilfsmittel) 26

D Technische Einrichtungen 27
  1 Zuchträume 27
  2 Zuchtkäfige und Mikroklima . . . 29
    a Konstruktion 30
    b Feuchte Kammern 31

E Fütterungsmethodik 34
  1 Herkunft, Beschaffenheit und Vorsetzen der natürlichen Nährsubstrate 35
  2 Synthetisches und halbsynthetisches Futter 39
    a Herstellung von synthetischen und halbsynthetischen Futtermischungen für beißend-kauende Insekten und Milben 40
    b Herstellung und Verwendung von synthetischen und halbsynthetischen Futtermedien für stechend-saugende Insekten und Milben 43

3 Zusatzfutter 47
4 Tränken 49

F Krankheiten und Schädlinge 51
  1 Zuchthygiene 51
    a Vorbeugende Maßnahmen . . . 51
    b Direkte Maßnahmen 52
  2 Listen der Krankheitserreger, Räuber und Parasiten in Insekten- und Milbenzuchten 57

G Zuchtauslese 62
  1 Selektion 63
  2 Adaption an Futter 63

H Zuchtjournal 64

Die Zucht und Haltung von Insekten und Milben

A Allgemeines über Bauplan und Entwicklung 66
  1 Insekten 66
  2 Milben 84
  3 Bestimmungshilfen für die Ordnungen der Insekten und Milben . 87

B Zuchtmethoden 93

INSEKTEN

Collembola, Springschwänze 94
Protura, Beintastler 95
Diplura, Doppelschwänze 95
Thysanura, Borstenschwänze 96
Ephemeroptera, Eintagsfliegen . . . 97
Plecoptera, Steinfliegen 101
Odonata, Libellen 103
Embiodea, Embien 107
Saltatoria, Schrecken 108
Phasmida, Gespenstschrecken . . . 113
Dermaptera, Ohrwürmer 114

6   Inhaltsverzeichnis

Diploglossata, Doppelzüngler . . . 115
Mantodea, Fangschrecken 115
Blattaria, Schaben 116
Isoptera, Termiten 118
Zoraptera, Bodenläuse 120
Psocoptera, Flechtlinge 121
Phthiraptera, Tierläuse 124
Thysanoptera, Fransenflügler . . . 126
Heteroptera, Wanzen 128
Homoptera, Pflanzensauger 140
Hymenoptera, Hautflügler. 154
Coleoptera, Käfer 173
Strepsiptera, Fächerflügler 212
Megaloptera, Schlammfliegen . . . 213
Raphidides, Kamelhalsfliegen . . . 214
Planipennia, Netzflügler. 215
Mecoptera, Schnabelfliegen 219

Trichoptera, Köcherfliegen 221
Lepidoptera, Schmetterlinge 226
Diptera, Fliegen und Mücken . . . 272
Aphaniptera, Flöhe 312

MILBEN

Mesostigmata 314
Metastigmata, Zecken. 320
Prostigmata mit Wassermilben . . . 324
Cryptostigmata, Horn-Moosmilben . 338
Astigmata (Sarcoptiformes) 344

Literaturverzeichnis 349
Register der wissenschaftlichen Namen . 355
Sachregister, einschl. deutsche Namen. . 362

Geleitwort

Biologen und Physiologen erkannten in den letzten 20 Jahren mehr und mehr, daß Insekten ideale Objekte für die verschiedensten Untersuchungen liefern. Insekten sind verhältnismäßig leicht zu beschaffen und bieten die Möglichkeit zu interessanten Studien, wie z. B.: Metabolismus, Elektrophysiologie der Nerven und Muskeln, Genetik, Entwicklungsmechanismus, physiologisches Verhalten, Verständnis der Ökologie u. a. m. Solche Untersuchungen erfordern ein großes, möglichst einheitliches Insektenmaterial, das vielmals nur durch die Zucht gewährleistet werden kann. Auch Systematiker, Forscher und Insektensammler ergänzen ihre Kenntnisse oft anhand von Zuchten. Die Zucht von Insekten, zum Teil auch von anderen Arthropoden, hat demnach für die verschiedensten Kreise – Wissenschaftler, Praktiker und Hobby-Entomologen – eine mehr oder weniger große Bedeutung erlangt.

Es ist eine eigentümliche Tatsache, daß es, besonders im deutschen Sprachgebiet, wohl viele Lehrbücher über Insektenkunde gibt, hingegen ein zusammenfassendes Werk über Insektenzuchten bis jetzt fehlte. Als sich vor einigen Jahren der Verlag Ulmer bei mir nach einem geeigneten Bearbeiter für ein solches Buch erkundigte, konnte ich dem Wunsch relativ leicht entsprechen, da ich in meinem früheren Mitarbeiter Dr. René Wyniger einen Entomologen kannte, der die besten Voraussetzungen für diese Arbeit besitzt.

Schon als junger Laborant hat Dr. Wyniger in seiner Freizeit die verschiedensten Insekten gesammelt und auch im Laboratorium und im Freien beobachtet. Diese Liebhabereien sollten zu seinem späteren Hauptberuf in der Chemischen Fabrik J. R. Geigy A. G., Basel, werden. Im Frühjahr 1937 fing Dr. Wyniger damit an, Insekten zum Test von neuen Insektiziden zu züchten. Er begann mit einer erfolgreichen Zucht von *Calliphora erythrocephala*, auf die dann als Ersatz bald diejenige der Stubenfliege *(Musca domestica)* folgte, welche bedeutend weniger unangenehm zu züchten war als unsere Fleischfliege. In der Folge verwendete Dr. Wyniger für seine großangelegten Insektenzuchten Kornkäfer, Bohnenkäfer, Mehlmotten, Staubläuse, Küchenschaben usw. Nach und nach legte er auch Zuchten schwierigerer und anspruchsvollerer Insekten an, wie z. B. von *Prodenia litura*, *Plusia gamma*, Apfelwickler, Coloradokäfer, Wanderheuschrecken, verschiedenen Blatt- und Schildläusen, dann auch von Blutsaugern, wie *Aedes aegypti* und Anopheliden, Kleiderläusen, Bettwanzen, *Rhodnius prolixus*, verschiedene Zecken usw. Schließlich begnügte er sich nicht damit, seine Tiere nur zu züchten, sondern er fing an, ihre Lebensweise und Ökologie zu studieren, als Grundlage für eine rationelle Zucht der Testtiere. Die in der Firma Geigy unter seiner Leitung stehenden umfangreichen und vielseitigen Insektenzuchten und Zuchtversuche werden von den zahlreichen Besuchern immer wieder bewundert.

Dr. Wyniger ist ein typischer Selfmademan auf dem weiten Gebiet der Insektenkunde. Seine praktischen und wissenschaftlichen Kenntnisse hat er im Verlauf von über

30 Jahren als Mitarbeiter der Abteilung Schädlingsbekämpfung – Biologie der Chemischen Fabrik J.R. Geigy A.G., Basel, erworben und ausgeweitet. Seit Jahren wirkt er auch als Lehrer für Entomologie und Schädlingsbekämpfung in der Tropenschule des Schweizerischen Tropeninstituts in Basel sowie zeitweise im »Rural Aid Center« in Ifakara in Tansania. Aufgrund seiner Leistungen und Kenntnisse und auch in Würdigung seines 1962 erschienenen Buches »Pests of Crops in Warm Climates and their Control« wurde er von der Naturwissenschaftlich-Philosophischen Fakultät der Universität Basel im Jahre 1963 zum wohlverdienten Dr. h. c. ernannt.

Dr. Wyniger konnte sich bei der Darstellung der vielgestaltigen Sammel- und Zuchtmethoden in dem vorliegenden Buch nicht nur auf seine Laboruntersuchungen, sondern auch auf zahlreiche Exkursionen und Sammelreisen in die nähere und weitere Umgebung von Basel sowie auf seine ausgezeichneten systematischen und biologischen Kenntnisse über alle Gruppen der Insekten und Milben stützen. Durch gründliches Studium der einschlägigen Literatur einschließlich entsprechender Randgebiete versetzte sich Dr. Wyniger in die Lage, die Zuchtmethoden aus dem ganzen Gebiete der Insekten und Milben größtenteils selbst nach- und durchzuarbeiten. Er fand aber auch Methoden, die bisher nicht oder wenig bekannt waren und nun in diesem Buch erstmals bekanntgegeben werden. Interessant und wertvoll sind die wichtigsten Vertreter der Pflanzenschädlinge und der Schädlinge von Mensch und Tier, bei denen die neuesten Zuchtmethoden aufgeführt sind, wie z.B. die Verwendung der halb- und vollsynthetischen Futtergemische. Diese sind besonders für die angewandten Entomologen von großer Bedeutung, weil mit Hilfe der neuen Methoden umfangreiches und dennoch weitgehend standardisiertes Material herangezogen werden kann, das vorher schwer zu beschaffen war. Auch diese Methoden hat der Autor zum großen Teil selbst durchgeführt, erprobt und teilweise auch verbessert.

In dem hier vorliegenden Werk hat Dr. Wyniger in den einleitenden Kapiteln allgemein entomologisch interessante Zusammenfassungen gegeben, die als Grundlagen für die Insekten- und Milbenzucht gedacht sind.

Ich wünsche dem Verfasser für seine große geleistete Arbeit einen vollen Erfolg im Kreise derjenigen, die sich mit der Zucht und Haltung von Insekten oder Milben befassen möchten oder müssen.

Dr. phil. Dr. h. c. Robert Wiesmann †

Vorwort

Frau Bertha Hess, Basel
in Dankbarkeit gewidmet

Das vorliegende Buch wendet sich an Entomologen und Entomophile, an Lehrer, Studenten und Schüler. Es stellt die Methoden für die Zucht oder Haltung einer Vielzahl von Insekten und Milben vor und soll damit praktizierenden Entomologen und Amateurforschern die Arbeit erleichtern helfen. Wenn das Buch auch das Interesse weiterer Kreise und bei Naturfreunden allgemein gewinnt, dann wäre ein zusätzliches Ziel erreicht.

Der Mensch wird heute mehr und mehr als Gegengewicht zur Monotonie des modernen Lebens in der »Stein- und Bodenkultur« auf die Wechselwirkungen zwischen den ungezählten Individuen seiner Umwelt aufmerksam. Daß dabei die Arthropoden, sowohl die nützlichen als auch die schädlichen, eine große Rolle spielen, muß nicht besonders betont werden. Aufgrund des Studiums der Lebensweise und des Verhaltens, das vollständig meist nur bei Zuchten möglich ist, kann der Mensch diese Tiere in ihre Schranken verweisen oder sie sich in irgendeiner Form zunutze machen.

Die beschriebenen Zucht- und Haltungsmethoden fußen größtenteils auf eigener praktischer Erfahrung oder sind an der weit verstreuten Literatur orientiert. Die Reihenfolge der Zuchtdarstellungen ist dabei den entomologischen und akarologischen Systemen angepaßt worden. Eine kurze Beschreibung der Familiencharakteristika von Insekten und Milben orientiert den Leser über die Stellung dieser Tiere im System. Der Orientierungsschlüssel am Anfang des Hauptkapitels erleichtert dem entomologisch und akarologisch weniger Geübten das Zuordnen des Zuchtobjektes zu seiner Ordnung.

Die dem Hauptkapitel vorangehenden Kapitel befassen sich mit den für eine Zucht notwendigen Voraussetzungen. Hier sind zahlreiche Hinweise und technische Einzelheiten, die für den Züchter m. E. von Bedeutung sind, zusammengefaßt.

Ich bin mir bewußt, daß die beschriebenen Zuchtmethoden durchaus nicht immer Anspruch auf Vollständigkeit und Originalität erheben können. Die Beschreibungen wollen auch nur als Leitlinie und Basis verstanden werden. Dem Züchter, vielmehr seinem Einfühlungsvermögen, seiner Beobachtungsgabe, seiner Phantasie und seinem Erfindergeist obliegt es, die Methoden seinen Zwecken bzw. dem Zweck seiner Untersuchungen anzupassen. Für Hinweise auf dabei gewonnene neue Erkenntnisse sowie auf neue, praktikable Zuchtmethoden bin ich jederzeit dankbar.

Die gewünschten Zuchtobjekte beschafft man sich aus dem Freiland im natürlichen Lebensraum, von Zuchtstationen, zoologisch-entomologischen und entomologisch-medizinischen Instituten (Tropeninstituten). Diesbezügliche Hinweise finden sich jeweils im Text oder im Literaturverzeichnis.

An der Ausgestaltung dieses Buches hat Herr Arthur Biedert, Känerkinden, durch das Anfertigen der Zeichnungen maßgeblichen Anteil. Hierfür sage ich ihm herzlichen Dank. Die Zeichnungen wurden entweder in Anlehnung an bereits in der Literatur vorhandene oder nach dem natürlichen Objekt erstellt. Mein weiterer, besonderer Dank gilt der Firma J. R. Geigy A. G. in Basel. Durch die jahrzehntelange berufsmäßige Beschäftigung mit der Zucht und Haltung von Insekten und Milben sowie der Schädlingsbekämpfung war es mir möglich, den Stoff des Buches reichhaltig zu gestalten. Nicht zuletzt war dies durch das mir von Herrn Direktor Dr. Enrico Knüsli entgegengebrachte Verständnis möglich. Ihm sei an dieser Stelle herzlich dafür gedankt. Den Herren Dr. Robert Wiesmann † und Dr. Rudolf Gasser bin ich für anregende Diskussionen und Hinweise dankbar. Ferner hat mir der Besuch verschiedener Institute für angewandte Zoologie und Entomologie im In- und Ausland bei der Lösung verschiedenartigster Zuchtprobleme geholfen. All den Damen und Herren spreche ich hier meinen besten Dank aus. Ich hoffe, mit diesem Buch die nun einmal angeknüpften Beziehungen aufrecht zu erhalten und in der Zukunft noch vertiefen zu können.

Zahlreiche Sammlerkollegen und Mitglieder der Entomologischen Gesellschaft Basel unterstützten mich mit Zuchtmaterial und -beschreibungen. Ihnen allen danke ich für die Unterstützung. Dankbar bin ich weiterhin allen meinen Mitarbeitern für die mir in mannigfacher Weise gewährte Hilfe.

Basel, Herbst 1973   René Wyniger

Einleitung

Insekten und Milben als Glieder des weitaus artenreichsten Tierstammes der Arthropoden zeigen in Größe, Form und Farbe, Lebensart und Lebensweise eine kaum zu überbietende Mannigfaltigkeit. Seit altersher hat es den Menschen gereizt, die Insektenwelt zu erforschen. So lesen wir z. B. in alten chinesischen Überlieferungen von der Seidenraupe, im Alten Testament von der Honigbiene und in alten ägyptischen Schriften über den Pillendreher oder Scarabäus.

Die Angaben in der früheren und neuen entomologischen Literatur fordern eine kurze Begriffserklärung von Zucht, Haltung und Pflege. Die Unterscheidung zwischen Zucht und Haltung einerseits und zwischen Haltung und Pflege andererseits muß in jedem Falle vorgenommen werden.

Die *Zucht* von Insekten, Milben und anderen Arthropoden versteht die kontinuierliche Entwicklung und Fortpflanzung der Individuen einer Art im künstlichen, dem natürlichen Lebensraum weitgehend angepaßten Habitat. Die Zuchtleistung kann anhand verschiedener Faktoren, wie Vermehrungspotenz, Generationenfolge, physiologische Latenzperioden in der Entwicklung, ermittelt werden.

Die *Haltung* von Insekten und Milben und anderen Arthropoden schließt alle Maßnahmen ein, die Individuen einer Art während einem oder mehreren Entwicklungsstadien voll lebensfähig erhalten, und zwar unter künstlichen, dem natürlichen Biotop jedoch weitgehend angepaßten Bedingungen. Der Entwicklungszyklus wird bei der Haltung nicht geschlossen, das heißt, es braucht im Sinne dieser Definition keine Fortpflanzung zu erfolgen.

Unter *Pflege* sind die tägliche oder periodische Fütterung, die Reinhaltung und die Kontrolle einer Insekten- oder Milbenpopulation zu verstehen. Sie ist die Grundlage für die Zucht und Haltung unter künstlichen Bedingungen, kann aber auch im natürlichen Biotop erforderlich werden.

Ökologische und biologische Faktoren einerseits, technische und ökonomische Faktoren andererseits bestimmen die Zucht und Haltung einer Tierart. Viele Tierarten lassen sich ohne Schwierigkeiten an das künstliche Biotop adaptieren. Aufgrund genauer Kenntnisse über die Biologie und die Ökologie in Verbindung mit den zur Verfügung stehenden technischen Mitteln kann die Ein- und Angewöhnung mit verschiedenen Hilfsmitteln unterstützt werden. Die erste Voraussetzung dafür ist die Schaffung der klimatischen Bedingungen, wozu die Wärmestrahlung, die Photoperiode, die Feuchtigkeit zu rechnen sind, unterstützt dann durch die Größe des Lebensraumes, d. h. Zuchtbehältergröße und Zuchtraumgröße, die Qualität, Form und Konsistenz der Nahrung, die Beschaffenheit des Brutsubstrates etc. Das Zuchtgeschehen an sich wird weitgehend von den aus dem natürlichen Biotop in den künstlichen Zuchtraum übertragenen und übertragbaren Bedingungen biologischer und ökologischer Art bestimmt. Diese Bedingungen und ihre Übertragbarkeit entscheiden dann über Haltung oder Zucht.

Unzureichende biologische Bedingungen führen zur Reduktion des Tierbestandes, hervorgerufen z.B. durch Ausbleiben der Fortpflanzung, eine gestörte Entwicklung, sexuelle Passivität oder Sterilität.

Außer den biologischen Faktoren bestimmen auch technische und wirtschaftliche Überlegungen über die Durchführung einer Zucht oder der Haltung. Es ist selbstverständlich, daß die permanente Zucht gegenüber der temporären Haltung einen größeren finanziellen Aufwand erfordert. Die Frage »Zucht oder Haltung« wird ferner von den Aufgaben verschiedenster Wissenschaftszweige bestimmt. Für die meisten wissenschaftlichen Arbeiten müssen *Tiere in jedem Stadium zu jeder Zeit von bestimmtem Alter und Geschlecht in erforderlicher Menge* vorhanden sein. So ist eine Reihe von Entdeckungen in der Zoologie und der Biologie nur aufgrund der Zucht und Haltung von Insekten und Milben möglich gewesen. Physiologische und biochemische Prozesse sowie die Sinnesleistungen jeder einzelnen Tierart können nur am lebenden Objekt studiert werden. In der Genetik wird beispielsweise das Vererbungsgeschehen über einige Generationen hinweg erforscht und beobachtet. Die Cytologie und Histologie finden zahlreiche und wertvolle Objekte unter den Arthropoden, an denen biochemische und physiologisch-morphologische Vorgänge abgeklärt werden können. Für die Chemie und Medizin sind Insekten und Milbenzuchten ein wesentliches Arbeitsinstrument. Die Tiere dienen zur Durchführung weitreichender Untersuchungen, einmal der Auffindung neuer Wirkstoffe, der Er-

mittlung von Nebenwirkungen, dem Nachweis giftiger Rückstände z. B. in Wasser oder auf Nahrungsmitteln, zur Bestimmung des Verschmutzungsgrades der Luft, des Bodens und des Wassers usw. Eine ganz besondere Rolle spielt die Zucht von landwirtschaftlich schädlichen Insekten und Milben. Nur mit Hilfe eines in seiner Entwicklung durch die Zucht genau bekannten Testtieres können biologisch aktive chemische Verbindungen ermittelt, ihre Wirkungsbreite, ihre Spezifität und ihre Nebenwirkungen festgelegt werden. Die Groß- und Massenzucht einer Insekten- oder Milbenart ist schließlich die Voraussetzung für die Durchführung der autoziden oder genetischen Schädlingsbekämpfung. Hierbei werden künstlich gezüchtete Männchen sterilisiert und dann im entsprechenden Gebiet ausgesetzt. Die Eier der von sterilisierten Männchen begatteten Weibchen sind nicht entwicklungsfähig.

Den aufgeführten wissenschaftlichen Arbeiten steht das reine biologische Experiment, wie es von Lehrern als Anschauungsmaterial, vom Studenten als Lernobjekt und vom Entomophilen als Hobby durchgeführt wird, gegenüber. Der seriöse Sammler wird die Zucht seiner Objekte außerdem mit dem Ziel durchführen, einmal die Entwicklung und das Verhalten der von ihm bevorzugten Tierart genau beobachten und andererseits sämtliche Stadien kennenlernen zu können. Dankenswerterweise werden die gezüchteten Individuen von den Sammlern wieder in das Biotop entlassen und tragen somit zur Stärkung der Population bei.

Voraussetzungen für die Zucht und Haltung von Insekten und Milben

A Lebensräume

Jedes Lebewesen ist auf bestimmte Umweltbedingungen angewiesen, die seine Existenz über einen längeren oder kürzeren Zeitraum ermöglichen. Diese Bedingungen sind in dem spezifischen Lebensraum oder Biotop eines Organismus gewährleistet. Bevorzugen mehrere Tierarten den gleichen Lebensraum, so entstehen Lebensgemeinschaften oder Biozönosen, zu denen auch die Pflanzen gehören. Die verschiedenen Ansprüche von Pflanze und Tier prägen den Charakter der verschiedenen Lebensräume im großen Naturgeschehen. In dieser Gemeinschaft beeinflussen sich die einzelnen Organismen gegenseitig in bestimmter Weise.

Es unterliegen nicht alle Glieder den gleichen abiotischen oder biotischen Einflüssen. Alle Organismen dieser Lebensgemeinschaft sind aber dem jahreszeitlichen Wechsel unterworfen. Außerdem sind innerhalb dieser Perioden die einzelnen Organismen in unterschiedlicher Anzahl und Dichte vertreten und einzelne verschwinden zeitweise vollständig. Durch länger andauernde, abiotische oder biotische Einflüsse kann auch eine Sukzession, Veränderung des Biotops und damit der Biozönose hervorgerufen werden. Einzelne Organismen werden sich den veränderten Bedingungen anpassen, andere werden sich ihnen entziehen.

Das zahlenmäßige Auf und Ab von Insekten und Milben in einem Biotop und einer Biozönose wird beispielsweise durch folgende Faktoren bestimmt: das *Mikroklima* (Luftfeuchtigkeit, Temperatur, Licht) der *Witterung*, das *Aufkommen und Absterben der Futterpflanze(n)* oder des *Wirtsorganismus*, die *Futterqualität*, *Parasiten*, *Räuber* und *Antagonisten* (Bakterien, Pilze, Viren) und selbstverständlich durch den Wechsel der einzelnen Entwicklungsstadien. Die Fähigkeit der einzelnen Insekten und Milben, sich wechselnden Umweltbedingungen anzupassen, kurz, das Adaptionsvermögen der Tiere, bilden die ökologischen Grundlagen, die für die Zucht in einem künstlichen Biotop von ausschlaggebender Bedeutung sind.

Der Entomologe und Akarologe unterscheidet den aquatischen und den terrestrischen Lebensraum. Diese lassen sich wieder in kleinere Einheiten oder »spezielle Biotope« unterteilen und stellen die geeigneten Fundorte für die Zuchttiere dar.

1 Aquatische Lebensräume

Ein beträchtlicher Teil unserer Insekten- und Milbenfauna findet sich in den Binnengewässern. Das Meer und sein Brackwasser mit mehr als 5 % Salzgehalt bleibt diesen Tieren als Lebensraum nahezu verschlossen.

Die Binnengewässer, die praktisch nur ca. 2 % der Erdoberfläche bedecken, sind Süßwasseransammlungen. Man unterscheidet stehende und fließende Binnengewässer. Stehende Gewässer werden nach ENGELHARDT als See, Weiher, Teich, Hochmoorweiher, Torfstichweiher und Tümpel unterteilt.

Der *See* ist ein mehr oder weniger großes

Gewässer mit tiefem Wasserraum und daher einer tiefen lichtlosen Region ohne
Pflanzenwuchs. Die Wasserpflanzen sind
auf die Uferregionen beschränkt.

Der *Weiher* ist ein flaches Gewässer (Tiefe
selten mehr als 2–3 m), dessen Wassertiefe
das Pflanzenwachstum auf dem Boden zu-
läßt.

Die *weiherartigen Gewässer*, der Hochmoorweiher und der Torfstichweiher, weisen
eine artenarme Flora und Fauna auf. Die
Torfdecke isoliert das Moor gegenüber
dem Grundwasser, weshalb das Hoch-
moorwasser arm an Sauerstoff, Mineralsalzen, Nährstoffen ist, aber einen hohen
Gehalt an Säuren hat und stark wech-
selnde Temperaturen aufweist.

Der *Teich* ist meist ein künstlich geschaf-
fener Weiher mit einem Zu- und Abfluß.

Ein *Tümpel* ist ein periodisch auftretendes
Gewässer, das nicht dauernd einen Wasserspiegel aufweist. Diese flachgründigen,
meist nicht tiefen Gewässer sind nur wenige Wochen oder Monate vorhanden.
Ohne Wasser sind sie eine schlammüber-
zogene Mulde.

Die Klassifikation der fließenden Gewässer unterscheidet zwischen Strom, Fluß,
Bach, Grundwasser, Thermalquelle, Sik-
kerquelle, Tümpelquelle und Sturz- oder
Sprudelquelle.

Beim *Strom oder Fluß* handelt es sich um
breite bis sehr breite, fließende Wasserläufe.

Als *Bach* bezeichnet man die Wasserläufe,
die maximal 5 m breit sind und von verschiedenen zusammenfließenden Quell-
gewässern gebildet werden.

Das *Grundwasser* in Höhlen, Klüften und
Spalten verschiedener Erdschichten weist
eine weitgehend konstante aber niedrige
Temperatur auf. Es besitzt wegen des
vollständig lichtlosen Bettes keinerlei Fauna. Ernährungsgrundlage für darin lebende Mikroorganismen bilden organische
Bestandteile des Sicker- oder Spülwassers.

Die Temperatur der *Thermalquellen* liegt
deutlich höher als die durchschnittliche
Jahrestemperatur des betreffenden Gebie-
tes.

Sickerquellen sind unterschiedlich starke
Wasserausbrüche aus dem Erdreich an verschiedenen Stellen. Das Quellgebiet ist
meist sumpfig mit freier Wasserfläche.

Von *Tümpelquellen* spricht man, wenn das
aus dem am Grunde einer Mulde liegenden
Quellmund fließende Grundwasser zuerst
die Mulde füllt und erst dann den Quell-
bach bildet.

Bei *Sturz- oder Sprudelquellen* stößt oder
sprudelt das Grundwasser aus dem Erdreich und ergießt sich meist talwärts.

In unseren Gewässern entwickeln sich
bzw. durchlaufen ihre Larvalentwicklung
ca. 8% der einheimischen Insekten. Es be-
trifft dies ca. 1300 Arten (21%) der Zweiflügler, ca. 320 Arten (ca. 4,5%) der Käfer,
alle zur Zeit bekannten 288 Arten der Köcherfliegen, die 80 Libellenarten, ferner
die 112 Arten der Steinfliegen und die 70
Eintagsfliegenarten. Aus der großen Ordnung der Wanzen (*Heteroptera*) gesellen
sich noch ca. 50 Arten (ca. 6%) dazu. Auch
ca. 20 Schmetterlingsarten, Haut und Netzflügler benutzen unsere Gewässer als Lebensraum. Während von den Landmilben
(*Acari*) nur wenige Arten im oder am
Wasser leben, sind die Wassermilben
(*Hydrachnella*) mit ca. 1000 Arten, nur hier
anzutreffen.

2 Terrestrische Lebensräume

Vor allem werden Art und Dichte einer
Pflanzendecke auf dem Festland durch die
chemische und physikalische Beschaffenheit des Bodens und seiner Oberfläche
bestimmt. Wesentliche Faktoren sind dabei der Temperaturwechsel des Bodens
bei unterschiedlicher Sonneneinstrahlung,
die Windstärke und die Niederschlags-
menge.

Starke periodische Schwankungen des Kli-
mas und der Witterung sind verantwortlich
für die Verteilung und das Aufkommen
der Pflanzen.

Die terrestrischen Lebensräume lassen sich
nach GEILER hinsichtlich der pflanzen-
physiologischen und der klimatischen Ge-
sichtspunkte unterteilen.

Lebensräume ohne geschlossene Vegetationsdecke: Hierunter sind kahle oder nur schwach bewachsene Zonen am Strand, Ufer, Gletscher, in Trockenwüsten, auf Dünen, Steilwänden, Geröllhalden des Hochgebirges zu verstehen.

Lebensräume mit Gras-, Kraut- und Zwergstrauchwuchs: Trockengrasfluren, Steppen- und Sandgrasheiden, Hochstauden und Sumpfwiesen, Wiesenmoore, Röhrichte mit tropischen und subtropischen Überschwemmungsgebieten, Kunst- und Naturwiesen, Feldkulturen (Getreide, Hackfrucht, Hülsenfrüchte).

Wälder und Hochstrauchformationen: Laub- und Nadelwälder mit bodenbedeckender Schicht aus Moos, Farnen, Gräsern, Kräutern, Unterholz und Streu.

Die zahllosen und je nach Standort modifizierten und gestalteten Biotope der terrestrischen Lebensräume dienen bei uns als Habitat oder Wohnung für ungefähr:

300 Arten	Urinsekten	(Apterygota)
6 Arten	Ohrwürmer	(Dermaptera)
1 Art	Fangschrecke	(Mantodea)
20 Arten	Schaben	(Blattariae)
85 Arten	Springheuschrecken	(Saltatoria)
100 Arten	Staubläuse	(Psocoptera)
420 Arten	Tierläuse	(Phthiraptera)
90 Arten	Blasenfüße	(Thysanoptera)
750 Arten	Wanzen	(Heteroptera)
1 000 Arten	Pflanzensauger	(Homoptera)
10 000 Arten	Hautflügler	(Hymenoptera)
7 200 Arten	Käfer	(Coleoptera)
8 Arten	Fächerflügler	(Strepsiptera)

12 Arten	Kamelhalsfliegen	(Rhaphidides)
58 Arten	Netzflügler	(Planipennia)
9 Arten	Schnabelfliegen	(Mecoptera)
3 000 Arten	Schmetterlinge	(Lepidoptera)
4 750 Arten	Zweiflügler	(Diptera)
70 Arten	Flöhe	(Aphaniptera)
3 000 Arten	Milben	(Acari)

Die Größe eines Biotops ist nicht begrenzt und wird nur vom Zustand des Nahrungs- und Entwicklungssubstrates bestimmt. Dabei dürfen die biotischen und abiotischen Umwelteinflüsse nicht außer acht gelassen werden. Außer den großen, mit zahlreichen Pflanzengesellschaften bedeckten Biotopen kommen für Insekten aber auch kleine, nur wenige Quadratkilometer große Flächen mit spezifischem Pflanzenbestand als Lebensraum in Betracht. So sind z.B. verrottende Baumstrünke oder Bäume, dichte Moospolster, Kompost oder Waldstreue, Tierkadaver aller Art, einzelne Bäume oder Sträucher oft mit Insekten oder Milben dicht besetzt. Hier findet sich eine Unzahl verschiedener Arten auf kleinem Raum. Viele Schmetterlinge (Wanderfalter), Käfer und Pflanzenläuse bevorzugen dagegen große Flächen, die von verschiedensten Pflanzen dicht bewachsen sind.

Streng biotopgebunden sind die wirtsspezifischen Ekto- oder Außenparasiten verschiedener Tiere, wie z.B. gewisse Läuse, Wanzen oder Federlinge. Eine spezifische Kleinst-Biotopabhängigkeit weisen auch alle die Insekten und Milben auf, die sich nur im Inneren von Pflanzen und Tieren, also im Gewebe, entwickeln.

Die in einem Groß-Biotop vorhandenen kleinen spezifischen Biotope lassen uns nur ahnen, wie differenziert und auch komplex die Zusammenhänge im Naturgeschehen gesehen werden müssen.

B   Fang der Tiere

Die Verschiedenartigkeit der Lebensräume und Entwicklungsstadien von Insekten und Milben bedingt die Anwendung verschiedener Sammel- und Fangmethoden. Tiere, die in dem von einem Züchter zu erreichenden Gebiet nicht zu finden sind, können eventuell von speziellen Zuchtstationen, entomologischen oder entomologisch-medizinischen Instituten angefordert werden.

Für den Fang *flug- und lauffähiger Stadien im gut zu begehenden Biotop* bedient man sich mechanischer Fanggeräte, wie Netze, Kescher, Klopfschirme etc., Fallen oder Fallen mit verschiedenen Ködern. Die nicht mobilen Stadien der in einem solchen Biotop lebenden Insekten und Milben werden hier von den oberirdischen Pflanzenteilen abgesammelt oder aber aus Bodenproben ausgelesen. *Flug- und lauffähige Tiere in einem nicht begehbaren oder schwer zugänglichen Biotop,* wie dichtes Unterholz, Gestrüpp, steile Abhänge etc., werden mit Ködern angelockt und in Fallen gesammelt.

1   Mechanische Fanggeräte

Solche Geräte, die käuflich oder leicht selbst anzufertigen sind, eignen sich für den *direkten Fang* der Tiere im Gelände. Die Wahl des zu verwendenden Gerätes hängt weitgehend ab von der Art und Beschaffenheit und dem Verhalten des Insektes sowie dessen Aufenthaltsort.

Schmetterlingsnetz: Das eigentliche Netz besteht aus sehr feinmaschigem Tüll (Nylontüll) und wird auf einen Metallbügel aufgezogen (vgl. Abb. 1). Dieser Bügel steckt auf einem mehr oder weniger langen Stiel. Bügel und Stiel sollten zusammenlegbar sein, da der Transport dieses recht sperrigen Gerätes oft schwierig ist. Die im Handel erhältlichen Netze sind durchaus zu empfehlen.

Die Handhabung des Netzes erfordert einige Übung. Befinden sich Insekten im Netz, schlägt man es vorsichtig auf den Bügel. Die eingefangenen Tiere sollen möglichst bald in ihrer Größe entsprechende vorbereitete Fanggläser umgesetzt werden.

Kescher (Schlagnetz, Streifsack, Kätscher): Der Kescher (Abb. 1) ist im Prinzip wie das Schmetterlingsnetz gebaut, nur besteht er aus einem dichtgewobenen strapazierfähigen Baumwoll- oder Leinensack. Während man langsam vorwärts geht, zieht man den Kescher mit der Öffnung nach unten über und zwischen den Pflanzen hin und her. Dabei muß darauf geachtet werden, daß er nicht zu schnell bewegt wird, da sonst die in den Sack hineingefallenen Tiere wieder herausfallen würden. Außerdem darf an den Pflanzen kein Schaden angerichtet werden.

Die besten Fangergebnisse erzielt man am frühen Morgen oder bei Einbruch der Dunkelheit (Dämmerung), zu Tageszeiten also, bei denen durch abnehmende Temperatur und Lichtintensität die Lebensgeister der Insekten reduziert sind.

Abb. 1. Kescher.

Klopfschirm: Flugunfähige oder wenig flugfreudige Insekten auf Bäumen und Sträuchern (Unterholz, Waldränder, Hekken) fängt man mit dem Klopfschirm. Dieser besteht aus einem 1 × 1 m großen Stück festem Leinen- oder Baumwollstoff, dessen 4 Ecken auf der einen Seite durch Kappen verstärkt sind, in die man die Enden eines Holzkreuzes steckt (Abb. 2). Der Schirm wird im Mittelpunkt des Holzkreuzes (Verstärkung) festgehalten und in oder unter das Laubwerk, das mit einer Rute beklopft wird, gehalten. Die herunterfallenden Tiere können alsdann mühelos eingesammelt und in die vorbereiteten Gefäße umgesetzt werden.

Den gleichen Zweck erfüllt auch ein aufgespannter, nach unten gehaltener Regenschirm.

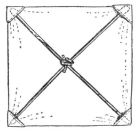

Abb. 2. Klopfschirm.

Schnürsack: Mit dem Schnürsack fängt man behende hüpfende oder springende Insekten, wie Zikaden, Blattsauger, Blattflöhe, Mottenschildläuse etc.

Im Prinzip ist der Schnürsack ähnlich wie das Schmetterlingsnetz gebaut. Über einen 5 cm breiten Metallreifen (Durchmesser ca. 20–30 cm) mit seitlichem Ansatzstutzen für einen Stiel wird ein Plastikbeutel gestreift und dieser mit einem Gummiband befestigt (Abb. 3a). Der Schnürsack wird

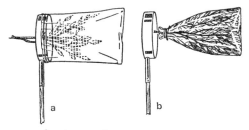

Abb. 3. Schnürsack.

dann vorsichtig, aber sehr rasch über den mit den gesuchten Tieren besetzten Ast gestülpt. Sowie die Spitzen des Astes an den Boden des Beutels stoßen, zieht sich der Beutel zusammen mit dem Gummiband vom Metallring ab. Durch das Gummiband wird der Beutel um den Ast herum dicht verschlossen (Abb. 3b). Der Ast wird dann hinter dem Sack abgeschnitten und transportiert. So bleiben die Insekten auf ihrer Nahrung und sind außerdem noch

von einem sie schützenden Luftkissen umgeben. Sie werden umgesetzt, indem man den Beutel in den Zuchtkäfig legt und öffnet oder indem man die Tiere vorher durch Einstellen in den Kühlraum oder mit CO_2 inaktiviert.

Schlepptuch: Für das Schlepptuch (Abb. 4) kommt nur dichtgewobenes Textilmaterial mit rauher Oberfläche, wie Wollflanell oder Filz, in Betracht. Das 20 × 100 cm große Tuch wird mit einer Schmalseite an einem ca. 1 m langen Stock befestigt und langsam über eine Distanz von 10–20 m über den Boden (Grasnarbe, Waldboden, unter Sträuchern und Büschen) gezogen. Die sich festhaltenden Spinnentiere (Zecken und Milben) werden dann mit einem feuchten Pinsel abgesammelt und in die vorbereiteten Transportgefäße umgesetzt (Abb. 22).

Abb. 4. Schlepptuch.

Bodensieb: Das Bodensieb wird zum Einfangen oder Separieren der in der Bodenstreu lebenden Insekten verwendet. Das Gerät besteht aus zwei ca. 30 cm ∅ aufweisenden Sieben mit seitlichem Griff (Maschenweite 10 mm), die im Abstand von 25 cm in einen ca. 75 cm langen und 30 cm weiten Stoffschlauch aus dichtem Gewebe

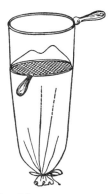

Abb. 5. Bodensieb.

(Baumwolldrell etc.) eingenäht sind. Die Griffe der beiden Siebe sind um 90° gegeneinander verschoben (Abb. 5).

Vor dem Gebrauch wird der Schlauch unten zugebunden. Das mit Insekten durchsetzte Material (Bodenstreu, Borken, Blattstreu, Nadeln) gibt man auf das obere Sieb und schüttelt dann beide Siebe gleichzeitig (mit beiden Händen). Die Insekten fallen durch die Siebe und können unten aus dem Sack entnommen werden.

Wassernetz: Zum Fang von Wasserinsekten sind strapazierfähige Metallgazenetze empfehlenswert, deren Maschenweite von der Größe der einzufangenden Tiere abhängig ist. Um auch aus tieferen Gewässern Tiere fischen oder Proben der Bodenbedeckung entnehmen zu können, sind Netze mit langen Stielen erforderlich. Zusammenlegbare Stockstücke und ein Netz, dessen Bügel einen Durchmesser von 25–30 cm aufweist, sind gut zu transportieren und nehmen nicht viel Platz ein. Das Netz soll nicht spitz auslaufen, sondern breit und abgerundet sein und eine Tiefe von 20–30 cm aufweisen (Abb. 6).

Abb. 6. Wassernetz.

Planktonnetz: Das im Handel erhältliche Planktonnetz (Abb. 7) eignet sich für den Fang von Wassermilben und anderen Wasser-Kleininsekten. Der an dem spitzen Ende angebrachte Metallzylinder sollte möglichst groß sein und, um eine möglichst große Ausbeute zu gewährleisten, einen

aus Metallgaze bestehenden Boden (Maschenweite 10–20 μm) aufweisen.

Abb. 7. Planktonnetz.

Saugrohr (Exhaustor): Kleinste Insekten oder Milben werden am besten mit einem Saugrohr oder Exhaustor (Abb. 8) gefangen bzw. aufgenommen und umgesetzt. Solche Exhaustoren sind mit einfachen Mitteln herzustellen.

Ein ca. 20–30 cm langes, lötrohrartig gebogenes Glasrohr wird unmittelbar unter dem oberen Ende zylindrisch ausgeblasen. In diese Erweiterung füllt man lockere Watte ein. Auf das Rohr wird dann ein mit Mundstück versehener Schlauch gesetzt. Durch kurzes, ruckweises Saugen werden die Tierchen angesaugt und in der Watte aufgefangen. Mit Blasen stößt man die Insekten wieder aus bzw. in das vorgesehene Gefäß.

Die im Handel befindlichen Sauggeräte (Abb. 9a + b) bestehen aus einem durchsichtigen Zylinder, der auf beiden Seiten mit Korken verschlossen ist. An einem Ende steckt ein Fangrohr im Korken, am anderen entweder ein Saug- oder Blasrohr mit Schlauch und Mundstück. Das Blasrohr (Abb. 9a) ist im Gegensatz zum Saug-

Abb. 8. Exhaustor.

rohr (Abb. 9b) unmittelbar über dem Korken gegabelt. Die eingeblasene Luft entweicht unmittelbar wieder aus dem Zylinder und erzeugt in diesem ein Vakuum, wodurch die Tierchen hineingezogen werden. Die Tiere können aber auch mit einem feinen Haarpinsel umgesetzt werden. Einzelne sehr kleine oder sehr empfindliche Insekten oder Milben setzt man mit einem Pferdehaar, das in ein kleines Glasröhrchen eingeklebt ist, um (Abb. 26).

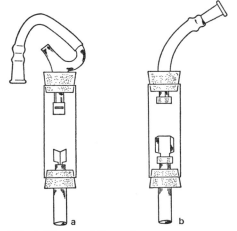

Abb. 9. Blas- und Saugexhaustor.

2 Fallen und Anlockmittel

Mit Hilfe von verschiedenartigen Fallen und Anlockmitteln oder Ködern können Insekten und Milben an eine bestimmte, leicht zu kontrollierende Stelle gelockt und dort gefangen bzw. eingesammelt werden. Der hochempfindliche Geruchs-, Geschmacks- und/oder Lichtsinn der Tiere ermöglicht ihren Fang mit geruchs-, geschmacks- oder optisch-attraktiven Ködern oder Anlockmitteln, wie z.B. gärende Substanzen (Früchte), Kadaver, Exkremente, frisch geschnittene Pflanzenteile, verschiedene Farben des Spektrums.
Verstecke: Gute und ausgiebige Fangstellen für besonders nachts aktive Arthropoden bilden sonnengeschützt ausgelegte nasse oder feuchte Tücher, Zeitungen, Jutesäcke, Bretter und dergleichen. Durch

das Abdecken dieser feuchten Materialien mit einer Plastikfolie wird die Feuchtigkeit erhalten und die Fängigkeit der Falle verlängert und verbessert.
Fanggürtel: Insekten, deren Biotop oder Überwinterungsort die Baumrinde ist, können mit dem Fanggürtel eingefangen werden. Der Gürtel besteht aus einem ca. 20 cm breiten Wellpappeband, dessen oberen Rand man ca. 5 cm nach innen einbiegt. Das Band wird in Kniehöhe mit den Rillen nach innen auf den Stamm aufgelegt, mit Wachstuch oder Plastik genau seiner Grösse entsprechend abgedeckt und mit einer Schnur fest umgebunden (Schlingknoten; Abb. 10). Weisen die Baumstämme eine grobe oder mit tiefen Längsrissen versehene Borke auf, so muß diese mit streichbarem Lehm egalisiert werden. Der Gürtel muß der Borke möglichst dicht anliegen.
Die Fanggürtel werden im Frühsommer angebracht und spätestens nach dem ersten Frost abgenommen. Bei den Kontrollen in 1-, 2- oder 4wöchigem Abstand werden die Gürtel abgehoben und die darunter auf der Borke oder in den Rillen sitzenden, meist flugunfähigen Insekten und andere Tiere abgesammelt. Werden die Gürtel durch neue ersetzt, so kann man die Tiere in ihren Schlupfwinkeln belassen und sie erst zu Hause aussammeln. Die mit Tieren besetzten Fanggürtel können längere Zeit im Kühlraum bei 2–4 °C gelagert werden.

Abb. 10. Fanggürtel.

Gürtelbarriere: Diese Barriere hält flugunfähige, die Baumstämme aufwärtskletternde Insekten, wie Frostspannerweibchen, Schmetterlingsraupen und andere Arthropoden, auf. Die Barriere besteht aus ca. 10 cm breiter, dicker Aluminiumfolie, die um den vorher »egalisierten« Baumstamm gelegt und mit Schnur befestigt wird. Dann stellt man den unteren Teil des Streifens hoch und schneidet ihn alle 2–3 cm ca. 3 cm tief ein (Abb.11). Es entsteht um den Baumstamm herum ein Aluminiumkragen. Die am Klettern gehinderten Tiere werden täglich in den frühen Morgenstunden unter der Barriere abgesammelt, und zwar noch bevor die Vögel fliegen. Überspannt man die Barriere mit Rebgaze oder Metallgaze, so können Verluste durch Vogelfraß weitgehend vermieden werden.

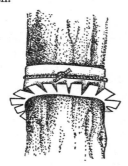

Abb. 11. Gürtelbarriere.

Erdfallen: Insekten, die besonders nachts auf dem Erdboden auf Nahrungssuche gehen, werden mit Erdfallen (Abb. 12) eingefangen. Für solche Fallen eignen sich Konservenbüchsen und Blumentöpfe, die so eingegraben werden, daß der Gefäßrand mit dem Boden bündig ist. Der Gefäßboden wird mit kleinen Löchern versehen, um eindringendes Regenwasser abfließen zu lassen. In den Behälter legt man einen Köder, beispielsweise tote Mäuse, Fleisch, Käse oder Fruchtstücke, und deckt ihn mit feinmaschiger Metallgaze ab. Hierdurch soll das Ankleben der gefangenen Tiere an den Köder verhindert werden. Über die Falle legt man einen flachen Stein oder ein

Holzbrett so, daß zwischen Fallenrand und Abdeckung ein ca. 2–3 cm großer Spalt bleibt, durch den die Tiere hineinschlüpfen können.

Abb. 12. Erdfalle.

Wegen des bei Insekten mit solcher Lebensweise häufig auftretenden Kannibalismus müssen die Fallen täglich auf eingefangene Tiere untersucht werden.

Nach dem gleichen Prinzip arbeitet die Kisselsche Rüsselkäferfalle (Abb. 13). Ihre Größe und das als Köder eingelegte Material bestimmen ihre Kapazität. Die Falle ist zum Fang vieler und verschiedenster Insekten und Milben geeignet. Sie besteht aus einem Gefäß mit Deckel. Das Gefäß wird so in die Erde eingegraben, daß die obere Fläche des Deckels mit den umliegenden Humusschichten gleichsteht. Der Deckel hat auf seiner Unterseite einige Rippen, die dem oberen Rand des Gefäßes aufliegen und den Tieren den Eintritt gestatten. Der oben weiter ausgegrabene Raum um das Gefäß wird mit Erde oder Humus locker 2–3 cm unter den oberen Gefäßrand aufgefüllt. Der Raum zwischen der äußeren Seite des Deckels und den oberen Humusschichten soll etwa 0,5–1

Abb. 13. Kisselsche Rüsselkäferfalle.

cm betragen. Der obere, nach innen abgerundete Rand des Gefäßes wird mit Talkum bepudert. Dadurch verliert sich die Griffigkeit, und das Entweichen der Tiere wird verhindert. Auf den Boden des Gefäßes kommt das Ködermaterial zu liegen.

Baumfalle: Während der Sommermonate besonders Baumkronen befliegende Insekten, wie z.B. Rosenkäfer, Bockkäfer, Wespen u.a., können mit einer sog. Baumfalle (Abb.14a) gefangen werden. Die Falle besteht aus einem Glas- oder Metallgefäß mit einem Bügel, an dem es aufgehängt werden kann. Das Gefäß wird mit gärendem Apfelsaft oder sonstigem Fruchtsaft, Honigwasser oder auch einem festen Köder beschickt. Der Köder wird mit feiner Metallgaze sorgfältig abgedeckt. In die Öffnung des Gefäßes setzt man einen genau passenden Metall- oder Glastrichter ein. Die anfliegenden Tiere rutschen entlang der Trichterwandung in den Käfig und bleiben auf der Metallgaze oder Plastikgaze sitzen.

Die Falle kann an einer Astgabel aufgehängt werden oder man kann sie an einer langen Schnur, die man über einen Ast zieht, in die Baumkronen hinaufziehen und dann befestigen (Abb.14b).

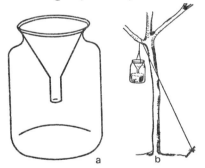

Abb. 14. Baumfalle.

Kletterfalle: Für das Einfangen von Insekten, die in Lagerhäusern, Mühlen etc. leben, ist die Kletterfalle besonders geeignet. Gläser oder Blechbüchsen, die mit Jute oder Sackleinen umspannt werden (Abb.15), beschickt man mit geräuchertem Fleisch, Fisch etc. und einem angefeuchte-

ten Wattebausch. Die Innenwände des Gefäßes werden sorgfältig mit Talkum eingestreut. Küchenschaben, Heimchen, Silberfischen etc. klettern an der Bespannung hinauf und fallen dann in den Behälter, aus dem sie bei der täglichen Kontrolle leicht eingesammelt werden können.

Abb. 15. Kletterfalle.

Reusenfalle: Die Reusenfalle (Abb.16) besteht aus einem Glas- oder Blechzylinder, dessen obere und untere Öffnung mit einem gut schließenden Korken verschlossen sind. Jeder Korken weist eine 8–10 mm große Bohrung auf, in die je ein ca. 7 cm langes Glasrohr gesteckt wird. Das Glasrohr muß mindestens 4–5 cm in den Zylinder hineinragen und bündig mit dem äußerlich trichterförmig ausgehöhlten Korken sein. In den Zylinder legt man auf einem Stückchen feuchter Watte oder Schwamm stark riechendes Fleisch, Käse, Fisch oder ähnliches aus. Z.B. Küchenschaben gelangen durch das Rohr in die Falle, finden aber dann den Ausgang nicht mehr. Bei der täglichen Kontrolle werden die gefangenen Tiere entnommen.

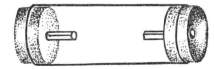

Abb. 16. Reusenfalle.

Fang- oder Köderkasten: Zum Einfangen von Fliegen und anderen Fluginsekten verwendet man den in Abb.17 dargestellten Fangkasten. Dieser besteht aus einem Holzrahmen, auf den als Rückwand und Decke Glasplatten befestigt werden.

Die Schmalseiten bestehen aus Holzplatten, in die je ein Glas- oder Plastiktrichter eingelassen ist. Die Vorderwand besteht zur Hälfte aus einer Glasplatte, zur anderen aus einem Gazeschlupfarm. In den Kasten wird je nach Art der zu fangenden Fluginsekten der entsprechende Köder ausgelegt, und der Kasten wird dann im entsprechenden Biotop aufgestellt. Innerhalb kurzer Zeit sammeln sich die Insekten, die durch die Trichter eindringen aber nicht mehr hinaus können, in dem Kasten und können mit Hilfe von Glastuben umgesetzt werden.

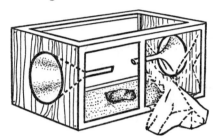

Abb. 17. Fangkasten.

Streichköder: Das Anbringen von Ködern verschiedener Zusammensetzung ist eine alte Methode und bringt unter günstigen klimatischen Bedingungen gute Fangergebnisse. Die aus gärenden oder vergorenen Pflanzensäften oder verwesenden Stoffen bestehenden Köder werden auf Schnüre, Stoffstücke, Papierbänder, Holzstücke direkt auf die Baumrinde oder die Oberfläche anderer Objekte im Freien vor Einbruch der Dämmerung aufgestrichen. Die verschiedensten Insekten, wie z. B. Eulenfalter, Laufkäfer, Ameisen und viele andere Arten können oft schon nach kurzer Zeit im Schein einer Taschenlampe eingesammelt werden. Selbstverständlich lassen sich solche Köder auch zum Einfangen der Insekten bei Tag verwenden. Andere wirksame Lockmittel bestehen aus attraktiven Teilen der jeweiligen Futterpflanzen. So finden sich am frühen Morgen und am Abend an zuvor ausgelegten Weizenblätterbüscheln zahlreiche Schnellkäfer und Rüsselkäfer verschiedenster Arten, an

kurzgeschnittenen Zweigstücken von Pappeln Vertreter zahlreicher Bockkäfer, an Büscheln von Luzerne (Luzerneblüten) Wanzen und Rüsselkäfer. Ausgelegte Exkremente verschiedenster Huftiere bilden ebenfalls äußerst attraktive Köder für zahlreiche Fliegenarten, Käfer, Milben und andere Arthropoden. Gleiche Wirkung erzielen wir mit dem Auslegen von Kadavern.

Optische Köder für Tagfang: Zum Einfangen von Insekten während des Tages kann man sich optischer Köder, das heißt verschiedenfarbiger Fallen bedienen. So können Blattläuse und zahlreiche Blattsauger, Wanzenarten und Käferarten sowie viele Fliegen und Schmetterlinge durch gelbe Köder angelockt werden. Hierzu streicht man Pappe mit gelber Farbe an und stellt darauf eine mit Talkum ausgepuderte Kristallisierschale. Nach einiger Zeit kann man eine große Anzahl eingeflogener Tiere einsammeln. Besonders gut eignen sich Einmachgläser mit lose aufgesetztem Trichter. Die Innenwand des Trichters wird mit Talkum eingepudert, wodurch auch hier das Entweichen der Tiere weitgehend verhindert wird.

Anstelle von Glasschalen können auch mit Honigwasser besprühte künstliche Blumen (vgl. Abb.51) verschiedener Farben verwendet werden. Diese stellt man dann an einer weithin sichtbaren Stelle im entsprechenden Biotop auf. Auf diese Weise kann man schwer fangbare Insekten anlocken. Optische Köder ergeben erfahrungsgemäß die besten Ausbeuten an sonnigen Tagen. Auch Bremsen lassen sich an sonnigen Sommertagen sehr leicht anlocken mit dunkeln, möglichst schwarzen Tüchern oder einem Regenschirm, die man rhythmisch bewegt. Die anfliegenden und sofort Stichversuche ausführenden Bremsen können sodann leicht mit Glastuben überdeckt und gefangen werden.

Optische Köder für Nacht- oder Lichtfang: Zahlreiche Insektenarten, besonders die Nachtfalter und viele Kleinschmetterlinge können mit Licht angelockt werden.

Als Lichtquellen dienen Gasdrucklampen oder elektrische Glühlampen, wie Mischlichtglühlampen, Quecksilberdampflampen und -röhren, und superaktinische Leuchtstofflampen. Mit diesen Lampen wird bei Außentemperaturen über 14 °C bei einbrechender Dämmerung und während der Nacht eine weiße, stark reflektierende Fläche, z.B. eine weißgestrichene Hauswand oder ein gespanntes, weißes Leintuch, angestrahlt. Wie Abb. 18 zeigt, kann eine solche Lampe auch innerhalb eines strumpfförmig aufgehängten, weißen Sackes montiert werden. Die Insekten setzen sich auf die beleuchtete Fläche und können von dort mit geeigneten Gläsern eingefangen werden.

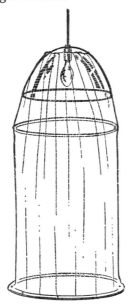

Abb. 18. Von innen durchstrahlter Sack für den Lichtfang.

Eine andere Methode verwendet einen sog. Lichtfangkäfig. Hierfür benötigt man einen 2 m hohen und ca. 1 m breiten und tiefen Gazekäfig mit massiver Decke und Boden. In einer Seitenwand ist eine Tür eingearbeitet. Die Lichtquelle wird auf dem Käfig und über einem Trichter montiert (Abb. 19).

Bei der Verwendung von Leuchtstofflampen als Lichtquelle stellt man diese senkrecht und im Zentrum von vier hochstehenden und jeweils im Winkel von 90° abstehenden Blechplatten über den Trichter (Abb. 19). Die das Licht anfliegenden Tiere rutschen an den glatten Blechplatten in den Trichter und von dort in den Käfig. Die während der Nacht eingeflogenen Insekten können dann am Tag verlesen und umgesetzt werden.

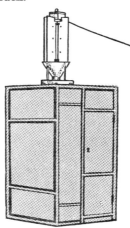

Abb. 19. Lichtfangkäfig.

3 Auslesegeräte

Die Gewinnung und Aussortierung kleiner Arthropoden aus Erdproben, Futtersubstraten etc. erfolgt mit sog. Auslesegeräten. Ihre Anwendung ist einfach und zeitsparend und ermöglicht die gleichzeitige Verarbeitung auch großer und verschiedenartiger Proben.

Separiertüte: Eine aus dickem Packpapier bestehende Tüte (Abb. 20) ist in der Mitte auf einer Breitseite mit einem großen Loch versehen, in das ein passendes Plastikrohr eingeklebt wird. Das Rohr ist nach innen offen und wird außen mit einem gut sitzenden Korken oder Schnappdeckel verschlossen. Eingesammelte Bodenstreu, Laub, Nadeln und Blätter sowie Erde, Samen oder Blüten, werden als 5–10 cm hohe Schicht in die Tüte gefüllt. Für die eventuell nötige Feuchtigkeit sorgen einige dazwischen gelegte Streifen feuchten Filterpapiers oder Schwammstückchen. Die in dem eingesammelten Material sitzenden Insekten, besonders die phototaktisch positiven, sammeln sich nach einer gewissen Zeit in der Plastiktube und können von dort aus in die Zuchtkäfige umgesetzt werden. Besonders gut lassen sich auf diese Weise Schlupfwespen und Gallwespen separieren.

Abb. 20. Separiertüte.

Für den Fang kleiner Bodeninsekten und Milben verwendet man am besten den von BERLESE konstruierten Ausleseapparat (Abb. 21).

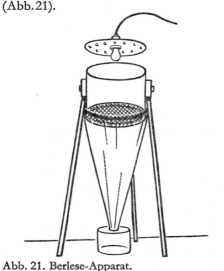

Abb. 21. Berlese-Apparat.

Ein zylindrischer Behälter, dessen Boden aus Metallgaze besteht (Maschenweite 5–7 mm), ist nahtlos auf einen Trichter aufgesetzt, der in ein Sammelgefäß, z. B. ein Einmachglas oder eine Weithalsflasche, mündet.

Das mit Insekten besetzte Material wird bis zu 5 cm hoch auf dem Gazesieb ausgebreitet. Anschließend erwärmt man das Material von oben her vorsichtig und langsam mit einer Glühbirne. Die nach unten fortschreitende Austrocknung des Materials bewirkt, daß die Tiere der Feuchtigkeit nachwandern und schließlich aus dem Trichter fallen. Um danach ein Abwandern der Tiere aus dem Sammelgefäß zu verhindern, werden die Wände der Sammelgefäße mit Talkum eingerieben. Außerdem hat es sich bewährt, etwas zerknülltes Filterpapier als Versteckmöglichkeit für die gefangenen Tiere in das Sammelgefäß einzulegen.

Wesentlich für die Benutzung dieses Gerätes ist, daß das eingestreute Material möglichst vorsichtig und langsam getrocknet wird. Ist dies nicht der Fall, so verlieren die Tiere die Ausweichmöglichkeiten und sterben.

Ausspülen: Für die Beschaffung von standortgebundenen Insektenstadien, wie z. B. den Eiern und Puppen in der Erde oder auf dem entsprechenden Futtersubstrat, muß das eingesammelte Material gesiebt oder gewässert werden. Die Ausbeute beim Aussieben wird weitgehend durch die richtige Wahl der Siebmaschenweite bestimmt. Das Ausspülen mit Wasser ist eine einfache und zeitsparende Methode. Das eingesammelte Material wird portionenweise in eine mit Wasser gefüllte Schüssel gegeben und mehrmals gut durchgerührt. Die spezifisch leichten Puppen und Eier schwimmen an der Wasseroberfläche, wo sie mit einem Sieb oder Kescher abgefischt werden können. Um das spezifische Gewicht des Wassers zu erhöhen und somit den Unterschied zwischen dem der Puppen zu vergrößern, kann man dem Wasser 5–10% Kochsalz zusetzen. Anschließend müssen jedoch die Objekte nochmals gut in Leitungswasser gespült werden.

C Transport und Einsetzen der Tiere

1 Transport

Der Transport lebender Insekten und anderer Klein-Arthropoden vom Fundort zum Zuchtkasten läßt sich bei Beachtung verschiedener Vorsichtsmaßnahmen leicht und ohne Verluste durchführen.

In erster Linie ist dafür zu sorgen, daß die zum Transport benutzten Behälter Poren, Spalten oder andere Öffnungen aufweisen, die eine Zirkulation der Luft im Inneren ermöglichen. Weiterhin muß für eine genügend hohe Luftfeuchtigkeit gesorgt werden. Hierzu wird der Behälter mit angefeuchtetem saugfähigem Material ausgekleidet oder ausgelegt. Man verwendet beispielsweise: Zonolith, Watte, Filterpapier, Zeitungspapier, Erde, Moos oder Laub, etc. Die Größe der Transportbehälter muß den Transportmöglichkeiten angepaßt in jedem Falle aber so gewählt werden, daß den Tieren das Maximum an Bewegungsfreiheit erlaubt ist. Für den Transport verschiedener Tiere in verschiedenen Entwicklungsstadien über kurze und lange Strecken innerhalb kurzer Zeit eignen sich Plastikbeutel unterschiedlicher Größe, z.B. mit 1–5 Litern Inhalt. Die Beutel werden mit dem Tiermaterial und Futtersubstrat nur zur Hälfte gefüllt, dann so zugebunden, daß sich aus dem Beutel durch die eingeschlossene Luft ein Kissen bildet (Einschlagen des oberen Randes und Zubinden mit Gummiband). So gefüllte Beutel können ohne weiteres übereinandergeschichtet werden. Das Tiermaterial wird nicht gedrückt oder gequetscht.

Kannibalische Insekten, wie z.B. Laufkäfer, Libellen, Grillen, Spinnen u.a., sind möglichst einzeln zu transportieren. Man verwendet hierfür am besten Reagenzgläser, Kochgläser, Tablettenröhrchen, kleine Flaschen, etc., die mit einem Wattepfropfen verschlossen, dann in einem Sammelbehälter transportiert werden können. Große Sammelbehälter, gefüllt mit zerknülltem Zeitungs- oder Filterpapier, können nur für einfachere Transporte über kurze Strecken verwendet werden. Das zerknüllte Papier bietet den Tieren genügend Versteckmöglichkeiten und schützt sie somit vor gegenseitigen Angriffen. Weiterhin werden sie vor gegenseitiger Verunreinigung geschützt. Besondere Sorgfalt erfordert der Transport wasserbewohnender Insekten und deren Larven. Diese Tiere sind außerordentlich kannibalisch. Kleine Larven von Libellen, Gelbrandkäfern etc. werden in großen Behältern mit wenig Wasser aber vielen Wasserpflanzen transportiert. Große Larven dagegen müssen einzeln in kleine Behälter (s. oben) eingesetzt werden. Bei kurzfristigen Transporten erübrigt es sich, die Tiere noch besonders zu füttern. Bei empfindlichen Insekten ist es ratsam, etwas Zucker- oder Honigwasser auf Watte in einem Tablettenröhrchen (s. Seite 49, Abb.50a) in die Transportbehälter zu stellen oder zu hängen.

Transportkäfige, wie sie durch Abb.22 dargestellt werden, bieten den Tieren Luft, Feuchtigkeit und Futter. Der Boden dieser

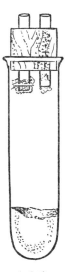

Abb. 22. Transportbehälter.

Gefäße wird mit Gips ausgegossen, der nach dem Trocknen und Härten mit Wasser befeuchtet wird. In dem Verschlußkorken dient das eine mit Gaze zu verschließende Glasröhrchen der Frischluftzufuhr, das andere enthält das Futter. Anstelle von Gips kann 2–3%ige Agar-Lösung, der die Futterstoffe, wie Zucker, Blut, Preßsaft etc., beigemischt werden, als Spender für Feuchtigkeit und Futter verwendet werden.
Mit Abb. 23 ist ein noch einfacherer Transporttubus für kleine Insekten, Eier und Milben, dargestellt.
Er besteht aus einem Stück dickwandigem, druckfestem Plastikschlauch. Die als Verschluß dienenden Wattetampons werden befeuchtet bzw. mit Futterlösung getränkt.

Abb. 23. Einfacher Transporttubus.

Beim *Versand* lebender Insekten und Milben sind einige Hinweise zu beachten. Das stets als Expreßgut zu versendende und extra mit »lebendem Tiermaterial« zu bezeichnende Versandgut sollte immer auf dem kürzesten zur Verfügung stehenden Weg geschickt werden. Dem Empfänger muß die Tiersendung vorangemeldet werden, und gleichzeitig müssen ihm die notwendigen Angaben über Fütterung, Behandlung, Alter etc. gemacht werden.
Für den Versand sind besonders die Entwicklungsstadien eines Tieres geeignet, wie z. B. Eier oder Puppen, die keine Wartung benötigen. Können diese Stadien verschickt werden, so läßt sich auch eine genaue zeitliche Disposition treffen. Eier können etwa in mit Watte ausgekleideten kleinen Röhrchen, in Watte eingebettet oder in mit Watte verstopften Federkielen oder in Plastikschläuchen wie in Abb. 23 beschrieben, verschickt werden. Wichtig ist, daß die Eier nicht in dem Behälter frei

umherfallen. Puppen legt man zwischen Zonolith, Vermiculit, Sägespäne oder Watte in entsprechend große Behälter, die vollkommen mit dem Füllmaterial ausgelegt sein müssen, damit die Puppen festliegen. Larven und Imagines von Käfern, Wanzen etc. werden in Plastikbehältern, Wachskartons, Metall- oder Glasbehältern, die mit Wellpappe oder zerknülltem Filterpapier gefüllt sind, verschickt.

2 Um- und Übersetzen (Geräte und Hilfsmittel)

Sehr lebhafte oder fliegende Insekten müssen beim Um- oder Übersetzen in andere Behälter inaktiviert werden. Zu diesem Zweck narkotisiert man die Tiere z. B. mit Diäthyläther, Essigsäureäthylester oder Chloroform. Von diesen Lösungsmitteln gibt man einige Tropfen auf einen Wattebausch und legt ihn in den dicht zu verschließenden Behälter mit den Insekten. Man wartet ab, bis die Tiere lauf- oder flugunfähig sind und man sie dann mit einer Pinzette oder einem Pinsel umlegen kann. Den gleichen Dienst wie flüssige Narkotika leistet auch Kohlensäure, die man in kleinen Bomben zur Herstellung von »Sodawasser« erhält. Die sehr schnell inaktivierten Tiere erleiden eine kurze und tiefe Narkose, von der sie sich aber sehr rasch wieder erholen. Man läßt die Kohlensäure langsam in den mit Tieren besetzten Behälter einströmen. Sobald die Tiere bewegungslos sind, setzt man sie um. Verwendet man Kälte zum Inaktivieren der Tiere, so setzt man sie mitsamt dem Käfig einige Sekunden bis Minuten, je nach Tierart verschieden, in die Tiefkühltruhe bei –15 bis –20 °C ein. Die durch Kälteschock inaktivierten Tiere erholen sich, in Zimmertemperatur verbracht, sehr schnell. Flugunfähige aber sehr flinke Insekten, wie Küchenschaben, Ameisen, Wanzen u. a., kann man ohne Narkose umsetzen. Man setzt die Tiere in große Gefäße ein, deren Wände vorher mit Talkum bepudert wurden. Die Tiere können an den Wandungen nicht hinaufkriechen. Mit einer Pinzette werden sie einzeln umgesetzt.

Ein weiteres Hilfsmittel ist der sog. Umsetzkasten (Abb. 24). Durch die Türe im Kasten setzt man die Zuchtgefäße in den Kasten, der von oben mit einer Lampe beleuchtet wird. Durch die beiden Schlupfarme greift man in den Käfig und kann durch die Gazebespannung an der Decke das Umsetzen kontrollieren. Der Zuchtbehälter wird in dem Kasten geöffnet und die Insekten können ohne Narkose und ohne Fluchtrisiko in ein anderes Gefäß umgesetzt werden.

Abb. 24. Umsetzkasten.

Zum direkten Umsetzen von Insekten und anderen Arthropoden sollten je nach Beschaffenheit der Tiere ausschließlich Federpinzetten oder feine Haarpinsel verwendet werden. Stahlpinzetten in der Hand Ungeübter verletzen die Tiere. Federpinzetten sind aus Uhrfederstahl gefertigt und deshalb äußerst weich im Druck und Griff. Zum Manipulieren mit einzelnen Milben oder Kleinstinsekten leisten Pferdehaare oder Schweineborsten, die in enge Glasröhrchen (Abb. 25) mittels Klebstoff eingebettet werden, sehr gute Dienste.

Schmetterlingsraupen oder Blattwespenlarven klammern sich auf dem Futter so fest, daß es oft nicht möglich ist, sie mit der Pinzette zu entfernen, ohne sie zu verletzen. Man läßt daher die Tiere am besten auf ihrem alten Futter sitzen und legt dieses dann auf das frische Futter. Die Attraktivität des frischen Futters veranlaßt die

Tiere, vom alten auf das neue überzuwandern.

Abb. 25. Selbstgefertigte »Borstennadeln« zum Umsetzen von Kleininsekten.

D Technische Einrichtungen

1 Zuchträume

Für die Zucht und Haltung von Arthropoden sind geschlossene bzw. verschließbare Räume erforderlich. Da solche Zuchträume einen Ersatz für das Biotop oder den Lebensraum der zu züchtenden Tierart darstellen, müssen in ihnen die notwendigen klimatischen Bedingungen geschaffen werden können. Wichtig sind Frischluftzufuhr, regulierbare Temperatur, Luftfeuchtigkeit und Beleuchtung. Besonderes Augenmerk bei der Einrichtung solcher Räume ist auch der Möglichkeit einer gründlichen Reinigung und Desinfektion zu schenken.

Die Industrie für Klima- und Kältetechnik hat eine Anzahl leistungsfähiger Systeme entwickelt. Durch den Einbau solcher Anlagen erfüllen vollklimatisierte Zuchträume und Gewächshäuser die Anforderungen weitgehend, sind aber mit großen

Kosten bei der Erstellung und im Unterhalt verbunden. Billiger ist ein Gazezelt, das aber nur während der frostfreien Jahreszeit im Freien aufgestellt werden kann. Wirtschaftlicher ist es, in die für Zuchten zur Verfügung stehenden Räume solche technischen Einrichtungen einzubauen, die nahezu die erforderlichen klimatischen Bedingungen schaffen. In solche Räume stellt man dann die zu züchtenden Tiere in Käfigen ein; das jeweilig benötigte Mikroklima wird im Käfig oder in unmittelbarer Nähe des Käfigs erzeugt.

Ratschläge zur Einrichtung eines (behelfsmäßigen) Zuchtraumes

Sofern die zur Verfügung stehenden Räume nicht über eine eingebaute Heizquelle verfügen, wird die erforderliche Temperatur durch elektrische Heizöfen (mit Ölfüllung) mit eingebauten Thermostaten erzeugt. Für temporäre Einrichtungen können auch elektrische Strahler mit vorgeschaltetem Regler verwendet werden. Die erforderliche Luftfeuchtigkeit kann 1. durch Zerstäuben oder Verdampfen von Wasser mit elektrischen Luftbefeuchtern, 2. durch Aufhängen feuchter oder nasser Tücher und 3. durch ein elektrisches Wasserbad mit Thermostat, hinter dem ein Ventilator aufgestellt ist, erzielt werden. Im Raum verteilte und mit den Luftbefeuchtern oder dem Wasserbad verbundene Hygrometer sorgen für konstante Luftfeuchtigkeit. Von den Luftbefeuchtern ist den Wasserverdampfern gegenüber den Wasserzerstäubern unbedingt der Vorzug zu geben, da mit ihnen eine wesentlich höhere Luftfeuchtigkeit ohne Wartung erzielt und auf einem nahezu konstanten Wert gehalten werden kann.

Zur Beleuchtung solcher behelfsmäßigen Zuchträume verwendet man möglichst lichtstarke Glühlampen, Leuchtstofflampen oder Mischlichtlampen, wie solche heute in Gewächshäusern als zusätzliche Lichtquellen verwendet werden. Die Lichtintensität wird mit im Handel erhältlichen Photometern in Lux gemessen. Die Anzahl Lux errechnet sich durch Multiplikation des angezeigten Licht-Meßwertes in »Foot Candles«, eines Photometers (z. B. Brockway) mit 10 (z. B. L-Meßwert 64×10 = 640 Lux). Wird der ausziehbare Lichtfilter bei der Lichtmessung nicht entfernt, dann ist zur Berechnung der Lux-Stärke der abzulesende Lichtwert mit 40 zu multiplizieren (z. B. L-Meßwert $32 \times 40 = 1280$ Lux).

Um die Temperaturregulierung durch zusätzliche Wärmequellen nicht zu stören oder gar aufzuheben, ist der Wahl der Lichtquelle für die Photoperiode besondere Aufmerksamkeit zu schenken. Es sind solche Lichtquellen auszusuchen, die höchste Lichtintensität bei niedrigster Wärmeabgabe aufweisen. Es ist ratsam, bei der Auswahl einen Elektrofachmann zu Rate zu ziehen.

Für die Infrarotbestrahlung verwendet man am besten die im Handel erhältlichen Speziallampen (z. B. Philips-Infrarot-Trockenstrahler mit Reflektor), wie sie für die Aufzucht von Küken und Ferkeln verwendet werden. Diese Lampen (Abb. 312) sind in der normalen Porzellanfassung zu gebrauchen und werden in einem bestimmten Abstand (80–120 cm) je nach der benötigten Temperatur über den abgedeckten Tieren oder Pflanzen angebracht.

Weiterhin müssen die Zuchträume gegen Parasiten, Prädatoren und andere einfliegende Insekten abgedichtet werden. Hierzu werden ins Freie führende Fenster zusätzlich mit Gazerahmen versehen und vollständig abgedichtet (Kitt), damit es selbst kleinsten Tieren unmöglich ist, einzudringen. Die Luftschächte für Zu- und Abluft sind mit Extrafiltern zu versehen. Die in die Zuchträume führenden Türen müssen verdoppelt werden, wobei zwischen den Türen ein Vorraum (Schleuse) liegen muß, der von Zeit zu Zeit nach Fremdinsekten gründlich abgesucht wird.

Zuchtkammer: Als Behälter dient eine Holzkiste (ca. $80 \times 80 \times 150$ cm), die hochgestellt und mit Metallgaze in mehrere Etagen eingeteilt wird (Abb. 26). Als Abschluß dient eine Glasscheibe oder ein Holzdeckel (Holztüre).

Für konstante Temperatur sorgen 2–4 in gesicherten Fassungen innen am Boden montierte Glühlampen, die mit einem von oben her in den Raum ragenden Kontaktthermometer über das Regulierrelais verbunden sind. Durch diese Einrichtung arbeitet die Heizung so, daß Temperaturschwankungen von ± 2 °C nicht überschritten werden. Die notwendige relative Luftfeuchtigkeit in der Kammer wird entweder durch Auslegen nasser Tücher oder eines anderen saugfähigen Materials (Sägespäne etc.) erzielt und kann somit auch beliebig variiert werden. Sofern solche Zuchtkammern in unbeheizten oder unbeheizbaren Räumen aufgestellt werden, lassen sich relativ weite Temperaturbereiche erzielen. Durch Außenisolation der Kammer mit Papier oder Holzwolle kann ihre Wirtschaftlichkeit noch gesteigert werden. Andere Tieftemperaturzuchten sind dann möglich, wenn Eisschränke mittels eines Regulierrelais auf konstanter Temperatur gehalten werden. Durch das Anbringen einer Lichtquelle (z. B. 250-Volt-Mischlichtlampe) vor der mit einer Glasscheibe verschlossenen Kammer kann eine bestimmte Photoperiode (s. Seite 76) erhalten werden.

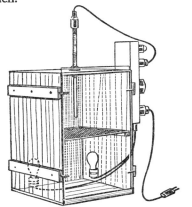

Abb. 26. Als Zuchtkammer eingerichtete Holzkiste.

Zuchtzelt: Während der frostfreien Jahreszeit (Mai bis Oktober) leisten Gazezelte (Abb. 27) für die Unterbringung verschiedener Zuchten gute Dienste.

Der Aufbau solcher Zelte ist einfach. Im freien Feld wird ein mit Gaze überzogener entsprechend großer Metall- oder Holzrahmen aufgestellt. Den Boden, über dem das Zelt aufgerichtet wird, behandelt man vorher mit Pyrethrum-Spray (0,2 %) gegen allerlei Parasiten und Prädatoren oder gegen Bodeninsekten mit Tetrachlorkohlenstoff. Um das Zuwandern ungebetener Gäste wie Ameisen, Mäuse etc. zu verhindern, wird rings um das Zelt ein ca. 20 cm breiter und tiefer Graben gezogen, der 1–2mal wöchentlich mit verdünntem Essig begossen wird. Gegenüber den üblichen Knopfverschlüssen ist dem Reißverschluß der Vorzug zu geben, weil er eine bessere Sicherung bietet.

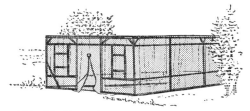

Abb. 27. Gazezelt.

Im Zelt können sowohl Käfigzuchten, als auch offene Zuchten auf im Zelt eingesetzten oder anderweitig herangezogenen Futterpflanzen untergebracht werden.
Gewächshauszuchten: Für die Zucht verschiedener Insekten und anderer Arthropoden mit hohem Lichtbedürfnis, z. B. Schmetterlinge, Zikaden, Blattläuse, Galläuse und viele andere, eignen sich neben Zelten auch Gewächshäuser. Die großen Temperaturschwankungen, insbesondere während der warmen Tageszeit, müssen durch Beschattung, Berieselung und Belüftung ausgeschaltet werden. Das Einfliegen von Fremdinsekten durch Lüftungsklappen muß durch Gazefilter verhindert werden.

2 Zuchtkäfige und Mikroklima

Da der Käfig Ersatz des Biotops oder Lebensraums ist, muß er in seiner Konstruktion und Größe weitgehend den Ansprüchen der jeweiligen, zu züchtenden Tierart genügen. Für die Herstellung eines Käfigs sollte immer das Material gewählt werden, das leichte Pflege, Reinigung und Handhabung im allgemeinen erlaubt. Die Größe des Käfigs und die Einrichtungen zur Schaffung des Mikroklimas spielen eine große Rolle. Für den Bau eines Käfigs können die verschiedensten Materialien Verwendung finden: Holz, verschiedene leicht zu bearbeitende Metalle, wie Aluminium, Eisenblech, ferner Glas, Plexiglas, Celluloid, Kunststoffe im allgemeinen, wie z.B. Polyvinylchlorid, Polyäthylen und andere auf dem Markt befindliche Kunststoffgemische. Die Kunststoffe sind dank ihrer Widerstandsfähigkeit gegenüber der Verrottung durch Pilze und Bakterien den Naturstoffen vorzuziehen. Andererseits ist bei Verwendung von Kunststoffen immer darauf zu achten, daß sie von den Herstellerfirmen ausdrücklich als für Nahrungsmittel geeignet ausgewiesen werden. In manchen Fällen kann es bei nicht ausgewiesenen Kunststoffen vorkommen, daß unter speziellen Bedingungen, wie z.B. höheren Temperaturen, Bestrahlungen mit Ultrarot oder Ultraviolett, hoher Luftfeuchtigkeit, Futtermitteln mit hohem Fettgehalt, sich in solchen Kunststoffen befindliche Zusätze zersetzen und dadurch eine Dezimierung des Zuchtbestandes die Folge ist.

a Konstruktion

Besondere Aufmerksamkeit ist den sog. Flugkäfigen zu schenken. Diese bestehen aus einem mit Gaze bespannten Holz- oder Metallrahmen. Für die Bespannung kann Nylon- oder Baumwollgaze verwendet werden. Ein Schlupfarm (Abb. 37) oder Reißverschluß (Abb. 28) ermöglicht den Zugang zum Inneren des Käfigs.

Abb. 28. Gazebespannung mit Reißverschluß.

Ein anderer, automatisch funktionierender Verschluß ist der Fall-Vorhang. Wie aus Abb. 29a ersichtlich, besteht er vorteilhaft aus einer Plastikfolie, die auf der Innenseite und unmittelbar über der Käfigöffnung befestigt ist. Der untere Längsrand der Folie ist mit einer Metall- oder Holzschiene oder einem Glasstab versehen, wodurch der Vorhang gestrafft wird.

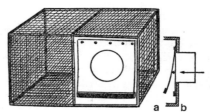

Abb. 29. Fall-Vorhang.

Zum Manipulieren im Käfig wird der Vorhang von der durch die Einführstutze geführten Hand hochgeschoben (Abb.29b). Beim Herausziehen senkt sich der beschwerte Vorhang und verschließt die Öffnung wieder von innen.

Käfige für die Zucht oder Haltung von Insekten im Freien stellt man vorteilhaft aus stabilem, wetterfestem Material her. Solche Käfige müssen beweglich sein und der Größe der Futterpflanzen angepaßt werden. Hierfür sind Drahtspiralen verschiedener Länge und Weite, die dann mit einem Nylongaze-Überzug (Damenstrumpf) versehen werden, am besten geeignet. Die mit den Zuchttieren besetzten Pflanzen und Pflanzenteile werden so gegen die Umgebung abgeschirmt (Abb.30). Es ist ratsam, solche Spiralen an einem Stab mit Bindfaden oder Leukoplast zu befestigen. Um das Eindringen von Räubern, wie z.B. Ameisen, zu verhindern, bringt man ausserhalb des Käfigs an der Pflanze (Stengel oder Stiel) oder am Haltestock Leimbarrieren an.

Als auf die Futterpflanze aufbindbare Käfige verwendet man Ölpappedosen, Wachspappedosen (Honigdosen), deren Boden aus einer 15–20 cm langen Stoffmanschette besteht. Der Deckel wird ausgeschnitten und mit Nylongaze abgedeckt, wodurch die Frischluftzufuhr gewährleistet wird (Abb. 31).

Abb. 30. Vorrichtumg für die Freilandzucht an der Futterpflanze.

Diese Dosen werden über die entsprechenden Pflanzenteile gestülpt, die Stoffmanschette wird mit Bindfaden um den Stengel gebunden. Dann werden die Tiere eingesetzt und die Dosen zugedeckt. Die Deckel sind zusätzlich mit Klebstreifen zu verschließen.

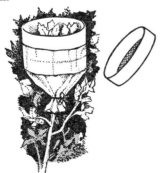

Abb. 31. Pappdosenkäfig für die Zucht an der Futterpflanze.

Flugunfähige Parasiten lassen sich durch verschiedenartigste Barrieren am Eindringen in solche Zuchtkäfige hindern. Flugfähige Insekten, wie z. B. die Schlupfwespen, werden nur durch eine doppelwandige Gazefilterwand abgehalten (Abb. 32). Diese Gazefilter müssen einen Mindestabstand von 1 cm voneinander aufweisen. Dadurch wird verhindert, daß die Entwicklungsstadien oder die Jungtiere der eingesetzten Insekten an der Gazebespannung direkt mit Parasiten von außen in Berührung kommen und von ihnen durch die Gaze angestochen und mit Eiern belegt werden können.

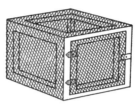

Abb. 32. Zuchtkäfig mit doppelter Gazefilterwand als Schutz gegen flugfähige Parasiten.

b *Feuchte Kammern*

Die Luftfeuchtigkeit, neben Temperatur und Licht der wichtigste Faktor des zu berücksichtigenden Mikroklimas, ist für die Zucht und Haltung von Insekten und Milben von ausschlaggebender Bedeutung. Die Luftfeuchtigkeit sollte deshalb in jedem Fall möglichst konstant, zumindest aber über eine bestimmte Zeitdauer in einem bestimmten Bereich gehalten werden können. In Ermangelung technischer Geräte und Apparate für die exakte Luftbefeuchtung kann das jeweils benötigte Mikroklima mit sehr einfachen Mitteln in den Käfigen erzeugt werden. In kleinen, geschlossenen Behältern, wie z. B. Petrischalen, kann die relative Luftfeuchtigkeit dauernd hoch, d. h. über 85 %, gehalten werden durch Einlegen eines mit Wasser gesättigten Wattebausches. Um das Zuchtmaterial, so z. B. Eier oder Puppen, vor direkter Nässe durch Kondenswasser im Schaleninneren zu schützen, legt man dieses auf das den Boden der feuchten Kammer zu drei Viertel bedeckende Filterpapier. Auf dem unbedeckten Viertel des

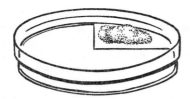

Abb. 33. Petrischale als feuchte Kammer.

Bodens liegt der Wattebausch (Abb. 33). Die Erzeugung konstanter Luftfeuchtigkeit verschiedener Höhe in kleinen, geschlossenen Zuchtgefäßen erfolgt zuverlässig mit der sog. »Zwölfer-Methode«. Diese Methode bedient sich des bestimmten Wasserdampfdruckes bei einer bestimmten Temperatur von übersättigten Salzlösungen. In der folgenden Tabelle ist der Wasserdampfdruck verschiedener, übersättigter Salzlösungen, die 0,5–1 cm hoch in geschlossene Schalen mit 1,5 Litern Inhalt ausgegossen wurden, bei 25 °C zusammengestellt:

Übersättigte Lösung	% rel. Luftfeuchte
Lithiumchlorid	ca. 10%
Calciumchlorid	ca. 25%
Aluminiumchlorid	ca. 35%
Kupfernitrat	ca. 45%
Natriumbromid	ca. 50%
Natriumchlorid	ca. 70%
Natriumnitrat	ca. 80%
Kaliumsulfat	ca. 90%

Außer mit diesen Zwölfer-Schalen lassen sich auch ineinanderschiebbare Plastikbecher mit eingeklebtem Gazeboden (Abb. 34), Reagenzgläser (Abb. 35) oder Exsikkatoren (Abb. 36) als Klimakammern mit definierter Luftfeuchtigkeit und Temperatur verwenden.
Bei den Bechern enthält der unterste die Salzlösung, der zweite und eventuell weitere die Insekten, der letzte und abschließende wird mit einem Deckel zugedeckt. Die Reagenzgläser enthalten zu unterst die Salzlösung; zwischen dem eingeschobenen und dem verschließenden Wattebausch halten sich die Tiere auf.

Im Exsikkator findet die Salzlösung im Fußteil ihren Platz, der Mittelraum ist belegt mit den Zuchttieren in Glasröhrchen oder dergleichen (Abb. 36).

Abb. 34. Ineinandergeschobene Plastikbecher als Klimakammer.

Abb. 35. Als Klimakammer präpariertes Reagenzglas.

Wird im Innern des Exsikkators lediglich eine hohe, aber nicht definierte Luftfeuchtigkeit gewünscht, dann genügt eine Einlage von feuchten Holz- oder Papierschnitzeln.

Abb. 36. Exsikkator als Klimakammer

Zur Haltung hoher und konstanter Luftfeuchtigkeitswerte in Käfigen mit freiem Luftzutritt und -abzug eignen sich wassergesättigte Gipsplatten. Diese kleiden den Käfig partiell aus oder umgeben ihn (Abb. 37) und werden je nach Bedarf mit Wasser getränkt.

Die Wasseraufnahme und Wasserabgabe der Gipsplatten hängt weitgehend von der Gipsdichte, d.h. von dem beim Anrühren eingesetzten Verhältnis Gips zu Wasser ab. Als am besten geeignet erwiesen sich für die beschriebenen Zuchtmethoden die Gipsplatten, die aus Mischungen von 1 Teil Gips : 1 Teil Wasser hergestellt wurden. Durch Beimischen von verschiedenen Streckmitteln, wie z.B. Sägemehl, Erde,

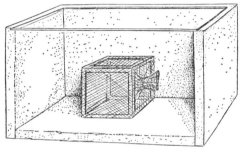

Abb. 37. Von wassergesättigten Gipsplatten umgebener Zuchtkäfig.

Zonolit etc. kann die Wasserkapazität und damit die Wasserabgabe erhöht werden. Je dichter die Gipsschicht ist, desto geringer und langsamer erfolgt die Abgabe des Wassers. Durch die Kontinuität der Wasseraufnahme solcher Gipsplatten oder -schichten kann die Befeuchtung eines Zuchtkäfigs wesentlich verbessert, d.h. zeitlich verlängert werden. Dies wird erreicht durch Dochte, die in Gips eingegossen sind und aus einem Wasserreservoir die Platten mit Wasser speisen (Abb. 38).

Es ist darauf zu achten, daß sich an dem feuchten Gips häufig Mikroorganismen, wie Bakterien, Pilze, Algen etc. ansiedeln. Maßnahmen, mit denen das Eindringen und Aussiedeln solcher Organismen verhindert werden kann, finden sich unter

dem Abschnitt »Krankheiten und Schädlinge«.

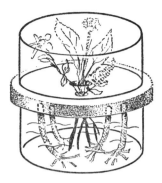

Abb. 38. Gleichmäßige Befeuchtung eines Zuchtkäfigs über in Gips eingegossene Dochte.

Die hier beschriebene Feuchtigkeitsregelung für Zuchtkäfige mittels Gipsplatten und Dochte läßt sich sinngemäß sowohl für Käfige verschiedenster Größe und Konstruktion als auch bei anderen Materialien anwenden, wie z.B. solchen zur Feuchthaltung von Erde, Sand, Torf oder anderem Substrat mit verschiedensten Entwicklungsstadien von Insekten und Milben.

Abb. 39 zeigt einen mit Sand-Erde-Gemisch versehenen Behälter auf einer Wasserschale. Der aus der Schale in das Gemisch führende Docht garantiert die Wasserzufuhr.

Abb. 39. Zuchtbehälter mit Sand-Erde-Gemisch.

E Fütterungsmethodik

Die künstliche Aufzucht eines Insekts ist weitgehend von der guten Kenntnis seiner Lebensweise und besonderen Ansprüche innerhalb des Biotops abhängig. Art und Qualität des Futters bestimmen wesentlich den gesamten Lebenszyklus und -rhythmus der Tiere. Die Nahrung wird bei Larven und Adulten in Energie umgesetzt oder für den Aufbaustoffwechsel verwendet. So wissen wir, daß die Raupe der Schwarzen C-Eule *(Scotia c-nigrum)* vom Kopfsalat des Freilandes 13,5 mg und von solchem aus dem Treibhaus 17 mg Blattmaterial benötigt, um 1 mg Körpermasse zu produzieren. Bei der europäischen Wanderheuschrecke *(Locusta migratoria)* beansprucht das Weibchen für seine larvale Entwicklung 17 mg Blattmaterial von Kopfsalat zur Bildung von 1 mg Körpermasse. Das Männchen benötigt für die gleiche Leistung 36 mg Futter. Bei vielen Insekten- und Milbenarten kennt man den der Eiablage vorangehenden Reifefraß, bei dem das Weibchen die für den Aufbau der Ovarien notwendigen Stoffe aufnimmt.

Die Insekten und Milben und ihre Entwicklungsstadien stehen meist in strenger ernährungs- und entwicklungsphysiologischer Beziehung zu ihrem Nährsubstrat. Daraus ergibt sich eine arttypische Verhaltensweise, bei der aufgrund verschiedenster Faktoren, wie ökologischer und klimatischer Einflüsse, Geruchs- und Geschmacksstoffen, verbunden mit optischen Reizen sowie der Gesamtbeschaffenheit des Futters, ein Futter und nur dieses Futter angenommen wird. Diese Wirtsspezifität eines großen Teiles der Insekten bedingt die exakte Beantwortung der Frage: »*Wie* und *was* füttere ich *wem*?« Weiterhin ist in Betracht zu ziehen, daß Larven, Raupen oder Maden holometaboler Insekten meistens eine Nahrung verlangen, die von der der Adulten verschieden ist. Polyphage Tiere nehmen die verschiedensten Nährsubstrate an (Pflanzenfresser: nicht systemverwandte Pflanzen), oligophage Tiere meistens nur einige wenige Substrate (systemverwandte Pflanzen) und monophage Tiere beschränken sich nur auf eine einzelne Organismen- oder Futterart.

Je nach Art und Aufnahme der Nahrung unterscheiden wir verschiedene Gruppen von Insekten und Milben (nach HANDLIRSCH):

Fraßverhalten	Art der Nahrung
atroph	das Tier frißt nicht
monophag	nur eine spezielle Nahrung
polyphag oder heterophag	verschiedene Futtersubstrate
zoophag	Stoffe tierischen Ursprungs
carnivor	Fleisch
raptorisch	Beutetiere, lebend oder tot
zoonekrophag	tote Tiere
zoosaprophag	faulende Tiere (Aas)
hämatophag	saugt Blut
caprophag	frißt tierische Exkremente
zoosuccivor	Honigtau und Speichel
detritivor	Haare, Wachs, Wolle, Schuppen
kannibalisch	Tiere der eigenen Art
parasitisch (endo- oder ektoparas.)	an oder in lebenden Tieren
phytophag	verschiedene Pflanzen
phyllophag, herbivor	krautige Pflanzenteile
algophag	Algen
lichenophag	Flechten
mycetophag	Pilze
xylophag	holzige Pflanzenteile
carpophag	Früchte, Samen
pollenophag	Pollen
meliphag	Honig
phytosuccivor	saugt verschiedene Pflanzensäfte
phytonekrophag	frißt abgestorbene Pflanzen (tote, pflanzliche Stoffe)
phytosaprophag	faulende Pflanzen
gallivor	in Gallen
geophag	in Erde
radicicol	von oder in Wurzeln

1 Herkunft, Beschaffenheit und Vorsetzen der natürl. Nährsubstrate

Als Nährsubstrate werden tierische und pflanzliche Stoffe in Form lebender oder toter Tiere, lebender oder abgestorbener Pflanzen oder als sog. künstliche, synthetische oder halbsynthetische Futtermischungen verwendet.

Die Beschaffenheit des Substrates und die unmittelbaren, klimatischen, biotischen und abiotischen Faktoren der Umgebung sind von größter Wichtigkeit für die Futteraufnahme. So nehmen die meisten Blutsauger nur »körperwarme« Nahrung auf, und viele Pflanzenfresser und -sauger tun dies nur bei entsprechender Lichtintensität und Strahlungswärme. Unter künstlichen Bedingungen im Zuchtkäfig leisten hier Ultrarotstrahlen und Tageslichtlampen (Mischlichtlampen mit hohem UV-Anteil) hervorragende Dienste. Unter dem Einfluß der Wärme- und Lichtstrahlen wird der Futterkonsum der Tiere um ein Vielfaches gesteigert.

a Futter für blutsaugende Insekten und Milben

Die als Blutspender dienenden Tiere werden in der üblichen Weise gehalten. Diesbezügliche Anleitungen und Angaben sind der entsprechenden Literatur zu entnehmen.

Als Wirtstiere werden in der Hauptsache Kleintiere, wie Kaninchen, Meerschweinchen, Mäuse, Ratten, Tauben und Hühner, in manchen Fällen aber auch Großtiere, wie Rinder und Pferde, verwendet. Die Fütterung der Insekten an den Tieren hat unter Berücksichtigung von für den Wirt größtmöglichen Vorsichtsmaßnahmen zu erfolgen. Die Fütterungszeit der Insekten ist so kurz wie möglich zu bemessen. Eine zu starke Beanspruchung schwächt infolge des toxischen Speichelgehaltes des Blutes nicht nur das Wirtstier, sondern liefert auch dem Insekt nicht die optimale Nahrung. Die Intervalle zwischen den einzelnen Blutspenden müssen aus diesem Grunde möglichst groß gewählt werden. Währenddessen muß das Wirtstier mit hochwertigem Futter versorgt werden.

Unter Zuchtbedingungen verweigern Insekten oft die Nahrungsaufnahme. Der Grund dafür ist einerseits die Wirtsspezifität verschiedener Tiere, andererseits spielt der Pigmentgehalt und die allgemeine Beschaffenheit der Haut eine beträchtliche Rolle. Andere physiologische Aspekte, wie z.B. der Geruch und die CO_2-Abgabe, sind ebenfalls von Bedeutung. So kann etwa bei der Verfütterung von Blut durch künstliche Membranen ein die Blutgerinnung hemmendes Reagenz in minimalen Abweichungen von der Normalkonzentration zur Verweigerung der Nahrungsaufnahme führen.

Die Fütterung der Insekten erfolgt entweder, indem man das geeignete Wirtstier direkt in den Zuchtkäfig setzt, oder die Insekten in speziellen Behältern, sog. Fütterungsdosen, auf die Wirtstiere schnallt (Abb.40a). Besonders im ersten Fall ist peinlichst darauf zu achten, daß der gesamte Kopf des Wirtstieres vor Insektenstichen geschützt wird.

Abb. 40a. Auf ein Kaninchen geschnallte Fütterungsdose.

Die in Abb.40b dargestellte Fütterungsmethode mit Kaninchen als Wirtstieren ist praktischer und daher sehr zu empfehlen. Man bedient sich hierfür eines Holzkastens, dessen obere Platte (Deckel) verschiebbar ist und dessen vordere Schmalseite eine dem Nackendurchmesser eines Kaninchens entsprechende, gepolsterte Aussparung aufweist, wobei die obere Hälfte dieses Brettchens senkrecht verschiebbar sein muß. Vor der Nackenöffnung ist ein waagrechtes Holzbrettchen angebracht, das dem Wirtstier als zusätzliche Kopfstütze und zum Aufstellen der Zuchtgefäße dient.

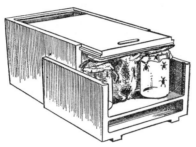

Abb. 40b. Apparat zum Ansetzen der Zuchtgläser an den Ohren von Kaninchen.

Das Kaninchen wird nun in normaler Bauchlage in den Käfig eingestellt, der Hals ruht in der unteren Hälfte der Seitenaussparung und wird durch Herabdrücken der oberen Hälfte fixiert. Die Ohren des Kaninchens werden mit der Innenseite flach auf die mit Gaze zugebundenen Zuchtgläser gelegt. Die obere Abdeckplatte des Holzkastens wird nun über den Kopf des Wirtstieres gezogen. Eine zwischen Platte und Kopf bzw. Ohren eingeschobene Schaumstoffmatte fixiert den Kopf zusätzlich und erlaubt den Zuchtinsekten die ungestörte Blutaufnahme.

Für das direkte Einsetzen der Wirtstiere in den Flugkäfig sind besonders konstruierte Behälter notwendig. So setzt man Kaninchen und Meerschweinchen in einer Vorrichtung gemäß Abb. 41 ein. Beide Behälter schützen den Kopf vor Insekten

Abb. 41. Für Kaninchen oder Meerschweinchen als Wirtstiere geeignete Käfigkonstruktion.

stichen und verhindern gleichzeitig das Ausschlupfen der Tiere aus der Halterung. In beiden Vorrichtungen bleibt die Rükkenpartie frei. Diese wird enthaart und für Stechmücken und -fliegen mit optischen Markierungen, wie dunkelroten oder schwarzen Tupfen, versehen.

Mäuse oder Ratten sperrt man in Plastik oder Pappehülsen ein, die so eng sind, daß die Tiere sich nicht darin umdrehen oder wenden können (Abb. 42). Der Kopf befindet sich vor der einen mit Gaze verschlossenen Öffnung, der Schwanz ragt aus der anderen heraus. Meist ist es ratsam, den Schwanz durch einen entsprechend weit gebohrten Korken zu stecken. Als Nahrungsfeld dienen nun bei Mäusen oder Ratten die Rückenpartie oder der Schwanz. Für die Rückenpartie schneidet man ein Fenster in die Hülse ein und überspannt es mit feiner Gaze. Ist der Schwanz als Nahrungsfeld vorgesehen, so wird der Zylinder ohne Fenster mit heraushängendem Schwanz in den Flugkäfig eingesetzt. Der Schwanz kann aber auch in ein mit Insekten besetztes Reagenzglas eingeführt wer

Abb. 42. Durchsichtiger Wirtszylinder mit Gazefenster über der Rückenpartie.

den (Abb. 43). Die Nahrungsfelder müssen auch bei diesen Tieren enthaart werden. Tauben und Hühnern werden bei der freien Exposition im Flugkäfig die Beine und die Flügel zusammengebunden. Die von Federn und Flaum befreite Brust ist das Nahrungsfeld. Der Kopf wird mit einer großen, mit vielen Löchern versehenen Leder- oder Leinenhülle geschützt. Das Aufsetzen blutsaugender Insekten auf Wirtstiere hat unter Berücksichtigung aller erdenklichen Schutzmaßnahmen zu erfolgen. So werden beispielsweise Kaninchen auf eine weiche Unterlage gebettet, der Nacken muß dabei abgestützt werden. Zum Anschnallen sind breite, sich nicht einrollende und nicht strangulierend wirkende Bänder zu verwenden (Abb. 40). Eine andere Methode, die Tiere ruhig zu halten, ist die Injektion eines Schlafmittels. Bei Meerschweinchen genügt 0,5 ml Nembutal® (Barbiturpräparat) intramuskulär injiziert für einen 1–2stündigen Schlaf.

Tauben und Hühnern werden die Behälter unter die Flügel oder auf die Brust mit einem breiten Gürtel gebunden (Abb. 435). Dem gleichen Zweck dient die Vorrichtung (Abb. 436), bei der der Taube die Fütterungsdose mit einem Gummiband auf eine Brustseite geschnallt wird. Die Auflageplätze für die Fütterungskapseln müssen vorher von Haaren und Federn befreit werden.

Behaarte Tiere werden entweder rasiert oder mit einem Enthaarungsmittel behandelt. Die enthaarten Stellen müssen so gründlich gewaschen werden, daß keine Rückstände, weder von Chemikalien noch von Seife, vorhanden sind. Selbst minimale Rückstände können die Insekten an der Nahrungsaufnahme hindern. Auch

hier sind für Stechmücken und Stechfliegen optische Markierungen ratsam.

b Futter für fleischfressende Insekten und Milben

Die Fütterung der carnivoren Insekten und Milben richtet sich nach deren Lebensweise und erfolgt mit toten oder lebenden Tieren. Während zoosaprophage, aasfressende Insekten im allgemeinen keine besonderen Ansprüche stellen, verursacht die Zucht der zoophagen Parasiten und Prädatoren einen nicht unbeträchtlichen Aufwand, da die Beutetiere eingefangen und gezüchtet werden müssen. Die erforderlichen Hinweise finden sich in den einzelnen Zuchtanleitungen.

c Futter für Pflanzen fressende und Pflanzensaft saugende Insekten und Milben

Während der Vegetationsperiode bereitet die Beschaffung des Futters in Feld und Wald keinerlei Schwierigkeiten. Das eingesammelte Pflanzenmaterial, abgeschnitten oder ausgegraben, wird in Plastiksäcke verpackt. Durch ruckartiges Herumdrehen vor dem Zubinden bildet sich ein recht großer Luftraum um das eingesammelte Material, der wesentlich für die Frischhaltung der Pflanzen ist. Und so können solche Plastikkissen mühelos, übereinander geschichtet transportiert werden, ohne daß das Pflanzenmaterial zusammengedrückt wird. Bei Pflanzen mit hohem Feuchtigkeitsbedarf oder während großer Hitze kann auch feuchtes Moos oder eine feuchte Zeitung zusätzlich in dem Sack die notwendige Feuchtigkeit erhalten. Auf diese Weise kann ein großer Teil der für die Aufzucht Pflanzen fressender Insekten verwendbarer Pflanzen über mehrere Tage

Abb. 43. Der Schwanz des Wirtstieres ragt in einen zweiten Zylinder.

frisch gehalten werden. Im allgemeinen sollte das Material nicht länger als drei Tage gelagert werden. Pflanzen, die weniger haltbar sind oder einen sehr hohen Wasserbedarf haben, müssen jeden Tag frisch gesammelt und eventuell bis zur Verfütterung in Knopscher Nährsalzlösung gehalten werden.

Zusammensetzung der Knopschen Nährsalzlösung:

Dest. Wasser	1 000 ml
Calciumnitrat	1 g
Magnesiumsulfat-Heptahydrat (Bittersalz)	0,25 g
Kaliumdihydrogenphosphat	0,25 g
Kaliumnitrat	0,25 g
Eisensulfat	Spur

Eine weitere, für die Frischhaltung von Futterpflanzen empfehlenswerte Lösung ist die A–Z-Lösung nach HORGLAND (Lösung der Spurenelemente). Sie enthält:

Dest. Wasser	1 000 ml
Aluminiumsulfat	0,055 g
Kaliumjodid	0,028 g
Kaliumbromid	0,028 g
Titanoxid	0,055 g
Zinnchlorid-Dihydrat	0,028 g
Lithiumchlorid	0,028 g
Mangandichlorid-Tetrahydrat	0,389 g
Borsäure	0,614 g
Zinksulfat	0,055 g
Kupfersulfat-Pentahydrat	0,055 g
Nickelsulfat-Heptahydrat	0,059 g
Kobaltnitrat-Hexahydrat	0,055 g

d Futter für Blüten besuchende Insekten und Milben

Insekten, die sich von Pollen, Honig etc. ernähren, bieten im Hinblick auf das vorzusetzende Futtersubstrat keine besonderen Schwierigkeiten. Honig, Hefe, Zucker, Blütenstaub sind leicht zu beschaffen und können den Insekten als Zusatzfutter, bzw. wäßrige Lösungen oder in Mischungen vorgesetzt werden. Diesbezügliche Rezepte und Beschreibungen finden sich unter »Zusatzfutter« auf Seite 47.

e Futter für an speziellem Substrat lebende Insekten und Milben

Die Futterbeschaffung für Insekten und Milben, die von Vorräten wie Getreide, Hülsenfrüchte, Mehl aller Art, Holz, Textilien, getrocknetem Fleisch u.a. leben, ist an keine Jahreszeit gebunden. Für die Aufzucht der von oder in Getreide und Hülsenfrüchten lebenden Insekten ist der Wassergehalt des Nährsubstrates von ausschlaggebender Bedeutung. Getreidekörner, Hülsenfrüchte, Sämereien, etc. werden daher unter dauerndem Wenden mit der erforderlichen Wassermenge besprüht. Das Futtersubstrat des Kornkäfers, der Weizen, sollte einen Wassergehalt von 10–15% haben. Man besprüht also 1 kg bis zur Gewichtskonstanz getrockneten Weizen mit 100–150 ml Wasser.

Wie für alle Zuchten, so gilt für die Pflanzen fressenden und Pflanzensaft saugenden Insekten und Milben im besonderen Maße, daß nur einwandfreies, sauberes und frisches Futter verfüttert werden darf. Verschmutzte Pflanzen, beispielsweise solche, die in der Nähe von Industriezentren oder Straßenrändern eingesammelt wurden, müssen unter allen Umständen vor der Verfütterung gründlichst gereinigt werden. Mehrstündiges Einlegen in gewöhnliches Leitungswasser, Eintauchen in schwache Seifenlösung mit anschließendem Spülen in Leitungswasser können solche Verschmutzungen weitgehend entfernen. Oft reicht aber schon das Abbrausen des Pflanzenmaterials mit Leitungswasser oder auch das Waschen mit einem Schwamm. Synthetische Waschmittel (Detergentien) sollten nicht verwendet werden, da sie besonders bei mit Wachs überzogenen Pflanzenteilen die cuticularen Schichten auflösen und damit die Attraktivität für das Insekt vermindern. Im Hinblick auf die Attraktivität muß auch auf die physiologische Beschaffenheit der Pflanzen geachtet werden. Varietät, Entwicklungszustand der Pflanze (Knospe, Blüte, Frucht, Trieb), Alter der Pflanze, Jahreszeit und allgemeines Wachstum, die Düngung und der Standort spielen hierbei eine beträchtliche Rolle. Pflanzen, deren Standorte und Produktionsorte unbekannt sind, müssen auf eventuelle Verschmutzungen, beispielsweise durch Chemikalien, Schädlingsbekämpfungsmittel etc., geprüft werden. Diese, meist gekauften Pflanzen werden vor ihrer Verfütterung auf eventuelle giftige Rückstände geprüft und hierfür mit einigen möglichst jungen und daher empfindlichen Zuchtinsekten besetzt.

Weiterhin müssen die Futterpflanzen auf anhaftende Parasiten oder Prädatoren (Milben, Spinnen) oder sonstige ungebetene Gäste untersucht werden. Diese unerwünschten Begleiter und ihre Entwicklungsstadien müssen sorgfältigst entfernt werden. Welkende oder welke Pflanzen sind, außer in Spezialfällen, wo sie nur in diesem Zustand angenommen werden, nicht als Futter zu gebrauchen. Rasch welkende Pflanzen werden daher in Wasser oder Nährlösung gestellt und den Tieren vorgesetzt. Pflanzen, die auf diese Weise nicht frisch gehalten werden können, wie beispielsweise Salatblätter, werden auf eine feuchte Unterlage gelegt und zugedeckt. Hierfür eignet sich Filterpapier oder feuchtes Zonolit oder Vermiculit.

Für die Aufzucht von Insekten, die einen Teil ihrer Entwicklung (Eier, Larven) in oder auf der lebenden Pflanze (Stengel, Knospe, Blätter, Früchte) durchlaufen, müssen die Futterpflanzen über den erforderlichen Zeitraum frisch und unter natürlichen Bedingungen gehalten werden. Deshalb kultiviert man solche Pflanzen in Töpfen oder Schalen. Als Notlösung topft man die Pflanzen direkt unter Verwendung des Standortbodens ein. Bei solchen Pflanzen ist aber wiederum peinlichst auf Verschmutzungen oder Parasitenbesatz zu achten.

Die Verschmutzung des Futters durch die Exkremente der Zuchttiere muß aus zuchthygienischen Gründen möglichst vermieden werden. Übermäßige Anhäufungen dieser Ausscheidungen begünstigen das Wachstum von Mikroorganismen und anderen Krankheitserregern. Vorzeitiges und häufiges Auswechseln können hier größere Schäden in den Zuchten verhindern.

Für die Aufzucht von Insekten und Milben und ihren Entwicklungsstadien, deren Futterpflanzen dem Züchter nicht bekannt sind, muß ein Auswahltest durchgeführt werden. Hierfür verwendet man eine 15–20 mm dicke Gipsplatte mit gleichmäßig verteilten Löchern. In den Gips mit eingegossen werden mehrere nach unten heraushängende Nylondochte (Abb. 38). Diese Platte wird auf eine mit Wasser gefüllte Schale so aufgelegt, daß die Nylonfäden im Wasser liegen. Auf diese Weise wird die ohnehin vorher befeuchtete Gipsplatte auch weiterhin sehr feucht gehalten. Von den verschiedenen Testpflanzen, die von dem Fundort der Insekten mitgenommen werden, stellt man einzeln je eine in ein Loch. Die Pflanzen werden dann mit den Insekten oder Larven besetzt. Über die Anordnung wird zur Erhaltung der hohen Luftfeuchtigkeit eine große Schale gestülpt. Die Präferenz der Tiere für ihre Futterpflanze dürfte sehr bald, aufgrund ihres Verhaltens, ermittelt werden.

2 Synthetisches und halbsynthetisches Futter

Synthetische Futterstoffe, auch künstliche Diäten genannt, sind Mischungen aus den wichtigsten Nährstoffen. Während die vollsynthetischen oder holidischen Futtermischungen aus chemisch definierbaren Komponenten bestehen, enthalten die halbsynthetischen oder meridischen bzw. oligidischen Futtermischungen Naturstoffe und Anteile des frischen oder getrockneten Originalfutters. Dieses halbsynthetische Futter ist insbesondere für die Tiere zu verwenden, deren Nahrungsaufnahme von bisher unbekannten Fraßstimulantien im Futter abhängig ist. Die synthetischen oder künstlichen Futter enthalten neben Wasser Kohlenhydrate (Traubenzucker), Eiweiß (Casein), Vitamine, Fette (Öle) und strukturgebende Stoffe, wie Agar und Cellulose. Weiterhin können diese Mischungen antimikrobielle Beimischungen, wie z.B. Benzoesäure-, Harnstoffderivate, Formalin und Antibiotika (s. Seite 42) enthalten, die die Zersetzung der Nahrung durch Bakterien und Pilze verhindern. Struktur und Konsistenz dieser Futtermischungen sind von großer Bedeutung. Pflanzen fressende Insekten bevorzugen eine stark wasserhaltige, durch Agar oder Cellulose gelierte Nahrung, Pflanzensaft saugende Insekten nehmen die Nahrung als Lösung oder Dispersion durch eine Membran auf. Andere Insektenarten gedeihen wiederum nur mit trockener, pulverisierter oder granulierter Nahrung.

Die Verwendung synthetischer oder halbsynthetischer Futtermischungen bringt gegenüber Naturfutter in vielen Fällen bedeutende Erleichterungen, z.B.:

1. Das Futter ist in seiner Zusammensetzung und Qualität gleichbleibend und unabhängig von der Menge und der Jahreszeit. Eine physiologische Veränderung des Futters, die beispielsweise die Diapause bewirken kann, ist ausgeschlossen.

2. Monophage und polyphage Tiere, die ausländische, z.B. tropische, Futterpflanzen brauchen, können jederzeit gezüchtet werden.

3. Verunreinigungen aller Art, wie sie bei Naturfutter in irgendeiner Form immer vorhanden sind, gibt es nicht.

4. Die Ausbreitung von Parasiten und Krankheiten innerhalb eines Zuchtbestandes kann mit der Einzelaufzucht verhindert oder doch stark vermindert werden. Zudem können die Mischungen antimikrobielle Zusätze enthalten.

5. Gute Haltbarkeit der Mischung in der Kälte über mehrere Wochen. Die tägliche Futterbeschaffung fällt fort.

6. Der Versand futterbedürftiger Entwicklungsstadien ist möglich, ohne daß das Futter verdirbt.

a Herstellung von synthetischen und halbsynthetischen Futtermischungen für beißend-kauende Insekten und Milben

Für die Zubereitung der Futtermischungen benötigt man einen Mixer oder Homogenisator, einige verschieden große Bechergläser, eine Kochplatte oder einen Tauchsieder. Die handelsüblichen Haushaltmixer eignen sich nur zur Herstellung kleiner Mengen. Der in Abb. 44 gezeigte und in verschiedenen Größen erhältliche Homogenisator kann zur Herstellung von bis zu 10 kg Futtermischung verwendet werden. Als Mischgefäße können alle möglichen Arten gewählt werden; zu bevorzugen sind aber solche mit einem Heizmantel. Die Futtermischung kann so besser bei bestimmten Temperaturen gehalten werden, wodurch frühzeitiges Erstarren verhindert wird.

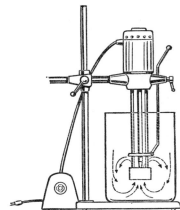

Abb. 44. Homogenisator zur Herstellung von Futtermischungen.

Die Zucht- oder Futtergefäße sind aus Glas oder Kunststoff. Kunststoffbehälter müssen sorgfältig ausgewählt werden. Sie müssen von dem Hersteller zur Aufbewahrung und Lagerung von kalten und warmen Nahrungsmitteln freigegeben worden sein. Bei verschiedenen Kunststoffen kann es in Verbindung mit verschiedenen Nahrungsmitteln zu einer Zersetzung des Kunststoffes kommen, wodurch die eingesetzten Tiere abgetötet werden. Ohne besondere Vermerke versehene Kunststoffgefäße sind vorher zu prüfen.

Die Futtermischung wird heiß in die vorbereiteten Gefäße eingefüllt. Beim Einfüllen der Mischung ist darauf zu achten, daß die Oberfläche der Mischung so groß wie möglich ist. Hierzu stellt man am besten den Becher nach dem Einfüllen des heißen Futters bis zu dessen Erstarren schräg. Dabei muß die Bildung einer Schaumschicht vermieden oder diese nach dem Erkalten entfernt werden. Das Umfüllen muß unter weitgehend sterilen Bedingungen erfolgen. Sofern Glasgefäße verwendet werden, sind diese vor dem Einfüllen abzuflammen (mit Bunsenbrenner oder brennendem Alkohol auf Wattebausch).

Kunststoffbehälter können je nach Fabrikat bereits steril verpackt bezogen werden. Andernfalls müssen sie vorher mit 70%igem Äthanol (Äthylalkohol) ausgespült werden. Weiter ist darauf zu achten, daß die Atmosphäre weitgehend frei von Staub ist. Zugluft ist ebenfalls bei der Abfüllung zu vermeiden. Die gefüllten Gefäße werden unter möglichst sterilen Bedingungen bis zum Erkalten bei Zimmertemperatur stehengelassen und anschließend in Glas- oder Plastikkästen bei Temperaturen von 2–5 °C aufgestellt. So sind die Mischungen über mehrere Wochen haltbar.

Die Futterkomponenten und Chemikalien können teilweise in Reformhäusern bezogen werden, andere sind dagegen nur von Spezialitätenfirmen zu erhalten. Die Originalfutter für die Herstellung halbsynthetischer Futter sind nach dem Einsammeln während der Vegetationsperiode sofort zu trocknen oder zu gefrieren. Die Trockenfutter müssen dann luftdicht verpackt bei –15 °C aufbewahrt werden.

Von selbst zu Trockenfutter verarbeiteten Pflanzen ließen sich die nachfolgend aufgeführten Wassergehalte (im Backofen bei 75 °C bis zur Gewichtskonstanz getrocknet) ermitteln:

Löwenzahnwurzeln	72,6%
Karotten (Möhren)	89,1%
Kohlrabi	92,8%
Kohlrübe, gelbe	89,4%
Apfel (Jonathan)	87,0%
Bohnenblätter	90,5%
Kartoffelblätter	86,6%

Synthetische Futtermischung

Die im folgenden beschriebene Futtermischung, die zur Aufzucht der Raupen der Gemüseeule verwendet wurde, soll die Herstellung und Zusammensetzung von synthetischen und halbsynthetischen Futtermischungen im allgemeinen verdeutlichen. Die Mischung setzt sich aus verschiedenen Einzelmischungen zusammen.

1.	1000 ml	Wasser
	18 ml	einer 22,5%igen wäßrigen Kaliumhydroxid-Lösung
2.	125 g	Casein, vitaminfrei
	125 g	Traubenzucker
	100 g	Weizenkeime, gemahlen
	25 g	Kohlblätter, pulverisiert
	35 g	Wessons Salzmischung*
	14 g	Ascorbinsäure
3.	90 g	Agar-Agar werden in 2100 ml kochendem Wasser gelöst
4.	3 ml	Formalin-Lösung (38%)
	36 ml	10%ige wäßrige Cholinchlorid-Lösung
	6 ml	Vitaminlösung**
	36 ml	einer alkoholischen Bakterizid/Fungizid-Mischung***
	500 mg (2 Kapseln)	Aureomycin

Die Mischung 1 wird in einem großen Becherglas oder Kochtopf auf ca. 40 °C erwärmt. Unter ständigem Rühren setzt man dann die Mischung 2 zu. Das erhaltene Konzentrat wird dann in einem Mixer oder Homogenisator 15 Minuten lang gemischt. Anschließend gibt man langsam und portionsweise die kochende Agar-Lösung 3 zu. Während diese Mischung 10 Minuten lang homogenisiert wird, setzt man die Mischung 4 zu. Es ist zu beachten, daß die

Gesamtmischung nicht über 70 °C erhitzt werden darf.

* Wessons Salzmischung (zu beziehen durch »Nutritional Biochemicals Corporation« Cleveland 28, Ohio, USA)

21,000%	Calciumcarbonat
0,039%	wasserhaltiges Kupfersulfat (Glauber-Salz)
1,470%	Eisen-III-Phosphat
0,020%	Mangan-II-Sulfat (wasserfrei)
9,000%	Magnesiumsulfat (wasserfrei)
0,009%	Alaun (Kalium-Aluminium-sulfat)
12,000%	Kaliumchlorid
31,000%	Kaliumdihydrogenphosphat
0,005%	Kaliumjodid
10,500%	Natriumchlorid (Kochsalz)
0,057%	Natriumfluorid
14,900%	Calciumphosphat

Anstelle der Wessonschen Salzmischung ist auch die folgende Mischung möglich:

25%	Natriumbicarbonat
25%	Kaliumdihydrogenphosphat
40%	Calciumphosphat
10%	Magnesiumsulfat (wasserhaltig)

** Vitamin-Lösung nach Vanderzant

1200 mg	Nicotinsäure
1200 mg	Calciumpantothenat
600 mg	Riboflavin
300 mg	Thiamin-Hydrochlorid (Vitamin B_1)
300 mg	Pyridoxin-Hydrochlorid (Vitamin B_6)
300 mg	Folsäure
24 mg	Biotin
2,4 mg	Vitamin B_{12}

*** Bakterizid-Fungizid-Mischung
(im Text auch als WH-Lösung bezeichnet)

10 g	Sorbinsäure
15 g	Nipagin (p-Hydroxy-benzoe-säure-alkylester)
0,5 g	Irgasan FPK®

ad 100 ml Äthanol

Außerdem können folgende Antimikrobika in synthetischen Futtermischungen verwendet werden:
das Natrium-, Kalium- und Calcium-Salz der Sorbinsäure, das Natrium-, Kalium- und Calcium-Salz der Benzoesäure, das Natrium-, Kalium- und Calcium-Salz der Ameisensäure, sowie die Säuren selbst; Natriumsulfit, Natriumbisulfit; schließlich

p-Chlorbenzoesäure, Dehydrazetsäure, Borsäure, Hexamethylentetramin (Urotropin). Ein Präparat mit ausgezeichneter fungistatischer Wirkung und guter Verträglichkeit für die Insekten ist CGA 34 549 von der Ciba-Geigy AG, Biotechnische Produkte. Das Konservierungsmittel wird der Diät zugesetzt (25–50 ppm).

Diese Chemikalien können allein oder als Mischung untereinander mit Nipagin oder Irgasan eingesetzt werden. Außer der Beimischung dieser Chemikalien zur Diät besteht eine Methode zur Verhütung von Pilz- und Bakterienwachstum auf der Diätoberfläche im Auflegen von fungizid- und bakterizid-behandelten Auflagen (Abb. 45). Diese bestehen aus Filterpapier oder Verbandgaze, welche in einer 0,5%igen alkoholischen Nipagin- bzw. 0,1%igen Irgasan-Lösung getränkt worden sind. Die trockenen Gaze- oder Filterpapierstücke werden aufgelegt und mit einem borstigen und harten Pinsel bis zum engen und guten Kontakt mit der Futteroberfläche aufgetupft.

Abb. 45. Fungizid- oder bakterizid-behandeltes Filterpapier oder Verbandgaze wird auf die Diätoberfläche gelegt.

Das Besprühen der Diätoberfläche im Zuchtgefäß mit fungiziden und bakteriziden Lösungen vor dem Einsetzen der Tiere ist eine weitere Methode, das Verderben des Futters zu verhindern. Durch das Aufsprühen von Paraffinsprays oder ölfreien Haarfestigungssprays auf die Futteroberfläche kann auch bei offenen Zuchtgefäßen das Austrocknen der Diät verhindert werden.

SHOREY und HYLE geben für die Aufzucht verschiedener polyphager Eulenraupen die folgende Futtermischung an:

2133 g   gequollene Pintobohnen
320 g   Trockenhefe
32 g   Ascorbinsäure
20 g   Nipagin
20 ml   Formaldehyd (38%)
10 g   Sorbinsäure
128 g   Agar-Agar
6400 ml   Wasser

Unsere Erfahrung hat gelehrt, daß die Trockenhefe um 50% reduziert und durch unverändertes bzw. pulverisiertes oder tiefgefrorenes, der zu züchtenden Art zusagendes Naturfutter ergänzt werden kann. Der Wassergehalt des Naturfutters ist dabei entsprechend zu berücksichtigen.

Hinweise zur Verwendung der synthetischen Futtermischungen bei kannibalischen und nicht-kannibalischen Insekten

Fressende Insekten mit kannibalischer Veranlagung können meistens bis nach der 2. Häutung in größerer Anzahl gemeinsam gehalten werden. Dann greifen die Tiere sich gegenseitig an, sofern keine Möglichkeit besteht, das Territorium wesentlich zu vergrößern. Sollte man diese Möglichkeit nicht besitzen, ist es ratsam, die Tiere einzeln zu halten und aufzuziehen.

Am Beispiel des amerikanischen Baumwollkapselwurms (*Heliothis zea*) soll die Aufzucht kannibalisch veranlagter Insekten deutlich gemacht werden.

20–30 schlüpfreife Eier werden mitsamt der Filterpapierunterlage (siehe Zuchtanweisung) auf die 3–5 mm hohe Diätschicht im unten erwähnten Zuchtglas gebracht. Nach der ersten Häutung reduziert man die Zahl der Räupchen im Zuchtglas auf 5 und nach der 2. Häutung auf 1. Als Zuchtgläser für Noctuiden und andere Schmetterlingsraupen eigenen sich ca. 6 cm hohe und 3 cm Durchmesser aufweisende Glas- oder Plastikbecher mit Schraub- oder Klappdeckelverschluß. Der Deckel muß in jedem Fall durchlöchert oder eine Lage Baumwollstoff zwischen Schale und Deckel gelegt werden, damit Luftzutritt gewährleistet ist. Nach dem Besetzen des Futters mit den Eiern bzw. Räupchen

wird das Zuchtgefäß bei 80–85% RLF aufgestellt. Diese Feuchtigkeit verhindert das zu starke Austrocknen und damit das Aufreißen des Futters.

Fressende Insekten, die einen kleinen Lebensraum beanspruchen und *nicht kannibalisch* veranlagt sind, wie z.B. viele Wicklerarten, Kartoffelkäfer, Heuschrecken etc., können gemeinsam in größerer Anzahl auf synthetischem Futter gehalten und gezüchtet werden. Die erstarrte Futtermischung kann den Tieren entweder in Scheiben, Streifen oder Blöcke zerschnitten auf Glasplatten vorgesetzt oder aber in Petrischalen ausgegossen, den Tieren in den Käfig gestellt werden. Außerdem kann man die Futtermischung heiß in Natur- oder Kunstdarm einfüllen und die »Wurst« nach dem Erkalten im Zuchtkäfig aufhängen oder legen (vgl. Abb. 47).

b   Herstellung und Verwendung von synthetischen und halbsynthetischen Futtermedien für stechend-saugende Insekten und Milben

Als synthetische Futtermedien für stechend-saugende Insekten werden dünnflüssige bis hochviskose Nährlösungen verwendet. Diese Futtermedien werden, um den Tieren das zur Nahrungsaufnahme notwendige Einstechen in den Wirt zu ermöglichen, mit einer Membran abgedeckt angeboten.

Hierfür kommen zwei Methoden in Betracht:

1. Das Futtermedium befindet sich in einem mit einer Membran verschlossenen Gefäß (Abb. 46).

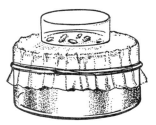

Abb. 46. Schale mit Membran.

2. Das Futtermedium wird als sog. Futterkissen zwischen zwei Membranen verpackt (Abb. 47) oder als Wurst angeboten (Abb. 48).

Abb. 47. Futterkissen.

In früheren Jahren wurden als Membranen die Zwerchfelle von Ratten, Mäusen oder Kaninchen, außerdem Pflanzenepidermen empfohlen. Solche Membranen erfordern einen beträchtlichen Arbeitsaufwand und kommen nur für Spezialfälle in Betracht. Heute werden im allgemeinen Kunststoffmembranen bevorzugt, wie z. B. das unter dem Handelsnamen »Parafilm M« der Ma-

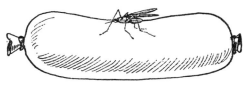

Abb. 48. Diät-Wurst.

rathon Div. of American Can. Co. bekannte Material. Die in vielen Fällen erforderliche wirtsgerechte Attraktivität der Membranen wird durch kleine Kunstgriffe erzielt. Für Bettwanzen genügt es beispielsweise, das synthetische Futtermedium auf 37°C zu erwärmen und eine Duftmarke des üblichen Wirtes auf der Membran anzubringen. Hierzu werden die Duftfelder des Wirtes mit einem äthergetränkten Wattebausch abgerieben. Mit diesem Wattebausch wird dann die Membran betupft. Für Pflanzensauger, insbesondere für monophage Arten, betupft man die Membran mit dem Saft der Wirtspflanze. Mit einer solchen Membran können ebenfalls halb-

synthetische Futter, bestehend aus einer 20%igen Traubenzuckerlösung, vermischt mit dem Preßsaft der jeweiligen Wirtspflanzen im Verhältnis 2:1, verfüttert werden.

Ferner bedürfen die Lichtverhältnisse besonderer Beachtung. So bevorzugen Bettwanzen und *Rhodnius*-Wanzen bei der Nahrungsaufnahme Dunkelheit, Pflanzensauger dagegen Helligkeit. Blattläuse und Blattwanzen benötigen täglich eine mehrstündige Photoperiode.

Bei einigen Insekten müssen die Membranen mit optischen Markierungen versehen werden. So werden die Membranen für Stechfliegen erst dann attraktiv, wenn man sie mit einigen schwarzen Punkten (2–3) versehen hat.

Beispiele für die Aufzucht stechend-saugender Insekten mit Nährlösungen

Blattläuse: Als Zuchtbehälter für die Blattläuse dient ein Plastikbecher (Abb. 47). In den Boden wird eine runde Öffnung gebohrt (∅ 10–15 mm), die mit einem Korken verschlossen wird. Im Becherinneren wird auf diesem Korken mit einer Nadel ein kleiner feuchter Wattebausch befestigt. Durch diese Öffnung werden die Tiere in das Gefäß eingesetzt und die anfallenden Exuvien (Häutung) aus dem Gefäß entfernt. Die feuchte Watte sorgt für die notwendige Luftfeuchtigkeit und 2–3 in der Becherwand gebohrte und mit Nylongaze bespannte Löcher (∅ 5–7 mm) für die Luftzirkulation. Auf die Becheröffnung wird dann ein rundherum überstehendes Stück Membran aufgelegt, das mit dem vorher durch Alkohol desinfizierten Finger 2–3 mm in den Becher eingedrückt wird. Auf diese Membran gießt man dann mit äußerster Vorsicht und unter möglichst sterilen Bedingungen die Nährlösung. Die Lösung wird dann entweder mit einem weiteren Membranstück und/oder einem Deckel (Gummi, Plastik oder paraffinierter Pappe) bedeckt. Die so vorbereiteten Becher werden dann umgekehrt (Membran nach unten) und in einem

Wärmeschrank 30 Minuten lang auf 50–55 °C erhitzt. Dabei ist darauf zu achten, daß keine Flüssigkeit ausläuft, andernfalls ist der Deckel auszuwechseln. Nach dem Erkalten auf Zimmertemperatur werden die Blattläuse eingesetzt und bei konstanter Temperatur bei einer mindestens 16stündigen Photoperiode gehalten.

Verlassen die Blattläuse das Futterkissen, so muß es ausgewechselt werden. Das gleiche Verhalten zeigen die Tiere, wenn Temperatur oder Luftfeuchtigkeit nicht ihren Bedürfnissen entsprechen. Die chemische Stabilität des Nährmediums und die mikrobiellen Verunreinigungen bestimmen die Häufigkeit des Futterwechsels. Ausreichend sterile Nährmedien sind ca. 5–10 Tage haltbar.

Außer der im folgenden beschriebenen Nährlösung können auch 18–20%ige Traubenzuckerlösungen verwendet werden.

Die Aufzucht von Spinnmilben mit einer solchen Anordnung ist ebenfalls möglich.

Zusammensetzung der Diät für die Erbsenblattlaus (nach AUCLAIR)

Aminosäuren und Amide	mg
Alanin	100
Arginin	400
Asparagin	300
Asparaginsäure	100
Cystein	50
Cystin	5
γ-Aminobuttersäure	20
Glutaminsäure	200
Glutamin	600
Glycin	20
Histidin	200
DL-Homoserin	800
Isoleucin	200
Leucin	200
Lysin-Hydrochlorid	200
Methionin	100
Phenylalanin	100
Prolin	100
Serin	100
Threonin	200
Tryptophan	100
Tyrosin	20
Valin	200

Vitamine	mg
Ascorbinsäure (Vitamin C)	10,0
Biotin	0,1
Calciumpantothenat	5,0
Cholinchlorid	50,0
Folsäure	1,0
i-Inositol	50,0
Nicotinsäure	10,0
p-Aminobenzoesäure	10,0
Pyridoxin-Hydrochlorid	2,5
Riboflavin	5,0
Thiamin-Hydrochlorid	2,5

Andere Substanzen	mg
Cholesterol-Benzoat	2,5
Kaliumphosphat	500,0
Magnesiumchlorid-Hexahydrat	200,0
Salzmischung Nr. 2* (USP XIII)	5,0
Traubenzucker	35 000,0
mit dest. Wasser auf 100 ml stellen	

* Salzmischung Nr. 2 erhältlich bei Nutr. Biochem. Corp. Cleveland 28 Ohio; vgl. Ann. Entomol. Soc. Amer. 64, 475, 1971.

Die Salzmischung Nr. 2 kann auch durch eine Mischung von Kupfer-, Eisen-, Mangan- und Zink-chelaten, wie z. B. von Sequestrene-Cu, Sequestrene-Fe, Sequestrene-Mn, Sequestrene-Zn (erhältlich von Ciba-Geigy AG. Basel) ersetzt werden.

* Salzmischung Nr. 2	%
$Ca H_4 (PO_4)_2 . H_2O$	13,58
$Ca (C_3H_5O_3)_2 . 5 H_2O$	32,70
$Fe C_6 H_5 O_7 . 3 H_2O$	2,97
$Mg SO_4$	13,70
$K_2 HPO_4$	23,98
$Na H_2 PO_4 . H_2O$	8,72
$Na Cl$	4,35

Lygus-Wanzen (Methode nach VANDERZANT et al.): Ein 1 Liter großes Einmachglas mit einem 1–2 cm hohen feuchten Gipsboden wird mit einem passenden Korken oder Holzzapfen verschlossen. In diesen Zapfen sind 3 Löcher gebohrt, von denen das eine auf der Innenseite mit Nylongaze überspannt wird (Luftzufuhr), das zweite zum Einführen der Futtermischung und das dritte zum Einsetzen des Eiablagesubstrates gedacht ist. Als Futterbehälter dient ein genau in die Bohrung passendes Glasrohr, das auf der einen Seite mit künstlicher Membran bespannt wird. In das Rohr füllt man ca. 2 ml Nährmedium und steckt es so durch die Bohrung in das Glas, daß es den Zapfen um ein weniges überragt. Als Eiablagesubstrat dient Filterpapier in künstlicher Membran getränkt mit Nährmedium. Hierzu wird ein 4 cm breites und 10 cm langes Stück Filterpapier mit einem 6 cm breiten und 12 cm langen Stück künstlicher Membran, die das Filterpapier allseitig um einen Zentimeter überragen muß, bedeckt. Dann wickelt man Membran und Filterpapier zusammen um einen Glasstab, zieht den Glasstab heraus, schneidet das außen von Membran umgebene Röllchen in 2 cm lange Stücke und befeuchtet diese Röllchen zuerst mit dest. Wasser und dann mit Nährmedium. Mit diesen Röllchen wird dann ein in die Bohrung genau passendes Glasrohr beschickt und in das Zuchtgefäß so eingesetzt, daß das erste Röllchen das Glasrohr um einen Zentimeter überragt. Das Glasrohr wird außen mit Watte verschlossen.

Der so vorbereitete Zuchtbehälter wird dann mit 25–30 *Lygus*-Wanzen besetzt. Die Tiere werden bei 28 °C und einer täglichen Photoperiode von mindestens 16 Stunden gehalten. Unter den gegebenen Bedingungen dauert die Präovipositionsperiode ca. 8 Tage. Für die Beschaffung datierten Tiermaterials wird man das Eiablagesubstrat erst nach dieser Zeit einsetzen. Die Wanzen legen die Eier an den Rändern in den immer feucht zu haltenden Röllchen ab. Es ist ratsam, die Eiablage-Röllchen jeden oder jeden 2. Tag durch neue zu ersetzen.

Unter den gegebenen Bedingungen schlüpfen nach 5–6 Tagen die Jungtiere aus. Ihre Aufzucht erfolgt im Prinzip nach der gleichen Methode, nur kann man kleine Zuchtbehälter (50–100 ml Inhalt) verwenden.

Zusammensetzung des Nährmediums

Alfalfamehl-Extrakt*	3000 mg
Casein, enzymatisch hydrolysiert	2000 mg
Natriumdihydrogenphosphat	80 mg
Kaliumhydrogenphosphat	160 mg
Natriumchlorid	20 mg
Magnesiumsulfat	50 mg
Cholinchlorid	50 mg
Inosit	20 mg
Vitamin B-Komplex	1000 mg
Cholesterin	50 mg
Ascorbinsäure	100 mg
Wasser	auf 100 ml auffüllen

* Zur Herstellung des Alfalfamehl-Extraktes werden 50 g Alfalfamehl eine Stunde lang in 1250 ml Wasser unter ständigem Rühren erhitzt. Die Lösung wird dann über Nacht im Eisschrank stehen gelassen und anschließend filtriert.

Für blutsaugende Wanzen, Zecken, Stechfliegen und Mücken dienen als Fütterungsbehälter die gleichen Behälter wie sie für Blattläuse (Abb. 47) beschrieben wurden. Statt eines Plastikbechers kann man eine mit der künstlichen Membran bespannte Petrischale, die aber auf einer Wärmeplatte gehalten werden muß, verwenden (Abb. 46).

Die Einlage eines feuchten Wattebausches ist für blutsaugende Wanzen nicht erforderlich, da die Tiere in bezug auf Luftfeuchtigkeit anspruchslos sind.

Das Futtermedium, defibriniertes oder mit Antikoagulantien versetztes Rinderblut, muß eine Temperatur von 37 °C haben. Aus diesem Grunde werden die Zuchtbehälter auf eine Wärmeplatte oder ein Wasserbad gestellt. So vorbereitete Futtermedien werden von den Tieren sofort angegangen. Nach 10–15 Minuten ist die Nahrungsaufnahme meist beendet.

Eine weitere Methode der Verwendung künstlicher Wirte besteht darin, daß mit Blut gefüllte und auf 37 °C erwärmte Därme in den Käfig der Insekten gelegt werden (Abb. 48).

3 Zusatzfutter

Die Qualität der natürlichen Futtersubstrate ist nicht immer konstant und liegt oft weit ab von den optimalen Anforderungen. Sie kann durch Beigaben von zusätzlichen Nährstoffen wesentlich verbessert werden, was sich dann in einer störungsfreien und besseren Entwicklung der Tiere äußert. Im folgenden werden die wichtigen Zusatz- oder Ersatzfutter angegeben.

Hefe: Besteht aus Sproßzellen des Hefepilzes *Saccharomyces cerevisiae*. Die 0,005–0,008 mm großen, eiförmig-elliptischen Körperchen werden in flüssigen, Maltosehaltigen Nährböden kultiviert. 1 g Hefesubstanz enthält ca. 10 Milliarden solcher Körperchen. Die lebende Zelle der gebräuchlichen Frisch- oder Bäckerhefe enthält ca. 75% Wasser und 25% Trockensubstanz. Diese besteht aus ca.:

40–55% Eiweiß	(Albumine)
	(Proteine)
	(Peptone)
	(Aminosäuren)
20–30% Kohlenhydrate	(Glykogen)
	(Mannit)
7– 9% Mineralbestandteile	
	(Asche)
2– 3% Lipoide	(Fett)
	(Stearine)
	(Phosphatide)
10–20% sonstige Bestandteile.	

Außer Vitamin C sind in der Kulturhefe alle Vitamine mehr oder weniger vorhanden. Hefe kennt man in verschiedenen Varietäten.

Bäckerhefe (Saccharomyces cerevisiae Hansen*)* ist »obergärig«. Sie gärt optimal bei 30°C. Als »untergärig« bezeichnet man *Saccharomyces cerevisiae karlsbergensis*, die *Brauerhefe*, die schon bei 5°C gärt. Verschiedene Bezeichnungen der Hefeprodukte beziehen sich auf die Aufbereitung der Hefen. Bäckerhefe ist eine Filterhefe, bei welcher der Hefesuspension (aus dem Kulturmedium) das Wasser z.T. entzogen ist.

Trockenhefe erscheint als Granulat oder Pulver. Sie ist aktiv, also sproßfähig, weil schonend getrocknet. Wassergehalt ca. 8%. Ihre Lager- bzw. Lebensfähigkeit beträgt ohne Zutritt von Sauerstoff und Feuchtigkeit

bei 20°C =   4 Monate
bei 4°C = 6–9 Monate
bei 1°C = 12 Monate

Aktive Trockenhefe, gemahlen: Bei dem fein gemahlenen, mehlförmigen Trockenpulver sind ca. 50% der Zellen durch den Mahlprozeß zerstört.

Inaktive Hefen sind 1 Stunde bei 120°C behandelt. Durch die Tötung der Zellen sind die Enzyme bzw. ist die Gärung ausgeschaltet.

Futterhefe wird gebildet vom Pilz *Torula utilis* oder *Candida utilis*.

Wilde Hefen kommen überall vor und sind *nicht* sehr anspruchsvoll.

Blütenstaub (Pollen): Der nährstoffreiche, bis zu 30% Eiweiß enthaltende Blütenstaub der Haselnuß *(Corylus avellana)*, der Birke *(Betula alba)* oder der Schwarzerle *(Alnus glutinosa)* wird im frühen Frühjahr eingesammelt. Sowie die Blüten anfangen zu stäuben, sammelt man sie in einem großen Plastiksack ein, wobei man die Blüten unmittelbar über der Sacköffnung abschneidet. Das Material wird dann auf Zeitungspapier ausgebreitet, bei 30–35°C und niedriger Luftfeuchtigkeit getrocknet. Dann werden die Blütenrückstände ausgesiebt oder ausgesammelt, der zurückbleibende Staub nochmals, am besten in einem Exsikkator über Calciumchlorid, bei 30–40°C getrocknet. Anschließend wird der Staub in Portionen zu 10 g in kleinen Fläschchen luftdicht oder noch besser evakuiert verschlossen und im Kühlschrank aufbewahrt. Blütenstaub kann auch durch Liophylisieren, d.h. tiefgefroren unter Vakuum getrocknet, konserviert werden.

Bienenhonig: Beim Honig handelt es sich um Nektarsäfte, die von Bienen gesammelt, innerhalb ihres Körpers verändert und in den Waben des Stockes gespeichert werden. Je nach Art der nektarspendenden Pflanzen ist seine Qualität verschieden. Der Honig unserer Bienen enthält zum größten Teil Kohlenhydrate, d.h. Invertzucker, bestehend aus Trauben- und Fruchtzucker. Außerdem finden sich darin kleine Mengen von Rohrzucker. Wichtiger Bestandteil ist ferner das Enzym Diastase. Von Bedeutung für die Honigqualität sind ferner Eisen-, Mangan-, Calcium- und Phosphorsalze sowie organische Säuren und Aromastoffe.

Milchpulver: Das aus Vollmilch hergestellte, käufliche Milchpulver stellt ein ausgeglichenes und nährstoffreiches Futter dar, mit ca. 25% Proteinen, ebenso viel Fett, um 40% Kohlenhydrate, einigen wichtigen Vitaminen (einschl. B 12) sowie den üblichen Spurenelementen.

Weizenkeimmehl: Bei längerem Lagern vermindert sich die Qualität von Weizenkeimmehl. Zur Verfütterung sollte nur frische oder höchstens während zwei Monaten kühl gelagerte Ware gelangen. Weizenkeime sind ein vorzügliches Zusatz- oder Ersatzfutter. Sie enthalten etwa:

    25% Proteine
    10% Fette
    50% Kohlenhydrate
        sowie die Vitamine: B_1, B_2, B_6,
        Nicotin- und Pantothensäure
        außerdem andere organische Bestandteile und Spurenelemente

Trockenblut: Zur Herstellung dieses außerordentlich hochwertigen Eiweißfutters bringt man das frisch gewonnene, auf dem Transport meist schon in Blutkuchen und Serum separierte Rinder- oder Kalbsblut als 1–2 cm hohe Schicht in flache, weite Schalen. Die Trocknung erfolgt bei 50–60°C. Der bis zur Gewichtskonstanz getrocknete und fein gemahlene Rückstand ist kühl und trocken monatelang haltbar.

Chitinpulver: Als Chitinpulver, das die Aufzucht zahlreicher Keratinfresser erlaubt und erleichtert, bezeichnen wir getrocknete und fein gemahlene Insekten. Hierzu werden tote Fliegen, Heuschrecken, Küchenschaben oder andere getötete Insekten bei 70–80°C getrocknet und

im Mörser zu Pulver zerrieben. Um ein sehr feines Pulver zu erhalten, empfiehlt sich die Verwendung eines Mixers zur groben Zerkleinerung und einer Kugelmühle für das Mahlen.

Trockenexkremente: Die Zucht mehrerer keratin- und aasfressenden oder faecesbesuchenden Insektenarten verlangt die Verwendung von Exkrementen verschiedener oder bestimmter Tierarten. Sofern nicht ausschließlich frischer Kot erforderlich ist, kann solcher, wie bei Trockenblut beschrieben, getrocknet und aufbewahrt werden. Je nach Bedarf wird das Pulver trocken oder mit Wasser befeuchtet, verwendet.

Die Kombination der oben beschriebenen Nährstoffe erlaubt in zahlreichen Fällen eine Steigerung der Attraktivität und des Wertes des Futters. Nachfolgend einige, häufig empfohlene Mischungen:

HT-Teig: Bienenhonig wird mit soviel Traubenzucker geknetet, bis ein trockener, beinahe krümeliger Teig entsteht. Diese amorphe Masse ist im Eisschrank gut haltbar.

HH-Teig: Bienenhonig wird mit Trockenhefe im Volumverhältnis 1:1 zu einem homogenen Teig verknetet. Im Eisschrank gut haltbar.

BT-Mg: Trockenblut wird mit Traubenzucker im Volumverhältnis 1:2 vermischt.

HHW-Teig: Bienenhonig, Trockenhefe und Weizenkeimmehl im Volumverhältnis 1:1:1 werden zu einem homogenen Teig verknetet. Im Eisschrank längere Zeit haltbar.

HHS-Teig: Wie HHW-Teig, anstelle von Weizenkeimmehl wird Sojabohnenmehl oder Trockenmilch verwendet.

Für die Aufzucht zahlreicher Insektenarten können auch im Handel erhältliche Mischungen verschiedener Futtersubstrate verwendet werden:

Hundekuchen (gemahlen) müssen für die Verfütterung an Insekten frei von Lebertran sein.

Die käuflichen *Hundekraftfutter* sind meist zusammengesetzt aus Trockenfleisch, verschiedenen Getreidesorten, Mineralsalzen und wichtigen Vitaminen. Das Futter ist käuflich in Form von Biskuits oder grobkörnigen Mischungen und muß für die Verfütterung an Insekten je nach Bedarf pulverisiert werden.

Kükenfutter: Die Bestandteile dieser Futterart, die sich zur Aufzucht zahlreicher Insektenarten bestens eignet, sind (in absteigendem Gehalt): Gerste, Hafer, Mais, Fischmehl, Fleischfuttermehl, Trockenhefe, Luzernemehl und Weizenkeimmehl.

Kaninchenwürfel: Diese als Standardfutter für Kaninchen bestbekannten Preßwürfel sind auch zur Aufzucht zahlreicher Insekten bestens geeignet. Sie enthalten die Rohstoffe Gerste, Hafer, Weizen, Erdnußschrot, Leinsaat, Sonnenblumenkerne, Weizenkleie, Luzerne, Melasse, kohlensauren und phosphorsauren Kalk. Außerdem enthalten sie Vitamine und Spurenelemente als Zusätze.

Mäuse- und Rattengranulate: Wie die Kaninchenwürfel eignet sich auch dieses Futter als Nährsubstrat für zahlreiche Insekten. Es enthält Gerste, Hirse, Weizen, Haferflocken, Fischmehl, Magermilchpulver, Sojaschrot, Weizenkleie, kohlensauren und phosphorsauren Futterkalk, Kochsalz und Zusätze von Vitaminen und Spurenelementen.

4 Tränken

Trinkwasser oder Nährlösungen, denen Lockstoffe, Desinfektions- bzw. therapeutische Substanzen, Farbstoffe zur Markierung oder zusätzliche Nährstoffe beigemischt werden können, werden den Tieren in verschieden konstruierten Tränken vorgesetzt. Welche Tränke verwendet wird, richtet sich nach dem Wasserbedarf und der Aufnahme durch die Zuchttiere.

Tellertränke (Abb. 49): Eine flache Glasschale (Petrischale) wird mit 2–3 Lagen feuchtem Filterpapier ausgelegt. Ein mit Wasser gefülltes Tablettenröhrchen wird mit der Öffnung nach unten in die Mitte der Schale auf das Filterpapier gestellt. Das Filterpapier zieht die Flüssigkeit bis

zur Sättigung nach und arbeitet somit selbsttätig.

Abb. 49. Tellertränke.

Dochttränke (Abb. 50a–c): Die Tränke besteht aus einem Glas- oder Plastikbehälter, dessen Art und Größe den jeweiligen Zuchten angepaßt ist. In diesen Behälter steckt man einen aus saugfähigem Material (Watte, Baumwolle, Schwamm) gedrehten Docht, der weit in die Flüssigkeit hineinreicht und so dick ist, daß er beispielsweise Flaschen oder Glasröhrchen verschließt. Die Tiere werden so am Eindringen in den Behälter und vor dem Ertrinken geschützt, können aber ungehindert die Flüssigkeit direkt vom Docht aufnehmen.

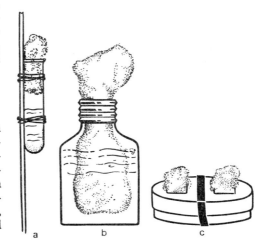

Abb. 50. Drei Möglichkeiten einer Dochttränke.

Klettertränke (künstliche Blume), (Abb. 51): Eine Klettertränke wird besonders bei der Zucht größerer Insekten, wie Tagpfauenaugen, Kohlweißlingen,

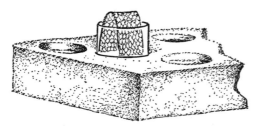 

Abb. 51. Klettertränke.

Rosenkäfern, verwendet, die mit Vorliebe auf ihrer Nahrungsquelle sitzen, um die flüssige Nahrung aufzusaugen.

Glasschalen mit einem Mindestdurchmesser von 5–10 cm (Kristallisierschalen) werden außen mit grobmaschiger Nylongaze bespannt. In die Schale stellt man als Bogen oder als V ein Stück der gleichen Gaze, so, daß diese ca. 1–2 cm in die Lösung eintaucht. Die anfliegenden Insekten klettern dann auf den Gazestreifen umher und saugen dort, ohne sich mit der Nahrung zu beschmutzen. Durch Verwendung verschieden gefärbter Gaze können die Tiere auf eine bestimmte Farbe dressiert und zur Futterquelle gelockt werden. Müssen in einem Flugkäfig mehrere solcher Tränken aufgestellt werden, so setzt man sie in vorgelochte Styroporblöcke ein. Dieses Material ist für die Insekten besonders griffig.

lochte Platte aus einem schwimmfähigen Material, beispielsweise aus Kork, Styropor oder einem anderen Kunststoff. Ihr Durchmesser muß ca. 2 mm kleiner als der des Behälters sein. Diese Platte dient den Insekten als Lande- und Sitzplatz, von dem aus sie bequem durch die Löcher hindurch Wasser trinken können.

Abb. 53. Siphon- oder Vogeltränke.

Siphontränke (Abb. 53): Die als Vogeltränke bekannte und an ihrem spitzauslaufenden Oberteil verschlossene Flasche ist am Boden zu einem kleinen, nach oben gerichteten Schnabel ausgezogen. Zum Einfüllen des Wassers wird der Schnabel nach oben gehalten. In die Schnabelöffnung legt man locker einen Wattebausch ein, der das Eindringen der Insekten in die Flasche verhindern soll.

Gallerten-Tränke (Abb. 54): 0,75 g Agar-Agar in 100 ml kochendem Wasser gelöst und in kleine Döschen abgefüllt, ergibt nach dem Abkühlen unter 35 °C eine formbeständige, gallertige Masse. Je nach Bedarf können dieser Agarlösung Zusatzstoffe wie Zucker, Salze, geruchliche oder optische Köder in Form von Duft- oder Farbstoffen, beigemischt werden. Ein in

Abb. 52. Schwimmertränke.

Schwimmertränke (Abb. 52): Diese selbsttätige über längere Zeit haltbare Tränke besteht aus einem zylindrischen Gefäß, z. B. einer Konservenbüchse, einem Plastik- oder Glasbecher. Auf die Oberfläche der Flüssigkeit legt man eine gedie Gallertmasse gestecktes Karton- oder Holzstückchen dient als Anflug- oder Sitzplatz besonders für fliegende Insekten. Solche Gallerten-Tränken, die auch aus anderen gelierenden Substanzen, wie z. B. Gelatine, herstellbar sind, können auf Vorrat hergestellt und unter dichtem Verschluß während längerer Zeit im Kühlschrank gelagert werden.

Abb. 54. Gallertentränke.

F Krankheiten und Schädlinge

Zuchtbestände von Insekten und anderen Arthropoden sind verschiedenen Krankheiten ausgesetzt und werden von verschiedenen Parasiten und Räubern heimgesucht: Viren, Rickettsien, Bakterien, Pilze, Einzeller, Würmer, Insekten und Spinnentiere (siehe Liste am Ende dieses Kapitels).

An Krankheiten können solche mit endemischem oder epidemischem Auftreten beobachtet werden. Während endemische Krankheiten oft in einer Zucht über längere Zeit existent aber nicht manifest sind und erst bei eintretenden Indispositionen akut werden, werden epidemische Krankheiten passiv mit Material verschiedenster Art (Futter, Utensilien) oder durch direkten Kontakt der Tiere übertragen.

Viele der Krankheiten hervorrufenden Mikroorganismen sind bei Insekten und anderen Arthropoden latent vorhanden und werden erst unter zuchthygienisch ungünstigen Verhältnissen oder dem schlechten Allgemeinzustand der Tiere virulent. Außerdem werden verschiedene Krankheitserreger, Parasiten, Prädatoren oder Räuber mit frischem Tiermaterial oder dem Naturfutter in die Zuchten eingeschleppt. Oft führen auch physiologische Störungen, die auf schlechtes Futter zurückzuführen sind, den Zusammenbruch einer Zucht herbei. Außerdem ist die Vitalität und die Widerstandskraft einer Art weitgehend von der Jahreszeit und dem Grad der Inzucht abhängig. Erfahrungsgemäß erkranken Schmetterlingsraupen an Virosen im Herbst stärker, und die Krankheit tritt bei Zuchten, die über Generationen nicht aufgefrischt wurden, stärker auf.

Das Erkennen und Determinieren der Krankheiten bei Arthropoden ist schwierig. Ausnahmen bilden einige wenige aber typische Mykosen. Die ersten Krankheitssymptome sind meist nicht auffällig und werden daher häufig übersehen. Der akute Ausbruch der Krankheit geht meist mit innerhalb kürzester Zeit auftretender starker Mortalität einher. Zu diesem Zeitpunkt sind dann aber therapeutische Maßnahmen meist schon wirkungslos.

Andere Voraussetzungen bildet der Befall durch Parasiten und Räuber. Unter Parasiten sind z. B. Schlupfwespen, Milben und andere Arthropoden zu verstehen, die einen Teil ihrer Entwicklung in oder auf dem Insekt durchlaufen. Räuber, auch Prädatoren oder Episiten genannt, ernähren sich von den Zuchttieren bzw. deren Entwicklungsstadien. Eine weitere Kategorie, die Kommensalen, sind jene Tierchen, die sich in Zuchten einfinden und ohne das Zuchttier direkt zu schädigen, von dessen Futter oder Ausscheidungen leben.

1 Zuchthygiene

a Vorbeugende Maßnahmen

Durch drei wesentliche prophylaktische Maßnahmen kann man eine Zucht vor dem massierten Auftreten von Krankheitserregern schützen. An erster Stelle steht die *Sauberkeit*. Zuchträume, Zuchtkäfige und die Instrumente müssen gründlich mit Seife (Detergentien) gereinigt werden. Bei Zuchträumen sollte das mindestens zweimal wöchentlich erfolgen, bei Zuchtkäfigen und den anderen Materialien immer dann, wenn eine neue Besetzung vorgenommen wird oder eine andere Zucht versorgt wird. Aus den Käfigen müssen alle Substrate, auf denen sich Mikroorganismen gerne ansiedeln, so schnell und so gründlich wie möglich entfernt werden. Hierzu gehören insbesondere der anfallende Kot, Kadaver, Exuvien sowie in Zersetzung übergegangene oder wertlos gewordene Futterreste. Ist die Reinigung der Käfige mit Schwierigkeiten verbunden, setzt man die Zuchttiere in neue saubere Käfige um. Das Futtermaterial muß in jedem Falle vor dem Gebrauch mit Wasser gründlich abgebraust und zumindest visuell auf Parasiten und Räuber untersucht werden. Manche Futtermaterialien können auch gebrüht oder erhitzt werden.

Neben der sorgfältigen Reinigung spielt die *Desinfektion* die größte Rolle. Außer der täglichen Reinigung und der etwas weniger häufigen Gesamtreinigung sind die Zuchträume mindestens zweimal im Jahr einer Raumdesinfektion zu unterziehen. Hierzu läßt man sämtliche Instrumente, Geräte und Käfige (leer) im Raum, der sorgfältig abgedichtet wird. Je nach Raumgröße verdampft man eine bestimmte Menge 38%igen Formaldehyd (Breslauer Methode). Das Verdampfen wird mit der »Fluegge-Apparatur« vorgenommen. Nach 6–8stündiger Einwirkung wird der Aldehyd mit der entsprechenden Menge Ammoniak neutralisiert. Der Ammoniak wird ebenfalls verdampft.

Die folgende Tabelle gibt die Aufwandmengen an Formaldehyd/Ammoniak pro m³ Raum an. Gleichzeitig sind noch die Menge der Trägerstoffe, Wasser und Alkohol angegeben.

Diese Desinfektion reicht bei weitem nicht für die Instrumente, Geräte und Käfige aus. Diese sollen so oft wie möglich entweder in kochendes Wasser eingelegt werden, mit dem Bunsenbrenner oder brennendem Aethanol abgeflammt oder bei 100–120°C einige Stunden in den Trockenschrank gelegt werden. Ebenso sollten alle Materialien wie Textilien, Gipsblöcke, Metall- und Holzgegenstände mit einer der genannten Methoden von Zeit zu Zeit, mindestens aber vor dem Gebrauch desinfiziert werden. In vielen Fällen ist die Anwendung von Formalin in Konzentrationen zwischen 0,5 und 1% ausreichend.

Als dritte Maßnahme soll die Anwendung von *Chemotherapeutika* und *Antibiotika* genannt werden. Diese Substanzen werden hauptsächlich bei Ausbruch einer Infektion dem Futter beigemischt. Ihre Anwendung ist aber in jedem Falle für das Tiermaterial problematisch und sollte nur nach entsprechenden Vorversuchen vorgenommen werden.

b Direkte Maßnahmen

Im folgenden finden sich Hinweise über therapeutische Maßnahmen beim Auftreten von Krankheiten und Parasiten in Insekten- und Milbenzuchten. Die Empfehlungen erheben keinen Anspruch auf Vollständigkeit. Im Einzelfall ist die entsprechende Literatur zu konsultieren oder der Rat eines Fachmannes einzuholen.

Virus-Infektionen = Virosen

Außerordentlich vielfältige Krankheitsbilder, die erst im stark vorgerückten Krankheitsstadium deutlich werden. Als

Raumgröße m³	Formaldehyd 38% Lsg.	Wasser	Alkohol	Ammoniak	Alkohol cm³
10	400	600	200	150	15
20	550	850	300	300	30
30	650	1000	400	400	40
40	800	1200	500	550	50
50	900	1350	550	600	60

Symptome sind zu nennen: Freßunlust, Apathie oder rastloses Umherwandern, Dunkel-Färbung des Integumentes mit anschließender Schlaffsucht, breiiger und stark stinkender Kot, stinkender Körperinhalt verendeter Tiere. Oft werden die Tiere blaß bis opal, besonders Schmetterlingsraupen erscheinen leicht aufgebläht.

Rickettsien-Infektionen = Rickettsiosen

Futteraufnahme wird verweigert, apathische Bewegungen, fleckige Dunkel-Färbung des Integumentes, Schrumpfen des Körpers, geringe und schleimige Kotabgabe.

Therapie: Die Anfälligkeit verschiedener Zuchten gegenüber Virus- und Rickettsien-Infektionen wird in erster Linie durch über mehrere Generationen andauernde Inzucht begünstigt. Aus diesem Grunde sollte das Tiermaterial möglichst häufig mit fremden, frisch eingesammelten, männlichen und weiblichen Tieren gekreuzt werden. Die Gefahr solcher Infektionen, die sehr schnell zu einem Zusammenbruch der Gesamt-Zucht führen können, kann durch Einzelaufzucht weitgehend gebannt werden. Bei polyphagen Tieren kann auch häufiger Futterwechsel die Infektionsgefahr verringern. Unerläßlich ist bei der täglichen Kontrolle das Entfernen toter, kranker oder krank erscheinender Tiere. Beim Aufbau einer neuen Zucht, nach dem Zusammenbruch der alten, ist die gründliche Raum- und Käfigdesinfektion unerläßlich.

Bakterien-Infektionen = Bakteriosen

Krankheitssymptome und -verlauf ähnlich wie bei den Virosen. Bei zahlreichen Bakteriosen verfärbt sich das Integument von Larven und Adulten bauchseits gelblichrot bis rosa.

Therapie: Neben der sorgfältigen Zuchthygiene ist bei derartigen Infektionen die Anwendung von Antibiotika und Chemotherapeutika ratsam.

Sämtliches für eine Zucht notwendiges Material wird mit Seife gewaschen und dann mit Formalin desinfiziert. Am besten ist es, wenn man die Geräte ca. 30 Minuten in eine 1%ige Formalinlösung einlegt. Instrumente, die ein Abflammen vertragen, können auf diese Weise keimfrei gemacht werden. Das Besprühen mit Formalinlösung gibt nicht die gleiche Sicherheit wie das Einlegen.

Die Anwendung von Chemotherapeutika und Antibiotika ist abhängig von ihrem Wirkungsspektrum, der Empfindlichkeit der Krankheitserreger gegenüber dem Medikament, der Verträglichkeit dieser Mittel und der Häufigkeit, mit der solche Präparate schon angewendet worden sind. Durch Vorversuche muß abgeklärt werden, welches Präparat in welcher Dosierung angewendet werden kann.

Zu empfehlen ist, den synthetischen und halbsynthetischen Futtermischungen bis zu 25 ppm Aureomycin zuzusetzen. Grünfutter (natürliches Blattwerk) sollte bei Auftreten einer Bakterieninfektion mit einer 0,005%igen Aureomycin-Suspension besprüht werden. Die Behandlung sollte höchstens 2–3mal erfolgen, danach sollten die Tiere unbehandeltes Futter erhalten. Nach einigen Tagen kann dann eine zweite und im gleichen Intervall, eine dritte, zusätzliche Nachbehandlung erfolgen. Da Bakterien gegen öfters und über längere Zeit angewendete Präparate resistent werden, sollten insbesondere die Antibiotika häufig gewechselt werden. Bei polyphagen und oligophagen Insekten ist ein temporärer Futterwechsel ratsam.

Pilz-Infektionen = Mykosen

Die Krankheitssymptome bei Mykosen sind meist nicht spezifisch und daher nicht diagnostisch verwertbar. Nur bei Oberflächen- und Wundmykosen tritt der Pilz lokalisiert auf. Bei nicht sichtbarem Auftreten von Mykosen können aber folgende Symptome beobachtet werden: Grau-, Braun-, Rot-Verfärbungen des Integumentes, Freßunlust, Apathie, Paralyse verbunden mit breiiger Kotabgabe, Aufblähung des Abdomens, torkelnde Gangart.

Therapie: Die allgemeine Zuchthygiene ist als prophylaktische und kurative Maßnahme wesentlich, um bestehende Zuchten vor Pilzinfektionen zu schützen.

Bei einer Infektion muß die Desinfektion des Zuchtraumes ohne das Tiermaterial im Abstand von 8 Tagen wiederholt werden, wobei die Luftfeuchtigkeit zwischen den Behandlungen sehr hoch sein muß. In den Fällen, in denen das Tiermaterial an seinem Platz bleiben muß, desinfiziert man mit 0,5–2,5%igen Formalinlösungen ohne nachfolgende Neutralisation mit Ammoniak. Instrumente und Geräte desinfiziert man mit 0,5–1%ige Formalinlösung. In dieser Konzentration wird Formalin auch zur Desinfektion der Futterpflanzen eingesetzt. Material wie Textilien, Filterpapier, Gipsplatten, Holz etc. kann durch Impränieren oder Spülen mit einer 0,5–1%igen Fungizidlösung, z.B. Irgasan® FPK, über längere Zeit vor Verpilzung bewahrt werden. Die Behandlung der Insekten und Milben und ihrer Entwicklungsstadien kann mit 0,1–0,5%iger Formalinlösung erfolgen (eintauchen). Anschließend werden die Individuen auf keimfreien Unterlagen (Filterpapier, Baumwollstoff) getrocknet.

Anstelle von Formalin können auch andere im Handel befindlichen Funigzide und Fungistatika Verwendung finden. Welche Präparate in Betracht kommen, ist einmal von Vorversuchen, zum anderen vom Rat des Fachmannes oder der Literatur abhängig. Empfehlenswert sind Präparate auf Basis von Thiocarbamaten, Thiuramen, Chinolin-Derivaten, Diphenylharnstoff-Derivaten, Pentachlornitrobenzol. Die Empfindlichkeit der verschiedenen Entwicklungsstadien gegenüber den einzelnen Präparaten ist in jedem Fall durch Vorversuche abzuklären.

Protozoen-Infektionen = Protozoasen (Krankheiten, hervorgerufen durch Urtiere)

Nicht spezifische Krankheitssymptome. Erkennen der Krankheit schwierig. Die Erreger befallen verschiedene Organe, die sich dann stark vergrößern. Bei Infektionen des Darmes stellen sich Krämpfe ein, verbunden mit Verweigerung der Nahrung. Abgabe von extrem wäßrigem oder trockenem, staubigem Kot, unkoordinierte Bewegungen und Schlaffsucht. Bei Infektionen der Muskeln und des Fettkörpers treten meist Spätsymptome auf, wie Apathie, fleckiges Integument, Störungen im Häutungsablauf und stark verzögerte Verpuppung.

Die Inkubationszeit und Virulenz der verschiedenen Erreger sind nicht gleichmäßig, sondern hängen weitgehend vom Allgemeinzustand des Insektes und dessen Lebensbedingungen ab.

Verschiedene Protozoen, z.B. *Microsporidia*, sind aufgrund transovarialer Übertragung latent im Wirtskörper vorhanden. Erst bei ungünstiger Disposition der Insekten werden diese Protozoen virulent.

Therapie: Tiere, bei denen der Verdacht einer Protozoeninfektion besteht, müssen mikroskopiert werden. Die häufig auftretende transovariale Übertragung von Mikrosporidien ermöglicht den Nachweis der Krankheitserreger in den Eiern. Die Erreger sind stark lichtbrechend, rund und daher gut erkennbar. Einige Eier eines Geleges werden auf dem Objektträger mit einem Tropfen Wasser versehen, mit dem Deckglas abgedeckt und dann durch leichten Druck mit einer Pinzette oder Präpariernadel zerquetscht. Die Sporidien sind bei 100–150facher Vergrößerung gut erkennbar, auch können die Fettkörper und der Darm Hinweise auf Sporidienbefall geben.

Die Therapie mit Chemotherapeutika ist von vielen unkontrollierbaren Faktoren abhängig. Die Anwendung der von verschiedenen Autoren empfohlenen Chemotherapeutika ist aufgrund der häufig zu beobachtenden Wirts- und Erregerspezifität problematisch.

Zur Desinfektion der Geräte empfiehlt Weiser Formalin und Essigsäure. Hitzebeständiges Material kann durch einstündiges Erhitzen auf 60–70°C sporidienfrei werden. Die Thermodesinfektion der lebenden Tiere ist möglich, erfordert aber besondere Einrichtungen und Erfahrungen. Daher sollte sie dem Spezialisten vorbehalten bleiben.

Nematoden-Infektion

Die endoparasitären Würmer dringen vom Darm aus in die Leibeshöhle der Insekten ein und verbreiten sich von dort aus zu den verschiedenen Organen. Bei starkem Befall können die Insekten sterben. Die Befallssymptome sind: Dauerndes Umherwandern; fortschreitende, fleckige Verfärbung des Integuments besonders bei Raupen; stark verringerte Nahrungsaufnahme; blasig aufgetriebene Hinterleibssegmente.

Therapie: Neben der Beachtung einer gründlichen Zuchthygiene muß auf äußerste Sauberkeit in den Zuchtkäfigen geachtet werden. Die Exkremente sind sofort zu entfernen, insbesondere die schon angetrockneten. Als nematizides Reinigungsmittel ist starke Schmierseifelösung zu empfehlen.

Parasiten und Räuber

Diese Schadenstifter gelangen aktiv oder passiv mit dem Futter in die Zuchten. Bei gründlichen Kontrollen des eingehenden Futtermaterials wie überhaupt allen Materials, das mit den Zuchten in Verbindung kommt, außerdem der Crucht räume und -käfige, können diese Schädlinge von vornherein eliminiert werden.

Bekämpfung der Parasiten

Neben der üblichen Zuchthygiene kommt der Kontrolle des Futters und des verwendeten Materials besondere Bedeutung zu. In Zuchten mit ungeflügelten Stadien, beispielsweise bei Schmierläusen, stengelbohrenden Raupen von Kleinschmetterlingen, Blattläusen, Schildläusen, verhindern mit Dauerklebeleim oder Giftköder bestrichene Sitzflächen die Parasitierung durch Schlupfwespen. Diese Sitzflächen bestehen aus Holzbrettchen, Plastik- oder

Glasplättchen (Objektträger) die auf beiden Seiten mit Raupenleim bestrichen werden.

Statt Raupenleim kann auch Honig oder Melasse, denen 0,2–0,5 % eines Insektizids (DDT®) beigemischt ist, verwendet werden. Diese Platten steckt man dann zwischen das Pflanzenmaterial, so daß sie dieses nicht berühren. Optische Markierungen, z.B. gelbe Punkte auf diesen Plättchen, locken die Parasiten noch schneller an.

Die räumliche Unterteilung einer Zucht in kleine, gut zu beobachtende und zu kontrollierende Partien bietet den wirksamsten Schutz gegen und bei einer Parasitierung.

Bekämpfung der Räuber

Auch hier kommt neben der üblichen Zuchthygiene der Kontrolle des Futters und des verwendeten Gebrauchsmaterials besondere Bedeutung zu. Ganz besonders muß darauf geachtet werden, daß die Zuwanderung räuberisch lebender Insekten und insbesondere Milben verhindert wird. Weiterhin spielt die Desinfektion des Materials und der Zuchtbestände eine wesentliche Rolle.

Gegen Zuwanderung von Räubern (Insekten und Milben) schützt man sich in erster Linie durch Anlegen von Barrieren.

1. Öl-Barrieren

Die Zuchtbehälter werden entweder auf mit Öl getränkte Materialien wie Papier, Textilien oder in mit Öl angestrichene oder ausgegossene Wannen aufgestellt. Verwendbar sind geruchlose Öle, z.B. Paraffinöl, hochgereinigtes Mineralöl etc.

2. Wasser-Barrieren

Etwa 3 cm hohe Wannen, deren Rand eine 3–5 cm breite Rinne bildet, werden bevorzugt. In diese Rinne wird Wasser gefüllt, dem man ca. 0,2–0,5 % Netzmittel (Spülmittel) zusetzt. Sind solche Wannen nicht zur Hand, können auch flache Schalen verwendet werden, die man 1 cm hoch mit Wasser füllt und die Zuchtkäfige dann als »Pfahlbauten« einstellt.

3. Leim- oder Talkum-Barrieren

Ein Blech oder Brett, dessen Maße größer als die des Zuchtbehälters sein müssen, wird am Rand entlang 1–2 cm breit mit nicht trocknendem Leim (Raupenleim) oder Talkum belegt. In die Mitte des Brettes wird dann der Zuchtkäfig gestellt.

b. Giftköder

a) Küchenschaben und Ameisen können mit Giftködern wirksam bekämpft werden. Hierzu imprägniert man Grob-, Hagel- oder Würfelzucker mit 0,5–1 % eines Insektizides (DDT- oder Sevin-Wirksubstanz). Den Wirkstoff löst man am besten mit Aceton aus einem hochkonzentrierten Spritzpulver (Spritzmittel) heraus und beträufelt den Zukker mit der acetonischen Lösung. Für Küchenschaben können außerdem die mit Abb.16 beschriebenen Reusenfallen mit gutem Erfolg eingesetzt werden. Diese Fallen stellt man in unmittelbarer Nähe der Käfige im gesamten Zuchtraum auf.

b) Gegen fliegende Insekten, wie Dungmücken, Taufliegen (Drosophiliden) u. a. kommen außer den oben beschriebenen klebenden Sitzflächen noch sog. Insektizidköder in Betracht. In eine Kristallisierschale mit feuchtem Gipsboden legt man ein Stück mit Dimetilan imprägniertes Papier oder Pappe (Fliegenteller). Zur Steigerung der Attraktivität wird der Fliegenteller täglich mit Essigwasser befeuchtet. Die Schale wird mit weitmaschiger Nylongaze zugebunden (Maschenweite 1,5–2 mm). Diese Falle kann überall dort aufgestellt werden, wo die Zuchttiere nicht durch die Gaze an das Insektizid gelangen können. In diesem Zusammenhang muß darauf aufmerksam gemacht werden, daß nicht alle im Handel befindlichen Insektizide für diesen Zweck in Betracht kommen können,

sondern nur solche, ohne Gasphasenwirkung.

Desinfektion

Da verschiedene Milben in Zuchtbeständen sehr schwere Schäden anrichten können, muß ihnen besondere Beachtung geschenkt werden.

Für die Desinfektion der Zuchträume und des darin befindlichen Materials einschließlich der Zuchttiere haben sich in unseren Zuchten »Chlorbenzilat«* oder »Neoron«* bewährt. Das Mobiliar (leere Käfige, Regale etc.) wird mit einer 5 %igen wäßrigen Emulsion dieses Akarizids besprüht, bestrichen oder gewaschen. 3–4 Tage nach dieser Behandlung können dann die Räume und Käfige mit Zuchttieren besetzt werden. Ebenso sollte in solchen Zuchten nur Gebrauchsmaterial verwendet werden, das vorher gleichfalls mit dem Akarizid behandelt wurde. Papier und Textilien werden mit der 2,5–5 %igen acetonischen Akarizidlösung imprägniert. Nach dem restlosen Abdampfen des Lösungsmittels, d. h. nach 1 Tag, kann es dann zum Auslegen oder Bespannen oder zum Abdecken von milbengefährdeten Orten etc. verwendet werden.

Für die Desinfektion bestehender Zuchten sollte man auf die Erfahrungen und Ratschläge der Imker zurückgreifen. Zu empfehlen ist das unter dem Handelsnamen »Folbex« erhältliche Akarizid (Chlorbenzilat) in Räucherstreifen. Mehrere dieser Streifen werden in einen mit den vermilbten Tieren besetzten, ca. 100 l großen Behälter gelegt und zum Abglimmen gebracht. Die Tiere werden von dem Akarizidrauch eingehüllt und von den Milben befreit. Die Behandlung soll nach 6–8 Tagen wiederholt werden.

Weiter sind Bäder zu empfehlen. Aus 1–2 g Chlorbenzilat-Spritzpulver 50 und 1 l Wasser bereitet man ein Bad, in das die Tiere bis zur totalen Benetzung eingetaucht werden. Ebenso können sämtliche

---

* Spezialitäten der Ciba-Geigy A.G., Basel

Entwicklungsstadien und das Futter durch Eintauchen in ein derartiges Bad milbenfrei gemacht werden. Das Futter muß allerdings anschließend nochmals gut mit Wasser gewaschen und gegebenenfalls getrocknet werden. Frisch eingebrachtes Moos oder Erde und Sand etc. sollten vor Verwendung für Zuchtzwecke mit einer solchen Akarizid-Spritzbrühe behandelt werden.

2 Listen der Krankheitserreger, Räuber und Parasiten in Insekten- und Milbenzuchten

Verschiedene Erreger und Parasiten

Erreger und Parasiten	Klasse	Ordnung	Familie
Viren	Microtatobiotes	Virales	Borrelinaceae
Rickettsien		Rickettsiales	Rickettsiaceae
Bakterien	Schyzomycetes	Pseudomonadales	Pseudomonadaceae
			Spirillaceae
		Chlamydobacteriales	Chlamydobacteriaceae
		Eubacteriales	Achromobacteriaceae
			Brucellaceae
			Micrococcaceae
			Lactobacillaceae
			Bacillaceae
Pilze	Phycomycetes	Chytridiales	Achlyogetonaceae
		Blastocladiales	Coelomomycetaceae
		Saprolegniales	Saprolegniaceae
		Mucorales	Mucoraceae
		Entomophthorales	Entomophthoraceae
	Ascomycetes	Laboulbeniales	
		Pezizales	Dermataceae
		Hypocreales	Nectriaceae
		,,	Hypocreaceae
		,,	Clavicipitaceae
		Erysiphales	Atichiaceae
		(Perisporiales)	
		,,	Capnodiaceae
		Aspergillales	Aspergillaceae
		(Eurotiales)	
		(Plectascales)	
		Myriangiales	Myriangiaceae
		Saccharomycetales	Saccharomycetaceae
		(Endomycetales)	
		,,	Torulopsidaceae
		,,	Pericystaceae
	Basidiomycetes	Auriculariales	Septobasidiaceae
	Fungi imperfecti	Sphaeropsidales	Sphaeropsidaceae
	(Deuteromycetes)	,,	(Sphaerioidaceae)
		,,	Zythiaceae
		,,	(Nectrioidaceae)

Erreger und Parasiten	Klasse	Ordnung	Familie
		Melanconiales	Melanconiaceae
		Moniliales	Moniliaceae
		,,	Dematiaceae
		,,	Stilbellaceae
		,,	Tuberculariaceae
Protozoen	Mastigophora	Protomonadida	Trypanosomidae
	Sarcodina	Amoebida	Amoebidae
		,,	Endomoebidae
	Sporozoa	Gregarinida	Monocystidae
		,,	Diplocystidae
		,,	Allantocystidae
		,,	Lecudinidae
		,,	Didymophyidae
		,,	Gregarinidae
		,,	Leydyanidae
		,,	Monoductidae
		,,	Menosporidae
		,,	Dactylopheridae
		,,	Stylocephalidae
		,,	Acanthosporidae
		,,	Actniocephalidae
		,,	Ophryocystidae
		,,	Schizocystidae
		Coccidia	Adeleidae
		,,	Eimeriidae
		Haplosporidia	Haplosporidiidae
		Microsporidia	Nosmatidae
		,,	Coccosporidae
		,,	Mrazekiidae
		,,	Telomyxidae
		Helicosporidia	
	Ciliata	Holotricha	Frontoniidae
		,,	Tetrahymenidae
		,,	Colpodidae
		,,	Ophryoglenidae
		Spirotricha	Balantidiidae
		,,	Plagiotomidae
		»Peritricha«	Epistylidae
Nematoden	Phasmida (Nematoda)	Rhabditida	Rhabditidae
		,,	Cylindrocorporidae
		,,	Steinernematidae
		,,	Diplogasteridae
		,,	Cephalobidae
		,,	Tylenchidae
		,,	Allantonematidae
		,,	Aphelenchoridae
		,,	Contortylenchidae
		,,	Carabonematidae
		,,	Oxyuridae
		,,	Cosmocercidae

Erreger und Parasiten	Klasse	Ordnung	Familie
		Rhabditida	Thelastomatidae
		"	Ascaridae
		Spirurida	Thelaziidae
		"	Spiruridae
		"	Gnastostomatidae
		"	Filariidae
	Aphasmida	Chromadorida	Plectidae
		"	Monohysteridae
		Enoplida	Mononchidae
		"	Dorylaimidae
		"	Mermithidae
		"	Tetradonematidae
		"	Trichuridae
	Nematomorpha	Goriodea	Gordiidae
		"	Chordodidae

Parasiten, Räuber und Kommensalen aus den Klassen Insecta und Acari

Ordnung	Familie	treten auf als
Hymenoptera (Apocrita) Hautflügler	Ichneumonidae	Parasiten von Schmetterlingsraupen
	Agriotypidae	Parasiten von Köcherfliegenlarven
	Braconidae	Parasiten von Fliegen, Schmetterlingsraupen, Käferlarven, Blattläusen
	Stephanidae	Parasiten von Käferlarven in Holz
	Aulacidae	Parasiten von Käferlarven und Wespenlarven in Holz
	Gasteruptionidae	Ektoparasiten von aculeaten Hautflüglerlarven
	Evaniidae	Eikapsel-Parasiten von Küchenschaben
	Ibaliidae	Parasiten von Holzwespenlarven
	Cynipidae	Hyperparasiten von Braconiden-Larven
	Figitidae	Parasiten von Schwebfliegen
	Chalcididae	Endo- und Ektoparasiten verschiedener Entwicklungsstadien diverser Insekten
	Eucharitidae	"
	Rilampidae	"
	Torimidae	"
	Scelionidae	"
	Proctotrupidae	Parasiten pilzbewohnender Insekten und Myriopoden
	Diapriidae	Parasiten von Fliegen
	Ceraphronidae	"
	Heloridae	Parasiten von Florfliegen
	Methochidae	Parasiten von Sandlaufkäfern
	Tiphiidae	Parasiten von Sandlaufkäfern, Blatthornkäfern
	Scoliidae	"
	Myrmosidae	Parasiten von Sandlaufkäfern, Grabwespen
	Mutillidae	Parasiten von aculeaten Hymenopteren

Ordnung	Familie	treten auf als
	Chrysididae	Parasiten von Bienen-, Grab-, Faltenwespen, Käfern und Schmetterlingen
	Cleptidae	Parasiten von Blattwespen
	Bethylidae	„
	Dryinidae	Ektoparasiten von Zikaden
	Embolemidae	
Hymenoptera Formicoida Ameisen	Myrmicidae Poneridae Dolichoderidae Formicidae	Prädatoren verschiedener Insekten in Feld und Wald Kommensalen in verschiedenen Zuchten
Hymenoptera Vespoidae Wespen	Sapygidae Eumenidae Vespidae Masaridae	Kommensalen in verschiedenen Zuchten im Freien
Strepsiptera Fächerflügler	Stylopidae	Parasiten von Bienen und Zikaden
Planipennia Netzflügler	Hemerobiidae Chrysopidae	Prädatoren von Blattläusen „
Heteroptera Wanzen	Reduviidae Nabidae Anthocoridae Miridae Lygaeidae	Prädatoren verschiedener Insekten „ „ „ „
Coleoptera Käfer	Carabidae Stapyhlinidae Histeridae Lycidae Dasytidae Coccinellidae	Prädatoren verschiedener Insekten Prädatoren und Parasiten von Fliegenpuppen Prädatoren von Eiern und Kleinlarven Prädatoren von Bodentieren Prädatoren von Käferlarven Prädatoren von Blattläusen
Diptera Fliegen	Rhagionidae Bombyliidae	Prädatoren kleiner Insekten Prädatoren und Parasiten verschiedener Insektenlarven
	Empididae Dolichopodidae Syrphidae	Prädatoren von Bodeninsekten Prädatoren von Kleininsekten (Larven) Prädatoren von Blattläusen und verschiedenen Larven
	Pipunculidae Conopidae Braulidae Pyrgotidae Sciomyzidae Neottiophilidae Chamaemyiidae Drosophilidae Tachinidae Dexiidae	Parasiten in Zikaden Parasiten in Hautflüglern Parasiten auf Bienen (Bienenlaus) Schmarotzer in Käfern Parasiten bei Schnecken Parasiten von Jungvögeln (Larven) Parasiten von Blatt- und Schildläusen Kommensalen von Zuchtinsekten Parasiten von Insekten Parasiten von Käfern und Raupen

Räuber und Parasiten aus der Klasse Arachnida

Ordnung	Familie	treten auf als
Acari Milben	Opilioacaridae	Prädatoren kleiner Insekten
	Discozerconidae	Parasiten von Tausendfüßlern, Termiten, Schlangen
	Ixodorhynchidae	Parasiten brasilianischer Schlangen
	Spelaeorhynchidae	Parasiten von Fledermäusen
	Spinturnicidae	,,
	Macrochelidae	Prädatoren von Insektenlarven
	Pachylaelaptidae	,,
	Gamasolaelaptidae	Prädatoren von Insektenlarven am Boden
	Raillietidae	Parasiten von Kleinsäugern
	Halarachnidae	Parasiten von Hund und anderen Säugetieren (Lunge)
	Pneumophionyssinae	Parasiten von Schlangen
	Rhinonyssidae	Parasiten von Vögeln
	Haemogamasidae	Parasiten von kleinen Säugern
	Dermanyssidae	Parasiten von Wirbeltieren
	Laelaptidae	Ektoparasiten von Säugern, Wirbeltieren, Nichtwirbeltieren
	Uropodidae	Prädatoren von Insekten
	Diplogyniidae	Ektoparasiten von Insekten
	Schizogyniidae	Parasiten von Käfern
	Parantennulidae	Parasiten von Laufkäfern, Tausendfüßlern
	Podapolipodidae	Parasiten von Insekten (in Luftröhre)
	Scutacaridae	,,
	Pyemotidae	Ektoparasiten von Insekten, besonders Puppen
	Bdellidae	Prädatoren von Milben und kleinsten Insekten
	Rhagidiidae	Prädatoren von Milben und kleineren Insekten
	Labidostommidae	Prädatoren von kleinen Insekten, Collembolen, Milben
	Paratydeidae	Prädatoren von verschiedenen Kleinstinsektenlarven
	Tydeidae	Prädatoren von kleinen Insekten, Milben
	Cunaxidae	Prädatoren von kleinen Insekten
	Raphignatidae	Prädatoren von kleinen Insekten, Milben
	Pterygosomidae	Parasiten von Eidechsen, Schaben
	Caeculidae	Prädatoren von Insekten
	Pseudocheylidae	Prädatoren von Ektoparasiten verschiedener Arthropoden
Acari	Anystidae	Prädatoren von Insekten, Milben
	Myobiidae	Parasiten von Insektenfressern, Nagern
	Cheyledtidae	Prädatoren von Milben und Insekten
	Demodicidae	Parasiten von Kleinsäugern (Labor)
	Erythraidae	Parasiten und Prädatoren von Insekten, Wirbeltieren
	Smaridiidae	Parasiten und Prädatoren von Insekten
	Trombidiidae	,,
	Trombiculidae	,,
	Calyptostomidae	Prädatoren verschiedener Insekten

Ordnung	Familie	treten auf als
Sarcoptiformes	Acaridae	Schädlinge in Futtervorräten
	Forcelliniidae	Lästlinge in Ameisenkolonien
	Carpoglyphidae	Schädlinge von Futter (Früchten)
	Ensliniellidae	Parasiten auf Wespenlarven
	Chortoglyphidae	Schädlinge in Futter und Heu
	Glycyphagidae	Schädlinge in Futter
	Hemisarcoptidae	Prädatoren von Schildläusen
	Sarcoptidae	Parasiten von Säugern
	Cytoditidae	Parasiten von Küken
	Laminosioptidae	Parasiten von Vögeln
	Myialgesidae	Parasiten von Flöhen
	Psoroptidae	Parasiten von Kaninchen (Ohren)
	Epidermoptidae	Parasiten, die Hauträude verursachen
	Listrophoridae	Parasiten von Labortieren
	Dermoglyphidae	Parasiten von Vögeln
Pseudoscorpiones Bücherskorpion		Prädatoren von Insekteneiern und -Junglarven
Opiliones Weberknechte		Prädatoren verschiedener Insektenstadien
Araneae, Webspinnen		Prädatoren verschiedener Insektenstadien

G Zuchtauslese

Eine systematische Zuchtauslese oder Selektion ist für Großzuchten und permanente Zuchten, die das Tiermaterial für verschiedenartigste Forschungsarbeiten liefern sollen, besonders wichtig.

In erster Linie kommt es darauf an, Individuen mit guten zuchtphysiologischen Anlagen und adaptiven Eigenschaften zu erfassen. Im Laufe einer über mehrere Generationen geführten Zucht und Zuchtauslese können sich günstige oder ungünstige Merkmale in unterschiedlicher Stärke ausprägen und auswirken. Solche Merkmale sind beispielsweise die Abhängigkeit und Empfindlichkeit von der Temperatur, der Luftfeuchtigkeit, der Photoperiode, der Käfiggröße, von der Zusammensetzung und der Qualität des Futters, ferner die Verwertung des Futters durch die Tiere, ihr Hungervermögen und ihre Anfälligkeit gegenüber Krankheiten, die Fertilität, die Dauer der Ovipositionsperiode, die Eiproduktion, die Dauer der verschiedenen Entwicklungsstadien und eventueller La-tenzperioden, die Diapause u. a. m. Diese und andere Fähigkeiten und Reaktionen, die sich im Laufe von Generationen herausgeschält haben, sind meist erbbedingt und auch vererbungsfähig; sie können vom Männchen und vom Weibchen weitergegeben werden. Im allgemeinen kann gesagt werden, daß die Selektion von Tieren, die eine gengebundene Gleichmäßigkeit im Ablauf physiologischer Vorgänge aufweisen und die deshalb besonders zum Aufbau einer Großzucht geeignet sind, leichter bei Tierarten mit hohem Vermehrungspotential, schneller Generationenfolge und hoher Toleranz gegenüber den Umweltbedingungen und Umwelteinflüssen erfolgt. Tierarten mit niedrigem Vermehrungspotential und hoher Empfindlichkeit gegenüber den Umweltbedingungen weisen meist weniger adaptive Eigenschaften auf und liefern erst nach vielen Generationen die für den wirtschaftlichen Aufbau einer Zucht notwendige Population.

Im Freiland eingefangene Wildstämme zeigen in der Gefangenschaft anfänglich oft ein andersartiges Verhalten. Meist verfügt auch nur ein Teil der eingefangenen Tiere über die notwendigen physiologisch-ökologischen Eigenschaften, um sich den neuen Lebensbedingungen anzupassen. Schwankungen in der Populationsdichte einer frischen Zucht sind Zeichen von sich selbst einpendelnden Selektionsprozessen. So kann man beim Beginn einer Zucht meist eine sehr hohe Mortalität feststellen, die dann von Generation zu Generation abnimmt. Außerdem können auch Individuen entstehen, die über eine ungenügende Fortpflanzungsfähigkeit verfügen. Dieses anfänglich heterogene Verhalten der Tiere ist gengebunden. Setzt man nämlich Insekten, die für die künstliche Aufzucht adaptiert sind, in ihr angestammtes Biotop zurück, so kann man oft den umgekehrten Selektionsprozeß beobachten. In vielen Fällen bricht die ausgesetzte Population zusammen, oder es erfolgt eine Aufspaltung in Gruppen mit verschiedenem Verhalten. Anhand markierter Tiere kann die weitere Lebensweise und der Lebensraum der ausgesetzten Tiere beobachtet und kontrolliert werden.

Mit den nachfolgend aufgeführten Beispielen soll dargestellt werden, wie bei verschiedenen Tierarten mit gezielten Methoden für Zuchten günstige Faktoren selektioniert werden können.

1 Selektion

Für die Selektion von Kartoffelkäfern mit hoher Eiproduktion wurden von zwei verschiedenen Stämmen je 10 Weibchen mit verschieden hoher Eiproduktion ausgewählt.

Die Weibchen des Stammes A legten während einer Legeperiode im Durchschnitt 860 Eier. 10 dieser Weibchen wurden in den Versuch eingesetzt. Während der folgenden 10 Generationen wurden weiterhin je Generation 10 Weibchen mit unterschiedlicher Eiproduktion entnommen. Die höchste Anzahl Eier wurde von diesen Weibchen in der 6. Generation mit je 1310 erreicht. In der 11. Generation wurden nur noch 516 Eier pro Tier abgelegt.

Die Weibchen des Stammes B legten während einer Legeperiode im Durchschnitt je 785 Eier. Der Versuch wurde mit den 10 lege-intensivsten Weibchen jeder Generation weitergeführt. Die höchste Anzahl Eier wurde von diesen Weibchen in der 8. Generation mit je 2103 Eiern erzielt. In der 11. Generation legte ein Weibchen noch 871 Eier. Die angegebenen Eizahlen sind Durchschnittswerte von 10 Weibchen.

Die folgenden Diagramme (Abb. 55) zeigen die unterschiedliche Eiproduktion von zwei Weibchen des Kartoffelkäfers während ihrer Lebensdauer unter gleichen Zuchtbedingungen.

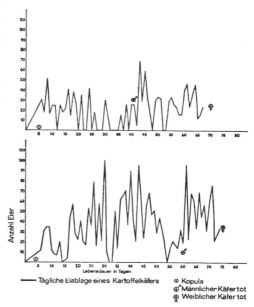

Abb. 55. Tägliche Eiablage eines Kartoffelkäfers.

2 Adaption an Futter

Beim Aufbau einer Großzucht von *Scotia c-nigrum* selektionierten wir während einigen Wochen die Kopfsalat-fressenden Eiraupen von den Löwenzahnfressenden. Während zu Beginn der Zucht der Raupenanteil mit bevorzugter Löwenzahnblätterkost 79% und die bei Salatfütterung auftretende Mortalität 43% betrug, änderte sich das Bild bereits nach der 4. Generation. Die Präferenz der Räupchen für Kopfsalat beim Vorsetzen beider Futter betrug 73% und die Mortalität sank auf 18%.

Adaption von Kleiderläusen an Kaninchen

Ein ca. 3000 Tiere zählender Kleiderläuse-Stamm wurde über ca. 80 Generationen mit Nutal-Dosen auf dem Menschen gefüttert. Diese Tiere wurden dann während jeweils 4 Wochen zuerst jeden 4. Tag, dann jeden 3. Tag und schließlich jeden 2. Tag 4mal täglich auf die rasierte Bauchfläche eines dunkelhaarigen Kaninchens gesetzt. Die Sterblichkeit der Läuse nahm mit den immer dichter aufeinander folgenden Fütterungen auf dem Kaninchen zu. Deshalb wurden Zwischenfütterungen auf dem Menschen zwischengeschaltet. Außerdem wurden 3mal neue, wilde Linien eingekreuzt. Nach 18 Generationen erhielten wir einen zwischen 1500 und 2000 Individuen zählenden Stamm, der auf Kaninchen züchtbar war.

H Zuchtjournal

Das Zuchtjournal muß alle Daten und Besonderheiten, die bei einer Zucht zu beobachten sind oder die mit einer Zucht vorgenommen werden, enthalten. Nur bei

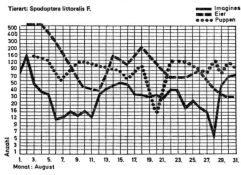

Abb. 56.   Zuchtdiagramm von *Spodoptera littoralis*.

lückenlosen Aufzeichnungen ist es möglich, relativ Genaues über das ökologische und biologische Verhalten einer zu züchtenden Tierart auszusagen. Mit jedem Zuchtjournal sollte ein Zuchtdiagramm geführt werden, das jederzeit erlaubt, das Zuchtgeschehen zu überblicken. In Abb. 56 ist ein solches Zuchtdiagramm dargestellt.

Das Zuchtjournal soll folgende wichtige Angaben enthalten:

Zuchtraum

Beschaffenheit des Zuchtraumes
Temperatur: max. und min.
Rel. Luftfeuchtigkeit: max. und min.
Lichtverhältnisse

Eier

Aufbewahrungsort
Temperatur
Rel. Luftfeuchtigkeit
Behandlung
Dauer der Embryonalentwicklung
Schlüpfrate

Larven

Angaben zum Zuchtraum
Größe und Art der Zuchtkäfige
Temperatur
Rel. Luftfeuchtigkeit
Photoperiode
Populationsdichte pro Zuchtkäfig
Futterart
Fütterungsintervalle
Häutungsintervalle
Angaben über Freßperioden
Beschreibung der Larvenstadien (Farbe,
    Form, Setae etc.)

Puppe

Verpuppungsart und -ort
Temperatur
Rel. Luftfeuchtigkeit
Behandlung der Puppen
Dauer des Puppenstadiums (evtl. Latenz)
Beschreibung der Puppe

Imago

Angaben zum Zuchtraum
Angaben über Größe und Art des Zucht-
 käfigs
Temperatur
Rel. Luftfeuchtigkeit
Photoperiode
Futterart und -aufnahme
Fütterungsintervalle
Beschreibung der Imago

Angaben zur Geschlechtsreife:
 Zeit bis zur 1. Kopulation
 Dauer der Kopulation
 Präovipositionsperiode
 Eiablage
 Substrat für Eiablage
 Eideponierung
 Beschreibung der Gelege
 Gewinnung der Eier
Lebensdauer des Weibchens
Lebensdauer des Männchens

Die Zucht und Haltung von Insekten und Milben

A Allgemeines über Bauplan und Entwicklung

Kenntnisse über den Bau und die Leistungen der verschiedenen Entwicklungsstadien von Insekten und Milben sind fundamentale Bedingung für deren Pflege, Zucht und Haltung. Sie ermöglichen und erleichtern das Zurechtfinden bei der systematischen Ordnungs- und Familienbestimmung (vgl. Seite 87) sowie das Verstehen der oft komplexen und rätselhaften Lebensvorgänge bei diesen Tieren im Käfig.

1 Insekten

Insekten sind bilateral(zweiseitig)-symmetrische, heteronom segmentierte Tiere. Der Körper des adulten (ausgewachsenen) Insektes besteht aus drei Abschnitten, dem Kopf, der Brust, dem Hinterleib (Abb. 57). Die Körperdecke, der sog. Hautpanzer,

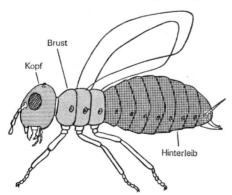

Brust

Kopf

Hinterleib

Abb. 57. Bauplan der Insekten.

auch Außen- oder Hautskelett genannt, setzt sich aus drei Schichten zusammen:

Außen-Cuticula. Sie enthält Lipoide, Pigmente und Chitin.

Epidermis. Diese 2. Schicht sondert aus ihren Zellen die Außen-Cuticula ab.

Basalmembran. Sie liegt unter der Epidermis und ist zellenlos.

Die Außen-Cuticula besteht ihrerseits wiederum aus drei Schichten, nämlich der Epi-, Exo- und Endo-Cuticula.

Die äußerste an der Oberfläche liegende Epi-Cuticula ist sehr dünn und enthält Lipoide, aber kein Chitin. Die darunter liegenden Exo- und Endo-Cuticula sind dicker und enthalten Chitin. Die Exo-Cuticula ist härter und stärker pigmentiert als die Endo-Cuticula.
Chitin ist ein stickstoffhaltiges Polysaccharid ($C_{32}H_{54}N_4O_{21}$), das in Wasser, organischen Lösungsmitteln, verdünnten Säuren und Laugen unlöslich ist.
Der Hautpanzer überzieht den ganzen Körper, ebenso die den gesamten Körper durchziehenden Luftröhren sowie den Vorder- und den Enddarm.
Die Oberfläche des Insektenkörpers wird von zahlreichen Platten und Reifen gebildet, die durch Membranen untereinander verbunden sind. Diese Teile werden zur Beschreibung eines Tieres verwendet. So nennt man z.B. die Rückenplatten Tergite

und die der Brust Nota. Die gleichen Teile auf der Bauchseite nennt man Sternite. Die Teile zwischen Tergit und Sternit der Brust bezeichnet man als Pleurit (vgl. Abb. 76: Thorax).

Die Körperdecke trägt zahlreiche innere und äußere Fortsätze. Die äußeren sind Haare, Borsten, Stacheln, Schuppen; die inneren kamm- oder dornförmige Ansatzstellen für Muskeln.

Kopf

Der Kopf trägt die Augen, die Fühler und Mundteile. Der Hautpanzer des Kopfes ist sehr dick und hart. Die Facettenaugen bestehen aus zahlreichen 4–6 seitigen Feldern, wobei jede Facette ein Teilauge darstellt. Die Facette selbst ist eine linsenförmige Verdickung der Cuticula. Die Stirn- oder Punktaugen sind kleiner und nicht facettiert.

Antennen oder Fühler

Die Antennen, meist zwischen den Augen eingebettet, sind paarige, stets mehrgliedrige Extremitäten verschiedener Formen (Abb. 58–67).

Die Antennen sind Träger von Sinnesorganen (Tast- und Geruchssinn).

Abb. 58. Borstenförmige Antennen (Küchenschabe).

Abb. 59. Fadenförmige Antennen (Laufkäfer).

Abb. 60. Gesägte Antennen (Schnellkäfer).

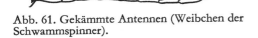

Abb. 61. Gekämmte Antennen (Weibchen der Schwammspinner).

Abb. 62. Gefiederte Antennen (Männchen der Schwammspinner).

Abb. 63. Gekeulte, nicht gekniete Antennen (Schwalbenschwanz).

Abb. 64. Gekniete, nicht gekeulte Antennen (Biene, Hornisse).

Abb. 65. Gekniete, nicht gekeulte Antennen (Borkenkäfer, Rüsselkäfer).

Abb. 66. Lamellenförmige Antennen (Maikäfer).

Abb. 67. Kolbenförmige Antennen (Schmeißfliege, Stubenfliege).

Mundwerkzeuge

Die Mundteile, als Werkzeuge für die Nahrungsaufnahme ausgebildet, zeigen verschiedenartige Formen. Immer aber ist das gleiche Prinzip in ihrem Aufbau zu erkennen:

Je nach Ernährungsweise des Tieres sind die Mundwerkzeuge verschieden gebaut und haben entsprechend unterschiedliche Funktionsweisen. Bei den beißend-kauenden Mundwerkzeugen (Abb.68), die oberseits durch die Oberlippe begrenzt werden, sind die gezähnten Oberkiefer meist sehr stark ausgebildet. Sie werden durch horizontale Beißbewegungen zum Abbeißen und Zerkleinern der Nahrung verwendet.

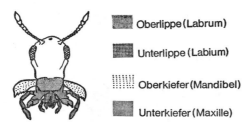

Oberlippe (Labrum)

Unterlippe (Labium)

Oberkiefer (Mandibel)

Unterkiefer (Maxille)

Abb. 68. Beißend-kauende Mundwerkzeuge.

Die Unterkiefer sind mehrgliedrig und zeigen außer dem basalen Teil und den Kauladen noch gut entwickelte Taster. Über der Unterlippe und zwischen den Kiefern liegt im Inneren der Mundhöhle das zungenartige Organ, der Hypopharinx. Die Unterlippe, deren basale Teile verschmolzen sind, läßt die zweiteilige Zunge und Nebenzunge sowie die beiden Lippentaster erkennen.

Bei den Larven der Libellen ist die Unterlippe zur vorschnellbaren und mit Klammerapparaten ausgerüsteten Maske umge-

Abb. 69. Beißend-kauende Mundwerkzeuge mit Fangmaske.

bildet (Abb.69). Die Beute wird mit der Maske erfaßt und zu den kauenden Ober- und Unterkiefern geführt.

Durch den Kanal der Oberkiefer injizieren z.B. Larven von Gelbrandkäfern, Bremsen u.a. Speichel in ihre Beute. Die großen spitz auslaufenden Oberkiefer (Abb.70) weisen eine kanalförmige Rinne mit behaarter Austrittsöffnung auf. Dem Speichel kommen toxische, paralysierende und verdauende Eigenschaften zu. Die Unterkiefer sind bis auf die Taster reduziert.

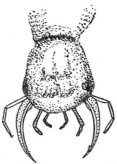

Abb. 70. Beißend-saugende Mundwerkzeuge (Saugmandibeln).

Der Aufbau der stechend-saugenden Mundwerkzeuge zeigt ein anderes Bild.

Bei den blutsaugenden Fliegen z.B. bildet die Unterlippe mit der Oberlippe ein Futteral für Maxillen und Mandibeln sowie Hypopharynx (Abb.71). Die Spitze der Unterlippe bildet eine fein gerippte Haftscheibe. Die zu Stechborsten entwickelten Ober- und Unterkiefer sowie der mit der Oberlippe ein geschlossenes Saugrohr bildende Hypopharinx liegen, einander berührend, in der Unterlippe. Die Unterlippe biegt sich, beim Eindringen der Stechbor-

Abb. 71. Stechend-saugende Mundwerkzeuge (blutsaugender Typus).

sten und des Saugrohres in das Fleisch, als elastisches Futteral zurück.

Der pflanzensaftsaugende Typus weicht in seiner Bauart von dem des blutsaugenden etwas ab. Die Oberlippe ist nur kurz. Die Unterlippe, ebenfalls als Futteral für die Stechborsten bestimmt, besteht aus 4 Gliedern und ist oben sehr gelenkig und beweglich. Im Inneren liegen die Stechborsten, die Mandibeln und die Maxillen (Abb.72, MD + MX). Der Hypopharinx fehlt. Die aneinander liegenden Maxillen bilden zwei Kanäle; durch den kleineren wird der Speichel ausgeschieden, der größere, oben liegende, ist der Saugkanal, durch den die Nahrung aufgenommen wird.

Abb. 72. Stechend-saugende Mundwerkzeuge (pflanzensaugender Typus).

Zur Aufnahme feiner, flüssiger Nahrung, z.B. Nektar, sind die Mundwerkzeuge der Schmetterlinge (Abb.73) geeignet. Der Saugrüssel, ein spiralig eingerolltes Rohr, sitzt an der Vorderseite des Kopfes. Er besteht aus zwei Hälften, die sich wie Bild und Spiegelbild verhalten und aus der Außenlade des Unterkiefers hervorgezogen sind. Zu beiden Seiten des Rüsselansatzes sind Unterlippentaster zu erkennen. Die Oberlippe und der Unterkiefer sind meist sehr klein und rudimentär ausgebildet.

Abb. 73. Nektarsaugende Mundwerkzeuge.

Die saugend-leckenden Mundwerkzeuge (Abb.74) der Hautflügler zeigen einen ganz anderen Aufbau. Ihr auffallendstes Merkmal ist die Zunge (Glosse), die als langes, geringeltes Rohr ausgebildet ist und an deren Spitze sich das sogenannte Löffelchen befindet. Mit ihm wird der Nektar von den Nektarien in die Saugrinne des Rüssels geschöpft. Diese entsteht durch die seitlich eingeschlagenen Ränder der Zunge und mündet in die Speiseröhre. An dieser Stelle sind die Nebenzungen und die Unterlippentaster erkennbar. Die Außenschale der Unterkiefer ist ziemlich lang. Die Unterkiefertaster sind schwach ausgebildet.

Abb. 74. Saugend-leckende Mundwerkzeuge.

Der Hauptteil des Fliegenrüssels (Abb. 75) besteht aus der Unterlippe mit ihren großen Labellen oder Rüsselpolstern. Diese sind durchzogen von offenen Kanälchen, den sog. Pseudotracheen. Die Oberkiefer sind verkümmert, Oberlippe, Unterkiefer und Hypopharynx borstenartig.

Abb. 75. Leckend-saugende Mundwerkzeuge.

Brust

Die Brust (Thorax) besteht aus drei Segmenten, der Vorder-, Mittel- und Hinterbrust (Pro-, Meso- und Metathorax). Das Skelett eines jeden Segmentes setzt sich zusammen aus vier Teilen: einem Rücken-, zwei Seiten- und einem Bauchschild

(Abb. 76). Oft sind die Brustsegmente kompakt vereinigt. Das dorsale Rückenschild der Mittelbrust, der sog. Halsschild (Scutellum), besitzt sehr verschiedenartige Form. Es ist meist dreieckig, bei Käfern und Wanzen sehr gut erkennbar (vgl. Abb. 178 und 247).

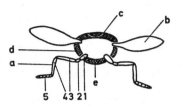

Abb. 76. Anhänge der Brust. Beine (a) und Flügel (b), eingefügt zwischen Tergit (c) und Pleurit (d), bzw. Sternit (e) und Pleurit.

Beine

Die Beine werden gebildet aus (vgl. Abb. 76/1–5):

    1 – der Hüfte   (Coxa)
    2 – dem Schenkelring   (Trochanter)
    3 – dem Schenkel   (Femur)
    4 – der Schiene   (Tibia)
    5 – dem Fuß   (Tarsus)

Die Zahl der Tarsenglieder variiert zwischen 1 und 5. Das letzte Fußglied trägt meist Krallen, Haftklappen oder Haftbläschen.

Die meisten Insekten sind Sohlengänger. Ihre Sohle ist mit Sinnesorganen versehen, mit deren Hilfe das Insekt chemische und physotaktische (thermische) Reize wahrnimmt.

Die Beine der Insekten und Arthropoden sind ihren Lebensweisen entsprechend gebaut.

Bei erdbewohnenden Tieren, z. B. bei der Maulwurfsgrille, sind die Vorderbeine als Grabbeine ausgestattet (Abb. 77). Die Gottesanbeterin erbeutet mit Fangbeinen

Abb. 77. Grabbein (nach HANDSCHIN).

(Abb. 78) ihre Opfer. Die Schenkel der Vorderbeine sind muskulös und kräftig. Die Schiene ist schlank und scharf, sie wird gleich einer Messerklinge gegen den Schenkel eingeschlagen.

Abb. 78. Fangbein (nach CHOPARD).

Die Putzbeine (Abb. 79) sind meist stark behaart, sie werden zur Reinigung des Futters und der Mundwerkzeuge verwendet. Bei männlichen Wasserkäfern sind die Tarsenglieder scheibenförmig und vergrößert, damit sich das Männchen bei der Begattung am Weibchen festklammern kann.

Abb. 79. Putzbein (nach HANDSCHIN).

Hinterbeine mit stark verdickten Schenkeln und verlängerten Schienen sind Sprungbeine (Abb. 80) (Heuschrecken und Käfer). Ohne verdickte Schenkel sind es Laufbeine (Abb. 81). Sind die Fußglieder breit und abgeplattet und außerdem mit langen Haaren versehen, so spricht man von Schwimmbeinen, sog. Rudern. Bei Bienen sind Schiene und erstes Fußglied breitgedrückt und stark behaart. Die Schiene weist eine von Haaren eingefaßte Höhlung, das Körbchen, auf. Dieses dient zur Aufnahme des mit den Haaren abgestreiften Blütenstaubs.

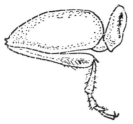

Abb. 80. Sprungbein (nach HANDSCHIN).

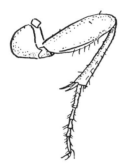

Abb. 81. Laufbein (nach JEANNEL).

Flügel

Zwischen dem Rücken- und Seitenschild der Mittel- und Hinterbrust (vgl. Abb. 76) sind die beweglichen Vorder- und Hinterflügel eingesetzt. Die Flügel sind ungegliederte blattförmige Ausstülpungen der Körperdecke. Jeder Flügel besteht aus zwei Lamellen, die am Rande ineinander übergehen und einen flachen Hohlraum bilden. Ein System von Adern darin, linienförmige und gewölbte Verdickungen, macht die Flügel leistungsfähig. Diese die Flügelhäute spannenden und verstärkenden Adern oder Nerven sind zugleich Tracheen, Nerven- und blutführende Bahnen (Abb. 82).

Zahlreiche Insekten, z. B. Grillen und Heuschrecken, erzeugen mit den Flügeln charakteristische Geräusche. Die Töne werden durch Aneinanderreiben der Vorderflügel oder der Hinterbeine an den Vorderflügeln erzeugt.

Abb. 82. Adern des Insektenflügels.

Die Form der Insektenflügel variiert ausserordentlich stark. So bilden die Vorderflügel der Käfer und Ohrwürmer dicke harte und hornartige Flügeldecken. Auf ihrer Oberseite sind verschiedenartige Skulpturen erkennbar, wie Rippen, Rillen, Kettenstreifen usw. Die Flügeldecken, deren Naht bei einigen Käfern sogar verwachsen ist, bedecken in der Ruhestellung Hinterbrust, Hinterleib und die Hinterflügel. Eine Ausnahme bilden u. a. die Kurzdeckenflügler (Staphiliniden) und die Ohrwürmer. Bei ihnen sind die Deckflügel verkürzt. Bei den Wanzen sind etwa zwei Drittel der Vorderflügel hornartig verhärtet (sklerotisiert). Die Spitze bildet eine Membran. Die Hinterflügel der Fliegen und anderer Zweiflügler bestehen lediglich aus zwei keulenförmigen Anhängen, bei denen Stiel und Köpfchen unterschieden werden. Diese sog. Halteren oder Schwingkölbchen sind zur Beibehaltung des Gleichgewichtes und zur Einhaltung der Flugrichtung wesentlich. In der kleinen Ordnung der Strepsipteren (Fächerflügler) tragen die Männchen kleine, zu flugunfähigen Rudimenten geschrumpfte Vorderflügel, die ebenfalls als Sinnesorgan fungieren.

Die Äderung des Flügels ist für die Systematik von großem Wert. Je näher verwandt verschiedene Insektenarten miteinander sind, desto weniger Unterschiede in der Flügeläderung lassen sich feststellen. Nach dem Comstock-Needham-System werden die Hauptadern gemäß Abb. 82 bezeichnet.

C	= Costa oder Costalader	unverzweigte Längsader am Flügelvorderrand
Sc	= Subcosta oder Subcostalader	Längsader parallel zu und unter dem Vorderrand verlaufend
R	= Radius oder Radialader	Längsader gabelt sich ungefähr in der Mitte des Flügels. Vorderer Ast führt zur Flügelspitze, hinterer Ast gabelt sich noch 2mal, insgesamt 5 Äste
M	= Media oder Medialader	Gegabelte Längsader des Flügels, deren Äste zum Außenrand führen
Cu	= Cubitus oder Cubitalader	Längsader, die sich in einen vorderen und in einen hinteren Ast verzweigt
A	= Analis oder Analader	Längsadern des Flügels, die nahe dem Hinterrand im Analfeld verlaufen

Hinterleib

Der beinlose Hinterleib ist der am einfachsten gebaute Teil des Insektenkörpers (Abb. 57). Er besteht aus 11 Segmenten. Da aber die letzten Segmente meist miteinander verschmolzen, reduziert oder zurückgebildet sind, findet man Insekten mit mehr als 10 Segmenten selten.

Die Geschlechtsöffnung und die äußeren Geschlechtsorgane befinden sich gewöhnlich im 8. und 9. Segment. Dem letzten Segment entspringen die Schwanzanhänge bzw. die Afterfühler (Cerci). Die Weibchen verschiedener Insektenarten haben am Hinterleib den Legestachel, Legebohrer oder die Legeröhre (Ovipositor). Bau und äußere Form des Ovipositors sind sehr verschieden.

Innenskelett

Nach innen gerichtete Fortsätze des Hautpanzers, die die Form von Balken, Stäben oder Platten aufweisen, bilden das Innenskelett des Insektenkörpers. An diesen Fortsätzen angehängt sind die Muskeln. Außerdem dient dieses Skelett zum Stützen der inneren Organe.

Die H- oder X-förmigen Fortsätze im Kopf werden als Tentorium bezeichnet. Die Fortsätze in der Brust sind meist gabelförmig und werden in obere, untere und seitliche Fortsätze eingeteilt.

Leibeshöhle

Die Leibeshöhle weist keinerlei Querwände auf. Einzig im Hinterleib teilen zwei horizontale Zwerchfelle eine Rücken-, Bauch- und eine Hauptkammer ab. Die einzelnen Organe der Leibeshöhle und ihre Anordnung zeigt Abb. 83.

Unter der Rückenlinie unmittelbar unter der Haut liegt das Herz, darunter der Darmkanal mit den fadenförmigen Malpighischen Gefäßen (Harnorgane). Die Geschlechtsorgane liegen im Hinterleib. Der Hauptnervenstrang zieht sich zuunterst vom Kopf bis in den Hinterleib. Die Atmungsorgane durchziehen den gesamten Körper und versorgen die einzelnen Organe mit Frischluft.

Außerdem ist die Leibeshöhle mit dem Fettkörper ausgefüllt, bestehend aus großen, weißen Zellen, die als Stränge, Netze, Lappen besonders die inneren Organe des Hinterleibes umschließen.

Muskulatur

Man unterscheidet bei den Insekten eine Längs- und eine Vertikalmuskulatur. Die Längsmuskulatur der Insekten besteht aus 4 starken Muskelzügen, 2 ventralen und 2 dorsalen Strängen, die an jedem Segment befestigt sind. Zusammen mit der Intersegmentalhaut erlauben die Muskeln das Krümmen des Insektenkörpers nach allen Richtungen: Kontraktion der Rückenmuskulatur bewirkt die Krümmung des Körpers gegen den Rücken, Kontraktion der Bauchmuskulatur bewirkt die Krümmung gegen die Bauchseite. Kontraktion des linken oder rechten ventralen Muskelstranges bewirkt die Krümmung nach links oder rechts.

Bei Kontraktion der vertikalen Muskulatur verflacht und verlängert sich der Körper, besonders das Abdomen. In der Brust befindet sich die besonders stark ausgebildete Muskulatur, die Flügel und Beine versorgt. Man unterscheidet die Hebe- und Senkmuskulatur für die Flügel sowie die Streck-, Beuge- und Drehmuskulatur für die Beinpaare. Im Kopf liegen kräftige Muskelpakete, die die Mundwerkzeuge und die Fühler betätigen.

Darmtrakt

Der Darm durchzieht den Körper als Rohr und wird in drei Hauptabschnitte eingeteilt (vgl. Abb. 83), den Vorderdarm (Stomodaeum), den Mitteldarm (Mesenteron) und den Enddarm (Proctodaeum).

Der Vorderdarm wird wiederum unterteilt in den Schlund (Pharynx), die Speiseröhre (Ösophagus), den Kropf (Ingluvies) und den Kaumagen (Proventriculus). Die Speicheldrüsen münden in den Vorderdarm. Bei verschiedenen Insekten weist der Mitteldarm Blindsäcke auf. Der Enddarm wird unterteilt in den kleinen Dünndarm

(Ileum), den großen Dünndarm (Colon) und den Endabschnitt, den Mastdarm (Rectum).

Die Malpighischen Gefäße liegen am Übergang vom Mittel- zum Enddarm.

Die Hauptaufgabe des Darmtraktes ist das Aufbereiten und Verdauen des Futters. Insekten mit beißenden Mundwerkzeugen zerkleinern und kauen die Nahrung. Die saugenden Insekten pumpen die flüssige Nahrung durch den Rüssel in die Speiseröhre. Im Darm sorgt die Darmperistaltik für den Weitertransport der Nahrung.

Die Labialdrüse und die Speicheldrüse sondern Speichel ab. Dieser wird dem Futter entweder beim Eintritt in den Darmtrakt oder bei den stechend-saugenden Insekten direkt bei der Aufnahme dem flüssigen Futter beigemischt. Viele Insekten produzieren in den Labialdrüsen Amylase, ein stärkespaltendes Enzym. Im Mitteldarm treten weitere Enzyme aus, die die Nahrung weiter aufbereiten helfen, wie Maltase, Lactase, Proteasen und Peptidasen (eiweißspaltende Enzyme) sowie Lipasen (fettspaltende Enzyme). Der Speichel blutsaugender Insekten und Milben wirkt antikoagulierend, konservierend und eiweißspaltend. Der Speichel verschiede-

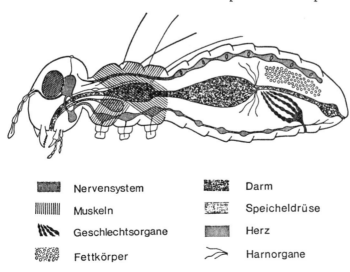

Nervensystem		Darm	
Muskeln		Speicheldrüse	
Geschlechtsorgane		Herz	
Fettkörper		Harnorgane	

Abb. 83. Innere Anatomie des Insektenkörpers.

ner Insekten und Milben enthält Fungistatika und Bakteriostatika.

Bei vielen Insekten wird die Nahrung mit Enzymen (z.B. Vorderdarmsaft) vermischt, so daß eine teilweise Aufspaltung der Nahrung schon vor der Aufnahme in den Schlund erfolgt. Eine solche »extraintestinale Verdauung« ist z.B. bei Laufkäfern und Ameisenlöwen zu beobachten. Das zerkleinerte und mit Speichel durchtränkte Futter passiert die Speiseröhre, dann den Kropf und gelangt nach kurzer oder langer Verweilzeit von dort in den Kaumagen. Der Kaumagen ist mit chitinösen Zähnchen oder Leisten ausgestattet, die zusätzlich die Nahrung zerkleinern. Der Mitteldarm ist mit einem dicken Epithel überzogen. Einige Zellverbände geben Enzyme ab, andere absorbieren die verdaute Nahrung. Die Sekretion der Enzyme erfolgt holokrin, indem die Zellen einzeln zusammen mit dem Sekret aus dem Epithel ausgestoßen werden. Bei der merokrinen Sekretion tritt das Sekret durch Abschnüren oder Zerfall des distalen Endes der Zelle aus, wobei die Zelle selbst aber funktionsfähig bleibt.

Das Mitteldarmepithel vieler Insektenarten ist vor dem direkten Kontakt mit der Nahrung durch die Peritrophische Membran geschützt. Diese Membran kleidet den gesamten Mitteldarm wie ein Strumpf aus. Die Membran ist für die gespaltenen Nährstoffe durchlässig. Die Nahrungsreste werden dann im Enddarm entwässert. Hier treten auch, wie in den Blindsäcken, verschiedene Mikroorganismen als Symbionten auf und unterstützen den Abbau der Nahrung solcher Insekten, die keine Enzyme produzieren, wie z.B. Termiten. Symbionten spielen eine wichtige Rolle bei der Bereitstellung von Vitaminen und Hilfsstoffen, die der Wirtsorganismus nicht oder ungenügend produziert, z.B. den Vitamin-B-Komplex (Thiamin, Riboflavin, Pyridoxin, etc.).

Blut- oder pflanzensaftsaugende Insekten entwässern das Futter, bevor die Enzyme einwirken. So bleibt bei der Bettwanze das Blut einige Zeit im Kropf, das Wasser wird dabei adsorbiert und gelangt mit dem Blut und über die Malpighischen Gefäße in den Enddarm.

Ein Merkmal, durch das sich Pflanzenläuse unter anderem von Wanzen unterscheiden, ist die Filterkammer für überschüssiges Wasser im vorderen Mitteldarm. Ein Teil des Pflanzensaftwassers passiert diese Kammer und gelangt in den Enddarm; von dort aus wird es in das Rectum geleitet und schließlich als Honigtau ausgeschieden.

Kreislauf

Das Blutkreislaufsystem der Insekten ist offen. Das über dem Darmtrakt gelegene Herz oder Rückengefäß (Abb. 83) ist schlauchförmig, hinten geschlossen. Der hintere Teil des Schlauches, das eigentliche Herz, ist oft durch einfache Klappen, Ventile und Ventilfalten in Kammern eingeteilt und weist seitliche Spalten bzw. Öffnungen, die sog. Ostien, auf. Der vordere Teil des Rückengefäßes wird als Aorta bezeichnet.

Durch Kontraktion des Herzens wird Blut durch die Aorta in die Nackenregion gepreßt und von dort aus dann in den gesamten Körper. Durch die Ostien wird das Blut in das sich dabei dehnende Herz wieder eingezogen. Das Blut oder die Hämolymphe der Insekten ist klar bis opal, farblos oder grün bis gelblich, selten rot. Das Blut transportiert die Nährstoffe zu den Organen, die Abbauprodukte zu den Exkretionsorganen, ferner die Hormone. Nur wenig Sauerstoff oder Kohlendioxid wird durch das Blut transportiert.

Atmungssystem

Das Atmungssystem der Insekten besteht aus weitverzweigten Röhren, den Tracheen, die den ganzen Körper durchziehen. Sie beginnen an den seitlich von Brust und Hinterleib liegenden Öffnungen, den sog. Stigmen. Die Tracheen umspinnen alle Organe und Gewebe. Die Tracheenkapillaren oder Tracheolen sind die feinsten

Verzweigungen. Sie bilden durch ihre Verbindung mit den benachbarten Ästen zusammenhängende Tracheensysteme. Die Tracheolen dringen zwischen den Zellen in die verschiedenen Organe ein und geben feinste Ausläufer in die Zellen ab.

Die Stigmen sind verschieden gebaut und weisen häufig einen besonderen Verschlußmechanismus auf. Durch Kontraktion eines kräftigen Muskels wird die Öffnung verschlossen. Zur Reinigung der Atmungsluft von Staub können die Stigmen Vorhöfe aufweisen, die mit feinsten Haaren dicht besetzt sind. Sackförmige Erweiterungen der Haupttracheen sind Luftsäcke, die als Reservoir für frische Luft dienen. Die Lage der Stigmen ist der Lebensweise des einzelnen Insektes angepaßt. Bei Schmetterlingen, Heuschrecken, Käfern und vielen anderen sind die Brust und Hinterleibssegmente die Träger. Bei vielen parasitären Insekten oder Insekten die im Wasser leben, finden sich die Stigmen am hintersten Hinterleibssegment. Diese Tiere halten die scheibenförmige Abschlußfläche des Segmentes zum Atmen unmittelbar an die atmosphärische Luft, der gesamte übrige Teil des Körpers befindet sich im Wasser. Viele Wasserkäfer und Wasserwanzen nehmen beim Untertauchen eine Luftblase als Vorrat mit. Diese wird unter den Flügeldecken oder im Haarkleid festgehalten.

Wasserinsekten, die keine Stigmen besitzen, atmen durch die Haut oder durch Tracheenkiemen, das sind dünnhäutige, hohle Körperanhänge, die verschieden geformt und mit Tracheen durchzogen sind. Diese Kiemen sind an verschiedenen Stellen auf dem Körper verteilt.

Beim Atmen betätigen die Insekten die Rumpfmuskulatur. Durch Kontraktion wird die Luft aus dem Körper gepreßt, durch Expansion eingezogen. Insekten mit Kiemen halten sich in strömendem Wasser auf oder strudeln sich auf verschiedene Weise das mit Sauerstoff beladene Wasser zu.

Der eigentliche Gasaustausch, Zufuhr von Sauerstoff und Abgabe von Kohlendioxid, erfolgt in den Tracheolen. Das Blut dient bei den Insekten nicht für den Gastransport wie bei den Säugetieren.

Exkretions- und Ausscheidungsorgane

Die Malpighischen Gefäße sind mehr oder weniger lange, am distalen Ende geschlossene Schläuche. Sie liegen unmittelbar auf dem Enddarm beim Übergang vom Mittel- zum Enddarm. Die Anzahl der jeweils vorhandenen Gefäße variiert. Es gibt Insektenarten mit 8 und auch solche mit 160 Gefäßen. Verschiedene Abbau- und Abfallprodukte werden durch diese Gefäße aus dem Blut aufgenommen und in den Enddarm geleitet. Meist handelt es sich hierbei um Harnsäure, stickstoffhaltige Endprodukte, Salze und überschüssiges Wasser.

Nervensystem

Das Gehirn oder Oberschlundganglion der Insekten liegt im Kopf über der Speiseröhre und ist mit dem darunterliegenden Unterschlundganglion verbunden. Zusammen mit den sie verbindenden Nervensträngen bilden die beiden Ganglien den Schlundring. Sie sind außerdem mit dem ventralen Nervenstrang verbunden. Der ventrale Nervenstrang besteht aus einer wechselnden Anzahl aufeinander folgender Ganglien oder Nervenknoten in Brust und Hinterleib, die verschmolzen sein können und dann als Bauchmark bezeichnet werden. Die Nervenzellen bestehen aus Zellkörpern mit zum Teil sehr langen Dendriten bzw. Fortsätzen. Sie übermitteln im Körper und dem Körper Reize. Der durch ein Sinnesorgan aufgenommene Impuls gelangt über die Nervenzellen zum Zentralnervensystem und wird dort über verbindende, assoziierende Zellen zu den motorischen Nerven und schließlich zu Erfolgsorganen, den Muskeln oder Drüsen, geleitet.

Der Zellkörper von motorischen oder assoziierenden Nerven liegt im Zentralnervensystem, der der sensitiven Nervenzellen befindet sich gewöhnlich in der Körperdecke.

Die reizaufnehmenden Sinnesorgane liegen an den verschiedensten Körperteilen, wo sie in Form mikroskopisch kleinster Organe als Platten, Haare, Kegel, Gruben, Borsten etc. zu finden sind. Zahlenmäßig sind sie am dichtesten auf den Fühlern, Tastern, Füßen, Flügeln und im Schlund. Dank ihnen können die Insekten mechanische, optische, phonetische und chemische Reize wahrnehmen.

Tasten, Riechen und Schmecken

Die Sinnesorgane zur Aufnahme mechanischer Reize sind Tasthaare und Tastkegel. Sie sind meist beweglich, mit einer Sinneszelle mit Fortsatz ausgerüstet. Mit ihnen nehmen die Insekten Erschütterungen wahr und tasten sich vorwärts.

Der Geruchs- und Geschmackssinn ist bei den Insekten besonders stark entwickelt. Während der Geruch oft auf große Entfernung wahrgenommen wird, tritt der Geschmackssinn erst beim Kontakt mit dem Objekt in Funktion. Die chemotaktischen Sinnesorgane, die Riechgruben, liegen demnach hauptsächlich in den Antennen, die für den Geschmack an den Füßen und den Mundwerkzeugen.

Das Aussetzen unbegatteter Weibchen verschiedener Insektenarten zum Fang der Männchen im Feld ist eine Methode, bei der insbesondere der Geruchssinn angesprochen wird. Die von den Weibchen ausgeschiedenen Duftstoffe (Sexualduftstoffe oder Pheromone) locken Männchen über weite Distanzen an. Andere Pheromone werden von Insekten ausgeschieden zum Markieren bzw. Zurückfinden auf Straßen und Schleppwegen (Ameisen). Die Drüsen, die solche Stoffe absondern, liegen am Hinterleib, der Brust sowie an den Füßen und Beinen.

Sehen

Bei Insekten kommen hauptsächlich zwei Augentypen vor: Seitenaugen oder zusammengesetzte Augen und einfache Punkt- oder Stirnaugen (Ocellen). Einfache Augen findet man bei Larven und Nymphen sowie bei verschiedenen Adulten. Zusammengesetzte Augen haben meist nur die adulten Insekten.

Das zusammengesetzte Auge besteht aus vielen Einzelaugen, das jedes für sich auf der Oberfläche des Auges als sechseckiges Feld oder Facette zu erkennen ist. Die Facette ist eine linsenförmige Verdickung der Cuticula, die über dem Auge durchsichtig ist. Dieser Cuticulateil wird entsprechend dem menschlichen Auge als Hornhaut bezeichnet. Unter jeder Facette liegt ein kleines Teilauge, das aus einer Kristallkegelzelle, dem Kristallkegel, Pigmentzelle, Sehzelle, Sehstäbchen und Nervenfaser besteht. Da jedes Teilauge nur einen Teil des Bildes aufnimmt, muß man sich das Gesamtbild als ein aus zahlreichen Teilbildern zusammengesetztes Mosaikbild vorstellen. Stirnaugen sind nie facettiert und kleiner als die Facettenaugen. Jedes Punktauge besteht aus einer äußeren Hornhautlinse, darunter einer Sehzellenschicht und dann dem Nerv. Über die Funktion der Punktaugen ist bisher wenig bekannt geworden.

Photoperiode

Insekten und Milben verhalten sich gegenüber Licht sehr verschieden. Während die einen Arten phototaktisch negativ sind, also Licht scheuen, suchen es die anderen, phototaktisch positiven, auf. Die verschiedenen Entwicklungsstadien vieler Insekten und Milben reagieren mit ihrer Entwicklungs- und Verhaltensweise auf kurze oder lange periodische Belichtungen bzw. Verdunkelungen.

Außer den von den momentanen Temperatur- und Lichtverhältnissen abhängigen, direkten Aktivitäten, z.B. Fliegen, Laufen, Fressen, Kopulieren, Eierlegen usw., ist die Dauer des täglich zur Verfügung stehenden Lichtes bzw. das Verhältnis zwischen den Intervallen der tagesperiodisch wechselnden Licht- und Dunkelperioden von wesentlicher Bedeutung für die physiologischen neurosekretorischen Prozesse im Tierkörper. So wissen wir, daß der Photoperiodismus bei vielen Insekten für das Auftreten bzw. Ausbleiben der Diapause (s. Seite 83) ausschlaggebend ist, indem lange Photoperioden, z.B. von 16 Stunden Dauer bei vielen Schmetterlingsraupen, die Diapause verhindern.

Hören

Insekten hören mit Chordotonal-, Saiten- oder Tympanalorganen, die an verschiedenen Stellen des Körpers und der Extremitäten liegen.

Die Saitenorgane bestehen aus einer Sinneszelle, die nach innen mit einer Nervenfaser verbunden ist und sich nach außen in den hohlen Stiftchenträger in der Körperdecke fortsetzt. Dieses Organ bildet zwischen Nerv und Haut also eine Saite. Schwingungen der Haut oder Schallwellen werden von diesem Organ registriert. Die Saitenorgane sind insbesondere an den Antennen, Tastern, Beinen und Flügeln zu finden.

Die Tympanalorgane sind den Saitenorganen sehr ähnlich. Sie unterscheiden sich nur durch die Anwesenheit einer zu einem Trommelfell verdünnten Haut über dem Stiftchenträger. So gebaute Hörorgane besitzen z.B. einige große Schmetterlinge auf der Rückenseite und an der Brust, Wanderheuschrecken an der Seite des 1. Hinterleibsegmentes, Grillen und Grashüpfern an den Vorderschienen.

Die Insekten verfügen weiterhin über gut entwickelte Temperatur- und Feuchtigkeitssinne, deren Rezeptoren über den Körper, besonders in den Beinen und Antennen, verteilt sind.

Hautdrüsen (Absonderungsorgane)

Die Insekten haben an den verschiedensten Stellen im Körper verteilt Drüsen, deren Sekrete ganz bestimmte Aufgaben haben. Man unterscheidet einzellige und mehrzellige Drüsen.

Giftdrüsen sind meist lange, schlauchförmige Gebilde, die in einen Stachel münden. Mit dem Gift werden Feinde unschädlich gemacht, paralysiert. Manche Insekten können ihre Beutetiere auf diese Weise sogar konservieren.

Wachsdrüsen, die an verschiedenen Stellen des Körpers liegen, scheiden wachshaltige Sekrete aus (Biene, Blattsauger, Mottenschildläuse u.a.).

Stink- oder Duftdrüsen sondern abwehrende oder anlockende Sekrete aus (Repellents oder Attractants). Die Duftstoffe ausscheidenden Drüsen liegen an verschiedenen Körperteilen, meist Hinterleib, Brust und Extremitäten, verteilt.

Die Speichel- oder Spinndrüsen sind Labialdrüsen, die schlauchförmig oder verästelt sind und einen gemeinsamen Ausgang im unteren Mundfeld haben. Ihr Sekret dient der Aufbereitung der Nahrung oder wird, wenn als weißer Faden abgegeben, zur Herstellung eines Kokons verwendet. Vielen Schmetterlingsraupen dient der Spinnfaden zur Flucht oder für größere Wanderungen. Sie seilen sich meist an ihm ab.

Geschlechtsorgane

Die Insekten haben im allgemeinen getrenntgeschlechtliche Vermehrung. Gelegentlich treten Abweichungen auf. Bei den Bienen und Ameisen hat die Vielzahl der Arbeiterinnen keine funktionstüchtigen bzw. ausgebildeten Geschlechtsorgane. Es kommen auch Zwitter vor, die männliche und weibliche Geschlechtsorgane im gleichen Individuum aufweisen. Die Geschlechtsorgane, beim Weibchen die Eierstöcke, beim Männchen die Hoden, liegen stets im Hinterleib und münden auf der Unterseite, nahe der Hinterleibsspitze (vergl. Abb.83).

Der Eierstock setzt sich aus Eiröhren zusammen, in denen die Eizellen liegen. Die Zahl der Eiröhren ist verschieden, es können sowohl 2 (bei Käfern) als auch 1000 (bei Termiten) gefunden werden. Von den Eierstöcken führen die Eileiter in die unpaarige erweiterte Scheide. In der Scheide mündet der Ausführkanal der Samentasche, des Receptaculum seminis. Bei der Begattung gelangt der männliche Samen in diese Tasche und wird dort über mehrere Tage oder Wochen lebensfähig gehalten. Wenn die Eier die Einmündungsstelle des Samentaschenkanals passieren, findet die Befruchtung statt. Hier zu nennen sind die meist paarig vorhandenen Kitt- oder Anhangsdrüsen. Sie geben in die Scheide ein Sekret ab, das die Eier umgibt und an der Luft sofort erhärtet. Der gallertige Laich der Wasserinsekten besteht aus solchem Sekret ebenso wie alle Schutzhüllen von Eigelegen.

Die Hoden der Männchen bestehen aus Bläschen, in denen sich die Samenzellen bilden. Diese gelangen dann durch den Samenleiter in die Samenblase und werden hier gespeichert. Durch den Samengang gelangen die Spermien nach außen. Die Anhangsdrüsen geben ein schleimiges Sekret ab, das dem Samen beigemischt wird. Das gleiche Sekret wird von Männchen auch zur Bildung von Samenkapseln verwendet.

Fortpflanzung und Entwicklung

Der größte Teil der Insekten (und auch der Milben) ist eierlegend, nur wenige Gattungen und Arten sind lebendgebärend (vivipar).

Zwischen dem Adultwerden oder Ausschlüpfen aus der Puppe und dem Absetzen der ersten Eier oder Jungtiere liegt bei den meisten Insektenarten ein bestimmter Zeitintervall, die sog. *Präovipositionsperiode*. Während ihrer Dauer entwickeln sich die inneren Geschlechtsorgane. Diese Phase der Entwicklung wird wesentlich beeinflußt von der Qualität und Quantität der Nahrung sowie von den Umweltfaktoren. Von den abiotischen Umweltfaktoren sind es besonders die physikalischen und chemischen, wie Temperatur, Luftfeuchtigkeit, Licht- und Strahlungsintensität, Struktur und Beschaffenheit der unmittelbaren Umgebung sowie deren chemische Beschaffenheit und Zusammensetzung. Bei den biotischen Umweltfaktoren wirken die mannigfachen Einflüsse der Populationsdynamik, wie Nahrungsangebot, Feindspektrum und -dichte etc.

Die Entwicklung der Eier erfolgt, von wenigen Ausnahmen abgesehen, nach vorheriger Befruchtung. Die Eier werden im Körper des Muttertieres unmittelbar vor der Ablage befruchtet. Bei verschiedenen Insektenarten entwickeln sich auch aus unbefruchteten Eiern lebensfähige Jungtiere und Larven. Man spricht da von Parthenogenese oder Jungfernzeugung. Bei der zyklischen Parthenogenese lösen sich die parthenogenetischen Generationen mit bisexuellen Generationen ab (Blattläuse). Die obligatorische Parthenogenese, bei der die Art über Jahre und ohne das männliche Geschlecht viele Generationen fortpflanzungsfähig ist und bleibt, tritt bei der Stabheuschrecke, bei Sackträgern, Schlupfwespen, Mallophagen, Rinden- und Staubläusen, Thripsen und anderen auf.

Das Geschlecht der parthenogenetisch erzeugten Generationen erlaubt die Differenzierung in drei Formen: Arrhenotokie, Thelytokie und Amphitokie.

Bei arrhenotokischer Fortpflanzung entwickeln sich aus den befruchteten Eiern Weibchen und aus den unbefruchteten Männchen (Honigbiene). Bei thelytokischer Fortpflanzung entstehen aus unbefruchteten Eiern fast nur (99%) Weibchen (Stabheuschrecke, Dickmaulrüßler) und bei amphitokischer Fortpflanzung schlüpfen aus den unbefruchteten Eiern Tiere beiderlei Geschlechts aus. Bilden sich aus einem Ei mehrere, meist bis zu 100 Jungstadien, so liegt Polyembryonie vor. Hierbei zerfällt der Embryo in einem frühen Entwicklungsstadium in mehrere Teile, die sich selbständig weiterentwickeln. Die Polyembryonie tritt bei Chalcididen, Braconiden, Strepsipteren auf.

Als Pädogenese bezeichnet man die Geschlechtsreife und Fortpflanzung bei Jugendstadien unter Ausfall der adulten Muttertiere. Solche Insekten vermehren sich parthenogenetisch bzw. thelytok und sind ovi- bzw. vivipar (vgl. auch Gall-

mücke *Heteropeza pygmaea*, auf Seite 284).
Die Eier der Insekten und Milben sind
meist sehr klein mit Durchmessern, die
unter einem Millimeter liegen. Sie weisen
die verschiedenartigsten Formen auf: rund,
oval, dabei flach oder gewölbt, kugelför-
mig oder zylindrisch, scheibenförmig, oft
auch mit einem Stiel oder Atemrohr versehen. Farbe und Oberflächenstruktur der
Eier sind ebenfalls ganz unterschiedlich.
Während der Embryonalentwicklung
bleibt meist die Form gleich, dagegen verändert sich meist die Farbe. Die Insekten
legen die Eier in der Regel dort ab, wo die
ausschlüpfenden Jungtiere die optimalen
Lebensbedingungen vorfinden. Damit die
Eier vor Witterungseinflüssen oder Be-
schädigung geschützt sind, umgibt das
Muttertier sie mit Schutzhüllen (Anhangdrüsen) und legt sie an geschützte Orte.
Vielfach werden die Eier auf oder in Blätter, Knospen, Früchte, Zweige, Stengel
oder Stämme abgelegt. Andere Insekten
wiederum sind in ihrer Eiablage an Erde,
Dung, Jauche oder andere Exkremente gebunden oder legen ihre Eier in Wasser
oder auf andere Tiere ab.
Die Eier werden einzeln oder gruppenwei-
se abgelegt, beispielsweise bei Küchenschaben und Heuschrecken als Paket mit
32–50 Eiern. Verschiedene Insekten, z.B.

Schmetterlinge, bedecken die ca. 200–500
Eier mit Haaren oder Schuppen ihres Hinterleibes.
Bei den beißend-kauenden Embryonal-
stadien beißt das Jungtier die Eihülle auf,
nicht beißende, z.B. gewisse stechend-
saugende Wanzen, haben hierfür einen Ei-
zahn. Meist wird das Ei durch den von der
Larve verursachten größeren Innendruck
aufgesprengt.
Eine strenge und eindeutige Temperatur-
abhängigkeit ist bei der Embryonalent-
wicklungszeit zahlreicher Insekten- und
auch Milbenarten zu beobachten. Beim
Unterschreiten einer kritischen Temperatur steht die Entwicklung der Eier still.
Erst beim Übersteigen dieser bestimmten
Temperatur, dem Entwicklungsnullpunkt,
nimmt die Entwicklung ihren Fortgang.
Dabei ist eine vom Entwicklungsnullpunkt bis zum optimalen Bereich fortschreitende Beschleunigung der Embryonalentwicklung festzustellen. Abb. 84
zeigt die Abhängigkeit der Embryonal-
entwicklungszeit von der Temperatur
beim Apfelwickler. Der Entwicklungsnullpunkt für das Ei des Apfelwicklers
liegt bei 10°C. Zur Errechnung der Wärmesumme wurden demnach die 10°C
übersteigenden »Wärmegrade« mit den bis
zur 50%igen Schlüpfrate notwendigen

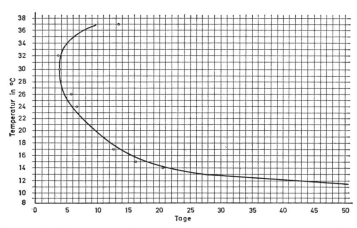

Abb. 84. Kurve der Mittelwerte über die Dauer der Embryonalentwicklung des Apfelwicklers bei verschiedenen Temperaturen.

Stunden multipliziert. Das Resultat dieser Multiplikation ergibt die für die Embryonalentwicklung nötige »Wärmesumme«, die in »Gradstunden« (Celsius-Grade über 10 × Stunden) angegeben wird und für den Apfelwickler 2000–2100 beträgt. Die notwendige Wärmesumme von 2000 effektiven Gradstunden für die Entwicklung des Eies des Apfelwicklers ist unabhängig davon, ob es in konstanter oder stark schwankender und zeitweise auch unter dem Entwicklungsnullpunkt liegender Temperatur war.

Wachstum und Verwandlung

Dem Verlassen des Eies bzw. der Eihülle schließt sich das larvale Wachstum an, während dessen sich das Tier mehrmals häutet. Die Formen der Jugendstadien und ihre Verwandlungsart sind verschieden. Die Zahl der Häutungen variiert, sie kann zwischen 3 und 20 liegen. Da die Cuticula nicht wächst, sondern nur in Grenzen dehnbar ist, sind diese Häutungen notwendig. Bei der Häutung wird die gesamte cuticulare Schicht, also die Körperdecke, die die Tracheen, Vorder- und Mitteldarm auskleidende Schicht, abgeworfen und neu gebildet. Die neue Cuticula wird unmittelbar vor dem Abstreifen der alten und engen von der darunterliegenden Epidermis gebildet. Das Ablösen erfolgt durch die Exuvialflüssigkeit, die zwischen die alte und neue Haut abgesondert wird. Der Häutungsvorgang kann einige Minuten, aber auch mehrere Stunden dauern. Bei den meisten Insekten geht ihm ein Einstellen der Fraßtätigkeit und eine Trägheitsperiode von 12–24 Stunden voraus. Die Häutung wird hormonal gesteuert. Die Ausschüttung des eigentlichen Häutungshormons Ecdyson durch die Prothorakaldrüse erfolgt auf die Einwirkung des von den neurosekretorischen Gehirnzellen gebildeten Gehirnhormons. Das gleichzeitig auch aus den Corpora allata austretende Juvenilhormon beeinflußt den Charakter der Häutung, indem bei einem bestimmten Anteil von Juvenilhormon die Häutung larval verläuft. Sinkt der Juvenilhormonspiegel unter einen bestimmten Punkt, dann bildet sich die Puppe bzw. Imago.

Die Bezeichnungen der larvalen Entwicklungszustände beziehen sich auf die durchlaufenden Häutungen und werden als Stadien bezeichnet. Das 1. Stadium liegt zwischen dem Ausschlüpfen und der 1. Häutung, das 4. Stadium beispielsweise zwischen der 3. und 4. Häutung.

Die Metamorphose oder Verwandlung

Bei Insekten mit verschiedener oder heterometaboler Verwandlung oder Metamorphose verläuft die Entwicklung ohne das ruhende Puppenstadium. Die Jungtiere wachsen über mehrere Häutungen zum adulten Tier heran. Die Heterometabolie kennt aufgrund verschiedener Unterschiede in Form und Entwicklung des Jungtieres verschiedene Typen:

1. Paläometabolie. Primitivste Form der Verwandlung. Die Jungtiere weisen schon Merkmale der Imagines auf, die sich ebenfalls noch häuten.

a) *Epimetabolie* zeigt sich bei Jungtieren, die sich nur sehr wenig von den Imagines unterscheiden. Epimetabol sind beispielsweise die Springschwänze und die übrigen Urinsekten, bei denen eine »Vermehrung« der Hinterleibssegmente durch imaginale Häutungen erfolgt.

b) Von *Prometabolie* spricht man, wenn eine Subimago, d.h. ein vorimaginales, flugfähiges Stadium, sich zur Imago nochmals häutet, z.B. Eintagsfliege.

2. Hemimetabolie. Wasserbewohnende larvale Stadien, die mit sekundären zusätzlichen Organen, wie Fangmasken, Tracheen- oder Darmkiemen etc., für ein Leben im Wasser ausgerüstet sind, z.B. Libellen, Steinfliegen.

3. Paurometabolie. Jungtiere heterometaboler Insekten (larvale Stadien), die vom ersten bis zum letzten Larvalstadium imagoähnlich sind und keine zusätzlichen Merkmale oder Organe besitzen. Der Unterschied zwischen Jungtier und Imago besteht nur in den Körperproportionen, einer geringeren Anzahl Glieder der Extremitäten und den sich etappenweise ausbildenden Flügeln und Kopulationsorganen. Bei der letzten Larvalhäutung treten dann die imaginalen Merkmale in Erscheinung (vgl. Abb. 85).
Typ: Termiten, Schaben, Fangschrecken, Gespenstheuschrecken, Ohrwürmer, Springschrecken, Staubläuse, Tierläuse, Wanzen u.a.

4. Neometabolie. Die Entwicklung der Flügel ist verzögert, die Anlagen der Flügel treten erst bei der präimaginalen Nymphe (letztes mit Flügelanlagen versehenes, nicht ruhendes Larvalstadium) auf. Die Neometabolie gliedert sich in 4 Untertypen:

a) *Homometabolie.* Die Flügelanlagen erscheinen bei der Nymphe, Beispiel: Tannenläuse, Rebläuse (Abb.211).

b) *Remetabolie.* Die Verwandlung durchläuft 2 Larvalstadien (Jung- und Altlarve) und 1–2 bewegliche Nymphenstadien (Pronymphe und Nymphe). Beispiel: Blasenfüße (Abb.161).

c) *Parametabolie.* Das 1. Larvalstadium ist beweglich, das 2. sowie die Pronymphe und die Nymphe sind unbeweglich. Bei parametabolen Insekten ist bereits im 2. Larvalstadium ein Geschlechtsunterschied zu erkennen. Beispiel: Schildläuse (Abb. 214, 215).

d) *Allometabolie.* Das 1. Larvalstadium ist beweglich, die 3 folgenden sind an den Ort gebunden (sessil) und ohne Flügelanlagen. Im 4. Larvalstadium, das keine Nahrung aufnimmt, bilden sich dann die Flügelanlagen aus, und es entwickelt sich ohne Ruhestadium die Imago. Beispiel: Mottenschildläuse (Abb.204).

5. Holometabolie. Bei der vollkommenen oder holometabolen Verwandlung liegt zwischen dem letzten Larvalstadium und der Imago das *Puppenstadium.* Die Puppe ist unfähig, sich aktiv fortzubewegen und Nahrung aufzunehmen (Ausnahme: Stechmücke), Beispiel: Schmetterlinge (Abb.86).
Bei der holometabolen Metamorphose werden zwei bestimmte Formen unterschieden, die als Hypermetabolie und als Cryptometabolie bezeichnet werden:

Hypermetabolie liegt vor, wenn auf ein ruhendes Larvalstadium (sog. Scheinpuppe) eine bewegliche Larve ausschlüpft, die sich dann anschließend verpuppt. Beispiel: Ölkäfer.

Cryptometabolie nennt man die Erscheinung, bei der die präimaginalen Entwicklungsstadien größtenteils maskiert werden, d.h. die Larvalentwicklung vollzieht sich im Ei und verpuppungsreife Larven schlüpfen

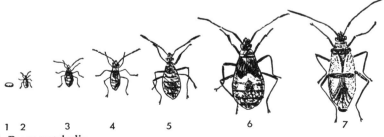

1 2   3   4   5   6   7

Abb. 85. Paurometabolie.

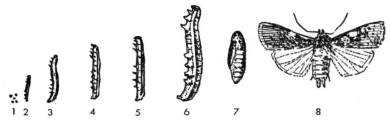

Abb. 86. Holometabolie.

aus. Beispiel: Buckelfliegen in Termiten-nestern.

Larven und Puppen holometaboler Insekten weichen in Form und Gestalt zum Teil stark voneinander ab. Ebenso ist die Lebensweise der Larve von der der Imago verschieden. Aus Larven mit beißend-kauenden Mundwerkzeugen entstehen Imagines mit leckend-saugenden oder stechend-saugenden.

Die *Larvenformen* der holometabolen Insekten lassen sich wie folgt einteilen (Abb. 87):

a) Acephal-apode: Ohne Kopfkapsel und beinlos, z. B. Fliegenmade.
b) Eucephal-apode: Mit Kopfkapsel und beinlos, z. B. Bienenmade, Rüsselkäfer, Stechmückenlarve, Flohlarve.
c) Eucephal-oligopode: Mit Kopfkapsel und 3 Brustbeinpaaren, z. B. Engerlinge, andere Käfer
d) Eucephal-polypode: Mit Kopfkapsel und mehr als 3 Beinpaaren, z. B. Schmetterlinge, Blattwespen.

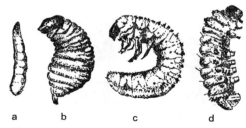

Abb. 87. Larventypen der holometabolen Insekten.

Es werden drei *Puppenformen* (Abb. 88) unterschieden:

a) Freie Puppe: Alle Gliedmaßen, wie Fühler, Beine, Flügel und Mundwerkzeuge stehen frei vom Körper ab.
b) Mumienpuppe: Fühler, Beine und Flügel liegen eng am Körper an, die Mundwerkzeuge stehen bei einigen Arten ab.
c) Tönnchenpuppe: Die Fliegenpuppen sind freie Puppen, bei denen die letzte Larvenhaut nicht abgestoßen wird, sondern als Puppenhülle verbleibt.

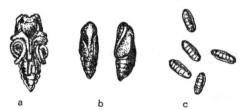

Abb. 88. Puppenformen der holometabolen Insekten.

Nach der letzten larvalen Häutung verwandelt sich die Larve zur Puppe, die ein völlig anderes Aussehen hat. Diese nimmt keine Nahrung auf, ist aktionsunfähig, reagiert aber bei Berührung oder auf andere Reize durch Schlagen mit dem Hinterleib. Stechmückenpuppen bilden eine Ausnahme, sie sind schwimmfähig. Die Puppenhaut ist meist fest, hart und oft durch einen Kokon geschützt.

Das frisch aus der Puppenhülle ausgeschlüpfte Insekt ist noch weich, die Flügel sind meist schrumpelig gefaltet. An der Luft erfolgt jedoch bald die Härtung der

Körperdecke und die Pigmentierung des Integumentes. Mit der Imago ist die Entwicklung abgeschlossen. Das Tier wächst nicht mehr. Nach einer unterschiedlichen Periode, während der die Weibchen Nahrung aufnehmen und damit die Eierstöcke aufbauen (Präovipositionsperiode) erfolgt die Eiablage.
Entsprechend dem Entwicklungsstadium, in dem die Brut vom Weibchen abgesetzt wird, unterscheidet man:

Oviparie: Das Weibchen legt die Eier sofort nach der Befruchtung und vor dem Beginn der Embryonalentwicklung oder aber bald darauf ab. Der größte Teil der Embryonalentwicklung erfolgt außerhalb des Muttertieres.

Ovoviviparie: Aus dem abgelegten Ei schlüpft unmittelbar oder sehr bald die Larve oder das Jungtier aus. Die Embryonalentwicklung ist zu dieser Zeit stark fortgeschritten oder sogar beinahe beendet.

Viviparie: Das Weibchen bringt lebende Junge zur Welt, die noch im Körper des Muttertieres aus den Eiern schlüpfen.

Larviparie siehe Viviparie.

Pupiparie: Das Weibchen bringt verpuppungsreife Larven zur Welt oder aber bereits gebildete Puppen.

Dormanz

Als Dormanz bezeichnet man den temporären Stillstand in der Entwicklung eines Insektenstadiums. Sie wird auch »Winter- oder Sommerschlaf« und Überliegen genannt und kann Wochen bis Monate dauern. Die Dormanz kann bei verschiedensten Arten und Rassen je nach Biotop, Nahrungsangebot und Klima obligat oder fakultativ auftreten. Alle Dormanzerscheinungen sind Reaktionen des Entwicklungsgeschehens zur Anpassung an die abiotischen und biotischen Umweltsbedingungen. Je nach Stärke und Art der Abweichung von der normalen Entwicklungsgeschwindigkeit werden die Erscheinungen der Dormanz- oder Ruhestadien (nach H. J. MÜLLER) begrifflich wie folgt interpretiert:

Quieszenz: Einfachster Fall von Dormanz. Sie beantwortet jede Abweichung vom Optimalbereich mit einer Verlangsamung der Entwicklung.
Häufigste Formen sind die
thermische Quieszenz (ungünstige Temperatur)
Hygroquieszenz (Wasserentzug)
Photoperiodisch bedingte Quieszenz (ungenügende oder zu starke Belichtung)
Nutritive Quieszenz (schlechte Nahrung)
Der Zustand der Quieszenz wird sofort wieder aufgehoben im optimalen Bereich.

Oligopause: Eine Form von Dormanz, bei der es sich um eine physiologisch und phylogenetisch weiterentwickelte Quieszenz handelt. Unter der Einwirkung ungünstiger Umweltfaktoren setzt nicht unmittelbar Dormanz ein, sondern diese stellt sich erst allmählich und akkumulativ, oft auch nur bei einem Teil der Individuen ein. Sie kommt häufig vor und ist bei Vertretern vieler Ordnungen zu beobachten, z. B. bei zahlreichen Arten von Schmetterlingen, bei denen nach einer mehrtägigen oder mehrwöchigen Freßperiode die ausgewachsenen, scheinbar verpuppungsreifen Raupen ihr Nährsubstrat verlassen und mit einer Wanderphase beginnen. Diese kann einige Tage dauern. Dieser Wanderphase schließt sich das Spinnen eines Kokons außerhalb des Nährsubstrates an. Im Kokon überwintert die Raupe oder überdauert die schlechte, ungünstige Witterungsperiode, ohne sich verpuppen zu können. Die Raupe verpuppt sich erst im nächsten Frühjahr und bei steigender Temperatur. Der Falter erscheint wenige Tage später.
Durch die Rückkehr in optimale Bereiche mit höherer Temperatur und längerer

Photoperiode läßt sich die Oligopause ab-
kürzen oder beheben, Photoperioden ober-
halb der kritischen Tageslänge (14–16
Stunden) verhindern die Induktion der
Dormanz oder heben sie, wenn auch mit
Verzögerung, wieder auf.

Parapause: Diese Form der Dormanz
tritt ein, wenn die Einflüsse der Umweltfaktoren günstig bzw. gleichbleibend sind.
So wird die Eibildung bei der im Juni
schlüpfenden Herbstrasse des Kohlgallen-
rüßlers *(Ceutorrhynchus pleurostigma)* bei
täglichen Photoperioden von über 16,5
Stunden gehemmt. Die Eiablage erfolgt
beträchtliche Zeit später, nachdem die
Photoperiode verkürzt ist. Rapserdflöhe
sollen schon im Frühsommer eine photoperiodisch bedingte Parapause der Gona-
den aufweisen, die erst mit den herbstli-
chen Kurztagen aufgehoben wird.

Diapause oder Eudiapause: Die obligate
Diapause oder Eudiapause ist eine Dor-
manzform in der Entwicklung von Insektenstadien trotz optimalen, klimatischen
Bedingungen. Sie kann nicht aufgehoben
werden durch entwicklungsfördernde Tageslängen. Zwei Faktoren, nämlich Temperatur und Photoperiode, sind maßgebend
an ihrem Aufkommen beteiligt. Die In-
duktionsphase der Eudiapause liegt meist
bedeutend früher als ihr Auftreten, z.B.
beim Ei des Seidenspinners in der Embryo-
nalzeit der Mutter und bei der Diapause
der Blattlauseier zwei Generationen davor.
Nach H. J. Müller erfolgt die Induktion
der Diapause (Eudiapause) stets durch bestimmte Tageslängen; jedoch nicht wie bei
Oligo- und Parapausen durch kontinuierlich enthaltende, mehr oder weniger kumu-
lative Einwirkung während der gesamten
prädormanten Entwicklung, sondern nur
während einer ebenfalls ontogenetisch
festgelegten sensiblen Phase, die häufig
auf wenige photoperiodische Zyklen beschränkt ist, wobei sie vorher und hinter-
her weitgehend wirkungslos bleibt.
Im Zuchtgeschehen, wo die verschiedenen
Formen der Dormanz störend oder hin-

dernd auftreten können, lassen sich einige
Vorkehrungen treffen:

a) *Insekten mit Quieszenz.* Haltung bei optimalen klimatischen Bedingungen und
Verwendung des richtigen und quali-
tativ hochwertigen Futters.
b) *Insekten mit Oligopause.* Genügend lange und intensive Photoperiode (mindestens 16-Std./Tag).
c) *Insekten mit Parapause.* Temporäre Ab-
kühlung und Kurztagbelichtung (zwischen 8–10-Std./Tag).
d) *Insekten mit Diapause bzw. Eudiapause.*
Künstliche Überwinterungsperiode
(Kälteschock bei 1–3 °C von 4–8 Wochen Dauer). Photoperiode während
sensibler Phase und optimaler Temperatur.

2 Milben

Die Milben oder Acari bilden eine Unterklasse der Spinnentiere, die als Klasse ihrerseits als Unterstamm Chelicerata oder Füh-
lerlose dem Stamm der Arthropoden zu-
geteilt sind.
Die Milben sind kleine, fühler- und flügellose Tierchen mit einer mehr oder weniger
dicken Körperhülle aus Chitin. Die Körperform ist verschieden. Sie variiert zwischen breit oder schmal, kurz oder lang,
hochgewölbt oder flach, rund-oval bis
spindel- oder birnförmig usw. Die Gliederung des Körpers kann ausgebildet oder
rückgebildet sein; im letzten Fall haben die
Milben ein sackförmiges Aussehen. Der
Körper gliedert sich in vier Abschnitte
(Abb. 89):

1. Gnathosoma   Träger der Mundwerkzeuge
2. Propodosoma   mit den 2 vorderen
   Beinpaaren
3. Metapodosoma mit den 2 hinteren
   Beinpaaren
4. Opisthosoma   mit dem Analfeld.

Der vordere Körperabschnitt, Gnathosoma und Propodosoma zusammen, bilden
das Proterosoma, der hintere, mit dem
Metapodosoma und Opisthosoma, das

Hysterosoma. Diese beiden Körperabschnitte sind oft durch eine Querfurche getrennt.

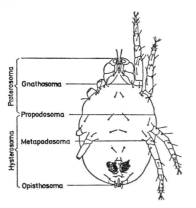

Abb. 89. Gliederung des Milbenkörpers (nach VITZTHUM).

Die Mundwerkzeuge (Abb. 90/1, 2) bestehen im wesentlichen aus drei Hauptteilen, den paarigen Mandibeln (Oberkiefer), auch Cheliceren (Scheren) genannt, den kleinen Maxillen (Unterkiefer) mit den oft großen Tastern oder Pedipalpen und schließlich dem Labium (Unterlippe). Die Mundöffnung findet sich zwischen den 4–5-gliedrigen Unterkiefertastern. Die Mundwerkzeuge sind, je nach Art und Ernährungsweise, beißend-kauend oder, wenn zu nadelförmigen Stechborsten umgewandelt, stechend-saugend.

Die erwachsenen Milben und ihre Nymphen weisen 4 Beinpaare auf, die Larven nur 3. Die wurmförmigen Gallmilben sind eine Ausnahme; sie besitzen im ausgewachsenen Zustand nur 2 Beinpaare. Bau und Struktur der Beine sind variabel. Die Zahl der Glieder beträgt 6 (Abb. 90/3–10; sie werden ebenso benannt wie jene der Insekten, wobei zusätzlich zwischen Ober- und Unterschenkel das Knie (Genu) eingelenkt ist. Der Fuß ist meist mit einer Haft- oder Schreitvorrichtung (Ambulacralapparat) ausgerüstet.

Die Bauch- und oft auch Rückenflächen besitzen Chitinplatten in mannigfacher Form und Anordnung. Ihre Konstanz

läßt sich als arttypisches Merkmal verwenden (vgl. Abb. 90/15, 19, 22).

Die äußeren Geschlechtsorgane sind meist als längliche oder rundliche Spalte mit Klappen oder paarigen Haaren oder Borsten mehr oder weniger in der Mitte der Bauchfläche sichtbar (Abb. 90/11). Die Lage dieses sog. Genitalfeldes kann jedoch von Art zu Art verschieden sein. Innerhalb der Spalten und Klappen finden sich arttypische Näpfe, die u. a. als Haltevorrichtung bei der Kopula dienen bzw. Drüsenmündungen sein sollen.

Die Analöffnung, sofern es sich nicht um afterlose Milben handelt, liegt im hinteren Bereich der Bauchseite und ist oft von

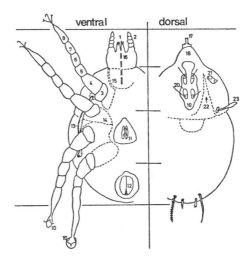

Abb. 90. Körperanhänge der Milben (nach POPP).
1 Cheliceren (Mandibeln, Scheren), 2 Pedipalpen (Kiefertaster/Maxillarpalpen), 3 Coxa (Hüftring), 4 Trochanter (Schenkelring), 5 Femur (Oberschenkel), 6 Patella/Genu (Knie), 7 Tibia (Unterschenkel), 8 Tarsus (Fuß), 9 Ungues (Klaue/Kralle), 10 Ambulacrum (Haftblase), 11 Genitalöffnung, 12 Analöffnung, 13 Peritrema (Verbindungsröhre), 14 Epimeren (verwachsene Coxen), 15 Apodemata (Chitinleisten), 16 Hypostom (Unterlippe), 17 Epistom (Oberlippe), 18 Tectum (Dach), 19 Crista metopica (Chitinleiste), 20 Area sensilligera (Chitinvertiefung), 21 Lateralaugen, 22 Lamelle, 23 Trichobothrien (Pseudostigmatalorgane).

chitinösen Platten oder Klappen umschlossen (Abb.90/12).

Die *innere Anatomie der Milben* geht aus Abb.91 hervor. Die Speiseröhre (1) erweitert sich zu einem sackartigen, oft in mehrere Abschnitte und Blindsäcke unterteilten Darm (9). Der Ausscheidung dient ein schlauchförmiges, oft aber auch reich verästeltes Organ (2) über dem Mitteldarm. Es entspricht den Malpighischen Gefäßen der Insekten. Im vorderen Bereich der Leibeshöhle befindet sich die starke Muskulatur (3) der Mundwerkzeuge und Beine sowie die oft großen Speicheldrüsen (4). Das Ober- und Unterschlundganglion (5) (Zentralnervensystem) umschließt massig die Speiseröhre. Der hintere Raum der Leibeshöhle wird eingenommen durch die inneren Geschlechtsorgane (6) mit Anhangsdrüsen (7). Das große, oft voluminöse Speicherorgan (8), das dem Fettkörper der Insekten entspricht, ist zwischen den verschiedenen Organen im Milbenkörper eingebettet.

Die *Atmung* erfolgt durch die Haut oder durch Luftröhren, die zahlreich den Körper durchziehen. Diese Spiralfäden oder Tracheen beginnen an der Körperoberfläche mit einem sog. Stigma. Lage und Zahl der *Stigmen* dienen u.a. als Basis für die systematische Einstufung der Milben (vgl. hierzu Seite 93).

Das *Zentralnervensystem* ist eine Verbindung mit vielen, feinen Nervenfasern, die den Milbenkörper durchziehen. Die Milben können sowohl über mechanische und chemische Sinne als auch über Temperatur- und Lichtsinn verfügen. Der Reizaufnahme dienen entsprechende Hilfsmittel und Rezeptoren, z.B. verschieden geformte Haare (Tastsinn), Gruben, Kolben und Platten (Geruchs- und Geschmackssinn), keine oder 1–6 einfache, nicht zusammengesetzte Augen (Lichtsinn). Die sog. Pseudostigmalorgane sind Haare von verschiedener, arttypischer Form. Sie stehen in trichterförmigen Gruben oder Höhlen, den sog. Pseudostigmen, und gelten als spezifische Sinnesorgane.

Darmtrakt. Von der Mundöffnung führt die Speiseröhre in den sackförmigen, in verschiedene Abschnitte unterteilten Darm. Zur Aufschließung der pflanzlichen oder tierischen Nahrung dienen Sekrete der oft großen Speicheldrüsen, welche in die Mundregion münden. Im Darm selbst werden intakte Darmzellenverbände zwecks Verdauung abgegeben.

Das Organ für die *Ausscheidung* der Exkrete ist schlauchförmig bis reich verästelt und liegt meist über dem Darm und mündet bauchseits am Körperende. Während viele Milben einen After aufweisen, gibt es andere ohne solchen. Die Ausscheidung,

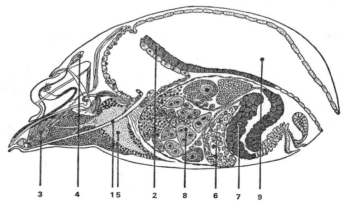

Abb. 91. Innere Anatomie der Milben (nach BLAUVELT). Erklärungen im Text.

besonders von überschüssigem Wasser, erfolgt dann durch spezielle Drüsen oder Poren oder die Stoffwechselprodukte werden gespeichert.

Kreislauf. Ein schlauchförmiges Herz ist vorhanden oder fehlt. Das Blut wird durch die Bewegung der Körpermuskulatur durch den Körper getrieben und umspült so die Organe.

Geschlechtsorgane. Die Milben sind getrenntgeschlechtlich. Bei den Weibchen sind paarige und unpaarige Eierstöcke mit Eileitern anzutreffen. Die bei Insekten wohl ausgebildete Samentasche (Receptaculum seminis) kommt auch bei Milben vor, wenngleich oft nur äußerst klein ausgebildet. Die Anhangsdrüsen (s. auch Seite 78) sind gut ausgebildet.

Die männlichen Geschlechtsorgane bestehen aus Hoden, Samenleitern, Anhangdrüsen und Penis (s. auch Insekten Seite 78). Penisform und -größe dienen als spezifisches Bestimmungsmerkmal.

Fortpflanzung und Entwicklung. Die Milben sind im allgemeinen eierlegend (ovipar). Einige wenige Arten gebären lebende Larven; sie sind vivipar. Außer der zweigeschlechtlichen Fortpflanzung, bei der die Eier vor der Ablage befruchtet werden, kommt Parthenogenese (Jungfernzeugung) vor (s. auch Seite 78), wobei meist die arrhenotokische Entwicklung zu beobachten ist (vgl. Seite 78).

Die Entwicklung der Milben vom Ei bis zum adulten Tier durchläuft mehrere Stadien, wobei zwischen das Larven- und Nymphenstadium bzw. Nymphen- und Adult-Stadium das sog. Ruhestadium eingeschaltet ist. Das Ruhestadium findet seienn Abschluß mit der Häutung.

3 Bestimmungshilfen für die Ordnungen der Insekten und Milben

Insekten

Springschwänze *Collembola* Seite 94

Flügellos, klein, meist weiß bis grau, Hinterleibsende unten mit Springgabel

Beintastler *Protura* Seite 95

Flügellos, klein, meist weiß bis grau, ohne Fühler

Doppelschwänze *Diplura* Seite 95

Flügellos, klein, meist weiß bis grau, mit Fühlern und 2 Schwanzborsten

Borstenschwänze
Thysanura
Seite 96

Flügellos, klein, meist weiß bis grau, mit Fühlern und 3 Schwanzborsten

Eintagsfliegen
Ephemeroptera
Seite 97

Große Vorder- und kleine Hinterflügel, Mundwerkzeuge fehlend oder verkümmert, Hinterleibsende mit 2–3 langen Schwanzfäden

Steinfliegen
Plecoptera
Seite 101

Vorderflügel kleiner als Hinterflügel, Fühler lang, Hinterleibsende mit 2 Schwanzfäden

Libellen
Odonata
Seite 103

Vorder- und Hinterflügel etwa gleichartig, Mundwerkzeuge beißend, Fühler sehr kurz

Embien
Embiodea
Seite 107

Vorder- und Hinterflügel gleich (bei Weibchen fehlend), Mundwerkzeuge kauend, Tarsen 3gliedrig

Schrecken
Saltatoria
Seite 108

Vorder- und Hinterflügel pergamentartig, Mundwerkzeuge beißend, Hinterleibsende ohne Zange, Hinterbeine sind Springbeine

Gespenstschrecken
Phasmida
Seite 113

Vorder- und Hinterflügel ungleich groß, Mundwerkzeuge beißend, Hinterbeine keine Springbeine

Ohrwürmer
Dermaptera
Seite 114

Vorderflügel kurz und verhornt, Hinterflügel häutig, Hinterleibsende mit Zange

Doppelzüngler
Diploglossata
Seite 115

Flügellos, Fühler fadenförmig, breit und flach, Kopf waagrecht, Afterfühler lang und ungegliedert

Fangschrecken
Mantodea
Seite 115

Vorderflügel lederartig, Vorderbeine sind Fangbeine

Schaben
Blattaria
Seite 116

Vorderflügel hornartig, Hinterflügel häutig, Mundwerkzeuge beißend, Vorderbeine normal

Termiten
Isoptera
Seite 118

Geschlechtstiere mit 4 Flügeln, Arbeiter und Soldaten ungeflügelt, Mundwerkzeuge beißend

Bodenläuse
Zoraptera
Seite 120

Klein, weiß bis grau, Mundwerkzeuge beißend, Flügel reduziert

Staubläuse
Flechtlinge
Psocoptera
Seite 121

Vorderflügel größer als Hinterflügel, Mundwerkzeuge beißend, Tarsen 2–3 gliedrig.

Tierläuse
Phthiraptera
Seite 124

Körper flach, Mundwerkzeuge stechend-saugend oder beißend, Beine mit Krallen an Füßen, Flügel fehlend

Blasenfüße
Thysanoptera
Seite 126

Klein, mit lang gefransten Flügeln

Wanzen
Heteroptera
Seite 128

Vorderflügel teilweise verhornt, Hinterflügel häutig, Mundwerkzeuge stechend-saugend

Vorder- und Hinterflügel ziemlich gleichartig, Mundwerkzeuge stechend-saugend

Pflanzensauger *Homoptera* Seite 140

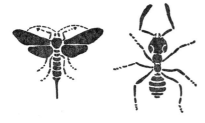

Häutige Vorder- und Hinterflügel, Mundwerkzeuge beißend, z. T. mit Giftstachel, 5gliedrige Tarsen

Hautflügler *Hymenoptera* Seite 154

Käfer
Coleoptera
Seite 173

Verhornte Vorder- und häutige Hinterflügel, Mundwerkzeuge beißend

Fächerflügler
Strepsiptera
Seite 212

Vorderflügel als Kölbchen vorhanden, Hinterflügel fächerartig

Schlammfliegen
Megaloptera
Seite 213

Hinterflügel größer als Vorderflügel, Fühler länger als Kopf, dieser nicht schnauzenförmig verlängert

Kamelhalsfliegen
Raphidides
Seite 214

Flügel kahl, Kopf auf der halsartig verlängerten Vorderbrust sitzend

Netzflügler
Planipennia
Seite 215

Glasige, kahle und reich geaderte Vorder- und Hinterflügel, Fühler länger als Kopf

Schnabelfliegen
Mecoptera
Seite 219

Glasige Vorder- und Hinterflügel mit starker Äderung, Kopf schnauzenförmig auslaufend, Mundwerkzeuge beißend

Köcherfliegen
Trichoptera
Seite 221

Vorderflügel behaart oder mit haarförmigen Schuppen bedeckt

Schmetterlinge
Lepidoptera
Seite 226

Vorder- und Hinterflügel mit Schuppen bedeckt

Fliegen und Mücken
Diptera
Seite 272

Nur 1 Flügelpaar, Hinterflügel als Kölbchen vorhanden

Flöhe
Siphonaptera
Seite 312

Flügellos, Körper seitlich stark abgeflacht

Milben

Nach der Lage der Stigmen (Atmungsöffnungen) am Körper, unterteilt man die Unterklasse der Milben oder Acari in 3 Ordnungen bzw. 7 Unterordnungen bzw. 69 Überfamilien.

Der Vergleich der alten mit der neueren Systematik (bzw. Nomenklatur) zeigt folgende Einteilung:

Merkmale	alte Systematik	neue Systematik	Seite
Opisthosoma segmentiert, 4 dorsale Stigmenpaare	*Onychopalpidae*	Ordnung: *Opilioacariformes* Unterordnung: *Notostigmata*	Bei uns nicht vertreten oder nur selten
Opisthosoma nicht segmentiert, 2 Stigmenpaare	*Parasitiformes*	Ordnung: *Parasitiformes* Unterordnung: *Tetrastigmata*	
1 Stigmenpaar neben Coxa 2, 3 oder 4	*Parasitiformes*	Ordnung: *Parasitiformes* Unterordnung: *Mesostigmata*	314
1 Stigmenpaar bei oder nach Coxa 4, Hypostom bezahnt, Hallersches Organ auf Tarsus 1	*Parasitiformes*	Ordnung: *Parasitiformes* Unterordnung: *Metastigmata*	320
1 Stigmenpaar im Bereich des Gnathosoma	*Trombidiformes*	Ordnung: *Acariformes* Unterordnung: *Prostigmata*	324
4 Stigmenpaare im Bereich der Coxen 2 und 3	*Sarcoptiformes*	Ordnung: *Acariformes* Unterordnung: *Cryptostigmata*	338
Keine Stigmen, Palpen 2gliedrig	*Sarcoptiformes*	Ordnung: *Acariformes* Unterordnung: *Astigmata*	344

B Zuchtmethoden

Die nachfolgend beschriebenen Methoden für die Zucht von Insekten und Milben sind sowohl für die Einzel- als auch für die Massenzucht einheimischer und fremder Arten geeignet. Wenn auch jede etablierte Zucht ein ständiges Experimentieren mit bekannten und unbekannten Faktoren darstellt, die man nicht ohne weiteres auf die Zucht eines anderen, mehr oder weniger nah verwandten Tieres übertragen kann, so können die beschriebenen Zuchtmethoden in einigen Fällen sicherlich die Basis für die Zucht von hier zuchttechnisch nicht beschriebenen Tieren bilden. Modi-

fikationen in der Handhabung der Zuchttechnik können deshalb von Fall zu Fall
auch eine Verbesserung und Vereinfachung
der gesamten Methodik herbeiführen.
Die beschriebenen Familiencharakterisie-
rungen stammen aus entomologischen Werken von WEBER, STRESEMANN, HENNIG,
BORROR und DELONG, FORSTER-WOHL-
FAHRT bzw. den akarologischen Werken
von VITZTHUM, VIETS, BAKER und WHAR-
TON, WILLMANN, THOR, KRANTZ. Sie erheben keinen Anspruch auf Vollständigkeit.
Die Wiedergabe typischer systematischer,
ökologischer und biologischer Merkmale in Stichworten soll dem Leser als
Orientierung über die Lebensräume, das
Einfangen, Sammeln und Kennenlernen
dieser Arthropoden sowie deren Nahrung
dienen.

Insekten

COLLEMBOLA, SPRINGSCHWÄNZE

Die Collembolen oder Springschwänze
sind durch einen aus 6 Segmenten bestehenden Hinterleib und eine Springgabel an
dessen Unterseite gekennzeichnet. Die Tiere sind 0,5–10 mm lang, besitzen Fühler
und zum Teil auch Augen. Sie sind ovipar,
leben nekro-, saprophyto- und koprophag
und kommen in feuchter Erde vor. Epimetabole Entwicklung.

Abb. 92. Springschwanz.

1. Poduridae

Kopf senkrecht, Springgabel gut entwik-
kelt.

2. Onychiuridae, Blindspringer

Blinde Tiere. Pseudozelle für Absonde-
rung von Blut (Sekretion) an den Seiten
vorhanden.

3. Isotomidae, Gleichringler

Körper nicht beschuppt, Hinterleibssegment 3 und 4 gleich lang. Kopf wird nach
vorn getragen. Ohne Tracheen.

4. Entomobryidae, Laufspringer

Hinterleibsegment 5 kleiner als 4.

Springschwanz, *Lepidocyrtus cyaneus*
Tullb. (Abb. 92)
Für Zuchtzwecke können die Tiere aus
verrottetem Pflanzenmaterial, unter Steinen und Brettern eingesammelt werden.

Zuchttechnik und Futter
Gipsblöcke mit 4 Zuchtkammern (vgl.
Seite 167) und einer Wasserrinne (Abb. 93)
oder Gläser mit 3–5 cm hohem Gipsboden,
Schraubdeckelverschluß mit Gazebespannung. Temperatur 28 °C, RLF 90–95 %.
Das Futter wird auf Objektträgern oder
Deckgläsern in die Zuchtkammern gelegt. Außerdem erhalten die Tiere Wellpappestücke als Unterschlupf. Das Umsetzen der kleinen, zarten Insekten erfolgt
am besten mit Hilfe eines Exhaustors
(Abb. 8 und 9), den man durch die Kam-
merwand hindurch einführt.

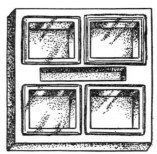

Abb. 93. Gipsblock mit 4 Zuchtkammern und
Wasserrinne.

Als Futter eignen sich verwelkte, sogar
teilweise verrottete Bohnenblätter, dünne
rohe Kartoffel- oder Mohrrübenscheiben,
fein geriebene Walnüsse oder HH-Teig
(s. Seite 48). Die Futtermenge richtet sich
nach der Anzahl Tiere pro Zuchtkammer;
sie ist so zu dosieren, daß sie von den Tieren immer verbraucht wird und nicht zu

schimmeln anfängt. Solange das Futter von Myzelfäden belegt ist, können die Tiere diese noch abweiden und das Futter verwerten. Ein dichter Myzelrasen macht das Futter jedoch unbrauchbar.

Besondere Aufmerksamkeit muß der Feuchthaltung des Gipsblockes geschenkt werden. Füllt man die Wasserrinne jeden 2. oder 3. Tag, so ist die notwendige hohe Luftfeuchtigkeit in der Zuchtkammer sichergestellt. Unter den gegebenen Zuchtbedingungen nimmt die Entwicklung einer Generation 6–7 Wochen in Anspruch. Verwendet man Glasgefäße für die Zucht, so verfährt man wie beschrieben. Die Tiere müssen aber häufiger auf mit Wasser getränkte Gipsböden umgesetzt werden.

5. *Sminthuridae*, Kugelspringer

Antennen in der hinteren Kopfhälfte inseriert. Körper kugelig gerundet, Gliederung undeutlich.

PROTURA, BEINTASTLER

Urinsekten mit länglichem Körper. Hinterleib mit mehr als 6 Segmenten, ohne Augen und Fühler. Größe 0,5–2,5 mm. Die oviparen Tierchen strecken beim Gehen das vorderste Beinpaar als Fühler nach vorne. Keine Afterfühler. Leben meist nekro- und saprophytophag in feuchter Erde, unter Steinen, Streu etc. Epimetabole Entwicklung.

Abb. 94. Beintastler.

1. *Eosentomonidae*

Vertreter der Familie mit Stigmen an den beiden vorderen Brustsegmenten.

Beintastler, *Eosentomon transitorium* Berl. Das kleine und zarte, weißgraue Tierchen findet sich häufig in stark verrottenden Kiefernstümpfen und unter Moospolstern an vorwiegend kühlfeuchten Standorten. Über Zuchttechnik siehe Springschwanz. Als Futter dient verrottendes, faseriges Holz mit starkem Pilzwachstum.

2. *Acerentomonidae*

Besitzen keine Stigmen am Thorax.

DIPLURA, DOPPELSCHWÄNZE

Farblose, kurzbehaarte und langgestreckte, zwischen 2–4 mm lange, flügel- und augenlose Urinsekten. Kopf mit vielgliedrigen, langen Fühlern und schabenden Mundwerkzeugen. Beine mit 1gliedrigen Füßen und Krallen. Hinterleib mit 2 faden- oder zangenförmigen Anhängen. Die lichtscheuen kleinen Tiere sind ovipar und leben mykophag oder detritiphag am Boden, unter Steinen u.a. Epimetabole Entwicklung.

1. *Campodeidae*

Schwanzanhänge fühlerförmig. Leben mykophag.

Doppelschwanz, *Campodea fragilis* M. Die grauweißen, lichtscheuen Tierchen separiert man aus Walderde (vgl. Seite 17). Die Zuchtmethode ist die gleiche wie für Springschwänze oder erfolgt auf gezüchtetem Pilzrasen (aus Walderde) in Petrischalen (vgl. Seite 340 bei Hornmilbe oder Seite 285 bei Gallmücke). Für die nachfolgend stehende Familie der Iapygiden gilt das gleiche. Als Futter dienen Kleinstinsekten und Milben.

2. *Iapygidae*

Schwanzanhänge zangenförmig (sehen aus wie kleinste Ohrwürmer). Leben räuberisch von weichhäutigen Milben und kleinsten Insektenlarven.

Abb. 95. Doppelschwanz (nach PACLT).

THYSANURA, BORSTENSCHWÄNZE

10–20 mm lange, weichhäutige, spindelförmige und zum Teil stark gewölbte und beschuppte flügellose Urinsekten. Am Körperende sitzen 3 Schwanzborsten. Der Kopf trägt vielgliedrige borstenförmige Fühler, sichtbare, schabende Oberkiefer und bei zahlreichen Arten auch Facetten- und Punktaugen. Die Borstenschwänze bewohnen bodennahe, feuchte Biotope und ernähren sich mykophag, detritiphag, algophag, von Flechten u.a. Sie sind ovipar und haben eine epimetabole Entwicklung.

1. *Machilidae*, Felsenspringer

Grau bis braun beschuppte, wenige Millimeter große Urinsekten. Leben unter Steinen und in Felsspalten. Ernähren sich von Algen, Flechten, Laub etc.

2. *Lepismatidae*, Silberfischchen

3–10 mm große, metallisch glänzend beschuppte Insekten. Finden sich unter Stei-

nen, in Ameisen- und Vogelnestern und in Häusern (feuchte Orte).

Abb. 96. Silberfischchen.

Silberfischchen (Zuckergast), *Lepisma saccharina* L.

Das silbrig beschuppte, flügellose Insekt lebt an feuchtwarmen Orten und ernährt sich von stärkehaltigen Stoffen, wie Mehl, Kleie, Papier etc. Das Silberfischchen geht nachts auf Futtersuche, tagsüber hält es sich hinter Staubleisten, unter Teppichen oder in Zwischenböden auf. Durch Auslegen von feuchten Tüchern, auf die man etwas Fischmehl streut, können die Tiere geködert werden.

Zuchttechnik und Futter

Zuchtkäfig siehe Ohrwurm, Seite 114. Temperatur 25°C, RLF 70–80%, Dunkelhaltung. Der Boden des Zuchtgefäßes wird mit trockenem Sand oder ausgetrocknetem Gips bedeckt. Auf einem grobfaserigen Holzplättchen mit angerauhter Oberfläche wird den Tieren das Futter geboten. Als Tränke verwendet man eine Dochttränke (Abb.50), die man mit Leukoplast umwickelt. Griffige, angerauhte Oberflächen erleichtern es den Tieren, die Nahrung zu erreichen. Zur Eiablage legt man Krepppapierröllchen ein. Als Futter dient eine Mischung von gemahlenem oder geriebenem Hundekuchen (vgl. Seite 48), Trockenfleisch (Rauchfleisch) und Zucker. Das Weibchen legt die Eier in das Krepppapierröllchen, nach einigen Tagen schlüpfen die Junglarven aus, die nach 5–6 Häutungen innerhalb von 8 Monaten adult sind. Ein Weibchen legt ca. 50 Eier in einem Zeitraum von mehreren Wochen.

EPHEMEROPTERA, EINTAGSFLIEGEN

5–40 mm lange, zarte, gelbbraun bis grau gefärbte, geflügelte Insekten. Der relativ kleine Kopf hat große Facetten- und deutliche Punktaugen. Die Fühler sind kurz, die Mundwerkzeuge rückgebildet und als kleine Lappen mit Zäpfchen sichtbar. An der Brust fallen die langen Vorderbeine auf (Abb. 97a) die erhoben, als Taster funktionieren. Die Flügel sind zart, transparent oder opal netzartig geadert, Vorderflügel stets größer als Hinterflügel (Abb. 97b). Der Hinterleib trägt an seiner Spitze 3 lange, vielgliedrige Schwanzborsten.

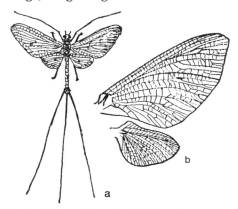

Abb. 97. Eintagsfliege (nach EATON).

Die Imagines nehmen keine Nahrung auf. Sie schwärmen an warmen Sommerabenden zu Hunderttausenden über dem Wasser (Paarungsflug). Die Eintagsfliegen werden auch das »Manna der Fische« genannt. Die Eier werden ins fließende Gewässer abgelegt, wo sich die phytophagen und carnivoren Larven entwickeln, kenntlich an den Tracheenkiemenblättchen (Abb. 100b) den meist gefiederten 3 Schwanzborsten und im vorgeschrittenen Stadium (Nymphe) an den Flügelansätzen. Über das Stadium der flugfähigen Subimago entsteht nach einer weiteren Häutung die geschlechtsreife Imago. Die Entwicklung der Eintagsfliegen ist prometabol.

1. Palingeniidae

Die Imagines sind ca. 30 mm lang, mit einfarbig braunen Flügeln und 3 Schwanzborsten (mittlere meist kurz). Die zylindrischen Larven (Abb. 98) graben Gänge im Grund der Uferböschungen von Flüssen. Die Tracheenkiemen liegen schräg nach hinten auf dem Rücken. Die Mandibeln sind zum Graben ausgebildet. Die Entwicklung dauert bis zu 3 Jahren.

Abb. 98. Larve der braunen Eintagsfliege (nach WESENBERG-LUND).

2. Polymitarcidae

Imagines 15–18 mm lang, zart weißlich. Das Männchen hat 2, das Weibchen 3 lange Schwanzborsten. Die Larven ähneln denen der vorigen Familie. Sie sind zylindrisch und graben horizontale Gänge in die Uferböschungen von Flüssen. Entwicklungsdauer 2 Jahre.

Abb. 99. Eintagsfliegenlarve (nach WESENBERG-LUND).

3. Ephemeridae

20–25 mm lange Insekten mit durchsichtigen, dunkel gefleckten Vorderflügeln. Die grabenden Larven sind gelblichweiß, ihre Vorderbeine meist zu Grabbeinen umgebildet. Sie durchwühlen kreuz und quer den Schlamm langsamfließender Gewässer. Entwicklungsdauer 2 Jahre.

Gemeine Eintagsfliege

Ephemera vulgata L.

Diese hellbraunen bis gelbgrauen Fliegen schwirren im Frühsommer beim Paarungsflug zu Tausenden über den Wasserspiegel fließender und stehender Gewässer. Sie legen die Eier vorwiegend in fließendes Wasser ab, wo sich dann die Larven entwickeln. Nach mehreren Häutungen bildet sich aus der Larve eine Subimago. Die Entwicklung Ei – Imago nimmt 1 Jahr in Anspruch.

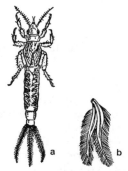

Abb. 100. Larve und Kiemenblatt der gemeinen Eintagsfliege (nach WESENBERG-LUND).

Zuchttechnik und Futter

Glasschalen (∅ 30 cm, 20 cm hoch), Temperatur 10–15 °C, Photoperiode 12 Stunden/100–200 Lux.

In das Zuchtgefäß werden einige Steine sowie verrottende Buchenblätter gelegt. Dann füllt man es bis zur Hälfte mit chlorfreiem Leitungs- oder Bachwasser und setzt die eingefangenen Larven ein. Mit einer Aquarienluftpumpe wird dauernd Frischluft durch das Zuchtgefäß geblasen. 1–2mal in der Woche werden die Larven mit gemahlenen Weizenkeimen oder Bren-

nesselmehl (s. Seite 283) gefüttert. Zwischen den Fütterungen muß das Wasser immer klar sein, andernfalls ist mit dem Futterzusatz bis zur Klärung zu warten. Die meist flockig ausfallenden Abfallstoffe sowie die Exuvien werden mit einer Pipette herausgesaugt. Für Larven im fortgeschrittenen Entwicklungsstadium stellt man einen kleinen Blumentopf umgekehrt in das Zuchtgefäß. Kurz vor der Ausbildung der Adultform verlassen die Larven das Wasser und setzen sich auf dem Blumentopf über dem Wasserspiegel ab.

Die Temperatur im Aquarium sollte für junge Larven zwischen 5–10 °C, für fortgeschrittene Larvenstadien zwischen 14 und 15 °C und für die präimaginalen Stadien bis 18 °C gehalten werden. Für größere Zuchten empfiehlt sich die Methode, die für Trichopterenlarven beschrieben ist (s. Seite 224). Im »laufenden Wasser« können größere Bestände von Eintagsfliegenlarven gehalten werden.

4. Potamanthidae

Insekten mit durchsichtigen, nicht gefleckten Vorderflügeln, deren Vorderrand gelblich und deren Längsadern gelb und Queradern bräunlich gefärbt sind. Größe 10–12 mm. Die Larven sind kriechend; ihre Kiemen bilden Blätter mit langen, an der Basis gegabelten Fransen; die Schwanzfäden sind lang gefiedert. Die Larven leben im Schlamm und unter Steinen in langsamfließenden Gewässern. Entwicklungsdauer 1 Jahr.

5. Oligoneuriidae

Imagines 10–15 mm lang, mit milchigweiß getrübten Flügeln. Die Vorderflügel sind unbewimpert, die Hinterflügel ohne Queradern. Von den 3 Schwanzborsten ist die mittlere kürzer. Die Larven sind relativ flach gebaut, sie saugen sich mit ihrer zur Saugscheibe ausgebildeten Unterlippe an Steinen in fließenden Gewässern fest. Hinterleib mit kleinen, unbeweglichen Kiemen (Abb. 101 b). Die Basis der Unterlippe mit 2 großen Kiemenbüscheln. Vordertibien mit langer Behaarung. Entwicklungsdauer 1 Jahr.

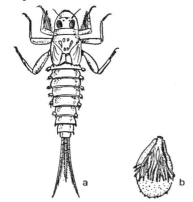

Abb. 101. Larve und Kiemenblatt der Rheinmücke (nach WESENBERG-LUND).

Rheinmücke, *Oligoneuriella rhenana* Immhoff

Die Larven dieser oft massenhaft auftretenden Rheinmücke finden sich an Steinen festgesogen in mehr oder weniger stark fließenden Gewässern.

Zuchttechnik und Futter
Aquarium mit mehreren Lagen verschieden großer Steine und mit einer Umlaufpumpe. Temperatur 10–12 °C, Photoperiode 16 Stunden, 500–750 Lux.
Die eingebrachten Larven setzt man ins Aquarium, das zu $^3/_4$ mit Wasser gefüllt ist. Das Wasser soll unmittelbar von dem Bach oder Fluß stammen, aus dem die Larven entnommen wurden. Von größter Wichtigkeit für die Haltung der Larven ist der Umlauf des Wassers. Wie auf Seite 225 (Abb. 323b) gezeigt, sorgt eine Umlaufpumpe für das kontinuierliche Fließen des Wassers. Als Futter gibt man täglich eine knapp bemessene Portion Algen, die sich nach der auf Seite 38 beschriebenen Methode kultivieren lassen. Verschiedene Blau-, Grün- und Kieselalgen (Cyanophyceen, Chlorophyceen, Diatomeen) sind ein geeignetes Futter.

6. Ecdyonuridae

Imagines mit gut durchscheinenden Flügeln und 2 langen Schwanzborsten. Hinter- und Vorderflügel mit zahlreichen Queradern. Die meist breiten, flachen und stark marmorierten Larven gehören dem torrenticolen Typ an. Sie bewohnen also meist schnellfließende Gewässer. Entwicklungsdauer etwa ein Jahr.

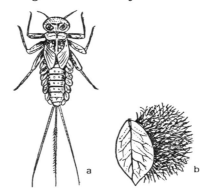

Abb. 102. Eintagsfliegenlarve und Kiemenblatt der *Ecdyonuridae* (nach WESENBERG-LUND)

7. Siphlonuridae

Imagines ähneln der vorigen Familie sehr. Größe: 10–15 mm. Die mittlere Schwanzborste kurz, aber deutlich sichtbar. Die Larven sind zum Teil schwimmend, zum Teil kriechend und haben plattenförmige, fast dreieckige Kiemenblätter, die horizontal flach ausgebreitet getragen werden. Die 3 Schwanzfäden der Larve sind gefiedert. Entwicklungsdauer 1 Jahr.

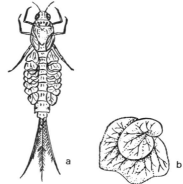

Abb. 103. Eintagsfliegenlarve und Kiemenblatt der *Siphlonuridae* (nach WESENBERG-LUND).

8. Baetidae

5–10 mm lange, zarte Imagines mit 2 langen Schwanzborsten. Die Hinterflügel sind sehr klein oder fehlen. Aus dieser Familie sind lebendgebärende Eintagsfliegen bekannt. Die Larven sind schwimmend, oft gelb oder grünlich gefärbt. Sie finden sich auf Pflanzenbeständen in der Uferregion stehender oder langsamfließender Gewässer, wo sie von Algen oder kleinsten Tierchen leben. Ihre schnelle Schwimmweise entsteht durch Ausstoßen von eingesogenem Wasser aus dem Enddarm. Die Larve hat blattförmige Kiemen. (Abb.104b). Entwicklungsdauer 1 Jahr.

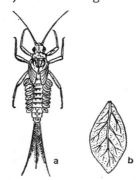

Abb. 104. Larve und Kiemenblatt der kleinen Eintagsfliege (nach WESENBERG-LUND).

9. Leptophlebiidae

5–12 mm lange Imagines mit durchscheinenden Flügeln, wobei die Vorderflügel durchsichtig und ohne Fleckung sind. Der Hinterleib trägt 3 lange Schwanzborsten. Die schwimmenden Larven bewohnen vor allem vegetationsreiche, kleine, kalte Bäche in der Ebene und im Gebirge. Ihre Kiemen sind an der Basis blattförmig (Abb. 105b) und an der Spitze ausgezogen. Die 3 Schwanzborsten sind lang und oft weiß bis braun geringelt. Entwicklungsdauer 1 Jahr.

10. Ephemerellidae

Imagines 5–12 mm lang, mit durchsichtigen Vorderflügeln ohne Flecken und 3 langen Schwanzborsten. Die kriechenden Larven haben merkwürdig gebaute Kiemenblätter und bewohnen sehr langsamfließende Gewässer. Einige Arten kommen allerdings in reißenden Bächen vor. Sie finden sich unter Steinen und auf Pflanzen und sind von Algen, die sich in ihrer Behaarung ansammeln, bedeckt und daher oft nicht zu erkennen. Entwicklungsdauer 1–3 Jahre.

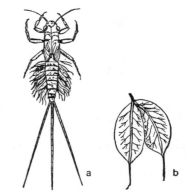

Abb. 105. Eintagsfliegenlarve und Kiemenblatt der *Leptophlebiidae* (nach WESENBERG-LUND).

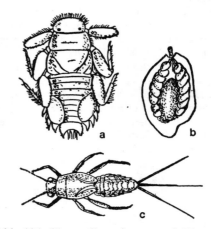

Abb. 106. Eintagsfliegenlarven und Kiemenblatt der *Ephemerellidae*.

11. Caenidae

Imagines klein und zart, 3–7 mm lang. Vorderflügel milchweiß getrübt, Hinterflügel fehlen, 3 Schwanzborsten. Die Larve ist kriechend und kommt in Seen oft in einigen Metern Tiefe vor. Das zweite Kiemenpaar ist flachgedrückt und liegt wie ein Schutzschild über den übrigen dünnhäutigen, flachen, am Rand ausgefransten Kiemen. Die Larven leben im Schlamm der Uferzone. Entwicklungsdauer 1 Jahr.

PLECOPTERA, STEINFLIEGEN

Schlanke Insekten, 5–30 mm lang, dunkel gefärbt. Der Kopf trägt gut entwickelte Facetten- und Punktaugen, borstenförmige, die Länge des Körpers erreichende Fühler und kauende, aber schwach entwickelte, kaum funktionstüchtige Mundwerkzeuge. Von den 2 häutigen Flügelpaaren sind die Vorderflügel etwas stärker sklerotisiert. Die Flügel werden flach auf den Rücken oder um den Leib gelegt. Beine schlank, die hintersten am längsten. Am Hinterleibsende tragen die Tiere 2 lange, fadenförmige Schwanzfäden (Cerci, Abb.107). Die Imagines halten sich in Wassernähe auf. Ihre Eier legen sie in fließende Gewässer. Die Larven sind raptorisch und algophag und häuten sich bis

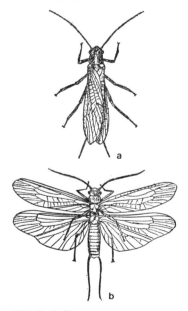

Abb. 107. Steinfliege.

zu zwanzigmal. Ihre Tracheenkiemen sitzen an verschiedenen Körperstellen, nie aber seitlich am Hinterleib wie bei den Eintagslarven. Die Entwicklung der Steinfliegen ist hemimetabol.

1. *Taeniopterygidae*

Zwischen 5 und 15 mm große, meist dunkelbraune Steinfliegen. Ihre Nahrung besteht aus Flechten und Algen, bei einigen Arten aus Pollen. Die runden Eier sind von einer Gallerthülle umschlossen. Die gelbbraunen Larven haben zylindrische Form und fressen Algen. Entwicklungsdauer unter natürlichen Verhältnissen etwa 1 Jahr.

Abb. 108. Larve der Winter-Steinfliege (nach WESENBERG-LUND).

2. *Nemouridae*

Steinfliegen von ca. 5–15 mm Größe, mit meist rötlichem Hinterleib und durchsichtigen, nicht getönten Flügeln. Bei der Eiablage löst sich die Gallerte, und die Eier sinken lose zu Boden. Die Larven bevorzugen sandigen Boden und leben phytophag (Algen).

3. *Leuctridae*

Zwischen 5–10 mm große, dunkelbraune bis schwärzliche Uferfliegen mit glasklaren Flügeln, die sie in Ruhestellung seitlich vom Hinterleib tragen. Die Arten dieser Familie bevorzugen in ihrem Verbreitungsgebiet kleinere Bergbäche. Larven leben algophag. Entwicklungsdauer etwa 1 Jahr. Flugzeit im Herbst.

Abb. 109. Larve der Frühlings-Steinfliege (nach WESENBERG-LUND).

Abb. 110. Larve der Rollflügel-Steinfliege (nach WESENBERG-LUND).

4. Capniidae

Kleine, 3–10 mm große Steinfliegen von schwarzer oder dunkelbrauner Färbung, glashellen Flügeln und Afterfühlern in der Länge des Hinterleibes oder kürzer. Bei *Capnia nigra* weist das Männchen rudimen-

täre Flügel auf. Larven leben algophag in Bächen. Flugzeit sehr früh im Frühjahr.

Abb. 111. Steinfliegenlarve der *Capniidae* (nach WESENBERG-LUND)

5. Perlodidae

Schwarze bis braune, zwischen 10–25 mm große Uferfliegen mit langen, borstenförmigen Tastern. Halsschild und Kopf meist mit gelben oder grüngelben Längslinien. Die Larven sind dorsal abgeplattet und am Hinterleib abgestutzt. Sie ernähren sich raptorisch. Die Imagines erscheinen zu Beginn des Sommers. Entwicklungsdauer 1 bis 2 Jahre.

Abb. 112. Steinfliegenlarve der *Perlodidae* (nach WESENBERG-LUND).

Steinfliege, *Perlodes dispar* Rambur
Die Haltung der Steinfliegen ist nur möglich in kühlem, fließendem Wasser. Temperatur 10–14 °C, Photoperiode: 10 Stunden/100–250 Lux.
Unter den auf Seite 224 (Trichopteren) beschriebenen Bedingungen können die Larven über einen längeren Zeitraum ge-

halten werden. Die algophag lebenden Larven werden mit Blau-, Grün- und Kieselalgen gefüttert, die je nach Bedarf wöchentlich 2–3mal eingesetzt werden (vgl. Algenkultur auf Seite 225). Für die räuberisch lebenden Larven (Perlodiden, Perliden und Chloroperliden) sind Stechmückenlarven, Fliegenmaden, Stückchen von Regenwürmern u.a. das geeignete Futter. Zur Verstärkung der Wasserbewegung im Aquarium mit 10–15 cm hohem Bett aus nußgroßen Steinen empfiehlt es sich, zusätzlich Luft von 1 oder 2 Aquarienluftpumpen (vgl. Seite 225) ins Wasser einzuleiten. Bei den großen, räuberischen Larven bietet sich je nach der Größe des Aquariums die Einzelhaltung an (vgl. Abb. 121).

6. Perlidae

10–30 mm große, dunkel- bis schwarzbraune, oft mit heller Fleckenzeichnung und klaren oder getönten Flügeln versehene Steinfliegen. Die Eier werden ohne Gallerthülle ins Wasser gelegt. Larven raptorisch. Entwicklungsdauer 1–2 Jahre.

Abb. 113. Gemeine Steinfliege (nach WESEN-BERG-LUND).

7. Chloroperlidae

Gelb bis grünlich gefärbte, oft schwarz gezeichnete und 5–12 mm große Uferfliegen mit hellen, glasklaren Flügeln. Ihre Flugzeit liegt im Frühjahr. Die relativ stark behaarten, raptorischen Larven ent-

wickeln sich innerhalb von Jahresfrist zu Adulten.

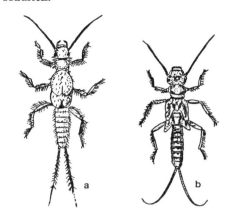

Abb. 114. Grüne Steinfliege (nach WESEN-BERG-LUND).

ODONATA, LIBELLEN

Die auch als Wasserjungfern bekannten Insekten sind bunt bis dunkel gefärbt, lebhaft, zwischen 30–100 mm lang, mit 2 netzartigen geäderten Flügelpaaren, die flach ausgebreitet oder senkrecht über dem Rükken zusammenliegen. Kopf groß, sehr beweglich, mit großen Facetten- und Punktaugen, kurzen borstenförmigen Fühlern und beißend-kauenden Mundwerkzeugen. Flügelpaare schwingen alternierend; die Tiere können mitten in der Luft stehen, einige sogar rückwärts fliegen. Die Beine sind nach vorn gerichtet, zum Greifen und Klettern. Der Hinterleib ist meist schlank. Bei der Paarung packt das Männchen mit seiner 3teiligen Hinterleibzange das Weibchen am Kopf, und beide Tiere fliegen in dieser Stellung als »Paarungskette« weiter. Zur Kopula krümmt das Weibchen seinen Hinterleib abwärts nach vorne und verankert dessen Spitze an der Unterseite des 2. Hinterleibsegmentes vom Männchen. Das 2. abdominale Segment des Männchens ist dessen Begattungsorgan, in welches das Tier seine Samenzellen aus der Geschlechtsöffnung des 9. Hinterleibsegmentes durch Einkrümmen des Hinterleibes nach vorne vorher übertragen hat.

Die Imagines leben räuberisch in Wassernähe, wo sie ihre Beute im Flug fangen. Die Eier werden ins Wasser oder an Wasserpflanzen abgelegt. Larven ernähren sich ebenfalls raptorisch. Bei vielen Arten ist die Unterlippe der Larven zur vorschnellbaren Fangmaske ausgebildet, mit der die Tiere ihre Beute fangen. Larven mit Schwanz- oder Darmkiemen ausgestattet. Die Entwicklung der Libellen ist hemimetabol.

1. Calopterygidae, Prachtlibellen

40–50 mm lang, mit leuchtend metallischgrünem bis blauem Körper. Flügelspannweite 70–80 mm. Die relativ breiten Flügel blaugrün schillernd. Beine lang und schwarz. Halten sich vorwiegend an fließenden Gewässern auf. Flatternder, langsamer Flug. Larven langbeinig mit dreikantigen Ruderplättchen am Körperende, das 1. Glied der Fühler lang und dick (Abb. 115), länger als die übrigen 6 zusammen. Entwicklungsdauer 1 Jahr.

Abb. 115. Kopf und Fühler der Prachtlibelle.

2. Lestidae, Teichjungfern

Metallischgrüne bis bronzefarbene, 30 bis 40 mm lange Libellen mit einer Spannweite von ca. 50 mm. In Ruhestellung Flügel schräg nach hinten oder zusammen-

Abb. 116. Ruderplättchen der Teichjungfer-larve.

geklappt. Sind zu finden an Uferzonen von Tümpeln und Teichen. Flug langsam. Eiablage in Gesellschaft des Männchens in Pflanzen. Larve mit 3 langen, flachovalen Ruderplättchen, deren Hauptader mit rechtwinklig abgehenden Seitenästen (Abb. 116). Entwicklung: einjährig und kürzer.

3. Platycnemididae, Federlibellen

Nur 1 Vertreter in Deutschland. Schlanke, 30–35 mm lange und 45–50 mm spannende Libelle. Färbung des Männchens meist blau, das Weibchen ockergelb. Mittel- und Hinterschienen mit langen Dornen und abgeplattet. Fliegen an Seen und an langsam fließenden Gewässern. Die Eiablage erfolgt in Pflanzen. Die 3 Ruderplättchen der Larve sind blattförmig und an ihrer Spitze lang und dünn ausgezogen (Abb. 117). Entwicklungsdauer 1 Jahr.

Abb. 117. Ruderplättchen der Federlibellenlarve.

4. Coenagrionidae (Agrionidae), Schlanklibellen

Azurblaue, grüne, orange oder rote, 30 bis 40 mm lange, schlanke Libellen (Abb. 118) mit schwarzen Zeichnungen auf dem Hinterleib. Die häutigen ungefärbten Flügel beim Sitzen hinten zusammengeklappt. Fliegen langsam, bevorzugen stehende oder schwach fließende Gewässer. Eiablage in Pflanzen, wobei das Weibchen in das Wasser eintaucht. Larve (b) schlank und lebhaft, mit 3 flachen Ruderplättchen, deren Seitenadern spitzwinklig zur Hauptader stehen (Abb. 118c). Die Fangmaske ist kurz und breit gestielt. Entwicklungsdauer 1 Jahr.

Schlankjungfer, Hufeisen-Azur-Jungfer, *Agrion puella* L.

Aufzucht nach der für die Mosaikjungfer (Seite 106) beschriebenen Methode. Die Schlankjungfer mit dem blauen bis gelblichgrünen Hinterleib (Flügelspannweite ca. 5 cm) fliegt von Mai bis September und legt die Eier auf die Stengel abgestorbener Wasserpflanzen. Dabei steht das Männchen auf dem Weibchen. Nach 2–3 Wochen schlüpfen die schlanken Larven aus.

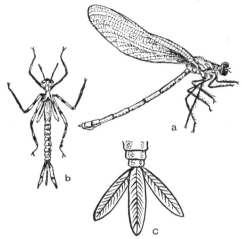

Abb. 118. Schlanklibellen (nach Schiemenz).

5. *Gomphidae*, Flußjungfern

Schwarz und grüngelb gefärbt, 30–40 mm lange, schlanke Libellen. Die großen Facettenaugen stoßen stirnseits nicht zusammen. Hinterflügel des Männchens an der Basis eckig ausgeschnitten oder gerundet. Männchen mit großen »Öhrchen« am 2. Hinterleibsegment (Abb. 120 c). Die guten Flieger finden sich oft weitab vom Wasser, auf Wiesen, Waldlichtungen etc. Die Weibchen legen die Eier frei in Bäche, wobei sie die Hinterleibsspitze während des Fluges kurz ins Wasser eintauchen, dabei jedesmal ein Ei abstreifend. Larven behaart, langoval, Hinterleib abgeplattet. Fangmaske flach und kurz. Graben sich im Schlamm des Bodens ein. Entwicklungsdauer 3–4 Jahre.

6. *Cordulegasteridae*, Quelljungfern

60–85 mm lange, schwarze und gelb beringte oder gefleckte Libellen mit einer Flügelspannweite bis zu 100 mm. Die großen Augen stoßen stirnseits nur wenig zusammen. Das 2. Hinterleibssegment des Männchens trägt »Öhrchen« (Abb. 120 c). Diese Tiere finden sich in der Nähe ihrer Brutstätte, an Gebirgsbächen, Quellsümpfen u. dgl. Sie sind keine besonders guten Flieger. Das Weibchen, dessen Legebohrer stilettartig gebaut ist und das Hinterleibsende waagrecht überragt, fliegt senkrecht auf und nieder und versenkt jedesmal ein Ei in den nassen Sand. Larven mit behaarten Grabbeinen und behaarten Körpern. Ihr Kopf ist nach vorne breit und eckig abgestutzt und trägt kleine Augen und eine Fangmaske mit stark gezähntem Innenrand. Entwicklung noch wenig bekannt.

Abb. 119. Larve der Quelljungfer (nach Schiemenz).

7. *Aeschnidae*, Edellibellen

40–80 mm lange, schlanke kräftige, meist sehr bunt gefärbte Libellen. Die großen Facettenaugen stoßen stirnseits zusammen. Die Flügel sind meist farblos, wobei die Hinterflügel des Männchens an der Basis eckig ausgeschnitten sind und das 2. Hinterleibsegment die »Öhrchen« (Abb. 120 c) aufweist. Gute Flieger, die in der Ruhestellung die Flügel waagrecht ausbreiten. Eiablage in lebende und abgestorbene Pflanzenteile. Larven langbeinig mit großen Augen, flacher Fangmaske und unten flachem, oben stark gewölbtem Hinterleib. Entwicklungsdauer 1–4 Jahre.

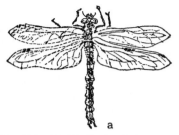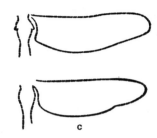

Abb. 120. Edellibelle (nach SCHIEMENZ).

Blaugrüne Mosaikjungfer, *Aeschna cyanea* Müll.

Diese 70–80 mm lange Libelle hat eine Flügelspannweite von ca. 10 cm. Hinterleib und Brust sind grüngefleckt auf braunrotem Grund. Die letzten 3 Hinterleibsegmente tragen blaue Flecke. Die Libellen fliegen von Juni bis Oktober. Die Eiablage erfolgt ohne Begleitung des Männchens in lebende und abgestorbene Pflanzenteile, Moos, Algen etc. Die Larven schlüpfen erst im folgenden Frühjahr aus, überwintern nochmals, und im 3. Sommer nach der Eiablage erscheinen erst die adulten Libellen. Während der Sommermonate können die Larven aus Tümpeln und Teichen gefischt werden (vgl. Seite 18).

Zuchttechnik und Futter

Etwa 15 cm hohe Glaswannen, in die mehrere Becher (Plastik, 7 cm hoch, ⌀ ca. 7 cm) dicht nebeneinander gestellt werden (Abb. 121). In die Becherwände werden 2 einander gegenüberliegende Löcher (⌀ ca. 1,5 cm) gebohrt und mit Nylongaze bespannt. Wasserfüllung bis 2 cm unter den Becherrand. Gleichmäßige Belüftung mit Aquarienluftpumpe (2–3 Schläuche). Temperatur 22–24°C.

Die räuberisch lebenden und sehr zu Kannibalismus neigenden Larven werden einzeln in je einen Becher gesetzt und wöchentlich 3mal gefüttert. Junge Larven erhalten Stechmückenlarven, ältere Fliegenmaden und Mehlwürmer. Exkremente, Überreste der Futtertiere und Exuvien werden jeweils vor der Zugabe neuen Futters mit einer Saugpipette entfernt. Das Wasser wird wöchentlich ergänzt oder im Falle einer Hautbildung (Bakterien oder Plankton) durch frisches ersetzt. Ebenso muß die Nylongaze über den Becheröffnungen mit einer Zahnbürste von Zeit zu Zeit gereinigt werden (Verstopfung durch Mikroorganismen). Die Entwicklungsdauer der Larven kann unter diesen Bedingungen um Monate verkürzt werden. Der Kannibalismus der Tiere kann durch reichliche Fütterung vermindert werden, so daß man auch mehrere Tiere in einem Gefäß halten kann.

Abb. 121. Einzelhaltung von Mosaikjungferlarven in Plastikbechern.

Nimmt die große, ausgewachsene, ca. 4,5 cm lange Larve keine Nahrung mehr auf, wird sie in ein 10–15 cm hoch mit Wasser gefülltes Aquarium umgesetzt. In diesem Aquarium ist der Boden 5 cm hoch mit einer Sandschicht bedeckt, in die man ein paar lange Holzstäbchen (schmale Schindeln) gesteckt hat, die die Wasseroberfläche um ca. 10 cm überragen. Die Larve klettert dann an dem Holzstab aus dem Wasser. Nach kurzer Zeit platzt die Larvenhülle auf und die junge, noch weiche Libelle erscheint.

8. *Corduliidae*, Falkenlibellen

Metallischgrün bis schwarz gefärbte, 30 bis 45 mm lange Libellen. Männchen mit ausgeschnittener Basis der Hinterflügel und kleinen »Öhrchen« (Abb. 120 c) am 2. Hinterleibssegment. Hinterer Augenrand seitlich eingebuchtet. Gute Flieger, Eiablage erfolgt fliegend frei ins Wasser. Larven kurz und gedrungen, ihre Fangmaske mit gezähnten Innenrändern. Entwicklungsdauer 2–3 Jahre.

9. *Libellulidae*, Segellibellen

Libellen mit variabler Zeichnung, Färbung und Größe. Die kräftigen, gedrungenen oder auch schlanken Tiere sind zwischen 20–70 mm lang, rot, gelb bis gelbbraun und schwarz gefärbt. Zahlreiche Arten haben gefleckte oder gebänderte Flügel. Die Männchen haben keine »Öhrchen« auf dem 2. Hinterleibssegment. Der Legeapparat der Weibchen ist reduziert. Die Eiablage erfolgt meist im Flug direkt frei ins Wasser. Die kurzen, gedrungenen Larven haben kleine Augen, eine gerundete und gewölbte Fangmaske und einen ovalen, hochgewölbten Hinterleib, dessen Spitze mit stachelähnlichen Fortsätzen ausgestattet ist (Abb. 122b). Entwicklungsdauer 1–3 Jahre.

Plattbauch, *Libellula depressa* L.

Der stark abgeplattete Hinterleib ist beim Weibchen olivbraun gefärbt, seitlich schwarz gerändert und weist außerdem noch gelbe Flecke auf. Beim Männchen ist der Hinterleib blaugrau bereift. Die Spannweite beträgt 8 cm, die Körperlänge 4–5 cm. Die Brust ist dicht behaart, olivbraun mit 2 hellen, grünen oder gelben Längsbinden. Diese Libelle fliegt von Mai bis August. Die Tiere paaren sich im Flug. Zur Eiablage fliegt das Weibchen allein über die Wasseroberfläche von kleinen Teichen und schlägt mit dem Hinterleibsende rhythmisch auf das Wasser, wobei es jeweils 20–50 Eier ablegt. Die zuerst gelben, später dann braunen Eier entlassen nach ca. 15 Tagen die Larven. Diese sind sehr kräftig und haben an der Spitze des Hinterleibes eine aus Stacheln bestehende Pyramide (Abb. 122). Die Fangmaske ist helmartig gewölbt und bedeckt die untere Gesichtshälfte bis fast zu den Augen. Die Seitenlappen der Maske sind innen schwach gefurcht. Der Hinterleib ist kurz und breit. Die Hinterbeine überragen, wenn sie gestreckt sind, das Körperende. Die Larven überwintern 1–2mal und erreichen ausgewachsen eine Länge von 2,5 cm.

Die Aufzucht ist nach der für die Mosaikjungfer beschriebenen Zuchtmethode möglich.

EMBIODEA, EMBIEN ODER FERSENSPINNER

Hell- bis dunkelbraune, 2–20 mm lange, schlanke Insekten. Kopf groß, mit beißendkauenden Mundwerkzeugen, fadenförmi-

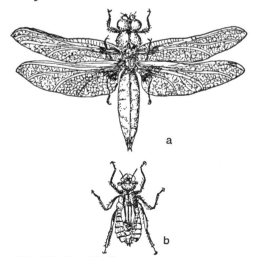

Abb. 122. Segellibelle.

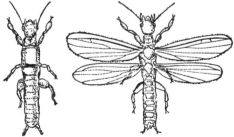

Abb. 123. Fersenspinner (nach WEBER).

gen Fühlern und eher kleinen Augen. Weibchen flügellos; Männchen meist mit 4 gleichartigen, häutigen Flügeln, von denen die vorderen etwas länger sind (Abb. 123). Hinterleib zylindrisch mit Cerci am Ende.

Die Embrien bewohnen die Subtropen und Tropen, wo sie in Gespinströhren unter Steinen und anderem Material leben. Sie sind detritiphag und entwickeln sich paurometabol über 4 larvale Häutungen. Bei uns nicht vertreten.

SALTATORIA, SCHRECKEN, HEUSCHRECKEN

Schlanke bis gedrungene, variabel gefärbte, zwischen 5 und 100 mm lange Insekten, Kopf mit starken, beißend-kauenden Mundwerkzeugen, vielgliedrigen, meist fadenförmigen Fühlern und gut entwickelten Facetten- und Punktaugen. Die Hinterbeine sind umgebildet zu Sprungbeinen (Abb. 125), deren Schenkel stark verdickt sind. Die Vorderbeine der Maulwurfsgrille sind schaufelförmig erweitert und dienen als Grabbeine (Abb. 77). Die zwei Flügelpaare sind stark geädert, die Vorderflügel schmäler und stärker chitinisiert als die Hinterflügel. Am Grunde der Vorderflügel oder auf der Innenseite der Hinterschenkel und auf dem Deckflügel findet sich ein Schrillorgan, sog. Schrillleisten oder Schrillkanten etc. Tympanale Gehörorgane (vgl. Seite 110) liegen in den Vorderschienen oder an den Seiten des ersten Hinterleibsegmentes. Das Hinterleibsende trägt Schwanzanhänge (Cerci), beim Weibchen das Legerohr. Die Schrekken kommen in trockenen und warmen Gebieten vor. Sie sind phytophag, detritiphag, einige sogar carnivor. Die meisten Arten leben oberirdisch, andere in Erdgängen. Die Eiablage erfolgt meist im Boden. Paurometabole Entwicklung.

1. Tetrigidae (Acrydiidae), Dornschrecken

Kleine, zwischen 10 und 15 mm große, graubraune Heuschrecken, deren Halsschild dornartig nach hinten spitz ausläuft und das Hinterleibsende oft überragt. Vorder- und Hinterflügel meist reduziert, d. h. verkümmert oder schuppenförmig. Fühler kürzer als der Körper. Legeröhre des Weibchens kurz. Eiablage im Boden. Leben phytophag auf verschiedenen Pflanzen. *Tetrix undulata* Sw. und *T. bipunctata* Saulcy.

Zuchtmethode siehe Wanderheuschrecke *(Locusta migratoria)*.

Abb. 124. Dornschrecke.

2. Acrididae, Feldheuschrecken

Zwischen 10 und 80 mm große, graugrüne, gelb bis rotbraune Heuschrecken mit kurzen Fühlern und vollentwickelten Flügeln (Abb. 125). Die Legeröhre des Weibchens ist kurz; die Eier werden als Paket (20–40 Stück) in den Boden gelegt. Durch Reiben der Schrilleiste der Hinterbeine an den Vorderflügeln entsteht das Zirpen. Leben phytophag auf verschiedenen Pflanzen. Vertreter: Wanderheuschrecken.

Abb. 125. Feldheuschrecke.

Afrikanische Wanderheuschrecke,

Locusta migratoria migratorioides Reiche et Fairm.

Die robuste Heuschrecke ist ausgewachsen 50–75 mm lang. Unter günstigen klimatischen Bedingungen wird sie 3–10 Tage nach der letzten Häutung geschlechtsreif. Dabei wechselt ihre Farbe von Hellbraungrau zu Gelb. Durch das Zirpen locken die adulten Männchen die Weibchen an.

Zuchttechnik und Futter

Für die Zucht nimmt man einen Drahtgazekäfig 100 × 50 × 50 cm (Maschenweite ca. 2 mm) mit Holz oder Metallgazeboden und Schlupfarm (Abb. 126 a). Der Holzboden muß einige (∅ ca. 8–10 cm) Öffnungen aufweisen, in die mit Sand gefüllte Becher eingehängt werden. Als Sitzplatz für die Tiere stellt man einige Trokkenäste ein. Der Käfig für die Hüpfer mißt 25 × 25 × 10 cm und hat auf der einen Schmalseite ebenfalls einen Schlüpfarm. Die Maschenweite der Drahtgaze beträgt 1–1,5 mm (Abb. 126 b).

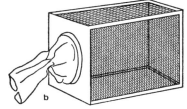

Abb. 126. Drahtgazekäfige für die Zucht der Wanderheuschrecke.

Zuchtbedingungen:

Adulte: Temperatur am Käfigboden 30 bis 33 °C, RLF 60–75 %, Photoperiode 24 Stunden/750–1000 Lux.

Eier: Temperatur: 32 °C, Wassergehalt des Sandes 15–20 %.

Hüpfer: Temperatur: 28–30 °C, RLF 70 bis 80 %, Photoperiode wie Adulte.

Die eingesetzten Zuchtpaare (ca. 50 pro Käfig) werden mit frischen Salat (Kopfsalat oder Endiviensalat), Löwenzahn-

oder Maisblättern gefüttert. Als Zusatzfutter erhalten die Tiere mit Vitaminlösung (Seite 42) gut angefeuchtete Kleie (7.5 cc Vit-Lösung in 1,5 l Wasser per 1 kg Kleie). Als Ausweich- oder Überbrückungsfutter kann die bei *Spodoptera* beschriebene, künstliche Diät verwendet werden. Die Futtermischung wird dann in Wurstform, d. h. in Plastikstrümpfen, vorgesetzt. Das Naturfutter wird täglich erneuert, wobei Futterreste und Exkremente sorgfältig aus dem Käfig entfernt werden (evtl. mit Staubsauger). Dabei ist jede Staubentwicklung zu vermeiden (Asthma).

Zur Eiablage bohren die geschlechtsreifen, also gelb gefärbten Weibchen das Abdomen in die mit feuchtem Sand gefüllten Becher ein. Sie legen Eipakete mit 30–36 Eiern ab. Ein Weibchen legt ca. 5–7 Eipakete ab. Die mit Eiern belegten Becher werden täglich entnommen und bei 32 °C gehalten, wobei peinlichst darauf zu achten ist, daß der Sand feucht bleibt. Es ist ratsam, die Eier in eine Brutkammer mit konstanter Temperatur und sehr hoher RLF zu stellen. Wenn die Becher mit einem ca. 2 cm hohem, wassergetränktem Gipsboden versehen sind, ist die Gefahr des Austrocknens stark gemindert. Bevor die Hüpfer auszuschlüpfen beginnen, stellt man die Becher mit den gleichaltrigen Eiern in kleinere, aus Drahtgaze gefertigte Käfige (25 × 25 × 10 cm), deren eine Schmalseite einen Schlüpfarm hat. Die Schlüpfrate bei den gegebenen Bedingungen beträgt ca. 90 %. Die Zahl der Hüpfer, die nach Stadien getrennt gehalten werden, sollte pro Käfig

im 1. Stadium 200 Tiere
im 2. Stadium 150 Tiere
im 3. Stadium 100 Tiere
im 4. Stadium 50 Tiere
im 5. Stadium 25 Tiere

nicht überschreiten. Die Zuchtpaare und auch die verschiedenen Stadien der Hüpfer sind dauernd mit den Ultrarotstrahlern zu bestrahlen. Die maximale Futteraufnahme und Entwicklung sind nur unter dem Ein-

fluß der Wärme- und Lichtstrahlung gewährleistet.

Die Präovipositionsperiode beträgt unter
den Zuchtbedingungen 8–11 Tage, die
Embryonalentwicklung 10 Tage, die Larvalentwicklung 20 Tage mit 5 Häutungen
im Abstand von 3–4 Tagen.

Nach der gleichen Methode ist die Haltung
und Zucht der **Wüstenheuschrecke** *(Schistocerca peregrina* Ol. = *S. gregaria* Forsk.*)*
und **Südamerikanische Wanderheuschrecke** *(Schistocerca americana* Drur. = *S.
paranensis* Burm.*)* möglich.

3. *Conocephalidae,* Schwertheuschrecken

Zwischen 12 und 20 mm große, schlanke
und grünlich gefärbte Heuschrecken mit
langen, fadenförmigen Fühlern und säbel-
artigen Legeröhren. Flügel überragen Hinterleibsspitze oder sind kürzer. Spaltför-
miges Gehörorgan (Abb. 130) an den Vorderschienen. Eiablage in Erde oder Pflanzenstengel.

4. *Meconematidae,* Eichenschrecken

10–15 mm große, gelbgrün gefärbte Heuschrecken mit rundovalem Gehörorgan
(Abb. 127) und sichtbarem Trommelfell an
den Vorderschienen und die Hinterleibsspitze überragenden Flügeln. Leben phytophag auf Eichen.

Abb. 127. Gehörorgan bei Eichenschrecken.

5. *Phaneropteridae,* Sichelschrecken

15–30 mm große, grüne bis hellbraune
Heuschrecken mit langen Fühlern und lan-
gen oder auch lappenförmig verkürzten
Flügeln und breiten, meist gebogenen

Legescheiden (Abb. 128) bei den Weibchen. Das Gehörorgan mit gut sichtbarem
Trommelfell an den Vorderschienen. Leben polyphag auf verschiedenen Pflanzen.
Erzeugen Gesänge (siehe *Tettigoniidae*).

Gemeine Sichelschrecke, *Phaneroptera
falcata* Scop.
Zuchtmethode siehe Wanderheuschrecke.
Anstelle von nassem Sand ist feuchte und
sandig-lehmige Erde als Eiablage-Substrat
zu verwenden.

Abb. 128. Legescheide der Sichelschrecken.

6. *Tettigoniidae,* Singschrecken

Grüne bis hellbraune, zwischen 10–40 mm
große Heuschrecken mit sehr langen, fadenförmigen Fühlern, die Weibchen mit
seitlich abgeflachter und langer Legescheide. Das Gehörorgan an der Basis der
Vorderschienen ist spaltförmig. Die Vorderschienen tragen außerdem oben einen
Enddorn und die Tarsen sind 4gliedrig.
Die verschiedenen Arten haben verschiedene Gesänge, die sie durch Aneinanderreiben der beiden Vorderflügel erzeugen.
Leben raptorisch oder phytophag. Eiablage in den Boden.

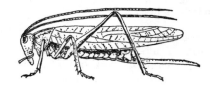

Abb. 129. Singschrecke.

Grünes Heupferd, *Tettigonia viridissima* L.
Die grüne, ca. 50 mm große Laufschrecke
ist im Hochsommer häufig auf niedrigwachsenden Pflanzen und auf Büschen anzutreffen. Sie ist unsere größte Schrecke
und fällt durch ihre langen Fadenfühler auf.
Ihre Zucht ist prinzipiell nach der gleichen

Methode wie die der Wanderheuschrecke möglich. Die Temperatur wird bei 30 °C und die RLF bei 80% gehalten. Photoperiode 16 Stunden/1200–1500 Lux. Als günstiges Futter hat sich HH-Teig (S. 48) erwiesen, ferner junge, frisch getriebene Luzerne.

7. *Ephippigeridae*, Sattelschrecken

Diese Familie ist nur durch eine Art in Zentraleuropa vertreten. Die Sattelschrecke ist zwischen 15–30 mm groß, braun bis gelbgrün und hat einen nach hinten sattelförmig aufsteigenden Halsschild. Das Gehörorgan an den Vorderschienen ist spaltförmig und das Trommelfell verdeckt (Abb. 130). Lebt phytophag auf verschiedenen Pflanzen. Eiablage in verrottendes Material in leichten Böden.

Abb. 130. Gehörorgan bei Sattelschrecken.

8. *Gryllacridoidae*, Grillenartige

Diese Überfamilie der Langfühlerschrecken *(Ensifera)* ist mit einer Art, der Gewächshausschrecke, *Tachycines asynamorus* Adel. bei uns vertreten.

9. *Oecanthidae*, Blütengrillen

Bei uns nur vertreten durch *Oecanthus pellucens* (Scop.), das Weinhähnchen. 10 bis 15 mm groß, hellgelb und mit schlanken Hinterschenkeln, die kürzer sind als die Hinterschienen. Leben raptorisch auf verschiedenen Pflanzen an warmen Standorten. Eiablage in Pflanzenstengel.

10. *Gryllotalpidae*, Maulwurfsgrillen

Bei uns vertreten durch die Werre (Abb. 131 a). 30–40 mm groß, samtbraun und mit schaufelförmigen Vorderbeinen. Lebt in der Erde und ernährt sich phytophag und raptorisch. Die Maulwurfsgrille treibt Brutpflege.

Maulwurfsgrille, *Gryllotalpa vulgaris* L. Das in Erdhöhlen und -gängen lebende Insekt ist an den schaufelähnlichen Grabbeinen zu erkennen. Die Brust wird oberseits von einem großen kräftigen Schild bedeckt. Die Grille kann nur kurze Strecken fliegen. Das Weibchen legt die Eier (ca. 200–300) in eine Erdhöhle und übt Brutpflege aus. Im Spätherbst können die Grillen von Kompostbeeten, im Frühjahr mit Erdfallen (Abb. 12) gefangen werden. Die Nahrung besteht teils aus im Boden lebenden Insektenlarven, teils aus Wurzeln verschiedener Pflanzen.

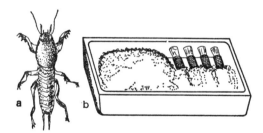

Abb. 131. Maulwurfsgrille und Zuchtbehälter.

Zuchttechnik und Futter (modifiziert nach Godan)
Hohe Plastik- oder Metallgefäße (ca. 50 cm hoch) mit Gazeverschluß und 5 cm hohem Gipsboden mit eingegossenem Wasserspender (s. Abb. 138 und 237). Für Einzelhaltung Drahtgazezylinder (Abb. 131 b) und Plastikschalen. Temperatur 24 °C, RLF 95–98%.
Der Gipsboden des Zuchtgefäßes wird ca. 30–40 cm hoch mit Erde überschichtet, nachdem er vorher mit Wasser gesättigt wurde. Dann setzt man ein Zuchtpärchen in den Behälter und verschließt ihn mit Gaze oder Baumwolltuch. Als Futter erhalten die Tiere jeden 2. Tag abwechselnd

Rattenfutter, ein Würfelchen Ratten- oder Mäusefutter (vgl. Seite 49) und möglichst unbehaarte Schmetterlingsraupen (Noctuiden, Wachsmotten). Zur Eiablage gräbt sich das Weibchen oft bis zur Gipsschicht ein (höchster Feuchtigkeitsgehalt) und fertigt das aus einem Erdklumpen bestehende faustgroße Nest an. Die Zahl der abgelegten Eier variiert stark. Manchmal fertigt ein Weibchen auch mehrere Nester. Die ausschlüpfenden Jungtiere neigen mit zunehmendem Alter zu immer stärker werdendem Kannibalismus. Daher empfiehlt es sich, sie in Einzelhaltung zu züchten. Man gräbt die Nester aus und setzt die frisch geschlüpften Tiere in je einen Drahtgazezylinder (1,5–2 cm ⌀), der an den Enden mit Korken verschlossen wird und dann in feuchten Vermiculit oder Erde eingebettet wird. Pro Woche gibt man dem Jungtier ebenfalls abwechselnd einen Würfel Rattenfutter bzw. 1–2 nackte Schmetterlingsraupen.
Embryonalentwicklung 21 Tage, Larvalentwicklung 10–12 Monate mit 8–10 Häutungen.

11. *Myrmecophilidae*, Ameisengrillen

Ebenfalls bei uns nur durch eine Art vertreten. Die Ameisengrille, *Myrmecophila acervorum* Panz., ist zwischen 2,5 und 3 mm groß, bräunlichgelb gefärbt, flügellos und eiförmig mit mächtigen Sprungbeinen. Findet sich in Ameisennestern (*Myrmica*- und *Lasius*-Arten) und vermehrt sich parthenogenetisch. Ernährt sich von Ausscheidungen der Ameisen und ihrem eingebrachten Futter.

12. *Gryllidae*, Grillen

Robuste, meist walzenförmige, zwischen 5 und 30 mm große, schwarze, bis graugelb gefärbte, geflügelte Insekten. Weibchen mit langem, rundem Legebohrer. Vorderschienen auf der Außenseite mit großem, auf der Innenseite mit kleinem Gehörgang (Trommelfell) oder nur außen mit Trommelfell (vgl. auch Abb. 127). Sie zirpen durch Aneinanderreiben der Vorderflügel. Ihre Ernährung ist phytophag,

saprophag, z. T. raptorisch und sie leben versteckt in Erdgängen, Höhlen oder anderen Verstecken.

Hausgrille (Heimchen)
Acheta domesticus L.
Das Heimchen ist ein Allesfresser und hält sich gerne im Dunkeln und Warmen auf. Durch seinen nächtlichen Gesang wird es in Wohnungen oft lästig. Man kann aber diese Grille nicht als Schädling bezeichnen. Für Zuchtzwecke sammelt man die Grillen am besten auf Schutthalden und Müllablageplätzen ein.

Abb. 132. Hausgrille.

Zuchttechnik und Futter
Plastik- oder Metallgefäße (Mindestmaße für ca. 500–600 Tiere: 50 × 30 × 40 cm) mit Gazedeckel oder Deckel mit ca. 100 cm² Öffnung mit Gazebespannung (Abb. 133). Temperatur 26–28 °C, RLF 65 bis 75 %.

Abb. 133. Hausgrillen-Zuchtkäfig.

In den Zuchtkäfig bringt man eine 1–2 cm hohe Vermiculit- oder Sägemehlschicht ein, darauf legt man Wellpapperöllchen, Plastikröhrchen oder ineinander gestellte Eierkartons als Versteck für die Tiere. Außerdem wird eine Schwimmtränke und das bis zur Sättigung mit Wasser getränkte Eiablagesubstrat (Torfmull-Sand-Mischung 1 : 1) in einer ca. 8 cm hohen und 20 cm weiten Schale eingestellt. Als Futter dient zerriebenes Küken- oder Mäusefutter (Seite 49) sowie von Zeit zu Zeit etwas getrocknetes und zerkleinertes, fettloses Rindfleisch und Fischmehl, das in einer Petrischale vorgesetzt wird.

Das mit Eiern belegte Substrat wird 2mal wöchentlich ausgewechselt und aufbewahrt. Ein Weibchen legt im Durchschnitt 800 Eier. Nach 10tägiger Embryonalentwicklung schlüpfen die Jungtiere aus, die nach 45–48 Tagen adult sind. Die Präovipositionsperiode nimmt nur wenige Tage in Anspruch. Lebensdauer der Adulten 90–120 Tage.

Feldgrille, *Gryllus campestris* L.
Sie lebt auf sandigen Feldern in Erdröhren und ernährt sich von tierischen und pflanzlichen Stoffen. Die Feldgrille jagt auch kleine Insekten und Würmer. Sie kann an besonnten Waldrändern und auf Wiesen mit dem Netz oder von Hand eingefangen werden. Für die Aufzucht ist die gleiche Methode wie für das Heimchen geeignet.

PHASMIDA, GESPENSTSCHRECKEN

50–250 mm lange, entweder runde und stengelförmige oder abgeflachte und blattähnliche, meist grün bis braun gefärbte Insekten. Der kleine Kopf trägt lange fadenförmige Fühler, kleine Facettenaugen und beißend-kauende Mundteile. Bei geflügelten Formen, z. B. dem »wandelnden Blatt«, sind die Vorderflügel kleiner als die Hinterflügel. Die Beine sind bei Stabschrecken lang und dünn, bei Blattschrecken verbreitert.

Die phytophagen Tiere leben auf verschiedenen Pflanzen der Tropen. Ihre Entwicklung ist paurometabol. Neben der zweigeschlechtlichen Fortpflanzung tritt thelytoke Parthenogenese fakultativ oder obli-

gatorisch auf. Bei den Gespenstschrecken kann die Autotomie (Selbstverstümmelung) mit nachfolgender Regeneration beobachtet werden.

1. *Phasmidae*
2. *Phylliidae*
3. *Bacteriidae*

Die Vertreter dieser Familien kommen in tropischen und subtropischen Gebieten vor. Es sind grün bis grau und braun gefärbte, zwischen 5 und 300 mm große, seitlich oder dorsal abgeflachte Geradflügler (*Phylliidae* = »wandelndes Blatt«), deren Hinterbeine nicht als Sprungbeine ausgebildet sind, oder z. T. ungeflügelte, runde und langgestreckte Tiere (*Bacteriidae* = Stabheuschrecke, Abb. 134). Bei den »wandelnden Blättern« sind die Vorder- und Mittelbeine sehr breit, blattartig erweitert. Leben phytophag auf verschiedenen Pflanzen.

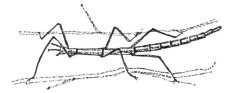

Abb. 134. Stabheuschrecke.

Stabheuschrecke,   *Carausius morosus* Br.
Dieses flügellose, 3–6 cm lange, graubraune Tier gleicht einem dürren Zweig. Die Schrecke pflanzt sich parthenogenetisch fort. Aus den dunkelbraunen Eiern schlüpfen nach ca. 80–90 Tagen die nur 1 cm großen Jungtiere aus. Da die Heimat dieser Schrecke Indien ist, kann sie in Europa nur von zoologischen Handlungen oder Instituten bezogen werden.

Zuchttechnik und Futter
Nylongaze-Käfig (Abb. 126, ohne Bechereinsatz). Temperatur 26 °C, RLF 60 %, Photoperiode 12 Stunden/500 Lux.
Der Zuchtkäfig wird mit jungen, in Wasser gestellten Efeuranken oder Trieben von Tradeskantien ausgekleidet. Ein häufiger Futterwechsel ist nicht erforderlich, denn die Tiere sind außerordentlich anspruchs-

los. Efeu oder Tradeskantien können sehr gut über längere Zeit gehalten werden. Als Tränke verwendet man eine Dochttränke (Abb. 50). Die dunkelbraunen, hartschaligen Eier werden jede Woche ausgesammelt bzw. aus dem Kot gesiebt und in einer feuchten Kammer mit 60–70% RLF aufbewahrt. Die nach ca. 90 Tagen ausschlüpfenden Tiere sind ebenfalls feuchtigkeitsbedürftig und werden deshalb mit Tradeskantien, die eingetopft in den Käfig gestellt werden, gefüttert. Mit dieser von den Jungtieren bevorzugten Futterpflanze gelingt die Zucht besser als mit Efeu. Es ist ratsam, einen kleineren Käfig für die Jungtiere zu wählen. Die Tiere sind bei guter Fütterung innerhalb von 6 Monaten ausgewachsen und beginnen Eier zu legen.

DERMAPTERA, OHRWÜRMER

Insekten von 5–25 mm Länge, schlank und braunrot bis dunkelbraun gefärbt. Am Kopf sitzen fadenförmige Fühler, meist gut entwickelte Facettenaugen und beißend-kauende Mundwerkzeuge. Die Deckflügel sind stark verkürzt, darunter zusammengefaltet die häutigen Hinterflügel. Die Beine sind normal als Laufbeine ausgebildet. Am Hinterleibsende sind die Cerci oder Afterfühler als kräftige Zangen sichtbar (Abb. 135). Die Tiere lieben dunkle, feuchte Orte und sind detritiphag. Ihre Entwicklung ist pauronetabol. Das Weibchen treibt Brutpflege.

1. *Forficulidae*, Eigentliche Ohrwürmer

Zwischen 10–20 mm große, glänzende, dunkelbraune Ohrwürmer mit 14–15gliedrigen Fühlern und stark verbreitertem 2. Tarsalglied. Ernähren sich von zartem Pflanzenmaterial, verfaulenden Früchten und zarten, frischen Tierkadavern.

Gemeiner Ohrwurm, *Forficula auricularia* L.

Der Ohrwurm ernährt sich von tierischen und pflanzlichen Stoffen, ist also ein Allesfresser. Er ist sehr lichtscheu, lebt tagsüber versteckt in dunklen, feuchten Schlupf-

winkeln, nachts geht er auf Futtersuche. Durch Auslegen von Brettern, feuchten Säcken oder Steinen in feuchten Kellern oder neben feuchtem Mauerwerk können die Tiere angelockt und dann gefangen werden. Im Sommer kann man sie außerdem am frühen Morgen oder nachts von Blüten, wie Chrysanthemen, Dahlien, Astern oder milchreifen Getreideähren, absammeln. Die Weibchen sind an den großen zangenförmigen Schwanzanhängen, den Cerci, zu erkennen.

Abb. 135. Ohrwurm.

Zuchttechnik und Futter
Behälter mit einer Grundfläche von ca. 1000 cm², mindestens 10 cm hoch für 30–40 Ohrwurm-Paare. Der obere Teil der Zuchtbehälterwand muß von innen sorgfältig mit Aluminiumfolie abgedeckt werden, um das Entweichen der Tiere zu verhindern. Der Behälterverschluß besteht aus Glas, Holz mit Gazeöffnung.
Temperatur 24–28 °C, RLF 65–75%, Dunkelhaltung.
Der Zuchtbehälter wird 3–5 cm hoch mit feuchtem Sand gefüllt (feuchter Sand = Sand zu einer Kugel formbar, die beim Fall aus 10–20 cm vollkommen zerfällt). Auf den Sand werden Borkenstücke und flache Steine oder Blumentopf-Scherben gelegt. Als Tränke dient eine Docht- oder Schwimmertränke (Abb. 50 und 52).
Die eingesetzten 10–20 Zuchtpaare werden mit Sojabohnenmehl, gemahlenem Kükenfutter (Seite 49) oder Trockenfleisch gefüttert. Von Zeit zu Zeit sollten auch keimende Weizenkörner vorgesetzt werden.

Der Sand wird feucht gehalten und muß bei Bedarf befeuchtet werden. Futter und Wasser sollten wöchentlich 1–2mal erneuert werden. Die Weibchen legen die Eier in selbstgebaute Sandhöhlen. Ein Weibchen legt in den 4 Monaten seines Lebens ca. 60 Eier. Die Ohrwürmer treiben Brutpflege, was an in Petrischalen gehaltenen Einzelpaaren auf feuchtem Filterpapier besonders gut beobachtet werden kann.
Präovipositionsperiode 12 Tage, Embryonalentwicklung 12 Tage, Larvenentwicklung 45–48 Tage mit 6 Häutungen.

2. Labiidae

4–6 mm groß, braun, mit 12gliedrigen Fühlern. Die häutigen Hinterflügel ragen als kleine Spitzchen unter dem Hinterrand der Vorderflügel hervor. Ernähren sich phytophag und saprophag.

3. Labiduridae

Zwischen 10–25 mm große, hellbraune bis gelbe Ohrwürmer mit 16–30gliedrigen Fühlern. Phytophage und saprophage Ernährung.
Für die Zucht von Arten aus den beiden vorstehenden Familien gilt die Methode wie für den Gemeinen Ohrwurm.

DIPLOGLOSSATA, DOPPELZÜNGLER

10–15 mm große, graue bis bräunliche, augen- und flügellose Schmarotzer mit behaarten und ungegliederten Afterfühlern oder Cerci. Die Insekten kommen vor auf verschiedenen Rassen der afrikanischen Riesenhamsterratte. Die larviparen Tierchen ernähren sich hauptsächlich von Hautschuppen ihres Wirtes.
Die Vertreter dieser Ordnung gehören der einzigen Gattung *Hemimerus* an und kommen in unserem Faunengebiet nicht vor.

MANTODEA, FANGSCHRECKEN

Grün bis braun, oft bunt gefärbte und bis zu 150 mm lange Insekten. Der Kopf sitzt auf der stark verlängerten Vorderbrust und trägt kugelig vorstehende Facettenaugen, lange, borstenförmige Fühler und beißend-kauende Mundwerkzeuge. Die Flügel liegen flach zusammengefaltet auf dem Rücken. Die Vorderbeine sind als Fangbeine ausgebildet, deren Schenkel sägeartig gezähnt und deren gezähnte oder hakenförmig auslaufende Schienen einklappbar sind.
Die Entwicklung der Gottesanbeterin ist paurometabol, mit 5–10 Häutungen. Als Räuber ernähren sie sich von anderen lebenden Insekten, die sie mit ihren Vorderbeinen fangen.

1. Mantidae, Gottesanbeterinnen

Die Familie ist bei uns vertreten durch die einzige Art, *Mantis religiosa* L. (Abb.136), die raptorisch an warmen, trockenen Standorten lebt.

Gottesanbeterin, *Mantis religiosa* L.
Diese Fangschrecke kommt in Europa im Elsaß, am Kaiserstuhl und im Mittelmeerbecken vor. Sie bevorzugt trockene warme Gebiete. Die Eier werden als schaumige Eipakete an die Zweige niedrigwachsender Pflanzen abgelegt. Diese Fangschrecke fällt durch ihre in Ruhestellung erhobenen Fangbeine (Vorderbeine) auf. Sie ist grün gefärbt und ca. 6–8 cm groß. Die Männchen sind kleiner als die Weibchen und an dem kleinen zum Rücken hin gebogenen Abdomen kenntlich. Im Gegensatz zu den Adulten haben die Jungtiere keine Flügel. Die Schrecken ernähren sich von kleinen Insekten, Würmern etc. Man kann sie in den angegebenen Gebieten im Juni–Juli an besonnten trockenen Plätzen fangen.

Abb. 136. Gottesanbeterin.

BLATTARIA, SCHABEN

Insekten mit dunkel- bis rotbrauner Färbung, 5–50 mm lang mit abgeflachtem Körper. Vorderflügel lederartig, die Hinterflügel häutig. Der flache, dreieckige Kopf mit langen, borstenförmigen Fühlern und großen Facetten- und Punktaugen wird hypognath, nach unten rückwärts getragen. Die Mundwerkzeuge sind beißend-kauend. Der Hinterleib trägt an seiner Spitze Afterfühler oder Cerci (Abb. 137).
Die Entwicklung der feucht- und dunkelliebenden Insekten ist paurometabol. Die Tiere leben in der Bodenstreu, unter Steinen und in Gebäuden. Sie legen mehrere Eier als »Eipaket« oder »Eikissen« ab. Ihre Nahrung besteht aus so gut wie allen tierischen und pflanzlichen Stoffen.
Von 10 Familien sind bei uns nur 2 vertreten, die *Pseudomopidae* und die *Blattidae*.

1. *Pseudomopidae*

8–20 mm große, dunkel- bis hellbraune, oft auch graue Schaben mit schwarzer Zeichnung. Die unterhalb der männlichen Genitalöffnung gelegene Platte nur mit einem Griffel, diejenige des Weibchens breit und gerundet, ohne Legeröhrenklappe. Hinterflügel mit dreieckigem, einschlagbarem Außenfeld.

Deutsche Hausschabe, *Blattella germanica* L.

Die hellbraunen, sehr lichtscheuen Insekten lieben die Wärme und fressen in der Dunkelheit alle Arten von Lebensmitteln,

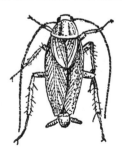

Abb. 137. Hausschabe.

Textilien, Papier etc. Das Laufinsekt ist sehr flink und ungemein lästig. Es hinterläßt einen unangenehmen Geruch und Mengen von Schmutz. Legereife Weibchen sind an dem die Abdomenspitze weit überragenden Eipaket kenntlich. Durch Aufstellen von Fallen (Abb. 15 und 16) und zusätzliches Anködern mit Sardinen oder Sardellen können die Tiere gefangen werden.

Zuchttechnik und Futter
Plexiglas-, Metall- oder Plastikgefäß mit Nylon- oder Metallgaze-Verschluß (Abb. 133 und 138).

Abb. 138. Behälter für die Zucht der Hausschabe.

Der obere Gefäßrand muß mit einer Barriere entweder aus einer Vaseline-Petrol-Mischung 1:10, Talkum oder Metallmanschette versehen werden. Zum Anbringen von Barrieren vgl. Seiten 55–56. Temperatur 29–30 °C, RLF 60–75 %.
In den Zuchtbehälter wird 1–2 cm hoch Sägemehl oder Vermiculit gefüllt, darauf legt man ineinandergesetzte Eierschachteln und einige 15–20 cm lange Plastikröhrchen (∅ 3–4 cm). Mit Wasser werden die Tiere durch eine Schwimmertränke (Abb. 52) versorgt, und als Futter erhalten sie – in Petrischalen – gemahlenes Kükenfutter, gemahlenen Hundekuchen oder ein Spezialfutter (vgl. Seite 48). Futter und Wasser werden nach Bedarf erneuert. Wenige Minuten bis Stunden nach der Eiablage schlüpfen die Jungtiere aus, die nach 6 Häutungen innerhalb von 8–10 Wochen adult sind. Die Besatzdichte in den Käfigen kann recht hoch gehalten werden, ohne daß merkbare Entwicklungsstörungen auftre-

ten. Wird sie zu hoch, so verlangsamt sich die Entwicklung der Tiere. Die Lebensdauer der Adulten beträgt ca. 4 Monate. Nach der gleichen Methode lassen sich die **Waldschaben,** *Ectobius lapponicus* (L.) und *E. silvestris* (Poda) züchten.

2. *Blattidae*

20–40 mm große, dunkelbraune bis dunkelrotbraune Schaben (Abb. 139), deren Schenkel oberseits beidseitig mit Dornen. Die unterhalb der weiblichen Genitalöffnung gelegene Platte ist durch einen Spalt getrennt und bildet dadurch 2 Valven oder Legeröhrenklappen, diejenige der Männchen mit 2 gleichartigen Griffeln oder Anhängen.

Amerikanische Schabe, *Periplaneta americana* L.

Diese sehr großen Schaben sind dunkler als die Hausschabe und besitzen gut ausgebildete Flügel, die den ganzen Hinterleib bedecken. Die Schaben können damit aber nur kurze Strecken fliegen. Diese Schaben kommen in den Tropen und Subtropen und oft auf Schiffen vor. Für Zuchtzwecke können sie wie Hausschaben in diesen Gebieten geködert werden oder man bezieht sie aus zoologischen Handlungen, Instituten etc.

Die Zucht kann wie bei der Hausschabe durchgeführt werden. Der Entwicklungszyklus dauert 5–6 Monate. Die Jungtiere häuten sich 10–12mal.

Orientalische Küchenschabe, *Blatta orientalis* L.

Die Aufzucht dieser langen, schwarzen Schabe erfolgt wie für die Hausschabe beschrieben wurde. Das Weibchen hat stark zurückgebildete, stummelförmige Flügel (Abb. 139). Ihr Entwicklungszyklus verläuft bedeutend langsamer als der der Hausschabe, mit der sie oft vergesellschaftet lebt. Eine Generation beansprucht 6–8 Monate, die Lebensdauer der Adulten beträgt etwa 9 Monate.

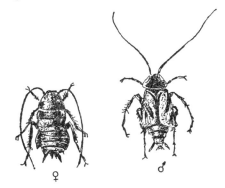

♀   ♂

Abb. 139. Küchenschabe.

Australische Schabe, *Periplaneta australesiae* L., und die **Braune Schabe,** *Periplaneta brunnae* Burm., können ebenso wie die **Nauphoeta cinerea** und die **Riesenwaldschaben** *Blaberus giganteus* L. und *B. trapezoideus* Burm. nach der für die Hausschabe beschriebenen Methode gezüchtet werden.

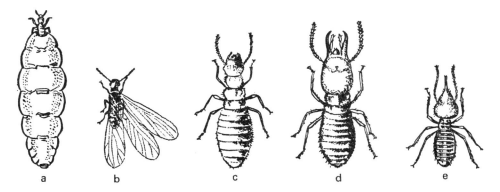

a   b   c   d   e

Abb. 140. Termiten (nach Borror/Delong).

ISOPTERA, TERMITEN

Insekten der Tropen und Subtropen, 2 bis 20 mm lang. Zwei Arten kommen in Europa vor. Die eierlegenden Weibchen sind flügellos und werden 100–120 mm lang und 20–25 mm dick (Abb. 140a). Die Termiten bilden Staaten, innerhalb deren, außer den Geschlechtstieren, mehrere Formen von Arbeitern und Soldaten vorkommen. Die Geschlechtstiere, die Königin und der König, gehen aus geflügelten Männchen und Weibchen (Abb. 140b) hervor. Die Arbeiter sind flügellos (140c), weiß und blind und für den Nestbau, die Futterbeschaffung und die Pflege der Brut und der Königin verantwortlich. Die Soldaten sind ausgerüstet mit starken Oberkiefern (140d) oder Stirnfortsätzen (140e). Ihnen obliegt die Verteidigung des Baues gegen Eindringlinge. Arbeiter und Soldaten sind degenerierte Geschlechtsformen. Die Tiere leben unter- oder oberirdisch in Bauten, die aus Holz und Erde mit Speichel vermischt angefertigt werden. Sie ernähren sich xylophag, mykophag, phytophag. Ihre Entwicklung ist paurometabol. Die Ordnung der Termiten umfaßt 7 Familien. Die größte sind die *Termitidae;* sie besteht aus ca. 1500 Arten (75 % aller Arten), unter denen die Unterfamilien mit den »Nasutis« und »Scheren« zu finden sind. Die Determination der Termiten mit ihren verschiedenen Kasten ist schwierig und ohne besondere Kenntnisse nicht möglich.

1. *Mastotermitidae*
2. *Kalotermitidae*
3. *Termopsidae*
4. *Hodotermitidae*
5. *Rhinotermitidae*
6. *Serritermitidae*
7. *Termitidae*

Trockenholztermite, *Cryptotermes brevis* (Walker)

Diese Termite kommt in den tropischen und subtropischen Küstengebieten der ganzen Welt vor, insbesondere aber in den dort befindlichen Hafenstädten. Die Arbeiter sind nur 5–6 mm groß, die geflügelten und schwärmenden Geschlechtstiere ca. 10 mm lang. Die Tiere befallen auch bearbeitetes Holz, wie Bauholz, Dachstöcke, Fensterrahmen etc.

Zuchttechnik und Futter (nach E. ERNST, Tropeninstitut Basel)
Als Zuchtgefäße verwendet man für kleine Zuchten Plastik- oder Glasbecher mit trockenem Gipsboden, für größere Zuchten dann Eternit- oder Tonwannen. Verschluß feinmaschige Gaze.
Temperatur 26–28 °C, RLF 95–98 %.
Kubische Balsa- oder Weidenholzstücke (Kantenlänge 2 cm) werden auf einer Fläche 4 mm tief und 10 mm weit angebohrt. In dieses Loch setzt man 1 Paar Geschlechtstiere ein und verschließt das Loch mit einem Deckglas (Abb. 141). Dieser Holzwürfel wird dann in den Plastik- oder Glasbehälter gestellt.

Abb. 141. Für die Zucht der Trockenholztermite präparierter Holzwürfel.

Nach ca. 20 Tagen beginnt das Weibchen mit der Eiablage. Im ersten Jahr werden 20–50 Eier, in den weiteren Jahren dann 300 p. a. (jeden Tag 1 Ei) abgelegt. Nach 2–3 Jahren treten im Intervall von einem Jahr neue Geschlechtstiere auf. Mit dem Wachstum der Kolonien ist das Holz zu ergänzen und eventuell der Zuchtraum zu vergrößern. Für große Zuchten sollten die Futterholzklötzchen, wie unten für *Kalotermes flavicollis* beschrieben, eingesetzt werden. Will man das Verhalten der Termiten beobachten, so empfiehlt es sich, die Tiere mit dem Nährsubstrat zwischen zwei Glasplatten zu halten (Abb. 142).
Zwischen zwei Objektträger legt man eine ca. 2–3 mm dicke Balsa- oder Weidenholzscheibe, die in der Mitte ein 10 mm weites Loch aufweist. In dieses Loch setzt man das Zuchtpaar ein und bindet die beiden

Glasscheiben mit Klebeband zusammen. In einer feuchten Kammer mit 95–98% RLF (Seite 32) werden diese Tiere dann aufbewahrt.

Gelbhalstermite, *Kalotermes flavicollis* F.
Diese Termite ist im Mittelmeerraum (Küsten von Spanien, Südfrankreich, Italien etc.) in alten Rebstöcken, Korkeichen, Weiden zu finden. Die Zucht erfolgt nach der für die Trockenholztermite beschriebenen Methode (nach E. ERNST). Als Futtersubstrat verwendet man den Splint von Föhren- und Tannenholz, das feucht zu halten ist. Aus diesem Grunde müssen die Objektträgerkammern (Abb. 142) beispielsweise wöchentlich einmal mit einer Schmalseite zur Hälfte in Wasser gestellt oder die Holzblöcke auf ständig feucht zu haltende Gipsunterlagen in den Zuchtgläsern stehen.
Für populationsreiche Zuchten bindet man 2 Holzplatten von 8 × 6 × 1,5 cm auf eine in der Mitte 3 cm tief und 3 cm breit ausgeschnittene gleichgroße Holzplatte (Abb. 143). In die gebildete Kammer werden 50 Tiere eingesetzt und mit einer Glasplatte abgedeckt. Dann stellt man den Klotz auf den feuchten und stets feucht zu haltenden Gipsboden eines Einmachglases, das mit Metallgaze verschlossen wird.

Abb. 142. Für Verhaltensstudien geeignete Anordnung (Objektträger-Kammer).

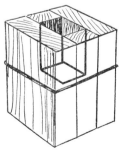

Abb. 143. Methode für umfangreichere Zuchten.

Feuchtholztermite, *Zootermopsis nevadensis* Hagen
Diese Termitenart ist besonders an der Westküste der USA in alten morschen Sequoia-Bäumen zu finden. Die Arbeiter der Feuchtholztermite sind milchig-cremefarben und 10–12 mm groß. Prinzipiell läßt sich diese Art nach der für die Trockenholztermite beschriebenen Methode züchten und halten.

Im Gegensatz zur Trockenholztermite muß jedoch das Futterholz feucht gehalten werden. Hierzu tränkt man grobes Futterholzsägemehl mit 2–3%iger Agarlösung und füllt damit ein 1-l-Einmachglas 2 bis 3 cm hoch. Zusätzlich werden einige Holzklötzchen (8 × 6 × 4 cm) in die Bodenmasse des Zuchtglases gestellt. Schimmelbildung auf dem mit Agar getränkten Sägemehl verschwindet meist nach Einsetzen einer starken Tätigkeit der Termiten. Anstelle von Agar-Futterholzmehl kann man auch feuchte Erde verwenden. Dann müssen aber die Holzklötzchen vorher wenige Minuten in Wasser eingelegt werden. Die Erde muß wöchentlich einmal gut durchgefeuchtet werden.

Einfacher ist es, einen Blumentopf zuerst einige Zentimeter hoch mit Sand und anschließend mit Lauberde zu füllen. In die Lauberde steckt man dann Futterholzstückchen unterschiedlicher Größe ein. Für konstante Feuchtigkeit wird gesorgt, indem der Topf in eine stets mit Wasser gefüllte Schale gestellt wird.

Für die Zucht sind (nach E. ERNST, Tropeninstitut, Basel) Temperaturen zwischen 22–24 °C notwendig. Müssen höhere Temperaturen gewählt werden, so sollte man die Tiere langsam daran gewöhnen, indem man sie im Abstand von einigen Tagen in jeweils höhere Temperaturen einsetzt.

Für die Haltung von größeren Termitenkolonien empfiehlt sich die Verwendung von Gefäßen aus Eternit oder gebranntem Ton. Um ein Ausbrechen der Termiten zu verhindern, sollten solche Gefäße an ihrem Außenrand eine breite und tiefe Wasserrinne aufweisen (Abb. 144). Man kann aber auch die Zuchtbehälter in weite flache, mit Wasser gefüllte Wannen einstellen.

Abb. 144. Gefäß zur Haltung größerer Termitenkolonien.

Die mit etablierten Termitenkolonien versehenen Substrate, z.B. Baumnester, Aststücke etc., werden partiell zu etwa 2/3 mit feuchter Erde abgedeckt in die Zuchtbehälter gelegt oder einige Zentimeter über der Erdoberfläche auf einen Metallstab gesteckt (Abb. 145) (Galerienbau der Termiten ins Erdreich). Es ist darauf zu achten, daß die RLF höher als 90% sein muß.

Abb. 145. Einrichtung für Galerienbau.

Beginnende Kolonien mit wenigen entflügelten Weibchen und Männchen finden auch in kleineren Gefäßen, z.B. in Joghurtbechern Platz (s. Trockenholztermiten). Andere Feuchtholztermiten (Erdtermiten), z.B. **Reticulitermes lucifugus** (Mittelmeer-Gebiet), **Reticulitermes flacipes,** (Osten der USA), **Coptotermes formosanus** (aus Ostasien in die USA eingeschleppt), sind ebenfalls gut auf befeuchtetem Holz zu züchten. Grobes und körniges Föhrenholzmehl oder Lauberde mit Föhrenholzstückchen (Holz von alten Bäumen) werden mit soviel Wasser befeuchtet, bis mit der Hand eine Kugel geformt werden kann. Die Zuchtgefäße sind mit gut dichtenden Holz-, Metall- oder Glasdeckeln zu verschließen. Bei Temperaturen zwischen 25 und 26°C entwickeln sich die Termiten sehr gut und es braucht praktisch nicht belüftet werden. Allerdings muß das Futter bei zunehmendem Wachstum der Kolonie ebenso wie der Zuchtraum vergrößert werden.

ZORAPTERA, BODENLÄUSE

Kleine, farblose Insekten, Kopf mit fadenoder perlschnurförmigen, 9gliedrigen Fühlern. Geflügelte Imagines besitzen Facetten- und Punktaugen, ungeflügelte sind blind. Mundwerkzeuge beißend-kauend. Die Bodenläuse sind meist feuchtigkeitsliebend und bevorzugen dunkle Biotope. Die Ernährung ist mykophag, detritiphag. Die Ordnung ist durch 1 Familie mit 22 Arten vertreten.

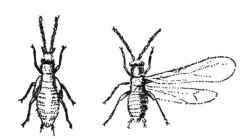

Abb. 146. Bodenlaus (nach BORROR/DELONG).

Zorotypidae

Kleine, 1–3 mm große, geflügelte oder ungeflügelte, zarte Insekten (Abb. 146). Die geflügelten Formen, mit 4 Flügeln und Facetten- und Punktaugen sind in beiden Geschlechten dunkelbraun gefärbt. Farblos oder nur leicht bräunlich und blind sind die ebenfalls getrenntgeschlechtlichen, ungeflügelten Formen der Zoropteren. Der 10 Segmente aufweisende Hinterleib ist oval. Die Entwicklung der termitenähnlichen und in Kolonien lebenden Insekten ist paurometabol. Sie ernähren sich mykophag, zoonekrophag, nekrophytophag. Bei uns nicht vertreten.

Die Zucht der Bodenläuse ist möglich bei 26–28 °C und einer RLF von über 90 %. Die mykophage und zoonekrophage Ernährung wird geboten, wenn die Tierchen gemeinsam mit Collembolen gehalten werden (siehe Zuchtanleitung für Springschwänze).

PSOCOPTERA (CORRODENTIA, COPEOGNATHA), STAUBLÄUSE, FLECHTLINGE

Kleine, 2–6 mm lange, zarte Tierchen mit 4 großen, zarthäutigen Flügeln, oder diese zurückgebildet (Abb. 147) und rudimentär. Kopf mit langen, borstenförmigen, 12 bis 50gliedrigen Fühlern, beißend-kauenden Mundwerkzeugen und stark vortretenden Augen. Die Entwicklung der oviparen Insekten ist paurometabol. Parthenogenese kommt vor. Die Nahrung besteht aus Pilzen verschiedener Arten, Algen und Flechten und anderen pflanzlichen und tierischen Stoffen.

Abb. 147. Staublaus.

1. Troctidae

Sehr kleine, meist nicht über 2 mm große, flache, meist flügellose und nur schwach gefärbte Flechtlinge. Sie tragen lange Fühler und verdickte Hinterschenkel, ihre Vorderbrust ist ausgeprägt und von oben gut sichtbar. Ernähren sich von Algen, Pilzen und anderen pflanzlichen und tierischen Substraten. Unter Steinen, Rinden, Höhlen, einige auch in Häusern und Kellern.

2. Psyllipsocidae

Zwischen 2 und 5 mm große, nur schwach gefärbte, geflügelte Staubläuse mit hochgewölbtem Hinterleib und nicht verdickten Hinterschenkeln. Die Flügel weisen eine deutliche Äderung auf. Vorderbrust sichtbar. Leben mykophag und von verschiedenen tierischen und pflanzlichen Stoffen an feuchten Orten, z. T. auch in Häusern.

3. Trogiidae

Kleine, 1–2 mm große Staubläuse mit rudimentären, lederartigen und schuppenähnlichen Vorderflügeln (eine Art trägt ausgebildete Flügel). Die Vorderbrust ist ausgeprägt und von oben sichtbar (Abb. 148, schwarz). Ernähren sich von Algen, Pilzen, Detritus sowie vielen anderen pflanzlichen und tierischen Substraten und finden sich in Häusern, Ställen, Vogelnestern etc.

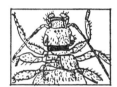

Abb. 148. Vorderbrust der *Trogiidae* (aus STRESEMANN).

Staublaus, *Trogium pulsatorium* L.
Diese graugelben bis braunen kleinen Insekten fallen durch ihre langen Fühler, die 27–29 Glieder aufweisen, auf. Sie leben dort, wo es feucht und dunkel ist, in Häusern und Lagerräumen und ernähren sich von Lebensmitteln aller Art. Durch Auslegen feuchter Tücher oder Zeitungen in Räume mit Naturboden können die Tiere angelockt werden.

Zuchttechnik und Futter
Glasgefäße mit Gipsboden und Gazeverschluß (Abb.149). Ein anderer Verschluß besteht aus 1–2 Lagen Filterpapier. Der Rand des bündig dem Glasrand aufliegenden Papiers wird mit einer gesättig-

ten Paraffin- oder Wachslösung bestrichen. Temperatur 26 °C, RLF 80–90%.

Die vorwiegend aus Pilzrasen bestehende Nahrung (*Penicillium* etc.) erfordert die Vorbereitung des Zuchtbehälters einige Tage vor dem Besatz mit den Insekten. Auf dem mit Wasser gesättigten Gipsboden wird eine 1–2 cm dicke Mais- oder Weizengriesschicht aufgebracht und mit Wellpappe abgedeckt (Rillen nach unten). Sobald schwache Anzeichen eines Pilzwachstums auf dem Grieß sichtbar werden, können die kleinen zarten Insekten eingesetzt werden. Die Tiere legen die Eier in die Wellpapperillen. Die Entwicklungsdauer einer Generation nimmt ca. 6 Wochen in Anspruch. Statt den Pilz im Zuchtgefäß zu züchten, kann man auch eine Schale mit Malz-Agar mit bestehendem Pilzrasen (Abb. 481) in das Gefäß einstellen.

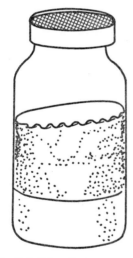

Abb. 149. Gefäß für die Zucht von Staubläusen.

4. *Psocidae*

Zwischen 3 und 6 mm große, geflügelte Staubläuse mit typischer Flügeladerung (Abb. 150) und 2gliedrigen Tarsen. Die Vorderbrust rudimentär, von oben nicht

sichtbar. Finden sich an verschiedenen Laub- und Nadelholzbäumen.

Abb. 150. Flügeläderung der *Psocidae* (aus STRESEMANN).

5. *Stenopsocidae*

Geflügelte Flechtlinge mit typischer Äderung (Abb. 151) und Zeichnung sowie 2gliedrigen Tarsen. Die Vorderbrust von oben nicht sichtbar. Leben an verschiedenen Laubhölzern.

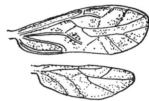

Abb. 151. Flügeläderung der *Stenopsocidae* (aus STRESEMANN).

6. *Lachesillidae*

1,5–3 mm große, bräunlich bis rotbraun gefärbte Staubläuse mit 2gliedrigen Tarsen, rudimentärer Vorderbrust und geäderten Flügeln (Abb. 152). Im Freien und in Häusern.

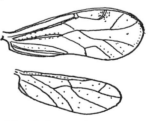

Abb. 152. Flügeläderung der *Lachesillidae* (aus STRESEMANN).

7. *Trichopsocidae*

2–3 mm große Staubläuse mit 2gliedrigen Tarsen, rudimentärer Vorderbrust und mit

Vorderflügeln, die an der Spitze mehr oder weniger breit abgerundet sind. Flügelränder fein und lang bewimpert. Finden sich in Gewächshäusern und Treibbeeten.

8. Caeciliidae

2–3 mm große, dunkelgrau und gelblich gezeichnete Stabläuse mit rudimentärer Vorderbrust, 2gliedrigen Tarsen und am ganzen Rand bewimperten Hinterflügeln (Abb. 153). Leben mykophag, algophag und von anderen pflanzlichen Stoffen, auf Laub- und Nadelholz im Boden, unter Steinen etc.

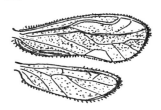

Abb. 153. Flügeläderung der *Caeciliidae* (aus STRESEMANN).

9. Reuterellidae

Den Caeciliiden sehr ähnlich; die Bewimperung der Hinterflügel aber auf die Hälfte beschränkt. Unter Rinde verschiedener Laubbäume.

10. Epipsocidae

2–3 mm große, dunkel gefärbte Flechtlinge mit weißer Längsbinde über Hals, Brust und teilweise Hinterleib, dieser unterseits weiß, oben braun. Weibchen flügellos. Tarsen 2gliedrig. Vorderbrust rudimentär. Nur eine Art. Findet sich in Gewächshäusern, unter verfaulendem Pflanzenmaterial, an Baumstämmen.

11. Peripsocidae

2–3 mm große, z. T. dunkel gezeichnete Stabläuse mit rudimentärer Vorderbrust, 2gliedrigen Tarsen und V-Flügeln ohne Cubitalzelle (Abb. 154). Finden sich an Stämmen verschiedener Laubbäume.

12. Mesopsocidae

2–4 mm große Stabläuse mit 3gliedrigen Tarsen und rudimentärer V-Brust. Vorder- und Hinterflügel nicht bewimpert. An Laub- und Nadelholz.

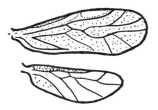

Abb. 154. Flügeläderung der *Peripsocidae* (aus STRESEMANN).

Flechtling, *Mesopsocus unipunctatus* Müll. Das graue bis braungraue Insekt (5 mm) hat auf dem Abdomen mehrere dunkle Längsstreifen und einen breiten Querstreifen. Von Juni bis September findet man die Tiere auf den Stämmen verschiedener Laubbäume in lichten Waldbeständen. Bevorzugt werden Buchen mit dichtem Algen- oder Flechtenbesatz. Für Zuchtzwecke sammelt man außer den Tieren auch noch einige Rindenstücke am Fundort ein.

Zuchttechnik und Futter
Glasschalen (2–3 cm Höhe, 5–10 cm ⌀) mit Gipsboden und Dochttränke (Abb. 50a). Temperatur 24 °C, RLF 90–95 %, Photoperiode 12 Stunden/500–700 Lux. Die zusammen mit den Tieren gesammelten Rindenstücke werden auf den feuchten Gipsboden gelegt und mit 10–20 Zuchtpaaren besetzt. Die Tiere werden zusätzlich mit HH-Teig (s. Seite 48) gefüttert. Die Eiablage erfolgt auf die Rindenstücke, diese werden jeden 3. Tag gegen neue ausgewechselt und in einer feuchten Kammer (Abb. 33), aufbewahrt. Nach 8–10 Tagen schlüpfen die Jungtiere aus, die ebenfalls HH-Teig als Futter erhalten. Das Futter muß bei Jungtieren und Adulten täglich erneuert werden. An Stelle des beschriebenen Zuchtbehälters kann auch der mit

feuchtem Sand und Docht versehene Becher (Abb. 39) verwendet werden. Die algen- und flechtenbesetzten Rindenstücke steckt man zu einem Drittel in den Sand.

13. Elipsocidae

1,5–2 mm große, geflügelte oder ungeflügelte Staubläuse mit 3gliedrigen Tarsen und rudimentärer V-Brust. Färbung bräunlich bis gelb. Nur die Radialgabel des Hinterflügels bewimpert, bzw. behaart (Abb. 155). An Laubbäumen und niederen Pflanzen.

Abb. 155. Flügeläderung der *Elipsocidae* (aus STRESEMANN).

14. Philotarsidae

Wie *Slipsocidae*, aber die Flügel ganzrandig bewimpert, ebenso die Vorderflügel mit kräftiger Behaarung (Abb. 156). An Laub- und Nadelholz.

Abb. 156. Flügeläderung der *Philotarsidae* (aus STRESEMANN).

PHTHIRAPTERA, TIERLÄUSE

0,5–10 mm lange, abgeflachte, grauweiße bis dunkelbraune, flügellose Insekten mit beißenden oder stechend-saugenden Mundwerkzeugen, höchstens 5gliedrigen Fühlern und Klammerbeinen. Leben ektoparasitär auf Säugetieren und Vögeln. Die Entwicklung ist paurometabol.
Tierläuse mit beißenden Mundwerkzeugen = Unterordnung *Mallophaga, Federlinge* oder *Haarlinge*:

1. *Trichodectidae*	Fühler 3- oder 5glied-
2. *Ricinidae*	rig. Keine Lippen-
3. *Lipeuridae*	taster (Abb. 157).
4. *Eurymetopidae*	
5. *Goniodidae*	

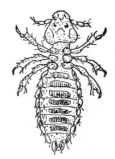

Abb. 157. Federling.

Federling, *Lipeurus baculus* Nitzsch.
Das sehr schmale, gelblich gefärbte und schwarz gerandete Insekt lebt auf Tauben und muß auf diesen gezüchtet werden. Die Aufzucht ohne Wirtstier ist sehr schwierig. In kleinen Kristallisierschalen mit feuchtem Gipsboden, auf den man eine 3 cm hohe Styropor-Granulat-Schicht mit Taubenflaumfedern, Taubenhautschuppen und etwas Trockenblut vermischt aufbringt, lassen sich diese Federlinge bei 34–36°C mit mäßigem Erfolg züchten. Populationen, die man auf Tauben bei 28°C und 70–80% RLF hält, werden durch Einsetzen von frischen, unbefallenen Tauben in den Taubenkäfig erweitert oder ergänzt.

Federling, *Goniodes dissimilis* Nitzsch.
Dieser Vogelparasit lebt auf Hühnern und wird auch auf diesen gezüchtet. Für die Haltung der Wirtstiere vgl. Seite 318.
Weitere Mallophagen, die mit gutem Erfolg direkt auf dem Wirt gezüchtet werden können, sind:

Trimenopion hispidum	auf Meerschweinchen
Damalinia egui	auf Eseln
Trichodectes spp.	auf Meerschweinchen oder Mäusen
Trichodectes canis	auf Hund

6. *Gyropidae* Fühler 4gliedrig,
7. *Physostomidae* Lippentaster ebenfalls
8. *Laemobothriidae* 4gliedrig
9. *Menoponidae* (Abb. 158).

Abb. 158. *Lipeurus* sp.

Tierläuse mit beißenden Mundwerkzeugen an der Spitze eines Rüssels:

Haematomyzidae, Elefantenläuse

Elefantenlaus, *Haematomyzus elephantis* Piaget
Die rotbraune Elefantenlaus ist 2,5–3 mm lang, flach und mit einem auffallend langen Rüssel versehen, an dessen Spitze kräftige Mandibeln sitzen. Die Laus, die parasitär auf dem indischen Panzernashorn und Elefanten lebt, kann zufälligerweise, etwa bei frischen Tierimporten, von den Wirtstieren in zoologischen Gärten beschafft werden.
Die Haltung und Fütterung der Elefantenlaus ist nach der für die Kleiderlaus unten beschriebenen Methode möglich. Die Läusekapseln werden dem Elefanten, der als Wirtstier verwendet werden muß, temporär auf die Hinterseite der Ohren plaziert. Die Temperatur muß 28–32 °C und die RLF 85–95 % betragen. Künstliche Fütterung mit Blutkonserven (vgl. Seite 43) ergab in unseren Versuchen unbefriedigende Ergebnisse.

Tierläuse mit stechend-saugenden Mundwerkzeugen = Unterordnung: *Anoplura, Läuse.*

1. *Echinophthiriidae*
Läuse auf Seelöwen, Walen und Robben.

2. *Haematopinidae*
Augen rückgebildet, Rüssel lang, Kopf schmal. Läuse auf Pferden, Kühen, Schafen, Schweinen.

3. *Phthiriidae*
Scham- oder Filzlaus des Menschen.

4. *Pediculidae*
Augen groß, Kopf durch Hals abgesägt und vorgewölbt. Rüssel kurz. Kleider- und Kopflaus des Menschen (Abb. 159).

Abb. 159. Kleiderlaus.

Kleiderlaus, *Pediculus humanus humanus* L.
Die ca. 3 mm lange, grauweiße Laus besiedelt die Innenseite menschlicher Kleidung und legt in den Nähten die Eier ab. Sie ernährt sich vom menschlichen Blut. Für Zuchtzwecke können die Tiere heute nur noch von Gesundheitsämtern, Sanitätsstationen oder entomologischen Instituten bezogen werden.

Zuchttechnik und Futter
Die Läuse können entweder in offenen Kristallisierschalen (hoher Rand) oder abgedeckten Petrischalen im Brutschrank oder in Fütterungs- oder Nutaldosen (Abb. 160) bei 30 °C und 50–60 % RLF gehalten werden.

Abb. 160. Fütterungs- oder Nutaldose.

Diese Kapseln oder Dosen bestehen aus einem 1,5 cm breiten Metallring (∅ ca. 5 cm). Dieser Reifen wird von beiden Seiten mit Nylongaze, Maschenweite 200 bis 250 μm, bespannt. Die Gaze wird von dünnen, den Reifen übergreifenden Metallringen gehalten. An diesen Ringen befinden sich Ösen zum Durchziehen eines Leder- oder Gummibandes, mit dem die Kapsel oder Dose auf Arm oder Bein aufgeschnallt werden kann. Auf der der Haut zugekehrten Seite der Dose wird zusätzlich ein viereckiges Wollstückchen, das auf jeden Fall schmaler sein muß als das von den Spannringen frei gelassene Nylongazefeld, mit eingespannt oder -gelegt.

Frisch vom Menschen abgesammelte Kleiderläuse werden zum Aufbau einer größeren Kolonie weiterhin auf dem Menschen gehalten. Hierfür werden die Läuse in den Fütterungs- oder Nutaldosen täglich 2–3 Stunden auf den Unterarm oder den Unterschenkel geschnallt. Die Läuse legen auf dem miteingelegten Wollstückchen ihre Eier ab. Die Kapseln werden nach der Fütterung oder über Nacht in den Brutschrank gelegt und dort gehalten.

Hat man individuenstarke Läusekolonien zur Verfügung, so kann man die Läuse an Kaninchen adaptieren (vgl. Seite 64). Für die Fütterung der sehr wirtsspezifischen Läuse sind stark pigmentierte Kaninchen (möglichst Bastarde) am besten geeignet. In diesem Zusammenhang muß darauf hingewiesen werden, daß von mehreren Kaninchen sich unter Umständen nur eines zum Füttern von Läusen eignet, d.h. nur eines angegangen wird. Vorversuche zur Selektion sind unerläßlich. Die Adaption erfolgt langsam, wobei zu Beginn ein täglicher oder höchstens 2tägiger Wechsel Mensch–Kaninchen erfolgt. Nach Absinken der anfänglich hohen Mortalität kann die Fütterung auf Kaninchen allmählich häufiger erfolgen.

Für die tägliche Fütterung (1–2mal) legt man die mit Läusen besetzten Wollstückchen dachziegelartig übereinander geschichtet auf den rasierten Bauch eines Kaninchens (Abb. 40a). Nach 30–60 Minuten werden die mit Blut vollgesogenen Tiere zusammen mit der Unterlage in Petrischalen umgelegt und im Brutschrank gehalten.

Für spezielle Versuche können Läuse auch auf künstlichen Membranen (Abb. 46) gefüttert werden.

Präovipositionsperiode 12 Tage, Embryonalentwicklung 6 Tage, Entwicklung der Jungtiere 20–25 Tage mit 4 Häutungen.

Rattenlaus, *Polyplax spinulosa* Burm.
Diese 1–1,2 mm große, weiße Laus mit den langen Randborsten am Abdomen lebt auf weißen Zuchtratten und auf Wildratten. Für Zuchtzwecke narkotisiert man befallene Ratten, bürstet sie über schwarzem Papier sorgfältig und setzt die abgefallenen Läuse auf frische Tiere um. Die Ratten werden in den üblichen Rattenkäfigen gehalten. Die Läuse kleben die Eier an die Fellhaare. Bei Temperaturen von 24 °C und einer RLF von 60 % schlüpfen nach 7 Tagen die Jungtiere aus, die nach 4–6 Wochen mit 5–6 Häutungen adult sind.

THYSANOPTERA, BLASENFÜSSE, FRANSENFLÜGLER, THRIPSE

Kleine, zarte Insekten, 0,5–3 mm groß. Fühler 6–9gliedrig. Mundwerkzeuge stechend-saugend. Körper abgeflacht. Vorderbrust frei, Mittel- und Hinterbrust verwachsen mit schmalen und langgefransten Flügeln (Abb. 161), Flügel oft fehlend. Beine mit 2- oder 1gliedrigen Tarsen. Endglied mit Fußblase. Auf Blüten, in Moos und Flechten und in der Grasnarbe. Neometabole bzw. remetabole Entwicklung. Die Tierchen saugen Pflanzensäfte;

Abb. 161. Blasenfüße (nach BORROR/DELONG).

einige sind räuberisch und ernähren sich von Kleinstinsekten und Milben.

1. *Aeolothripidae*

Legebohrer aufwärts gekrümmt (Abb. 162).

Abb. 162. Hinterleibsende vom Blasenfuß (nach BORROR/DELONG).

2. *Thripidae*

Legebohrer abwärts gekrümmt (Abb. 163).

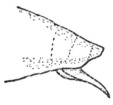

Abb. 163. Hinterleibsende vom Blasenfuß (nach BORROR/DELONG).

3. *Phloeothripidae*

Hinterleibsende in ein bewimpertes Röhrchen ausgezogen.

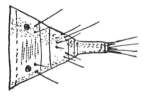

Abb. 164. Hinterleibsende vom Blasenfuß (nach BORROR/DELONG).

Schwarzer Gewächshausblasenfuß,
Heliothrips haemorrhoidalis Bche.
Dieser schwarzbraune Thrips mit den weißen Beinen ist auch als Schwarze Fliege bekannt. Die Insekten bohren die Pflan-

zengewebe insbesondere von Zierpflanzen an und saugen den Zellsaft aus. Für Zuchtzwecke können sie in Gewächshäusern von Zierpflanzen abgesammelt werden.

Zuchttechnik und Futter
Eingetopfte blütenlose Tulpen mit Glas- oder Celluloidzylinder (Abb. 197).
Anstelle von Tulpen können auch Gladiolen, frisch gekeimte Erbsen, Baumwolle u. a. als Wirtspflanzen verwendet werden. Die Insekten werden mit einem angefeuchteten Pinsel auf die ca. 10–20 cm hohen Pflanzen aufgesetzt, und die Pflanzen mit dem Zylinder, dessen obere Öffnung mit Nylongaze bespannt ist, abgedeckt.
Temperatur 26 °C, RLF 80 %, Photoperiode 14 Stunden/3000 Lux. Die Entwicklung einer Generation nimmt unter den gegebenen Bedingungen 21–24 Tage in Anspruch.
Die Zucht der folgenden Blasenfüße ist ebenfalls nach der oben beschriebenen Methode möglich.

Erbsenblasenfuß, *Kakothrips robustus* Uzel
Das Weibchen dieses geflügelten Thrips legt im Mai die Eier in die Blätter verschiedener Schmetterlingsblütler. Für Zuchtzwecke keschert man die Tiere von Klee- oder Luzerne-Feldern und verwendet als Wirtspflanze eingetopfte, frisch gekeimte Erbsen.

Bezahnter Getreideblasenfuß, *Limothrips denticornis* Hal.
Der schwarzbraun gefärbte Thrips kann im Juni–Juli von Roggenfeldern mit einem Klopfschirm gesammelt werden. Das Weibchen legt die Eier in die Blattscheiden junger Roggenpflanzen ab. Als Wirtspflanzen verwendet man eingetopfte junge Roggenpflanzen.

Blütenblasenfuß, *Haplothrips aculeatus* F.
Dieser geflügelte Thrips kommt hauptsächlich auf Hafer, Winterroggen und Winterweizen vor. Die Larven und Imagi-

nes sind an den Ähren dieser Getreidearten und anderer Gräser zu finden. Sie
können im Mai–Juni mit einem Klopfschirm gesammelt werden. Als Futterpflanze verwendet man Mais oder Weizen.

HETEROPTERA, WANZEN

Flache, zwischen 2–40 mm lange Insekten
mit stechend-saugenden Mundwerkzeugen. Der Stechrüssel liegt zwischen den
Hüften auf der Bauchseite. Vorderflügel
zu 2/3 verhornt und in ein Vorderrandfeld
(Corium) und ein Hinterrandfeld (Clavus)
geteilt (Abb. 165). Das äußere Drittel des
Vorderflügels ist membranös. Das dreieckige Stück zwischen Vorderrandfeld
und Membran nennt man Cuneus. Die
häutigen Hinterflügel liegen dem Hinterleib flach auf. Der Rückenteil des Prono-
tums ist groß und das Schildchen oder
Scutellum ist ein Teil der Mittelbrust.
Die Wanzen sind heterometabol und leben
von Pflanzensäften aller Art oder räuberisch und saugen das Blut ihrer Wirtstiere.
Bei ihrer Saugtätigkeit übertragen sie Viren und andere Krankheitserreger für
Pflanzen, Tier und Mensch.

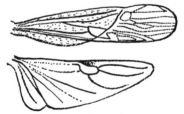

Abb. 165. Vorder- und Hinterflügel einer
Wanze.

1. *Nepidae*, Skorpionswanzen

3 cm große, räuberisch im Wasser lebende
Wanzen. Bei uns zwei Arten: die Stab-
wanze und der Wasserskorpion. Beide
Tiere tragen am Hinterende ein langes
Afterrohr, das von den Cerci gebildet
wird. Die Vorderbeine sind Greifbeine.
Die Wanzen stechen schmerzhaft beim
Anfassen. Ihre Eier legen sie ins Gewebe
von Wasserpflanzen.

Wasserskorpion, *Nepa rubra* L.
Die ca. 2 cm lange Skorpionswanze (Abb.
166) lebt an den bewachsenen Rändern
flacher Gewässer und ernährt sich räuberisch von anderen Wasserinsekten. Die
Wanze ist graubraun, hat zu kräftigen
Fangbeinen umgebildete Vorderbeine und
legt die Eier einzeln am Ufer ab. Die Adulten können für Zuchtzwecke aus dem
Schlamm und von Wasserpflanzen gesammelt werden.

Abb. 166. Skorpionswanze.

Zuchttechnik und Futter
1. Aquarium (30 × 20 × 30 cm), als
   Bodenbelag 5 cm hohe grobkörnige
   Sandschicht, einige faustgroße Steine,
   in den Belag eingesteckt einige Trinkhalme (Strohhalme) die die Wasseroberfläche überragen. Füllung zu 3/4 mit
   Leitungswasser oder Bachwasser, Belüftung mit Aquariumluftpumpe, Beleuchtung mit Neonröhre 10–20 cm
   über oder neben dem Aquarium, Verschluß mit Nylongaze.
2. 15 cm hohe Glaswannen, in die mehrere
   Becher (Plastik, 7 cm hoch, ⌀ ca. 7 cm)
   dicht nebeneinander gestellt werden
   (Abb. 121). In die Becherwände werden
   2 einander gegenüberliegende Löcher
   (⌀ ca. 1,5 cm) gebohrt und mit Nylongaze bespannt. Wasserfüllung bis 2 cm
   unter den Becherrand, Belüftung mit
   Aquarienluftpumpe, Abdeckung mit
   Nylongazedeckel.

Temperatur 20°C, Photoperiode 16 Stunden/500 Lux.

Auf die Wasseroberfläche legt man 3–4 Holzbrettchen (10 × 4 × 2 cm), die den Tieren als Sitzplatz und Eiablagesubstrat dienen. Pro Aquarium werden höchstens 20 Tiere eingesetzt, die als Futter jeden 2. Tag lebende, ausgewachsene Stechmückenlarven oder Mehlmottenraupen erhalten. Das Futter wird dem Bedarf entsprechend dosiert und muß nach 24 Stunden vollständig verbraucht sein. Die anfallenden Exkremente werden mit einem Hebeschlauch oder einer Pipette wöchentlich sorgfältig entfernt.

Die Weibchen legen die Eier einzeln an die Holzstückchen. Die belegten Hölzchen werden täglich entnommen und entweder in ein gleich vorbereitetes Aquarium oder in einen der Becher (siehe 2.) gelegt. Die Populationsdichte der Larven sollte wegen des starken Kannibalismus bis zur 3. Häutung 10 Tiere pro Zuchtgefäß nicht übersteigen, danach nur 5 bis 2 Tiere pro Becher betragen. Die Larven werden ebenfalls mit Stechmückenlarven oder Mehlmottenraupen gefüttert. Die Futtermenge ist, um den Kannibalismus einzudämmen, sehr reichlich zu bemessen.

Embryonalentwicklung 8 Tage, Larvalentwicklung 30 Tage mit 5 Häutungen. Lebensdauer des Weibchens mehrere Monate, Eiablagerate ca. 50 Eier pro Tag.

Nach der für den Wasserskorpion beschriebenen Methode und den dort verwendeten Einrichtungen können auch andere Wanzen mit gutem Erfolg gezüchtet werden.

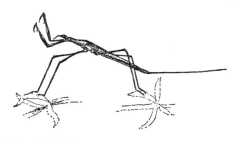

Abb. 167. Stabwanze.

Stabwanze, *Ranata linearis* L. (Abb. 167)
Lebt im Schilf- und Binsengürtel stehender Gewässer räuberisch von anderen Wasserinsekten, legt die Eier in faulendes Pflanzenmaterial ab. Deshalb gibt man ca. 20 cm lange Stengelstücke der Gelben Teichrose (*Nuphar lutea*), des Froschlöffels (*Alisma plantago-aquatica*) oder von *Iris pseudacorus* hinein. Die pro Aquarium eingesetzten 3–5 Zuchtpaare werden mit Stechmückenlarven oder Mehlmottenraupen, die man mit einer Pinzette bis zum Absinken unter Wasser hält, gefüttert. Die Kopula ist sehr gut zu beobachten. Danach legt das Weibchen die Eier reihenweise in die schwimmenden Pflanzenstengel. Embryonalentwicklung 8–10 Tage, Entwicklung der Jungtiere 6–8 Wochen mit 5 Häutungen.

2. Aphelocheiridae, Grundwanzen

8–10 mm große, breitovale und braune Wanzen. Die Tiere leben in fließenden Gewässern, oft in großen Tiefen. In Deutschland kommt lediglich eine Art vor. Die Wanze lebt räuberisch von verschiedenen Würmern, Schnecken usw.

3. Naucoridae, Schwimmwanzen

Breit bis ovale, flache und 10–15 mm lange Wanzen. Die Vorderbeine mit verdickten Schenkeln und 1gliedrigen, spitz auslaufenden Tarsen. Sie leben räuberisch in stehenden Gewässern. Beim Anfassen stechen sie schmerzhaft.

Schwimmwanze, *Naucoris cimicoides* L. (Abb. 168)
Lebt in stehenden Gewässern räuberisch von Wasserinsekten, Kaulquappen oder Molchen. Eiablage in weiche Stengel verschiedener Wasserpflanzen. Deshalb verwendet man für die Zucht (vgl. *Nepa rubra*) als Eiablagesubstrat am besten Stengel vom Brennenden Hahnenfuß (*Ranunculus flammula*), der Seerose u.a. Auf der Unterseite weist diese sehr flache Wanze eine grauweiße, nicht benetzbare Behaarung auf, in der sie Luft mit sich führt. Die Zuchttemperatur beträgt 20–24°C, die

Photoperiode 16 Stunden/1000 Lux. Als Futter erhalten die Tiere Fliegenmaden, Mehlmottenraupen oder die oben genannten Wassertierchen. Unter diesen Bedingungen beansprucht die Embryonalentwicklung 8–10 Tage, die Entwicklung der Jungtiere 40–45 Tage mit 5 Häutungen im Abstand von 8–10 Tagen.

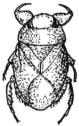

Abb. 168. Schwimmwanze (nach STICHEL).

4. *Pleidae*, Zwergrückenschwimmer

Kleine, braun und gelb gefärbte, 2–3 mm große Wanzen mit hoch, dachartig gewölbtem Körper (Abb. 169). Die Insekten leben räuberisch in stehenden Gewässern.

Abb. 169. Zwergrückenschwimmer (nach STICHEL).

5. *Notonectidae*, Rückenschwimmer

Die ca. 15 mm großen Wanzen (Abb. 170) schwimmen auf dem Rücken, der dachförmig gekielt ist. Ihr Körper ist länglich bis oval. Die langen Hinterbeine sind bewimpert und dienen zum Rudern. Die Tarsen aller drei Beinpaare sind 2gliedrig. Die Wanzen leben in stehenden Gewässern und leben räuberisch von anderen, wasserbewohnenden Tieren. Beim Anfassen stechen sie schmerzhaft, sie werden auch Wasserbienen genannt.

Rückenschwimmer, *Notonecta glauca* L. Diese länglich-ovale Wanze schwimmt auf dem Rücken und sticht bei Berührung,

deshalb auch »Wasserbiene«. Ihre Nahrung sind Wasserinsekten und andere, kleine, im Wasser lebende Tiere. Die Eier werden meist an frische, grüne Pflanzen, manchmal aber auch an faulendes Pflanzenmaterial gelegt.

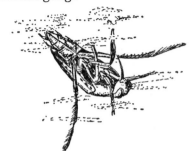

Abb. 170. Rückenschwimmer.

Die Zucht dieser Wanze wird nach der für den Wasserskorpion beschriebenen Methode und mit den dort verwendeten Einrichtungen durchgeführt. Temperatur 24 °C, Photoperiode 16 Stunden/1000 Lux. Eiablage an schwimmenden Holzstückchen sowie an die Stengel von Seerosen, Froschlöffel oder Schmalblättrigen Rohrkolben (vgl. auch Stabwanze). Als Futter verwendet man 2–3 Fliegenmaden oder Mehlmottenraupen pro Tag und Tier. Präovipositionsperiode 2–3 Wochen, Embryonalentwicklung 10–12 Tage, Entwicklung der Jungtiere 34–38 Tage mit 5 Häutungen.

6. *Corixidae*, Ruderwanzen

Wanzen zwischen 3 und 15 mm Größe, lang bis oval, flach und grau bis braungelb gefärbt. Die Vorder- und Hinterbeine sind Schwimmbeine. Die Tarsen der Vorderbeine zudem 1gliedrig und krallenlos. Die Insekten leben algophag oder raptorisch in stehenden und langsamfließenden Gewässern. Beim Schwimmen unter Wasser sind sie meist von einem Luftmantel umgeben. Sie werden auch Wasserzikaden genannt, weil sie durch Streichen des Rüssels an den Vorderbeinen Töne erzeugen. Die Eier werden an Wasserpflanzen abgelegt.

Ruderwanze, *Sigara hieroglyphica* Duf.
Lebt in dem Pflanzengürtel von stehenden oder schwachfließenden Gewässern. Diese graue bis dunkelbraune Wanze mit den zu Schwimmbeinen umgebildeten Extremitäten (Abb. 171) läßt sich nach der für den Wasserskorpion beschriebenen Methode ebenfalls züchten.

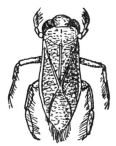

Abb. 171. Ruderwanze.

7. *Saldidae*, Uferwanzen, Springwanzen

2–6 mm große, unscheinbare lange bis ovale, flache und bräunlich gefärbte Wanzen (Abb. 172). Wenn gestört, fliegen sie schnell auf, um nach kurzer Strecke wieder abzusitzen und sich zu verstecken. Sie finden sich an feuchten Orten in unmittelbarer Nähe von Gewässern und ernähren sich raptorisch.

Abb. 172. Uferwanze (nach STICHEL).

8. *Leptopodidae*

Die Vertreter dieser Familie ähneln denjenigen der *Saldidae* sehr. Die Familie ist mit 1 Art vertreten, die 4–5 mm großen Tiere sind auf ihrer Oberfläche mit Dornen besetzt; ebenso sind die Vorderschenkel lang bedornt.

9. *Gerridae*, Wasserläufer

Die Wanzen sind länglich und schmal, schwarz oder dunkelgrau gefärbt und zwischen 6 und 15 mm lang. Mittel- und Hinterbeine sind wesentlich länger als die Vorderen. Die Tarsen aller Beine sind fein behaart. Der Basalteil der Vorderflügel der Wasserläufer ist nicht sklerotisiert. Die Wanzen (Abb. 173) leben auf der Oberfläche der Gewässer und ernähren sich von Insekten (Fliegen, Mücken, etc.), die auf die Wasseroberfläche fallen. Die Eier werden auf die Wasseroberfläche abgesetzt.

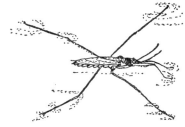

Abb. 173. Wasserläufer.

Wasserläufer, *Gerris lacustris* L.
Die dunkelbraunen bis schwarzen Wanzen sind an dem langen gebogenen Rüssel kenntlich. Sie leben auf der Oberfläche fließender Gewässer. Die Hinterbeine weit und steif von sich gestreckt, läßt sich die Wanze gerne auf der Wasseroberfläche treiben. Sie ernährt sich von kleinen Insekten und Aas und legt die Eier an verschiedenste Unterlagen. Für Zuchtzwecke fischt man die Wanze von der Oberfläche schwach fließender Gewässer ab.

Zuchttechnik und Futter
Für die Aufzucht verwendet man die für den Wasserskorpion beschriebenen Einrichtungen. Temperatur 25 °C, Photoperiode permanent 750–1000 Lux.
Für die Aufzucht des Wasserläufers ist es wichtig, daß in dem Aquarium durch das Belüften mit der Luftpumpe eine leichte Strömung erzeugt wird. 10–20 Wasserläufer werden in das Zuchtgefäß eingesetzt und mit entflügelten Stubenfliegen gefüttert. Als Eiablagesubstrat haben sich

Eichenrindestücke, die auf der Wasseroberfläche umherschwimmen, bewährt. Die mit Eiern belegten Rindenstücke werden in gleichartig vorbereitete Aquarien (Populationsdichte nicht mehr als 100 Tiere bis zur 3. Häutung) eingelegt. Die ausschlüpfenden Jungtiere werden mit entflügelten Essigfliegen und Mehlmottenraupen gefüttert. Embryonalentwicklung 6 Tage, Entwicklung der Jungtiere 6 bis 7 Wochen mit 5–6 Häutungen.

10. *Veliidae*, Kleinstwasserläufer, Bachläufer

Meist flügellose Wanzen, ähnlich der vorigen Familie. Zwischen 3 und 8 mm groß, schwarz oder braun gefärbt. Kommen oft in größeren Verbänden vor. Der Körper ist am breitesten zwischen Mittel- und Hinterbeinen. Sie bewohnen die Oberfläche fließender oder stehender und sauberer Gewässer.
Mit der für den Wasserläufer *(Gerris lacustris)* beschriebenen Methode können **Bachläufer,** *Velia currens* F. (Abb. 174) und **Teichläufer,** *Hydrometra stagnorum* L. (siehe nächste Familie) mit recht gutem Erfolg gezüchtet werden.
Der Bachläufer lebt in fließenden Gewässern von Wasserinsekten oder von sich unmittelbar über oder auf der Wasseroberfläche befindenden Kleininsekten. Die Wanze läßt sich gern mit der Strömung des Wassers forttragen und kehrt dann aber wieder an ihren alten Standort zurück. Mit den langen Fangbeinen holt sie sich während ihrer Wanderschaft die Insekten.
Der Teichläufer, eine sehr schlanke Wanze,

lebt im Pflanzengürtel stehender Gewässer. Das Weibchen legt die großen Eier auf einem aus Sekret gefertigten Faden oder Kissen ab. Diese Unterlage befestigt das Insekt an Wasserpflanzen. Man sollte deshalb diesem Insekt einige Wasserpflanzen in das Zuchtgefäß einsetzen.

11. *Hydrometridae*, Teichläufer

8–12 mm lange, sehr schlanke, schwarze oder braune, meist flügellose Wanzen. Die Beine sind lang und dünn, nur der vordere Teil mit Haaren versehen. Die Wanzen sind träge und gehen nur langsam auf der Wasseroberfläche. Die Teichläufer ernähren sich, ähnlich wie die Wasserläufer, von aufs Wasser gefallenen Insekten. Die Eiablage erfolgt auf Wasserpflanzen, wobei das einzelne Ei einem Faden, der aus verhärtetem Sekret gebildet wird, aufsitzt.

12. *Mesoveliidae*, Hüftwasserläufer

Kleine, länglich bis ovale und grün bis gelbbraun gefärbte Wanzen von 3–4 mm Größe. Besiedeln die Oberfläche stehender Gewässer. Nur 1 Art in Mitteleuropa.

13. *Hebridae*, Zwergwasserläufer

Sehr kleine, 1,5–2,0 mm große, schwarz bis rotbraun gefärbte Wanzen, die mit dem Rücken nach unten unmittelbar auf der Wasseroberfläche auf Wasserpflanzen oder auf morastigem Boden sich aufhalten. Das 1. Fühlerglied ist bedeutend oder nur wenig länger als das 2., oder die 3 letzten Fühlerglieder sind viel dünner als die beiden ersten (Abb. 175).

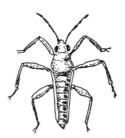

Abb. 174. Bachläufer (nach Stichel).

Abb. 175. Zwergwasserläufer (nach Stichel).

14. *Reduviidae*, Raubwanzen, Schreitwanzen

10–20 mm große, schwarzbraune bis gelbbraune Wanzen (Abb. 176). Der kleine Kopf trägt vorstehende Augen und die fadenförmigen Fühler sind abgeknickt. Hinter den Augen ist der Kopf halsartig verjüngt. Der Hinterleib ist meist in der Mitte am breitesten. Die meisten Raubwanzen finden sich auf Heuböden, in Speichern, alten Häusern, wo sie räuberisch von anderen Insekten leben. Ihr Stich ist sehr schmerzhaft. Einige wenige tropische Arten sind blutsaugend und übertragen Krankheiten *(Rhodnius)* bei Mensch und Tier.

Abb. 176. Raubwanze.

Raubwanze, *Reduvius personatus* L.
Diese Wanze lebt von Insekten in Häusern, Speichern, Scheunen und sonstigen Lagerräumen. Sie ist glänzend braun, meistens aber durch Staub grau gefärbt. Länge ca. 15 mm.

Zuchttechnik und Futter
Petrischalen mit Filterpapiereinlage. Temperatur 26 °C, RLF 60 %.
Pro Zuchtschale wird ein Zuchtpaar gehalten und wöchentlich 2mal mit zerschnittenen Mehlmottenraupen gefüttert. Als Eiablagesubstrat erhalten die Tiere 2–3 kleine Holzstückchen. Die belegten Holzstückchen werden bis zum Ausschlüpfen der Jungwanzen in Petrischalen (feuchtes Filterpapier) gehalten. Gefüttert wird mit ca. 3 mm großen Mehlmottenraupenstücken. Bis zur 1. Häutung werden pro Schale 10 Tiere gehalten, anschließend 5 und in den letzten Stadien muß die Einzelhaltung erfolgen.

Embryonalentwicklung 15 Tage, Entwicklung der Jungtiere 150–160 Tage mit 5 Häutungen.

Kußwanze, *Rhodnius prolixus*
Die südamerikanische Raubwanze sticht Menschen und Tiere nachts. Sie ist die Überträgerin des Chagas-Fiebers. Sie kann nur von Instituten für medizinische Entomologie bezogen werden. Mit der für die Bettwanze beschriebenen Zuchtmethode kann auch diese Raubwanze mit gutem Erfolg gezüchtet werden (s. auch Abb. 40b).
Unter den beschriebenen Zuchtbedingungen ergibt sich für die Raubwanze folgender Entwicklungszyklus: 10 Tage nach der letzten Häutung erfolgt die erste Fütterung der Adulten. Die Präovipositionsperiode dauert 7 Tage. 12 Tage nach der ersten Nahrungsaufnahme häuten sich die Wanzen, ohne nochmals Blut aufzunehmen, erstmals. Die weitere Entwicklung der Jungtiere erfolgt in den gleichen Intervallen, wobei nach jeder Blutmahlzeit 12 Tage bis zur nächsten Häutung verstreichen. Nach 5 Häutungen sind die Wanzen adult. Bei der Aufzucht von einzelnen Stadien ist zu empfehlen, die der Häutung folgende Fütterung erst 10 Tage später vorzunehmen, wodurch wie bei den Bettwanzen eine Darmperforation bei jungen Larven vermieden werden kann.

15. *Nabidae*, Sichelwanzen (Abb. 177)

Variabel, meist dunkelbraun bis hellbraun oder gelbrötlich gefärbte, zwischen 7 bis

Abb. 177. Sichelwanze (nach Stichel).

13 mm große, bei einigen Arten mit gebogenem und bedorntem Vorderschenkel ausgerüstete Wanzen. Sie finden sich auf verschiedenen niederen Pflanzen und auf dem Boden und leben räuberisch von allerlei Insekten, wie Raupen, Blattläusen etc.

16. *Anthocoridae*, Blumenwanzen

Kleine, 2–4 mm große, dunkel gefärbte Wanzen (Abb. 178), deren 2 letzte Fühlerglieder faden- oder spindelförmig sind. Die Wanzen leben auf Gebüschen, Blumen etc. Ihre Eier legen sie auf Pflanzen in Bodennähe oder in die obersten Bodenschichten.

Abb. 178. Blumenwanze (nach STICHEL).

17. *Cimicidae*, Bett- oder Plattwanzen

4–6 mm lange, breite bis ovale, flache und flügellose, dunkel- bis rotbraune Wanzen (Abb. 179). Die Insekten saugen Blut am Menschen (Bettwanze), auf Säugetieren, Vögeln etc.

Abb. 179. Bettwanze.

Bettwanze, *Cimex lectularius* L.
Die 5–6 mm lange, länglich-ovale und flache Wanze lebt in den Fugen von Bettgestellen, in den Falten der Matratze, hinter Tapeten, Bildern und in Ritzen allge-

mein. Nachts kommen die Tiere aus ihrem Versteck und saugen an Mensch und Tier Blut. Die Bettwanze kann monatelang ohne Nahrung leben. Für Zuchtzwecke können die Tiere von Desinfektoren oder Instituten für medizinische Entomologie bezogen werden.

Zuchttechnik und Futter
Metalldosen (10 × 6 × 3 cm) mit Nylongaze (Abb. 40) verschlossen oder Fütterungskapseln (Abb. 160). Temperatur 26 °C, RLF 60–65 %.

Die Tiere werden vorzugsweise auf Kaninchen gefüttert. Hierfür setzt man die Bettwanzen entweder in eine Fütterungskapsel oder direkt mit dem Zuchtkäfig auf das Kaninchen (Abb. 40 a + b). Der Zuchtkäfig ist mit Filterpapier ausgelegt und enthält als Versteck einige Holzstückchen. Die Fütterung erfolgt einmal in der Woche, 20–30 Minuten lang. Nach mehreren Fütterungen müssen die Wanzen in frische Käfige umgesetzt werden. Man kippt den Inhalt des Zuchtgefäßes in eine mit Talkum ausgepuderte Teigschüssel und sammelt die Tiere aus. Für datiertes Tiermaterial müssen die Eier laufend aus dem Käfig entnommen und in gleichartige umgesetzt werden. Die ausschlüpfenden Jungtiere sollten nach der Häutung mindestens 14 Tage hungern, wodurch die häufig auftretenden und tödlich verlaufenden Darmperforationen vermieden werden.

Unter den beschriebenen Zuchtbedingungen erfolgt die Eiablage 5–6 Tage nach der ersten Blutmahlzeit. Die Embryonalentwicklung dauert 7 Tage. Die ausgeschlüpften Jungtiere saugen nach 5–7 Tagen zum erstenmal Blut und häuten sich, ohne nochmals Nahrung aufzunehmen. Die weitere Entwicklung der Jungtiere verläuft im 7-Tage-Rhythmus nach der jeweiligen Blutaufnahme. Nach 5 Häutungen sind die Jungtiere adult.

Für Kleinzuchten eignet sich die Fütterungsmethode wie auf Seite 37 (Abb. 43) beschrieben.

18. *Miridae*, Weich- oder Blindwanzen

Schlanke, mittelgroße, zwischen 4 und 12 mm große, variabel gefärbte und gezeichnete Wanzen. Körper zylindrisch oder langoval, Kopf klein mit relativ langen, 4gliedrigen Fühlern (Abb. 180). Punktaugen fehlen. Beine schlank und lang. Die Vorderflügel überragen in Ruhestellung den Hinterleib. Die Wanzen leben teils raptorisch auf Pflanzen oder saugen Pflanzensaft (Pflanzenschädlinge).

Abb. 180. Blindwanze (nach STICHEL).

19. *Tingidae*, Netzwanzen

Zwischen 2–6 mm große Wanzen, mit membran- und netzartig gegitterten und verbreiterten Halsschildern und Flügeln (Abb. 181a). Die Jungtiere tragen meist Dornen (Abb. 181b). Die Wanzen finden sich auf Pflanzen, wo sie raptorisch oder phytophag leben.

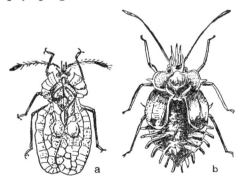

Abb. 181. Netzwanze.

Gitterwanze, *Derephysia foliaceae*
Im Mai–Juni kann diese Wanze auf Wiesen und an Waldrändern von blühendem Beifuß, Thymian, Natternkopf, aber auch von Eichen und der Wucherblume gekeschert werden.

Zuchttechnik und Futter
Blumentopf mit eingetopfter oder in Wasser eingestellter Kamille *(Matricaria indora)* oder Natternkopf *(Echium vulgare)*. Nylongaze-Zelt, wie bei *Phyllobius* (Schmalbauch) beschrieben (Abb. 289). Temperatur 27 °C, RLF 60–65 %, Photoperiode mit 1000–1500 Lux.
Pro Pflanze werden 5–10 Zuchtpaare aufgesetzt. Eine Generation entwickelt sich innerhalb von 4–5 Wochen.

20. *Piesmidae*, Meldenwanzen

Zwischen 2–4 mm große Wanzen, ähnlich den Netzwanzen, aber ohne Skulptur auf dem Rücken. Die Insekten dieser Familie, zu der die Rübenwanze gehört, sind phytophag an verschiedenen Pflanzen.

Rübenwanze, *Piesma quadrata* Fieb.
Diese graue, dunkel gefleckte Wanze (Abb. 182) kann im April–Mai zur Zeit der Eiablage auf Zuckerrüben- oder Futterrübenfeldern gefangen werden. Die Weibchen legen die gelben Eier an der Blattunterseite ab.

Abb. 182. Rübenblattwanze (nach STICHEL).

Zuchttechnik und Futter
Es werden die für die Aufzucht von *Phyllobius* (Schmalbauch) beschriebenen Einrichtungen empfohlen. Als Wirtspflanzen verwendet man Rübenpflanzen (Setzlinge) mit 10–15 cm langen Blättern.
Temperatur 26 °C, RLF 70–80 %, Photoperiode 16 Stunden/750–1000 Lux.

Je 2–3 Setzlinge werden mit 3–5 Zuchtpaaren besetzt. 10%iges Honigwasser in
Dochttränke (Abb. 50) dient als zusätzliches Futter. Es ist darauf zu achten, daß
die Futterpflanzen immer frisch sind.
Präovipositionsperiode 6–8 Tage, Embryonalentwicklung 5–6 Tage, Entwicklungsdauer der Jungtiere 24–27 Tage mit
5 Häutungen.

21. *Aradidae*, Rindenwanzen (Abb. 183)

Dunkel gefärbte, oft hell gezeichnete, ziemlich flache, 5–10 mm große Wanzen. Die
Insekten leben phytophag unter Baumrinden und in Schwämmen.

Abb. 183. Rindenwanze (nach STICHEL).

22. *Lygaeidae*, Bodenwanzen, Erdwanzen

Lange bis ovale, schwarz bis rotbraun,
manchmal bunt gefärbte Wanzen (Abb.
184), 3–10 mm groß. Rüsselscheide und
Fühler sind 4gliedrig, Punktaugen sind

Abb. 184. Bodenwanze (nach STICHEL).

vorhanden. Ihr Körper ist, im Gegensatz
zu den Miriden, robuster. Die Wanzen
leben am Boden und auf Pflanzen und ernähren sich teils raptorisch, teils phytophag.

Wiesenwanze, *Lygus pratensis* L.
Diese Wanze kann im April–Mai in Wiesen, Weizen-, Klee- und Luzernefeldern
gekeschert werden. In diesem Zeitraum
legt das Weibchen die Eier an Klee- oder
Luzernepflanzen ab.

Zuchttechnik und Futter
Glasschalen (30 cm ⌀, 10–15 cm hoch) mit
Nylongazedeckel, Dochttränke (Abb. 50).
Temperatur 25 °C, RLF 80–90%, Photo-
periode 16 Stunden/750–1000 Lux.
In das mit Filterpapier ausgelegte Zucht-
gefäß stellt man als Eiablagesubstrat eine
Petrischale mit 6–7 cm langen Stücken von
Bohnenpflanzen oder Luzerne ein. Die
Weibchen legen die Eier direkt in das
Pflanzengewebe oder an den Schnittstellen
ab. Die belegten Pflanzenstücke werden
jeden Tag entnommen und in gleichartig
vorbereitete Schalen gelegt. Die adulten
Tiere ernähren sich auch vom Eiablagesubstrat und bedürfen keines weiteren
Futters. Die ausgeschlüpften Jungtiere
werden gefüttert und aufgezogen. Die Aufzucht der jungen Wanzen mit synthetischem Futter ist auf Seite 45 beschrieben.
Präovipositionsperiode 8 Tage, Embryonalentwicklung 6 Tage, Entwicklung der
Jungtiere 18–20 Tage mit 5 Häutungen.

23. *Pyrrhocoridae*, Feuerwanzen (Abb. 185)

8–12 mm große, schwarz und rot gefärbte,
längliche bis ovale Wanzen, denen Punktaugen fehlen und deren Vorderflügel keine

Abb. 185. Feuerwanze.

oder eine rückgebildete Membran aufweisen. Die Insekten finden sich besonders zahlreich im Frühjahr am Fuße von alten Bäumen (Ulmen, Linden). Sie ernähren sich carpophag (Samen) teils auch zoonekrophag.

Feuerwanze, *Pyrrhocoris apterus* L.
Die rot und schwarz gezeichnete Wanze lebt gesellig am Fuß alter Bäume (Linden, Ulmen). Sie ernährt sich von toten Insekten und verschiedenem Pflanzenmaterial, wie Lindensamen etc. Die Eier werden in die Erde, meist unter Moos, abgelegt.

Zuchttechnik und Futter
1. Glaswannen oder Plastikwannen (30 × 20 × 20 cm) mit Filterpapier ausgelegt. Eine Hälfte des Käfigbodens wird mit einem Filterpapierbogen überspannt (Abb. 186), Schwimmertränke (Abb. 52), Nylongazeverschluß.
2. 2–3 cm hoch mit trockener Gartenerde gefüllte Glasschalen, Nylongazeverschluß und Talkumbarriere (Abb. 360). Temperatur 27 °C, RLF 70–80 %, Photoperiode 16 Stunden/500 Lux.

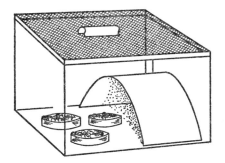

Abb. 186. Einrichtung für die Zucht der Feuer- und Baumwollwanze.

Die Zuchtwanne wird mit 50 Paaren besetzt. Als Futter streut man getrocknete Lindensamen oder -blüten ein und 2–3mal wöchentlich 10–12 zerschnittene Mehl- oder Regenwürmer auf einer angeätzten, griffigen Glas- oder Kunststoffplatte. Wasser und Futter werden jeden 2.–3. Tag erneuert.

Zur Eiablage erhalten die Weibchen eine mit feuchter Gartenerde gefüllte Petrischale. Die Weibchen graben das Abdomen in der Erde und legen dann auf dem Boden der Petrischale die Eier ab. Die mit Eiern belegten Schalen werden täglich entnommen und in die unter 2. beschriebenen Glasschalen eingesetzt. In den ersten Tagen nehmen die Jungtiere noch keine Nahrung auf. Später legt man ihnen auf nasser Watte Lindensamen, Lindenblüten sowie zerschnittene Mehlwürmer oder Regenwürmer hin. Als Tränke verwendet man eine Docht- (Abb. 50) oder Tellertränke (Abb. 49).
Embryonalentwicklung 5 Tage, Entwicklung der Jungtiere 20 Tage mit 5 Häutungen, Kopulation der Imagines nach 1–2 Tagen, Präovipositionsperiode 6 Tage, 1 Weibchen legt im Durchschnitt etwa 60 Eier.

Baumwollwanze, *Dysdercus fasciatus* Sign.
Die ca. 15 mm lange, zu den Rotwanzen gehörende Wanze hat rotbraune Flügeldecken mit schwarzer Querbinde und schwarzer Membran. Sie ist nur auf Baumwolle zu finden, wo Adulte und Jungtiere die Hauptnerven der Blätter sowie die noch geschlossenen Baumwollkapseln anstechen und den Saft saugen. Für Zuchtzwecke müssen die Tiere (verschiedene *Dysdercus*-Arten) oder ihre Entwicklungsstadien aus Baumwollanbaugebieten importiert werden.

Zuchttechnik und Futter
Es werden die für die Aufzucht der Feuerwanze beschriebenen Einrichtungen empfohlen. Temperatur 27 °C, RLF 70–80 %, Photoperiode 16 Stunden/500 Lux.
Die Tiere (Jungtiere und Adulte) werden mit Baumwollsamen, die 1–2 Tage in Wasser eingelegt und dann gebrochen werden, gefüttert. Sie erhalten keine zusätzliche Fleischnahrung. Das Futter wird am besten in einer flachen Schale ausgebreitet und jeden 2. Tag erneuert.
Präovipositionsperiode 6 Tage, Embryonalentwicklung 4 Tage, Entwicklung der

Jungtiere 28–30 Tage mit 5 Häutungen. Eiablagerate pro Weibchen ca. 100.

24. *Neididae*, Stelzenwanzen (Abb.187)

8–12 mm große, stabförmige, hell- bis dunkelbraun gefärbte Wanzen, mit langen gekeulten Beinen und Fühlern. Sie finden sich auf niedrigwachsenden Pflanzen trockener Standorte und ernähren sich phytophag.

Abb. 187. Stelzenwanze (nach STICHEL).

25. *Coreidae*, Lederwanzen, Randwanzen

Kräftige und robuste, hell- bis dunkelgraubraune, verschiedengestaltige, 6–15 mm große Wanzen. Die Seiten des Halsschildes oft stark blattartig verbreitet und bedornt. Viele Arten tragen bedornte Hinterschenkel. Die Wanzen (Abb.188) kommen auf niederen Pflanzen verschiedener Standorte vor und leben phytophag.
Zucht auf der jeweiligen Futterpflanze nach Methode für Gitterwanze.

Abb. 188. Lederwanze (nach STICHEL).

26. *Dicranocephalidae*

Dunkel gefärbte, zwischen 8–15 mm große Wanzen, mit behaarten Fühlern und Beinen. Die Familie umfaßt nur eine Gattung. Die Insekten kommen vorwiegend auf Wolfsmilchgewächsen vor.
Zucht wie Gitterwanze.

27. *Coriscidae*, *Alydidae*

8–15 mm große Wanzen mit schlankem, dünnem, in der Mitte verjüngtem Körper (Abb.189) und breitem, großem Kopf. Zwischen den Mittel- und Hinterhüften sind die Öffnungen der Stinkdrüsen gut sichtbar. Die Färbung der Wanzen dieser Familie ist vornehmlich gelbbraun bis dunkelbraun, oft mit helleren Zeichnungen. Die Wanzen ernähren sich phytophag auf verschiedenen niedrigen Pflanzen.
Zucht wie Gitterwanze.

Abb. 189. Breitkopfwanze (nach STICHEL).

28. *Arenocoridae*

Braun bis rotbraun und grau gefärbte Wanzen mit zum Teil gezähnten Halsschildseiten und bedornten Hinterschenkeln. Größe zwischen 6 und 12 mm. Fühler mit kräftigem Basalglied, zum Teil bedornten Gliedern und verdicktem Endglied. Die Wanzen finden sich auf verschiedenen niedrigen Pflanzen.
Die Zucht von Vertretern dieser und der folgenden Familie ist nach der bei der Gitterwanze beschriebenen Methode möglich, wobei die jeweilige Futterpflanze zu verwenden ist.

29. *Corizidae*, Graswanzen

5–15 mm große Wanzen mit heller bis dunkler, oft bunter Färbung und länglich bis ovaler Form. Den Wanzen fehlen Stinkdrüsen. Die Insekten leben phytophag auf niedrigen Pflanzen und erscheinen im Spätsommer zahlreich.

30. *Cydnidae*, Erdwanzen (Abb. 190)

Zwischen 3 und 15 mm große, hochgewölbte und ovalrunde, dunkel gefärbte Wanzen. Die Tibien sind erweitert und bedornt. Die Wanzen kommen an trockenen Stellen oder eingegraben im Boden vor, ferner auf niedrigen Pflanzen oder an deren oberflächlichen Wurzeln. Sind vereinzelt auch in Ameisennestern zu finden.

Abb. 190. Erdwanze (nach STICHEL).

Zuchttechnik und Futter
Die Zucht von Erdwanzen stellt an Einrichtungen und Bedingungen keine großen Anforderungen. Temperatur 20–22 °C, RLF 80–90 %.
Je nach Art, deren Futter in Auswahlversuchen bestimmt werden muß, füttert man zerschnittene Mehlwürmer (für zoophage Arten) oder (bei phytophagen) die zutreffende Futterpflanze oder legt als Bodenschicht eine Lage verrottender, mit Pilzmyzelien durchdrungene Wurzelhälse verschiedener Pflanzen des Fundortes. Zuchtkäfig vgl. Baumwollwanze *(Dysdercus)*.

31. *Pentatomidae*, Baumwanzen, Schildwanzen, Stinkwanzen

Einfarbige bis buntfarbige, verschieden gezeichnete, 5–18 mm große, sehr robuste und stark chitinisierte Wanzen. Ihr Körper ist gedrungen, der Halsschild bei vielen Arten an den Seiten spitz ausgezogen, das große dreieckige Schildchen reicht fast bis an die Hinterleibsspitze (Abb. 191). Die Wanzen sind vorwiegend phytophag, sie saugen Pflanzensäfte und hinterlassen auf Früchten (Kirschen, Beeren etc.) einen widerlichen Geruch. Einige Arten sind raptorisch und jagen Blattläuse, Raupen etc.

Abb. 191. Baumwanze (nach STICHEL).

Kohlwanze, *Eurydema oleraceum* L.
Diese breite, kräftige Wanze ist stahlblau bis dunkelgrün, metallisch glänzend gefärbt. Das Weibchen legt im Mai–Juni die Eier doppelreihig an die Blattunterseite von Kohlpflanzen. Während dieser Zeit können die Tiere auf Kohlfeldern aller Art für Zuchtzwecke eingesammelt werden.

Zuchttechnik und Futter
Einzeln in Blumentöpfen kultivierte Kohlpflanzen mit 10–15 cm langen Blättern, abgedeckt durch einen Glasverschluß mit Nylongaze (vgl. Abb. 197).
Temperatur 27 °C, RLF 75 %, Photoperiode 16 Stunden/2500–3000 Lux.
Pro Setzling werden je 5 Zuchtpaare aufgesetzt. Sowie die Weibchen mit der Eiablage beginnen, werden die Tiere täglich auf neue Pflanzen umgesetzt. Die mit Eiern belegten Pflanzen werden unter den gleichen Bedingungen gehalten wie bis dahin. Um das vorzeitige Vergilben oder Absterben der mit Jungtieren besetzten Pflanzen zu verhindern, sollten pro Pflanze nicht mehr als 30–40 Tiere gehalten werden. Bei Massenzuchten können die frisch geschlüpften Wanzen auf in Wasser bzw. Knopsche Lösung eingestellte ausgewach-

sene Kohlblätter in einen mit Deckenbeleuchtung ausgerüsteten Käfig (vgl. Abb. 411) umgesetzt werden. Das Futter ist jeden 2. Tag zu wechseln.
Präovipositionsperiode 3–5 Tage, Embryonalentwicklung 5 Tage, Entwicklung der Jungtiere 30–35 Tage mit 5 Häutungen.

32. *Acanthosomatidae*

Die Wanzen ähneln den Pentatomiden sehr.

33. *Plataspidae*, Kugelwanzen

Zwischen 4–5 mm große, gewölbte, kugelige und dunkel gefärbte Wanzen, mit grünlichem bis bläulichem Schimmer und feiner Punktierung. Diese Familie hat nur 1 Art, die auf der Kronwicke *(Coronilla)* vorkommt.
Die Zucht ist nach der bei der Gitterwanze beschriebenen Methode möglich.

HOMOPTERA, PFLANZENSAUGER

Die pflanzensaugenden Landinsekten tragen ihren 3gliedrigen Rüssel stark nach hinten verlegt. Die kurzen Fühler haben meist 2–3 größere Basisglieder mit einer borstenartigen Geißel oder sind fadenförmig und 3–11gliedrig. Oft fehlen sie auch. Die Brust ist sehr unterschiedlich gegliedert, indem z. B. die Vorderbrust als einfaches, schmales Band erscheint oder aber einen auffallenden Höcker aufweist. Das zweite Brustsegment ist meist größer als das dritte. Hinterflügel gleich den Vorderflügeln aber kleiner als diese; in Ruhestellung dachförmig oder flach auf dem Rücken zusammengelegt. Die Hinterbeine dienen bei zahlreichen Arten als Sprungbeine, deren Schenkel nicht verdickt sind, da die Sprungmuskulatur in den Hinterhüften liegt. Der Hinterleib hat 10 Segmente.
Die Entwicklung der Homopteren ist heterometabol.

1. *Delphacidae (Araeopidae)*, Spornzikaden

Kleinere, robuste, 2–5 mm große Zikaden, deren Hinterschienen einen großen beweglichen Sporn tragen (Abb. 192). Die Tarsen sind 3gliedrig und der Stechrüssel findet sich kopfunterseits, er wird *nicht* zwischen den Vorderhüften getragen. Flügel bei einigen Arten verkürzt. Die Spornzikaden sind pflanzensaftsaugend und kommen auf verschiedenen Pflanzen vor.
Die Haltung vieler Spornzikaden ist nach der bei der Zwergzikade beschriebenen Methode möglich.

Abb. 192. Sporn an H.-Schiene (nach BORROR/ DELONG).

2. *Dictyopharidae*, Hornzikaden

Sie ähneln den Fulgoriden, wobei aber die Stirn nicht seitlich verbreitert und die Fühler nicht in Gruben liegen. Eiablage in Pflanzengewebe oder frei. Familie bei uns nur durch 1 Art vertreten (Europäischer Laternenträger). Zikaden mit hornartig vorgezogenem Kopf, zwischen 9–14 mm groß und grün gefärbt. Das langbeinige, schlanke Tier (Abb. 193) findet sich im Sommer auf Wucherblume und Schafgarbe.
Die Haltung der meisten Hornzikaden erfolgt nach der bei der Zwergzikade beschriebenen Methode.

Abb. 193. Hornzikade.

3. Cicadidae, Singzikaden

Die Vorderbeine der zum Teil großen Insekten haben stark vergrößerte Schenkel mit kräftigen Dornen, die Hinterschenkel sind nicht länger als die vorderen und mittleren. Die Tibien der Hinterbeine sind rund und ohne Dornen an der Spitze. Flügel oft länger als Körper, Vorderflügel glasig. Auf dem Scheitel sitzen 3 Punktaugen. Die Männchen mit tonerzeugenden Trommelorganen zwischen Brust und Hinterleib; die Weibchen sind stumm. Beide Geschlechter mit Gehörorganen. Tiere oft bunt gefärbt und gezeichnet. Sie leben phytophag auf verschiedenen Pflanzen; die Larven (Abb. 194) oft im Boden.

Abb. 194. Singzikade (nach CHU).

4. Membracidae, Buckelzikaden

Zwischen 5 und über 25 mm große, springfähige Insekten, deren Rückenteil des ersten Brustringes (Schildchen) hochgewölbt ist und kronen- oder hornförmige unpaare Auswüchse aufweist (Abb. 195 a). Der Kopf ist kurz und stark geneigt, mit 2 Punktaugen auf dem Scheitel. Die kantigen Hinterschienen fein beborstet oder gezähnt. Tarsen 3gliedrig. Bei uns kom-

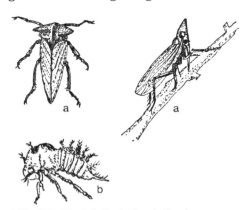

Abb. 195. Buckelzikade (nach CHU).

men 2 Arten vor: *Centrotus cornutus* L. auf Brom- und Himbeere, und *Gargara genistae* F. auf Besenginster. Abb. 195 b zeigt die Larve einer Buckelzikade.

Die Haltung und Zucht einiger Buckelzikaden ist möglich nach der bei der Rosenzikade beschriebenen Methode.

5. Cercopidae, Schaumzikaden

5–15 mm große, meist nicht auffallend gefärbte Insekten. Rückenteil des 1. Brustringes ohne Anhänge. Kopf mit 2 Ocellen auf dem Scheitel und zwischen oder vor den Augen die Fühlerbasis. Tarsen 3gliedrig, außen mit einigen unbeweglichen Dornen. Hinterleib ohne Zirporgan. Die Schaumzikaden sind phytophag, die Larven (Abb. 196 b) leben geschützt in einer schaumigen, speichelähnlichen Masse (sog. Kuckucksspeichel) oder in Gehäusen, die sie aus kalkigen Substanzen herstellen. Bei uns sind bekannt: die Wiesenschaumzikade und die Weidenschaumzikade (*Aphrophora salicina* Goeze, Abb. 196 a), beide im Frühjahr häufig.

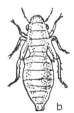

Abb. 196. Schaumzikade (nach BORROR/DE-LONG).

Wiesenschaumzikade, *Philaenus spumarius* L.

Die Anwesenheit dieser an sich unscheinbaren Zikade ist ersichtlich an den Schaummassen (»Kuckucksspeichel«), die im Frühjahr und Frühsommer reichlich an verschiedenen Kräutern und Gräsern auf Wiesen zu finden sind. In den Speichelklumpen sitzt die gelbgraue Larve. Man transportiert sie, indem man das mit Speichel versehene Pflänzchen oder ein Teil desselben abbricht, sofort in ein Wasserglas einstellt und mit einem Plastiksack überdeckt. So lassen sich die Zikaden ohne Wasser- und Feuchtigkeitsverlust gut transportieren.

Zuchttechnik und Futter
Die Haltung und Aufzucht kann an verschiedenen Kräutern erfolgen. Empfehlenswert ist es, stets die Futterpflanze zu wählen, auf der das Tier gefunden wurde. Als Käfig eignet sich die in Abb. 197 dargestellte Vorrichtung.

Abb. 197. Käfig für die Haltung der Wiesenschaumzikade.

Diese besteht aus einem Gipsblock mit einer Aussparung für eine 100-ml-Flasche. In die Knopsche Nährlösung darin stellt man die mit Zikaden besetzte Pflanze. Um den Tieren das Überwechseln auf eine frische Pflanze zu ermöglichen, stellt man 1–2 unbesetzte dazu. Über die Pflanzen wird ein Plexiglaszylinder (oder Zylinderglas) gestülpt und mit feiner Nylongaze oder einer nicht dicht schließenden Glasplatte verschlossen. Den mit Wasser gesättigten Gipsblock legt man in eine mit Wasser gefüllte Wanne.
Temperatur 23–25 °C, RLF mindestens 90 %, Photoperiode 14 Stunden/750–1000 Lux. Larvalentwicklung 15 Tage, Präovipositionsperiode 3 Tage, Eiablage in Stengel, Embryonalentwicklung 3 Tage.

6. Jassidae, Zwergzikaden

Kleine, nur wenige Millimeter große, meist grüne, oft bunt gefärbte, springfähige Insekten (Abb. 198a), ohne Höcker und Anhänge am 1. Brustring. Kopf mit 2 paarigen Punktaugen. Die kantigen Hinterbeine sind länger als die Vorder- und Mittelbeine und reihenweise und sägeartig mit Dornen besetzt. Lebensweise phytophag auf verschiedenen Pflanzen. Eiablage im Pflanzengewebe.

Zwergzikade, *Cicadula sexnotata* L.
Die hellgelbe Zikade lebt auf feuchten Wiesen und in Getreidefeldern. Die Eier legt sie in die Blätter verschiedener Pflanzen und Gräser. Die Jungtiere (Abb. 198 b) sind gelblichbraun mit dunkelfleckiger Zeichnung. Zum Einfangen der Tiere haben sich Glasröhrchen am besten bewährt. Gute Ausbeuten ergeben sich beim »Nachtfang« (vgl. Seite 23).

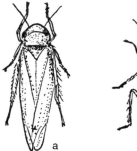

Abb. 198. Zwergzikade (nach CHU).

Zuchttechnik und Futter
20 cm hohe eingetopfte Maispflanzen werden mit dem Topf in eine mit Kunststoffgranulat oder Sägemehl oder Erde gefüllte Schale oder Wanne gestellt. Jeder einzelne Blumentopf wird mit einem Glas- oder Zelluloidzylinder abgedeckt. Verschluß mit Glasplatte oder Nylongaze (Abb. 199).
Temperatur 24 °C, RLF 90 %, Photoperiode 24 Stunden/1000 Lux (Quecksilberdampflampe).
Die eingefangenen Tiere werden auf die Blätter der Maispflanzen gesetzt. Pflanze und Topf sind durch den Zylinder abgeschirmt (Abb. 199). Das Kunststoffgranulat in der Wanne wird täglich befeuchtet.

Dadurch wird ständig die genügend hohe Luftfeuchte für die Tiere und die Feuchtigkeit für die Pflanzen gewährleistet. Normalerweise kann eine Zikadengeneration ohne Ergänzen des Futters auf diesen Pflanzen aufgezogen werden. Zusatzfutter wird keines geboten. Es ist aber das Besprühen mit Wasser zu empfehlen. Bei mehr als 20 Zuchtpaaren pro Topf müssen die Tiere auf frische Pflanzen umgesetzt werden. Hierzu verwendet man am besten einen Exhaustor oder stellt die Zuchtwanne vorher einige Zeit kühl.

Embryonalentwicklung 4–5 Tage, Entwicklung der Jungtiere 16–18 Tage mit 5 Häutungen.

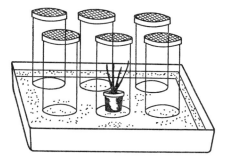

Abb. 199. Vorrichtung für die Zucht der Zwergzikade.

Rosenzikade, *Typhlocyba rosae* L.
Diese sehr schnelle und springfreudige Zikade mit dem breiten Kopf legt die Eier an Rosentrieben ab. Die Entwicklung einer Generation nimmt nur wenige Wochen in Anspruch, so daß im Spätsommer die 2. Generation adulter Tiere erscheint. Die Imagines werden mit Glasröhrchen von Rosen, deren Blätter weißgesprenkelt sind (Anwesenheit der Zikade), eingefangen.

Zuchttechnik und Futter
Eingetopfte, kleinblättrige Rosenpflanzen (z.B. Sullivan-Rosen, Schweizer Gruß etc.), abgedeckt durch einen entsprechend großen Glas- oder Zelluloidzylinder, Nylongaze- oder Glasplattenverschluß. Zylinder in die Blumentopferde eindrücken (Abb. 334).

Temperatur 25 °C, RLF 70–80 %, Photoperiode 14 Stunden/2000–3000 Lux (Quecksilberdampflampe).
Nach dem Aufsetzen der Zikaden auf die durch den Zylinder abgeschirmten Rosenpflanzen wird die Anordnung mit Nylongaze oder einer Glasplatte verschlossen. Die Töpfe müssen wegen der erforderlichen hohen Luftfeuchtigkeit täglich gegossen werden.
Unter den gegebenen Bedingungen nimmt die Entwicklung einer Generation 3–4 Wochen in Anspruch.

7. Cixiidae, Leistenzikaden

3–8 mm groß (Abb. 200), mit glasig durchscheinenden Flügeln. Ränder von Stirn oder Scheitel gekielt und gehoben. Die Schulterkiele des 1. Brustringes umgeben bogenförmig die Hinterränder der Augen. Die Insekten finden sich phytophag auf verschiedenen Pflanzen (Tomaten, Tabak, Kartoffel, Ackerwinde). Eiablage in den Boden.

Abb. 200. Leistenzikade (nach BORROR/DELONG).

8. Fulgoridae, Laternenträger

Kleine bis mäßig große, bunt gefärbte Insekten (Abb. 201), mit verschieden geformtem Kopf. Stirn durch Kanten von den Wangen getrennt und mit hornartigen Fortsätzen versehen. Der 1. Brustring ist breiter als der Kopf und trägt 2 Längskiele. Die Stirn ist flach und seitlich verbreitert. Fühler liegen in Gruben, oberhalb von diesen die Ocellen. Die Insekten

(Adult = a, Jungtiere = b) sind phytophag, die Eiablage erfolgt frei oder ins Pflanzengewebe.

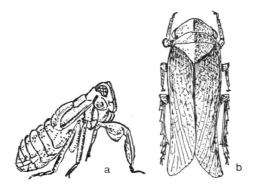

Abb. 201. Laternenträger (nach BORROR/DE-LONG).

9. *Flatidae*

Zwischen 5 und 15 mm große Zikaden, die in Ruhe ihre großen breiten Flügel hochgestellt, seitlich am Körper, anlegen. Die Hinterflügel sind meist weiß, die Vorderflügel verschiedenfarbig und gefleckt. Der Rückenteil des ersten Brustringes ist oft stark vorgezogen, niedrig gekielt und nicht dachfirstartig gehoben (vgl. Buckelzikaden). Die Ränder der beiden Kopfseiten umfassen bogenförmig die Augen. Diese Zikaden leben in den Tropen und Subtropen.
Für die Zucht und Haltung von Flatiden empfiehlt sich die für die Zwergzikade beschriebene Methode.

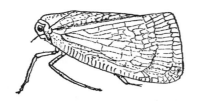

Abb.202. Leuchtzirpe (nach BORROR/Delong).

10. *Acanaloniidae*

Diese in den USA vertretene Familie ähnelt sehr den Flatiden.

11. *Ricaniidae*

Die Vertreter dieser Familie besiedeln zum größten Teil tropische Gebiete. Sie sind ca. 5–20 mm lang, mit großen Vorderflügeln. Der Kopf ist breit, die Rückenplatte des 2. Brustringes ist sehr groß und gewölbt.

12. *Tettigometridae*, Käferzikaden

Zwischen 3 und 5 mm große, flache Zikaden. Punktaugen und Fühler unmittelbar unter der unteren Ecke der Facettenaugen. Die Insekten ähneln im Aussehen den Fulgoriden. Die Eiablage erfolgt frei auf die Erde, Früchte, Blätter etc.

13. *Derbidae*

Eine artenreiche, vorwiegend in den Tropen vorkommende Familie. Die Zikaden sind klein, zart und verschieden gebaut, ähneln stark den Cixiiden.

14. *Issidae*

3–7 mm große, kräftig gedrungene Zikaden, mit kurzen Vorderflügeln. Das 1. Hintertarsenglied ist kurz und dick. Die wärmeliebenden, den Ricaniiden sehr nahe stehenden Insekten legen ihre Eier auf Früchte, Blätter, Erde etc. ab.

15. *Aetalionidae*

Familie besonders in Amerika und Indien vertreten, 3–9 mm große Zikaden mit kurzem Kopf, der vom gewölbten, in der Mitte einen Längskiel aufweisenden Rückenteil des 1. Brustringes fast verdeckt wird. Die Schienen der Beine sind kantig und behaart. Die Insekten legen ihre Eier als Eikapseln ab.
Die Haltung und eventuelle Zucht von Zikaden der oben erwähnten Familien sind nach der bei der Zwerg- und Rosenzikade beschriebenen Methode möglich.

16. *Psyllidae*, Blattflöhe

Zikadenähnliche, zarte, 2–5 mm große und meist braun bis grün gefärbte, sprungfähige Insekten (Abb. 203 a) mit ziemlich langen Fühlern, meist durchsichtigen, geäderten Flügeln und 2gliedrigen Tarsen. Die Jungtiere (Abb. 203 b) sind flach und oft mit Wachsfäden bedeckt. Die Blattflöhe ernähren sich phytophag; sie saugen an Knospen, Blättern etc. verschiedenster Pflanzen. Die gestielten Eier legen sie auf verschiedene Pflanzenteile.

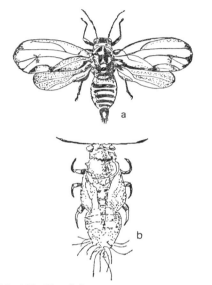

Abb. 203. Blattfloh.

Birnenblattsauger, *Psylla pirisuga* Först. Dieses geflügelte Insekt legt die Eier auf Birnenblätter, insbesondere von ungepflegten Bäumen mit schattigen Standorten. Die Jungtiere, die braun gefärbt und leicht abgeplattet sind, bilden dichte Kolonien. Infolge der starken Honigtau-Ausscheidungen sind die Blätter häufig mit einem dicken Rußtaubelag überzogen. Während einer Vegetationsperiode treten mehrere Generationen auf. Es überwintern nur die adulten Tiere. Für Zuchtzwecke sammelt man am besten Jungtiere und Eier.

Zuchttechnik und Futter
In Blumentöpfen gezogene Birnenschosse oder in Wasser eingestellte junge Birnentriebe werden mit Topf oder Glasgefäß in eine mit Kunststoffgranulat oder Erde gefüllte Wanne gestellt und mit einem Glas- oder Zelluloidzylinder (Abb. 199), abgedeckt. Verwendet man eine Glasplatte zum Abdecken, so wird zwischen Zylinder und Deckel mit Hilfe eines Stückchens Filterpapier ein schmaler Spalt geschaffen, der für eine gute Luftzirkulation sorgt.
Temperatur 25 °C, RLF 90–95%, Photoperiode 16 Stunden/2000–3000 Lux.
Die eingebrachten, mit Eiern oder Jungtieren besetzten Birnenblätter legt man auf die Oberseite der vorbereiteten Birnenschosse oder -triebe. Da in Wasser gestellte Triebe meist nur eine Woche halten, müssen die Tiere im Laufe ihrer Entwicklung mehrmals umgesetzt werden. Zur Erhaltung der notwendigen Luftfeuchtigkeit muß das Kunststoffgranulat (Vermiculit) stets sehr feucht gehalten werden.
Präovipositionsperiode 6–8 Tage, Embryonalentwicklung 5 Tage, Entwicklung der Jungtiere 21 Tage.

Apfelblattsauger, *Psylla mali* Schmidb. und **Möhrenblattfloh,** *Trioza apicalis* Först., können nach der gleichen Methode gezüchtet werden.
Der Apfelblattsauger ist ebenfalls an großen Mengen Honigtau-Ausscheidungen auf Apfelblättern zu erkennen. Das Weibchen legt die ovalen und gestielten Eier im August–September in die Rindenvertiefungen der Fruchtzweige. Die im folgenden April ausschlüpfenden Jungtiere befallen die sich öffnenden Blütenknospen. Die Entwicklung einer Generation nimmt unter den gegebenen Zuchtbedingungen 4 Wochen in Anspruch.
Die Imagines des Möhrenblattflohs können mit einem Kescher von Möhrenfeldern zur Zeit der Eiablage (Mai–Juni) gefangen werden. Die spindelförmigen Eier werden vom Weibchen mit einem Stiel an die Oberhaut junger Möhrenblätter geheftet. Nach ca. 3 Wochen schlüpfen die flachen, entlang der Seitenkante von einer weißen Wachshaarfranse eingefaßten Jungtiere und aus ihnen wiederum die überwinternden Imagines. Als Futterpflanze verwen-

det man eingetopfte Möhren. Entwicklungsdauer einer Generation: ca. 5 Wochen.

17. *Aleyrodidae*, Mottenschildläuse (»Weiße Fliege«)

Winzige, sehr zarte, mottenähnliche und
ca. 2 mm große, meist weiß bepuderte,
springfähige Insekten (Abb. 204a). Sie besitzen 7gliedrige Fühler, 2gliedrige Tarsen
und über den je zweigeteilten Facettenaugen ein Punktauge. Die Larven sind oval
und abgeplattet (Abb. 204b), sie erinnern
an Schildläuse. Das 1. Larvenstadium ist
beweglich. Das 4. ist ein ruhendes (keine
Nahrungsaufnahme); aus diesem dosen-
förmigen Stadium schlüpft die Imago. Die
Mottenläuse sind phytophag. Sie pflanzen
sich zweigeschlechtlich, einige auch parthenogenetisch fort. Ihre Eier legen sie oft
spiralartig nebeneinander.

Mottenschildlaus, Weiße Fliege, *Trialeurodes vaporariorum* Westv.
Die ca. 1,5 mm großen Insekten sitzen
paarweise oder in Gruppen auf der Blattunterseite verschiedener Pflanzen. Die Imagines haben 4 weiße, weißgepuderte, dachförmig stehende Flügel. Die winzigen Eier
sind zuerst blaugelb und werden dann
dunkelbraun. Die Larven sind gelblich
von Wachsfäden umsponnen und gleichen
den Schildläusen. Für Zuchtzwecke können die Tiere in Gewächshäusern von verschiedenen Zierpflanzen abgesammelt werden. Für den Transport eignet sich am
besten ein Reagenzglas.

Zuchttechnik und Futter
Auf eine mit Filterpapier belegte Glasplatte oder Glaswanne stellt man eingetopfte Tomatenpflanzen und deckt Pflanze
und Topf mit einem am Boden gut schließenden Glas- oder Zelluloidzylinder ab. In
der Zylinderwand befindet sich eine Öffnung, durch die die Pflanzen gegossen
werden und die Tiere eingesetzt oder entnommen werden können. Diese Öffnung
wird mit einem Wattepfropfen verschlossen, der Zylinder selbst mit Nylongaze
oder Baumwolltuch (Abb. 205).

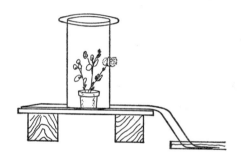

Abb. 205. Anordnung für die Zucht der »Weißen Fliege«.

Temperatur 26°C, RLF 80–90%, Photoperiode 16 Stunden/1250–1500 Lux.

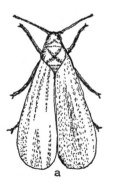
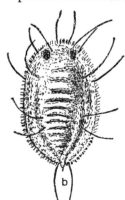

a   b

Abb. 204. Mottenschildlaus.

Das Filterpapier wird ständig feucht gehalten (durch Eintauchen einer Seite in Wasser kontinuierliche Befeuchtung) und die Tomatenpflanzen müssen täglich gegossen werden. 10–20 Imagines werden aus dem Reagenzglas in den Zuchtkäfig gegeben. Die Weibchen legen die Eier auf die Blattunterseite. Nach wenigen Tagen schlüpfen die Schildlaus-ähnlichen Larven aus. Die Entwicklung vom Ei bis zur Imago beträgt ca. 30 Tage.

Da die jungen Imagines bei der geringsten Berührung des Käfigs auffliegen, werden sie zum Umsetzen mit Kohlensäure (vgl. Seite 26) narkotisiert.

Für Großzuchten wird die Verwendung eines Nylongaze- oder Glaskäfigs, wie Abb. 411 zeigt, mit Deckenbeleuchtung empfohlen.

18. *Aphididae*, Röhrenläuse (Blattläuse)

Kleine, wenige Millimeter große, weichhäutige Insekten. Männchen geflügelt; Weibchen oft ungeflügelt, besonders bei Jungfernzeugung. Fühler fadenförmig, 4–6gliedrig. Beine schlank, lang und mit 2gliedrigen Tarsen. Am vorletzten Hinterleibssegment 2 Röhren, die sog. Siphonen. Der Honigtau, der zuckerhaltige Kot, wird aus dem After ausgeschieden. Generationswechsel, bei dem eingeschlechtliche (parthenogenetische) Generationen mit zweigeschlechtlichen, aus Männchen und Weibchen bestehenden, abwechseln. Fortpflanzung entweder durch Eier (ovipar) oder abwechselnd ovipar und vivipar (lebendgebärend) parthenogenetische Generationen. Häufig Wirtspflanzenwechsel, wobei der ganze Entwicklungszyklus sich auf zwei Nährpflanzenarten abspielt. Der Wirtswechsel bewirkt das Entstehen geflügelter Weibchen, die im Frühjahr vom Wirt A zum Wirt B überwechseln. Die Weibchen der zweigeschlechtlichen Generation sind meist ovipar, diejenigen der parthenogenetischen (Sommer) meist larvengebärend. Die Blattläuse leben phytophag an verschiedensten Pflanzen. Durch ihr Saugen an den Pflanzen rufen sie Mißbildungen hervor und übertragen Krankheiten.

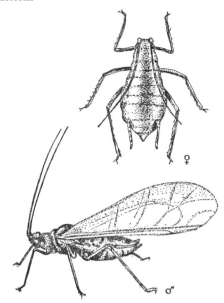

Abb. 206. Blattlaus.

Schwarze Bohnenblattlaus, *Aphis fabae* Scop.

Die eiförmige, dunkelbraune bis schwarze Blattlaus gehört zu den wirtswechselnden Blattläusen. Das Winterei wird auf Pfaffenhütchen *(Euonymus)* und Schneeball *(Viburnum)* abgelegt. Die im Frühjahr auf Bohnen übersiedelnden Läuse vermehren sich parthenogenetisch über mehrere Generationen, in denen die ungeflügelte Form überwiegt. Für Zuchtzwecke holt man dicht besiedelte Bohnentriebe aus dem Freiland und steckt sie in vorbereitete Bohnenpflanzenkulturen ein.

Zuchttechnik und Futter

Als Wirtspflanzen werden in Saatschalen kultivierte Sau- oder Puffbohnen *(Vicia faba)* verwendet. Die Saatschalen werden mit einer Nylongaze-Glocke abgedeckt (Abb. 207).

Anstelle von Erde kann als Kulturmedium auch Knopsche Nährlösung (s. Seite 38), mit Knopscher Nährlösung getränkter, sterilisierter Sand oder Zoonolith sowie eine 1–2% Agar-Knopsche Nährlösung-Mischung verwendet werden.

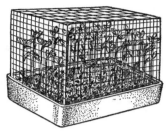

Abb. 207. Methode zur Vermehrung von *Aphis fabae*.

Verwendet man eine Nährlösung, so dürfen die Bohnen von dieser höchstens bis zur Hälfte bedeckt sein. Das Zuchtgefäß wird mit feinmaschigem Maschendraht oder sehr grobmaschiger Nylongaze abgedeckt (Abb. 207), um die Bohnenkeimlinge zu stützen.

Für Spezialzuchten mit einzelnen Bohnenpflanzen verwendet man am besten eine braune Weithalsflasche, die Nährlösung enthält. Die Flasche wird mit einem Korken, auf den ein Plastikbecher aufgeklebt ist, verschlossen. Korken und Becher haben in der Mitte eine Bohrung, durch die die Wurzeln eines Bohnenkeimlings in die Nährlösung gesteckt werden. Der Korken stützt das Bohnenpflänzchen ab, der Becher wird mit Nylongaze verschlossen (Abb. 208).

Abb. 208. *Aphis*-Vermehrung an *Vicia* in Flüssigkeitskultur.

Abb. 209 zeigt in mit Nährlösung getränktem Sand oder Zonolith herangezogene Bohnenkeimlinge. In diesem Falle dienen Sand und Zonolith als Stützmedien.

Abb. 209. *Vicia*-Bohnen in mit Nährlösung getränktem Substrat.

Für die Anzucht der Futterpflänzchen in der Mischung aus Agar und Nährlösung kocht man 1–2 g Agar in 100 ml Knopscher Nährlösung auf, füllt die Mischung ca. 3 cm hoch in Glas- oder Plastikbecher und drückt nach dem Erstarren und Erkalten des Mediums die Saatbohnen tief hinein. Sowie die Pflänzchen ca. 3 cm aus der Mischung ragen (Abb. 210), können sie mit Zuchttieren besetzt werden. Der Becher wird mit Gaze zugebunden.

Abb. 210. Wirtspflanzen in Agrarmedium.

Die herangezogenen Bohnenpflanzen werden bei 26 °C, 60–70% RLF und einer Photoperiode von 24 Stunden/1000–1500 Lux aufgestellt.

Mit einem Pinsel setzt man auf die ca. 3 cm großen Pflänzchen pro Trieb ca. 20 ungeflügelte Virginopare auf. Bei bereits bestehender Zucht genügt es, dicht mit Läusen besetzte Triebe zwischen die vorbereiteten Keimlinge zu stecken. Innerhalb kurzer Zeit wandern die Tiere auf die frischen Pflanzen über. Bei Futtermangel, häufig die Folge zu hoher Populationsdichte, wandern die Tiere genau so schnell wieder ab. Es entwickeln sich massenhaft geflügelte Formen. Um ein Abwandern oder die Entwicklung geflügelter Formen zu verhindern, werden die Läuse wöchentlich einmal umgesetzt und mit dem Nylongazekäfig abgedeckt.

Die sich parthenogenetisch vermehrenden, viviparen Weibchen produzieren im Laufe von zwei Wochen täglich etwa fünf Jungtiere, die nach etwa 6 Tagen und 5 Häutungen adult werden.

Die Aufzucht von Blattläusen mit synthetischem Futter ist ebenfalls mit gutem Erfolg möglich. Vergleiche hierzu Seite 45, synthetische Futtermischungen.

Für die kontinuierliche Aufzucht der folgenden Blattläuse verwendet man die für die Bohnenblattlaus beschriebenen Methoden und Einrichtungen:

Kohlblattlaus, *Brevicoryne brassicae* L.
Sie bildet Kolonien auf der Ober- und Unterseite von Kohlblättern. Diese Blattlaus wechselt die Wirtspflanze nicht. Für Zuchtzwecke schneidet man dicht besetzte Kohlblätter vom Feld und steckt sie zwischen in Saatschalen herangezogene Kohlpflanzen.

Erbsenblattlaus, *Acyrthosiphon pisum* Harris.
Das Winterei wird auf Klee oder anderen mehrjährigen Leguminosen abgelegt. Die geflügelten Blattläuse können mit einem Kescher von Klee- oder Luzernefeldern eingefangen werden. Als Futterpflanze verwendet man eine der frühen Erbsensorten.

Kartoffelblattlaus, *Macrosiphum solanifolii* Ashm.
Sie legt ihr Winterei auf der Hauptwirtspflanze, der wilden Rose, ab. Im Mai wandern dann geflügelte Blattläuse auf Kartoffelfelder ab. Zu diesem Zeitpunkt können die Tiere für Zuchtzwecke mit einem Kescher eingefangen werden. Diese Art vermag sich ebenfalls parthenogenetisch

über mehrere Generationen hinweg zu vermehren. Als Wirtspflanzen verwendet man 10–15 cm hohe Kartoffelpflanzen. Vergeilte Pflanzen mit geringem Blattansatz aus zu lange gelagerten und vorgekeimten Kartoffeln werden von den Tieren bevorzugt. Die Besatzdichte soll ca. 10 Tiere pro Stengel betragen.

Pfirsichblattlaus, *Myzus persicae* Sulz.
Die glänzend schwarzen Wintereier findet man an jungen Trieben des Pfirsichbaumes. Bei dieser Blattlaus wechseln sich die ungeflügelten, viviparen Formen mit den geflügelten, oviparen ab. Die geflügelten Formen wandern auf verschiedene Zwischenwirte, z. B. Kartoffeln, Rüben, im Herbst kehren sie dann zu ihrer Hauptwirtspflanze, dem Pfirsichbaum, zurück. Für Zuchtzwecke schneidet man gut besetzte Triebe ab und setzt sie zwischen eingetopfte und frisch getriebene (5–10 cm hohe) Tulpen. Eine besondere Vorliebe haben die Tiere für die Triebe gelagerter Kartoffeln. Eine günstige, nicht aufwendige Methode ist die Verwendung von frisch gekeimten Speiseerbsen als Futterpflanzen (vgl. Abb. 207–210).

Rosenblattlaus, *Macrosiphum rosae* L.
Sie ist bei den oben beschriebenen Zuchtbedingungen auf Jungrosen ebenfalls ganzjährig zu züchten.

19. *Lachnidae*, Baumläuse

Ähneln den Aphididen stark. Meist groß und bräunlich mit langer oder dichter Behaarung an Körper, Beinen und Fühlern. Phytophag an Holzgewächsen, meist parthenogenetisch.

20. *Pemphigidae*, Blasenläuse

Kleine, 1–3 mm große Pflanzenläuse. Die larvenförmigen Geschlechtstiere besitzen keinen Rüssel. Die Mundwerkzeuge sind verkümmert, ebenso fehlen ihnen Flügel. Die Facettenaugen erscheinen je als drei Punkte. Zu dieser Familie gehören z. B.

die Blutlaus (*Eriosoma lanigerum* Hausm.), die Birnenblutlaus (*Schizoneura lanuginosa* Hztg.) und die Ulmenblattgallenlaus (*Kaltenbachiella pallida* Hald.). Diese Blattläuse verursachen durch ihr Saugen die Bildung von Gallen und sonstigen Deformationen auf Holzgewächsen.

Für die Haltung von Blasenläusen in Zuchtkäfig oder Zuchtkammer sind eine Temperatur zwischen 24 und 28 °C, eine RLF von mindestens 90 % und eine Photoperiode von ca. 10 Stunden/750 Lux erforderlich.

21. Adelgidae (Chermesidae), Tannenläuse

Kleine, meist 1–2 mm große, auf Nadeln, Zweigen oder Gallen von Nadelhölzern vorkommende Läuse. Die Weibchen sind ovipar in allen Generationen. Die Fühler sind 5gliedrig bei der geflügelten Form (Abb. 211 a), bei der Geschlechtsform 4gliedrig und bei der flügellosen, parthenogenetischen Form (Abb. 211 b) 3gliedrig. Körper mit Chitinplatten, Wachsausscheidung.

Die Haltung und Zucht von Tannenläusen ist auf jungen, eingetopften Nadelholzbäumchen im Gewächshaus gut durchzuführen. Temperatur 24–27 °C, RLF 90 bis 95 %.

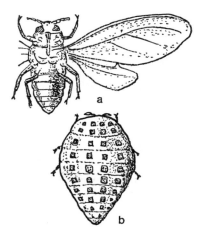

Abb. 211. Tannenlaus (nach NÜSSLIN).

22. Phylloxeridae, Zwergläuse

Sehr kleine, auf Blättern, Rinden und Wurzeln von Laubhölzern lebende Läuse (z. B. Reblaus). Die Virgines, d. h. die parthenogenetisch sich fortpflanzenden Geschlechtstiere (Jungfern) besitzen einen Saugrüssel, die sexuellen (zweigeschlechtlich sich fortpflanzenden Weibchen) sind ohne Rüssel. Beide Geschlechtstierformen legen Eier. Auf die Saugfähigkeit der Laus reagiert die Pflanze mehr oder weniger stark mit Chlorosen an den Stichstellen bis zur Gallenbildung.

23. Ortheziidae, Röhrchenschildläuse

Etwa 1–4 mm große, sich frei bewegende Schildläuse. Die Weibchen tragen am Ende des Hinterleibs (Abb. 212) einen langen weißen Sack, der sich aus Wachsplatten zusammensetzt. In diesem Sack tragen die Weibchen die Eier bis zum Ausschlüpfen der Larven. Die Weibchen haben 3–8gliedrige, die Männchen 4gliedrige Fühler, deren Endglied an der Spitze mit einem kräftigen Dorn versehen ist. Röhrenläuse finden sich oft auf Buntnesseln (*Coleus*) in Gewächshäusern.

Abb. 212. Röhrenschildlaus.

Röhrenschildlaus, *Orthezia insignis* Browne

Diese Schildlaus vermehrt sich parthenogenetisch. Das geflügelte Männchen tritt sehr selten auf. Die Tiere können von Buntnesseln und verschiedenen Zierpflanzen (in Gewächshäusern) eingesammelt werden.

Zuchttechnik und Futter
Käfig mit Deckenbeleuchtung (s. Abb. 411). Eingetopfte Buntnesseln werden in den Käfig gestellt oder unter einer entsprechenden Lichtquelle, abgedeckt mit einer Nylongazeglocke (Abb. 207), aufgestellt. Temperatur 26 °C, RLF 85–90 %, Photoperiode 16 Stunden/1500–2000 Lux.
Mit einem Pinsel setzt man die eingesammelten Tiere auf die Buntnesseln um. Unter den gegebenen Bedingungen nimmt die Entwicklung einer Generation 5–7 Wochen in Anspruch. Während dieser Zeit ist ein Futterwechsel nicht notwendig, wohl aber eine Ergänzung durch frische Buntnesselpflanzen.

24. *Margarodidae*

Große Schildläuse mit ovalem, kugeligem, kurz- oder langgestreckt elliptischem Körper. Die Oberfläche oft mit dicken Schichten verschiedener Drüsensekrete bedeckt. Fühler und Beine meist gut ausgebildet. Die Läuse legen ihre Eier im Eisack oder in ein diesen umgebendes Sekret. Ein Vertreter dieser Familie ist die Australische Wollschildlaus (*Icerya purchasi* Mask.), eine rötlichgelbe, mit dem längsgerillten Eisack ca. 10 mm lange Laus, die als Zwitter zur Selbstbefruchtung fähig ist. Sie kommt in Europa in Gewächshäusern vor.
Auf Oleander-Stecklinge zu züchten nach der bei der Röhrenschildlaus beschriebenen Methode.

25. *Pseudococcidae*, Schmierläuse, Wolläuse

Lang- oder breitovale, 3–6 mm große und mehr oder weniger gewölbte Läuse. Körper der flügellosen Weibchen meist mit pulverigem, weißem Wachsflaum oder Wachsfäden bedeckt (Abb. 213). Die Männchen sind geflügelt, mit 3–10gliedrigen Fühlern und Punktaugen. Die Weibchen legen ihre Eier in Eisäcke. Die Woll- oder Schmierläuse leben phytophag auf verschiedenen Pflanzen, wo sie an den verschiedensten Stellen saugen und wie Schneeflocken aussehen.

Citrus-Schmierlaus, *Planococcus citri* Risso
Die rosafarbene, 3–4 mm große, länglichovale Laus hat verschiedene Wirtspflanzen und ist an den als weiße Wolle sichtbaren, mehligen Wachsausscheidungen auf dem Rücken zu erkennen. Sie legt die Eier als weiße wollige Wachsnester ab. Die Männchen sind wesentlich kleiner als die Weibchen und geflügelt. Für Zuchtzwecke sammelt man die Tiere in Gewächshäusern von Zierpflanzen (Buntnesseln, Oleander etc.) ab.

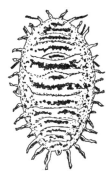

Abb. 213. Schmierlaus.

Zuchttechnik und Futter
Eingetopfte Kartoffelstauden mit dicken, weichen Stengeln werden in flache, mit Wasser (2–3 cm hoch) gefüllte Wannen gestellt. Temperatur 25 °C, RLF 75 %, Photoperiode 16 Stunden/1500–2000 Lux. Die Wirtspflanzen, auf etwa 20 cm Höhe zurückgeschnitten und so gut wie blattlos, werden mit den eingesammelten Tieren besetzt (Pinsel). Die Schmierläuse können praktisch frei gehalten werden; nur die Erst- und Zweitlarven sind sehr wanderfreudig und bedürfen einer Wasserbarriere. Der Ansatz neuer, erweiterter Kolonien erfolgt durch Aufstecken dicht besiedelter Stengelstücke auf frische Wirtspflanzen. Die frisch geschlüpften Weibchen beginnen 8–10 Tage nach der Begattung, ältere Weibchen schon 3–4 Tage danach mit der Eiablage. 4–5 Tage später schlüpfen die Erstlarven aus. Während die weiblichen Erstlarven 7 Tage, die weiblichen Zweit- und Drittlarven je 6 Tage für ihre Ent-

wicklung benötigen, nimmt die Entwicklung der männlichen Erst- und Zweitlarve je 7 Tage, die der Pronymphe und Nymphe je 3–4 Tage in Anspruch. Ein Weibchen legt ca. 300–500 Eier ab. Unter den gegebenen Bedingungen entwickelt sich eine Generation in 28–30 Tagen.

26. Kermidae

Kugelige Insekten, 2–6 mm groß, oval bis nierenförmig und mit starker und dicker, rotbrauner bis dunkelbrauner Körperoberfläche. Fühler und Beine klein und rudimentär.

27. Dactylopiidae

Kleine Familie, deren Vertreter normal ausgebildete Fühler und Beine haben. Die Weibchen sind dick eiförmig. Als Vertreter dieser Familie sei die Echte Cochenilleschildlaus (*Dactylopius coccus* Costa) erwähnt, die früher zur Farbstoffgewinnung diente.

28. Asterolecaniidae, Pockenschildläuse

Ovale oder birnförmige bis rundliche, hochgewölbte, 2–4 mm große Schildläuse. Rückenseite mit paarig und in einer Achterschlaufe angeordneten Drüsen. Die Männchen sind geflügelt (einige ungeflügelt) und besitzen 9- oder 10gliedrige Fühler. Pockenschildläuse leben phytophag auf Pflanzen und erzeugen durch ihr Saugen Wucherungen.

29. Lacciferidae (Tachardiidae), Lackschildläuse

Besonders in den Tropen und Subtropen vorkommend. Die bis mehrere Millimeter großen Weibchen sind birnförmig und mit einer dicken Lackschicht bedeckt, die von röhrenförmigen Vorderstigmen durchbrochen werden (s. auch *Dactylopiidae*).

30. Coccidae (Lecaniidae), Napfschildläuse

Halbkugelige bis kugelige, runde oder langovale und bis 9 mm große, stark chitinisierte Schildläuse. Der Seitenrand des Körpers ist meist mit kleinen Dornen besetzt. Der Schild ist meist mit wachsartigen, klebrigen und zuckergußartigen Ausscheidungen bedeckt. Die Männchen sind geflügelt und mit 10gliedrigen Fühlern und mehreren Punktaugen versehen. Die Männchen entwickeln sich unter einem durchsichtigen Schild (Abb. 214a), den die Larven im 2. Stadium (Abb. 214b) anfertigen. Das Schild des Weibchens ist mit dem Körper verwachsen und kann mit dem Tier leicht von der Unterlage abgehoben werden. Die Eiablage erfolgt unter dem Schild, manchmal ist auch eine Ablage in Eisäcke zu beobachten. Die Weibchen haben 3, die Männchen 5 Entwicklungsstadien.

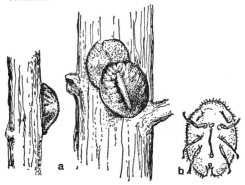

Abb. 214. Napfschildlaus.

Weiche Schildlaus, *Coccus hesperidum* L. Die ausgewachsene, rotbraune bis dunkelbraune, kugelig gewölbte Laus sitzt als Schild (Abb. 214a) unbeweglich auf Zweigen und Stengeln verschiedener Zierpflanzen. Sie können für Zuchtzwecke aus Gewächshäusern geholt werden, indem man besetzte Pflanzenteile einsammelt.

Zuchttechnik und Futter
Einrichtungen und Futter vgl. San José-Schildlaus (Seite 154). Verschiedene holzige Gewächse, wie junge Kaffee-, Orangen- oder Oleander-Bäumchen können, sofern man einen etwas verlängerten Entwicklungszyklus in Kauf nehmen kann, auch als Futterpflanzen verwendet werden.

Temperatur 26°C, RLF 75–90%, Photoperiode 14 Stunden/500–750 Lux.
Mit Schildläusen besetzte Pflanzenteile werden zuerst in eine feuchte Kammer, mit feuchtem Filterpapier ausgelegte Petrischale (Abb. 33), eingelegt. Die ausgeschlüpften Jungläuse werden dann mit einem Pinsel auf Melonen gesetzt und 2–3 Tage im Dunkeln gehalten. Bis dahin haben sich die Tiere auf der Frucht festgesaugt. Am besten ist es, wenn man nun die Frucht auf ein Gestell (Abb. 215) legt, da ein Rollen oder Kullern die Tiere beschädigen könnte. Nach 40–45 Tagen sind die Schildläuse adult. Die sich nun aus den Eiern entwickelnden Jungtiere werden umgesetzt, indem man die Frucht in eine mit Talkum ausgepuderte hohe Schüssel legt und sie mit einer Lampe anstrahlt. Die phototaktisch positiven Jungläuse sammeln sich auf der Frucht am lichtnächsten Punkt und können von dort mühelos mit einem Pinsel auf frische Früchte umgesetzt werden.
Die Infektion der genannten holzigen Pflanzen erfolgt durch Anstecken von mit alten Schildläusen besetzten Pflanzenteilen an die frischen Pflanzen.

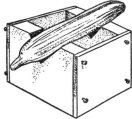

Abb. 215. Gurke auf Gestell zur Zucht der Napfschildlaus.

31. Aclerdidae   Kleine Schildlaus-
   Phenacoleachiidae   familien, haupt-
   Apiomorphidae   sächlich in
   Conchaspididae   überseeischen
   Cylindrococcidae   Gebieten
   Stictococcidae   beheimatet

32. Diaspididae, Deckelschildläuse

1 mm bis stecknadelkopfgroße, runde oder ovale bis langgestreckte und stark abge-

plattete Schildchen (Abb. 216 a). Der leicht ablösbare Schild ist nicht in Verbindung mit der darunter liegenden, meist gelb gefärbten und birnförmigen Laus (Abb. 216 b); er setzt sich zusammen aus zwei Larvenhäuten und ist schwarz, grau, braun, gelblich oder sogar weißlich gefärbt. Beim flachen, einen deutlich gegliederten Hinterleib aufweisenden Weibchen (Abb. 216 b) sind die Augen, Fühler und Beine meist nur rudimentär vorhanden. Die Männchen (Abb. 216 c) sind in der Regel geflügelt und haben 10gliedrige Fühler. Die Schilder der Männchen sind fast ausnahmslos kleiner und heller gefärbt als die der Weibchen. Die Deckelschildläuse ernähren sich phytophag von verschiedenen Pflanzen. Die aus den Eiern schlüpfenden Jungläuse (Abb. 216 d) können sich fortbewegen; nach dem Festsaugen verlieren sie die Fähigkeit der Lokomotion. Zweigeschlechtliche und parthenogenetische Fortpflanzung.

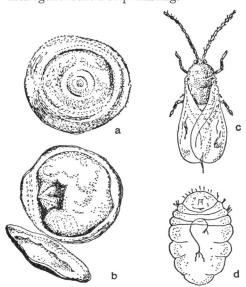

Abb. 216. Deckelschildlaus.

San José-Schildlaus, *Quadraspidiotus perniciosus* Comst.
Diese gelben bis gelbgrauen Schildläuse saugen an den verschiedensten Pflanzen-

teilen von Obstbäumen. Ihr Auftreten muß einerseits Pflanzenschutzämtern gemeldet werden, andererseits sind die Fundorte von diesen Ämtern zu erfahren. Erkennbar ist ihr Auftreten an den roten Punkten (Saugstellen) auf den Früchten. Die viviparen Weibchen sind nicht flugfähig, die Männchen sehr klein und flugfähig.

Zuchttechnik und Futter (nach MATHYS et al. modifiziert).
Käfig mit Deckenbeleuchtung (Abb. 411). Der Käfig wird in einer flachen, 2–3 cm mit Wasser gefüllten Wanne aufgestellt. Als Futterfrüchte dienen Kürbis und Melone, die auf einem Gestell, das die Bewegungen der Frucht verhindert, in den Käfig eingestellt werden (Abb. 215). Temperatur 27 °C, RLF 60 %, Photoperiode 15 Stunden/1500 Lux.
Die mit Schildläusen besetzten Pflanzenteile werden bis zum Ausschlüpfen der Jungtiere in einer feuchten Kammer gehalten (vgl. Abb. 33). Die Jungtiere werden dann auf die Futterfrucht gesetzt und solange im Dunkeln aufgestellt, bis sie sich alle gut festgesaugt haben. Dann wird die Frucht in den beleuchteten Käfig eingelegt. Nach 3 Häutungen im Abstand von 10–11 Tagen sind die Tiere adult. Wenige Tage nach der Kopulation gebären die viviparen Weibchen lebende Larven.
Außer Melone und Kürbis können auch Rüben und Möhren, die zur Hälfte in feuchten Sand gesteckt werden, sowie Stecklinge junger Obstbäume als Futterpflanzen verwendet werden. Nach BENDOV ließen sich Schildläuse auch gut auf bewurzelten Blättern von *Citrus limetta* züchten. Der Entwicklungszyklus nimmt aber etwas längere Zeit in Anspruch.

HYMENOPTERA, HAUTFLÜGLER

Landbewohnende, 0,3–50 mm große Insekten mit kauend-leckenden bis saugend-leckenden Mundwerkzeugen. Fühler verschiedenförmig, oft gekniet. Die Weibchen mit einem Gift- oder Legestachel am Kör-

perende. Die meist guten und gewandten Flieger besitzen 2 häutige, glasartige Flügelpaare. Die Vorderflügel sind länger als die Hinterflügel. In Ruhestellung liegen die Flügel über dem Hinterleib; während des Fluges werden die Flügel durch eine Hakenreihe am Vorderende des Hinterflügels zusammengehalten. Beine oft spezifiziert, so z. B. als Sammel-, Putz- oder Grabbein. Brust und Hinterleib durch Wespentaille oder breit und anschließend verbunden.
Die Larven sind je nach Lebensweise eucephal-polypod oder eucephal-apod. Die Entwicklung der Hautflügler ist holometabol.

1. Xyelidae

Kleine bis mittelgroße, nicht auffallend gefärbte Blattwespen mit 12gliedrigen Fühlern, deren 1. Glied verlängert, das 2. kurz und dick und die übrigen 9 dünn, fadenförmig sind. Sägescheide etwa so lang wie der Hinterleib. Larven leben phytophag auf Nadel- und Laubhölzern.

2. Megalodontidae

10–15 mm große, gelb-schwarz gezeichnete Blattwespen mit großem Kopf und mit von der Mitte ab einfach gekämmten Fühlern (Abb. 61). Larven phytophag, gesellig in Gespinsten auf niederen Pflanzen.

3. Pamphiliidae

Blattwespe, bis zu 15 mm groß, mit gedrungenem Körper und borstenförmigen Fühlern. Die Unterschenkel der Hinterbeine mit 5 charakteristischen Borsten. Die Sägescheide des Weibchens ist kurz. Larven phytophag auf Laub- und Nadelhölzern.

4. Blasticotomidae

8–10 mm große, bei uns nur durch 1 Art vertretene Blattwespe, mit kurzem und dickem, schwarzem Körper, 4gliedrigen Fühlern und grob gezähnter, spitz auslaufender Säge. Larven im Frauenfarn; äußerlich an Schaumklumpen am Blattstiel feststellbar.

5. *Argidae*

Rot-gelb bis schwarz-gelb gefärbte, glatt-glänzende, mittelgroße Blattwespen mit kurzem und dickem Körper. Das 3. Glied der charakteristischen, 3gliedrigen Fühler ist außerordentlich lang (Abb. 217). Larven phytophag auf Laubbäumen und niederen Pflanzen.

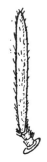

Abb. 217. Fühler der *Argidae*.

6. *Cimbicidae*, Keulhornblattwespen

Bis 25 mm große, robuste und verschieden gefärbte Blattwespen mit einem gedrungenem Körper und kurzen keulenförmigen Fühlern. Die Unterschenkel aller Beine tragen 2 Enddorne. Die Sägescheide ist nicht länger als der Hinterleib. Larven phytophag auf verschiedenen Laubbäumen und niederen Pflanzen.

7. *Diprionidae*, Buschhornblattwespen

Mittelgroße, kräftige und schwarz-gelb gezeichnete Blattwespen mit mindestens 18gliedrigen Fühlern, die beim Weibchen (Abb. 218a und 60) gesägt, beim Männchen gefiedert (Abb. 218b und 62) sind. Larven leben auf Kiefern. Verpuppung im Boden.

8. *Tenthredinidae*

Den Buschhornblattwespen (Abb. 219 a) sehr ähnlich. Die Fühler bestehen aus weniger als 18, meistens aus 9 Gliedern. Larven (Abb. 219b), im Aussehen gleich denen der Buschhornblattwespen, phytophag an verschiedenen Pflanzen. Z. T. gallbildend.

Abb. 218. Buschhornblattwespe (nach BORROR/DELONG).

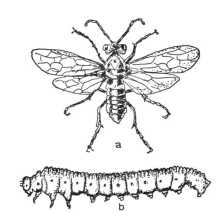

Abb. 219. Blattwespe (nach BORROR/DELONG).

Rübenblattwespe, *Athalia rosae* L.
Im Mai–Juni legen die Weibchen die Eier auf die Blätter verschiedener Kohlarten: Kohlrüben, Raps etc. Innerhalb weniger Tage schlüpfen die Larven aus, die nach einem 3wöchigen Blattfraß sich in einem Seidenkokon im Boden verpuppen. Für Zuchtzwecke fängt man entweder die

legereifen Weibchen oder sammelt die Larven von den Kohlpflanzen ab.

Zuchttechnik und Futter
Adulte: Flugkäfig, Abb. 205.
Larven: Siehe Abb. 197.
Temperatur 25 °C, RLF 80–90 %, Photoperiode 18 Stunden/2500 Lux (inkl. Infrarotstrahler, s. auch Kartoffelkäfer).
In den Flugkäfig werden frische Rapspflänzchen (in Wasser) eingestellt. Als Futter erhalten die Tiere HH-Teig (s. Seite 48) in einem flachen Schälchen oder Uhrglas und Wasser durch eine Dochttränke.
Die Wespen legen die Eier an den Rand der Rapsblätter. Täglich werden die jungen Rapspflanzen durch frische ausgewechselt. Die mit Eiern belegten werden dann in den Larvenkäfig in Wasser oder Nährlösung eingestellt. Als Käfigverschluß dient Nylongaze. Die ausschlüpfenden Larven fressen das Blattmaterial, verlassen zur Verpuppung die Pflanze und stellen auf dem Gipsboden die Puppenwiege her.
Präovipositionsperiode 3 Tage, Embryonalentwicklung 4 Tage, Larvalentwicklung ca. 3 Wochen mit 4 Häutungen im Abstand von 3–5 Tagen, Puppenruhe 8–10 Tage; 1. Kopulation nach wenigen Stunden.

Pflaumensägewespe, *Hoplocampa minuta* Christ.
Die glänzend schwarze, fliegenähnliche Wespe legt die Eier in die Blüte von Pflaumen und Zwetschgen. Die ausschlüpfende Larve frißt zuerst das Innere der Blüte und wandert dann auf die benachbarten Früchte über. Mit den notreif abfallenden Früchten gelangt die Larve auf die Erde, wo sie sich in einem Kokon verpuppt. Für Zuchtzwecke werden abgefallene Früchte mit Einstichloch eingesammelt (unmittelbar nach der Blüte). Die Wespe schlüpft dann erst im nächsten Frühjahr aus.

Zuchttechnik und Futter
Glas- oder Plastikschalen: Kristallisierschalen, die mit feuchter feinkrümeliger Gartenerde (oder Zonolith) gefüllt werden. Darauf legt man in 2 Lagen die eingesammelten Früchte und deckt sie mit einer Schicht unbefallener, gesunder grüner Früchte ab. Die Schalen werden dann bei 24 °C und 80–90 % RLF aufgestellt. Die ausgewachsenen Larven spinnen sich in einem Kokon 1–2 cm tief in der Erde ein. Werden die Schalen mit den unverpuppten Larven sonnengeschützt im Freien aufgestellt, wobei stets für genügend Feuchtigkeit zu sorgen ist, so erfolgt die Verpuppung erst im nächsten Frühjahr und die Wespen schlüpfen dann 3–4 Wochen später aus. Die Entwicklung einer Generation wird beschleunigt, wenn man die Schalen zuerst 3 Wochen lang bei 18 °C, dann 8 Wochen bei 5 °C und schließlich 2 Wochen bei 1 °C aufstellt und anschließend die Temperatur täglich um einige Grad bis auf 16–18 °C erhöht. Dann schlüpfen die Wespen innerhalb der weiteren 5 Wochen aus.

Nach der gleichen Methode lassen sich die **Birnensägewespe** (*Hoplocampa brevis* Klg.) und die **Apfelsägewespe** (*Hoplocampa testudinea* Klg.) züchten.

9. *Xiphydriidae*, Holzwespen

Den Siriciden sehr ähnliche, 10–20 mm lange Holzwespen, denen die plattenartige Chitinisierung auf dem letzten Hinterleibssegment fehlt. Larven leben im Holz verschiedener Bäume.

10. *Siricidae*, Holzwespen

10–40 mm große, meist gelb und schwarz oder metallisch blau gefärbte Holzwespen (Abb. 220a), deren letztes Hinterleibssegment auf dem Rücken glänzend und stark chitinisiert ist (Abb. 220b). Die stets größeren Weibchen haben einen kräftigen Legebohrer oder eine Sägescheide. Die Fühler der Wespen sind fadenförmig und bestehen aus mehr als 8 Gliedern. Eiablage im Holz. Xylophag lebende Larven (Abb. 220c) sind langgestreckt und spitz auslaufend.

Riesenholzwespe, *Urocerus (Sirex) gigas* L.

Die große, auffallende Wespe mit dem schwarz und gelb geringelten Hinterleib legt während der warmen Jahreszeit ihre Eier an kränkelnde, stehende oder frisch gefällte Fichten- oder Kiefernstämme. Die walzenförmigen Larven (Abb. 220c) finden sich oft massenhaft in den mit Holzmehl angefüllten Fraßgängen.

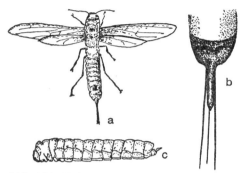

Abb. 220. Holzwespe.

Haltung und Aufzucht der Larven
Glasröhrchen von 20–30 cm Länge und 2,0–5 cm Durchmesser mit Drahtgazeverschluß.
Feinkörniges Sägemehl von alten, möglichst abgestorbenen Fichtenästen wird in gewöhnlichem Leitungswasser 60–90 Minuten gekocht und durch Spülen in heißem Wasser von anfallenden Harzrückständen gesäubert. Nach dem Trocknen an der Luft oder im Ofen füllt man das noch ca. 20% Wasser und 2% Trockenhefe enthaltende Sägemehl in den Glaszylinder ein. Durch stoßweises Klopfen wird eine hohe Dichte des Materials erreicht. Von den Larven unter 1,5 cm Länge setzt man 25–30, von den größeren 10–20 in den Zylinder. Bei gleichbleibenden Bedingungen und einer Temperatur von 28–30°C wird die larvale Entwicklungsdauer von 3–4 Jahren auf wenige Monate verkürzt.
Das gleiche Vorgehen kann für die Aufzucht von Larven der Kiefernholzwespe *(Sirex (Paururus) juvencus L.)* empfohlen werden.

11. Orussidae

Kleine, zwischen 5 und 15 mm große, den Holzwespen ähnliche Wespen mit abgedunkelten Flügelspitzen und z. T. rötlichem Hinterleib. Legebohrer des Weibchens einziehbar. Fühler beim Weibchen mit 10, beim Männchen mit 11 Gliedern. Larven sollen in anderen Insektenlarven im Holz parasitieren. Seltene Arten (2).

12. Cephidae, Halmwespen (Abb. 221)

5–20 mm große, schlanke, dunkle und z. T. bunt gebänderte Halmwespen mit zylindrischem und gegen die Spitze hin deutlich komprimiertem Hinterleib. Die Fühler sind 16–27gliedrig und fadenförmig. Die Flügel sind schmal. Sägescheide der Hinterleibsspitze überragend oder zurückstehend. Eiablage in Sproßachsen von Laubbäumen und verschiedenen anderen Pflanzen, worin sich auch die Larven entwickeln.

Abb. 221. Halmwespe (nach BORROR/DELONG).

Schlupfwespe, *Pimpla thrinella* F.
Die schwarze Schlupfwespe ist mit Legebohrer ca. 2 cm lang. Man findet sie im Frühjahr auf blühenden Pflanzen. Die Eier werden in Schmetterlingsraupen gelegt, wobei sich der Legebohrer in den Körper der Raupe einbohrt.

Zuchttechnik und Futter
Käfig mit Deckenbeleuchtung (Abb. 411). Temperatur 21–23°C, RLF 60–70%, Photoperiode 18 Stunden/2500 Lux.
Für die Fütterung von 50–100 Wespen pro Käfig verwendet man 10%iges Honigwasser in einer Dochttränke (Abb. 50). Als

Eiablagesubstrat legt man 10 junge Wachsmottenpuppen im Kokon auf einer Glasplatte (Objektträger) in den Flugkasten ein. Nach kurzer Zeit stechen die legereifen Wespen die Puppen an und legen die Eier ab. Sobald alle Puppen belegt sind (einige Minuten bis Stunden), setzt man sie in eine mit feuchtem Filterpapier ausgelegte Kristallisierschale um (Gazeverschluß). Je nach Bedarf und Anzahl der Schlupfwespen können mehrmals täglich frische Puppen in den Flugkäfig eingelegt werden. Nach 14 Tagen schlüpfen die jungen Wespen aus, die dann in den Flugkäfig umgesetzt werden müssen.

Präovipositionsperiode 10 Tage, Gesamtentwicklung Ei–Wespe 14 Tage.

13. Trigonalidae

Kleine, 10–12 mm große, parasitierende Wespen mit 24gliedrigen Fühlern und dunkel quergestreiften Flügeln. Die bei uns vorkommende Art parasitiert in Schlupfwespen. Selten!

14. Ichneumonidae, Echte Schlupfwespen

2 bis 30 mm große, verschiedenfarbige, schlanke, mit einem oft sehr langen Legebohrer ausgestattete Wespen (Abb. 222a). Die geknieten Fühler sind 16gliedrig und der Hinterleib schließt breit oder aber gestielt an die Brust an. Die Flügel sind schmal, weisen etwa in der Mitte des Vorderrandes eine dunkle Zeichnung auf (Abb. 222 b) und haben mit wenigen Aus-

nahmen die fünfeckige Cubitalzelle oder die Areola (Abb. 222 b/1). Die Eier werden an oder in andere Insekten, Schmetterlingsraupen, Käferlarven oder Spinnen gelegt, in denen die Larven sich ektooder endoparasitisch (außen oder innen) entwickeln. Die Adulten finden sich überall auf Blüten.

15. Agriotypidae

Dunkel gefärbte, 5–10 mm große Schlupfwespen mit dunkel quergebänderten Flügeln. Die Weibchen tauchen unter Wasser und stechen bzw. legen Eier in Köcherfliegenlarven.

16. Braconidae, Brackwespen

Dunkel gefärbte, eher kleine und träge Schlupfwespen (Abb. 223a). Der Vorderflügel (Abb. 223 c) hat nur *einen* rücklaufenden Nerv und der Hinterleib ist verschieden gestaltet, z. B. gestreckt oder gedrungen, flach oder gewölbt, gestielt oder ungestielt der Brust anschließend. Eiablage an oder in andere Insekten und deren Larven. Larvalentwicklung (Abb. 223 b) ekto- oder endoparasitär.

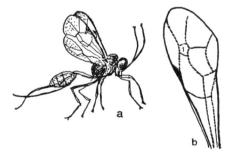

Abb. 222. Schlupfwespe *(Ichneumonidae)* (nach BORROR/DELONG).

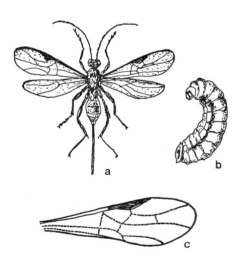

Abb. 223. Brackwespe.

Mehlmottenschlupfwespe, *Nemeritis canescens* Grav.

Die vorwiegend schwarz-gelbe Wespe mit dem teilweise rotbraunen Hinterleib beschafft man sich aus Getreidesilos, Müllereien und anderen Lagern, wo Mehlmotten *(Anagasta kuehniella)* vorkommen.

Zuchttechnik und Futter
Glaszylinder von 20–25 cm Höhe und 5–7 cm Durchmesser. Der Verschluß ist ein Korken, durch dessen Zentrum ein mit Watte verschließbares Glasrohr von 10 bis 15 mm Durchmesser (Abb. 224) führt. Temperatur 25 °C, RLF 75–80 %, diffuse Beleuchtung.

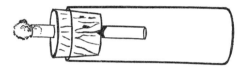

Abb. 224. Glaszylinder für die Zucht der Brackwespe.

In das als Zuchtkäfig hergerichtete Glas gibt man einige bandförmige Stückchen Filterpapier und setzt darauf weitentwickelte, vor der Verpuppung stehende (15–18 mm lange) Raupen der Mehlmotte. Anstelle der Mehlmottenraupen können solche der Dörrobst- und Heumotte als Wirtstiere verwendet werden.
Die Schlupfwespen werden mittels Exhaustor (Abb. 8) durch das Einfüllröhrchen im Korken in das Zuchtglas gebracht. Durch den Stich der weiblichen Wespen werden die Raupen gelähmt und die langen, schlauchförmigen Eier an die Raupen geheftet. Die ausschlüpfenden Larven saugen an den Mehlmottenraupen. Nach 4 Stadien verpuppen sich die Larven in einem weißen Kokon. Anzahl und Interval der Raupenzugabe richten sich entsprechend der Zuchtleistung. Nach HASE genügt eine ausgewachsene Mehlmottenraupe zur Aufzucht von 6–10 Wespenlarven.

Präovipositionsperiode 3 Tage, Embryonalentwicklung 24 Stunden, Larvalentwicklung 12 Tage, Puppenruhe 6 Tage.

17. *Stephanidae*

10–15 mm große, schwarz und gelbrot gezeichnete Schlupfwespen mit dünnen, borstenförmigen Fühlern und verdickten Hinterschenkeln. Der Hinterleib ist lang und gestielt und der Legebohrer überragt dessen Spitze. Eiablage in Käferlarven.

18. *Aulacidae*

Kräftige, schwarzbraun und rotbraun gezeichnete Schlupfwespen. Die Fußklauen zeigen unten 1 oder 4 Zähne. Die Fühler überragen die Körpermitte und haben einen verdickten Schaft. Parasitieren holzbewohnende Käfer und Holzwespenlarven.

19. *Gasteruptionidae*

Dunkel bis rostrot gefärbte Schlupfwespen mit langem und dünnem Körper, wobei der Stiel des Hinterleibes auslaufend dicker wird. Der Legebohrer ist lang. Die Fühler erreichen die halbe Körperlänge. Eiablage auf andere Hautflügler und dort ektoparasitisch.

20. *Evaniidae*, Hungerwespen

10–15 mm große, schwarz bis rostrot gefärbte Schlupfwespen mit langen, die Körpermitte oft überragenden Fühlern und schlankem oder gedrungenem Hinterleib, der gestielt oder konisch auslaufend der Brust anschließt. Der Legebohrer kann kurz oder lang sein. Die Wespen parasitieren u. a. Eipakete von Küchenschaben.
Laborzuchtversuche mit **Evania appendigaster** L., bei denen Eipakete von *Periplaneta americana* als Wirt Verwendung fanden, verliefen zum Teil mit gutem Erfolg. Der volle Entwicklungszyklus beanspruchte bei einer Temperatur von 28 °C 16 Tage.

21. *Ibaliidae*

Gallwespen mit schwarzer und roter Zeichnung und seitlich stark zusammengedrücktem, messerförmig abgeplattetem

Hinterleib, der länger ist als Kopf und Brust zusammen. Die Hinterbeine dieser 10–12 mm großen Gallwespen fallen auf durch verdickte Schienen. Parasitieren besonders Holzwespenlarven.

22. *Cynipidae*

Kleine, zwischen 1,5 und 4 mm große, dunkle nicht auffallend gefärbte Gallwespen mit gedrungenem und seitlich zusammengedrücktem Hinterleib; Die Fühler sind nicht gekniet und die Vorderflügel haben in der Mitte des Vorderrandes keine Verstärkung in Form eines dunklen Mals (Abb. 225a). Der Legebohrer tritt vor der Abdomenspitze aus. Die Unterfamilien *Eucilinae* und *Choripinae* leben parasitisch auf Fliegen und Schlupfwespen; die Vertreter der 3. Unterfamilie, die *Cynipinae*, leben auf Pflanzen und erzeugen Gallen (Abb. 225b).

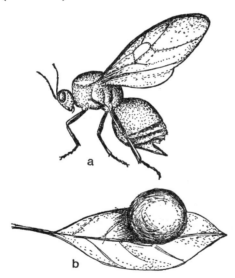

Abb. 225. Gallwespe (nach BORROR/DELONG).

23. *Figitidae*

Kleine, 2–3 mm große Hautflügler mit gestieltem Hinterleib, dessen 2. Segment größer und länger ist als das 3. oder umgekehrt. Sie parasitieren Schwebfliegen und Florfliegen.

24. *Leucospididae*, Erzwespen

Zwischen 5–10 mm große, schwarz-gelb gezeichnete und sehr lebhafte Arten mit vielgliedrigen Fühlern, stark verdickten und gezähnten Hinterschenkeln und gekrümmten, am Ende spitz ausgezogenen Hinterschienen. Die Vorderflügel sind längsgefaltet und der Legebohrer wird umgeschlagen auf dem Rücken getragen. Die Arten dieser Familie parasitieren Bienen.

25. *Chalcididae*

Kleinste Erzwespen in der Größe zwischen 0,5 und 1 cm mit dunkler Färbung. In Ruhestellung tragen sie die Flügel flach über dem Körper. Die Vorderflügel sind nicht gefaltet und das Geäder ist reduziert. Die Hinterschenkel sind verdickt und unten oft gezäht. Diese Erzwespen (Abb. 226) tragen gekniete Fühler, bei denen zwischen Schaft und Geißel 1–3 sehr kleine Segmente eingeschoben sind. Der Legebohrer ist einziehbar und tritt bauchseits vor der Hinterleibsspitze aus. Die Erzwespen sind hauptsächlich Parasiten, die die verschiedensten Entwicklungsstadien von Insekten befallen.

Abb. 226. Erzwespe *(Chalcididae)* (nach BORROR/DELONG).

Zahlreiche Chalcididen-Arten, als Endoparasiten von Schmetterlingsraupen und Käferlarven bekannt und aus diesen in Gefangenschaft oft massenhaft zu erhalten, lassen sich im Prinzip nach der für die Mehlmottenschlupfwespe beschriebenen Methode züchten und halten. Während viele Arten nur bei einer bestimmten Photoperiode aktiv sind und ihre Wirte anfallen, befallen andere, besonders solche auf Vorratsschädlingen, selbst in Dunkelheit ihre Beutetiere.

Von Art zu Art ist das Nahrungsbedürfnis verschieden und durch Fütterungsversuche abzuklären.

Eischlupfwespe, *Trichogramma cacoeciae* Marchal

Die dunkel gefärbten, äußerst kleinen, kaum 1 mm großen Schlupfwespen parasitieren die Eier verschiedener Insekten. Für Zuchtzwecke sammelt man im Sommer bis Herbst die Eier des Kohlweißlings, der Kohleule oder einer anderen häufigen Schmetterlingsart und hält diese bis zum Schlüpfen separiert in Glasröhrchen. Von Schlupfwespen parasitierte Schmetterlingseier sind meist grauschwarz verfärbt.

Zuchttechnik und Futter

Glasbehälter mit Verschlußkorken mit Einführstutzen (Abb. 224). Für höhere Zuchtansprüche empfiehlt sich die Verwendung des von H. ULRICH beschriebenen Zuchtkastens.

Wechseltemperatur:

16 Std. bei 27 °C und 1500–2000 Lux

 8 Std. bei 17 °C dunkel

oder dauernd bei 27 °C und 1500–2000 Lux. RLF 60–70%.

Der Glasbehälter enthält einige Filterpapierschnitzel, auf denen sich die Schlupfwespen aufhalten. Um datiertes Zuchtmaterial zu erhalten, setzt man Eier von Mehlmotten, Dörrobstmotten oder Getreidemotten für eine bestimmte Zeit, d. h. wenige Stunden bis 2 Tage, den Schlupfwespen vor. Hierzu bedient man sich der von H. ULRICH (Institut für biologische Schädlingsbekämpfung der BBA, Darmstadt; Prof. Dr. J. Franz) beschriebenen Methode. Danach werden die frisch abgelegten Wirtseier, die man wie in Abb. 330 dargestellt gewinnt, durch vorsichtiges und leichtes Blasen von den Schuppen befreit und auf einen weißen, leicht mit Gummi arabicum bestrichenen Karton geschüttet und darauf gleichmäßig verteilt. Nach dem Trocknen des Klebstoffes bilden die Eier einen dichten, gleichmäßigen Besatz (pro 1 cm² = 350–500). Diese sog. Eikarte, die bei 2–3 °C mehrere Tage im Kühlschrank gelagert werden kann, wird in schmale Streifen geschnitten und durch das mit Watte zu verschließende Glasrohr im Korken in das Zuchtgefäß geschoben. Der Streifen ist so lang, daß sich der eierbesetzte Teil im Glasinneren befindet. Das nicht besetzte Ende ragt durch das Glasrohr nach außen und erlaubt ein müheloses und leichtes Handhaben des Streifens. Als Futter für die Wespen bestreicht man die Schmalseite des Eikartons im Glasinneren mit einem Honig-Agar. Dieser besteht aus 0,5 g Agar, 25 ml Wasser, 3 Stück Würfelzucker und 26 g Honig. Die Mischung wird gekocht bis sie klar ist.

Zum Umsetzen der Wespen nützt man ihr phototaktisches Verhalten aus, indem sie jeweils mittels einer starken Lichtquelle vom alten Zuchtbehälter in den diesem aufgesetzten, neuen gelockt werden.

Die Lebensdauer der Schlupfwespen beträgt etwa 10 Tage. Die Vermehrung ist parthenogenetisch, und unmittelbar nach dem Schlüpfen aus dem Wirtsei parasitiert die Schlupfwespe frische Eier. Ein Weibchen erzeugt 100–120 Nachkommen. Die Entwicklungsdauer einer Generation beträgt bei Wechseltemperatur 12 Tage, bei konstanter Temperatur und Belichtung 9 Tage.

26. *Eucharitidae*

Schwarzgrüne, kleine Erzwespen mit stark entwickelter und hochgewölbter Brust, deren Schildchen (Mesonotum) nach hinten gegabelt ist. Der Hinterleib steht mit der Brust durch einen langen Stiel in Verbindung und ist seitlich abgeflacht. Diese Erzwespen parasitieren Ameisenpuppen.

27. *Perilampidae*

Sehr kleine, gedrungene, schwarz oder metallisch grün oder golden glänzende, den Eucharitiden ähnliche Erzwespen mit grob strukturiertem Brustschild. Die Radius-Vene des Vorderflügels ist kurz und kräftig, der Hinterleib (Abb. 227) ist nicht ge-stielt. Diese Insekten sind Hyperparasiten: sie parasitieren andere Parasiten innerhalb ihres Wirtes, z.B. Schlupf- oder Brack-wespen oder Tachinen.

Abb. 227. Erzwespe *(Perilampidae)* (nach BORROR/DELONG).

28. *Torymidae*

Kleine, bis 5 mm große, schlanke, metal-lisch grün bis golden gefärbte Erzwespen mit sehr stark entwickelten Hinterflügeln und Vorderbrust (Abb. 228). Der Lege-bohrer ist lang. Diese Insekten parasitieren andere Insekten.

Abb. 228. Erzwespe *(Torymidae)* (nach BORROR/DELONG).

29. *Mymaridae*, Zwergwespen

0,5–1 mm große, schwarz bis gelblich ge-färbte Wespen mit schmalen, gestielten und gekeulten an der Spitze bewimperten,

Abb. 229. Zwergwespe.

aderlosen Flügeln (Abb. 229) und langen, am Ende verdickten Fühlern. Die winzi-gen Wespen finden sich auf niederen Pflan-zen im Spätsommer. Sie parasitieren Eier anderer Insekten.

30. *Scelionidae*

Kleine Wespen mit scharf gerändertem Hinterleib, 12gliedrigen Fühlern (wenige Glieder bei verwachsener Keule) und Flü-geln mit Vorderrandnerv. Die Fühler sind nahe beim Mund invertiert. Parasitisch auf Fliegen.

31. *Heloridae*

Kleinste Wespen (Abb. 230), deren 16glied-rige Fühler ziemlich entfernt vom Munde invertiert sind, mit Flügeln mit reicher Äderung. Der Hinterleib ist lang gestielt. Sie parasitieren Blattläuse und Florfliegen.

Abb. 230. *Helorus* sp. (BORROR/DELONG).

32. *Proctotrupidae*

Kleine, 3–5 mm große Erzwespen mit 13gliedrigen Fühlern und einfacher Flügel-nervatur mit Mal. Der Hinterleib der Weibchen ist schwanzartig verlängert. Parasitieren Insekten, vor allem Fliegen und Käfer.

33. *Ceraphronidae*

Kleine Erzwespen, 2–4 mm groß, mit 9–11gliedrigen, geknieten Fühlern und ovalem, abgeplattetem nicht gestieltem Hinterleib. Parasitisch in Blattläusen, Schildläusen, Käfern und Fliegenlarven. Einige Arten sind Hyperparasiten.

34. Diapriidae

Kleine, 2–3 mm große, dunkel gefärbte Wespen, bei denen die Fühler auf einem Vorsprung in der Mitte des Kopfes invertieren. Die Äderung der Vorderflügel ist sehr schwach; die der Hinterflügel besteht aus einer Zelle nahe der Wurzel. Parasitisch in Fliegenlarven.

35. Methochidae

Die ameisenähnlichen, 6–8 mm großen Weibchen der einzigen Art dieser Familie sind flügellos, schwarz glänzend und haben fadenförmige, kurze Fühler. Die Brust ist seitlich abgeflacht. Die Männchen sind größer, 7–10 mm lang und geflügelt; ihre Fühler lang und dünn, die Hinterleibsspitze nach oben gekrümmt und spitz auslaufend. Diese Hautflügler parasitieren die Larven der Sandlaufkäfer (Cicindela).

36. Tiphiidae

Dunkle, oft auch hell gezeichnete, leicht behaarte mittelgroße Wespen, bei denen die Männchen einen nach oben gekrümmten und dornförmigen Hinterleib haben. Die Vorderflügel sind leicht geädert und weisen 2–3 Cubitalzellen auf. Parasitisch in Lamellicornia (Maikäfer, Nashornkäfer).

37. Scoliidae

5–20 mm große, oft bunt gezeichnete und behaarte Wespen, mit reich geäderten Vorderflügeln. Die Weibchen bohren sich in die Erde und legen ihre Eier in Engerlinge.

38. Myrmosidae

Bei uns nur mit 1 Art vertreten. Die 5 bis 6 mm großen, dunkel gefärbten Weibchen sind flügellos (Abb. 231) und haben eine mehr oder weniger viereckige, hinten und vorne abrupt abschließende Brust. Die geflügelten Männchen, schwarz mit weißlicher Behaarung und fadenförmigen Füh-

lern, finden sich auf Doldenblüten. Parasitieren verschiedene Wespen und Bienen.

Abb. 231. *Neozeloboria* sp. (BORROR/DELONG).

39. Mutillidae, Spinnenameisen

Zwischen 5–15 mm große, z. T. bunt gezeichnete Arten, deren Weibchen flügellos und langbeinig sind. Die Männchen sind geflügelt und deutlich größer als die Weibchen. Die Spinnenameisen (Abb. 232), deren Stich sehr schmerzhaft ist, parasitieren andere Wespen und Bienen. Die Männchen leben auf Blüten.

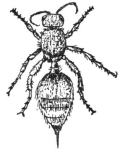

Abb. 232. Spinnenameise (nach BORROR/DELONG).

40. Chrysididae, Goldwespen

Prächtige, metallisch violett, blau oder grün schillernde, 1–15 mm große Wespen. Die Stachel der Weibchen sind rückgebildet. Sie können nicht stechen, ihr Hinterleib ist bauchseits eingewölbt, so daß sie sich bei Gefahr zusammenrollen und einkugeln können.
Am Hinterleib sind ferner nur 2–4 Segmente sichtbar; beim Weibchen bilden die restlichen eine teleskopähnliche, zusammenschiebbare Legeröhre. Die Flügeläderung ist rudimentär (Abb. 228). Parasitieren Larven von Blatt-, Grab- und Falten-

wespen, Bienen, Käferlarven und Schmetterlingsraupen.

41. Embolemidae

Den Dryciniden sehr ähnlich, die Weibchen haben keine Klammerfüße, Kopf eher rundlich.

42. Myrmicidae, Knotenameisen

2–10 mm große, schwarzbraun bis rostrote Ameisen mit 2gliedrigem Stiel (Abb. 233) zwischen Brust und Hinterleib. Gut entwickelter Stachel, Giftdrüse und Fühler gekniet. Die Ameisen bauen Nester unter Baumrinden und Moos, in morschem Holz. Sie leben in Kolonien, ernähren sich räuberisch von anderen Insekten und deren Larven. Mykophag, phytophag, zoophag, raptorisch.

Abb. 233. Knotenameise.

Pharaoameise, *Monomorium pharaonis* L.
Die ca. 2 mm großen Arbeiter sind bernsteingelb gefärbt, die Hinterleibsspitze ist etwas dunkler. Die ca. 4 mm großen Königinnen sind bräunlichgelb, die Männchen schwarz-gelb. Die Ameise liebt die Wärme und ist deshalb in Gebäuden aller Art, auch in Wohnhäusern zu finden. Sie ernährt sich von verschiedenem pflanzlichem und tierischem Material. Mit angefeuchtetem Trockenfleisch als Köder und einer Reusenfalle kann die Ameise nachgewiesen und gefangen werden.

Zuchttechnik und Futter
(nach A. Buschinger)
Plastikbehälter mit Deckel (ca. 20 × 20 × 7,5 cm). Als Brutkammer stellt man in den Zuchtbehälter zwei kleine Plexiglas- oder Plastikdosen ein, deren Boden etwa 5 mm

hoch mit Gips ausgegossen ist. Unmittelbar über der Gipsschicht befindet sich in jeder Dose eine Öffnung. Eine Dose wird ständig feucht, die andere trocken gehalten. Der Zuchtbehälter enthält ferner eine Teller- oder Dochttränke (Abb. 234). Der gesamte Käfig wird in eine mit Öl oder Talkum ausgestrichene Blechwanne gestellt.

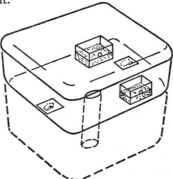

Abb. 234. Behälter für die Zucht der Knotenameise.

Temperatur 30 °C, RLF 70–80 %.
Man beginnt die Zucht mit mindestens einer legereifen Königin und mindestens 50–100 Arbeitern. Die Tiere werden mit angetrocknetem fettfreiem Muskelfleisch und 50 %igem Honigwasser, zerkleinerten Küchenschaben oder Mehlkäferpuppen gefüttert.
Die frisch geschlüpfte Königin kopuliert nach 3 Tagen und beginnt nach weiteren 2 Tagen mit der Eiablage. Die Populationsdichte in dem Zuchtbehälter sollte pro 20 cm² 1 Königin mit 200–400 Arbeitern betragen. Wird die Kolonie größer, so muß der Zuchtraum ebenfalls vergrößert werden. Hierzu setzt man einen gleichgroßen Zuchtbehälter auf den bestehenden und bohrt einige ca. 3–4 cm große Öffnungen in die aufeinander liegenden Flächen (Boden und Deckel). In den neuen Behälter müssen ebenfalls Brutkammern eingestellt werden. Der Deckel des obersten Zuchtbehälters muß einige Luftlöcher mit Nylongazebespannung aufweisen.
Es ist ratsam, die Zuchtbehälter im Dunkeln aufzustellen.

Die rötlichgelbe **Myrmica laevinodis** und die hell bis dunkelbraun gefärbte **Myrmica scabrinodis** werden nach der für die Wegameise, *Lasius niger* F., beschriebenen Zuchtmethode gezüchtet. *M. laevinodis* baut ihre Nester auf feuchtem schwerem Boden, z.B. am Rand von Sümpfen, aber auch unter der Rinde vermodernder Bäume. *M. scabrinodis* ist in trockenem Sandboden unter Steinen zu finden. Die Geschlechtstiere schwärmen von Juli bis September.

43. *Poneridae*

Zwischen 3 und 8 mm große, dunkelbraun bis rot gefärbte Ameisen mit 1gliedrigem Stiel zwischen Brust und Hinterleib (Abb. 235). Der Hinterleib ist zwischen seinem 1. und 2. Ring eingeschnürt. Bilden Kolonien unterirdisch oder in sonstigen Verstecken und ernähren sich zoophag, zoonekrophag, raptorisch, zoosuccivor. Weibchen und Arbeiter haben einen Stachel.

Abb. 235. Gestielte Ameise.

44. *Dolichoderidae*

Kleine bis mittelgroße Ameisen, deren Hinterleib nur mit einem 1gliedrigen Stiel mit oder ohne Schuppe und der Brust verbunden ist. Stachel und Giftdrüse sind zurückgebildet. Die Larven bilden bei der Verpuppung keinen Kokon. Bilden Kolonien unter Steinen, in morschem Holz und ernähren sich zoophag, nekrophag, zoosuccivor.

45. *Formicidae*

Dunkelbraune bis rotbraune, kräftige Ameisen von 3–20 mm Länge. Das Stielchen zwischen Brust und Hinterleib ist 1gliedrig (Abb. 235, 236a) mit einer hohen, breiten Schuppe versehen. Die Puppen leben in einem Kokon.

Einige Arten schleppen fremde Ameisen in das Nest und halten sie als Sklaven. Bilden Kolonien.
Die Ernährung ist zoophag, raptorisch, meliphag, succivor.

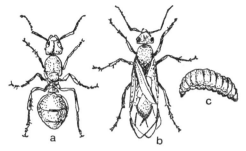

Abb. 236. Rote Waldameise.

Rote Waldameise, *Formica polyctena* Foerster

Die Nester dieser Ameisen sind kegelförmig angelegt und messen an der Basis mehr als 1 m im Durchmesser. In einer Kolonie können bis zu 100 Königinnen (Geschlechtstiere) gleichzeitig leben. Neue das Nest verlassende Geschlechtstiere (Abb. 236 b) schwärmen bereits im Frühsommer (Mai–Juni). Die Rote Waldameise, im Flachland und in Coniferenwäldern vorkommend, ernährt sich von anderen Waldinsekten. Für Zuchtzwecke sammelt man an der Basis des Nestes Material, das neben Arbeitern, Larven (Abb. 236 c), Puppen und Eiern auch Königinnen enthalten sollte. Für den Transport verwendet man Metallbehälter mit Nylongazeverschluß.

Zuchttechnik und Futter
Glas- oder Metallbehälter (80 × 80 × 40 cm), in dessen Mitte ein ca. 30 × 30 × 20 cm großer Gipsblock mit einem bis fast auf den Boden reichenden Trichter (eingegossen) aufgestellt wird (Abb. 237). Durch den Trichter wird der Gipsblock ständig feucht gehalten. In den Zuchtbehälter füllt man dann ca. 20 cm hoch feuchte Walderde und breitet das Nestmaterial aus. Es ist ratsam, um den Gipsblock herum noch einige Steine als Versteck auszulegen.

Temperatur 26°C, RLF 70%, Photoperiode 14 Stunden/500–1000 Lux.

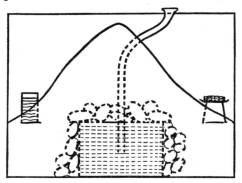

Abb. 237. Anordnung für die Zucht der Roten Waldameise.

Die Ameisen versorgen innerhalb kurzer
Zeit ihre Brut unter und zwischen den
Steinen in unmittelbarer Nähe des feuch-
ten Gipsblockes. Als Futter erhalten die
Tiere HH-Teig (vgl. Seite 48) und zer-
schnittene Insekten (Mehlwürmer, Raupen
etc.). Das Futter wird in mehrere Schäl-
chen verteilt im Behälter aufgestellt. Als
Tränken dienen Schwimmertränken (Abb.
52).
Nach der gleichen Methode können auch
andere Arten der **Formica-rufa-Gruppe**
gehalten werden. So z. B. *Formica lugubris*
Zett. aus dem Gebirge, *F. rufa* L. im Forst,
F. pratensis Retz. auf Wiesen, Wegborden,
Magerwiesen. Ebenso gut läßt sich auch
Formica fusca L. halten. Diese Ameise lebt
in Nestern in Baumstümpfen, morschen
trockenen Ästen etc. Die relativ kleinen
Nester beherbergen nur wenige Königinnen. Im Juli-August schwärmen die etwa
5–7 mm großen Geschlechtstiere.

Glänzendschwarze Holzameise,
Dendrolasius fuliginosus Latr.
Die 4–5 mm großen, glänzendschwarzen
Arbeiter dieser Ameisenart legen die
Nester in ausgehöhlten Bäumen mit feuch-
ten Standorten an, wobei sie Kammern aus
mit weißen Fäden durchzogener Papier-
masse anfertigen. Die Tiere bilden lange
Straßen. Sie bevorzugen als Nahrung

die süßen Ausscheidungen verschiedener
Blattlausarten. Die jungen Geschlechtstiere schwärmen im Sommer am Abend
und in der Nacht. Die Tiere werden für
Zuchtzwecke mit Nestmaterial aus Baum-
höhlen gesammelt.

Zuchttechnik und Futter
Für die Haltung großer Ameisenkolonien
bedient man sich sog. Etagen-Formicarien
(Abb. 238 a). Diese werden mit aus Gips
gegossenen Einzelkammern hergestellt
(Abb. 238 b). Für ihre Herstellung ver-
gleiche die für *Lasius niger* beschriebene
Methode. Grundriß auch hier verwendbar
(Abb. 239 c).

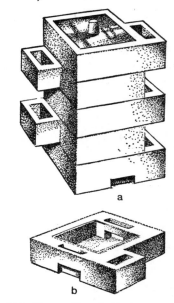

Abb. 238. Etagen-Formicarium.

Die Kammern werden so aufeinanderge-
stellt, daß die großen Räume übereinander
liegen, die kleinen erkerartigen Anhänge
abwechselnd rechts und links gemäß Abb.
238a seitlich herausragen. Gleichzeitig
werden die in den Seitenwänden befindlichen Öffnungen (Abb. 238b) so aufeinander gelegt, daß vertikale Gänge entstehen
und die Tiere sich im gesamten Gebäude
frei bewegen können. In dem untersten

Element ist eine »Eingangsöffnung« (Abb. 238b) ausgespart. Diese Anordnung ermöglicht es außerdem, daß die Tiere ihre Straßen markieren können. Vor dem Zusammensetzen der einzelnen Elemente ist peinlichst auf Risse und Spalten im Gips zu achten, diese müssen sorgfältig mit Fensterkitt oder Gips ausgestrichen werden. Diese Anordnung wird in einer großen Plastik- oder Glaswanne, die mit Gipsboden versehen und mit Erde ca. 10 mm hoch gefüllt ist, aufgestellt. Außen und innen wird der obere Wannenrand mit Vaseline oder Talkum (vgl. Barriere, Seite 55) bestrichen.

Temperatur 26 °C, RLF 80%, Photoperiode 14 Stunden/500–1000 Lux.
Das mit einigen Tausend Tieren besetzte Nestmaterial wird auf der trockenen Erde oder dem Gipsboden der Wanne ausgebreitet. Dann stellt man als Futter mehrere Schälchen mit HH-Teig (vgl. Seite 48) und eine Schwimmertränke (Abb. 52) ein. Durch häufiges Füllen der Erker mit Wasser wird im Formicarium selbst die erforderliche Feuchtigkeit erzielt. Der Wannenboden muß stets trocken bleiben.
Die Ameisen »beziehen« innerhalb weniger Tage das »feuchte« Haus. Das Nestmaterial kann dann aus der Wanne entfernt werden. Statt dessen muß man nun Watte und trockene Humuserde auf dem Gipsboden auslegen. Diese Materialien verwenden die Tiere zur Herstellung der Brutkammern. Nach dieser Methode können Ameisenkolonien über Monate bis Jahre gehalten werden.

Schwarzgraue Wegameise, *Lasius niger* F.
Die Arbeiter dieser 3–5 mm großen Ameisenart sind braun gefärbt und haben hellbraune bis rotgelbe Tarsen. Die Nester werden unter der Erde, unter Steinen, unter der Rinde alter Bäume angelegt. Zum Nestbau in Wiesen fertigen die Tiere aus Halmen und Stengeln Kuppeln an. Die Ameisen ernähren sich von den süßen Ausscheidungen verschiedener Blattlausarten. Zu den Läusen gelangen die Ameisen auf

oberirdischen und unterirdischen Straßen, die sie meist vorher mit Pflanzenmaterial abdecken. Die Geschlechtstiere schwärmen im Sommer. Für Zuchtzwecke bringt man möglichst mit allen Entwicklungsstadien besetztes Nestmaterial ein.

Zuchttechnik und Futter
Für die Haltung kleiner Ameisenkolonien verwendet man einfache, in mehrere Kammern, die durch Gänge miteinander verbunden sind, unterteilte Gipselemente (Abb. 239 b). Zur Abdeckung verwendet man Glasplatten.

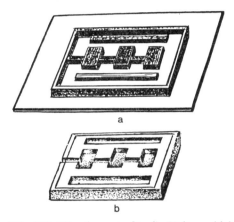

Abb. 239. Gipselemente für die Haltung kleiner Ameisenkolonien.

Die Herstellung solcher Gipselemente ist denkbar einfach. Auf einer als Unterlage dienenden Glasplatte legt man einen der äußeren Form entsprechenden Holzrahmen (30 × 20 × 4 cm) auf. In diesen Rahmen füllt man bis ca. 2–3 mm unter der Kante eben noch sahnig-fließenden Gipsbrei ein (Gips : Wasser = 1 : 1). In den dann bereits »ziehenden« Gips drückt man gemäß Abb. 239a Styroporplatten von der den notwendigen Aussparungen (Kammern, Gänge, Gräben) entsprechenden Größe und in der dem Grundriß entsprechenden Anordnung ein. Die Gipsoberfläche wird dadurch angehoben, alles was über die Oberkante des Holzrahmens drückt, wird abgeschabt. Dann drückt man eine 28 × 18 cm große Glasplatte 2–3 mm in den langsam erhärtenden Gips ein. Die dem Gips aufliegende Seite der Platte wird vorher sorgfältig mit Öl oder Vaseline bestrichen. Dadurch wird das Ablösen vom erstarrten Gips erleichtert. Sowie der Gips vollständig erhärtet ist, löst man das Styropor mit Aceton heraus und entfernt die zurückbleibende Kunststoffhaut mit einer Pinzette. Anschließend verdampft man das eventuell noch in den Gips eingedrungene Aceton sorgfältig. Die Glasplatte wird schwarz angestrichen und dann auf das Gipselement in ihre Aussparung eingelegt. Ein in der Mitte der Platte aufgeklebter Korken erleichtert das Abnehmen. Anstelle von Styroporblöcken können auch Holzblöcke verwendet werden. Diese müssen aber vor dem Eindrücken sorgfältig eingefettet werden.

Diesen »Ameisen-Bungalow« setzt man in einen großen Glas- oder Metallbehälter (Abb. 240).

Dieser Behälter hat entweder einen Gipsboden oder ist mit Erde ausgefüllt. Gips oder Erde müssen absolut trocken sein. Der obere Rand des Behälters wird mit Talkum oder Vaseline eingestrichen (vgl. Barriere, Seite 55). Um ein Abziehen der Feuchtigkeit in die Unterlage zu verhindern, stellt man den »Bungalow« auf kleine Glasflaschen oder Metallbüchsen (Abb. 240). Die Erde oder der Gipsboden dienen gleichzeitig als Auslauf und sind daher durch ein Holzbrettchen mit dem Eingang verbunden.

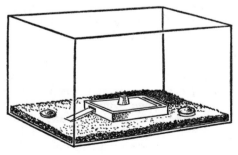

Abb. 240. Ameisen-Bungalow in Glas- oder Metallbehälter.

Temperatur 26 °C, RLF 80 %, Photoperiode kontinuierlich 500–1000 Lux.

In einer Ecke des großen Behälters wird das eingebrachte Nestmaterial ausgebreitet. Allmählich verlassen die Insekten das langsam austrocknende Material und tragen die Eier, Larven und Puppen in das feuchte Formicarium.

Gefüttert werden die Tiere mit HH-Teig (vgl. Seite 48), zerschnittenen Mehlwürmern oder kleinen, fettfreien Fleischstückchen. Als Tränke verwendet man eine Schwimmertränke (Abb. 52).

Mit Einzelpärchen von *Lasius niger*, die an heißen Sommertagen massenhaft schwärmen und leicht einzufangen sind, lassen sich mühelos Kolonien in solchen Gips-Formicarien aufziehen. Mit dem oben erwähnten Futter und den beschriebenen Zuchtbedingungen beginnt das Weibchen, das seine Flügel abgeworfen hat, nach ca. 10 Tagen mit der Eiablage. Das Weibchen pflegt seine ersten Eier selbst und füttert auch die wenige Tage später ausschlüpfenden Larven. 4 Wochen später sind die ersten Puppen sichtbar und nach einer weiteren Woche die ersten Jungameisen. Die Pflege und Aufzucht der weiteren Brut übernehmen dann diese ersten Arbeiterinnen. Eine so aufgezogene *Lasius*-Kolonie im Labor zählte 2 Jahre nach ihrer Gründung ca. 15 000 Individuen.

Die **Roßameise**, *Camponotus herculeanus ligniperdus* Latr. wird nach der für die glänzendschwarze Holzameise *(Dendrolasius fulginosus)* beschriebenen Methode gezüchtet. Die bis zu 15 mm großen Tiere sind sehr scheu. Sie leben am Rand von Nadelwäldern und zernagen Wurzeln und abgestorbene Baumteile. Aus diesem Kaumaterial stellen sie die Kammern her. Die Geschlechtstiere schwärmen im Mai bis Juli. Für Zuchtzwecke sammelt man auch von dieser Ameisenart Nestmaterial mit möglichst allen Entwicklungsstadien und Individuen ein. Dabei ist aber schnelles umsichtiges Arbeiten erforderlich, denn die Tiere verkriechen sich sehr schnell in den unterirdischen Nestteilen. Es ist daher zu empfehlen, große, mit Fraßgängen durchzogene Baumstücke zu suchen. Zum Bau der Kammern legt man den Tieren 30 Minuten lang gekochte Kiefern-, Föhren- oder Rottannen-Wurzeln neben die Wohnkammer.

Die Bildung einer Kolonie mit einem Einzelpaar bzw. einer gefangenen Königin, die ihre Flügel bereits abgeworfen hat, ist möglich mit der bei *Lasius niger* auf S. 168 beschriebenen Methode für Einzelpaare.

Nach der für *Lasius niger* beschriebenen Methode können die folgenden Ameisenarten gehalten und gezüchtet werden:

Gelbe Wiesenameise, *Lasius flavus* F.
Diese gelbe bis braune kleine Ameise ernährt sich u. a. von den Ausscheidungen verschiedener Wurzelläuse. Ihre Nester liegen unter Steinen, in der Erde etc., an feuchten Plätzen. Auch auf Wiesen bauen diese Ameisen kuppelförmige Nester, die im Laufe der Zeit mit Gras bewachsen und dann eine Höhe von ca. 30 cm haben können. Die Geschlechtstiere schwärmen von Juli bis September.

Rasenameise, *Tetramorium caespitum* L.
Die flachen oder kugelförmigen Nester dieser kleinen Ameise sind oft sehr ausgedehnt und finden sich an trockenen, sonnigen und sandigen Plätzen, z. B. an Waldrändern, an Wiesenrändern, in Rasen- und Parkanlagen. Ihre Nahrung besteht aus verschiedenen tierischen und pflanzlichen Stoffen. Ebenso wie die Hausameisen sind sie auch häufig in Gebäuden zu finden. Die Geschlechtstiere schwärmen im Juni–Juli.

Tapinoma erraticum Latr. Die 2–3 mm lange Ameise ist dunkelbraun bis schwarz gefärbt und baut das Nest mit flachem Oberbau an sonnigen und trockenen Orten, wie Wiesen, Wegrändern etc. Die Nahrung besteht aus toten Insekten sowie den Ausscheidungen von Schild- und Blattläusen. Die Geschlechtstiere schwärmen im Juni–Juli. In den Kolonien sind das ganze Jahr hindurch Königinnen zu finden.

46. *Sapygidae*

Zwischen 5 und 10 mm große, überwiegend schwarz und gelb gezeichnete Wespen mit kurzen Beinen, weit voneinander stehenden, bis hinter die Brust reichenden Fühlern und schlankem nicht gestieltem, kurz behaartem Hinterleib. Parasitieren Grabwespen und Bauchsammlerbienen.

47. *Eumenidae*

Schwarzgelb gezeichnete, 10–25 mm große Wespen mit gestieltem oder relativ breit der Brust anschließendem Hinterleib. Bei einigen Arten ist das 2. Segment des Hinterleibes glockenförmig erweitert.
Bauen Kammern in Lehm und Sand und tragen Insekten als Futter ein.

48. *Vespidae*, Faltenwespen

Zwischen 10 und 30 mm große, stacheltragende, meist gelb-schwarz gezeichnete, nicht oder kaum behaarte Wespen mit geknieten, 12- bzw. 13gliedrigen Fühlern. In Ruhestellung tragen sie die Flügel der Länge nach gefaltet, die großen Facettenaugen sind auf der inneren Seite nierenförmig ausgerandet. Die Faltenwespen leben sozial, in Staaten oder solitär. Sie ernähren sich von zuckerhaltigen Stoffen; ihre Brut dagegen versorgen sie vorwiegend mit tierischer Nahrung. In den Nestern, die aus Lehm oder papierartigem Material bestehen, entwickeln sich aus den Eiern die neuen Wespen. Die Staaten sterben mit dem Einbruch des Winters ab, nur wenige Tiere überwintern und bauen im Frühjahr neue Staaten auf.

Verschiedene Wespen, z. B. **Feldwespe,** *Polistes dubius* Kohl, **Deutsche Wespe,** *Vespa germanica* F., **Gemeine Wespe,** *Vespa vulgaris* L., **Hornisse,** *Vespa crabro* L., können bei 28–30 °C, einer RLF von

85–95% und einer Photoperiode von 14 bis 16 Stunden/2000–3000 Lux gehalten werden.

Abb. 241. Faltenwespe (nach BORROR/DE-LONG).

Als Futter setzt man 25%iges Honigwasser in einer Klettertränke (Abb. 51) und Wasser in einer Schwimmertränke (Abb. 52) vor. Außerdem füttert man HH-Teig (vgl. Seite 48), den man auf einem Schemel auf halber Höhe im Flugkasten auslegt. Tierische Kost, die gerne angenommen wird, besteht aus lebenden Fliegen, die im Käfig freigelassen werden. Der Flugraum soll möglichst groß sein.

Für kleinere Kolonien oder Populationen (20–50 Tiere) empfiehlt sich eine Käfiggröße von etwa 1 m³ (1 × 1 × 1 m). Holzrahmen, mit Rebgaze überspannt, eignen sich gut für solche Zwecke. Eine Seitenwand ist durch einen Reißverschluß zu öffnen bzw. zu schließen. Wespen ohne Nest werden direkt in den Käfig gesetzt. Als Sitzplatz dient ihnen eine mit feuchter Erde gefüllte Saatschale (30 × 40 × 10 cm), in der einige 40–50 cm hohe und 3–5 cm dicke Holzpfähle stecken. An diesem Material unternehmen die Wespen auch ihre ersten Nestbauversuche. Wespen mit Brut finden die gleichen Bedingungen. Die Brut wird in einem Holzkistchen, das ein Aus- und Einflugloch von 3 cm Durchmesser hat, untergebracht und im Flugkäfig aufgestellt.

49. Masaridae

5–7 mm große, gelb-schwarz gezeichnete Wespenarten mit ungeknieten, am Ende keulenförmig verdickten 12gliedrigen Fühlern. Die Nester aus Erde sind klein und näpfchenförmig und werden übereinander an Pflanzenstengeln befestigt.

50. Ceropalidae

Den Wegwespen (Pompiliden) sehr ähnlich; Fühler dick fadenförmig und nicht eingerollt getragen. 5–10 mm groß. Parasitische Lebensweise; belegen Spinnen (Tracheentasche) die bereits durch andere Wegwespen parasitiert und gelähmt sind, mit Eiern.

51. Pompilidae, Wegwespen

Mittelgroße, schlanke, schwarze Wespen mit rostroter Hinterleibbasis. Fühler lang und dünn, bei den Weibchen eingerollt (Abb. 242). Die Hinterbeine lang, deren Schienen am Endrand bedornt. Die Wegwespen laufen aufgeregt mit zitternden Flügeln umher und fliegen in kurzen Sprüngen. Sie fangen Spinnen und tragen diese in ihre Zellen.

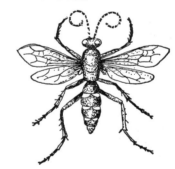

Abb. 242. Wegwespe (nach BORROR/DELONG).

52. Sphecidae

3–28 mm große, schlanke, schwarz und gelb oder schwarz und rot gezeichnete Wespen, deren 1. Brustsegment seitlich die Flügelwurzeln nicht erreicht. Die Grabwespen tragen durch den Stich gelähmte Insekten (Fliegen, Käfer, Raupen und allerlei Larven) und Spinnen in ihre Nester und Kammern im Boden oder in Hohlräume und belegen sie mit Eiern.

3. *Apiden*, Bienen oder Blumenwespen

5–25 mm große, meist pelzig behaarte Insekten mit beißend-kauenden und leckend-saugenden Mundwerkzeugen, einziehbarem Giftstachel und breitem, behaartem 1. Fußglied. Die Fühler sind gekniet, beim Weibchen 12-, beim Männchen 13gliedrig. Sie ernähren sich von Nektar und tragen Blütenstaub oder zuckerhaltige Ausscheidungen von Pflanzen und Insekten zum Füttern ihrer Brut im Volk ein.
Einteilung der Bienen in drei Gruppen:

a) Solitäre Sammelbienen

Die Weibchen bauen Brutkammern, in die sie die Nahrung für die Larven eintragen. Der Pollen wird mit speziellem Apparat (Haare oder Bürsten am Bauch und an den Beinen) eingesammelt. Unter anderem gehören dazu: Maskenbienen, Seidenbienen, Furchenbienen, Sandbienen, Scheinlappenbienen, Schlürfbienen, Sägehornbienen, Holzbienen, Langhornbienen, Mörtelbienen, Waldbienen, Blattschneiderbienen.

Abb. 243. Solitäre Sammelbiene (nach BORROR/DELONG).

Mauerbiene, *Osmia rufa* L.
Das ca. 10 mm lange, erzgrüne Insekt, mit schwarz behaartem Kopf, gelbgrau behaarter Brust und vorne hell, zum Ende hin schwarz behaartem Hinterleib ist im frühen Frühjahr auf verschiedenen Frühlingsblumen zu finden. Die Weibchen legen die Nester mit Vorliebe in Spalten, Ritzen und Löchern (Hauswände) an.

Zuchttechnik und Futter
Etwa 10 cm lange und 5 mm weite Pappe- oder Bambusröhrchen werden gebündelt oder dicht nebeneinander gelegt in einer Blechbüchse (Abb. 244) horizontal an eine vor Regen geschützte und von der Morgensonne beschienene Mauernische, Fensternische oder Ähnlichem angebracht.

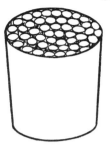

Abb. 244. Röhrchen in Blechbüchse für die Zucht der Mauerbiene.

Ebenso kann man die Büchsen in Steilwände, beispielsweise in einem Steinbruch oder einer Kiesgrube, horizontal und mit der Oberfläche bündig eingraben. Diese künstlichen Brutröhren müssen in der 2. Märzhälfte angebracht werden. Beim Aufbau des Nestes tragen die Bienen sehr viel Pollen in die Röhren. Aus Sand, Lehm und Speichel stellen sie einen Mörtel her und bauen daraus die Zwischenwände der Zellen. Bis Juli–August dauert der Nestbau. Im Herbst findet man dann die Imagines, die im folgenden Frühjahr ausfliegen. Für die Haltung legt man die mit Zellen ausgebauten Röhrchen in einen mit Deckenbeleuchtung versehenen Flugkäfig (Abb. 126a). Die Tiere werden bei 25 °C und 80–85 % RLF gehalten. Sowie die ersten Imagines auftreten, muß eine permanente Photoperiode mit 2000–3000 Lux einsetzen. Mit täglich frisch bereitetem Hefe-Honig-Teig (Seite 48) und Haselpollen werden die Bienen gefüttert. Als Tränke dient eine Schwimmertränke und als Ruheplatz 1–2 gebrannte, gekochte Backsteine. Zum Anlegen neuer Brutröhren muß den Tieren etwas Sand und Lehm in den Käfig mit Deckenbeleuchtung gestreut und neue Röhrchen angebracht oder ausgelegt werden. Tägliches Besprühen des Käfiginneren mit Wasser ist zu empfehlen.

b) Soziale Bienen

Die Arbeiterinnen (Abb.245) (geschlechtlich degenerierte Arbeitsbienen) besorgen den Nestbau und das Beschaffen der Nahrung (Nektar und Pollen). Ebenso wird das Geschlechtstier, die Königin und die Brut von ihnen gefüttert, gereinigt und gepflegt.

Abb. 245. Soziale Biene (nach BORROR/DELONG).

Vertreter: Hummeln, Honigbienen.

Honigbiene, *Apis mellifera* L.
Genaue und ausführliche Zuchtanleitungen sind in der Spezialliteratur enthalten, z.B. im Handbuch der Bienenkunde, Band 5: Haltung und Zucht der Biene, Verlag Eugen Ulmer, Stuttgart 1971.

Hummel, *Bombus hypnorum* L.
Die ca. 20 mm große Hummel ist auf der Thorax-Oberseite rot- bis braungelb behaart. 4. bis 6. Hinterleibssegment weiß gefärbt. Die Hummel legt die Nester über der Erde an. Für Zuchtzwecke werden die Weibchen mit dem Netz von Blüten im April–Mai eingefangen und für den Transport narkotisiert (vgl. Seite 25).

Zuchttechnik und Futter (nach HORBER)
a) Glas- oder Metallbehälter (20 × 10 × 10 cm) mit 3 × 3 cm großem Einfluchloch an der Bodenkante einer Schmalseite. Der Behälter wird mit einer Glasplatte abgedeckt.
b) Glas- oder Metallbehälter (25 × 10 × 35 cm). Die vordere Schmalseite weist ein gleich großes, zum Käfig a) korrespondierendes Einfluchloch auf, die hintere

Schmalseite in der unteren Hälfte Schiebetür (ca. 10 cm hoch). Die Decke besteht aus feiner Nylongaze. Siehe Abb.246.

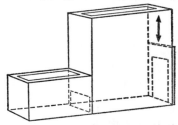

Abb. 246. Behälter für die Zucht der Hummel.

In den Zuchtkäfig a) legt man ein Holzbrettchen (10 × 8 × 1 cm) mit glatter, leicht wachsiger Oberfläche, in das eine ca. 5–7 cm lange, als Griff dienende Ringschraube eingedreht ist (um das Hantieren zu erleichtern). Außerdem bietet man eine Kletterträke (Abb. 51) an. Der Zuchtbehälter b) wird mit Filterpapier ausgelegt; dazu kommen 3–5 Kletterträken. Temperatur 25–35 °C, RLF 70 %, Photoperiode 16 Stunden/500–1000 Lux.
Die Kletterträken werden mit Zuckersirup gefüllt. Auf das Holzbrettchen legt man ein haselnußgroßes Stück Honigteig (Honig, Haselpollen oder Bienenhöschen, verknetet zu einem festen, aber noch formbaren Teig). Der Zuckersirup muß täglich erneuert werden.
Die gesammelten Hummelweibchen werden zuerst in den Käfig a) eingesetzt und während der Photoperiode bei 30 °C, in der Nacht bei 25 °C gehalten. Nach einer kurzen Eingewöhnungszeit kann die Temperatur dann konstant auf 30 °C eingestellt werden.
Innerhalb eines Monats beginnt das Weibchen mit der Eiablage auf das Holzbrettchen. Später, in den Folgegenerationen, legt das Weibchen seine Eier dann oft auf die alten Zellen ab. Ein Weibchen legt pro Zelle und Tag 7–8 Eier. In dem kleinen Zuchtkäfig wächst auf diese Weise das Hummelnest in die Höhe. Die Embryonalentwicklung beansprucht 8 Tage, die Larvalentwicklung 14 Tage und die Puppenruhe 8 Tage. Sobald die ersten Nach-

kommen erscheinen, fügt man den Zucht-käfig b) an den Zuchtkäfig a) bündig an (vgl. Abb. 246). In den Zuchtkäfig b) streut man täglich ¼–1 Teelöffel Pollen ein. Dieses Material wird von den Tieren sofort weggetragen und verwertet.

c) Parasitäre oder Schmarotzerbienen bzw. Kuckucksbienen

Bauen keine eigenen Nester oder Kammern, sondern legen ihre Eier zu fremder Brut. Unter anderem sind dies: Trauer-bienen, Filzbienen, Schmuckbienen, Kegelbienen, Kurzhornbienen, Düsterbienen, Schmarotzerhummel.

COLEOPTERA, KÄFER

Freilebende, wenige Millimeter bis mehrere Zentimeter große, stark chitinisierte Insekten. Mundteile beißend-kauend. Die stark hervortretende Vorderbrust bildet auf dem Rücken den Halsschild, das Pronotum (Abb. 247/1), die Mittelbrust das Schildchen oder Scutellum (Abb. 247/2). Die dicken, starken und verhornten Vorderflügel sind Deckflügel (Abb. 247/3), die die häutigen und zusammengefalteten Hinterflügel (Abb. 247/4) decken. Die Beine und Fühler sind gut ausgebildet. Ernährungsweise der oviparen Imagines und eucephal-apoden oder eucephal-oligopoden Larven je nach Familie oft sehr verschieden. Die Entwicklung ist holometal.

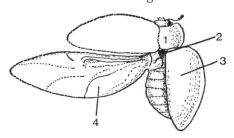

Abb. 247. Käfer mit gespreiztem Vorder- und Hinterflügel.

1. Cicindelidae, Sandlaufkäfer

Deckflügel metallisch gefärbt und hell gefleckt. Kopf breit mit großen Augen und Oberkiefern. 15–20 mm lang; gute Läufer und Flieger. Larve in Erdröhren. Ernährung: Käfer und Larven (Abb. 248a+b) raptorisch.

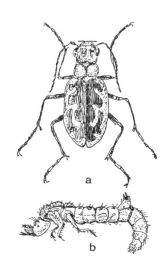

Abb. 248. Sandlaufkäfer.

2. Carabidae, Laufkäfer

Schwarze bis dunkelbraune oder metallisch glänzende Deckflügel. Fühler dünn und mäßig lang. Oberkiefer kräftig, Beine schlank mit 5gliedrigem Fuß. 0,5–30 mm lang. Käfer und Larven unter Steinen und Sträuchern etc. Ernährung: Käfer und Larven (Abb. 249a+b) carnivor, raptorisch, zoonekrophag; einige Arten auch carpophag.

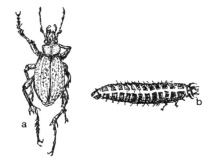

Abb. 249. Laufkäfer.

Laufkäfer, Goldlaufkäfer, Goldschmied, *Carabus auratus* L.

Der Käfer hat seinen Namen von den goldgrünen Deckflügeln. Käfer und Larven leben in Wäldern, Gärten, auf Feldern und insbesondere auf nassen Wiesen. Oft findet man die Tiere auch unter Steinen und Erdschollen. Sie ernähren sich von Schnecken, Regenwürmern, Raupen und Aas. Aus diesem Grunde lassen sie sich mit frischem rohem Fleisch oder 4%iger wäßriger Lösung von Formalin in Erdfallen (Abb. 12) anködern.

Zuchttechnik und Futter
Glasschalen mit Gipsboden (⌀ 30–40 cm), darin eingegossen eine Schale für Erde und eine Schale für Wassertränke (Abb. 256). Einige Holzplättchen werden kreuzweise über die Erde gelegt. Für Larven werden mit feuchtem Filterpapier ausgelegte Petrischalen oder gelochte Gipsblöcke (Abb. 387) verwendet. Temperatur 25 °C, RLF 80 %.

Pro Zuchtbehälter setzt man ein Käferpärchen ein und füttert es jeden 2. Tag mit Raupen, Regenwürmern oder Nacktschnecken (zerschnitten auf Objektträger). Die Weibchen legen die Eier in die feuchte Erde einzeln im Abstand von 2–5 Tagen ab. Die Eier werden täglich gesammelt und in eine feuchte Kammer (Abb. 33) gelegt. Das Umsetzen des Eies muß sehr schnell durchgeführt werden, da bei zu großer Differenz der Luftfeuchtigkeit im Zuchtbehälter und Zuchtraum die Eiflüssigkeit austritt und somit die Weiterentwicklung gestört oder ganz unterbunden wird. Die Eier müssen täglich entnommen werden, da sie oft von den Käfern angefressen werden. Die kannibalischen Larven legt man einzeln in gelochte Gipskammern und füttert sie täglich oder jeden 2. Tag mit zerschnittenen Raupen oder Regenwürmern, Käferlarven u. a. Die Futtermenge richtet sich nach dem Alter der Larven. Ausgewachsene Larven, d. h. Larven, die nicht mehr fressen und umherwandern, werden in eine große Glasschale mit einer 2–5 cm hohen feuchten Erdschicht umgesetzt.

Präovipositionsperiode 10–16 Tage, Embryonalentwicklung 3 Tage, Larvalentwicklung 28–32 Tage (3 Stadien), Puppenruhe 3–4 Wochen.

Verpuppungsreife Larven, die sich innerhalb von 2 Wochen nicht verpuppen, d. h. Larven, die eine Diapause durchmachen, setzt man 6–8 Wochen in einen Kühlraum bei 1–3 °C ein und bringt sie dann im Laufe von wenigstens 2 Tagen in Temperaturen von 25–28 °C.

Nach der gleichen Methode lassen sich u. a. auch die folgenden Laufkäfer züchten:

Carabus granulatus L.
Carabus cancellatus Illig.
Carabus ullrichi Germ.
Carabus hortensis L.
Pterostichus vulgaris L.
Harpalus pubescens Müll.
Zabrus tenebrionides Golze
Calosoma inquisitor L.

3. *Hygrobiidae*, Feuchtkäfer

Ovale, rostrote bis braungelbe, 8–10 mm große Käfer mit schmalem Halsschild. Fühler gegliedert. Beine mit Schwimmborsten. Larven mit großem Prothorakalsegment, einfachen Mandibeln ohne Kanal und 3 langen schwanzähnlichen Anhängen. Die Brust- und Hinterleibssternite weisen breite zugespitzte Tracheenkiemen auf. Käfer und Larven leben raptorisch in stehenden Gewässern.

4. *Haliplidae*, Wassertreter

Klein, oval, hochgewölbt, 2–5 mm lang, gelb bis braun mit dunklen Punkten. Hinterhüften sehr breit, plattenförmig. Käfer und Larven (Abb. 250) im Wasser; algophag, saprophytophag.

5. *Dytiscidae*, Schwimmkäfer

Deckflügel beim Männchen glatt, beim Weibchen längsgefurcht. Vorderfüße des Männchens mit großen, runden Saugscheiben, Beine als Schwimmbeine (Abb. 251a + b) ausgebildet. Arten von 5–50 mm Länge. Larven mit starken, großen Oberkiefern mit Saugkanal (Abb. 70). Käfer und Larven (Abb. 251a + b) raptorisch im Wasser.

Abb. 250. Wassertreter.

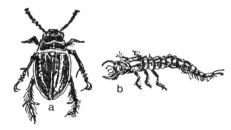

Abb. 251. Gelbbrandkäfer.

Gelbbrandkäfer, *Dytiscus marginalis* L.
Im Februar–März kann der dunkelbraune Käfer (3–4 cm) mit den gelbgerandeten Flügeldecken aus stehenden Gewässern gefischt werden. Der Käfer und seine Larve leben räuberisch von Insektenlarven, Regenwürmern etc.

Zuchttechnik und Futter
Adulte: Aquarium, belüftet (Abb. 252), besetzt mit (einzeln) eingetopftem, schwimmendem Laichkraut *(Potomageton crispus)*, Wasserpest *(Elodea canadensis)*, Schwertlilien *(Iris pseudacorus)*, Pfeilkraut *(Sagittaria sagittifolia)*.
Larven: Bechergläser, Plastikbecher oder Glasschalen, besetzt mit Sauerstoffspendenden Wasserpflanzen (Wasserpest).

Puppen: Glasschalen mit Erde-Torfmull-Mischung, in die Bechergläser oder Plastikbecher, gefüllt mit Wasser und besetzt mit Wasserpest, eingelassen sind. Temperatur 20 °C, Photoperiode 14 Stunden/4000–5000 Lux.

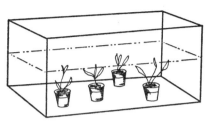

Abb. 252. Bepflanztes Aquarium für die Zucht von *Dytiscus*.

In das bis nahezu an den Rand mit Bachwasser gefüllte Aquarium (30–40 l Inhalt) werden 2 Käferpärchen eingesetzt. Die Größe des Aquariums muß so gewählt werden, daß den Käfern neben den Wasserpflanzen genügend Raum zum Umherschwimmen bleibt. Das Aquarium wird mit Nylongaze abgedeckt. Jeden 2. oder 3. Tag werden die Tiere mit Mehlwürmern, nackten Schmetterlingsraupen oder Regenwürmern gefüttert, wobei die Futtermenge so zu dosieren ist, daß keine toten Tiere herumschwimmen. Der anfallende Kot wird vor jeder Fütterung mit einer Saugpipette herausgeholt. Das dabei entnommene Wasser muß wieder ergänzt werden. Die Weibchen beginnen sehr bald mit der Eiablage. Sie versenken die Eier in das Pflanzengewebe der Schwertlilie oder des Pfeilkrautes. Die ausschlüpfende Larve ist kannibalisch und sollte nach Möglichkeit in Einzelzucht gehalten werden. Hierfür werden die frisch geschlüpften Larven in kleine, mit Wasserpflanzen beschickte Becher (s. oben) umgesetzt. Mehrere dieser Becher werden dann zusammen in eine mit Wasser gefüllte Glasschale gestellt (Abb. 121). Die Junglarven werden mit kleinen Fliegenmaden, Stücken von Mehlmottenraupen oder anderen weichhäutigen Insektenlarven gefüttert. Mit zunehmendem Alter kann man den Larven

größere Beutetiere, d.h. ältere Insektenlarven, vorsetzen. Besteht keine Möglichkeit die Zuchttiere einzeln zu halten, so
kann man 10 Larven zusammen in Glasschalen (Mindestdurchmesser 30 cm, Höhe
15 cm), die mit Wasser gefüllt, mit Wasserpflanzen besetzt (Wasserpest) und belüftet
sind, aufziehen. Hierbei muß aber immer
mit einem gewissen Abgang an Zuchttieren gerechnet werden. Die Larven häuten sich innerhalb von 30–35 Tagen drei-
mal. Nach der 3. Häutung werden sie in
kleine Becher, die mit Wasser gefüllt und
mit Wasserpflanzen besetzt sind und in
eine Erde-Torfmull-Mischung hineinge-
drückt werden, umgesetzt. Die Tiere werden so lange mit Maden oder Raupen gefüttert, bis sie das Fressen einstellen und
zur Verpuppung in die feuchte Erde-Torf-
Mischung abwandern.
Embryonalentwicklung 18–21 Tage, Larvalentwicklung 30–35 Tage mit 3 Larvalstadien, Puppenruhe 10–13 Tage, Lebensdauer der Käfer mehrere Monate.
Nach der gleichen Methode kann der pech-
schwarze **Kolbenwasserkäfer** (*Hydrous
piceus* L.) der seine Eier als Laichpakete an
Wasserpflanzen ablegt, gezüchtet werden.
Auch dieser Käfer und seine Larve leben
räuberisch in stehenden Gewässern. Ebenso läßt sich die Zuchtmethode für **Hydrobius fuscipes** L. und andere Schwimmkäfer verwenden.

6. *Gyrinidae*, Kreiselkäfer, Taumelkäfer

Lang bis oval, meist dunkel gefärbt, 3 bis
8 mm lang. Vorderbeine lang, Mittel- und
Hinterbeine verkürzt, stark verbreitert
und flossenähnlich. Augen jederseits zwei-
hälftig. Das 3. Glied der sehr kurzen Fühler lang und lappig ausgezogen. Leben auf
der Oberfläche stehender Gewässer, wo sie
kreisend schwimmen. Eiablage auf Wasserpflanzen. Larven im Wasser (mit Saugmandibeln). Käfer und Larven raptorisch.

7. *Hydraenidae*, Langtaster-Wasserkäfer

Klein, langoval oder eioval, dunkelrotbraun, braungelb bis schwarz, 1–3 mm

lang. Taster 3gliedrig und auffallend lang.
Augen hervorstehend. Deckflügel meist
mit starken Punktreihen. Käfer im oder
am Wasser; Larven eucephaloligopod,
teilweise terrestrisch, teilweise aquatisch.
Ernährung algophag, saprophytophag.

8. *Sphaeriidae*, Kugelkäfer

Breit bis oval, dunkelbraun bis schwarz,
0,5–1 mm lang. Unter Steinen, in Wassernähe und im Moos. Käfer und Larven
mycetophag, coprophag, saprophytophag.

9. *Ptiliidae*, Feder- oder Fächerflügler

Oval und 0,5–1 mm lang. Flügelmembran
mit Haaren besetzt (federähnlich). Kommen vor in Mulm, unter Moos, in Mist, in
Pilzen. Käfer und Larve mycetophag,
coprophag und saprophytophag.

10. *Catopidae*, Nestkäfer

Lang bis oval, zum Teil flach, braun bis
schwarz, 2–4 mm lang. Kommen in
Nestern verschiedener Tiere (Nagetiere,
Insektenfresser) vor. Käfer und Larven in
Aas, Ameisennestern, Pilzen und Mist.

11. *Colonidae*, Kolonistenkäfer

Länglich oval, rostrot bis dunkelbraun
oder schwarz, 2–3 mm lang. Fühler kräftig,
mit 4gliedriger Keule. Hinterleib beim
Männchen mit 5–6, beim Weibchen mit
4 feinen Sterniten. In oberen Bodenschichten. Käfer und Larven mycetophag.

12. *Liodidae*, Schwammkugelkäfer

Rundlich oder oval, oft hochgewölbt und
kugelig, rostrot bis dunkelbraun, 1–5 mm
lang. Fühler mit 3–5gliedriger Keule.
Flügeldecken meist mit starken Punktreihen. Larven eucephal-oligopod. Auf
Schwämmen oder Pilzen, unter Baumrinde
oder Erde. Käfer und Larven mycetophag.

13. *Leptinidae*, Pelzflohkäfer

Braun, länglich bis oval, 2–2,5 mm lang.
Kommen vor in Nestern verschiedener

Mäuse und leben auf diesen. Käfer und Larven detritivor und raptorisch von anderen Kleininsekten oder Milben im Nest (Mäusefloh und Biberlaus).

14. *Clambidae*, Punktkäfer

Breit bis oval, hochgewölbt und braun bis schwarz gefärbt. Hinterflügel mit langen Fransen. Kopf groß, Fühler mit 2gliedriger Keule. 0,5–2 mm lang. Unter faulenden Pflanzen oder unter morschen Baumrinden. Larve eucephal-apod. Käfer und Larven mycetophag und xylophag.

15. *Scaphidiidae*, Kahnkäfer

Dunkel gefärbt, glänzend, hochgewölbt und sowohl der Kopf als auch der Schwanzteil verjüngt auslaufend. Letztes Hinterleibsegment frei sichtbar. Größe 2–7 mm. Fühler mit kräftiger Keule oder nur verbreiterten Endgliedern. Larven eucephal-oligopod. Käfer und Larven mycetophag in Baumstrünken, unter loser Rinde etc.

16. *Silphidae*, Aaskäfer

Dunkel gefärbt, mit Zeichnungen. Unterschiedlich in Gestalt und Form. Fühler 11gliedrig mit Keule. Tarsen 5gliedrig. 10–25 mm lang. Larven (Abb. 253 b) eucephal-oligopod. Käfer (Abb. 253 a) und Larven meist Aasfresser, zum Teil raptorisch, zum Teil phytophag.

a b

Abb. 253. Aaskäfer (nach CHU).

Rübenaaskäfer, *Blitophaga opaca* L.
Von April bis August lebt dieser schwarze Käfer (10–15 mm) in Rüben- und Getreidefeldern. Die Weibchen legen die Eier einzeln in den Boden ab. Die Larven fressen die Blätter der jungen Rüben.

Zuchttechnik und Futter
Saatschalen mit dichtem Runkelrübenbesatz in Nylongazekäfig (Abb. 409). Temperatur 26 °C, RLF 75–80 %, Photoperiode 16 Stunden/1250–1500 Lux.

Die vorgetriebenen Runkelrübensetzlinge werden mit 5–10 Käferpaaren besetzt. Die Tiere werden mit HH-Teig (s. Seite 48) gefüttert und mit einer Dochttränke mit Wasser versorgt (Abb. 50). Die Rübenpflanzen müssen täglich mit Wasser tropfnaß besprüht werden. Außerdem empfiehlt es sich, den Zuchtkäfig mit einem Infrarotstrahler anzustrahlen. Die Weibchen legen die Eier einzeln in die Erde, die ausschlüpfenden Larven befallen die Rübenblätter und verpuppen sich in der Erde. Bei zu hoher Populationsdichte stellt man zusätzlich Rübensetzlinge (Tablettenröhrchen oder Reagenzgläser) in den Zuchtkäfig.

Embryonalentwicklung 6 Tage, Larvalentwicklung 10–13 Tage, Puppenruhe 8 bis 10 Tage.

Totengräber, *Necrophorus vespillo* L.
Es ist die gleiche Einrichtung zu gebrauchen wie für den Pillendreher (vgl. Seite 211). Die Nahrung für den Brutpflege treibenden Käfer besteht aus einem Zündholzschachtel-großen Stück Muskelfleisch, das vor seiner Verwendung als »Aas« 2–3 Tage in Zimmertemperatur gelagert wurde. Vogel- oder Mäusekadaver sind ebenfalls ausgezeichnete Nahrungssubstrate. Das Fleisch wird von dem eingesetzten Zuchtpärchen (anfänglich können pro Behälter auch mehrere gehalten werden) eingegraben und in einer Krypta zu Futter präpariert. Mit diesem Futter füttert das Weibchen seine Larven, die aus den in kleine einzelne Höhlungen in einem von der Krypta aus gegrabenen Gange abgelegten Eiern ausschlüpfen. Bei 24–26 °C beansprucht die Entwicklung der Eier 5 Tage und diejenige der Larven 7–9 Tage. (Näheres siehe PUKOWSKI.)

17. *Scydmaenidae*, Ameisenkäfer

Braun und kurz behaart. Flügeldecken lang bis oval. Hinten breit gerundet, den ganzen Hinterleib bedeckend. Größe 1–5 mm. Larven (Abb. 254) besonders unter Laub und Moos, auch in Ameisennestern.

Abb. 254. Ameisenkäfer-Larve (nach Chu).

18. *Staphylinidae*, Kurzflügler

Meist dunkel gefärbt. Flügeldecken sehr kurz (Abb. 255a), nicht länger als breit, decken den Hinterleib nur zum Teil. Die Hinterflügel sind gut entwickelt; unter den Deckflügeln zusammengefaltet. Gute Läufer und Springer. 2–25 mm lang. Larve aucephal-oligopod. Käfer und Larve (Abb. 255b) raptorisch, coprophag, pollenophag, mycetophag. Parasiten bei Fliegenpuppen, in Ameisen-, Vogel- und Säugetiernestern.

a   b

Abb. 255. Kurzflügler.

Kurzdeckenflügler, *Quedius unicolor* Kiesw.
Der glänzendschwarze Käfer (10–15 mm) lebt unter feuchtem Laub und Moos. Käfer und Larven ernähren sich von verschiedensten Insekten und Würmern. Durch Auslegen von Fleischstückchen in Erdfallen (Abb. 12) können die Käfer im Mai–Juni geködert und gefangen werden.

Zuchttechnik und Futter
Glasschale mit Gipsboden, in den eine Petrischale und ein Schälchen eingegossen sind. Temperatur 25 °C, RLF 70 %, Photoperiode 12 Stunden/500 Lux.

Die Gipseinlage wird mit Wasser gesättigt, in die Petrischale wird Erde gefüllt (Abb. 256) und als Tränke legt man einen feuchten Wattebausch in das hierfür bestimmte Schälchen. Außerdem legt man auf den Gips kreuzweise übereinander einige Holzschindelstücke. Die Zuchtschale wird dann mit 5–10 Käfern besetzt. Als Futter erhalten die Tiere täglich zerschnittene Mehlwürmer oder Mehlmottenraupen. Das Futter wird am besten auf den Hölzchen verteilt. Zur Eiablage bohren sich die Weibchen in die Erde ein, ansonsten verstecken sie sich in dem von Erde und Hölzchen gebildeten Zwischenraum. Daher muß man, sofern man datiertes Tiermaterial wünscht, in bestimmten Abständen die mit Eiern belegte Erde zusammen mit der Petrischale herausnehmen und durch eine neue ersetzen. Die entnommene Petrischale setzt man dann in eine gleich vorbereitete Zuchtschale ein, füttert die ausschlüpfenden Larven mit zerschnittenen Mehlwürmern oder Mehlmottenraupen. Um Verluste durch Kannibalismus zu vermeiden, sollen nicht mehr als 20–25 Larven in einer solchen Schale gehalten werden.
Embryonalentwicklung 6 Tage, Larvalentwicklung 6–8 Wochen, Puppenruhe 12 Tage.
Nach der oben beschriebenen Methode lassen sich zahlreiche Arten von Kurzdeckenflüglern züchten und halten, z B. **Atheta nigritula, A. wynigeri** u. a.

Kurzdeckenflügler, *Aleochara curtula* Goeze
Außer Fleisch sollte den Käfern, insbesondere den Larven, auch überreifes Obst (Äpfel, Bananen etc.) gegeben werden.

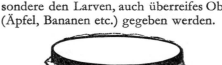

Abb. 256. Für die Zucht von *Quedius unicolor* eingerichtete Petrischale.

Diesen 6–8 mm langen Käfer findet man zusammen mit anderen Aasfressern auf den verschiedensten Kadavern, von denen sie während des Sommers abgesammelt werden können.

Zuchttechnik und Futter (nach FULDNER) Glas- oder Plastikbehälter: 20 × 10 × 10 cm. Temperatur 22 °C, RLF mehr als 90 %.
Der Boden der Zuchtschale wird zu 3/4 mit Filterpapier ausgelegt. Auf das Filterpapier legt man 2–3 balgförmig gefaltete Stücke schwarzer Pappe (5 × 5 cm) und deckt die Pappestückchen wiederum mit Filterpapier von der dem Bodenbelag entsprechenden Größe ab. Dieses obere Papier wird vorsichtig angefeuchtet, ohne daß die darunter liegende Pappe feucht wird.
Pro Schale setzt man 20–30 Käfer ein und füttert sie mit ausgewachsenen Fliegenmaden (s. Seite 303). Da die Futtertiere sich sehr schnell fortbewegen, müssen sie mit einem Faden »stranguliert« (Abb. 257) werden. Das Futter wird auf dem unbedeckten Teil der Schale ausgelegt und nach Bedarf erneuert.

Abb. 257. Mit einem Faden abgeschnürte Fliegenmade.

Die Käfer legen die Eier auf den Pappestückchen ab, von wo man sie täglich mit einem feuchten Pinsel ablöst und in eine feuchte Kammer (Abb. 33) legt.
Die ausschlüpfenden Larven werden in eine Kristallisierschale mit Gipsboden und einer 3 cm hohen, feuchten Erdschicht eingesetzt. Als Futter erhalten die Tiere Puppentönnchen von *Calliphora erythrocephala* (vgl. Seite 309), die man nur leicht mit etwas Erde abdeckt. In den zu verwendenden Puppen muß die Entwicklung zur Fliege bereits ziemlich fortgeschritten sein. Außerdem sollten soviel Puppen eingelegt werden, wie Larven in der Zuchtschale sind. Die Larven bohren sich in die Puppen

ein und fressen deren Inhalt. Zur Verpuppung verlassen sie den Wirt und bauen ihre Puppenwiege an der Oberfläche der Gipsschicht.
Embryonalentwicklung 4 Tage, Larvalentwicklung 12 Tage, Puppenruhe 10–12 Tage, Lebensdauer der Käfer 2–3 Monate.

19. *Histeridae*, Stutzkäfer

Kräftig, breit bis oval, hochgewölbt, meist schwarz glänzend. Flügeldecken hinten gestutzt, die 2 letzten Hinterleibssegmente freilassend. Fühler geknickt und gekeult. Vorderschienen breit und schaufelförmig. In Totstellung werden die Fühler und Beine angezogen, Käfer ist dann äußerst schwer erkennbar. Größe 1–10 mm, Larve eucephal-oligopod. Käfer und Larve (Abb. 258) coprophag, mycetophag, zoonekrophag. In Ameisennestern, unter Mist, unter Baumwurzeln.

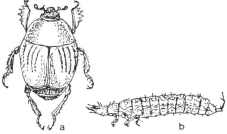

Abb. 258. Stutzkäfer (nach BORROR/DELONG und CHU).

20. *Lycidae*, Rotdeckenkäfer

Braun und kurz behaart Flügeldecken lang bis oval und hinten breit gerundet, den ganzen Hinterleib bedeckend. 1–5 mm lang, unter Laub und Moos. Käfer und Larven saprophytophag und mycetophag in Ameisennestern.

21. *Lampyridae*, Leuchtkäfer

Gelbbraun bis grau und gestreckt. Fühler und Beine schlank. Kopf unter Brustschild verborgen (Abb. 259a). Die beiden letzten Hinterleibssternite mit Leuchtorgan. Weibchen flügellos oder mit Stummelflügeln.

Larven (Abb. 259 b) mit Leuchtorgan. 5 bis 25 mm lang. Käfer und Larve unter Steinen und Streu, in Feld und Wald. Lebensweise raptorisch.

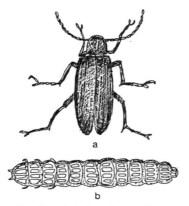

a

b

Abb. 259. Leuchtkäfer (nach BORROR/DE-LONG und CHU).

22. *Cantharidae*, Weichkäfer

Länglich bis parallelseitig. Flügeldecken weich und flach aufliegend. Kopf von oben sichtbar. Variabel in Färbung; Größe 2–20 mm. Häufig auf Blüten. Larven euce-phal-oligopod (auf Boden). Käfer polleno-phag, phytophag (Triebe), meliphag oder raptorisch; Larven raptorisch.

a

b

Abb. 260. Weichkäfer.

Weichkäfer, *Cantharis rustica* Fall.
Im April–Mai kann der Käfer (10–15 mm) mit einem Klopftuch oder Kescher (Abb. 1 und 2) im Unterholz, an Waldrändern, von Gebüsch oder in lichten Wäldern gefangen werden. Das Weibchen legt oranggelbe Eier häufchenweise auf die Erde. Die aus-schlüpfenden Larven ernähren sich von Kadavern verschiedenster Tiere.

Zuchttechnik und Futter
Glas- oder Plastikschalen: ⌀ 20–25 cm, Höhe 10 cm. Verschluß: Nylongaze.

Temperatur 20–24 °C, RLF 80–90 %, Photoperiode 14 Stunden/500–750 Lux.

Die Zuchtschale wird 2–3 cm hoch mit feuchtem Sand, feuchter Gartenerde oder Zonolith gefüllt. Außerdem werden 2–3 Holzschindelstücke (5 × 3 cm) in die Schale gelegt. Als Nahrung werden den 2–3 eingesetzten Pärchen zerschnittene Mehlwürmer und eine kleine Messerspitze HHP-Teig (s. Seite 48) in je einer Schale eingestellt. Außerdem erhalten die Tiere noch einen mit Wasser getränkten Watte-bausch. Bei dem täglichen Futterwechsel wird die Erdschicht, wenn notwendig, frisch angefeuchtet. Die Weibchen legen die Eier mit Vorliebe unter den Holzstück-chen auf der Erde ab. Nach 2–3 Eischüben im Abstand von 2–3 Tagen, während denen die Pärchen mehrmals kopulieren, sterben Männchen und Weibchen. Aus den Eiern schlüpfen nach 8 Tagen die orangefarbigen Larven aus. Nach 1–2 Ta-gen nehmen sie eine hell-rauchgraue Fär-bung an. Ihre Nahrung besteht aus zer-schnittenen Mehlwürmern, Mehlmotten-raupen und Nacktschnecken, die unter die Schindeln in unmittelbarer Nähe der Lar-ven eingelegt werden müssen. Zur Ver-meidung starker bakterieller Verunrei-gung des Zuchtgefäßes muß der Futter-wechsel jeden 2. Tag erfolgen. Nach der 1. Häutung nach 10 Tagen lichtet man den Larvenbestand durch Umsetzen in neue, ebenso hergerichtete und mit einem Baum-wolltuch verschlossene Schalen. Während die Populationsdichte dieser Larven pro Schale 200 betragen kann, beträgt die der ausgewachsenen Larven (nach ca. 6 Wo-chen) ca. 25. Die Verpuppung der Larven erfolgt im gleichen Gefäß.

23. *Drilidae*, Schneckenhaus-Nistkäfer

Weibchen: Asselförmig (eucephal-oligo-pod), ohne Flügel. Kopf klein mit kurzen Fühlern. Halsschild nach vorne verengt.

Hinterleib lang, Beine sehr kurz. Größe 6–10 mm.
Männchen: Fühler gekämmt. Kopf vorgestreckt. Halsschild viereckig. Flügeldecken im hinteren Drittel klaffend. Größe 4–8 mm.
Käfer und Larve raptorisch (Gehäuseschnecken), Männchen auch pollenophag.

24. *Malachiidae*, Malachitenkäfer

Klein, langoval und weichhäutig. Bunte, fleckige Färbung. Fühler mit zwei vergrößerten, auffallenden Basisgliedern. Käfer auf blühenden Sträuchern. Größe 2 bis 7 mm. Käfer pollenophag und raptorisch, Larve raptorisch.

25. *Dasytidae*, Wollhaarkäfer

Ähnlich wie Malachiiden.

26. *Cleridae*, Buntkäfer

Käfer schlank und mit kurzer Behaarung. Flügeldecken bunt gefärbt und gefleckt. Der herzförmige Halsschild schmäler als der Kopf und die Flügeldecken. Fühler mit Keule. Größe 6–12 mm. Auf Laub- und Nadelbäumen, gefälltem Holz etc. Käfer raptorisch, zum Teil pollenophag, Larve raptorisch, zum Teil detritivor und carpophag.

Schinkenkäfer, Koprakäfer, *Necrobia rufipens* Deg.
Der blaue bis grüne Käfer (4–5 mm) lebt in Schlachthäusern und anderen fleischverarbeitenden Betrieben.
Die Weibchen legen die Eier an geräuchertem und luftgetrocknetem Fleisch ab. Die dunkelgefleckten grauen Larven haben ein verdicktes Körperende.

Zuchttechnik und Futter
2-Liter-Glasgefäß.
Temperatur 26 °C, RLF 70 %.
In das 5–7 cm hoch mit Grieben gefüllte Zuchtglas werden 20–30 Käfer eingesetzt. Nach einer 6–8tägigen Präovipositions-

periode beginnt die Eiablage. Die Larven schlüpfen 8 Tage später aus und verpuppen sich nach 4–5 Häutungen, nach 8 Wochen. Nach weiteren 10–12 Tagen schlüpft der Jungkäfer aus.

27. *Derodontidae*

Gelbbraun bis schwarz gefärbte Käfer. Deckflügel mit kräftigen Punktreihen. Die Seiten des Halsschildes glattrandig oder gezähnt. Am Innenrand der Augen je ein Punktauge. Größe 2–3 mm. Die Käfer und eucephal-oligopoden Larven leben in Baumschwämmen und unter loser Rinde. Käfer und Larven raptorisch und mycetophag.

28. *Lymexylonidae*, Werftkäfer

Walzenförmig, langgestreckt und weichhäutig. Färbung braun bis schwarz. Kopf nach unten stehend und hinter den Augen einen kurzen Nacken bildend. Die Unterkiefertaster des Männchens sind lang und fransenähnlich. Larven weiß, weichhäutig mit rundem Kopf, der von der kapuzenförmigen Vorderbrust überragt wird. Das Hinterleibsende mit langem, dornähnlichem Fortsatz. Größe 8–18 mm. Auf Baumstämmen, Stümpfen und unter der Rinde. Käfer und Larven mycetophag, xylophag.

29. *Dascillidae*

Länglich-elliptische oder langovale, gewölbte Käfer. Gelb bis rotbraun, hellbraun bis dunkelbraun oder schwarz gefärbt. Kopf von oben kaum sichtbar. Fühler lang und gesägt. Größe 3–10 mm. Auf Pflanzen, feuchte Standorte. Käfer und Larven (Abb. 261) mycetophag, phytophag, radicicol.

Abb. 261. Morastkäfer-Larve (nach CHU).

30. *Helodidae*, Sumpffieberkäfer

Langoval, meist braun und schnurförmig. Vorderschienen schmal; Hinterschienen an den Spitzen verdickt, Käfer hüpfend. Größe 2–5 mm. An sumpfigen Stellen auf Blüten und unter Rinde. Die eucephal-oligopode Larve (Abb. 262) lebt im Wasser. Käfer mycetophag, pollenophag; Larve raptorisch, mycetophag.

Abb. 262. Sumpffieberkäfer (nach CHU).

31. *Elateridae*, Schnellkäfer

Spindelförmig, flach. Dornartig ausgezogene Hinterecken des Halsschildes. Kopf im Hals eingezogen und mit kurzen, gesägten Fühlern. Unterseite der Vorderbrust mit frei beweglichem nach hinten gerichtetem Stachel, der in Vertiefung der Mittelbrust ruht. Mit diesem Stachel (Schnellapparat) kann der Käfer aus der Rückenlage emporschnellen. Größe 3 bis 35 mm. Käfer (Abb. 263a) pollenophag, auf verschiedenen Blütenpflanzen und Gräsern. Larven (»Drahtwürmer«) (Abb. 263b) eucephal-oligopod. Leben radicicol oder raptorisch im Boden und im Mulm.

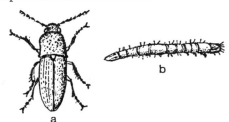

b

a

Abb. 263. Schnellkäfer.

Humusschnellkäfer, *Agriotes obscurus* L. Im April–Mai kann dieser rötlichbraune bis dunkelbraune Käfer mit Kescher oder Klopftuch von niederwüchsigen, blühenden Pflanzen, beispielsweise auf Wiesen oder von Sträuchern, eingefangen werden.

Oft lassen sich die Käfer auch mit frisch geschnittenen Rotkleebündeln aus Getreidefeldern anlocken. Die Larven haben eine stark chitinisierte wachsgelbe Körperdecke und sind im allgemeinen unter dem Namen »Drahtwürmer« bekannt.

Zuchttechnik und Futter
Glasgefäße, ca. 500 ml (Abb. 264). Plastik- oder Holzbehälter (50 × 30 × 20 cm) mit 3 cm dickem Gipsboden. Temperatur 25 °C, RLF 80 %, Photoperiode für Käfer: 10–12 Stunden/500 Lux. Das Zuchtglas wird zur Hälfte mit Gartenerde gefüllt und mit ca. 20–25 Käfern besetzt. In die Gartenerde wird außerdem ein kleines Schälchen, in das ein mit Wasser getränkter Wattebausch gelegt wird, eingelassen. Ferner steckt man einen Korken so in die Erde, daß er mindestens 5 mm herausragt (Abb. 264). Auf den Korken legt man Filterpapier und darauf als zusätzliches Futter eine Messerspitze HH-Teig (s. Seite 48). Das Zuchtglas wird dann mit einer Glasplatte abgedeckt. Um datiertes Tiermaterial zu erhalten, werden die Käfer jeden 3. Tag in ein gleich vorbereitetes Zuchtglas umgesetzt.

Abb. 264. Zuchtglas für *Agriotes obscurus*.

Die Eiablage erfolgt bevorzugt bei diffuser Beleuchtung zwischen den feuchten Erdkrumen in unmittelbarer Nähe der Tränke. Für die Larvenaufzucht werden die Holz- und Plastikbehälter 10 cm hoch mit Erde gefüllt und Hafer oder Weizen eingesät. Der Wassergehalt der Erde muß ständig mindestens 20 % betragen. Nun kann man entweder die mit Eiern belegte Erde oder aber die 10–14 Tage alten Larven in diesen Behälter einsetzen. Im ersten Fall muß darauf geachtet werden, daß die Populationsdichte nicht zu hoch wird. Die Larvenentwicklung wird sehr stark von der vorhandenen Nahrung und der Temperatur beeinflußt. Man sollte daher die Population auf weitere Larvenzuchtbehälter aufteilen. Da der Futterbedarf der Larven mit zunehmendem Alter steigt, muß ständig Getreide nachgesät werden.

Präovipositionsperiode 8–12 Tage, Embryonalentwicklung 4–5 Tage, Larvalentwicklung 15 Monate mit mehr als 10 Häutungen, Puppenruhe 12 Tage.

Nach der gleichen Methode können zahlreiche andere Schnellkäferarten gezüchtet werden, so u.a.:

Agriotes lineatus L. (Saatschnellkäfer)
Athous spp.
Melanotus spp.
Pholetes spp.
Prosternon spp.

32. Cerophytidae (Melasidae)

Ähnlich der vorigen Familie. Größe 5 bis 12 mm. Käfer pollenophag, Larven xylophag.

33. Throscidae (Trixagidae), Hüpfkäfer

Lang bis oval, etwas breit, Kopf vorne abgeflacht und tief in Halsschild eingezogen. Fühler kurz mit gesägter Keule. Größe 2–5 mm. Käfer pollenophag, Larve xylophag in Laubbäumen.

34. Buprestidae, Prachtkäfer

Sehr stark chitinisierte, metallisch gefärbte, konisch auslaufende Deckflügel. Kopf senkrecht, bis zu den Augen in Halsschild eingezogen. Fühler kurz und gesägt. Kurzer, unbeweglicher Bruststachel auf Unterseite. Sehr wärmeliebend. Größe 3–30 mm. Käfer (Abb. 265a) pollenophag auf verschiedenen Kräutern, Larven (Abb. 265b) eucephal-apod, blind, xylophag in verschiedenen Bäumen.

35. Dryopidae, Hakenkäfer

Langoval, leicht gewölbt und meist dicht wollig behaart. Graubraun bis gelbrot und dunkelbraun. Kopf abwärts gebeugt. Fühler dünn und fadenförmig oder kurz und gesägt, wobei das 2. Glied ohrenförmig verlängert ist. Klauenglied der Tarsen stark verlängert. Größe 2–5 mm. Leben im Wasser, ohne eigentliche Schwimmer zu sein. Larven langgestreckt, mit kurzen Beinen, letztes Hinterleibssegment mit plattenförmigem und beweglichem Deckel (Verschluß für Kloakenhöhle). Größe 2 bis 5 mm. Käfer und Larven xylophag.

Abb. 265. Prachtkäfer.

36. Georyssidae, Uferschlammkäfer

Kugelig und schwarz, Flügeldecken breit mit Punktreihen, der Halsschild nach vorne verjüngt. Fühler kurz, keulenförmig und mit Körnchenreihen besetzt. Hinterflügel rudimentär. Größe 2 mm. Am Ufer von Seen und Bächen. Käfer detritiphag; Ernährung der Larven unbekannt.

37. Heteroceridae, Sägekäfer

Langoval, dunkel bis rotgelb gefärbt, mit fleckiger Zeichnung. Vorderbeine zu Grabbeinen umgebildet. Größe ca. 6 mm. Bauen Gänge. Larven eucephal-oligopod und wie die Käfer in Gängen im Sand von Gewässern. Käfer und Larven algophag (Blaualgen).

38. *Hydrophilidae*, Wasserkäfer

Oval, gewölbt, meist schwarz oder dunkelbraun gefärbt mit hellbrauner Zeichnung. Fühler 6–9gliedrig und kolbenförmig. Unterkiefertaster länger als Fühler. Beine schlank, kräftig. Tarsen und Schienen oft mit Schwimmhaaren versehen. Larven grauschwarz, am Hinterleibsende mit Tracheenkiemen (Abb. 266). Größe 5–40 mm. Käfer und Larven im Wasser. Käfer phytophag, algophag; Larven raptorisch.

Abb. 266. Wasserkäfer-Larve (nach CHU).

39. *Dermestidae*, Speckkäfer

Lang und oval, Flügeldecken beschuppt oder behaart. Fühler keulenförmig. Körperunterseite mit Rinne für Hinterschenkel. Larve länglich, mit dichter und langer Behaarung. Größe 5–10 mm. Käfer aasfressend und pollenophag; Larven zoonekrophag, detritivor.

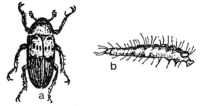

Abb. 267. Speckkäfer.

Speckkäfer, *Dermestes vulpinus* F.
Der 7–9 mm lange, dunkelgrau gescheckte Käfer lebt an Kadavern, ungegerbten Häuten, Knochen, Dauerfleischwaren und in Vogelnestern – alles Materialien, auf denen sich die dicht behaarten Larven gut entwickeln. Man beschafft sich den Käfer durch Auslegen von Kleintierkadavern an

einen schattigen Ort. Die Käfer finden sich schon nach kurzer Zeit ein.

Zuchttechnik und Futter
Glas- oder Plastikbehälter (50 × 20 × 20 cm) mit Drahtgazeverschluß. Temperatur 25 °C, RLF 70–75%.
Der Boden der Zuchtkäfige wird mit einer 5–10 cm hohen Schicht Grieben, dem Futtermedium, ausgelegt. Die eingesammelten Larven und Käfer werden auf diese Grieben gesetzt. Die Zucht kann wesentlich gefördert werden durch Einlegen eines Meerschweinchen- oder Rattenkadavers. Alle 3 Monate wird das Futtermedium ausgewechselt. Hierzu werden die Käfer und Larven durch Aussieben vom Futter getrennt. Für die Zucht von Speckkäfern aus gleichaltrigem, datiertem Material werden 10 Tage alte Käfer bis 48 Stunden auf das Futter gesetzt und anschließend durch Aussieben wieder entfernt.
Der Entwicklungszyklus der Speckkäfer nimmt 40–50 Tage in Anspruch. Die Präovipositionsperiode dauert 4–6 Tage, die Embryonalentwicklung 4 Tage. Die Larven häuten sich innerhalb von 40–44 Tagen 7–8mal. Nach einer 8–10tägigen Puppenruhe schlüpfen die frischen Käfer aus. Die Lebensdauer der Käfer beträgt 6–8 Monate.

Kabinettkäfer, Museumskäfer, *Anthrenus museorum* L.
Im Frühjahr ist der kleine dunkle Käfer auf Blüten verschiedenster Pflanzen zu finden. Zur Eiablage bevorzugt er keratin- und chitinhaltiges Material. Die Larven sind in Tiersammlungen besonders gefürchtete Schädlinge.

Zuchttechnik und Futter
Gläser, 1–2 l, Verschluß: Nylongaze. Temperatur 26 °C, RLF 60–65%.
In die Zuchtgläser legt man zwischen 5 × 5 cm große Wellpappestücke mehrere entflügelte, getrocknete Insekten, z.B. Spinner, Eulen, Schwärmer etc. Als zusätzliche Nahrung gibt man gemahlenen

Hundekuchen mit hohem Trockenfleisch-gehalt, pulverisierte Insekten (Grillen, Heuschrecken etc.) sowie Pollen oder Blütenstaub. Die eingesetzten Käfer wer-den besonders durch den Blütenstaub (falscher Kümmel, *Carum bulbocastaneum*) zur Eiablage stimuliert. Die Eiablage er-folgt bevorzugt auf den getrockneten In-sekten. Datiertes Material wird durch Umsetzen der Käfer in bestimmten Ab-ständen (z.B. alle 8–10 Tage) in neue Zuchtgläser erhalten. Embryonalentwicklung 6 Tage, Larval-entwicklung 10–12 Wochen bei 5–7 Häu-tungen, Puppenruhe 16 Tage, Präoviposi-tionsperiode 3–5 Tage.

Teppichkäfer, *Anthrenus vorax Waterh.*
Dieser hauptsächlich in Afrika und Indien vorkommende Käfer kann für Zucht-zwecke von staatlichen Textilprüfstellen bezogen werden. Zucht siehe Kabinett-käfer *(Anthrenus museorum)*. Embryonal-entwicklung 8 Tage, Larvalentwicklung 4–6 Wochen bei 6–8 Häutungen, Puppen-ruhe 10 Tage, Präovipositionsperiode 3 bis 5 Tage.

Teppichkäfer, *Anthrenus scrophulariae* L.
Dieser in Europa und Amerika vorkom-mende Käfer ist im Frühjahr und Früh-sommer auf Blüten zu finden. Als Eiab-lagesubstrat bevorzugt er keratin- oder chitinhaltiges Material, aber auch ver-schiedene pflanzliche Produkte, wie Ge-treideflocken aller Art. Zucht siehe Kabi-nettkäfer *(Anthrenus museorum)*, Entwick-lungsdauer siehe *Anthrenus vorax*.

Dunkler Pelzkäfer, *Attagenus piceus* Ol.
Im Frühjahr und im Frühsommer findet man den kleinen, grauschwarzen Käfer (4–5 mm) auf blühenden Bäumen und in Vogelnestern. Die Eiablage erfolgt meist auf Keratin-Material, wie Felle, Wolle, Federn etc.

Zuchttechnik und Futter
Glas 1–2 l Inhalt, Verschluß mit Metall-gaze. Temperatur 28 °C, RLF 65 %.

Für Käfer und Larven eignet sich als Brut-bzw. Nährmedium gemahlener Hunde-kuchen (Seite 48), am besten. Diesem Substrat setzt man vorteilhaft noch 1–2 % Trockenhefe und pulverisierte Insekten, wie Heuschrecken, Grillen, Maikäfer, zu. Für die Aufzucht von datiertem Larven-material werden die Käfer ca. 1 Woche auf dem Futtersubstrat belassen, dann mit einem Sieb abgetrennt. Die Maschenweite des Siebes sollte so gewählt werden, daß die Käfer im Sieb verbleiben.

Embryonalentwicklung 10 Tage, Larval-entwicklung 8–9 Monate mit 6–8 Häutun-gen, Puppenruhe 10–12 Tage, Präoviposi-tionsperiode 3–4 Tage. Die Lebensdauer der Käfer beträgt 3–4 Wochen.

Die Aufzucht des **Gemeinen Pelzkäfers** *(Attagenus pellio* L.) geschieht auf gleiche Weise. Als zusätzliches Futter kann man diesem Pelzkäfer einige fein zerhackte Kükenfedern unter den Hundekuchen mi-schen.

Khaprakäfer, *Trogoderma granarium* Everts.
Dieser aus Indien stammende Käfer (2 bis 2,5 mm) hat sich über die ganze Welt ver-breitet und ist in Futter- und Nahrungs-mittellagern zu finden. Die Larven leben in Getreide, Erdnüssen etc. Als Futter-substrat eignet sich besonders fein ge-mahlener Hundekuchen (siehe Seite 48). Embryonalentwicklung 10 Tage, Larval-entwicklung 48–52 Tage mit 6–7 Häutun-gen, Puppenruhe 12 Tage, Präoviposi-tionsperiode 8 Tage. Die Käfer leben 4–5 Wochen.

40. *Byrrhidae*, Pillendreher

Körper oval, hochgewölbt. Ziehen bei Störung die Beine in entsprechende Gru-ben ein (Totenstellung). Larven (Abb. 268) zylindrisch und gekrümmt: eucephal-oligopod. Größe 5–10 mm. Auf Sand und Schlammböden. Ernährung: Käfer Moos; Larven Moos und Detritus.

41. *Sphaeritidae*

Breitovale, schwarz glänzende Käfer. Fühler mit Keule. Schienen verbreitert. Größe 2–7 mm. Käfer und Larven mycetophag, coprophag, saprophytophag oder zoonekrophag.

Abb. 268. Pillendreher-Larve (nach CHU).

42. *Temnochilidae*, Flachkäfer

Metallglänzend blau bis grün, Kopf breit, Flügeldecken flach gewölbt. Größe 5 bis 20 mm. In Wäldern, Wiesen und Lagerhäusern. Käfer und Larven raptorisch in Getreide aller Art.

Schwarzer Getreidenager, *Tenebrioides mauritanicus* L.

In Mühlen, Futtermittel- und Getreidelagern findet man diesen flachen dunklen Käfer (ca. 8 mm). Das Weibchen legt die Eier in Mehl oder Futtermitteln ab.
Die Aufzucht ist möglich siehe Getreideplattkäfer. Als Futter- und Brutmedium wird Maisgrieß mit 2 % Trockenhefe verwendet. Präovipositionsperiode 6 Tage, Embryonalentwicklung 6 Tage, Larvalentwicklung über 4 Stadien, 40–45 Tage.

43. *Byturidae*, Blütenfresser

Hellbraun bis orange gefärbte, langovale und kurz behaarte Käfer mit gekeulten Fühlern. Größe 3–5 mm. Käfer pollenophag, Larven carpophag.

44. *Nitidulidae*, Glanzkäfer

Dunkel, metallisch bis gelb gefärbt und kurz bis oval geformt. Fühler gekeult.

Größe 3–5 mm. Larve eucephal-oligopod. Auf Blüten und blutenden Stämmen. Käfer und Larven pollenophag und carpophag.

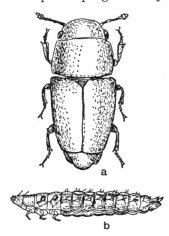

Abb. 269. Glanzkäfer (nach BORROR/DELONG und CHU).

Saftkäfer, *Carpophilus hemipterus* L.

Dieser schwarzbraune Käfer (2–3 mm) ist an der deutlichen gelben Querbinde auf den abgeplatteten Flügeldecken und den Schulterflecken kenntlich. Da das Weibchen die Eier an Dörrobst ablegt, die Larven sich von dem getrockneten Fruchtfleisch ernähren, können die Tiere aus solchen Vorräten beschafft werden. Während der Vegetationsperiode können die Käfer durch Auslegen von Bananenfleisch, getrockneten Feigen, Äpfeln oder Tomaten etc. an schattigen Orten geködert werden.

Zuchtbedingungen und Futter
1-Liter-Einmachglas mit feuchtem Zonolith 3 cm hoch gefüllt, Verschluß Nylongaze.
Auf die feuchte Zonolith-Schicht werden getrocknete Feigen ausgelegt und die Käfer eingesetzt. Bei 26 °C und 70 % RLF dauert die Entwicklung einer Generation 6–7 Wochen.

45. *Cucujidae*, Plattkäfer

Braunrot bis gelb gefärbte, flache Käfer. Flügeldecken mit deutlichen Punktreihen.

Larven eucephal-oligopod mit schwacher Behaarung. Größe 1–7 mm. Käfer und Larven (Abb. 270) leben in verschiedenen pflanzlichen Stoffen.

Abb. 270. Plattkäfer-Larve (nach CHU).

Getreideplattkäfer, *Oryzaephilus surinamensis* L.
Dieser rotbraune, flache Käfer weist stark vorspringende Zähne an beiden Seiten des Halsschildes auf. Die Käfer leben in Mehl und Mehlprodukten. Sie können in Mühlen oder Silos eingefangen werden.

Zuchttechnik und Futter
Einmachglas, 1–2 l, Gazeverschluß. Temperatur 26 °C, RLF 50–60 %.
Die Zuchtbehälter werden mit einer zu gleichen Teilen aus Vollmehl, Maisgrieß und Haferflocken bestehenden Mischung halb gefüllt und mit den Käfern besetzt. Das Weibchen legt ca. 120–150 Eier, aus denen nach 4 Tagen die Larven ausschlüpfen. Nach weiteren 25–30 Tagen verpuppen sich die Larven. Wenige Tage später schlüpfen die Jungkäfer, die erst nach 4–6 Tagen mit der Eiablage beginnen.

Leistenkopfplattkäfer, *Cryptolestes (Laemophloeus) ferrugineus* Steph.
Dieser rotbraune Käfer (1,5 mm) hat besonders lange Fühler und lebt in pflanzlichen Nahrungsmitteln, wie Mehl und Mehlprodukte, Getreide, Fischmehl, Erdnüsse etc.
Die Aufzucht erfolgt wie für den Getreideplattkäfer beschrieben. Die Entwicklung einer Generation nimmt 8 Wochen in Anspruch.

46. *Erotylidae,* Pilzkäfer

Breit bis oval, glänzend, verschiedenartige braunrote und schwarze Zeichnung auf den Flügeldecken. Größe 2–8 mm. An Baumschwämmen, schimmligem Holz, unter Rinde. Käfer und Larven mycetophag.

47. *Cryptophagidae,* Schwimmkäfer

Sehr klein, länglich, flach gewölbt mit kurzer Behaarung und Punktstreifen auf den Flügeldecken. Stark vortretende Augen. Rotbraun bis schwarz. Fühler 11-gliedrig, an den Spitzen mit 3gliedriger Keule. Größe 1–4 mm. Larven eucephal-oligopod. Käfer und Larven mycetophag.

48. *Phalacridae,* Glattkäfer

Eioval und hochgewölbt, braun bis rotbraun und glänzend. Fühler mit Keule. Größe 1–3 mm. Auf verschiedenen Pflanzen und Blüten. Käfer mycetophag, pollenophag; Larven phytophag, mycetophag.

49. *Lathridiidae,* Moderkäfer

Kleine Käferchen von hell- bis dunkelbrauner Färbung und 8–11gliedrigen Fühlern mit 1–3gliedriger Keule. Tarsen 3-gliedrig.

Moderkäfer, *Cartodere filum* Aube (*C. filiformes* Gyllh.)
Der braunrote Käfer (1,2–1,5 mm) lebt in Getreide- und Futtermittellagern sowie auf Heuböden und ähnlichen Lagern und kann mit feuchten Tüchern oder Zeitungen angelockt werden. Er bevorzugt feuchte und verschimmelte Substrate. Die Eiablage erfolgt an pflanzliche Produkte, wie Mehl, getrocknetes Pflanzenmaterial etc. Als Futter ist pulverisierte Trockenhefe am besten geeignet.

50. *Mycetophagidae*

Breitovale, stark behaarte Käfer mit brauner oder schwarzer Färbung und roter

oder gelber Zeichnung. Größe 2–5 mm.
Käfer und Larven mycetophag.

51. Colydiidae, Rindenkäfer

Längliche bis zylindrische Käfer. Flügeldecken mit sehr stark ausgeprägten Punktreihen. Fühler 10–11gliedrig mit Keule. Färbung rotgelb bis schwarz. Größe 2 bis 8 mm. Unter loser Baumrinde, in Mulm, an Schwämmen, unter Streu, in Moos und Flechten. Käfer und Larven parasitisch, phytophag.

52. Orthoperidae, Faulholzkäfer

Breitoval, hochgewölbt. Hell- bis dunkelbraune Färbung. Fühler mit Keule. Tarsen mit 4 Gliedern, das 3. sehr klein, kaum sichtbar. Hinterflügel mit langen Haaren. Käfer und Larven (Abb. 271) saprophytophag, mycetophag. An Schwämmen, feuchten Pflanzen, Holz etc.

Abb. 271. Faulholzkäfer-Larve (nach Chu).

53. Endomychidae, Stäublingskäfer

Oval und hochgewölbt, ähnlich wie Marienkäfer, aber Kopf von oben gut sichtbar. Färbung und Zeichnung variabel. Tarsen 4gliedrig, 2. Glied in Lappen verlängert, 3. klein. Käfer und Larven (Abb. 272) in Baumschwämmen, unter Rinde, in verfaulenden Früchten etc., mycetophag und saprophytophag. Größe 3–5 mm.

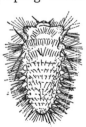

Abb. 272. Stäublingskäfer-Larve (nach Chu).

54. Coccinellidae, Marienkäfer

Stark gewölbt, halbkugelig mit dunklen Punkten auf roter oder gelber Grundfarbe. Größe 3–8 mm. Käfer (Abb. 273a) und Larven (Abb. 273b) überall auf Pflanzen, wo Blattläuse vorkommen. Larven (Abb. 273c) mit kräftigen Brustsegmenten, Hinterleib konisch auslaufend, eucephal-oligopod. Käfer und Larven raptorisch mit Ausnahme der phytophagen Arten.

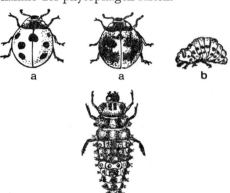

Abb. 273. Siebenpunkt-Marienkäfer.

Marienkäfer, Glückskäfer, *Coccinella septempunctata* L.
Der gelbrot bis rostrot gefärbte kugelige Käfer ist an den 7 schwarzen Punkten auf den Flügeldecken zu erkennen. Käfer und Larven ernähren sich von Blattläusen und sind auf den verschiedensten Pflanzen zu finden.

Zuchttechnik und Futter
In Blumentöpfen kultivierte Puffbohnen mit Blattlauskolonien (siehe Aufzucht von Blattläusen). Zelluloidzylinder mit Nylongazeverschluß (Abb. 334) und Petrischalen verschiedener Größe.
Temperatur 26 °C, RLF 70 %, Photoperiode 16 Stunden/750–1000 Lux.
Für die Aufzucht des Marienkäfers müssen die Blattlauskolonien auf Puffbohnen eine hohe Populationsdichte aufweisen. Pro Kolonie werden 5–7 Käfer aufgesetzt. Jeder Blumentopf wird mit einem Zelluloidzylinder abgedeckt und der angegebe-

nen Photoperiode ausgesetzt. Nach einigen Tagen beginnen die Käferweibchen mit der Eiablage. Sie legen an den Stengeln und an der Zylinderwand Eihäufchen ab. Diese Häufchen werden täglich mit einem feuchten Pinsel abgelöst und in Petrischalen, die zur Hälfte mit feuchtem Filterpapier abgedeckt sind, gelegt (Abb. 33). Für die notwendige Luftfeuchtigkeit auf den Pflanzen ist täglich sorgfältiges Gießen und Besprühen der Bohnenpflanzen erforderlich. In der Petrischale wird durch einen zusätzlich eingelegten feuchten Wattebausch die entsprechende Feuchtigkeit erzielt. Die ausschlüpfenden Larven werden täglich mit frischen Blattläusen, die man am besten zusammen mit Pflanzentrieben in die Zuchtschale einlegt, gefüttert. Die Futtermenge richtet sich nach dem Bedarf der Larven. Nach 4 Larvalstadien verpuppen sich die Marienkäferlarven in der Petrischale.
Präovipositionsperiode 3 Tage, Embryonalentwicklung 3 Tage, Larvalentwicklung 12 Tage, Puppenruhe 6–7 Tage.
Diese Zuchtmethode ist im Prinzip auch für andere aphidophage Marienkäferarten anwendbar.

Mexikanischer Bohnenkäfer, *Epilachna varivestis* Mulsant.
Die Zucht dieser Art erfolgt nach der für den Kartoffelkäfer beschriebenen Methode. Temperatur 28–30°C, RLF 70%, Photoperiode 16 Stunden, 1000–1500 Lux. Futterpflanze: Buschbohnen. Ersatz: Soja- und Stangenbohnen.
Die mit Eigelegen besetzten Blätter werden täglich aus dem Zuchtkasten entnommen und kurze Zeit vor dem Schlüpfen der Larven auf frische Pflanzen gesetzt.
Entwicklungszyklus: Embryonalentwicklung 5 Tage, Larvenentwicklung 14–15 Tage, Puppenruhe 5 Tage. Präovipositionsperiode 5–6 Tage. Lebensdauer der Käfer 20–25 Tage.

55. *Sphindidae*, Staubpilzkäfer

Breitoval bis langoval und hochgewölbt. Flügeldecken mit Punktstreifen; Oberseite behaart. Dunkelbraun bis schwarz. Fühler 10gliedrig mit Keule. Tarsen 5gliedrig. Größe 1–3 mm. Käfer und Larven mycetophag.

56. *Cisidae*, Schwammfresser

Braun bis schwarzbraun. Körper zylindrisch, ähnlich wie die Bostrychiden. Kopf von oben nicht sichtbar. Fühler 10–11gliedrig mit 3gliedriger Keule. Larven eucephal-oligopod, abstehend behaart. Größe 2–5 mm. Unter Rinde und in Baumschwämmen. Käfer und Larven (Abb. 274) mycetophag, xylophag.

Abb. 274. Schwammfresser-Larve.

57. *Lyctidae*, Schatten- oder Holzmehlkäfer

Parallelseitig und langgestreckt mit feiner Behaarung. Hell- bis dunkelbraun gefärbt. Halsschild mit einer Längsfurche und die Flügeldecken mit Punktstreifen. Tarsen 5gliedrig und die Fühler 11gliedrig mit 2gliedriger Keule. Größe 2–5 mm. Larven eucephal-oligopod. Brustteil verdickt. Auf Laubhölzern, auch technisch verarbeiteten. Käfer xylophag und pollenophag, Larven xylophag.

Splintholzkäfer, Parkettkäfer, *Lyctus linearis* Goeze
Im Frühjahr findet man diesen flachen, braungelben Käfer an Laubholzbäumen. Die Weibchen legen die mit einem Fadenfortsatz versehenen Eier in Spalten und Risse von Laubholzbäumen. Die englingartigen Larven höhlen das Holz aus. Für Zuchtzwecke werden die Käfer während der Flugzeit gefangen oder das mit Larven besetzte Holz wird gesammelt.

Zuchttechnik und Futter
Glaskäfig. Temperatur: 25°C, RLF 70%.
In das mit Filterpapier ausgelegte Zucht-

glas (Abb. 359) legt man ca. 10 cm lange und 4–5 cm dicke, geschälte Eichenholzstückchen, deren Feuchtigkeitsgehalt nicht höher als 20% sein sollte (3–4 Tage bei 40°C getrocknet). In das so vorbereitete Zuchtglas können 25–30 Käferpaare eingesetzt werden. Die Weibchen legen die Eier auf das Holz. Es hat sich aber als besser erwiesen, den Weibchen als Eiablagesubstrat eingeschnittene Korken oder eingekerbte Korkstücke zu geben. Die Larven werden dann von dem Kork abgesammelt und auf Eichenholz umgesetzt.

Ein Weibchen legt etwa 20 Eier. Die Embryonalentwicklung nimmt 10 Tage in Anspruch, die neue Käfergeneration schlüpft nach 10 Wochen aus.

Die gleiche Zuchtmethode empfiehlt sich auch für **Lyctus brunneus** Steph.

58. *Bostrychidae*, Holzbohrkäfer, Triebbohrer

Länglich, parallelseitig und zylindrisch; Kopf von oben kaum sichtbar. Größe 3–15 mm. Larven eucephal-oligopod. Auf verschiedenen Gehölzen. Käfer und Larven (Abb. 275a + b) xylophag.

a   b

Abb. 275. Holzbohrkäfer.

Getreidekapuziner, *Rhizopertha dominica* F.

Der braunrote, walzenförmige Käfer (2,5 bis 3 mm) lebt in tropischen und subtropischen Gebieten und wird häufig nach Mitteleuropa mit Getreidetransporten eingeschleppt. Er lebt wie der Korn- und Getreideplattkäfer in Getreide- und Mehlprodukten. Das Weibchen legt die Eier lose im Substrat ab. Der Getreidekapuziner kann wie der Korn- und Getreide

plattkäfer gezüchtet werden. Die Entwicklung einer Generation nimmt 35 bis 40 Tage in Anspruch.

59. *Anobiidae*, Poch- oder Klopfkäfer

Zylindrisch bis langoval und helldunkelbraun gefärbt. Kopf von oben nicht sichtbar, unter Vorderbrust. Fühler einfach oder gesägt. Größe variiert zwischen 2 und 9 mm. Auf verschiedenem Material, wie Holz, Schwämmen, Drogen. Käfer und Larven xylophag und mycetophag.

Abb. 276. Pochkäfer.

Kleiner Tabakkäfer, *Lasioderma serricorne* F.

Der braunrote, eiförmige Käfer (2–4 mm) ist dicht grau behaart. Er lebt in fermentiertem Tabak und in Tabakwaren. Die Weibchen legen die Eier auf dem Tabak ab, wo sich auch die Larven entwickeln. Die Aufzucht erfolgt wie für den Getreideplattkäfer beschrieben. Statt mit Getreideprodukten werden die Zuchtbehälter mit fermentiertem Tabak oder Tabakblättern beschickt. Embryonalentwicklung 6 Tage, Larvalentwicklung 45–50 Tage mit 3–4 Häutungen, Puppenruhe 7–8 Tage, Präovipositionsperiode 4–5 Tage. Die Adulten leben 2–3 Wochen.

Brotkäfer, *Stegobium (Sitodrepa) paniceum* L.

Der rostrote bis braune Käfer (2,5–3,5 mm) weist eine doppelte, teils anliegende, teils abstehende Behaarung auf. An dem walzenförmigen Körper ist der Kopf von oben her nicht zu erkennen. Die engerlingartige Larve lebt in Getreide und Getreideprodukten, wie Mehl, Mehlprodukten, Getreide, Sämereien etc. Die Aufzucht erfolgt wie für den Getreideplattkäfer beschrieben. Dieser Käfer kann außer mit Getreideprodukten auch mit gemahlenem

Hundekuchen (s. Seite 48) gefüttert werden. Embryonalentwicklung 6 Tage, Larvalentwicklung 60 Tage mit 4 Häutungen, Puppenruhe 5–8 Tage. Die Lebensdauer der Käfer beträgt 1–2 Monate.

Totenuhr, *Anobium punctatum* DeG. (*A. striatum* Oliv.)
In die Risse und Spalten alten, abgelagerten Holzes legen die fein behaarten Käfer die Eier (einzeln oder in Häufchen). Die Larve entwickelt sich im Holz, das der Käfer durch ein selbstgebohrtes Loch verläßt.

Zuchttechnik und Futter
2-Liter-Einmachglas mit Metallgazedeckel. Temperatur 20–22 °C, RLF 75–80 %.
In den Zuchtbehälter werden 2–3 gut gelagerte Holzstücke (Laub- oder Nadelholz) eingelegt. Die Holzstücke müssen harzfrei sein, weshalb man sie vorher 2–3 Tage in Äther oder Aceton einlegen sollte. Pro Zuchtbehälter werden 10–20 Käfer eingesetzt. Nach einer 2–3wöchigen Präovipositionsperiode legen die Weibchen die kleinen weißen Eier ab, aus denen nach ca. 10–12 Tagen die Larven ausschlüpfen. Die Entwicklung der Larven ist sehr von der Qualität des eingelegten Holzes abhängig. Normalerweise verpuppen sich die Tiere nach 8–10 Monaten. 3 Wochen später schlüpft dann der junge Käfer aus. Aufgrund von Versuchen ist es möglich, Anobien in gepreßten und getrockneten Blöcken aus verschiedenem Material zu züchten. Die Blöcke enthalten: Blutalbumin, Casein, Stärke, Trockenhefe und Küken- oder Rattenfutter (s. Seite 49). Als Bindemittel dient Gummi arabicum. Nach der gleichen Methode läßt sich auch der **Trotzkopf** (*Anobium pertinax* L.) züchten.

60. *Ptinidae*, Diebkäfer

Weibchen (Abb. 277 a) rundoval und hochgewölbt, Männchen schlanker und walzenförmig. Larven (Abb. 277 b) kurz behaart, eucephal-oligopod. Größe 1–5 mm. Käfer und **Larven** detritivor, phytophag (Drogen).

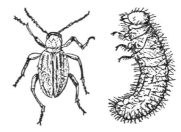

Abb. 277. Diebskäfer.

Messingkäfer, *Niptus hololeucus* Fald.
Diese goldgelben, kugeligen Käfer (ca. 2,5–4,5 mm) leben in alten Häusern, an feuchtwarmen, staubigen Orten und legen dort auch die Eier ab. Käfer und Larven ernähren sich von tierischen und pflanzlichen Stoffen. Aufzucht wie Getreideplattkäfer. Messingkäfer können mit grobkörnigem Hundekuchen (s. Seite 49) und HH-Teig (s. Seite 48) gefüttert werden. Embryonalentwicklung 6–8 Tage, Larvalentwicklung 80–110 Tage mit 3 Häutungen, Puppenruhe 12–14 Tage.

Kräuterdieb, Gemeiner Diebkäfer, *Ptinus fur* L.
Dieser rot- bis schwarzbraune Käfer (2,5 bis 4 mm) lebt in Getreide-, Futtermittel-, Drogen- und Vorratslagern aller Art. Die engerlingartige Larve hat keine Augen und verpuppt sich in einem Kokon.
Die Aufzucht ist nach der beim Getreideplattkäfer beschriebenen Methode möglich. Als Futter und Brutmedium dient eine Mischung von 1 Teil gemahlenem Hundekuchen und 1 Teil getrocknetem Pferde- oder Schafmist.

Kugelkäfer, *Mezium affine* Boield.
Dieser glänzende, kleine Käfer (2,6–3 mm) lebt in Getreide- und Futtermittellagern, Heuböden, Latrinen sowie in getrocknetem Pflanzenmaterial. Die Larven sind engerlingartig. Die Tiere werden mit Haferflocken mit 5 % Trockenhefegehalt gefüttert. Embryonalentwicklung 10 Tage, Larvalentwicklung 75 Tage mit 3 Häutungen, Puppenruhe 15 Tage, Präoviposi-

tionsperiode 10 Tage. Lebensdauer des Insektes 6–8 Monate.
Zuchtbedingungen wie Getreideplattkäfer.

61. *Oedemeridae*, Scheinbockkäfer

Körper weich, Beine lang, Fühler lang und dünn, fadenförmig. Flügeldecken schmal und lang meist mit Punktstreifen. Färbung variabel. Größe 5–20 mm. Auf Blüten. Larve eucephal-oligopod, seitlich der Segmente kleine Haarbüschel. Käfer und Larven xylophag oder phytophag in Stengeln verschiedener Pflanzen.

62. *Pythidae*, Scheinrüßler

Halsschild herzförmig. Flügeldecken gefurcht oder dicht punktiert. Kopf nicht gestielt, frei vorgestreckt und schnauzen- oder rüsselförmig verlängert. Fühler nicht die Mitte des Körpers erreichend. Vorder- und Mittelbeine mit 5, Hinterbeine mit 4 Tarsengliedern. Farbe variabel. Größe 2–16 mm. Unter Baumrinden. Käfer und Larven (Abb. 278) xylophag eventuell raptorisch.

Abb. 278. Scheinrüßler-Larve (nach Chu).

63. *Pyrochroidae*, Feuerkäfer

Körper nach hinten verbreitet, oben abgeflacht. Kopf und Halsschild schmaler als Flügeldecken. Kopf hinter den Augen stark eingeschnürt. Fühler des Weibchens gesägt, diejenigen des Männchens gekämmt. Färbung rot. Larven eucephal-oligopod, mit großem Kopf und bedorntem, zweitletztem Hinterleibssegment. Käfer pollenophag auf verschiedenen Blüten; Larven (Abb. 279 b) raptorisch (unter Rinden).

Abb. 279. Feuerkäfer-Larve.

64. *Scraptiidae*, Seidenkäfer

Kopf schmäler als Halsschild. Flügeldecken gestreut und ohne Punktreihen. Fühler schnurförmig, ungekeult. Körper zart, weich und fein behaart. Dunkelbraun. Größe 2 mm. Larven eucephal-oligopod; schwach behaart, das letzte Hinterleibssegment spitz auslaufend und dichter behaart. Käfer auf Gebüsch; Larven xylophag, mycetophag (in Baumschwämmen).

65. *Hylophilidae (Aderidae)*, Mulmkäfer

Kopf breiter als Halsschild und mit kurzem, breitem Hals mit Halsschild verbunden. Augen groß, Fühler 11gliedrig, faden- oder schnurförmig. Halsschild schmaler als Flügeldecken. Größe 2–3 mm. Schwarz oder braungelb, weißgrau behaart. Käfer und Larven saprophytophag.

66. *Anthicidae*, Blütenmulmkäfer

Klein und schmal. Kopf vorgestreckt, Halsschildseiten gerundet, oft mit einem Horn. Flügeldecken viel breiter als Halsschild. 1. Glied der Hintertarsen lang, aber kaum länger als die übrigen zusammen. Größe 2–4 mm. Unter Pflanzenabfall und auf Blüten. Käfer und Larven saprophytophag, mycetophag, coprophag.

67. *Meloidae*, Blasen- oder Ölkäfer

Breit oder schmal und länglich (Maiwurm, Abb. 280 a). Kopf des Käfers breiter als

Vorderbrust. Metallisch blau bis grün. Beim Maiwurm sind die Vorderflügel klein, die Hinterflügel fehlen. Der Hinterleib ist stark aufgetrieben. Größe 15 bis 25 mm. Bei Berührung scheidet der Käfer an Beingelenken Blutflüssigkeit aus. Wälder und Wiesen. Larven (Abb.280a) eucephal-oligopod, Schmarotzer in Bienenzellen.

Abb. 280. Maiwurm.

68. *Rhipiphoridae*, Fächerkäfer

Schlank, mit spitz auslaufenden oder stark verkürzten Flügeldecken, die beim Weibchen oft fehlen. Fühler des Männchens in Äste ausgezogen, beim Weibchen gesägt. Dunkelbraun bis schwarz. Größe 3 bis 12 mm. Käfer pollenophag; Larven raptorisch (Wespen, Schaben etc.).

69. *Mordellidae*, Stachelkäfer

Kurz und dicht behaart, meist dunkel gefärbt. Hinterleib (Abb.281a) stachelartig auslaufend. Größe 3–8 mm. Auf Blüten. Larven (Abb.281b) eucephal-oligopod, Brustsegmente kräftig. Käfer pollenophag; Larven raptorisch oder saprophag.

70. *Melandryidae*, Düsterkäfer

Langoval, dunkel gefärbt. Hinterrand des Halsschildes oft mit Furchen oder Punkten. Größe 5–20 mm. Auf Pilzen oder unter Borke verschiedener Bäume. Larven eucephal-oligopod. Käfer pollenophag und mycetophag; Larven xylophag oder mycetophag.

71. *Lagriidae*, Wollkäfer

Gelbbraun bis rot oder schwarzbraun mit weißer Zeichnung. Kopf mit großen Augen. Halsschild schmal und walzenförmig. Flügeldecken weich. Fühler 11gliedrig. Tarsen mit filziger Sohle. Größe 5–10 mm. Auf Blüten und Sträuchern. Käfer phytophag, pollenophag; Larven saprophytophag.

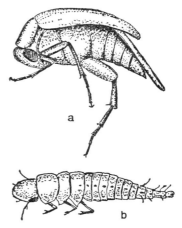

Abb. 281. Stachelkäfer (nach BORROR/DELONG und CHU).

72. *Alleculidae*, Pflanzenkäfer

Gelbbraun bis schwarz. Langoval. Kopf vorgestreckt mit langen 11gliedrigen, gesägten Fühlern. Halsschild seitlich scharf gerandet. Hinterleib mit 5–6 Segmenten. Größe 4–11 mm. Auf Blüten, Gebüschen etc. Käfer pollenophag, carpophag, saprophytophag, radicicol; Larven coprophag, xylophag, mycetophag.

73. *Tenebrionidae*, Schwarzkäfer

Meist dunkel gefärbt (grau, braun). Fühlergruben oberseits lappig vorspringend. Fühler faden- bis keulenförmig. Formen sehr variabel. Größe 5–30 mm. Larven meist zylindrisch und schlank. Käfer und Larven (Abb.282) saprophytophag u.a. In Vorräten, unter Steinen und Streu.

Totenkäfer, *Blaps mortisaga* L.
Dieser große schwarze Käfer (25–30 mm) und seine mehlwurmähnlichen Larven findet man an oder in der Nähe von faulenden und verrottenden Pflanzenmaterialien (Gemüse- und Obstkellern, alten Stallungen, unter Brettern).

a

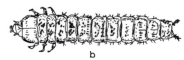

b

Abb. 282. Schwarzkäfer.

Zuchttechnik und Futter
Adulte: Kristallisierschalen (Mindestdurchmesser 25 cm).
Larven: Metall- oder Plastikwannen mit Gipsboden (40 × 25 × 12 cm).
Temperatur 27 °C, RLF 85–95 %.
In die 1 cm hoch mit feuchtem Sand gefüllte Kristallisierschale werden 20–30 Tiere eingesetzt. Das Geschlechterverhältnis sollte Männchen : Weibchen = 1 : 3 betragen. Die Tiere werden täglich mit granuliertem Hunde- oder Rattenfutter (s. Seite 49) gefüttert. Mit einer Glasplatte abgedeckt stellt man die Zuchtschale dunkel. Um datiertes Tiermaterial zu erhalten, werden die Käfer jeden 3. Tag in neue Zuchtschalen umgesetzt.
Für die Larvenaufzucht vermischt man Vermiculith oder Zonolith mit granuliertem Ratten- oder Hundefutter: 1 g Futter auf 1 l Vermiculith. Dann feuchtet man das Material gut an und gibt es in einer 5 cm hohen Schicht auf den mit Wasser gesättigten Gipsboden der Zuchtwanne. Den mit Eiern belegten Sand verteilt man darauf und deckt ihn 2–3 cm hoch mit der

gleichen Futter-Vermiculit-Mischung zu. Die bereits gewachsenen Larven werden nach Bedarf gefüttert, wobei das Füllmaterial eingearbeitet werden muß; bei älteren Larven braucht es nur auf die Oberfläche gestreut zu werden. Um der Verschimmelung vorzubeugen, ist es ratsam, die Tiere wöchentlich 2–3mal zu füttern. Machen die Larven eine Diapause durch (keine Futteraufnahme), so stellt man die Wannen 4–5 Wochen bei 2–3 °C auf und anschließend 3–4 Wochen bei 27 °C. Innerhalb dieses Zeitraumes erfolgt dann die Verpuppung. Präovipositionsperiode 6 Tage, Larvalentwicklung 8–10 Wochen, Puppenruhe 2–3 Wochen.

Rotbrauner Reismehlkäfer, *Tribolium castaneum* Hbst. (*T. navale* F.)
Dieser Käfer (3 mm) bevorzugt als Eiablagesubstrat Mehl verschiedener Getreidearten. Er lebt meist in Mühlen, Getreide- und Futtermittellagern. Die Aufzucht erfolgt nach der beim Getreideplattkäfer beschriebenen Methode. Als Brutmedium verwendet man eine Mischung von gleichen Teilen Vollmehl und Haferflocken, der 1–2 % Trockenhefe beigemischt wird. Embryonalentwicklung 7 Tage, Larvalentwicklung 24 Tage mit 4–5 Häutungen, Puppenruhe 10 Tage, Präovipositionsperiode 5 Tage. Die Käfer leben mehrere Monate. Andere Tribolien-Arten werden nach der gleichen Methode gezüchtet.

Vierhornkäfer, *Gnathocerus cornutus* F.
Die braunen Käfer (4–5 mm) leben in Getreide und Getreideprodukten. Ihre weißgelben Larven leben teilweise auch von Insekten, die Mehlprodukte befallen. Für die Aufzucht verwendet man die für Mehlmotten beschriebenen Futtermischungen, denen man von Zeit zu Zeit Mehlmottenraupen zusetzt.
Zuchtbedingungen siehe Getreideplattkäfer.
Embryonalentwicklung 6 Tage, Larvalentwicklung 40–50 Tage, 6–7 Häutungen, Puppenruhe 12 Tage, Präovipositionsperiode 12 Tage.

Mehlkäfer ("Mehlwurm"),
Tenebrio molitor L.
Der dunkelbraune bis schwarze Käfer (ca. 15 mm) legt seine Eier in Getreide und Getreideprodukten ab. Die als Mehlwürmer bezeichneten Larven entwickeln sich in diesen Substraten. Für Zuchtzwecke empfiehlt es sich, die Mehlwürmer in zoologischen Handlungen zu kaufen.

Zuchttechnik und Futter
Als Zuchtkäfig dienen Kunststoffbehälter (sog. Macrolon-Wannen) 42 × 26 × 16 cm (Abb. 336) die zur Hälfte mit einer Mischung von Weizenkleie und Haferflocken (2 : 1) gefüllt sind. Auf die Oberfläche dieses Futters legt man eine breite, flache Holzschindel, auf die man zweimal wöchentlich als Futter geraspelte Karotten und Apfelstückchen legt. Anderes Grünfutter, z.B. Salatblätter, aber auch Bananenstücke oder kleine Stückchen Preßhefe, werden gerne von den eingesetzten Zuchtpärchen (ca. 50–100 pro Wanne) gefressen. Bei zu hoher Populationsdichte muß das Futtermedium je nach Bedarf ausgewechselt bzw. ergänzt werden.
Bei 26 °C und 65 % RLF beansprucht die Embryonalentwicklung 6 Tage, die Larvalentwicklung 4–6 Monate mit 9–12 Häutungen, die Puppenruhe 6–8 Tage und die Präovipositionsperiode ca. 10 Tage. Die Käfer leben 4–6 Wochen.
Nach der gleichen Methode läßt sich auch der **Glänzendschwarze Getreideschimmelkäfer** (*Alphitobius diaperinus* Panz.) züchten. Als Futtersubstrat verwendet man eine Mischung aus gleichen Teilen von Haferflocken, gequetschten, ungesalzenen Erdnüssen und gequetschten Weizenkörnern. Bei 26 °C und 75–80 % RLF dauert die Embryonalentwicklung 5 Tage, die Larvalentwicklung mit 7 Häutungen 30–35 Tage und die Puppenruhe 3–4 Tage.

74. *Cerambycidae*, Bockkäfer

Langgestreckt und schlank, mit langen Fühlern. Dunkelbraun bis schwarz, bis lebhaft bunt. Größe 2–50 mm. Gute Läu-fer und Flieger; auf Blüten. Käfer (Abb. 283a) pollenophag, meliphag; Larven (Abb.283b) xylophag und phytophag.

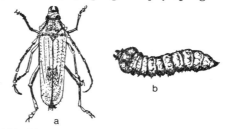

Abb. 283. Bockkäfer.

Weidenböckchen, *Gracilia minuta* F.
Der nahezu kastanienbraune Käfer ist von April bis Juni auf Weiden zu finden. Er ist an den langen Haaren und den keulenförmigen Beinen gut zu erkennen. Die Larven fressen unter der Rinde der Weidenruten.

Zuchttechnik und Futter
2-Liter-Glasgefäß mit Gipsboden (2–3 cm hoch). Temperatur 25 °C, RLF 60–70 %.
10–12 etwa 20 cm lange und 5 mm dicke Weidenruten werden zusammengebunden und senkrecht in das Zuchtglas gestellt. Als Tränke dient eine Dochttränke (Abb. 50), als Futter wird HH-Teig (s. Seite 48) verwendet. 10–20 Käfer werden in ein solches Gefäß eingesetzt. Die Weibchen legen die Eier auf den Weidenruten ab. Nach 10 Tagen schlüpfen die Larven aus, die sich sofort in die Rutenstücke einbohren. Um den Larven das Einbohren zu erleichtern, sticht man mit einer Ale kleine Löcher in die Rutenstücke.
Nach 5–8 Monaten schlüpfen die erwachsenen Käfer aus.

Hausbock, *Hylotrupes bajulus* L.
Die Weibchen dieses schwarzen Bockkäfers (10–20 mm) legen die walzenförmigen Eier in Risse und Spalten alter trockener Holzbalken, wobei Kiefernholz bevorzugt wird. Die Larven (20–25 mm) fressen im Inneren der Balken zuerst deren periphere Teile und später dann das Zen-

trum. Die Oberfläche bleibt unangegriffen als dünne Haut bestehen. Durch ein ovales Flugloch verläßt der Jungkäfer im Sommer die Brutstätte. Die Tiere können dann auf Dachböden in sog. Hausbockgebieten eingefangen werden.

Zuchttechnik und Futter

Petrischalen, Metall- oder Plastikschalen mit Gazedeckel.
Temperatur 25–28 °C, RLF 80–90 %.
In eine mit Filterpapier ausgelegte Petrischale werden ein Männchen und ein Weibchen zur Kopulation eingesetzt. Die Tiere werden mit HH-Teig (Seite 48) gefüttert und erhalten zusätzlich Wasser (Wattebausch).
Als Eiablagesubstrat legt man ein kleines Bündel Holzleisten mit Filterpapier als Zwischenlagen ein (Abb.284).

Abb. 284. Holzleisten für Hausbock-Zucht.

Wenige Tage nach der Kopula legen die Weibchen die Eier in die Spalten des Holzbündels. Die Kopula kann stimuliert werden, indem man die Pärchen für wenige Minuten mit einem Infrarotstrahler bestrahlt.
Für die Aufzucht der Larven wird Tannen-(Kiefern)holz wie folgt vorbereitet. Der Fuß eines Exsikkators (Abb. 36) wird mit einer Lösung folgender Zusammensetzung gefüllt:

2 l Wasser, 20 g Pepton, 10 g Ascorbinsäure, 20 mg Nicotinsäure, 10 mg Riboflavin.

Kiefernholzklötzchen (5 × 5 × 2 cm), in die 2 mm weite Löcher gebohrt sind, werden auf einem weiten Gitter in den Exsikkator gelegt, und zwar so locker, daß sie durch einen leichten Stoß in die darunter befindliche Lösung fallen. Der Exsikkator wird mit einer Wasserstrahlpumpe bis zur

Konstanz evakuiert. Dann werden die Klötzchen in die Lösung gestoßen und der Exsikkator vorsichtig belüftet. Bei diesem Vorgehen dringt die Lösung in die vorher nahezu luftleeren Klötzchen ein. Die Klötzchen werden dann getrocknet.
In die so vorbereiteten Holzklötzchen wird pro Loch eine Larve eingesetzt (Verschluß mit Wattebausch). Die Klötzchen werden anschließend bei Zimmertemperatur in Metall- oder Plastikschalen aufbewahrt.
Präovipositionsperiode 2–3 Tage, Embryonalentwicklung ca. 8 Tage, Larvalentwicklung 2–4 Jahre, Puppenruhe 3–4 Wochen.

Veränderlicher Scheibenbock, *Phymatodes testaceus* L.

Im Frühjahr fliegt dieser 10–15 mm große Bockkäfer in Buchenwäldern und legt die Eier in Spalten kranker und gefällter Bäume ab. Die Larve frißt zwischen Borke und Splintholz. Der junge Käfer schlüpft durch ein selbstgebohrtes Flugloch aus. Für Zuchtzwecke werden die Larven und Puppen zusammen mit dem Holz eingesammelt.

Zuchttechnik und Futter

Flugkäfig (Abb. 38). Glasgefäß mit Gipsschicht.
Temperatur 26 °C, RLF 80–85 %.
Die mit Larven oder Puppen besetzten Holzstückchen werden in 2 Schichten im Käfig aufgestapelt. Zwischen die Schichten legt man zwei kleine Holzschindeln, wodurch dem Jungkäfer das Ausschlüpfen (Ausbohren) erleichtert wird.
10–15 Jungkäfer werden in das Einmachglas, dessen Gipsboden gut befeuchtet wurde, eingesetzt. In das Glas legt man ein ca. 10 cm langes und 5–7 cm dickes Holzstück mit rissiger Rinde. Auf die Schnittfläche des Holzes legt man täglich HH-Teig (Seite 48) auf einem Uhrglas und stellt außerdem eine Dochttränke. Das Glas wird dann mit Nylongaze zugebunden. Dann bestrahlt man die Tiere täglich 1–2 Stunden mit einer Ultrarotlampe, die

so angebracht sein muß, daß die Innentemperatur des Glases 30°C nicht überschreitet. Der Gipsboden ist nach Bedarf zu befeuchten und auch das Holzstück muß von Zeit zu Zeit mit Wasser besprüht werden.

Nach der 5–8tägigen Präovipositionsperiode findet man in den Rissen der Rinde die ersten Eier. Das Holzstück wird nun täglich gegen ein neues, befeuchtetes ausgewechselt. Nach 8–10 Tagen schlüpfen die Larven aus und bohren sich sofort in die Holzklötze ein. Nach 10–13 Monaten verpuppen sich die Larven und nach weiteren 4–5 Wochen schlüpfen die Jungkäfer aus.

75. *Chrysomelidae*, Blattkäfer

Körper meist oval oder rundlich und stark gewölbt (Abb. 285 a). Oberseite kahl. Augen berühren meist den Vorderrand des Halsschildes. Färbung variabel; metallisch bis mattfarben. Größe 2–10 mm. Larven (Abb. 285 b) eucephal-oligopod. Käfer und Larven phytophag.

 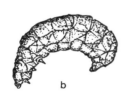

a   b

Abb. 285. Blattkäfer-Larve.

Kartoffelkäfer, *Leptinotarsa decemlineata* Say

Dieser ursprünglich in Amerika beheimatete Käfer ist im 19. Jahrhundert nach Mitteleuropa eingeschleppt worden. Er ist der größte Schädling der Kartoffel. Im Juni–Juli kann man auf Kartoffelfeldern die kleinen gelben, schwarz gestreiften Tiere einsammeln. Auf der Unterseite der Blätter findet man die roten Larven.

Zuchttechnik und Futter
Adulte: Zuchtkäfig (Abb. 411)
Larven: Eingetopfte Kartoffelpflanzen mit Zelluloidzylinder oder Gazekäfig (Abb. 286 und 197, 199, 207.)

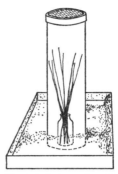

Abb. 286. Zuchtbehälter für Blattkäfer-Larven.

Temperatur 26°C, RLF 65–75%, Photoperiode kontinuierlich 1000–1500 Lux.
In den Zuchtkäfig werden junge Kartoffelpflanzen eingesetzt und mit 50 Weibchen und ca. 75–80 Männchen besetzt. Da die Lebensdauer der Männchen geringer ist als die der Weibchen (der Spermienverbrauch ist aufgrund der mehrmaligen Kopulation sehr hoch), muß das Verhältnis Männchen : Weibchen mindestens 2 : 3 betragen. Zur Verhinderung der Diapause müssen die Käfer dauernd beleuchtet werden. Die Weibchen beginnen sofort mit dem Reifungsfraß (4 Tage) und legen dann auf der Unterseite der Kartoffelblätter die Eier ab. Bei der täglichen Kontrolle werden die mit Eigelegen versehenen Blätter abgeschnitten und in feuchte Kammern (Abb. 33) gelegt. Da die Pflanzen einerseits durch die Fraßtätigkeit, andererseits durch die Entfernung der Gelege stark dezimiert werden, müssen häufig neue Pflanzen eingesetzt werden. Zur Aufrechterhaltung einer gewissen Eiablage-Kontinuität müssen wöchentlich frische Tiere eingesetzt werden (Verhältnis Männchen : Weibchen beachten). Die Zahl der pro Weibchen abgelegten Eier schwankt stark

zwischen 1284 und 2479 bei einer Lebensdauer der Weibchen von 70 Tagen (vgl. Seite 63).

Zur Aufzucht der Larven verwendet man entweder junge eingepflanzte Kartoffelpflanzen oder in kleine Glasgefäße eingestelltes Kartoffellaub. Die Gläser müssen möglichst tief in die Erde eingegraben werden, damit es herabfallenden Larven erleichtert wird, den Stengel zu erklettern. Die Kartoffelpflanzen werden mit einem Zelluloidzylinder (Abb. 286) umgeben, oder man stellt sie in einen Gazekäfig.

Die Larvenzucht wird mit einem Infrarot-Trockenstrahler bestrahlt, so daß über den Pflanzen eine Temperatur von 32–35 °C herrscht. Junge Larven erhalten jeden 2. Tag frische Pflanzen oder werden auf frische Pflanzen umgesetzt, ältere Larven müssen jeden Tag frische Pflanzen erhalten. Die ausgewachsenen Larven verlassen die Pflanze und kriechen auf der Erde an der Stengelbasis herum. Sie werden abgesammelt und in mit Aluminiumfolie ausgekleidete und mit Humuserde gefüllte Holzkistchen gelegt. Als Futter erhalten diese verpuppungsreifen Larven etwas Kartoffellaub und rohe Kartoffelscheiben. Die Verpuppung erfolgt in der Erde.

Embryonalentwicklung 4 Tage, Larvalentwicklung 9 Tage mit 3 Häutungen, Präpupalstadium und Puppenruhe 12 Tage. Präovipositionsperiode 4 Tage.

Für Großzuchten ist es erforderlich, genügende Mengen Kartoffeln einzulagern (2–3 °C). Bei Bedarf werden die Kartoffeln dann vorgekeimt. Lagerung bei 18–20 °C oder mit dem von DENNY entwickelten Rindite-Gemisch behandelt. Dieses Gemisch hat folgende Zusammensetzung: Äthylenchlorhydrin : Äthylendichlorid : Tetrachlorkohlenstoff 7 : 3 : 1. Pro Kilo Kartoffeln werden 0,3 cm³ dieses Gemisches im geschlossenen Raum verdampft. Nach dem Vorkeimen bei Tageslicht bei 24 °C werden die Pflanzen dann unter Gewächshausbedingungen herangezogen. Als Ausweichfutter können Kartoffelscheiben dienen. Tomatenstauden werden von den Käfern nur ungern gefressen und können

deshalb nur kurze Zeit verfüttert werden. Für die Aufzucht der Larven mit synthetischem Futter empfiehlt sich die Mischung nach WARDOJO:

Casein, vitaminfrei	3,0	g
Ei-Albumin	4,0	g
Aminosäuren-Mischung (1)	0,22	g
Rohrzucker	2,0	g
Kartoffelstärke	5,0	g
Lecithin (vegetabiles)	0,5	g
Fettsäure-Sterin-Mischungen (2)	0,75	ml
B-Vitamine (3)	1,0	ml
Cholinchlorid	0,1	g
Inositol (meso)	0,04	g
Ascorbinsäure	0,4	g
Vitamin-A Palmitinsäure-Salz	0,01	g
Menadion	0,005	g
Wessons Salz	0,5	g
Na-Alginat (Alphacel)	2,0	g
Kaliumhydroxid	0,56	g
WH-Lösung (4)	0,27	g
Agarlösung 2,5% (heiß)	ad 100,00	ml
(1) = L-Alanin	60	mg
Glycin	40	mg
L-Prolin	40	mg
L-Serin	80	mg
(2) = Oleinsäure	0,45	ml
Linolsäure	0,075	ml
Linolensäure	0,225	ml
darin gelöst:		
β-Sitosterin	36	mg
Stigmasterin	27	mg
Cholesterin	9	mg
(3) = Niacinamid	1,0	mg
Calcium-Pantothenat	0,5	mg
Pyridoxin-Hydrochlorid	0,25	mg
Thiamin-Hydrochlorid	0,25	mg
Riboflavin	0,25	mg
Folsäure	0,25	mg
Biotin	0,01	mg
Para-Aminobenzoesäure	0,25	mg
(4) = Sorbinsäure	150	mg
Nipagin-Wirkstoff	100	mg
Streptomycinsulfat	20	mg

Spargelhähnchen, *Crioceris asparagi* L.
Der stahlblaue Käfer mit rotem Halsschild und 6 gelben Punkten auf den Flügeldecken beginnt bei Berührung zu zirpen.

Die Käfer können im Mai und Juni auf Spargelfeldern eingesammelt werden. Die dunkle, graugrüne Larve frißt an frisch getriebenen Spargelpflanzen und bedeckt sich mit dem eigenen Kot. Die Verpuppung findet in der Erde in einem kleinen Erdkokon statt.

Zuchttechnik und Futter
Käfige siehe Abb. 411.
Temperatur 27°C, RLF 70%, Photoperiode siehe Kartoffelkäfer.
Zuchtmethode siehe Kartoffelkäfer. Als Futterpflanzen dienen eingetopfte Spargelpflanzen.
Embryonalentwicklung 4–5 Tage, Larvalentwicklung mit 2 Häutungen 16 Tage, Puppenruhe 8–10 Tage, Präovipositionsperiode 3–5 Tage.

Pappelblattkäfer, *Melasoma populi* L.
Der Käfer (10–20 mm) und seine Larven leben von Pappel- und Weidenblättern. Im Mai–Juni können Larven und Käfer auf Weiden und Pappeln eingefangen werden. Die Aufzucht erfolgt nach der Kartoffelkäfer-Methode. Als Futterpflanzen verwendet man Sal- oder Trauerweidenblätter.

Schwarzer Kohlerdfloh, *Phyllotreta atra* F.
Der 2–2,5 mm lange Erdfloh oder Flohkäfer lebt auf Cruciferen und ist vom Frühjahr bis Herbst auf verschiedenen Kohlsorten zu finden, wo er die Blätter siebartig zerfrißt.

Zuchttechnik und Futter
Käfig siehe Abb. 289 *(Phyllobius)*.
Temperatur 28°C, RLF 90–95%, Photoperiode 16 Stunden/1000–2000 Lux.
Für die Zucht des Kohlerdflohs richtet man sich im Prinzip nach der bei *Phyllobius* beschriebenen Methode. Die Zuchtpärchen (ca. 10–20) setzt man auf die Blätter des in Wasser eingestellten Kohlsetzlings. Als Zusatzfutter setzt man etwas HH-Teig (Seite 48) vor. Tägliches Besprühen des Käfigs bzw. der Blätter mit Wasser empfiehlt sich. Nach einem Reifungsfraß von 5–7 Tagen legen die Weibchen die Eier in

die feuchten Papierröllchen auf dem feuchten Gipsboden. Anstelle der Röllchen kann auch feuchte Erde für die Eiablage verwendet werden. Die Aufzucht der Larven, die 5–6 Tage danach aus den Eiern schlüpfen, erfolgt im dichten Wurzelteppich von Kohlsämlingen, die zuvor in kleinen Plastik- oder Glasdosen auf einer feuchten Gipslage gezogen wurden. Auch für die Larven kann feuchte Humuserde mit Kohlsämlingen als Zuchtmedium verwendet werden. Die Larvalentwicklung beansprucht 6–8 Wochen. Der Wechsel des Futters erfolgt nach Bedarf und die Papierröllchen mit den Eiern sollten jeden 2. Tag ausgewechselt werden. Zur Erhaltung der hohen relativen Luftfeuchtigkeit stellt man die Käfige vorteilhaft in eine kleinere, begrenzte feuchte Kammer.

76. *Bruchidae*, Samenkäfer

Oval und hochgewölbt, mit aufrechtstehendem, schnauzenförmigen Kopf. Fühler gesägt, gegen die Spitze verdickt. Hinterleibsspitze sichtbar. Größe 3–5 mm. Käfer pollenophag; die eucephal-oligopoden Larven carpophag.

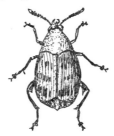

Abb. 287. Samenkäfer.

Speisebohnenkäfer, *Acanthoscelides obtectus* Say
Der ovale Käfer (4 mm) ist auf der Oberseite gelbgrün bis grau behaart. Das Weib-

chen legt die Eier lose zwischen gelagerte Bohnen. Die Larven fressen sich in die Bohnen ein. Nach 4 Häutungen innerhalb von 28 Tagen verpuppen sich die Larven und nach weiteren 8 Tagen frißt der Jungkäfer sich an das Tageslicht. Die Präovipositionsperiode dauert 4 Tage. Die Lebensdauer der Käfer beträgt 4–5 Wochen. Die Aufzucht dieser Käfer ist möglich nach der Getreideplattkäfer-Methode. Die Tiere werden mit vorgequollenen Bohnen (Seite 206) gefüttert.

77. *Anthribidae*, Breitrüßler

Kopf senkrecht, mit kurzem, abgeplattetem Rüssel. Halsschild nach hinten stark verbreitert und dicht an die Flügeldecken anschließend. Hinterleibsspitze sichtbar. Fühler gerade und mit gegliederter Keule. Tarsen 4gliedrig, Färbung variabel. Größe 1–10 mm. Auf verschiedenen Bäumen, krautigen Pflanzen, getrockneten Früchten und Pilzen. Käfer und Larven xylophag, phytophag, caprophag und mycetophag.

Kaffeebohnenkäfer, *Araecerus fasciculatus* L.
Der aus den Tropen und Subtropen mit ungerösteten Kaffee- und Kakaobohnen sowie mit Getreide eingeschleppte Breitrüßler kann auf die gleiche Weise gehalten und gezüchtet werden wie der Kornkäfer. Als Futtersubstrat werden geröstete Kaffeebohnen mit einem Wassergehalt von 12 bis 14% verwendet. Die Zuchtbedingungen entsprechen denen des Kornkäfers.

78. *Curculionidae*, Rüsselkäfer

Kopf mehr oder weniger rüsselförmig verlängert (Abb. 288a). Rüssel kurz und dick, oder lang und dünn. Fühler gekniet (außer bei den *Apioninae*) mit Keule. Füße 4gliedrig. Häutige Hinterflügel meist fehlend, daher flugunfähig. Größe 2–25 mm. Farbe sehr variabel. Käfer und Larven (Abb. 288b) fressen auf Pflanzen.

Blattrandkäfer, *Sitona lineatus* L.
Im April bis Juni können die graugelb geschuppten Käfer (4–5 mm) mit Keschern

auf Luzerne-, Erbsen- und Kleefeldern gefangen werden. Die Weibchen legen die Eier in die Erde. Die Larven entwickeln sich in der Erde und ernähren sich von Wurzeln. Sie verpuppen sich in der Erde.

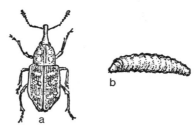

Abb. 288. Rüsselkäfer.

Zuchttechnik und Futter
a) Siehe Grünrüßler (*Phyllobius* sp., Abb. 289).
b) Glasschalen (⌀ 15–20 cm, Höhe 10 cm) mit Gipsboden (Abb. 360).
Temperatur 28 °C, RLF 80%, Photoperiode 14 Stunden/1000 Lux.
Der für 30–40 Käfer geeignete Käfig wird mit gut gewaschener Luzerne beschickt. Auf den feuchten Gips wird feine Humuserde ausgebreitet. Alle 3 Tage werden Futter und Erde ausgewechselt. Hierzu stellt man den Käfig unter eine helle Lampe. Die phototaktisch sehr aktiven Käfer wandern zum Licht und sind dann im oberen Teil des Strumpfes. Der Strumpf wird dann zugebunden und zusammen mit dem Stützdraht entfernt. Nach dem Futterwechsel wird der Stützdraht wieder zwischen das Futter gesetzt, der Strumpf über den äußeren Topfrand gezogen und aufgebunden.
Die Larvenschale wird 5 cm hoch mit feuchter, vorher sterilisierter Gartenerde ausgelegt. Außerdem legt man Luzernewurzeln ein. Dann streut man die Erde aus dem Adulten-Käfig ein. Aus den in der Erde befindlichen Eiern schlüpfen innerhalb von 14 Tagen die Larven aus, die sich von den Wurzeln ernähren und nach 7–8 Wochen verpuppen. Die Puppenruhe dauert 2–3 Wochen. Die Käfer sind einige Monate lebensfähig.

Schmalbauch, *Phyllobius* spp.
Die graubraunen bis braunen Käfer leben auf verschiedenen Obst- und Laubbäumen. Im April bis Mai werden sie unter Ausnutzung der Kältestarre am frühen Morgen mit einem Klopftuch eingesammelt. Die Weibchen legen die Eier in die Erde, die ausschlüpfenden Larven ernähren sich von jungen Wurzeln.

Zuchttechnik und Futter
a) Blumentopf, ausgelegt mit Sägespänen, auf die eine Gipsschicht (3 cm dick) gegossen wird. In die Sägespäne bzw. Platte eingegossen ist eine Weithalsflasche (Abb. 289), Verschluß mit Gazeglocke.
b) Paraffindosen oder Gläser mit 50 bis 250 ml Inhalt und mit einer 5 cm hohen Bodenlage aus festem Gips.
Temperatur 27 °C, RLF 70 %, Photoperiode 14 Stunden/500–1000 Lux.

Abb. 289. Anordnung für die Zucht von *Phyllobius*.

Die Gipsschicht wird mit Wasser gesättigt und dann mit 3–4 Kreppapierröllchen oder einer 1 cm hohen Erdschicht belegt. In die mit Wasser oder Nährlösung gefüllte Weithalsflasche setzt man die Futterpflanze, z.B. Blätter von Eiche, Buche, Weide, Espe etc. Die Anordnung wird, wie Abb. 289 zeigt, mit einer Gazeglocke bzw. einem Strumpf abgedeckt. Es ist ratsam, die Glocke durch einen Drahtträger abzu-

stützen und die Gaze am Blumentopf festzubinden.
In jedes Zuchtgefäß werden 25–30 Zuchtpaare eingesetzt. Um die Luftfeuchtigkeit hoch zu halten, empfiehlt sich das Einstellen der Topfkäfige in einen begrenzten Behälter, der als feuchte Kammer hergerichtet ist. Nach einem 2–3 Tage dauernden Reifungsfraß legen die Weibchen die Eihäufchen in die Papierröllchen oder in die Erde. Die mit Eiern belegten Substrate werden täglich gegen neue ausgewechselt. Die Futterpflanze wird bei Bedarf erneuert. Die belegten Papierröllchen werden direkt in eine feuchte Kammer (Abb. 33) gelegt; aus der Erde werden die Eier ausgeschwemmt und dann in eine feuchte Kammer gelegt. Hierfür gibt man die Erde in eine kleine Schale, füllt diese vorsichtig mit Wasser und fischt die an der Oberfläche schwimmenden Eihäufchen ab.
Die nach 5–6 Tagen ausschlüpfenden Larven setzt man mit einem feuchten Pinsel in das Wurzelgeflecht frisch keimender oder gekeimter Sämlinge einer Grassamenmischung. Zur Herrichtung des Wurzelgeflechtes legt man auf die wassergesättigte Gipsschicht eines Glas- oder Paraffinpapiergefäßes einige verrottende Grasblätter (auch von Weide, Buche oder Espe) und streut ziemlich dicht darüber die Grassamen. Anstelle dieser Gefäße können auch Saatschalen mit Erdeinlage verwendet werden. Die Larven setzt man dann direkt auf die Erde zwischen die keimenden Gräser. Das Ergänzen bzw. Auswechseln des Futters geschieht je nach Bedarf. Die Populationsdichte der jungen Larven kann bis zu 100 pro 10 cm² betragen. Die Temperatur für die Aufzucht der Larven ist bei 22 °C zu halten.
Als Futter zur Aufzucht der Junglarven eignen sich auch Karotten und Äpfel, die als ca. 5 mm dicke Scheibchen direkt auf den feuchten Gips gelegt werden. Die Larven bohren sich ein und müssen beim Futterwechsel z. T. ausgebrochen werden. Die Präovipositionsperiode beträgt bei den meisten Arten 3–5 Tage, die Embryonalentwicklung 5–7 Tage und die Larvalent-

wicklung je nach Art und Futterart 8–15 Wochen. Nach einer Parapause beträgt die Puppenruhe 10–14 Tage.

Abb. 290. Zuchtgefäß mit keimenden Grassamen für *Phyllobius*-Larven.

Haselnußbohrer, Nußrüßler, *Balaninus nucum* L.

Dieser braune Rüsselkäfer bohrt mit seinem langen dünnen Rüssel die halbreifen Haselnüsse an und belegt jedes Bohrloch mit einem Ei. Die Larve ernährt sich vom Fruchtkern, verläßt die Frucht zur Verpuppung und gräbt sich in die Erde ein. Die Käfer können von April bis Mai mit einem Kescher von Haselnußsträuchern gefangen werden.

Zuchttechnik und Futter
Blumentopf mit Sägespänen, darauf ruhend eine ca. 3 cm hohe Gipsschicht, in die eine Weithalsflasche eingegossen ist (Abb. 289). Auf die Gipsschicht wird Erde bis zum Rand aufgefüllt, Gazezylinder.
Temperatur 24 °C, RLF 80 %, Photoperiode 12 Stunden/1000–1500 Lux.
In die mit Wasser oder Knopscher Nährlösung (Seite 38) gefüllte Weithalsflasche wird ein mit jungen Haselnüssen behangener Haselnußzweig eingestellt. Auf diesen Zweig setzt man 1 Käferpaar. Die Tiere werden mit HH-Teig (s. Seite 48) gefüttert. Als Tränke dient ein mit Wasser getränkter Wattebausch (Uhrglas). Das Weibchen legt die Eier in den jungen Haselnüssen ab. Die Larve frißt die Frucht aus und verläßt sie zur Verpuppung durch ein selbstgefressenes rundes Loch. Die Larve verpuppt sich in der Erdschicht.

Gefurchter Dickmaulrüßler, *Otiorrhynchus sulcatus* F.

Der schwarze, auf den Flügeldecken stark gekörnte Käfer (10 mm) ist in den mitteleuropäischen Weinbaugebieten häufig zu finden. Bis Juni legen die Käfer Eier in die Erde in unmittelbarer Nähe von Rebstöcken ab. Während dieser Zeit können die Käfer für Zuchten eingesammelt werden. Die Larven fressen an den Rebwurzeln und überwintern und verpuppen sich im darauffolgenden Frühjahr. Die Lebensdauer der Käfer beträgt bisweilen 2–3 Jahre. Der Käfer vermehrt sich parthenogenetisch.

Zuchttechnik und Futter
Käfer: Glasschalen mit Gipsboden (Abb. 360).
Larven: Eingetopfte Jungreben (Steckling), möglichst einjährig, Schnitt Januar-Februar, 2–3 Augen, 15–20 cm lang, Aufbewahrung in feuchtem Sägemehl bei 2–3 °C.
Bei Bedarf Antreiben in Sand-Torfmull-Gemisch bei 22–24 °C im Gewächshaus. Temperatur 25 °C, RLF 85–95 %.
Die eingesammelten Käfer werden mit in Wasser oder Knopscher Nährlösung (siehe Seite 38) eingestelltem Reblaub oder eingelegten Kopfsalatblättern gefüttert. Zusätzlich füttert man noch HH-Teig (s. Seite 48). Eine Dochttränke (Abb. 50) versorgt die Tiere mit Wasser. Die Weibchen legen die Eier an die Blätter oder auf den feuchten Gipsboden. Die zuerst weißen, dann sich braun färbenden Eier werden täglich mit einem feuchten Pinsel in die oberste, feuchte Erdschicht in unmittelbarer Nähe der eingetopften Jungrebe übertragen. Die Erde muß während der gesamten Larvalentwicklung mäßig feucht gehalten werden. Nach dem Ausschlüpfen beginnen die jungen Larven sofort an den Rebwurzeln zu fressen.
Die Aufzucht der Larven kann auch nach der für Maikäfer-Engerlinge beschriebenen Methode (Gipskammern) erfolgen. Man setzt pro Kammer 2–3 Larven ein und füttert sie nach Bedarf mit feinen Reb-

wurzeln. Ebenso gedeihen die Larven auch im dichten Wurzelgeflecht von Jungreben in Kartondosen (Abb. 290).
Embryonalentwicklung 8 Tage, Larvalentwicklung 10 Wochen, Puppenruhe 14–16 Tage, Präovipositionsperiode 6–10 Tage.

Apfelblütenstecher, *Anthonomus pomorum* L.

Im April findet man in verdorrten Apfelblüten die Larven des schwarzbraunen (3–4 mm) Käfers mit der hellen Querbinde am Ende der Flügeldecken. Das Weibchen bohrt die Knospen an und legt das Ei hinein. Die Larven fressen dann die Staubgefäße und den Stempel.

Zuchttechnik und Futter
Schalen ⌀ 30 cm, ca. 10–15 cm hoch.
Temperatur 25 °C, RLF 80–90 %.
Die Zuchtschale wird mit feuchter Erde gefüllt, und das eingesammelte Blütenmaterial wird darauf ausgebreitet. Die Schale muß mit Stoff oder Gaze zugebunden werden. Entsprechend dem Entwicklungsstadium der Larven erfolgt die Verpuppung innerhalb weniger Tage. Nach einer Puppenruhe von ca. 8 Tagen schlüpfen die Jungkäfer aus. Gefüttert werden junge Apfelblätter und auf Holzbrettchen gestrichener HH-Teig (s. Seite 48). Die Käfer können mehrere Wochen bei Temperaturen um 5 °C und mehr als 70 % RLF gehalten werden. Werden die Larven und Puppen ebenfalls einem Kälteschock ausgesetzt (Temperaturen um 0 °C), so wird die Entwicklung um mehrere Wochen verzögert.
Die Käfer können auch mit halbsynthetischem Futter folgender Zusammensetzung gefüttert werden:

Saccharose	5,0 g
pulv. Apfelblätter	10 g
pulv. Apfelblüten	16,0 g
Sojamehl	8,5 g
Cholesterin	0,5 g
Agar	2,0 g
Wasser	58,0 ml

Rebstecher, *Byctiscus betulae* L.

Diesen metallisch schimmernden Rüsselkäfer (5 mm) findet man im April–Mai auf Reben, Haseln, wilden Rosen und verschiedenen Waldbäumen. Der Käfer frißt rechteckige Löcher in die Blätter. Die Weibchen drehen die Blätter zigarrenförmig auf und legen dann die Eier hinein. Die Blattrollen dienen, wenn sie faulen, den Larven als Futter.

Zuchttechnik und Futter
Glasschalen mit feuchtem Gipsboden. Temperatur 25 °C, RLF 90 %.
Die mit Eiern oder Larven belegten Blattzigarren werden in eine mit feuchtem Gips oder Zonolith ausgelegten Glasschale gelegt und mit einer Glasplatte abgedeckt. Die ausschlüpfenden Larven graben sich in das Zonolith ein. Unter den gegebenen Bedingungen durchläuft ein großer Teil der Puppen eine Diapause.
Embryonalentwicklung 8 Tage, Larvalentwicklung 3–4 Wochen, Puppenruhe 2–3 Wochen.

Nach der oben beschriebenen Methode lassen sich auch züchten:

Birkenblattroller, *Deporaus betulae* L., auf Birke oder Eiche
Apfelfruchtstecher, *Rhynchites bacchus* L., auf Apfel.
Grüner Kleeblütennager, *Hypera (Phytonomus) nigrirostris* F.
Die Weibchen dieses Rüsselkäfers legen im Mai die Eier unter der Oberhaut von Kleeblättern ab. Die Larven fressen in den Nebenblättern, den Stengeln und den Knospen. Im April–Mai können die Käfer mit einem Kescher auf Kleefeldern gefangen werden.

Zuchttechnik und Futter
Zuchtkäfig mit Deckenbeleuchtung (Abb. 411) und Saatschalen 20 × 30 × 5 cm.
Temperatur 26 °C, RLF 65–70 %, Photoperiode permanent mit 1500–2000 Lux.
In den Zuchtkäfig werden in Saatschalen eingesetzte Kleepflanzen gestellt und mit

den eingefangenen Käfern besetzt. Zusätzliche Fütterung mit HH-Teig (s. Seite 48) auf Holzbrettchen (s. Minierfliegen, Seite 301) verkürzten die Präovipositionsperiode der Tiere auf ca. 8 Tage. Die ausschlüpfenden Larven fressen in den Nebenblättern (s. oben) und verpuppen sich in einem Kokon.

Präovipositionsperiode 6 Tage, Embryonalentwicklung 10 Tage, Larvalentwicklung 16–20 Tage, Puppenruhe 10 Tage.

Mexikanischer Sisalbohrer, *Scyphophorus interstitialis* Gyllh.

Dieser Rüsselkäfer kommt nur in Sisal-Anbaugebieten, insbesondere in Mexiko und Ostafrika vor. Für Zuchtzwecke müssen die Käfer aus diesen Gebieten importiert werden. Die Eiablage erfolgt in selbstgefressenen Höhlen an der Basis der Sisalpflanze.

Zuchttechnik und Futter
Blumentöpfe gefüllt mit steriler Erde und Sand (1 : 1).
Temperatur 28–30 °C, RLF 80–90 %.
Der Blumentopf wird mit ausgewachsenen, entlaubten Möhren so besteckt, daß ein Viertel der Möhre aus der Erde-Sand-Mischung herausragt. Die Möhren werden mit 3–4 Zuchtpaaren besetzt und der Käfig dann mit einer Glasplatte abgedeckt. Nach einem 8 Tage dauernden Reifungsfraß sind die oberirdischen Möhrenstücke zerfressen und müssen durch neue ersetzt werden. Nach dem Reifungsfraß beginnen die Weibchen mit der Eiablage. Die Eier werden einzeln 1–2 cm unter der Erde in die Möhre gelegt, nachdem das Weibchen eine kleine Höhle ausgefressen hat. Ein Weibchen legt innerhalb von 7 Tagen 2–3 Eier ab. Nach ca. 1 Woche schlüpfen die Larven aus, deren Futterverbrauch mit dem Alter zunimmt. Um die Larven durch den Futterwechsel nicht zu sehr in ihrer Fraßtätigkeit zu stören, halbiert man die Möhren und schneidet in eine Hälfte eine der Größe der Larven entsprechende Furche ein, setzt die Larve hinein und deckt sie mit der zweiten Möhrenhälfte ab. Die

Möhre wird dann zusammengebunden und in den Blumentopf gesteckt.
Verwendet man statt Möhren 250–500 g schwere Sisal-Pflanzenstücke oder Sisal-Setzlinge (Bulbs), so erhält man bessere Zuchtergebnisse.
Präovipositionsperiode 8 Tage, Embryonalentwicklung 6 Tage, Larvalentwicklung 45–50 Tage, Präpupalstadium 10–12 Tage, Puppenruhe 20 Tage.

Buchenspringrüßler, *Rhynchaenus (Orchestes) fagi* L.

Dieser graubraune Rüsselkäfer (2–2,5 mm) hat auffallend verdickte Hinterschenkel und besitzt ein erstaunliches Springvermögen. Die Käfer fressen kleine runde Löcher in Buchenblätter. Im April–Mai können die überwinterten Käfer mit einem Kescher von Rotbuchen gefangen werden. Sie überwintern in der Waldstreu, aus der sie vom November bis März gesammelt werden können (Separiertüte, Abb. 20). Die Weibchen legen die Eier in die Blattmittelrippe, die Larve miniert das Blatt zuerst in einem schmalen Gang, den sie an der langsam verdorrenden Blattspitze erweitert.

Zuchttechnik und Futter
Blumentopf mit Glas- oder Zelluloidzylinder (Abb. 291) mit Nylongazeverschluß.
Temperatur 25 °C, RLF 75–85 %, Photoperiode 16 Stunden/1000–1500 Lux.

Abb. 291. Methode für die Zucht des Buchenspringrüßlers.

Sehr junge, frisch getriebene Rotbuchen-Pflanzen (ca. 30 cm hoch) werden in Blumentöpfe eingesetzt und mit einem Glas- oder Zelluloidzylinder abgedeckt (Abb. 291). Es ist besonders darauf zu achten, daß die Futterpflanzen jung sind, mit älteren Pflanzen lassen sich nur sehr schlechte Zuchtergebnisse erzielen. Auf einige der Blätter streicht man als zusätzliches Futter etwas HH-Teig (s. Seite 48). Pro Pflanze werden 25–50 überwinterte Tiere aufgesetzt.

Die Weibchen legen die Eier auf die Blattunterseite in die Mittelrippe. Die ausschlüpfenden Larven fressen zuerst eine schmale Mine bis zur Blattspitze und erweitern sie dann. In dieser großen Mine an der Blattspitze verpuppen sie sich in einem Kokon.

Präovipositionsperiode 6 Tage, Embryonalentwicklung 3 Tage, Larvalentwicklung 10–12 Tage, Puppenruhe 8 Tage.

Zweifarbiger Batatenkäfer, *Cylas formicarius* F.

Dieser Süßkartoffelrüßler kommt praktisch in allen Anbaugebieten der Batate vor und muß für Zuchtzwecke aus solchen Ländern (USA oder Afrika) eingeführt werden. Das Weibchen bohrt mit seinem langen dünnen Rüssel die Süßkartoffeln an, legt das Ei ab, die ausschlüpfende engerlingartige Larve frißt im Inneren der Kartoffel.

Zuchttechnik und Futter
Glasschalen, s. Kornkäfer (Abb. 292).
Temperatur 26 °C, RLF 60 %.
Eine kleine Süßkartoffel wird in das Glasgefäß gelegt und mit ca. 10 Zuchtpaaren besetzt. Die Weibchen bohren die Kartoffel nach wenigen Tagen an und legen in die Bohrungen die Eier ab. Die ausschlüpfenden Larven fressen die Kartoffel vollkommen aus und verpuppen sich nach 3 Larvenstadien.
Präovipositionsperiode 4–5 Tage, Embryonalentwicklung 4 Tage, Larvalentwicklung 25 Tage, Puppenruhe 6 Tage.

Kleiner Kohltriebrüßler, *Ceuthorrhynchus quadridens* Panz.

Der braungraue Rüsselkäfer (2,5–3 mm) mit einem hellen Fleck auf dem Rücken (deshalb auch: Gefleckter K.) kann im April–Mai mit einem Kescher auf Rapsfeldern eingefangen werden. Das Weibchen legt die Eier in die Blattmittelrippe bis hinab zum Wurzelhals und unterhalb des Blattansatzes in die Stengel. Die Larven minieren in den Rippen, Stielen und Stengeln, verpuppen sich aber in der Erde

Zuchttechnik und Futter
Blumentopf mit Gazeglocke (Abb. 289).
Temperatur 26 °C, RLF 70 %, Photoperiode 14 Stunden/1000 Lux.
2–3 in einen großen Blumentopf eingesetzte Kohlpflanzen (Blattlänge 10–15 cm) werden mit 10–20 Käfern besetzt und mit einer Gazeglocke abgedeckt. Auf die Oberfläche der Kohlblätter streicht man wenig HH-Teig (siehe Seite 48) als Zusatzfutter. Die notwendige Luftfeuchtigkeit und der Wasserbedarf der Tiere werden durch tägliches Besprühen der Kohlpflanzen mit Wasser erzielt. Das Weibchen legt bis zu 140 Eier. Es ist ratsam, die Käfer während der Eiablage jeden oder jeden 2. Tag auf neue Kohlpflanzen umzusetzen, da ein zu hoher Eibesatz und demzufolge eine zu dichte Larvenpopulation der Futterpflanze schaden. Die mit Eiern belegten Wurzelhälse können dann bei Temperaturen von 4–6 °C einige Zeit aufbewahrt werden, wodurch einerseits die Larvalentwicklung verzögert wird, andererseits eine gewisse Kontinuität der Zucht gewährleistet ist. Die Larven zerfressen das Innere der Kohlpflanzen, verlassen zur Verpuppung die Pflanze und graben sich in die Erde ein. Die durch den Larvenfraß allmählich gelb werdenden Kohlpflanzen werden nicht geschnitten, sondern, sobald die Blätter zusammengefallen sind, mit einer Glasplatte abgedeckt stehen gelassen. Die Erde muß stets feucht gehalten werden.
Präovipositionsperiode 6–8 Tage, Embryonalentwicklung 5 Tage, Larvalentwicklung 28 Tage, Puppenruhe 21 Tage.

Kohlgallrüßler, *Ceuthorrhynchus pleurostigma* Mrsh.

Dieser Rüsselkäfer (3 mm) legt die Eier in die unteren Stengelteile oder Wurzelrinden von Kohl, Raps oder sonstigen Kreuzblütlern. Durch den Larvenfraß bilden sich Gallen. Die ausgewachsene Larve verläßt die Galle durch ein selbstgefressenes Loch und verpuppt sich in der Erde. Die mit Larven besetzten Gallen können im Sommer und Herbst zur Weiterzucht eingesammelt werden. Die Aufzucht erfolgt, wie für den Kohltriebrüßler beschrieben.

Schwarzer Mauszahnrüßler, *Baris laticollis* Mrsh.

Der Rüsselkäfer (3–4 mm) kann in der für den Kohltriebrüßler beschriebenen Weise gezüchtet werden. Die mit Larven besetzten Kohlstrünke können im Juli–August gesammelt werden. Die Entwicklung einer Generation dauert 8–9 Wochen.

Kohlschotenrüßler, Rapsrüßler, *Ceuthorrynchus assimilis* Payk.

Dieser grauschwarze Rüsselkäfer (2,5 bis 3 mm) kann im April–Mai aus Rapsfeldern mit dem Kescher gefangen werden. Das Weibchen legt die Eier in den Rapsschoten ab, die Larven fressen die Samen und verlassen zur Verpuppung die Pflanze. Die Verpuppung erfolgt in der Erde in einem Erdkokon. Die Aufzucht der Tiere ist nach der für den Kohltriebrüßler beschriebenen Weise möglich. Als Futterpflanze verwendet man in Töpfen kultivierte Rapspflanzen.

Großer Kohltriebrüßler, Rapsstengelrüßler, *Ceuthorrhynchus napi* Gyllh.
siehe Kohltriebrüßler.

Kornkäfer, *Sitophilus granarius* L.

Dieser braunschwarze Käfer lebt in Getreidelagern. Die Weibchen bohren das Getreidekorn an und belegen jede Bohrung mit einem Ei. Die Larve entwickelt sich im Korn und verpuppt sich in der ausgefressenen Schale. Für die Aufzucht eignet sich Weizen mit einem Wassergehalt

von 10–12 %. Der übliche in Silos lagernde Weizen hat meist einen Wassergehalt von 7–8 % und ergibt nur unbefriedigende Zuchtergebnisse.

Zuchttechnik und Futter
Glasgefäß mit Nylongazedeckel Abb. 292).
Temperatur 27 °C, RLF 60–65 %.
Vorbereitung des Weizens: Lagerweizen wird bei 40–50 °C bis zur Gewichtskonstanz getrocknet und anschließend mit Wasser befeuchtet. Dabei gilt als Regel, daß man für 850 g Weizen 150 ml Wasser verwendet.

Abb. 292. Glasgefäß für die Kornkäferzucht.

Für die Aufzucht von 100–200 Kornkäfern werden ca. 500 g Weizenkörner gebraucht. Der vorbereitete Weizen wird in das Zuchtgefäß gegeben und die eingefangenen Tiere eingesetzt. Die dann mit Nylongazedeckeln abgedeckten Zuchtgefäße werden im Dunkeln aufgestellt. Der Kornkäfer ist phototaktisch positiv; unter Lichteinfluß sammeln sich die Käfer auf der Oberfläche des Futtersubstrates und beschädigen sich. Um datiertes Tiermaterial zu erhalten, werden die Käfer alle 10 Tage auf frische Weizenkörner umgesetzt. Hierzu siebt man den Inhalt des Zuchtgefäßes durch Siebe mit ca. 2 mm Maschenweite. Die schmalen Käfer fallen durch das Sieb und die Weizenkörner bleiben zurück. In den Körnern entwickeln sich die Larven, die sich 3–4mal häuten. Der Jungkäfer frißt sich durch die Schale aus dem »Korn«.

Präovipositionsperiode 4–6 Tage, Embryonalentwicklung 3–4 Tage, Larvalentwicklung 30–35 Tage mit 3–4 Häutungen, Puppenruhe 6–8 Tage. Eizahl pro Weibchen ca. 100–150 Stück. Lebensdauer der Käfer 4–6 Monate.

Der hauptsächlich in Amerika, Australien und Indien vorkommende **Maiskäfer,** *Sitophilus zeamais* Motsch., kann ebenso wie der über die ganze Welt verbreitete **Reiskäfer,** *Sitophilus oryzae* L. in derselben Weise gezüchtet werden. Der Reiskäfer ist im Gegensatz zum Kornkäfer flugfähig. Die Zuchtbedingungen liegen für diese beiden Käfer entsprechend ihrer Herkunft etwas anders: Temperatur 30 °C, RLF 70 %. Als Futtersubstrate kann man neben Weizen auch Mais und Reis verwenden. Der Feuchtigkeitsgehalt muß ebenfalls bei 12 % liegen.

79. *Scolytidae*, Borkenkäfer

Klein, walzenförmig, Kopf nicht oder wenig rundförmig verlängert und mit geknieten Keulenfühlern. Flügeldecken hinten abfallend (Abb. 293) mit Zähnchen versehen. Färbung meist dunkelbraun. Größe: 1–5 mm. Kommen auf verschiedenen Bäumen und Sträuchern vor. Betreiben zum Teil Brutfürsorge resp. Brutpflege. Ernährung: Käfer und Larven xylophag und mycetophag.

Abb. 293. Borkenkäfer.

Kleewurzelkäfer, *Hylastinus obscurus* Mrsh.
Dieser rötlichbraune Borkenkäfer (2,5 mm) legt die Eier an den Wurzelköpfen mehrjähriger Pflanzen ab. Die Larven bohren Gänge in die Wurzeln. Die Käfer werden mit einem Kescher auf alten Kleefeldern im April–Mai gefangen.

Zuchttechnik und Futter
Eternitschale mit aufgesetztem Nylongazekäfig (Abb. 207).
Temperatur 25 °C, RLF 65 %, Photoperiode 14 Stunden/1500 Lux.
Wurzelköpfe mehrjähriger Kleepflanzen setzt man dicht nebeneinander in die mit Gartenerde gefüllte Eternitschale. Anstelle von Gartenerde kann auch Zonolith verwendet werden. 20–30 Käfer werden auf die Wurzeln gesetzt und zusätzlich mit HH-Teig (siehe Seite 48) gefüttert. Der Nylongazekäfig wird in die Füllung der Eternitschale eingedrückt und gut abgedichtet. Die Käfer fressen sich in die Hauptwurzeln ein und legen die Eier in flachen Mulden ab. Durch ein zeitlich abgegrenztes Aufsetzen der Käfer auf die Wurzeln kann man datiertes Tiermaterial erhalten. Die mit Eiern belegten Wurzelstücke werden entweder in den Eternitschalen gelassen oder in Petrischalen auf feuchtes Filterpapier gelegt (feuchte Kammer). Die Larven fressen weite Gänge in den Wurzeln. Embryonalentwicklung 4 Tage, Larvalentwicklung 6–8 Wochen, Puppenruhe 3–5 Wochen.

Borkenkäfer
Die Haltung von Borkenkäfern unserer Wald- und Obstbäume, z. B. *Hylesinus crenatus* F., *Scolytus scolytus* F., *Xyleborus monographus* F., *Ips typographus* L., *Polygraphus polygraphus* L., ist relativ einfach – die Zucht dagegen meist kompliziert.
Für die Haltung genügt es, die mit der entsprechenden Art befallenen Stamm- oder Aststücke bei Temperaturen zwischen 24 bis 28 °C und einer RLF von mindestens 90 % zu lagern. Um das Austrocknen und Ablösen der Borke zu verhindern, besprüht man sie täglich mit Wasser bzw. stellt den Stamm oder Ast 2–3 cm tief in Wasser ein. Ein weiteres Mittel, das Austrocknen des Futtersubstrates zu verhindern, besteht im Besprühen der Borkenoberfläche mit einem 5–10 %igen Paraffin- oder Bienenwachs-Spray (vgl. Seite 42).
Eine relativ einfache Zuchtmethode besteht im Auslegen von Fangbäumen oder

-ästen. Hierbei werden gesunde, frisch gefällte, nicht durch Borkenkäfer befallene Stämme oder Äste im Verbreitungsgebiet der entsprechenden Art ausgelegt. Nach kurzer Zeit, je nach Witterung und Klima, wird der nun attraktiv werdende Stamm oder Ast von den Käfern angeflogen und mit Eiern belegt. Der Grad der Infestation wird mit der Kontrolle auf Rammelkammern, Mutter- oder Lotgänge festgestellt.

Die Zucht im Raum erfordert apparativen und technischen Aufwand. Je nach der Lebensweise der zu züchtenden Art müssen die verschiedenen Holzschichten (Borke, Kambium, Splint) zuerst isoliert werden. Die einzelnen Lagen werden dann mit Nährlösungen (vgl. Seite 196), Wasser etc. getränkt. Anschließend schichtet man sie wieder aufeinander, besetzt sie mit den Käfern und bewahrt sie in speziellen Kammern, in denen man das Brutgeschehen beobachten kann, auf.

80. *Platypodidae*

Längliche, schlanke und zylindrische Käfer mit breitem Kopf und gekeulten Fühlern. Meist braun gefärbt. Größe 4–7 mm. Larven eucephal-oligopod.
Käfer und Larven xylophag, mycetophag. In Laubbäumen, zwischen Borke und Splint.

81. *Scarabaeidae*, Blatthornkäfer

Kräftige und verschiedenfarbige Deckflügel. Fühler fadenartig mit Keule aus 3–5 Blättern bestehend. Die Larven oder Engerlinge eucephal-oligopod mit querste-

Abb. 294. Maikäfer.

hender Afteröffnung. Ernährung: Käfer (Abb. 294a) pollenophag, phytophag, cyrpophag, Larven (Abb. 294b) kaprophag und radicicol.

Gemeiner Maikäfer, *Melolontha melolontha* L.

Die großen kastanienbraunen Käfer (25 mm) fliegen an warmen Maiabenden und fressen während der Dämmerung das Laub von Obst- und anderen Laubbäumen. Sie können am frühen Morgen während der Kältestarre von den Bäumen auf Tücher abgeschüttelt werden. Nach einem mehrtägigen Reifungsfraß graben sich die Weibchen zur Eiablage in die Erde ein. Die ausschlüpfende Larve, der Engerling, ernährt sich von jungen Wurzeln. Innerhalb von 3 Jahren entwickelt sich aus ihr der Jungkäfer.

Zuchttechnik und Futter
Adulte: Holz- oder Metallgefäße mit perforiertem Deckel (Höhe 50 cm, ø ca. 50 cm), gefüllt zu 3/4 mit feuchter Erde.
Larven (Engerlinge):
1. Reagenzgläser, Tablettenröhrchen, Kochgläser, Mindestdurchmesser 3 cm (Abb. 295).
2. Gipsblöcke (Abb. 296), mit 3 cm hohen und 2 oder 3 cm weiten Kammern.
3. Eternitschalen (75 × 50 × 20 cm). Füllmaterial: Erde, Sägemehl oder Mischung von Erde und hydrophilem Kunststoffgranulat 1 : 1.
Temperatur 18–22 °C, RLF 60–70 %.
Von den eingefangenen Käfern werden je 50 Männchen und Weibchen pro Zuchtkäfig eingesetzt. Die Tiere werden täglich mit frischem, möglichst jungem Eichenlaub gefüttert. Nach einem mehrtägigen Reifungsfraß bohren sich die Weibchen in die feuchte Erde ein, legen Eier ab und sterben. Die großen, weißen Eier werden aus der Erde gesiebt und zu je 50 auf feuchte, mit Filterpapier abgedeckte Erde in einer Kristallisierschale ausgelegt. Nach 3–4 Wochen schlüpfen die Engerlinge aus.

Der Engerling entwickelt sich unter den gegebenen Bedingungen innerhalb von 10–12 Monaten zum adulten Käfer. Er häutet sich während dieser Zeit 3mal:
1. Larvalstadium   ca. 10 Wochen
2. Larvalstadium   15–20 Wochen
3. Larvalstadium   ca. 20 Wochen
Puppenruhe 2–3 Wochen.
Für die Entwicklung des Engerlings ist neben der Feuchtigkeit und dem Futter die Temperatur von größter Bedeutung: Sie sollte 20 °C nicht überschreiten. Der Engerling ist vom Ausschlüpfen an sehr kannibalisch. Sofern die Möglichkeit besteht, sollten die Tiere einzeln gehalten und aufgezogen werden. Ist dies nicht der Fall, sollte die Populationsdichte von Jungengerlingen (1. und 2. Larvalstadium) nicht höher als 5 Tiere pro m² sein, wobei man auch schon einen beträchtlichen Verlust in Kauf nehmen muß. Tiere im 3. Larvalstadium müssen, da der Kannibalismus mit zunehmendem Alter steigt, einzeln gehalten werden. Außerdem ist das Tier am Ende des 3. Larvalstadiums während des Präpupalstadiums und bei beginnender Verpuppung in seinem empfindlichsten Entwicklungsstadium. Die Tiere stellen das Fressen ein, verfärben sich von Grauweiß zu Gelb und beginnen aus dem Füllmaterial die Puppenwiege anzufertigen. Während dieser Zeit müssen die Tiere mit äußerster Sorgfalt behandelt werden, wobei insbesondere Erschütterungen jeglicher Art tunlichst zu vermeiden sind. Ein Umsetzen der verpuppungsreifen Engerlinge kommt nicht in Betracht, da die Tiere dadurch in jedem Falle beschädigt werden. Die Engerlinge werden mit Wurzeln von Löwenzahn und Kopfsalat (möglichst junge Wurzeln) oder aber mit jungen Möhren gefüttert. Die Futtermenge und Häufigkeit richtet sich nach dem Futterbedarf der Tiere.

Einzelaufzucht
1. (nur für Jungengerlinge Stadium L 1). In ein Reagenz-, Tabletten- oder Kochglas (Mindestdurchmesser 2 cm) wird ein feuchter Wattebausch gelegt, mit einem passenden Rundfilter abgedeckt (Abb. 295). Darauf legt man ein kleines Stück Wurzel und den Jungengerling, verschließt das Glas mit einem feuchten Wattebausch und stellt es in eine feuchte Kammer.

Abb. 295. Einzelaufzucht von Engerlingen.

2. Der Gipsblock, der mit einer Matrize von Holzrahmen und Flaschenkorken oder Syntopor (Abb. 296) selbst hergestellt werden kann (vgl. auch Formicarienherstellung auf Seite 167) wird mit Wasser gesättigt. In jede Kammer werden Wurzelstückchen eingelegt, der Engerling dazu und das Ganze mit Erde, Sägemehl, oder einer 1 : 1-Mischung von Erde und hydrophilem Kunststoffgranulat (Vermiculith) abgedeckt. Sind alle Kammern besetzt, so deckt man den Block mit einer angefeuchteten Schaumgummidecke ab und stellt ihn in eine feuchte Kammer ein. Je nach der Größe und der Beschaffenheit der feuchten Kammer kann man mehrere solcher Gipsblöcke übereinander stellen. Die Blöcke werden jeden 10. Tag kontrolliert. Das Futter wird nach Bedarf erneuert. Es ist ratsam, bei jeder Fütterung, mindestens jede Woche, die Futterkammern zu säubern. Hierzu kippt man den Inhalt des Gipsblockes auf ein Filterpapier aus, säubert die Kammern und belegt sie neu. Anstelle von Gipsblöcken können gelochte Backsteine als Engerlingskammern verwendet werden.

Vergesellschaftete Aufzucht
Saatschalen werden 10 cm hoch mit Füll-material (s. oben) gefüllt, mit jungen Wurzelstücken (Möhren und Salat) dicht besteckt und gut befeuchtet. Dann legt man die Eier ein und deckt alles 5 cm hoch mit feuchtem Füllmaterial ab. Die Schale selbst wird mit einer Glasplatte abgedeckt und möglichst im Dunkeln aufgestellt. Jede Woche müssen die Tiere in frisch hergerichtete Schalen umgesetzt werden. Dabei ist darauf zu achten, daß die Popu-lationsdichte reduziert, die Futtermenge aber erhöht wird.

Nach ca. 16–18 Wochen müssen die Tiere in Gipsblöcke oder kleine Flaschen umge-setzt und wie unter 2. beschrieben, gehal-ten werden.

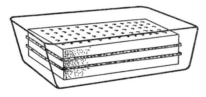

Abb. 296. Engerlingskammern.

Der **Junikäfer oder Brachkäfer,** *Amphi-mallon solstitialis* L. wird nach der gleichen Methode gehalten und aufgezogen. Die Larven dieses Käfers ernähren sich haupt-sächlich von Graswurzeln, die deshalb als Futter empfohlen werden. Für die Larven-aufzucht ist es besser, ein Füllmaterial be-stehend aus 3 Teilen Gartenerde, 2 Teilen Sand und 1 Teil Torfmull zu verwenden.

Für den **Gartenlaubkäfer,** *Phyllopertha horticola* L., einen im Juni schwärmenden Käfer, kann die gleiche Zuchtmethodik angewendet werden. Dieser Käfer bedarf täglich einer 14stündigen Photoperiode mit 1000 Lux und muß mit Blütenteilen von Rosen und Schneeball gefüttert wer-den. Aus der engerlingartigen Larve ent-wickelt sich innerhalb von 12 Monaten die Imago.

Rosenkäfer, *Pachnoda marginata* Kolbe
Der dunkelbraun und hellgelb gezeichnete Käfer (20–25 mm) ist im tropischen Afrika beheimatet, wo er auf Blüten zu finden ist. Für Zuchtzwecke fordert man das Insekt bei entsprechenden Instituten an.

Zuchttechnik und Futter
Glas- und Plastikgefäß (Abb. 297a), 80 × 60 × 45 cm, mit Sägemehl (Abb. 297b) halb gefüllt, darin plan eingelassen eine auswechselbare Plastikwanne, 42 × 26 × 14 cm (Abb. 297c) und die diese umgebende Fläche mit einer 2–3 cm dicken Gipsschicht (Abb. 297d) gedeckt. Ver-schluß mit Nylongazedeckel.

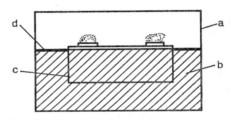

Abb. 297. Zucht des Rosenkäfers.

Temperatur 26–28 °C, RLF 90–95 %, Pho-toperiode kontinuierlich 1250–1500 Lux.
Die innere, im Boden des großen Gefäßes eingelassene Plastikwanne ist bis 1 cm unter den oberen Rand mit einer feuchten Erde-Sand-Torfmull-Mischung (1 : 1 : 1) gefüllt. Als Futter werden 4 halbierte Orangen mit Schnittfläche nach oben zur Hälfte in die Erdmischung eingedrückt. Auf die Schnittfläche legt man ein hasel-nußgroßes Stück HH-Teig (s. Seite 48). 1–2 Dochttränken stellt man links und rechts der Längsseite des Erdbehälters auf die Gipsfläche. Futter und Tränken wer-den 3–4mal wöchentlich erneuert. Nach einer 8–10tägigen Präovipositionsperiode legen die Weibchen die Eier in die stets feucht gehaltene (durch Gipsboden) Erd-mischung. 1–2mal wöchentlich wechselt man die Erdwanne mit einer frischen aus und bringt die mit Eiern belegte in eine Temperatur von 22–23 °C. Die Engerlinge schlüpfen nach 10 Tagen. Die Fütterung

der Larven erfolgt mit Bananen und Äpfeln, welche halbiert mit der Schnittseite auf die Oberfläche der Erdmischung gelegt werden. Nach 3 Häutungen innerhalb von 80–90 Tagen verpuppen sich die Larven. Die Puppenruhe dauert 2 Wochen. Als günstige Populationsdichte erwiesen sich 100 Engerlinge pro Wanne.

Unsere **einheimischen Rosenkäfer** *Potosia cuprea* F. und *Cetonia aurata* L. können nach der oben beschriebenen Methode zur Eiablage gebracht werden. Anstelle der Erd-Sand-Torfmull-Mischung eignet sich eine Mischung zu gleichen Teilen von verrottendem Holz bzw. Mulm und lufttrockenen Kuhfladen. Als Brutmilieu ist diese Mischung, mit 1/5 Lauberde vermischt, stets feucht zu halten.

82. Lucanidae, Hirschkäferartige, Schröter, Kammhornkäfer (Abb. 298 b)

Braun bis schwarz, mit langen, sehr stark entwickelten, oft geweihförmigen Oberkiefern der Männchen (Abb. 298 a). Fühler gekniet: 1. Glied lang, die letzten zu einer kammartigen Keule geformt. Größe 50 bis 80 mm. In lichten Wäldern. Larven eucephal-oligopod, Afterspalte längs. Die Käfer ernähren sich von Baumsäften, die Larven (Abb. 298 c) sind radicicol, nekrophytophag.

Pillendreher, *Scarabaeus semipunctatus* F.
Bei den alten Ägyptern galt der Skarabäus als Glücksbringer. In tropischen und subtropischen Ländern ist dieser schwarze Käfer sehr verbreitet. Die Käfer ernähren sich von den Exkrementen von Pferden, Schafen, Rindern, Eseln u. a. Sie formen daraus zuerst Kugeln, die sie 10 bis 40 cm tief in der Erde vergraben. Das Männchen frißt seine Kugel in der Erde auf. Das Weibchen belegt seine in der Erde umgearbeitete und zur Birne geformte Kugel mit einem Ei. Die Larve frißt die Kugel von innen her aus. Der Jungkäfer sprengt den Hohlkörper und gräbt sich an die Erdoberfläche.

Zuchttechnik und Futter
Blech- oder Plastikwanne (100 × 60 × 50 cm), Deckel aus feinmaschiger Drahtgaze. Temperatur 25 °C, über der Erdoberfläche 35–40 °C, RLF 70 %, Photoperiode kontinuierlich 2000 Lux.

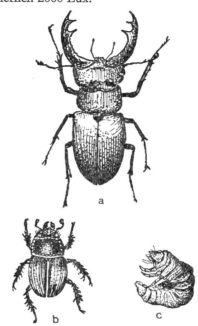

Abb. 298. Hirschkäfer.

Die Wanne wird 40 cm hoch mit feuchtem, gewaschenem Flußsand gefüllt und mit 10–15 Zuchtpaaren besetzt. Zur Erzielung der notwendigen Oberflächentemperatur wird ungefähr 80–100 cm über dem Käfig ein Infrarotstrahler aufgehängt. Da besonders die unteren Sandschichten feucht gehalten werden müssen, wird das Zuchtbecken einmal in der Woche sorgfältig befeuchtet. Mit der Hand zusammengepreßter Sand muß bei leichter Berührung zerfallen. Zweimal in der Woche werden die Tiere mit frischem Pferdekot gefüttert. Die Käfer beginnen sofort gierig zu fressen, formen dann eine Kugel und vergraben sie. Die Präovipositionsperiode dauert 3–4 Wochen. Die mehrmals erfolgende Kopula nimmt oft Stunden in

Anspruch. Ein Weibchen stellt während seines 12–15 Wochen dauernden Lebens 6–9 Brutkugeln her. Die Männchen fressen ihre Kugeln unter der Erde auf, die Weibchen legen in der Erde, d. h. in einer Krypta, das Ei in die umgearbeitete Kugel, die sog. Brutbirne. Nach 8 Tagen schlüpft aus dem Ei die Larve. Sie ernährt sich vom Inneren der Kugel, häutet sich innerhalb von 5–6 Wochen 3mal und verpuppt sich dann. Nach weiteren 2 Wochen ist der zuerst weißliche Käfer adult, er erhärtet und färbt sich schwarz. Durch ein selbstgefressenes Loch verläßt er die Brutbirne und gräbt sich an die Oberfläche.

Mistkäfer, Roßkäfer, *Geotrupes mutator* Mrsh.
Der hartgepanzerte, plumpe Käfer (15 bis 25 mm) kommt in Europa vor. Er ist an der hochgewölbten, schwarzgrün schillernden Oberfläche zu erkennen. An Sommerabenden schwärmt er in niedrigem, summendem Flug über Viehweiden. Das Weibchen gräbt Gänge in den Boden, trägt Mistklümpchen ein und belegt diese mit Eiern. Die Larven entwickeln sich in diesem Mist. Die Käfer können entweder während des Schwärmens eingefangen oder von Kuhmist abgesammelt werden.
Die Aufzucht kann wie beim Pillendreher durchgeführt werden. Als Futter wird Kuhdung verwendet.

STREPSIPTERA, KOLBEN- ODER FÄCHERFLÜGLER

Kleine, 1–5 mm lange Insekten mit auffallendem Geschlechtsdimorphismus. Bei den ungeflügelten Weibchen (Abb. 299 a) sind Augen, Fühler und Beine meist rudimentär und der Kopf mit der Brust zu einem Cephalothorax verwachsen. Die Männchen (Abb. 299 b) sind freilebend und mit großen, häutigen und fächerartigen Hinterflügeln und zu Schwingkölbchen reduzierten Vorderflügeln ausgestattet.
Die Tierchen sind holometabol und entwickeln sich endoparasitisch in Zikaden, Wespen u. a. Vom Weibchen, das zeit-

lebens im Wirt steckt, ragt nur der die längsverlaufende Brustspalte aufweisende Cephalothorax hervor. Durch die Brustspalte wird kopuliert und schlüpfen die Larven aus.

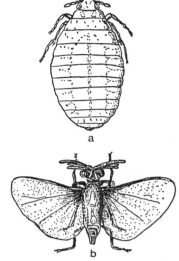

Abb. 299. Kolben- oder Fächerflügler (nach BORROR/DELONG und CROME).

Die Fächerflügler leben als Schmarotzer auf verschiedenen Insekten. Die geflügelten, freilebenden Männchen werden von den Weibchen, die freilebend oder partiell im Körper des Wirtes sich befinden, durch einen Duftstoff angelockt. Bei der Kopulation treibt das Männchen sein Begattungsorgan an irgend einer Stelle in das Weibchen. Die abgegebenen Samenzellen befruchten dann die frei im Hinterleib liegenden Eier. Die ausschlüpfenden Primärlarven verlassen durch die Brustspalte das Muttertier. Auf verschiedene Art und Weise, teils aktiv, teils passiv, gelangen sie zu ihren Wirten, in denen sie sich zu Sekundärlarven entwickeln. Nach mehreren Häutungen (4–5) verpuppen sich die Larven. Die Puppen finden sich, je nach Art, am oder partiell im Wirt oder auch außerhalb desselben.
Über die Zucht der Fächerflügler sind keine Daten bekannt. Durch die Haltung von mit Fächerflüglern parasitierten In-

sekten (siehe entsprechende Zuchtanleitungen) können diese biologisch und öko-
logisch sehr interessanten Parasiten beobachtet und untersucht werden.
Aus der nachfolgenden Liste der Fächer-
flügler-Familien (nach R. KINZELBACH)
sind die in Frage kommenden Wirtstiere
und Verbreitungsgebiete der entsprechenden Vertreter ersichtlich.

1. *Mengenillidae*
   Schmarotzer in Borstenschwänzen
   Westl. Mittelmeergebiet, Ostasien,
   Australien

2. *Mengeidae*
   Nur fossil bekannt
   (baltischer Bernstein)

3. *Callipharixenidae*
   Parasitieren Wanzen
   Tropen

4. *Halictophagidae*
   Parasitieren Schaben, Grillen, Wanzen,
   Zikaden und Fliegen
   Europa und andere Erdteile

5. *Bohartillidae*
   Bei uns nicht vertreten
   Mittelamerika

6. *Myrmecolacidae*
   Schmarotzer von Heuschrecken, Fang-
   schrecken, Grillen und Ameisen
   Tropengürtel

7. Parasiten von Zikaden
   Europa und die anderen Erdteile

8. *Hylecthridae*
   Schmarotzer von Bienen *(Colletidae)*
   Europa, USA, Ostasien und Australien

9. *Stylopidae*
   Befallen verschiedene Hautflügler
   Kommen außer in Australien überall
   vor

MEGALOPTERA, SCHLAMMFLIEGEN

Insekten mit 4 bräunlichen bis bläulichen,
fast gleichartig geäderten Flügeln (Abb.
300a) mit einer Spannweite von 30–40 mm.
Der Kopf mit großen Augen, borsten-

oder perlschnurförmigen oder gekämmten
Fühlern und beißend-kauenden Mund-
werkzeugen.
Die Tiere sind ovipar und entwickeln sich
holometabol. Der Lebensraum der Imagi-
nes sind die Uferzonen stehender oder
langsam fließender Gewässer, wo sie die
Eier in Wassernähe an Pflanzen, Steine etc.
ablegen. Die räuberischen Larven ohne
Saugmandibeln sind mit Tracheenkiemen
(Abb. 300 b) versehen und leben im
Schlamm des Gewässerbodens. Die freie
Puppe ist ohne Kokon.

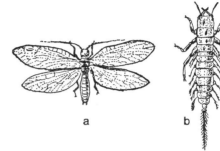

Abb. 300. Schlammfliege.

1. *Corydalidae*
In Europa nicht vertreten.

2. *Sialidae*, Wasserflorfliegen, Wasserflie-
gen

Dunkel gefärbte Schlammfliegen mit nach
vorn gerichtetem Kopf und Mundwerkzeugen. Flügel in Ruhestellung dachförmig über dem Hinterleib.

Wasserflorfliege, *Sialis lutaria* L.
Die Imagines, die alljährlich im Frühjahr
in großer Zahl an Seen anzutreffen sind,
sind mittelgroß und haben einen großen
Kopf mit kleinen Augen. Die Fühler sind
lang und fadenförmig und die stark geäderten Flügel sind bräunlich. Eine Legeröhre fehlt den Tieren. Sie sind Tagtiere
und sonnenliebend und fliegen schwer-
fällig. Die Eiablage erfolgt außerhalb oder
über dem Wasser an Pflanzen, Pfählen, etc.
Die langen, zylindrischen Eier werden
schräg aufrecht auf die Unterlage geheftet.

Nach ca. 10 Tagen schlüpfen die Larven. Sie sind nach hinten stark verschmälert; die ersten 7 Hinterleibssegmente tragen beidseits ungegliederte Kiemenanhänge mit 2 langen Borsten am Ende. Die Beine der Larven sind verhältnismäßig groß. Die Larven schwimmen gewandt, dabei mit den Beinen rudernd. Ihre Nahrung besteht aus Larven verschiedener Insekten, kleinen Würmern, etc. Die Umwandlung zur Imago erfolgt auf dem Land an feuchten, nassen Stellen. Der Zyklus beträgt 2 Jahre.

Zuchttechnik und Futter
Adulte: Gipsblock mit Einstellglas und durchsichtigem Plexiglaszylinder (Abb. 301).

Abb. 301. Gefäß zur Haltung der Wasserflorfliege.

Larven: Wasserbehälter (Aquarium) aus Glas oder Plexiglas mit Wasserumwälz- und Luftpumpe (Abb. 323).
Im April–Mai–Juni sammelt man die massenhaft auftretenden und kopulierenden »Schlammfliegen« ein, setzt pro Zylinder 10–20 Paare ein. Die Temperaturen betragen 23–25 °C, die RLF 90–95 % die Photoperiode 10 Stunden/500–750 Lux. Der mit Wasser gesättigte Gipsblock steht im Wasserbad. Im zentralen Gefäß im Gipsblock stehen einige Schilfrohre (Phragmites) und direkt auf der Gipsblockoberfläche 2–3 Rollen Filterpapier (Abb. 301). Die Weibchen beginnen bald nach der Kopula ihre Eier als Laich auf die eingestellten Unterlagen im Zylinder abzu-

legen. Die Embryonalentwicklung beansprucht 8–10 Tage.
Der Boden des Aquariums ist mit mehreren faustgroßen und auch kleineren, flachen Steinen belegt. Sie bieten, zusammen mit einer wenige Millimeter hohen Sand- und Schlammschicht, den Junglarven eine Möglichkeit zum Verstecken. Die Junglarven werden täglich mit Eilarven von Stechmücken und Stubenfliegen (vgl. Seite 277) und zerhackten Tubifex-Würmern gefüttert. Mit zunehmendem Alter erhalten die Larven entsprechend größere Futterinsekten. Die raptorische Lebensweise und Größe der Sialis-Larven bestimmen ihre Populationsdichte. Bei starkem Kannibalismus empfiehlt sich die Einzelhaltung wie bei der Mosaikjungfer (s. Seite 106) beschrieben. Die Wassertemperatur sollte 16–18 °C nicht übersteigen (Sauerstoffgehalt!). Nach 9 Häutungen, die in Intervallen und im Laufe von mehreren Monaten erfolgen, ist den Larven der Übergang zum Landleben zu bieten. Hierzu reduziert man den Wasserstand auf ca. 5 cm und legt eine die Hälfte der Aquariumfläche einnehmende Styroporplatte (1 cm dick) im Winkel von 10–15 °C zur Wasseroberfläche ein. Die Platte führt dabei vom Aquariumgrund hinaus an die Luft. Das letzte Larvenstadium mit seinen offenen Tracheen kriecht zur Puppenhäutung »an Land« auf die Platte. Bereitgehaltene Blumentöpfe mit feuchter Erde sind zur Aufnahme von je 5–10 Larven bestimmt. Nach einer 2–3 Wochen dauernden Puppenruhe bei 20 °C schlüpfen die Schlammfliegen.

RAPHIDIDES, KAMELHALSFLIEGEN

Die 10–20 mm langen Insekten besitzen 2 gleichartige Flügelpaare, die sie in Ruhestellung dachförmig über dem Rücken tragen. Der Kopf mit den gut entwickelten, beißend-kauenden Mundwerkzeugen ist nach hinten halsartig verengt und bildet zusammen mit der langen, dünnen und erhöht getragenen Vorderbrust den »namengebenden« Kamelhals. Die Fühler sind borstenförmig. Die Weibchen (Abb. 302 a) haben am Körperende eine Legeröhre.

Die Tiere leben räuberisch auf und unter Baumrinden und sind ovipar mit holometaboler Entwicklung. Die eucephaloligopoden, räuberisch lebenden Larven (Abb. 302 b) schließen ihre Entwicklung nach 3–4 Stadien ab und werden adult über ein unbewegliches und bewegliches Puppenstadium.

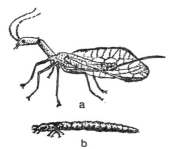

Abb. 302. Kamelhalsfliege.

1. Raphididae

Alle bei uns vorkommenden Arten von Kamelhalsfliegen gehören dieser Familie an.

Kamelhalsfliege, *Raphidia major* Brm.

Das auffallendste Merkmal ist die stark verlängerte halsähnliche Vorderbrust. Diese geflügelten Insekten sind dunkel gefärbt. Sie leben an schwach besonnten Orten, besonders gerne im Schatten, und ernähren sich räuberisch von anderen Insekten, wie Blattläusen, Raupen etc. Die walzenförmigen Eier werden im Sommer häufchenweise in Rindenspalten an morsches Holz abgelegt. Die braunen Larven sind sehr flink und ernähren sich ebenfalls räuberisch von anderen Insekten und Würmern. Zum Überwintern bohrt sich die Larve eine Höhle in Baumrinden. Nach 2–3 Häutungen verpuppt sie sich. Für Zuchtzwecke können die Imagines mit dem Netz im Unterholz an Waldrändern gefangen werden. Die Larven können mit Fanggürteln an Obstbäumen (Abb. 10) im September–Oktober gesammelt werden.

Zuchttechnik und Futter

Glasschalen mit Gipsboden und eingegossener Dochttränke (Abb. 38 oder 360). In den Zuchtbehälter werden ferner einige kleine Wellpapperöllchen als Eiablagesubstrat eingelegt. Um die notwendige Feuchtigkeit in diesen Röllchen zu erhalten, wickelt man die Wellpappe um ein kleines Stück Kreide, das mit einer Pipette von Zeit zu Zeit befeuchtet wird. Temperatur 26 °C, RLF 60–70 %, diffuses Licht 12–14 Stunden/300 Lux.

Pro Schale setzt man 2–3 Zuchtpärchen ein. Die Tiere werden mit Blattläusen, auf abgeschnittenen Bohnentrieben (vgl. Seite 417), zerschnittenen Mehlwürmern oder kleinen Mehlmottenraupen gefüttert. Außerdem gibt man den Tieren einmal pro Woche etwas HH-Teig (s. Seite 48). Die Weibchen legen die Eier im Inneren der Wellpapierröllchen ab. Die ausschlüpfenden Larven werden ebenfalls mit Blattläusen gefüttert. Ältere Larven erhalten größere Insektenlarven. Die sehr gefräßigen und angriffslustigen Larven werden nach der ersten Häutung einzeln in Petrischalen gehalten. Die Petrischalen werden mit Wellpapier ausgelegt. Als Tränke dient ein mit Wasser getränkter Wattebausch. Die Larve verpuppt sich in einer von ihr gebauten Höhle in der Wellpappe.

Embryonalentwicklung 10–12 Tage, Larvalentwicklung 4–5 Monate mit 3 Häutungen, Puppenruhe 15–18 Tage.

PLANIPENNIA, HAFTE ODER ECHTE NETZFLÜGLER

Tiere zwischen 5–50 mm lang. Sie tragen ihre 2 gleichartigen Flügelpaare in Ruhestellung dachförmig zusammengelegt über dem Rücken. Kopf mit großen halbkugeligen Augen. Fühler verschieden; meist borsten- oder fadenförmig, zuweilen keulenförmig, gesägt oder gekämmt. Die Mundwerkzeuge sind beißend bis kauend. Vorderbeine zuweilen als Fangbeine ausgebildet.

Die Entwicklung der oviparen Insekten ist holometabol. Larven mit Saugmandibeln (Abb. 70) versehen. Sie verpuppen sich in einem Kokon. Die Imagines und Larven leben raptorisch von anderen Insekten.

1. *Hemerobiidae*, Taghafte, Blattlauslöwen

Kleine, ca. 10 mm große, braun gefärbte, den Florfliegen sehr ähnliche Netzflügler. Die Eier werden kurz gestielt auf die Blattunterseite geheftet. Die Larven und die Adulten leben raptorisch von Blattläusen, wobei sich die Larven oft mit den ausgesogenen Blattläusen den Hinterleib bedecken.

2. *Ascalaphidae*, Schmetterlingshafte

Bis 30 mm große, schmetterlingsähnliche Netzflügler mit schwarzer und gelber Zeichnung auf den Vorder- und Hinterflügeln und langen gekeulten Fühlern. Eiablage an Pflanzen in Bodennähe. Adulte (Abb. 303a) und Larven leben raptorisch, wobei die ersteren ihre Beute im Flug fangen. Die Larve (Abb. 303b) ähnelt der des Ameisenlöwen und lebt unter Steinen und in Erdspalten, baut aber keine Trichter. Verpuppung in Kokons unmittelbar unter der Erdoberfläche am Pflanzenstengel.

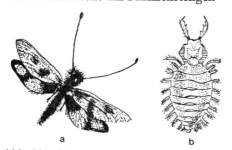

a   b

Abb. 303. Schmetterlingshafte.

3. *Chrysopidae*, Goldaugen oder Florfliegen

15–20 mm lange, zarte, grüne bis bräunlichgrüne Insekten mit 4häutigen, reich geäderten Flügeln mit goldgrün schimmernden Augen (Abb. 304a). Die Eier werden auf einem mehrere Millimeter langen Stielchen auf der Unterseite von Blät-

tern plaziert. Larven (Abb. 304b) mit Saugmandibeln (Abb. 70). Adulte und Larven leben raptorisch von Blattläusen und anderen Kleinstarthropoden. Verpuppung in Kokons auf Blattunterseite.

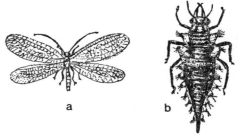

a   b

Abb. 304. Goldauge oder Florfliege (nach CHU).

Florfliege, Goldauge, Blattlauslöwe, *Chrysopa carnea* Stephens

Die hellgrünen bis graugrünen zarten Insekten überwintern in Häusern, Speichern oder Kellern. Im Frühjahr legt die Fliege die Eier an Pflanzen mit dichten Blattlauspopulationen ab. Das Ei sitzt auf einem 3–5 mm langen weißen Faden, der senkrecht von der Unterlage absteht. Die graugelbe Larve trägt am Kopf lange, leicht nach innen gebogene Saugzangen, mit denen sie die Beutetiere ergreift und aussaugt. Zur Verpuppung fertigt die Larve ein Gespinst an. Für Zuchtzwecke fängt man die Imagines mit einem Kescher auf von Blattläusen befallenen Obstbäumen ein. Hier können auch die Larven gesammelt werden (Juni–Juli).

Zuchttechnik und Futter

Als Zuchtbehälter verwendet man Soxlett-Hülsen (ca. 5 cm weite und 12 cm lange Röhren aus gepreßtem Filterpapier, erhältlich in Geschäften für Laborbedarf). In die Hülse steckt man ein kleines Röhrchen mit Wasser getränkter Watte ein. Als Futter verwendet man ein stecknadelkopfgroßes Stück HH-Teig (s. Seite 48), das man auf einem Stückchen Ölpapier ausstreicht und dann an der Hülsenwand befestigt. Verschluß: Nylongaze. Die Hülsen

werden in feuchten Kammern mit 90%
RLF aufbewahrt.
Temperatur 24°C, RLF 60–70%, Photoperiode 14 Stunden/1500–2000 Lux.
Pro Zuchtbehälter wird ein Zuchtpärchen
eingesetzt. Das Weibchen legt die gestielten Eier an der Hülsenwand ab, ca. 50–80
Stück. Nach der ersten Eiablage werden
die Adulten in neue Hülsen umgesetzt.
Die Hülsen verbleiben bis zum Ausschlüpfen der Larven in der feuchten Kammer.
Nach der ersten Häutung müssen die Larven in Einzelhaltung gehalten werden, da
sie sehr kannibalisch sind. Deshalb setzt
man sie in ein mit einem Streifen feuchten
Filterpapier versehenes Tablettenröhrchen
um. 2–3mal wöchentlich erhalten die Tiere
Blattläuse, kleine Insektenlarven oder
Mehlmottenräupchen. Für Massenzuchten
empfiehlt es sich, die Larven direkt in
Blattlauskolonien auf Bohnenpflanzen (vgl.
Aphis fabae) umzusetzen. Sobald die Läuse
aufgefressen sind, schneidet man die Bohnentriebe ab und legt sie zwischen dicht
mit Blattläusen besiedelte, in Saatschalen
herangezogene Bohnenpflanzen. Die Verpuppung erfolgt in einem Kokon.
Embryonalentwicklung 4 Tage, Larvalentwicklung 12–14 Tage mit 3 Häutungen,
Puppenruhe 10–12 Tage, Präovipositionsperiode 4–5 Tage.
Die Aufzucht von *Chrysopa*-Larven mit
künstlicher Nahrung ist möglich. HAGEN
und TASSAN haben die nachfolgend beschriebene Nährlösung den Larven in
Paraffinkügelchen vorgesetzt.

Mit Enzymen hydrolisiertes		
Protein von Hefe oder Casein	5	g
(zu beziehen bei: Nutritional		
Biochemicals Corp., Cleveland,		
Ohio).		
Cholinchlorid	12,5	mg
Ascorbinsäure	0,5	g
Fructose	8,75	g
Wasser	12,5	ml

(Für den Gebrauch werden 10 ml konzen-
trierter Nährlösung mit 30 ml dest. Wasser
gemischt.)

4. *Osmylidae*, Bachhafte

Etwa 20 mm große, den Florfliegen sehr
ähnliche Hafte mit braungefleckten, stark
geäderten und bogig erweiterten Vorder-
und Hinterflügeln (Abb. 305). Flügelspannweite 40–50 mm. Larve schlank mit Saugkiefern, sie lauert ihren Beutetieren auf.
Adulte und Larven ernähren sich raptorisch von allerlei Kleininsekten an Gewässern.

Abb. 305. Bachhafte.

5. *Myrmeleonidae*, Ameisenlöwen

Dunkle, den Libellen sehr ähnliche Insekten. Flügel lang und schmal, reich geädert,
häutig, Spannweite 60–80 mm, Fühler gekeult und kurz. Die Tiere (Abb. 306a)
fliegen in der Dämmerung, die Eiablage
erfolgt in trockenen Sand. Die afterlosen
Larven (Abb. 306b) bauen einen Fang-
trichter, der mit zunehmendem Alter der
Larve einen Durchmesser bis zu 8 cm erreichen kann. Sie ernährt sich raptorisch
von den herabfallenden Insekten, haupt-

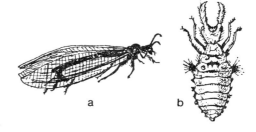

a   b

Abb. 306. Ameisenlöwe (nach CHU).

sächlich von Ameisen. Nach mehreren Häutungen am Fuße des Trichters erfolgt dort ebenfalls die Verpuppung in einem Kokon aus Sand und Gespinst.

Ameisenjungfer, Ameisenlöwe, *Myrmeleon formicarius* L.

Die Ameisenjungfer fliegt von Juli bis September während der Dämmerung und legt die Eier in trockenen Sand. Für Zuchtzwecke sammelt man die Larven aus den an stark besonnten, regengeschützten Orten liegenden Trichtern aus. Besonders häufig unter überhängenden Wurzelpartien an südexponierten Waldrändern. Die dunkle Larve saugt mit den gezähnten Saugzangen die in den von ihr mit dem Kopf ausgeworfenen Trichter herabfallenden Insekten aus. Die Überreste befördert sie ebenfalls mit dem Kopf im hohen Bogen aus dem Trichter.

Zuchttechnik und Futter
Glas-, Plastik- oder Metallbehälter, Gipsboden, mit eingegossenem gelöcherten Schlauch (Abb. 307). Auf den ständig feucht zu haltenden Gipsboden wird 5 bis 7 cm hoch Sand geschüttet.

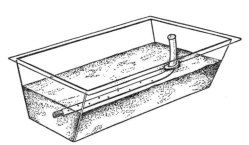

Abb. 307. Einrichtung für die Zucht von *Myrmeleon.*

Über dem Zuchtgefäß bringt man einen Ultrarotstrahler im Abstand von ca. 1 m an (Abb. 312). Die Temperatur auf der Sandoberfläche sollte ca. 30 °C betragen. Temperatur 25–30 °C, RLF 50–60%, Photoperiode Tag- und Nachtrhythmus oder Dauerbestrahlung mit 250–500 Lux.

Die eingesammelten Larven werden in das vorbereitete Zuchtgefäß eingesetzt, und zwar sollten pro 100 cm² maximal 2 Tiere gehalten werden. 2–3mal wöchentlich füttert man die Larven mit Ameisen, wobei man den Junglarven kleine Ameisen, z.B. *Lasius* sp., den älteren Larven z.B. *Formica* sp., einlegt. Willkommen sind den Larven auch kleine Mehlmottenraupen. Bei jeder Fütterung besprüht man die Sandoberfläche leicht mit Wasser. Während der Larvalentwicklung erfolgen mehrere Häutungen.

6. *Mantispidae*, Fanghafte

Die Vertreter dieser Familie sehen den Gottesanbeterinnen sehr ähnlich. Sie haben zu Raubbeinen umgestaltete Vorderbeine und die Vorderbrust ist halsartig verlängert. Ernähren sich raptorisch von verschiedenen Fluginsekten. Gestielte Eier werden auf verschiedene Pflanzen abgelegt. 2 Larvenformen kommen vor: 1. mit Saugkiefern, 2. gedrungen und madenförmig ohne Saugkiefer. Schmarotzer in Eipaketen von Spinnen und in Wespennestern. Nur 1 heimische Art: *Mantispa pagana* F. (Abb. 308) mit ockergelbem Körper und gelbbraunen Flügeln mit 35 mm Spannweite.

Abb. 308. Fanghafte.

7. *Nemopteridae*, Fadenflügler

Diese Familie ist bei uns nicht vertreten. Die nächsten Fundorte sind im Mittelmeerraum. Diese Netzflügler sind gelb und braun gezeichnet und fallen besonders auf durch die fadenförmigen, oft sehr langen Hinterflügel. Ihre Larven besitzen eine äußerst lange und halsförmig ausgezogene Vorderbrust, wodurch ein giraffenähnliches Insekt (Abb. 309) entsteht.

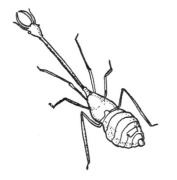

Abb. 309. Fadenflügler (nach WUNDT).

8. *Sisyridae*, Schwammfliegen

Kleine, den Florfliegen sehr stark ähnelnde Netzflügler (Abb. 310a) mit 4 reich geäderten braunen Flügeln mit einer Spannweite von 10–14 mm. Fühler lang, fadenförmig. Eiablage auf feuchte Plätze, (Blätter) in unmittelbarer Wassernähe. Larven (Abb. 310b) mit geraden Saugkiefern und Tracheenkiemen am Hinterleib, ernähren sich von Süßwasserschwämmen und Moostierchenkolonien. Verpuppung an Land im Kokon.

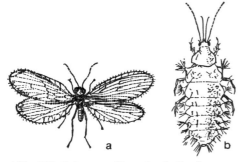

Abb. 310. Schwammfliege (nach CHU).

9. *Coniopterygidae*, Staubhafte

Sehr kleine, 2–4 mm große, weiß oder bräunlich bepuderte Netzflügler mit einer Flügelspannweite von 5–7,5 mm.
Das Flügelgeäder ist reduziert. Eiablage auf Blättern in Bodennähe. Larven mit behaarten Fühlern und nadelähnlichen Saugkiefern. Adulte und Larven ernähren sich raptorisch von Blattläusen und anderen

Kleinarthropoden und deren Eiern. Verpuppung in flachem, rundem Kokon.

MECOPTERA, SCHNABELFLIEGEN

Insekten mit 4 häutigen, netzähnlich geäderten Flügeln, die in Ruhestellung flach auf dem Rücken liegen. Größe 5–25 mm. Kopf mit borstenförmigen Fühlern und langen, schnabelartig verlängerten, kauenden Mundwerkzeugen. Die Brust trägt Flügel, die bei manchen Arten rudimentär auftreten. Die Beine sind schlank, zum Teil als Spring- oder Fangbeine ausgebildet. Der Hinterleib weist 10 Segmente auf, wobei das letzte oft zangenförmige Gliedmaßen trägt oder als Legebohrer dient. Die Entwicklung ist holometabol. Die Imagines ernähren sich detritiphag und raptorisch, ebenso die am Boden lebenden eucephal-polypoden Larven.

1. *Panorpidae*, Skorpionsfliegen

15–20 mm große, rotbraun, gelb und schwarz gezeichnete Insekten. Die Männchen (Abb. 311a) haben an der Spitze des Hinterleibes eine Zange, die dem Stachelglied des Skorpions gleicht. Das Weibchen legt die Eier mit dem sehr schwer beweglichen Ovipositor in Erdspalten. Ihre Nahrung ist verrottendes Pflanzen- und Tiermaterial; leben in lichten Wäldern auf dem Unterholz.

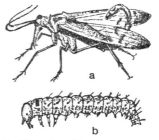

Abb. 311. Skorpionsfliege.

Skorpionsfliege, *Panorpa communis* L.
Die Spannweite der glashellen, mit dunklen Punkten gezeichneten Flügel beträgt 2,5 bis 3 cm. Im Mai–Juni legen die Weibchen die Eier in die Erde, wo sich die raupen-

ähnlichen Larven (Abb. 311 b) von tierischen und pflanzlichen Substraten ernähren. Nach 3 Häutungen verpuppen sich die Larven. Im Spätsommer erscheint eine 2. Generation. Die Tiere werden mit Keschern vom Unterholz abgefangen.

Zuchttechnik und Futter (nach ROTTMAR modifiziert)
Adulte:
a) Glasschale mit Filterpapier ausgelegt, außerdem eine mit feuchter Watte oder gesiebter Gartenerde gefüllte Petrischale, Tellertränke (Abb. 49), Verschluß: Nylongaze.
b) Kristallisierschale mit feuchter Zonolith- oder Sägemehlschicht (3 cm hoch), darauf eine mit feuchter Gartenerde gefüllte Petrischale, auf die der mit den Zuchttieren besetzte Nylongazekäfig gelegt wird (Abb. 312). Auf den Gazekäfig legt man eine Dochttränke (Wattebausch). Larven: 200-ml-Bechergläser mit 2 cm hohem Gipsboden. Verschluß: Nylongaze oder Baumwollgaze.

Abb. 312. Zucht der Skorpionsfliege.

Temperatur 24–26 °C, RLF 70–80 %, Photoperiode 14 Stunden/750–1000 Lux für Adulte.
Nach Variante a) setzt man 1 Zuchtpaar in die Glasschale ein. Die Tiere werden jeden 2. Tag mit 2–3 zerschnittenen Mehlmottenraupen und einem stecknadelkopfgroßen Stück HH-Teig (s. Seite 48) auf einem Objektträger gefüttert. Nach Variante b) legt man den Nylongazekäfig mit

dem Zuchtpaar mit einer Breitseite auf eine mit feuchter Watte oder Erde gefüllte Petrischale. Die Eiablage erfolgt durch die Gaze in die Erde. Die nötige Luftfeuchtigkeit im Käfig wird erreicht durch das Befeuchten der Zonolith- oder Sägemehlschicht. Die Fütterung erfolgt wie oben beschrieben; als Tränke legt man einen Wattebausch, der von Zeit zu Zeit mit Wasser oder Honigwasser getränkt wird, auf die Käfigoberseite (Abb. 312).
Das mit Eiern belegte Substrat wird bis zum Ausschlüpfen der Larven in einer feuchten Kammer mit über 90 % RLF (Abb. 36) aufbewahrt. Die ausgeschlüpften Larven werden dann in die Bechergläser (Plastikbecher) umgesetzt. Der Gipsboden der Gläser wird vorher mit Wasser gesättigt und Waldlauberde, die stets feucht zu halten ist, bis 2 cm unter den Rand eingefüllt.

Da die Tiere mit zunehmendem Alter sehr stark zu Kannibalismus neigen, sollten anfänglich 40–50 Tiere, nach der 3. Häutung ca. am 10. Tag pro Zuchtbecher nur 20 Tiere gehalten werden. Die Larven erhalten zerschnittene Mehlmottenraupen als Futter (auf die Erdoberfläche). Die Verpuppung erfolgt in einem von der Larve ausgehöhlten Erdtönnchen.
Embryonalentwicklung 4 Tage, Larvalentwicklung 12–14 Tage, Puppenruhe 20–25 Tage, Gesamtentwicklung 40–45 Tage.

2. *Bittacidae*, Mückenhafte

Sehen den Tipuliden oder Schnaken sehr ähnlich, sind aber leicht zu unterscheiden

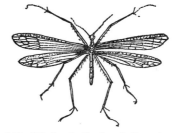

Abb. 313. Mückenhafte (nach STITZ).

an den 4 Flügeln (Abb. 313). Die Insekten haben eine Flügelspannweite von ca. 40 mm. Sie hängen sich mit ihren Vorderbeinen an die Unterseite von Blättern oder vorspringenden Steinen und fangen mit den Mittel- und Hinterbeinen andere Fluginsekten.

In Mitteleuropa sind 2 Arten heimisch.

3. *Boreidae*, Winterhafte

3–4 mm große, bräunlich und gelb gezeichnete, flügellose Insekten mit schnabelartig verlängertem Kopf, großer und gut entwickelter Legescheide am Hinterleibsende (Abb. 314). Die Hinterbeine sind zu langen Sprungbeinen umgewandelt. Tarsen mit 2 Klauen. Ernähren sich zoonekrophag, saprophytophag und phytophag.

Schneefloh, *Boreus hyemalis* L.
Das flügellose Insekt hat einen schnabelförmig ausgezogenen Kopf. Kopf, Brust, Fühler und Beine sind rotbraun gefärbt, der Hinterleib schwarzbraun metallisch glänzend. Das hinterste Beinpaar ist zu einem Sprungbeinpaar ausgebildet. Der Hinterleib des Weibchens trägt die kräftige Legeröhre. Männchen und Weibchen unterscheiden sich in der Größe, das Weibchen ist nur 2,5–3,5 mm groß, das Männchen dagegen 4–5 mm. Die Eiablage erfolgt auf Moos, insbesondere auf *Hypnum cupressiforme*, wo sich auch die engerlingartigen Larven entwickeln. Der Entwicklungszyklus nimmt ca. 2 Jahre in Anspruch.

In den Wintermonaten November bis März werden die Imagines von Moospolstern *(Hypnum cupressiforme)* abgesammelt.

Abb. 314. Schneefloh.

Zuchttechnik und Futter
Als Zuchtgefäß dient eine Glasschale mit wassergesättigtem Gipsboden, der mit einer kompakten Waldlaub-Erde-Schicht bedeckt ist. Außerdem setzt man ein ca. 5 cm² großes Moospolster *(Hypnum cupressiforme)* in die Schale ein. Abdeckung mit Glasplatte.

Temperatur 10–12 °C, RLF 85–95 %, Photoperiode 18 Stunden/1500–2000 Lux.

Pro Zuchtgefäß werden 2 Zuchtpärchen gehalten. Die Tiere fressen die jungen Moosblättchen und erhalten als zusätzliches Futter täglich kleine Mengen HH-Teig (vgl. Seite 48) und zerzupfte Mehlmottenraupen. Die stecknadelkopfgroßen Futterstückchen werden auf einem Deckglas eingelegt. Das Moos wird täglich mit einer Pipette befeuchtet.

Unter den gegebenen Bedingungen lebt ein Weibchen 20–24 Tage, ein Männchen 10–15 Tage. Nach dem Absterben der Adulten werden die Zuchtschalen bei 18–20 °C im Dunkeln aufgestellt. Erde und Moos werden feucht gehalten. Nach 6–8 Wochen breitet man die Erde auf schwarzem Papier aus und sammelt die Larven ab. Die Larven setzt man dann in gleich vorbereitete Schalen um, mischt aber größere Mengen verrottetes Waldlaub und Moos unter die Erde.

TRICHOPTERA, KÖCHERFLIEGEN

Insekten mit 4 graubraunen bis gelblich behaarten, in Ruhestellung dachförmig über dem Hinterleib liegenden Flügeln. Die Spannweite der Flügel bis zu 50 mm. Fühler fadenförmig und ziemlich lang. Mundwerkzeuge als Saugrohr entwickelt und leckend-saugend.

Die Beine bzw. die Schienen tragen Dornen oder sog. Sporne. Pro Schiene gibt es 0–4, d. h. 0–2 an deren Ende und 0–2 in der Mitte. Die Zahl der Sporne, als wesentliches Bestimmungsmerkmal, wird als »Spornformel« (nach WINKLER) ausgedrückt. Die Formel 2–4–4 z. B. gibt an: 2 Endsporne an der Vorderseite, 2 End- und 2 M-Sporne an der Mittelschiene und

2 End- und 2 M-Sporne an der Hinter-
schiene. Vgl. Abb. 315 (V–M–H-Schiene).
Die Entwicklung der Köcherfliegen ist

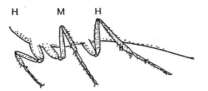

Abb. 315. Sporne als Bestimmungsmerkmal
der Köcherfliegen (nach WINKLER).

holometabol. Ihre Eier legen sie in verschiedene Gewässer ab. Die eucephal-
oligopoden Larven (Abb. 316 b) leben frei
oder in Röhrchen oder Köchern, die sie
aus Steinchen, Sandkörnern, Pflanzenteilchen oder anderem Material selbst verfertigen bzw. zusammenspinnen. Die Verpuppung erfolgt im Köcher oder in selbstgefertigten Gehäusen. Die Imagines (Abb.
316 a) ernähren sich von Pflanzensäften,
die Larven sind carnivor oder algophag
bzw. phytophag; zum Teil raptorisch.

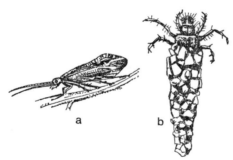

Abb. 316. Köcherfliege (nach BORROR/DE-
LONG).

1. Rhyacophilidae

Köcherfliegen mit Flügelspannweite von
10–35 mm. Fühler gleich lang oder kürzer
als Vorderflügel. An den Schienen der
Vorderbeine 3 oder 2, an denen der Mittel-
und Hinterbeine je 4 stark hervortretende,
bewegliche Sporne. Larven (Abb. 317) in
kalten, stark fließenden Bächen. Leben
raptorisch.

2. Philopotamidae

Dunkel gefärbte Köcherfliegen mit einer
Flügelspannweite von 10–25 mm. Spornformel 2–4–4 (Abb. 315). Kiefertaster 5-
gliedrig. Larven leben raptorisch in stark
fließenden Bächen.

Abb. 317. Larve der Köcherfliege (nach BOR-
ROR/DELONG).

3. Psychomycidae

Kleine Köcherfliegen mit einer Flügelspannweite von 10–18 mm. Spornformel:
2–4–4 oder 3–4–4. Kiefertaster 5gliedrig.
Fühler kürzer oder gleich lang wie die
Vorderflügel. Larven kiemenlos, bauen
Sandröhren in langsam fließenden und stehenden Gewässern.

4. Hydropsychidae

Die Spannweite dieser Köcherfliegen beträgt 15–35 mm. Spornformel: 2–4–4. Die
Fühler sind dünn oder dick, länger oder
kürzer als die Vorderflügel. Mehrere Arten mit schwarzer, spiraliger Linie auf den
Fühlern. Larven mit Kiemen ausgestattet,
einige Arten ohne Gehäuse (Abb. 318),
andere in solchen aus Pflanzenteilen. In
fließenden Gewässern.

Abb. 318. Köcherfliegenlarve (Hydropsychidae) (nach BORROR/DELONG).

5. Polycentropidae

Köcherfliegen mit dunklen, gelb gezeichneten Flügeln und einer Spannweite von 15–20 mm. Spornformel: 3-4-4. Die dicken Fühler sind gleich oder weniger lang als die Vorderflügel. Kiefertaster sind 5gliedrig. Larven bauen Fangnetze und halten sich in Gespinsthöhlen auf. Leben raptorisch in langsam fließenden oder stehenden Gewässern.

6. Hydroptilidae

Sehr kleine Köcherfliegen mit einer Flügelspannweite von 5–9 mm. Die kurzen Fühler, der Kopf und die schmalen Flügel sind behaart. Larven (Abb. 319) leben in sehr großen Gespinsthäusern mit Sandkorneinlage. Ernähren sich raptorisch in langsam fließenden oder stehenden Gewässern.

Abb. 319. Köcherfliegenlarve *(Hydrotilidae)* (nach WESENBERG-LUND).

7. Phryganeidae

Flügelspannweite dieser z. T. gelb oder braun gezeichneten und behaarten Schmetterlingsmotten zwischen 20 und 60 mm. Die Fühler gleich lang oder kürzer als die Vorderflügel. Die Kiefertaster der Männchen 4gliedrig, die der Weibchen 5gliedrig. Spornformel: 2-4-4. Larven bauen Köcher aus Pflanzenteilen (Schilfstücke) in stehenden Gewässern. Weibchen gehen für die Eiablage unter Wasser.

8. Limnophilidae

10–20 mm lange Köcherfliege mit einer Flügelspannweite von 20–40 mm. Die Kiefertaster der Männchen 3gliedrig, die der Weibchen 5gliedrig. Fühler nicht länger als Flügel. Die Anzahl der Sporne an den Schienen ist variabel. Larven bauen Köcher aus verschiedenstem Material, wie Sandkörnern, Steinchen, Pflanzenteilen, d. h. Rindenstücken, kleinen Glassplittern,

kleinsten Schneckenhäuschen etc. Sie leben phytophag, mycetophag und algophag in fließenden oder sauberen stehenden Gewässern. Hierher gehören 2 Arten aus der Gattung *Enoicyla*, die auf dem Land in feuchtem Moos oder in feuchter Bodenstreu leben.

Abb. 320. Köcherfliegenlarve *(Limnophilidae)*.

9. Molannidae

Graubraune Köcherfliegen mit 5gliedrigen Kiefertastern in beiden Geschlechtern. Die Fühler sind gleich lang oder länger als die Flügel. Spornformel: 2-4-4. Larven leben in schildförmigen oder leicht gebogenen Sandröhren in Seen, Weihern oder langsam fließenden Gewässern.

10. Beraeidae

Köcherfliegen mit 10–12 mm messender Flügelspannweite, 5gliedrigen Kiefertastern und Fühlern in gleicher Länge wie die V-Flügel. Spornformel: 2-4-4. Larven bauen Köcher aus Pflanzenteilen und Steinchen und finden sich in stark und langsam fließenden Gewässern.

11. Odontoceridae

15 mm große Köcherfliegen mit schwarzem Körper und braunen Flecken. Die schwach gezähnten Fühler länger als Vorderflügel. Kiefertaster 5gliedrig. Spornformel: 2-4-4. Larven leben in zylindrischen bis kubischen Köchern aus Sand in stark fließenden Bächen. Ernährung phytophag und algophag.

12. Leptoceridae

Große, blaßgefärbte Köcherfliegen mit einer Flügelspannweite von mehr als 30 mm. Die Fühler sind länger als die Vorderflügel und die Kiefertaster 5gliedrig. Spornformel: 2–2–2 oder 1–2–2. Larven leben phytophag in stehenden und fließenden Gewässern und fertigen schlanke röhrenförmige Köcher (Abb. 321 a) aus Sandkörnern, aber auch solche aus Pflanzenteilchen (Abb. 321 b).

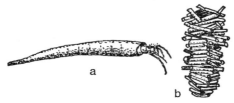

Abb. 321. Köcherfliegenlarve *(Leptocaridae)* (nach BORROR/DELONG).

13. Sericostomatidae

Köcherfliegen mit 8–30 mm messender Flügelspannweite und gleichlangen oder längeren Fühlern als die Flügel. Kiefertaster beim Weibchen 5gliedrig, beim Männchen 2- oder 3gliedrig. Larven in Köchern aus Sand, Pflanzenteilen oder kleineren Steinchen (Abb. 322) in fließenden Gewässern. Ernähren sich phytophag bzw. vom Plankton.

Abb. 322. Köcherfliegenlarve *(Sericostomatidae)* (nach BORROR/DELONG).

Goeridae	gelten bei einigen Forschern als Familie, bei einigen als Unterfamilie der *Sericostomatidae*.
Lepidostomatidae	
Brachycentridae	
Calamoceratidae	

Köcherjungfer, *Limnophilus flavicornis* F.
Die Imago hat braungetönte Vorder- und Hinterflügel. Kopf, Brust und Hinterleib sind braun. Die ebenfalls hellbraunen fadenförmigen Fühler überragen weit zurückgelegt die Hinterleibspitze. Während der Flugzeit im Juni–August legen die Weibchen die Eier in Tümpel, Weiher oder an in unmittelbarer Nähe von Wasser stehende Pflanzen. Die Larven leben in einem selbstgefertigten Köcher, den sie ständig mit sich herumtragen und in dem sie sich mehrmals häuten. Den Köcher bauen die Tiere mit den Vorderbeinen und Mundwerkzeugen und verwenden Zweigstückchen, Grashalme, Schilfstückchen, kleine Steinchen, leere Schnecken- oder Muschelschalen; kurz, Material, das sie an und in Gewässern finden. Die Verpuppung erfolgt ebenfalls im Köcher. Die Puppe mit gut entwickelten Fühlern, Beinen und Flügelscheiden verläßt den Köcher und kriecht umher, um schließlich über Wasserpflanzen zum Wasserspiegel zu gelangen. Dort sprengt sie die Puppenhülle auf und fliegt als vollentwickeltes Insekt fort.

Zuchttechnik und Futter
Aquarium aus Plexiglas (80 × 40 × 40 cm) mit Wasserumwälz- (Abb. 323 a) und Luftpumpe (Abb. 323 b). Gazeabdeckung (vgl. Abb. 379). Wassertemperatur 15–20 °C. Photoperiode 16 Stunden/750–1000 Lux. Der Wasserstand (frisches Bachwasser oder sauberes Leitungswasser) im Aquarium wird eingestellt auf 10–15 cm Höhe (vgl. auch Abb. 327). Der Boden ist bedeckt mit einer Lage nußgroßer und stark mit Algen und Flechten überzogenen Steinen (Abb. 324). Einige Tonscherben eines Blumentopfes können ebenfalls eingelegt und als Algenunterlage und Futterplatz für die einzusetzenden Köcherfliegenlarven benutzt werden.

Die Larven fischt man mit einem Netz aus Weihern oder Bächen und setzt sie für die ersten Tage in Wasser mit möglichst niedriger Temperatur. Zum Angewöhnen können die gefangenen Larven sogar für

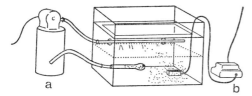

Abb. 323. Apparatur für die Zucht der Köcherjungfer.

einige Tage im Eisschrank bei 8–10 °C gehalten werden. Wesentlichste Voraussetzung für das Gedeihen der Tiere ist ein genügender Sauerstoffgehalt des Wassers und ein guter Algen- und Flechtenteppich. Es empfiehlt sich daher, beim Fang der Larven auch sogleich entsprechend bewachsene Steine und Hölzer mitzunehmen und ins Aquarium einzusetzen, oder dies sogar schon einige Tage vor dem Fang der Larven zu tun. Das Futter ist von Art zu Art etwas verschieden. Um die Futterart zahlreicher algophager und lichenophager Arten mit Sicherheit zu ermitteln, untersucht man den Darminhalt der entsprechenden Larven. Hierzu streift man einigen frisch eingefangenen und aus dem Gehäuse entfernten Exemplaren durch leichten Druck den Darm aus oder man gewinnt die Exkremente, indem die Tierchen über Nacht in eine Schale mit frischem Wasser gesetzt werden. Unter dem Mikroskop können bereits mit schwacher Vergrößerung die Bestandteile der Kotballen oder des Darminhaltes eruiert werden.

In den Abb. 324, 325 und 326 sind einige wichtige Arten von Blau-, Grün- und Kieselalgen als Vertreter des Süßwasserplanktons aufgezeichnet.

Der Kot wird je nach Anfall mit einem Saugrohr abgesaugt. Als zusätzliches Futter gibt man den Larven etwas Detritus,

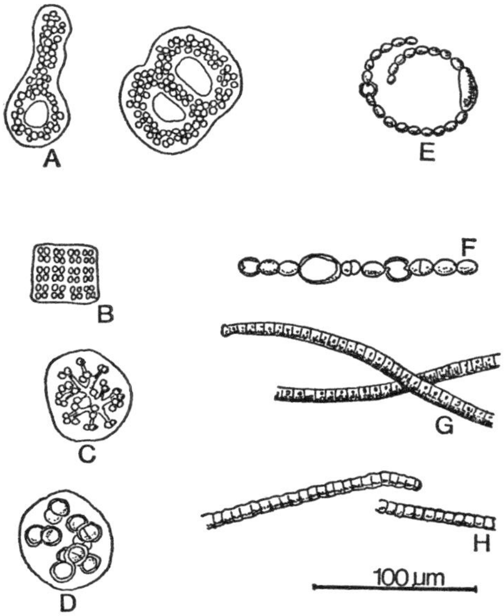

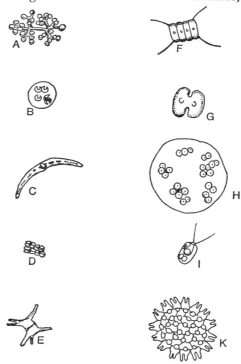

100 μm

Abb. 324. Blaualgen (Cyanophyceen). A *Microcystis aeruginosa*, B *Merismopedia punctata*, C *Gomphosphaeria lacustris*, D *Chroococcus limneticus*, E *Anabaena flos-aquae*, F *Anabaena planctonica*, G *Oscillatoria rubescens*, H *Oscillatoria tenuis*.

Abb. 325a. Grünalgen (Chlorophyceen). A *Dictyosphaerium* Ehrb., B *Kirchneriella lunaris*, C *Closterium parvulum*, D *Crucigenia rectangularis*, E *Staurastrum gracile*, F *Scenedesmus quadric*, G *Cosmarium phaseolus*, H *Gemellicystis neglecta*, I *Chlamydomonas angul.*, K *Pediastrum duplex*.

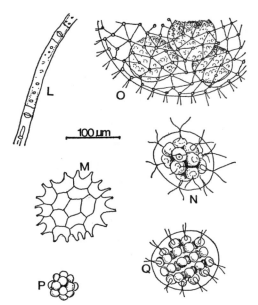

Abb. 325b. Grünalgen (Chlorophyceen).
L *Mougeotia* sp., M *Pediastrum boryanum*,
N *Coelastrum microporum*, O *Volvox globator*,
P *Pandorina morum*, Q *Eudorina elegans*.

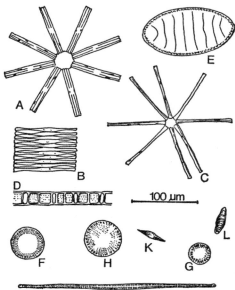

Abb. 326. Kieselalgen (Diatomeen).
A *Tabellaria fenestrata*, B *Fragilaria crotonensis*,
C *Asterionella formosa*, D *Melosira islandica*,
E *Cymatopleura elliptica*, F *Cyclotella bodanica*,
G *Cyclotella comta*, H *Stephanodiscus astraea*,
I *Synedra ulna*, K *Navicula* sp., L *Diatoma vulgare*.

d.h. faulendes und verrottendes Blattmaterial verschiedener Laubbäume, das in
einem grobmaschigen Gazesäckchen 2–3-
mal wöchentlich für einige Stunden ins
Aquarium gehängt wird. Um den Larven
den weiteren Bau ihrer Köcher zu ermöglichen, legt man allwöchentlich einige
dünne Schilfstengelstücke, Zweige, Steinchen und dergleichen als Baustoff auf den
Boden des Aquariums. Sobald die Puppen
erscheinen, stellt man mehrere Holzzweige
oder Schindelstücke senkrecht so im Wasser auf, daß sie um einige Zentimeter die
Wasseroberfläche überragen. Die Larven
kriechen daran hoch und verlassen die
Puppenhülle oben als Imago.
Eine andere Methode, mit der man Köcherfliegenlarven im larvalen Stadium halten kann, ist in Abb. 327 dargestellt.
Dabei wird kontinuierlich frisches Leitungswasser (1000 ml pro Stunde und
100 l) ins Aquarium geführt (Abb. 327/1)
und das überschüssige Wasser durch mit
Gaze verschlossene Öffnungen, die zu-

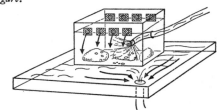

Abb. 327. Haltung von Köcherfliegenlarven.

gleich den Wasserstand bestimmen, in eine
Wanne mit Abfluß geleitet.

LEPIDOPTERA, SCHMETTERLINGE

Insekten mit 2 Flügelpaaren, die in Schnitt
und Äderung verschieden und mit leicht
abwischbaren Schuppen (Abb. 328) bedeckt sind. Die Schuppen verleihen den
Tieren Farbe und Zeichnung. Der Kopf
trägt fadenförmige, gezähnte, gekämmte
oder gekeulte Fühler, die meist vorstehen-

den Augen und den Saugrüssel, der an seiner Basis von den Lippentastern flankiert wird. Die Beine sind meist lang und dünn, die Tarsen 5gliedrig.

Die Entwicklung der Schmetterlinge ist holometabol. Aus den Eiern schlüpfen eucephal-polypode Raupen, die sich ausgewachsen zu Mumienpuppen verwandeln. Parthenogenese kommt vor. Die Tiere sind hauptsächlich phytophag.

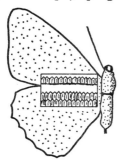

Abb. 328. Flügelschuppen (Ausschnitt vergr.).

1. *Pyralidae*, Zünsler

Kleinschmetterlinge mit schlankem Körper, langen Beinen, länglich dreieckigen Vorderflügeln und gut entwickeltem Rüssel. Die nachtaktiven Falter halten in Ruhestellung ihre Flügel steil dachförmig, flach oder waagrecht übereinander. Die Raupen sind nackt oder schwach behaart (Abb. 329 b) und oft in Gespinströhren zu finden.

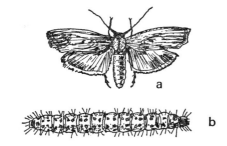

Abb. 329. Zünsler.

Amerikanischer Zuckerrohrbohrer,
Diatraea saccharalis F.
Der strohgelbe bis rötlichgelbe Kleinschmetterling kommt nur in den Anbau-

gebieten des Zuckerrohrs, z.B. in Afrika, Indien, Indonesien, USA und Südamerika vor. Die Raupe bohrt im Inneren des Zuckerrohrs.

Zuchttechnik und Futter (modifiziert nach D. W. WALKER et al.)
Paraffinierte Kartondosen, 2 Liter, Gazeverschluß, Tablettenröhrchen mit Watteverschluß, ½-l-Einweckgläser mit dichtem Metallgazeverschluß.
Temperatur 26 °C, RLF 80–90 %.
Die Zuchtdose wird 1–2 cm hoch mit feuchtem Zonolith oder Gips gefüllt. Auf diese Schicht legt man einige balgartig zusammengefaltete Wachspapierstreifen. Die Dosen werden dann mit 10 Zuchtpaaren besetzt und im Dunkeln oder Halbdunkeln aufgestellt. Die Weibchen legen die Eier auf die Falzstellen des Wachspapiers. Die Eigelege bzw. das Wachspapier werden jeden Tag entnommen; das Eiablagesubstrat wird ersetzt. Die Eigelege schneidet man mit der Schere aus und legt die Wachspapierschnitzel in eine feuchte Kammer (Abb. 33). Unmittelbar vor dem Schlüpfen der Räupchen setzt man sie in 2 cm hoch mit synthetischer Futtermischung gefüllte Tablettenröhrchen (2 × 8 cm) um. Die Raupen werden nach der 2. Häutung zu je 100 Stück in mit synthetischem Futter 2–3 cm hoch gefüllte Einweckgläser umgesetzt. Diese Gläser werden dunkel in feuchter Kammer aufgestellt.

Zusammensetzung der Futtermischung:

Casein, vitaminfrei	108	g
Traubenzucker	180	g
Weizenkeime (pulv.)	100	g
Trockenhefe	20	g
Wessons Salzmischung	36	g
(s. Seite 42)		
Cholinchlorid	3,6	g
Ascorbinsäure	14,5	g
Vitaminlösung (s. Seite 42)	7,2	ml
38 %ige Formaldehydlösung	2	ml
WH-Lösung (s. Seite 42)	32	ml
Aureomycin	1	g

Diese homogenisierte Mischung wird langsam unter Rühren in heiße Agar-Lösung aus 72 g Agar in 2000 ml Wasser gegeben.

Präovipositionsperiode 3 Tage, Embryonalentwicklung 6 Tage, Raupenentwicklung 15–18 Tage mit 5 Häutungen, Puppenruhe 8 Tage.

2. *Phycitidae*, Fruchtzünsler

Falter mit schmalen, variabel gezeichneten Vorderflügeln und einfarbigen Hinterflügeln. Sie fliegen während der Dämmerung und nachts. In Ruhestellung ist der Kopf aufgerichtet und die Flügel liegen dem Körper eng an. Raupen in Gespinströhren in getrockneten Früchten, Samen, gedörnten Drogen u. a.
Die Aufzucht der anschließend aufgeführten **Mehlmotte** und der **Dörrobstmotte** erfolgt nach der für die Wachsmotte beschriebenen Methode.

Mehlmotte, *Anagasta (Ephestia) kuehniella* Zell.
Die Mehlmotte lebt in Mühlen und Getreidelagern. Die Eiablage erfolgt in Getreide oder Getreideprodukte. Die zuerst weißen und dann sich rosarot verfärbenden Raupen spinnen das Substrat zu Klumpen zusammen.
Für 50–100 Falter verwendet man ca. 750 g der modifizierten Haydakschen Futtermischung (s. Seite 230). Die Zuchtgläser (1-l-Einweckgläser) werden dunkel gestellt. Will man die Eiablage genau kontrollieren oder die Eier isolieren, so setzt man die Falter in einen Metallgazekäfig (Maschenweite ca. 1 mm) der wiederum in ein Becherglas oder Einmachglas eingehängt wird (Abb. 330). Die abgelegten Eier fallen durch die Maschen in das Glasgefäß und können von dort auf das Raupensubstrat übertragen werden.
Präovipositionsperiode 3–4 Tage, Embryonalentwicklung 4 Tage, Raupenentwicklung 30–36 Tage mit 6–7 Häutungen, Puppenruhe 8 Tage.

Kupferrote Dörrobstmotte, *Plodia interpunctella* Hbn.
Dieser grau-bunte Schmetterling legt seine Eier an den verschiedensten Nahrungs-

mitteln ab, z.B. an Dörrobst, Mais, etc. Das Insekt ist kosmopolitisch, seine Raupe kann in Mühlen und Nahrungsmittellagern gesammelt werden.

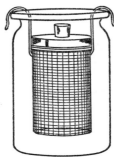

Abb. 330. Separieren von Mehlmotteneiern.

Neben der modifizierten Haydak-Futtermischung kann auch eine Mischung aus gemahlenem Hundekuchen, geriebenen Walnüssen und Staubzucker (5 : 4 : 1) verfüttert werden. Die Raupenentwicklung dauert dann aber etwas länger als 10–12 Wochen.

3. *Pyraustidae*, Getreidezünsler

Kleinschmetterlinge mit schlankem Körper, langen Beinen, länglich dreieckigen und verschieden gefärbten und gezeichneten Vorderflügeln und gut entwickeltem Rüssel. Die nachts fliegenden Falter halten in Ruhestellung ihre Flügel steil dachförmig, flach oder waagrecht übereinander. Die Raupen sind nackt oder schwach behaart und oft in Gespinströhren an pflanzlichen oder tierischen Substraten zu finden.

Mehlzünsler, *Pyralis farinalis* L.
Der hübsch gezeichnete Schmetterling lebt in feuchtwarmen Ställen. Als Eiablagesubstrat dienen ihm feuchtes Stroh, Futtermittel etc. Die weißgrauen Raupen leben in Gespinströhren.

Zuchttechnik und Futter
Gläser mit Gipsboden und Gazeverschluß (Abb. 149).
Temperatur 28°C, RLF 80–90%.
Locker aufgerollte, 5 cm breite Wellpappe

wird auf den Gipsboden des Zuchtbehälters gestellt. In die Zwischenräume der
Rolle wird 4 cm hoch Futtermischung, bestehend aus gleichen Teilen gemahlenem
Hundekuchen, Luzernemehl und Kleie,
eingefüllt. Dann wird der Behälter mit
5–10 Zuchtpärchen besetzt.
Die Weibchen legen die Eier in die Rillen
der Wellpappe. Nach 6 Tagen schlüpfen
die Raupen aus, die das unmittelbar über
dem Gipsboden liegende, in der Zwischen-
zeit verpilzte Futter angehen.
Nach 6–7 Häutungen innerhalb von 12–14
Wochen verpuppen sie sich. Die Puppenruhe dauert 12–15 Tage.

Maiszünsler, *Ostrinia nubilalis* Hbn.
Das Weibchen dieses Falters hat strohgelbe, das Männchen graue Hinterflügel.
Die Eiablage erfolgt im Juni–Juli an Mais.
Die Raupen bohren sich in den Maissten-
gel ein, oft befallen sie auch die junge
Rispe. Die Raupe überwintert und verpuppt sich erst im Frühjahr. Für Zuchtzwecke wird befallenes Pflanzenmaterial
eingesammelt.

Zuchttechnik und Futter
Zuchtkäfig siehe Zuckerrohrbohrer.
Temperatur 26–27 °C, RLF 80–90%,
Photoperiode 16 Stunden/3000–5000 Lux.
Die Puppen werden in Schalen mit feuchten Gipsböden eingelegt und in den Zuchtkäfig gestellt. Die ausschlüpfenden Falter
füttert man mit 5–10%igem Honigwasser
mit einer Dochttränke (Abb. 50). Die
Weibchen legen die Eier auf das Wachspapier. Die Eigelege schneidet man aus
und hält sie bis zum Ausschlüpfen der
Raupen in feuchten Kammern (Abb. 33).
Die Raupen werden zuerst mit jungen
Maisblättern, in fortgeschrittenem Entwicklungsstadium mit jungen Maisstengel-
stücken (20 cm lang) gefüttert. Als Zuchtgefäß verwendet man Glasschalen mit
Gipsboden (Abb. 360), der nach Bedarf zu
befeuchten ist. Anfänglich werden die
Tiere jeden 2. Tag mit neuem Futter versehen, nach der 2. Häutung täglich. Die

tägliche Wartung besteht darin, das Futter
zu erneuern und den anfallenden Kot zu
entfernen.

Während der verschiedenen Entwicklungsstadien sollte in den Zuchtschalen die folgende Besatzdichte der Raupen eingehalten werden:

1. Stadium	1000 Tiere
2. Stadium	500 Tiere
3. Stadium	200 Tiere
4. und 5. Stadium	100 Tiere

Für die Aufzucht der Raupen kann auch
die folgende synthetische Futtermischung
verwendet werden:

Traubenzucker	10,5	g
Casein, vitaminfrei	10,5	g
Cholesterin	0,85	g
Maisöl	0,5	g
Wessons Salzmischung	1,3	g
(s. Seite 42)		
Cholinchlorid	0,12	g
Trockenhefe	6,9	g
Luzernemehl	13,8	g
Sorbinsäure	0,6	g
Nipagin in Alkohol gelöst	0,6	g
Wasser	145	ml

Diese Mischung wird in heiße Agar-Lösung
aus 6,6 g Agar in 130 ml Wasser gegeben,
anschließend homogenisiert und auf dem
Wasserbad 15 Minuten lang erhitzt. Sie
wird heiß in die Zuchtgefäße gefüllt (vgl.
Zuckerrohrbohrer).
Präovipositionsperiode 3–4 Tage, Embryonalentwicklung 4–5 Tage, Raupenentwicklung 21–24 Tage mit 5 Häutungen
(ohne Diapause!), Puppenruhe 8–10 Tage.

4. Galleriidae, Wachsmotten

Motten mit gestreckten Vorderflügeln, einfachen Fühlern und kurzem Rüssel. Die
creme- bis schmutzig-weißen, schwach beborsteten Raupen finden sich häufig auf
Wachswaben in Bienenhäusern.

Große Wachsmotte, *Galleria mellonella* L.
Dieser Kleinschmetterling lebt überall in
Bienenstöcken und legt seine Eier auf
Wachs ab. Die schmutziggrauen Raupen
ernähren sich von dem Wachs und über-
ziehen die Waben mit einem Gespinst. Für
Zuchtzwecke werden die Raupen von
Bienenwaben abgesammelt.

Zuchttechnik und Futter
2-l-Glasgefäß mit Schraubdeckelverschluß,
mit Gazebespannung.
Temperatur 28 °C, RLF 60–70%.
Für die Bienenzucht unbrauchbare, alte,
leere Bienenwaben werden in 15 cm lange
und 7,5 cm breite Streifen geschnitten und
im Zuchtglas mit 10–20 Faltern oder Raupen besetzt. Das Zuchtglas wird dann entweder in eine mit ölgetränktem Filterpapier ausgelegte Wanne gestellt oder mit
Gaze, die vorher mit einem Akarizid
(Vorbeugen gegen Milben!) imprägniert
wurde, überdeckt (zwischen Glasrand und
Schraubdeckelverschluß einspannen).
Nach der 1–2 Tage dauernden Präovipositionsperiode beginnen die Falter mit
der Ablage von Eihäufchen, aus denen
nach 4 Tagen die Raupen schlüpfen. Nach
35 Tagen sind die Raupen ausgewachsen
und verpuppen sich. Die Puppenruhe
dauert 7–9 Tage. Das Futter für Falter und
Raupen wird bei Bedarf ergänzt.
Die Raupen können auch mit der von
HAYDAK beschriebenen Futtermischung,
die aufgrund eigener Erfahrungen modifiziert wurde, aufgezogen werden:

Maismehl	500 g
Kükenmehl oder spez. Hundefutter	500 g
(s. Seite 49)	
Trockenhefe	125 g
Weizenkeime, gemahlen	75 g
Honig	125 g
Glycerin	125 g

Zuerst werden alle Trockenkomponenten
gründlich miteinander vermischt, dann
wird die Honig-Glycerin-Mischung zugesetzt.

5. *Crambidae,* **Grasmotten**

Die Schmetterlinge tragen auffallende,
nach vorne ausgestreckte Palpen. Ihre
Vorderflügel sind gestreckt, die Hinterflügel breit und in Ruhelage gefaltet. Fliegen während der Dämmerung und nachts,
sitzen an niederen Pflanzen, besonders
Gräsern, mit Kopf nach unten (Abb. 331).
Raupen sind in Gespinströhren an Graswurzeln zu finden.

Abb. 331. Graszünsler.

Weiße Grasmotte, *Crambus perlellus* Scop.
Der Falter ist an den langen vorgestreckten
Palpen kenntlich. Er fliegt während der
Dämmerung über die Wiesen und legt die
Eier auf den Grund der Grasnarbe. Die
Raupen fressen an den Wurzeln und Sten-
geln verschiedener Gräser. Für Zucht-
zwecke fängt man den Falter im Juni–Juli
in der Dämmerung auf Wiesen.

Zuchttechnik und Futter
Glasschalen mit Gipsboden (Abb. 360).
Temperatur 26 °C, RLF 90–95%.
Auf den gut befeuchteten Gipsboden der
Zuchtschale werden 10–20 Falter gesetzt
und mit 5%igem Honigwasser (Dochttränke) gefüttert. Die Falter werden bei
diffusem Licht oder dunkel gehalten. Sie
legen die Eier auf dem Gipsboden ab, von
wo man sie täglich mit einem feinen Pinsel
auf den Wurzelteppich einer anderen Glasschale mit Gipsboden überträgt. Nach
5 Tagen schlüpfen die Eiraupen aus. Für
den Wurzelteppich (vgl. *Phyllobius* sp.) läßt

man Samen von verschiedenen Schwingel-gras-Arten *(Festuca rubra, F. elatior, F. arundinacea)* keimen.
Eine Aufzucht der Raupen auf syntheti-schem Futter ist möglich. Als Basis-Diät dient jene von *Diatraea* (Seite 227), wobei das Weizenkeimmehl durch Wurzelmate-rial ersetzt wird.

Gestreifter Reisstengelbohrer, *Chilo sup-pressalis* Walk.
Dieser in Südostasien und Afrika vorkom-mende Reisschädling gleicht stark dem Zuckerrohrbohrer. Die Motte legt die Eier auf die Reispflanzen, und die ausschlüpfen-den Räupchen fressen sich in die Halme ein.
Die Zucht dieses Schmetterlings erfolgt zum Teil nach der beim Zuckerrohrbohrer beschriebenen Methode. Die Falter werden in Zuchtdosen mit Wachspapierstreifen gehalten und die mit Eiern belegten Pa-pierstückchen in feuchten Kammern (Abb. 33) aufbewahrt. Die nach 5 Tagen aus-schlüpfenden Räupchen füttert man mit jungen Reispflänzchen (ca. 10 cm hoch), die ihnen in feuchten Kammern vorge-setzt werden oder mit der für den Zucker-rohrbohrer beschriebenen künstlichen Diät. Nach der ersten oder zweiten Häu-tung lassen sich die Räupchen auch im bzw. mit frischem feuchtem Wurzeltep-pich von frisch gekeimtem Reis aufziehen.

6. *Schoenobiidae*, Binsenzünsler

Schlanke, mit langen Palpen, langen Bei-nen und rudimentärem Rüssel versehene Schmetterlinge. Raupen leben in Gräsern und Wasserpflanzen.
Für die Zucht der Stengel- und wurzel-bohrenden Binsenzünsler-Arten sei auf die bei *Crambus* sp. (Seite 230) beschriebene Methode verwiesen.

7. *Tortricidae*, Wickler

Kleine, mit kräftigem Körper ausgestat-tete Schmetterlinge, deren Vorderflügel am Vorderrand (Abb. 332) oft stark ge-krümmt sind. Die Flügel werden in Ruhe-stellung dachförmig getragen. Die Falter fliegen während der Dämmerung und nachts und legen ihre flachen, schildförmi-gen Eier auf Pflanzen. Die walzenförmigen Räupchen (Abb. 332) leben versponnen zwischen Blättern oder minieren in Früch-ten, Stengeln etc.

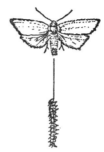

Abb. 332. Wickler.

Wickler, *Pandemis heparana* Schiff.
Kleinschmetterlinge mit ca. 25 mm Flügel-spannweite und bräunlichgelben, zimt-braunen bis dunkelrotbraunen, hellen quergewellten Vorderflügeln. Die Raupe frißt ab April an Blättern und Früchten von Apfelbäumen. Der Falter kann ab Juni in Obstanlagen mit der Lichtfalle (s. Seite 23) eingefangen werden.

Zuchttechnik und Futter
Für die Eiablage werden die Falter nach der Methode von MANI in Käfigen bei Temperaturen von 18–22 °C und 90–95 % RLF gehalten. Als Käfige verwendet man Nylongazekäfige (Abb. 333), deren Decke aus Holz oder Plexiglas besteht. In diese Decke bohrt man einige 2–3 cm weite Öffnungen, die mit Korken verschlossen werden, an deren Unterseite das Eiablage-substrat hängt: 30–40 cm lange, balg-förmig gefaltete Celluloseacetat-Streifen. Auf glatte, gefaltete Streifen werden keine Eier abgelegt. Als Futter erhalten die Weibchen 5%iges Honigwasser (Watte-bausch).
Die Eiablage beginnt nach einer 2–3tägi-gen Präovipositionsperiode. Die Eigelege werden täglich entnommen und in einer feuchten Kammer gehalten (Abb. 33). Nach

9–10 Tagen schlüpfen die Raupen aus, die bald auf 30–40 cm hohe Apfelstecklinge (im Gewächshaus herangezogen) umgesetzt werden. Äpfel der Sorte 'Jonathan' sind im Freiland und der Sorte 'Tobiäsler' in geschlossenen Räumen am besten geeignet. Um die Diapause bei den Raupen zu vermeiden, werden die Tiere einer 18stündigen Photoperiode bei 3000–5000 Lux ausgesetzt.

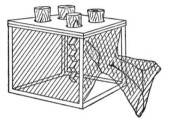

Abb. 333. Eiablagekäfig.

Als Zuchtkäfige für die Raupen eignen sich am besten kleine Plastikdosen (10 × 15 cm), deren Boden entfernt ist. In die Wandungen sind kleine, mit Gaze verschlossene Löcher gebohrt (Luftaustausch). Je nach Höhe der Apfelsämlinge werden mehrere dieser Dosen übereinander gesetzt, wobei die Pflanze sich inmitten des dadurch gebildeten Rohres befindet (Abb. 334). Diese Art Zuchtkäfig stellt eine Alternative zu

Abb. 334. Raupenkäfig.

den auf Seite 233 beschriebenen Zelluloidzylindern etc. dar.

Pro Steckling werden 5–10 Raupen aufgesetzt. Um der Pflanze die nötige Feuchtigkeit und Nahrung zu sichern, setzt man den Topf in eine mit Düngelösung halb gefüllte Büchse und zwar so, daß Lösung und Topf nur durch einen Docht verbunden sind (Abb. 334). Durch den Docht erhält die Pflanze die notwendige Nahrung. Eine Generation entwickelt sich innerhalb von 65–70 Tagen.

Für die Aufzucht einzelner Raupen auf Blättern oder Pflanzenteilen ist die von Mani entwickelte Zuchtdose gut geeignet (Abb. 335). Solche Dosen werden bevorzugt aus Kunststoff hergestellt. Ihr Durchmesser ist ca. 7 cm, in den Rand schneidet man zwei Öffnungen, die einerseits dem Luftaustausch, andererseits aber zum Einführen des Pflanzenteils dienen. Die eine Öffnung kann mit Gaze verschlossen werden, die andere muß mit Schaumgummi, der um das Pflanzenteil gewickelt wird, so abgedichtet werden, daß die Raupen nicht entweichen können. Sowie die Dose besetzt ist, macht man sie in der am besten geeigneten Lage an Holzstäbchen oder Bambusstäbchen fest.

Abb. 335. Dose für die Einzelaufzucht.

Nach diesen Methoden lassen sich verschiedene andere Wicklerraupen und eine große Anzahl anderer Lepidopterenraupen direkt auf eingetopften Pflanzen oder im Freien wachsenden Pflanzen heranziehen:

Heckenwickler, *Archips rosana* L., auf Blättern von Rosen, Zwetschgen, Liguster oder Geißblatt, der **Erbsenwickler,** *Laspeyresia (Grapholita) nigricana* F. in

Erbsenhülsen, der **Kiefernquirlwickler,** *Rhyacionia duplana* Hbn., der **Kieferntrieb-wickler,** *Rhyacionia buoliana* Den. et Schiff., der **Fichtentriebwickler,** *Parasyndemis histrionana* Froel., sowie zahlreiche andere Knospenwickler.

Auch Glasflügler, z.B. der **Johannisbeer-glasflügler,** *Synanthedon tipuliformis* Cl., sind auf diese Art züchtbar. Die Falter setzt man in einen aus mehreren solcher Dosen bestehenden Flugraum ein. Sie legen die Eier an den Knospen der Triebe ab. Bei 24°C und mehr als 80% RLF schlüpfen die Räupchen aus, die sich in die Triebknospen einbohren. Dann kann man den aus Dosen bestehenden Flugkäfig entfernen und die Pflanze unter den günstigsten Wachstumsbedingungen halten.

Die gleiche Methode ist auch anwendbar, wenn man aus mit Raupen oder Larven besetzten Trieben die Falter gewinnen will. Die feuchte Atmosphäre des Flugraumes bietet optimale Bedingungen, so daß beispielsweise keine Schwierigkeiten beim Ausschlüpfen der Falter auftreten (Vertrocknen der Falter an der Ausschlupfstelle).

Apfelwickler (Obstmade), *Laspeyresia (Carpocapsa) pomonella* L.

Der unauffällige, rindenbraune Falter kommt in allen Apfelanbaugebieten vor. Die flachen Eier werden hauptsächlich auf den Früchten und Blättern abgelegt. Nach wenigen Tagen schlüpfen die Raupen aus und bohren sich in die Früchte ein. Zur Verpuppung verlassen die inzwischen hellrot gefärbten ausgewachsenen Raupen die Früchte und kriechen in den Boden und auf den Stamm.

Die Falter fliegen im Mai während der Dämmerung und bei Nacht. Sie werden mit der Lichtfalle (s. Seite 23) eingefangen. Angelockt werden besonders Männchen und noch nicht legereife Weibchen. Das Verhältnis Weibchen : Männchen beträgt ca. 1 : 5.

Die Raupen können mit Fanggürteln (Abb. 10) eingesammelt werden. Zur Ver-

kürzung der Diapause setzt man die eingebrachten Raupen auf ca. 5 cm breites und 25–30 cm langes Wellpapier, das dann aufgerollt und in einem Glas aufgestellt wird. Die Raupen werden 8 Tage bei 20–24°C gehalten. Während dieser Zeitspanne spinnen sich die Tiere frisch ein. Dann setzt man die Gläser in ein Kühlfach bei 2–4°C (ca. 10–12 Wochen). Anschließend werden die Raupen in dem Wellpapier je 24 Stunden bei 18°C und nachher bei 24°C gehalten. Sodann legt man die Rollen 10 Minuten in Wasser von 24°C ein, läßt das Wasser abtropfen (abschütteln) und legt die noch nassen Rollen in einen Flugkäfig (Abb. 24) ein. Nach 12–14 Tagen schlüpfen die Falter.

Ausgewachsene Raupen können mehrere Monate im Kühlfach bei der angegebenen Temperatur gehalten werden. Nach 10 Monaten beträgt die Mortalität ca. 10%, erst nach 24 Monaten 70–80%.

Zuchttechnik und Futter

Falter: 30–40 cam langes und 15–20 cm weites Plastik- oder Zelluloidrohr (Abb. 336).

Raupen: Glasschalen oder Einmachgläser (1 l).

Temperatur 26–28°C, RLF 90–98%, Photoperiode: Falter permanent Dämmerlicht mit 5–20 Lux, Raupen: 18 Stunden/3000 bis 5000 Lux.

Das für die Falter als Zuchtkäfig dienende Rohr wird innen mit Wachs- oder Cellophanpapier ausgeschlagen, das an den Enden mindestens 2–3 cm herausragt, dann nach außen umgeschlagen und zusammen mit der als Verschluß dienenden Baumwollgaze festgebunden wird (Abb. 336).

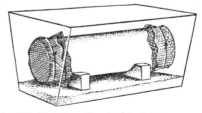

Abb. 336. Behälter für Apfelwickler.

Pro Zuchtgefäß werden 25 Zuchtpaare eingesetzt und mit 5–10%igem Honigwasser (Wattebausch) gefüttert. Bei den Zuchttemperaturen fängt das Honigwasser sehr schnell zu gären an und muß deshalb täglich ausgewechselt werden. Sofern der Zuchtraum nicht vollklimatisiert ist, ist es ratsam, das Zuchtgefäß in eine Wanne (Glas, Terrariengefäß) mit feuchten Sägespänen gemäß Abb. 336 einzulegen. Nach wenigen Tagen beginnen die Weibchen mit der Eiablage. Ein Weibchen legt unter den gegebenen Bedingungen ca. 75 Eier. Die optimale Eiablage erfolgt bei indirektem, diffusem Licht.

Die Eigelege werden zusammen mit dem Wachspapier täglich entnommen. Hierzu müssen die Falter durch einen Kälteschock (s. Seite 83) – Aufstellen des Zuchtgefäßes einige Minuten lang bei Temperaturen unter 0°C – inaktiviert werden. Dann können sie umgesetzt werden. Die Gelege schneidet man ohne sie abzulösen aus und legt sie zusammen mit der Unterlage in eine feuchte Kammer (Abb. 33). Nach ca. 5 Tagen schlüpfen die Jungraupen aus. Die Embryonalentwicklung kann verlangsamt werden, indem man die Eier bei Temperaturen um 15°C aufbewahrt. Eier im Rotringstadium (rote Verfärbung im Dotter) können 2–3 Wochen bei 6–8°C, also unter dem Entwicklungsnullpunkt von 11°C, gehalten werden. Die Entwicklung wird gestoppt, die Mortalität ist gering.

Die ausgeschlüpften Raupen werden mit kleinen, unreifen Äpfeln gefüttert. In einer Schale oder Wanne werden die Früchte dicht nebeneinander in Lagen eingelegt. Zwischen die einzelnen Lagen und Reihen der Früchte sowie auf den Boden legt man 2–3 cm breite Wellpapierstreifen (Abb. 337). Mit einem Haarpinsel wird jede Frucht (Apfel) mit einem Räupchen besetzt. Weisen die Früchte nach 48 Stunden keine Einbohrlöcher auf, so sind die Früchte mit neuen Räupchen zu besetzen. Die Zuchtgefäße werden dann mit Baumwollgaze zugebunden und bei 85–95% RLF aufgestellt. Nach ca. 3 Wochen ver-

lassen die Raupen die Früchte und verkriechen sich zur Verpuppung in den Wellpapierstreifen. Die Papierstreifen werden dann aufgerollt und in Gläsern mit befeuchtetem Gipsboden gehalten. Die bei den ausgewachsenen Raupen auftretende Diapause wird verhindert, indem man die Eier und Raupen (auch in den Früchten) einer Photoperiode von 18 Stunden bei 3000–5000 Lux aussetzt.

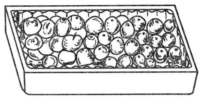

Abb. 337. Aufzucht vom Apfelwickler.

Präovipositionsperiode 3–4 Tage, Embryonalentwicklung 5 Tage, Entwicklung der Raupen 3 Wochen, Puppenruhe 7 Tage, Lebensdauer eines Weibchens: 6 Tage, Lebensdauer eines Männchens 5 Tage.

a) Naturfutter
Nußgroße Äpfel der Sorten: 'Jonathan', 'Golden Delicious', 'Champagner Reignette', 'Calville d'hiver' etc.
Zur Zeit des Junifalles oder beim Ausdünnen eingesammelte Früchte können zur Verfütterung vorher mehrere Monate bei 0–2°C gelagert werden. Ausgereifte Früchte, die in Kohlensäure-Zellen aufbewahrt wurden, sind ebenfalls zur Verfütterung geeignet, beanspruchen aber weit mehr Platz.

b) Synthetisches Futter
Die Aufzucht der Obstmaden auf synthetischem Futter ist möglich. Es werden einige verwendbare Mischungen und ihre Herstellung beschrieben, siehe Apfelwickler Diät Nr. 1–4, Seiten 235–236. Als Zuchtgefäße dienen 4–5 cm hohe und 30 × 30 cm messende Glas- oder Metallschalen. Die Futtermischung wird ca. 2 cm hoch eingefüllt. Um das Verderben durch Mikroorganismen (Verschimmeln) zu ver-

hindern, besprüht man die fertige Futtermischung oberflächlich mit 5%iger Nipagin- oder 2%iger Irgasan FP®-Lösung. Eine weitere Möglichkeit besteht darin, die Diät mit in 0,5- oder 1%iger alkoholischer Irgasan FP®-Lösung getränkter, weitmaschiger Baumwollgaze abzudecken. Das Verdampfen des Wassers aus dem Nährmedium verhindert man praktisch durch Besprühen der Oberfläche mit warmer Paraffinlösung. Die in der Entwicklung stark fortgeschrittenen Eigelege (1 Tag vor dem Schlüpfen) werden mit einer Stecknadel ca. ½ cm über der Futteroberfläche aufgestellt, wobei die Gelege auf der dem Futter zugekehrten Seite liegen müssen. Die Räupchen wandern dann an der Stecknadel entlang zu einer Futtermischung und bohren sich ein. Die Besatzdichte sollte 1 Raupe pro 2 cm² betragen. 21 Tage später verlassen die Raupen das Nährmedium. Als Versteck zur Verpuppung legt man auf das Futter einige Streifchen Wellpappe. Es empfiehlt sich, auch den vom Futter nicht bedeckten Teil der Zuchtschale oder -wanne mit Wellpapier auszukleiden. Die Einhaltung der Photoperiode ist hier wegen der möglichen Diapause ebenfalls dringend erforderlich. Als Verschluß der Zuchtgefäße verwendet man am besten desinfizierte Baumwollgaze.

Hier nun einige der zur Aufzucht der Obstmade geeigneten synthetischen Futtermischungen. Die Herstellung der Mischung ist auf Seite 41 genau beschrieben, deshalb wird hier nur die Zusammensetzung berücksichtigt.

Futtermischung 1 (nach BERGER):

Handwarmes dest. Wasser	1100	ml
22,5%-wäßrige Kalium- hydroxidlösung (Kalilauge)	18	ml
Casein, vitaminfrei	125	g
Traubenzucker	125	g
Weizenkeime, pulv.	90	g
Natriumalginat	10	g
Trockenhefe	50	g
Ascorbinsäure	15	g
Wessons Salz	25	g

Agarlösung, heiß (90 g Agar in 2200 ml Wasser)	2200	ml
Vitaminlösung (1)	6	ml
10%ige Cholinchloridlösung	36	ml
10%ige alkoholische Nipagin-Lösung	36	ml
Aureomycin	2 Kapseln	

(1) Zusammensetzung der Vitaminlösung vgl. Seite 42

Nicotinsäure	1200	mg
Calcium-pantothenat	1200	mg
Riboflavin	600	mg
α-Tocopherol	1400	mg
Thiamin-Hydrochlorid	300	mg
Pyridoxin-Hydrochlorid	300	mg
Folsäure	300	mg
Biotin	24	mg
Vitamin B_{12}	2,4	mg
ad 200 ml dest. Wasser		

Futtermischung 2 (nach BERGER, modifiziert):

Handwarmes dest. Wasser	1500	ml
22,5%-wäßrige Kalium- hydroxidlösung (Kalilauge)	20	ml
Apfelkerne	200	g
Traubenzucker	120	g
Magermilch	120	g
Cellulosepulver (Methylcellulose)	60	g
Trockenhefe	100	g
Wessons Salz	30	g
Ascorbinsäure	20	g
Cholinchlorid	2,5	g
Cholesterin	1,25	g
Leinöl	20	ml
Agarlösung, heiß (40 g Agar in 800 ml Wasser)	800	ml
WH-Lösung 2,5%, in Alkohol	6	ml

Futtermischung 3:

Wasser	650,0	ml
Papiercellulose, langfaserig	15	g
Sägemehl, nicht entfettet	80	g
Citronensäure	10	g
Zucker	30	g
Kleie	20	g
Vollweizenmehl	120	g
Weizenkeimmehl	16	g
Wessons Salz	6,8	g

Cholinchlorid	1	g
Vitaminmischung (1)	6,6	ml
Casein	30	g
Sonnenblumenöl	4	ml
α-Tocopherol	0,15	ml

(1) Vitamine (mg ad 100 ml Wasser)

Ascorbinsäure	550	mg
Niacin	1	mg
Calcium-pantothenat	1	mg
Riboflavin	0,5	mg
Thiamin	0,25	mg
Pyridoxin	0,25	mg
Folsäure	0,25	mg
Vitamin B_{12} (0,05%ig)	4	mg
Biotin	0,02	mg
Aureomycin	8,8	mg
Sorbinsäure	90	mg

Papiercellulose in Wasser aufweichen und zerkleinern. Übrige Substanzen hinzufügen und gut mischen.

Futtermischung 4 (nach ROCK):

Handwarmes Wasser	400	ml
Kaliumhydroxidlösung (siehe 1)	18	ml
Casein, vitaminfrei	40	g
Cystin	2	g
Glycin	2	g
Wessons Salz	4,5	g
Traubenzucker	50	g
Safflower-Öl	4	ml
Cholesterin	2	g
Ascorbinsäure	8	g
Vitaminlösung (1)	10	ml
Tween 80 (Emulgator)	3	ml

(1) Zusammensetzung der Vitaminlösung:

Folsäure	200	mg
Riboflavin	200	mg
Calcium-Pantothenat	400	mg
Pyridoxin-Hydrochlorid	600	mg
Thiamin-Hydrochlorid	120	mg
Nicotinsäure	1200	mg
Vitamin B_{12}	0,4	mg
Cholinchlorid	10	mg
Inositol	1000	mg
α-Tocopherol	1500	mg
	ad 100 ml Wasser	

Nach dem Homogenisieren wird unter ständigem Rühren 600 ml heiße Agarlösung (30 g Agar in 600 ml Wasser) beigegeben.

Einbindiger Traubenwickler (Heu- und Sauerwurm), *Eupoecilia (Conchylis) ambiguella* Hbn.

Der Wickler legt seine Eier in der Dämmerung an die Gescheine der Reben, die dann von den ausschlüpfenden Raupen zerfressen werden. Die Verpuppung erfolgt in den Ritzen und Spalten der Rebpfähle, in der Borke des Rebstockes oder in den oberen Bodenschichten. Als Sauerwürmer bezeichnet man die Raupen der 2. Generation, die im Juli erscheint. Für Zuchtzwecke wird der Falter im April–Mai mit Lichtfallen (s. Seite 23) eingefangen, die Raupen in den Herbstmonaten mit Fanggürteln (s. Seite 19) oder von den Gescheinen abgesammelt.

Zuchttechnik und Futter

Falter: Plexiglaszylinder (∅ 20 cm, Höhe 40 cm) Glasbehälter (60 × 40 × 40 cm).
Raupen: Glasschalen.
Temperatur 26 °C, RLF 85–90%.
Zuchttechnik siehe Apfelwickler.
Als Eiablagesubstrat verwendet man Cellophanpapier. Die ausschlüpfenden Raupen werden mit jungen Rebblättern oder Gescheinen gefüttert. Im Unterschied zu den Apfelwicklerraupen werden die des Traubenwicklers dunkel gehalten.
Präovipositionsperiode 2–4 Tage, Embryonalentwicklung 4 Tage, Larvalentwicklung 26–36 Tage.
Die Raupen können auf synthetischem Futter (geeignet ist Futtermischung 1 des Apfelwicklers) aufgezogen werden.

Nach der gleichen Methode kann der **Graue Lärchenwickler,** *Zeiraphera diniana* Guen., aufgezogen werden. Als Eiablagesubstrat müssen die Weibchen Lärchenzweige erhalten, denn nur bei direktem Kontakt mit diesen kommt es zur Eiablage. Die Raupen werden mit Lärchennadeln gefüttert.

Die Raupen der **Pflaumenwickler,** *Grapholitha (Laspeyresia) funebrana* Tr., sammelt man aus befallenen Früchten ein. Als Raupenfutter für frisch geschlüpfte Rau-

pen verwendet man grüne, aber fast ausgewachsene Zwetschgen. Die Aufzucht
mit synthetischen Futtermischungen ist
ebenfalls möglich. In Betracht kommt die
Futtermischung 1 des Apfelwicklers. Die
Entwicklungsdauer einer Generation auf
synthetischem Futter nimmt 6–7 Wochen
in Anspruch.

Eichenwickler, *Tortrix viridana* L.
Im Juni schwärmt dieser hellgrüne Falter
und legt die Eier auf Eichenzweigen ab.
Die Eier überwintern. Sowie die Eichen
austreiben, verlassen die jungen Raupen
das Ei und ernähren sich vom jungen
Eichenlaub. Für Zuchtzwecke können die
Falter in der 2. Junihälfte mit der Lichtfalle
gefangen oder aber die Raupen im Frühjahr von treibenden Eichen abgesammelt
werden.

Zuchttechnik und Futter
Zuchtkäfige und Zuchtbedingungen sind
die gleichen wie beim Apfelwickler. Die
Photoperiode beträgt 16 Stunden bei
2500–3000 Lux und 8 Stunden unter diffusem Licht bei ca. 5–10 Lux.
Als Eiablagesubstrat legt man den Faltern
einige Eichentriebe in den Käfig. Die mit
Eiern belegten Zweige werden täglich
entnommen, durch neue ersetzt und bis
zum Ausschlüpfen der Raupen in feuchten
Kammern (Abb.33) aufbewahrt. Es ist
ratsam, die Triebe in ca. 5 cm lange Stücke
zu schneiden und so aufzubewahren. Für
die Aufzucht der Raupen verwendet man
einerseits Eichenlaub, das täglich erneuert
werden muß, andererseits sind auch mit
synthetischen oder halbsynthetischen Futtermischungen gute Erfolge erzielt worden.
Für die Aufzucht der Raupen auf Naturfutter verwendet man die für den Baumwollwurm beschriebene Methode (s. Seite
264).
Präovipositionsperiode 4–5 Tage, Embryonalentwicklung 5 Tage.
Im folgenden ist die Zusammensetzung
einer für die Raupenaufzucht des Eichen-

wicklers geeigneten halbsynthetischen Futtermischung genannt. Über die Herstellung von synthetischen Futtermischungen
s. Seite 41.

Wasser	1000	ml
Agar	24	g
Traubenzucker	40	g
Casein, vitaminfrei	40	g
Cholesterin	4	g
Cholinchlorid	0,4	g
Wessons Salz	6,5	g
Trockenhefe	28	g
pulv. Eichenlaub (junge Blätter)	45	g
Nipagin-Wirkstoff	2,5	g
Sorbinsäure	2,5	g

Außerdem ist die Futtermischung 1 des
Apfelwicklers auch für den Eichenwickler
geeignet. Der Weizenkeimanteil wird durch
75 g pulverisiertes Eichenlaub ersetzt. Das
synthetische Futter wird in Scheiben geschnitten (2 cm ⌀, 5 mm Dicke) und den
Tieren auf einem Objektträger vorgesetzt.
Man kann aber auch die Raupen direkt auf
das in Bechern befindliche Futter setzen,
muß ihnen aber durch eingesteckte Öl-
papierscheiben einen Sitzplatz schaffen.
Genauere Angaben zur Herstellung der
synthetischen Futtermischungen s. Seite
41.

Nach der gleichen Methode kann auch der
Nelkenwickler, *Cacoecimorpha (Tortrix)*
pronubana Hbn. aufgezogen werden. Als
Futterpflanze verwendet man blühende
Nelken. Bei 25 °C, 70–80 % RLF und einer
Photoperiode von 18 Stunden/2000 Lux
gibt Hass für die Gesamtentwicklung auf
Naturfutter folgende Daten an:

Embryonalentwicklung	8 Tage
Larvalentwicklung	13,3 Tage
Puppenruhe	7,3 Tage
Gesamtentwicklung	28,6 Tage

8. *Glyphipterygidae*, Rundstirnmotten

Den Wicklern ähnlich sehende Kleinschmetterlinge, aber mit großem Kopf,
auffallend beschuppten Fühlern, großen

Nebenaugen und Mittelspornen an den Hinterschienen. Die Falter wippen in Ruhestellung mit den Flügeln. Eiablage auf verschiedene Pflanzenteile, in denen sich auch die Raupen entwickeln.
Zuchtmethoden siehe *Tortricidae*, Wickler.

9. *Ochsenheimeriidae*, Bohrmotten

Kleine, 10–12 mm lange, plumpe und schmalflügelige Falter mit behaartem Kopf und durch Schuppen verdickte Fühler. Die Flügel werden dachförmig getragen und die Hinterflügel sind an der Basis unbeschuppt. Die Hinterschienen tragen 2 Spornenpaare und der Hinterleib weist seitliche Haarbüschel auf. Raupen leben in Stengeln verschiedener Gramineen.
Zuchtmethoden siehe Maisstengelbohrer.

10. *Pterophoridae*, Federmotten

Kleinschmetterlinge, deren Vorder- und Hinterflügel in 2 bzw. 3 Federn gespalten sind. Die Flügel sind in Ruhestellung gefaltet und stehen rechtwinklig vom Körper ab. Die aus den länglich bis runden Eiern schlüpfenden Räupchen entwickeln sich in und auf verschiedenen Pflanzen.
Zuchtmethoden siehe *Pyraustidae*, Getreidezünsler.

11. *Orneodidae*, Geistchen

Den Federmotten sehr ähnlich sehende Kleinschmetterlinge, deren Vorder- und Hinterflügel in je 6 Federn gespalten sind. Raupen in und auf verschiedenen Pflanzen.

12. *Gelechiidae*, Palpenmotten, Tastermotten

Der Kopf dieser Kleinschmetterlinge hat sehr lange, aufgebogene, über den Scheitel ragende Palpen. Die Vorderflügel sind schmal, die Hinterflügel breit, wobei deren Fransen nicht länger sind als die halbe Flügelbreite. Die Raupen finden sich in und auf verschiedenen Pflanzen (Minen, Gallen).

Kartoffelmotte, *Phthorimaea operculella* Zell.
Diese Palpenmotte findet man in den tropischen und subtropischen Gebieten Afrikas, Amerikas und Asiens insbesondere auf Tabak. Die Eiablage erfolgt hauptsächlich auf Lagerkartoffeln. Die Raupen bohren sich in die Frucht ein und fressen unter der Schale Gänge. Im Freien findet man die Raupen meist an der Stengelbasis von Tabak, deren Verdickung dann auf den Raupenbefall hinweist. Für Zuchtzwecke fordert man am besten die Raupen bei Versuchsstationen an.

Zuchttechnik und Futter
Raupen: Glasgefäß (s. Wachsmotte) oder in Saatschalen kultivierte Tabakpflanzen. Falter: Flugkäfig (Abb. 370).
Temperatur 28–30 °C, RLF 70–80 %, Photoperiode 16 Stunden/2000 Lux, 8 Stunden indirektes diffuses Licht.
In den Flugkäfig stellt man als Eiablagesubstrat junge Kartoffeln dicht nebeneinander in einer Glasschale ein. Dann setzt man die Falter in den Käfig und füttert sie mit 10 %igem Honigwasser mit einer Dochttränke (Abb. 50). Die mit Eiern belegten Kartoffeln werden jeden 2. Tag entnommen und in das Zuchtglas, das man mit Filterpapier auskleidet, gelegt. Die ausgeschlüpften Raupen bohren sich in die Kartoffel ein, fressen unmittelbar unter der Schale Gänge, in denen sie sich auch verpuppen. Außerdem können sie sich auch außerhalb in der Filterpapierauskleidung verpuppen.
Für die Aufzucht der Raupen auf Tabak werden vorher Tabaksetzlinge in Saatschalen herangezogen. Die Eier werden dann von der Kartoffel auf den Stengel im Bereich der unteren Blattstiele übertragen. Die Raupen bohren sich in den Stengel ein und verlassen ihn erst zur Verpuppung in der Erde. Sollen die Motten die Eier direkt auf die Tabakpflanzen ablegen, so stellt man die Tabaksetzlinge in den Flugkäfig.
Embryonalentwicklung 3–4 Tage, Raupenentwicklung 20–25 Tage, Puppenruhe 8 bis 10 Tage.

Getreide- oder Kornmotte, *Sitotroga cerealella* Ol.

Man verwendet die für die Wachsmotte beschriebene Zuchttechnik. Der kosmopolitische Kleinschmetterling ist in Mühlen und Getreidelagern zu finden. Der Falter legt seine Eier an die Getreidekörner, in die sich die Raupen dann einbohren. Zur Aufzucht der Raupen eignet sich Winterweizen am besten. Der Weizen wird zuerst bis zur Gewichtskonstanz getrocknet (s. Seite 206), dann pro Kilo Körner mit 100 ml Wasser allseitig benetzt und anschließend wiederum 3–5 Stunden bei 60–70°C getrocknet. Für 100 Getreidemotten braucht man ca. 500 g Weizenkörner.

Präovipositionsperiode 1 Tag, Embryonalentwicklung 4 Tage, Raupenentwicklung 25–28 Tage, Puppenruhe 6–8 Tage.

Roter Baumwollkapselwurm, *Pectinophora gossypiella* Saund. (engl. Pink bollworm)

Die Aufzucht erfolgt nach der bei *Heliothis* beschriebenen Methode. Dazu verwendet man in den USA schon seit geraumer Zeit synthetisches Futter. Da der Falter ein wichtiger Schädling der Baumwolle ist, hat man seine Lebensweise gut untersucht und eine Anzahl synthetischer Futtermischungen entwickelt. Hier sei die von ADKINSON et al. verwendete Mischung beschrieben.

Casein, vitaminfrei	50,0 g
Cystein-Hydrochlorid	1,0 g
Glycin	1,5 g
Glucose	50,0 g
Wessons Salz (s. Seite 42)	12,0 g
Cholesterin	0,5 g
Maisöl	2,5 g
α-Tocopherol	0,1 g
Cholinchlorid	1,0 g
Cellulose	40,0 g
Natriumalginat	5,0 g
Vitaminlösung (s. Seite 42)	10,0 ml
WH-Lösung (s. Seite 42)	10,0 ml
Agar	30,0 g
Wasser	800,0 ml

Zubereitung siehe synthetische Standard-Futtermischung, Seite 41.

13. *Heliodinidae*, Sonnenmotten

Kleinschmetterlinge mit kurzgliedrigen Fühlern und kurzen, mit längerem Endglied versehenen Palpen. Die Vorderflügel sind gestreckt, die Hinterflügel lanzettförmig. Raupen minieren oder leben auf niedrigwüchsigen Pflanzen.

14. *Momphidae*, Fransenmotten

Die Fransenmotten fallen auf durch lange, aufgebogene und gespreizte Palpen und schmal zugespitzte Hinterflügel mit langen Fransen. Die Eiablage erfolgt auf verschiedene niedrigwüchsige Pflanzen, auf oder in welchen die Raupen sich entwickeln (z.B. Apfelmarkschabe, *Blastodacna atra* Haw.).

15. *Coleophoridae (Eupistidae)*, Sackträgermotten

Kleine bis mittelgroße Falter, die ihre Fühler und Palpen in Ruhestellung meist nach vorne ausstrecken. Die Vorderflügel sind gestreckt, die Hinterflügel schmal und lanzettenförmig. Die Weibchen mit vortretender Legeröhre, die Männchen mit Afterbusch. Eiablage auf Blätter und Stengel verschiedenster Pflanzen. Die 16füßigen Raupen leben in einem Sack, den sie aus abgebissenen Blattstückchen oder anderem pflanzlichem Material anfertigen. (Nicht verwechseln mit den Sackträgern, *Psychidae*.)

16. *Gracilariidae*, Blattütenmotten, Miniermotten

Diese Kleinschmetterlinge mit 8–12 mm Spannweite richten ihren Vorderkörper in Ruhestellung auf und tragen die Flügel dachförmig. Die Hinterflügel sind schmal zugespitzt. Eiablage meist auf Blättern, in denen die Räupchen minieren. Puppen in Gespinsten auf der Blattunterseite.

Buchenminiermotte, *Lithocolletis faginella* Zell.

Die kleine Miniermotte legt die Eier auf die Blätter der Rotbuche im Mai–Juni. Die Raupen minieren zwischen den Seitenrippen dicht am Hauptnerv. Für Zuchtzwecke sammelt man die befallenen Buchenblätter und Äste ein.

Zuchttechnik und Futter

Zuchtkäfig (Abb. 338). Temperatur 24°C, RLF mehr als 90%.

Photoperiode 16 Stunden/2000 Lux.

Die eingesammelten Buchenzweige werden durch eine Gipsplatte hindurch in Knopsche Nährlösung gestellt und mit einem Zelluloidzylinder gemäß Abb. 338 abgedeckt. Zur Erhaltung der Luftfeuchtigkeit muß die Gipsplatte ständig feucht gehalten werden, was am besten durch in die Gipsplatte eingegossene mit einem Wasserreservoir verbundene Dochte erreicht wird (Abb. 338). Nach 16 Tagen sind die Raupen ausgewachsen und verpuppen sich sofort auf der Blattunterseite in einem Kokon. Die Puppenruhe dauert 6 Tage. Die jungen Falter werden mit 5%igem Honigwasser gefüttert (Dochttränke, Abb. 50). Nach der 4tägigen Präovipositionsperiode werden die Eier einzeln auf die Unterseite gesunder Buchenblätter gelegt.

17. *Oinophilidae*, Weinmotten

Kleine, eine Spannweite von ca. 10 mm erreichende, flache Schmetterlinge, deren Kopf zwischen den Fühlern glatt und anliegend beschuppt, darunter und darüber abstehend behaart ist. Die Raupen fressen verrottendes Pflanzenmaterial oder Pilze. Zuchtmethode siehe Korkmotte.

18. *Phyllocnistidae*, Saftschlürfermotten, Schneckenmotten

Die Fühler der kleinen Falter sind kürzer als die leicht eckig ausgezogenen Vorderflügel, und die Palpen sind lang. Raupen schneckenähnlich, d.h. fußlos, in Blattminen.

19. *Lyonetiidae*, Langhorn-Blattminiermotten

Sehr kleine Falter (6–12 mm Spannweite) mit aufgerichteten Haaren auf dem Hinterkopf, langen und dünnen Fühlern und lanzettenförmigen Flügeln (Abb. 339a). Die Flügel werden in Ruhestellung dach-

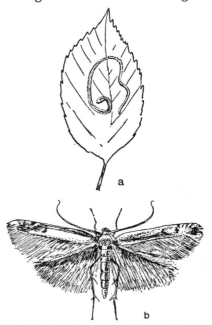

Abb. 339. Langhorn- oder Blattminiermotte.

Abb. 338. Käfig zur Zucht der Buchenminiermotte.

förmig gehalten. Raupen leben in Minen (Abb. 339 b) oder zwischen zusammengesponnenen Blättern.

Obstbaumminiermotte, *Lyonetia clerkella* L.

Dieser auch als Schlangenminiermotte bekannte Kleinschmetterling legt die Eier auf den Blattunterseiten von Laubbäumen ab. Die glasiggrünen Raupen fressen zuerst eine entlang der Mittelrippe und dann schlangenförmig über das Blatt wieder zur Mittelrippe führende Mine. Sie verpuppen sich auf der Unterseite der Blätter in einem an Fäden befestigten Gespinst.
Für Zuchtzwecke sammelt man mit Minen und Raupen versehene Blätter von Obstbäumen ein. Die für die Buchenminiermotte beschriebene Methode kann für diesen Falter angewendet werden. Als Futter ist junges Apfellaub am besten geeignet.

20. *Cemiostomidae*, Glattkopf-Blattminiermotten

Diese Kleinschmetterlinge ähneln den Langhorn-Blattminiermotten. Der Kopf ist glatt beschuppt und die Fühler weisen Augendeckel auf. Die Raupen minieren in Blättern verschiedener Pflanzen.

21. *Elachistidae*, Grasminiermotten

Die Motten tragen ihre breiten, lanzettförmigen Vorderflügel und die kleinen zugespitzten Hinterflügel in Ruhestellung dachförmig über dem Körper. Die Männchen tragen am Hinterleibsende einen Afterbusch. Der Kopf der Falter ist anliegend beschuppt oder behaart. Die larvalen Stadien minieren in Gramineen. Zuchtmethode siehe Maisstengelbohrer.

22. *Scythridiidae*

Kleinschmetterlinge mit geschwungener Vorderflügelspitze und lanzettförmig zugespitztem Hinterflügel. Palpen meist lang und aufgebogen (wie bei Gelechiiden). Die Männchen tragen an den Hinterleibs-

spitzen einen Afterbusch. Raupen an verschiedenen Pflanzen fressend.

23. *Hyponomeutidae (Yponomeutidae)*, Gespinstmotten

Die Vorderflügel dieser Kleinschmetterlinge sind lang und schmal und werden in Ruhestellung dachförmig getragen. Die langen und dünnen Fühler sind vorn über den Augen eingelenkt. Eiablage auf Rinde verschiedener Pflanzen. Die Raupen minieren in den ersten Entwicklungsstadien, später leben sie gesellig in Gespinsten. Verursachen oft Kahlfraß.

Pflaumengespinstmotte, *Hyponomeuta padellus* L.

Die Motte mit ihren schneeweißen und fein schwarz gepunkteten Vorderflügeln fliegt im Juli und August. Sie legt die Eier an dünne Zweige verschiedener Obstbäume und Schlehen. Die Räupchen schlüpfen im Herbst, überwintern unter der Hüllschicht des Eispiegels und fressen im folgenden Frühjahr in Knospen und minieren in Blättern. Später leben sie in faustgroßen Gespinsten.
Die Zucht dieser Gespinstmotte erfolgt im Prinzip nach der beim Apfelwickler beschriebenen Methode, wobei der Flugraum größer zu wählen ist. Von Wichtigkeit ist dabei die Beschaffenheit der Zweige und Triebe, deren Qualität für die Eiablage jeweils ermittelt werden muß. Die Eier sind einem Kälteschock (6–8 °C während 4 Wochen) auszusetzen.
Die Aufzucht der Räupchen mit einer halbsynthetischen Diät ist nach der 2. Häutung teilweise möglich. Als Futtermedium verwendet man die beim Apfelwickler beschriebene Mischung 1, wobei deren Gehalt an Weizenkeimen durch pulverisiertes Blattmaterial von Schlehen ersetzt wird.
Unter normalen klimatischen Bedingungen setzt man die Eigelege frei aus und überwintert sie. Die Eiablage der Falter auf Triebe und Zweige im Freien erfolgt am besten, wenn man einige Pärchen direkt in den Freilandkäfig (Abb. 30 und 31) einsetzt.

24. *Argyresthiidae*, Silbermotten

Diese Familie steht den Gespinstmotten nahe. Die Fühler sind ³/₄ so lang wie die lanzettenförmigen Vorderflügel.

Kirschblütenmotte, *Argyresthia ephippiella* F.

Für die Aufzucht der Raupen und Falter sammelt man Kirschenblüten, deren Blumenblätter Löcher und im Inneren feine Kotkrümel mit Gespinst vermischt aufweisen. Die Räupchen sind bräunlichgrün. Die befallenen Blüten legt man auf eine 5–7 cm dicke und feuchte Erdschicht eines Behälters mit feuchter Gipsunterlage (vgl. Abb. 149). Die ausgewachsenen, 6–8 mm langen Raupen verlassen die Blüten und verpuppen sich zwischen den Erdkrümeln. Bei 20–22 °C dauert die Puppenruhe 2–3 Wochen. Die Weibchen legen die Eier in Rindenritzen der Kirschzweige, die man ihnen in den Flugkäfig (Abb. 336 oder 409) stellt. Die Eier durchlaufen eine Diapause (vgl. Seite 83).

25. *Plutellidae*, Schleiermotten

Kleinschmetterlinge, ähnlich denjenigen der Gespinstmotten. Ihre Fühler halten sie in Ruhestellung nach vorne. Die Raupen leben auf verschiedenen niederen Pflanzen.

Kohlmotte, Kohlschabe, *Plutella xylostella* L. (*P. maculipennis* Curtis)

Die Zucht der Motte ist nach der beim Kohlweißling beschriebenen Methode möglich. Die Falter hält man bei 26 °C, einer RLF von 85–90 % und bei diffuser Beleuchtung. Für die Eiablage stellt man eingetopfte Kohlsetzlinge oder in Wasser eingestellte Kohlblätter in den Flugkäfig. Den verpuppungsreifen Räupchen, die mitsamt den zerfressenen Blättern in Glasschalen gelegt werden, dient eine 2–3 cm hohe feuchte Erd- oder Sägemehlschicht als Verpuppungsort. Die Entwicklungsdauer einer Generation beträgt ca. 30 Tage. Ein Weibchen legt unter diesen Zuchtbedingungen ca. 150 Eier.

26. *Orthoteliidae*, Schilfwickler

Die Vorderflügel dieser Kleinschmetterlinge sind breit, die Hinterflügelspitze leicht vorgezogen. Die Palpen der Tiere sind lang, dünn und aufgebogen und die Fühler ziemlich lang. Raupen leben in und an Wasserpflanzen.
Zuchtmethode siehe Schilfeule.

27. *Acrolepiidae*, Halbmotten

Den Wicklern sehr ähnliche Kleinschmetterlinge mit kleinem Kopf und langen, dünnen Fühlern, deren Basalglied verdickt ist. Die Raupen minieren oder leben frei in oder auf verschiedenen Pflanzen.

Lauchmotte, *Acrolepia assectella* Zell.

Die gelblichweißen bis grünen Raupen dieses Kleinschmetterlings fressen im Herzen der Lauchpflanze und verpuppen sich in netzartigen bräunlichen Gespinsten auf den Lauchblättern. Von Mai bis September erscheinen zwei Generationen der grauen Falter. Für Zuchtzwecke sammelt man Lauchpflanzen mit abgestorbenen Herzblättern oder aber gleich direkt die Puppen ein.

Zuchttechnik und Futter
a) Flugkäfig (Abb. 336).
b) Saatschalen oder Petrischalen.

Temperatur 26 °C, RLF 80–85 %, Photoperiode der Larven 16 Stunden/1000 Lux. Die Aufzucht dieses Falters erfolgt im allgemeinen nach der für den Apfelwickler beschriebenen Methode. Als Eiablagesubstrat erhalten die Tiere Zwiebel- oder Lauchblätter. Damit die Blätter mindestens 24 Stunden frisch bleiben, stellt man sie in kleine, mit Wasser gefüllte Glasröhrchen ein. Die mit Eiern belegten Blätter werden täglich gegen frische ausgewechselt, die belegten Blätter in 5–7 cm lange Stücke geschnitten in einer feuchten Kammer (Abb. 33) aufbewahrt. Die ausgeschlüpften Raupen werden auf 20–25 cm hohe Zwiebel- oder Lauchsetzlinge (pro Pflanze

2 Raupen) gesetzt. Die mit Puppen besetzten Blatteile werden dann ausgeschnitten und in einer feuchten Kammer aufbewahrt.
Die Raupen können auch mit einem synthetischen Futter aufgezogen werden. Hierzu setzt man 25 Raupen in einen 200 ml fassenden und 2 cm hoch mit Futtermischung gefüllten Plastikbecher. Als Futtermischung verwendet man die für den Maisstengelbohrer beschriebene Diät, wobei man aber das Luzernemehl durch getrocknete und pulverisierte Lauchblätter ersetzt.
Embryonalentwicklung 4 Tage, Larvalentwicklung 24 Tage, Puppenruhe 8 Tage.

28. Tineidae, Echte Motten

Kleinschmetterlinge mit abstehender Kopfbehaarung und fadenförmigen, die Spitze der Vorderflügel nicht erreichenden, oft bewimperten Fühlern. Die dünnen, kurzen und hängenden Palpen tragen Borsten oder Haare am Mittelglied. Die Vorderflügel sind gestreckt, oft zugespitzt und die Hinterflügel eher breit und mit Saum. Raupen auf tierischen oder pflanzlichen Substraten.

Abb. 340. Kleidermotte.

Kleidermotte, *Tineola biselliella* Hummel
Die gold- bis ockergelbe kosmopolitische Motte legt die Eier auf keratinhaltigem Material ab, zum Beispiel auf Wolle, Federn, Tierhaaren, toten Insekten etc. Die elfenbeinfarbige Raupe fertigt sog. Fraßröhren an, in denen sie sich dann ver-

puppt. Für Zuchtzwecke können die Raupen von befallenen Textilien abgesammelt werden.

Zuchttechnik und Futter
Glasgefäß mit Metalldeckel, der eine mit feiner Metallgaze überzogene Öffnung hat. Temperatur 24 °C, RLF 65 %.
Als Futtersubstrat verwendet man entweder rohe, nicht entfettete Schafwolle, die mit einer 2 %igen Hefesuspension imprägniert und anschließend bei 40 °C getrocknet wurde, oder Wollflanellstücke sowie ungereinigte Hühner- oder Entenfedern. Die Flanellstücke werden mit Pferdeurin imprägniert und anschließend bei 40 °C getrocknet.
20–30 Motten werden mit einem Exhaustor (Abb.9) in ein 1 Liter großes Glas gesetzt. Die Tiere belegen das Einlagematerial mit Eiern. Nach 8 Tagen schlüpfen die Raupen aus, die sich während der 4–5wöchigen Entwicklung 6–7mal häuten. Die Raupen verpuppen sich in einem aus den Exkrementen und zerkautem Keratinmaterial hergestellten Kokon. Nach 8–10 Tagen schlüpfen die jungen Motten aus, die nach einer nur wenige Stunden dauernden Präovipositionsperiode mit der Eiablage beginnen.

Die Aufzucht der **Tapetenmotte,** *Trichophaga tapetiella* L. erfolgt in gleicher Weise unter den gleichen Bedingungen.
Präovipositionsperiode 2–3 Tage, Embryonalentwicklung 8 Tage, Entwicklung der Raupe 10–12 Wochen mit 8–9 Häutungen, Puppenruhe 8–10 Tage.
Auch die Aufzucht der folgenden Kleinschmetterlinge ist nach der für die Kleidermotte beschriebenen Technik möglich:

Schleusenmotte, Korkmotte, *Nemapogon cloacellus* Haw.
Dieser Kleinschmetterling liebt die Feuchtigkeit. Aus diesem Grunde muß sein Zuchtgefäß in Räumen mit hoher Luftfeuchtigkeit aufgestellt werden. Der Falter legt die Eier an Kork, Schwämme, faulendes Holz. Bohrmehlhütchen auf Flaschen-

korken weisen auf die Anwesenheit der Korkmotte hin. Das Zuchtglas wird mit präpariertem Korkschrot 2–3 cm hoch gefüllt. Hierfür wird das Korkschrot in eine wäßrige Suspension aus 2 Teilen Trockenhefe, 10 Teilen Rohrzucker, 1 Teil Gummi arabicum in 100 Teilen Wasser 2–3 Stunden eingelegt und anschließend an der Luft getrocknet. Die Falter legen die Eier lose zwischen das Futter, von dem sich die Raupen ernähren. Die Verpuppung erfolgt auf dem mit dichtem Pilzmyzel überwachsenen Korkschrot.

Embryonalentwicklung 6 Tage, Raupenentwicklung 12–14 Wochen mit 6–8 Häutungen, Puppenruhe 12 Tage.

Kornmotte, Weißer Kornwurm, *Nemapogon granellus* L.

Dieser silbrig glänzende Kleinschmetterling kann in Getreidelagern mit der Lichtfalle gefangen werden. Die Raupen verspinnen die Getreidekörner zu einem Klumpen (Kloß). Als Futtersubstrat verwendet man eine 1:1:1-Mischung von gebrochenem Roggen, Vollmehl und Maisgrieß. Die Entwicklung einer Generation dauert unter den gegebenen Zuchtbedingungen ca. 15 Wochen.

Zuchttechnik siehe Mehlmotte.

29. *Monopidae*, Wollkopfmotten

Kleinschmetterlinge mit dichter, wolliger Kopfbehaarung, kurzen, am Mittelglied behaarten Palpen und die Vorderflügelspitze nicht erreichenden, kurzgliedrigen Fühlern. Die gestreckten Vorderflügel zeigen oft durchsichtige Flecken im Mittelfeld. Die Raupen leben u.a. in Vogelnestern.

Zuchtmethode siehe Kleidermotte (Futtersubstrat: Federn).

30. *Incurvariidae*, Miniersackmotten

Bei den Vertretern dieser Familie finden sich auf den etwas ovalen, breiten, an der Spitze gerundeten Flügeln nebst Schuppen auch Stacheln. Die Hinterflügel tragen Fransen und sind meist breit eiförmig. Der Kopf ist abstehend behaart und die dünnen Fühler sind oft länger als die Vorderflügel. Die Raupen leben in selbstgefertigten, oft beiderseits offenen Säckchen, die sie aus Pflanzenmaterial verfertigen. Sie ernähren sich phytophag.

Zuchtmethode siehe auch Sackträger *(Psychidae)*.

31. *Tischeriidae*, Schopfstirnmotten

Flügel mit Schuppen und Stacheln versehen; die Vorderflügel ziemlich spitz. Der Kopf trägt aufgerichtete und breite Schuppen und lange, am Basalglied mit Haarbüscheln versehene Fühler. Die Palpen mit Haarschuppen, die bei den Männchen lang und borstig bewimpert sind. Räupchen minieren in verschiedenen Pflanzenblättern.

Zuchtmethode siehe Buchenminiermotte.

32. *Heliozelidae*, Erzglanzmotten

Nur sehr kleine, zarte Schmetterlinge, deren fadenförmige Fühler 1/2–2/3 so lang sind wie die spitzen, lanzettförmigen, mit Schuppen und Stacheln besetzten Flügel. Das Endglied der Palpen ist so lang oder länger als das Mittlere. Die Räupchen minieren im Pflanzengewebe.

Zuchtmethode siehe Buchenminiermotte.

33. *Stigmellidae (Nepticulidae)*, Zwergmotten

Sehr kleine, meist nur 3–5 mm lange Schmetterlinge mit abstehender Kopfbehaarung und Flügeln, die mit Schuppen und Stacheln besetzt sind. Die Fühler sind kürzer als die Vorderflügel und haben Augendeckel. Die Räupchen minieren in pflanzlichem Gewebe.

Zuchtmethode siehe Obstbaumminiermotte oder Buchenminiermotte.

34. *Eriocraniidae*, Trugmotten

Kleinschmetterlinge mit gleichem Geäder der mit Schuppen und Stacheln versehenen Vorder- und Hinterflügel. Die Gliederscheiden der Palpen sind frei und der Kopf abstehend wollig behaart. Die Glieder der

Fühler sind länger als breit. Eiablage in Pflanzengewebe. Räupchen minieren in Blättern. Die Puppen zeigen frei bewegliche Extremitäten.
Zuchtmethode siehe Buchenminiermotte.

35. *Micropterigidae*, Urmotten

Das Geäder der Vorder- und Hinterflügel, die mit Schuppen und Stacheln besetzt sind, ist gleich und die Palpen zeigen freie Gliederscheiden. Der Kopf ist dicht wollig behaart, die Mandibeln deutlich gezähnt. Die Fühlerglieder sind kürzer als breit. Eiablage in Pflanzengewebe. Die Raupen leben frei und die Puppen haben freie, bewegliche Extremitäten.

36. *Hepialidae*, Wurzelbohrer

Falter mit langen und schmalen Flügeln, fadenförmigen Fühlern, kleinen Palpen und kurz und zottig behaarten Beinen. Kopf und Brust sind wollig behaart. Der Hinterleib ist lang. Die weißgrauen nackten, schlanken Raupen bohren in Wurzeln verschiedener Pflanzen.

Malvenwurzelspinner, *Hepialus sylvina* L. Der rötlichgelb-braune bis braungraue Falter erscheint im Juni und legt die Eier an den Wurzelhals niederer Pflanzen, z.B. Wegerich, Ampfer, Kopfsalat und Endivien ab. Die gelblich weißen Raupen mit den rotbraunen Wärzchen auf dem Rücken bohren zuerst vertikale und dann horizontale Gänge in die Wurzeln.

Zuchttechnik und Futter
Paraffinierte Kartondosen mit feuchter bis nasser Gipseinlage, Gazedeckelverschluß. Eternitsaatschalen.
Temperatur 26°C, RLF 90–95%, Photoperiode 16 Stunden/2000 Lux.
Pro Zuchtkäfig setzt man 5 Falterpaare ein und füttert sie mit 5–10%igem Honigwasser (Dochttränke, Abb. 50). Als Eiablagesubstrat werden 3–4 cm lange Filterpapierröllchen waagerecht auf den Gipsboden gelegt. Die im Inneren mit Eigelegen versehenen Röllchen werden bis zum Ausschlüpfen der Raupen in feuchten Kammern (Abb. 33) gehalten. Dann setzt man die Tiere auf in Saatschalen gezogenen Kopfsalat oder auf Endivien um (Wurzelhalsdicke ca. 1 cm). Man bohrt mit dem Finger ein 2–3 cm tiefes Loch in die Erde, setzt pro Loch zwei Raupen ein und deckt sie mit Erde zu. Je nach Größe der Salatpflanzen kann es besonders bei jungen Pflanzen notwendig werden, gleichzeitig mit den Raupen frische Salatsetzlinge dicht neben die herangezogenen Salatpflanzen zu setzen. Anstelle von Salatpflanzen können die Raupen auch Salatwurzelstücke, abgedeckt mit feuchtem Zonolith, erhalten. Da die Haltbarkeit der Wurzeln beschränkt ist, müssen sie häufig ausgewechselt werden.
Präovipositionsperiode 5 Tage, Embryonalentwicklung 7 Tage, Raupenentwicklung 4–5 Wochen, Puppenruhe 14 Tage.

Nach der gleichen Methode kann auch der **Hopfenwurzelspinner,** *Hepialus humuli* L., gezüchtet werden. Als Futter verwendet man Löwenzahnwurzeln, Karotten.

37. *Cossidae*, Holzbohrer

Mittelgroße, plumpe Schmetterlinge (Abb. 341a) mit behaartem, kräftigem oder aber langem und schlankem Hinterleib. Die nackten Raupen (Abb. 341b) nur mit einzelnen Borsten besetzt, leben bohrend im Holz oder in Stengeln verschiedener Pflanzen.

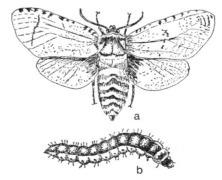

Abb. 341. Holzbohrer (nach Lampert).

Weidenbohrer, *Cossus cossus* L.

Das Weibchen legt die Eier im Juli–August in die Rindenritzen der unteren Stammpartien von Weiden, Pappeln, Ulmen und Obstbäumen. Die fleischfarbenen, auf der Unterseite gelblichen Raupen leben zuerst gesellig in den Fraßhöhlen unter der Rinde und bohren sich im 2. Jahr in das Stammholz ein. Die ausgewachsene, ca. 8 cm große Raupe verpuppt sich im 3. Jahr nahe der Stammbasis in einem Gespinst aus Mulm. Das Vorhandensein des Bohrers ist an den mit Bohrmehl verschlossenen Löchern mit ca. 1 cm Durchmesser zu erkennen. Oft zeigt auch ein starker Holzessiggeruch die Anwesenheit dieses Insektes an.

Für Zuchtzwecke fängt man in den Sommermonaten die Falter mit der Lichtfalle.

Zuchttechnik und Futter
Paraffinierte Kartondose, 500–1000 cm, mit Gipsboden. Temperatur 26 °C, RLF 85–95 %.

Es wird die für den Zuckerrohrbohrer beschriebene Zuchttechnik angewendet. Die Falter nehmen keine Nahrung auf, die Raupen werden mit Apfelstücken gefüttert. Eine Raupe verbraucht wöchentlich ¹/₄ Apfel. Mit zunehmendem Alter tritt bei den Raupen Kannibalismus auf; deshalb verringert man die Populationsdichte im 4. und 5. Stadium auf 4–5 Tiere und geht im 6. und weiteren Stadien zur Einzelhaltung über. Durch Verwendung von synthetischem Futter, z. B. der Futtermischung 2 des Apfelwicklers mit einem Trockenhefegehalt von 40 g (s. Seite 41), wird die Entwicklung der Raupen wesentlich verkürzt. Die Raupen werden die ganze Zeit einzeln gehalten und alle 2–3 Wochen umgesetzt.

Präovipositionsperiode 6 Tage, Embryonalentwicklung 10–12 Tage, Raupenentwicklung mit Naturfutter 24 Monate, Puppenruhe 16 Tage.

38. *Aegeriidae (Sesiidae)*, Glasflügler

Mittelgroße Schmetterlinge (Abb. 342 a) mit dürftiger oder fehlender Bestäubung auf den glashellen Flügeln. Der Körper ist lang und trägt am Ende einen Afterbusch. Die Raupen (Abb. 342 b) sind nackt; oft nur mit wenigen und kurzen Härchen besetzt. Sie leben im Inneren von Holzgewächsen.

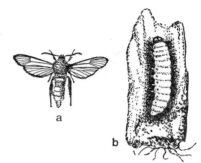

Abb. 342. Glasflügler (nach LAMPERT).

Über die Zucht von Glasflüglern liegen nur wenige Mitteilungen vor. In den meisten Fällen handelt es sich um die Aufzucht der Schmetterlinge aus älteren Raupen, die in verschiedenen Ruten von Beerenobststauden gefunden wurden: Johannisbeerglasflügler, *Synanthedon tipuliformis* Cl., Himbeerglasflügler, *Bembecia hylaeiformis* Lasp. u. a.

Für die kontinuierliche Zucht der Glasflügler, die nur bei Sonnenschein aktiv sind, empfiehlt sich die Methode, die beim Kohlweißling beschrieben ist. Als Eiablagesubstrat sind gestutzte Stauden oder einzelne Ruten der jeweiligen Futterpflanze zu verwenden. Stimulierend auf die Eiablage soll sich ein leichtes Verletzen der Rutenbasis auswirken.

39. *Psychidae*, Sackträger

Kleine, unscheinbare, nicht auffallend gefärbte Falter (Abb. 343 a). Die Männchen mit gekämmten Fühlern und gut entwickelten Flügeln. Die Weibchen sind flügellos, einige Arten besitzen nur noch rudimentäre Fühler und Beine. Zur Kopulation verbleiben die Weibchen im Sack oder sie klammern sich innen am Sack fest. Eiablage in den Sack. Das Räupchen verfertigt sich einen Sack aus Pflanzenmaterial

(Abb. 343b), Erdteilchen oder anderem Material (tierische Stoffe), in dem es jahrelang verbleibt und sich verpuppt. Die Raupen ernähren sich phytophag, lichenophag, mycetophag und sogar saprophytophag.

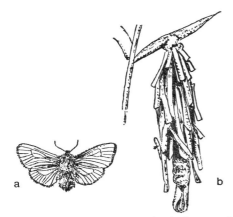

Abb. 343. Sackträgermotte (nach LAMPERT).

Rauchsackträger, *Pumea crassiorella* Brd. Im Frühjahr kann man die kleinen graubraunen Falter mit der Lichtfalle einfangen. Ihre rötlichgelben Raupen leben in einem Sack, der mit groben überstehenden Pflanzenteilchen, wie Grashalmen und Tannennadeln, bedeckt und an Grashalmen, Steinen etc. angesponnen ist. Von der Unterlage losgelöste Säcke werden von den Raupen sofort wieder angesponnen. Nach der Kopula stecken die befruchteten Weibchen die Legeröhre in den mit der Puppenhülle ausgekleideten Sack (Abb. 343) und legen ca. 50 Eier ab. Die Raupen bevorzugen welkendes oder sogar faulendes Pflanzenmaterial als Futter. Eine Schimmelbildung muß aber in bestehenden Zuchten verhindert werden.

Zuchttechnik und Futter (nach HÄTTENSCHWILER)
Saatschalen mit »Wiese«, Löwenzahn- oder Breitwegerich bepflanzt.
Temperatur 25 °C, RLF 85–90 %, Photoperiode 18 Stunden/2500 Lux.

Die Saatschalen mit den Futterpflanzen, unter denen Breitwegerich und Löwenzahn überwiegen müssen, werden mit Grashalmstückchen und Tannennadeln bestreut. Letztere sind unerläßlich für den Sackbau. Die Schalen werden in einen Flugkäfig (Abb. 370) gestellt und mit den eingefangenen Faltern besetzt.

In der Zucht dauert die Entwicklung einer Generation ca. 90–100 Tage, wovon die Embryonalentwicklung 20 Tage, die Larvalentwicklung ca. 60 Tage mit 5 Häutungen und die Puppenruhe 15 Tage beanspruchen. Unter Freilandbedingungen ist die Art zweijährig. Nach dem Ausschlüpfen erfolgen im Abstand von 12 Tagen 4 Häutungen, anschließend, im Juli–August, spinnen die Raupen ihre Säcke an festen Unterlagen oder Gräsern fest und machen eine Diapause durch. Im folgenden Frühjahr beginnen sie dann wieder zu fressen und verpuppen sich in dem Sack. Nach einer Puppenruhe von 2–3 Wochen schlüpfen die jungen Falter aus, die Männchen am Abend, die Weibchen nachts oder am frühen Morgen. Die Kopula erfolgt dann bei Tagesanbruch.

Der **Einfarbige Dicksackträger,** *Canephora unicolor* Hufn., und der **Sackträger,** *Talaeporia tubulosa* Retz., sind nach der gleichen Methode züchtbar. *T. tubulosa* erhält als Futter Flechten. Dieser Falter bedarf halbdunkler Standorte mit schwachem diffusem Licht. Diese Art mit 1jährigem Zyklus verläßt den Sack.

40. Hesperiidae, Dickkopffalter

Kleine bis mittelgroße Schmetterlinge (Abb. 344a) mit plumpem Körper, breitem und behaartem Kopf und kurzen, leicht gekeulten Fühlern. Die fein behaarten Raupen (Abb. 344b) leben phytophag auf verschiedenen Gräsern und niedrigwüchsigen Pflanzen.
Zuchtmethode vgl. Kohlweißling.

Abb. 344. Dickkopffalter.

41. *Endromididae*, Frühlingsspinner

Falter mit kleinem Kopf und großen Augen. Fühler gezähnt. Körper dicht behaart. Die Raupen ähneln denjenigen der Schwärmer, wobei die Strichmusterung auf den Seiten von unten nach oben in cranialer Richtung verläuft. Lebt polyphag auf verschiedenen Laubbäumen.
Zuchtmethode siehe *Sphingidae*.

42. *Lasiocampidae*, Glucken

Mittelgroße bis große Schmetterlinge (Abb. 345a). Der dicke Körper ist meist stark behaart. Fühler kurz und gezähnt.

In Ruhestellung werden die Flügel steil dachförmig gestellt. Vorderflügel breit und dreieckig mit deutlicher Spitze. Eiablage auf verschiedene Pflanzenteile. Raupen (Abb. 345b) 16füßig, dicht und weich behaart.

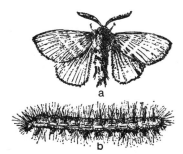

Abb. 345. Glucke (nach LAMPERT).

Die in der folgenden Tabelle aufgeführten Lasiocampiden können nach der für den Seidenspinner beschriebenen Methode gezüchtet und gehalten werden. In der 2. Kolonne sind die von den Raupen bevorzugten Futterpflanzen aufgeführt. Als Naturfutter werden nur die Blätter verfüttert.
Die drei mit * bezeichneten Arten wurden auf halbsynthetischen Futtermischungen gezüchtet. Als Diät fand die auf Seite 41 beschriebene Standardmischung Verwen-

Lasiocampidae	Futterpflanze (Blätter)
Macrotylacia rubi L. Brombeerspinner	Brombeere, Eiche, Knaulgras, Spitzgräser
Gastropacha quercifolia L. Kupferglucke*	Weide, Pflaume, Apfel, Schlehe
Malacosoma neustria L. Ringelspinner	Apfel
Poecilocampa populi L. Pappelspinner	Schwarzpappel
Lasiocampa quercus L. Eichenspinner*	Schlehe, Weide, wilde Zwetschge, junger Efeu
Pachygastria (Lasiocampa) trifolii Schiff. Kleespinner*	Klee

* halbsynthetische Futtermischungen

dung. Raupen einzelner Arten nehmen dieses Futter jedoch nur dann oder lieber an, wenn es einen gewissen Anteil der von ihnen bevorzugten Futterpflanze enthält. Da in synthetischen Futtermischungen der Anteil an Trockenmaterial nicht willkürlich festgesetzt werden, sondern nur innerhalb enger Grenzen variiert werden kann, senkt man den Anteil an Weizenkeimmehl und ergänzt ihn durch pulverisiertes Blattmaterial der jeweiligen Futterpflanze. In manchen Fällen wird der gesamte Anteil an Weizenkeimmehl durch pulverisiertes Blattmaterial der Futterpflanze ersetzt, in anderen wiederum nur ein Teil davon.

43. Bombycidae, Seidenspinner

Ziemlich große, plumpe und stark behaarte Schmetterlinge. Die Raupen fressen auf verschiedenen Pflanzen und fertigen ihre großen bis fingerdicken Puppenkokons aus einem einzigen Spinnfaden. Werden in China und in der UdSSR, aber auch in Madagaskar als Zuchttiere zur Seidengewinnung gehalten.

Seidenspinner, *Bombyx mori* L.
Der weißgelbe Schmetterling stammt eigentlich aus China und wird heute in Großzuchten zur Gewinnung von Naturseide gezüchtet. Die grauweißen Raupen tragen auf dem Rücken braune Gabelflecken und rötliche Augenflecken. Die ausgewachsene Raupe verpuppt sich in einem Kokon, aus dem dann die Seide gewonnen wird. Große Zuchtbetriebe befinden sich auf Madagaskar.

Zuchttechnik und Futter
Zuchtkäfige siehe Baumwollwurm (Seite 264), Gazekäfig (Abb. 409).
Temperatur 25 °C, RLF 60–70%, Photoperiode für Raupen 14 Stunden/1250–2000 Lux.
Die Puppen werden bis zum Ausschlüpfen der Schmetterlinge bei 25 °C gehalten. Dann werden je 5 Schmetterlingspaare in je ein Zuchtglas gesetzt und nicht gefüttert. Innerhalb weniger Stunden kopulie-

ren die Falter. Nach 1–2 Tagen legen die Weibchen zahlreiche Eier als Eispiegel auf die Papierauskleidung des Glases. Die ausschlüpfenden Jungraupen werden mit einem Pinsel auf in Wasser gestellte frische Maulbeerbaumzweige umgesetzt. Da der Futterverbrauch der nahezu ausgewachsenen Raupen beträchtlich ist, stellt man täglich frische Zweige neben die alten. Die Raupen wandern dann auf die frischen Zweige über und brauchen nicht berührt zu werden. Bei Berührung klammern sie sich nämlich fest an die Unterlage, so daß man sie praktisch nicht ablösen kann.
Da Maulbeerbäume in Mitteleuropa sehr selten zu finden sind, ist die Fütterung bzw. Zucht dieses monophagen Insektes schwierig. Als Ersatzpflanze kann man zwar die Blätter von Schwarzwurzeln verwenden, muß aber eine Verzögerung der Raupenentwicklung in Kauf nehmen.
Mit halbsynthetischem Futter wird die Zucht des Seidenspinners nicht nur außerhalb der Vegetationsperiode erleichtert. Eine solche Futtermischung hat beispielsweise die folgende Zusammensetzung:

Casein, vitaminfrei	20 %
Traubenzucker	15 %
Maulbeerbaumblätter, pulv.	33 %
Cholesterin	2 %
Wessons Salz	2,5%
(s. Seite 42)	
Vitamin-Mischung	1,2%
(s. Seite 42)	
3%ige wäßrige Agarlösung	15,3%
WH-Lösung	1,0%
Aureomycin	500 mg pro Liter

Präovipositionsperiode 1–2 Tage, Embryonalentwicklung 4 Tage, Raupenentwicklung 26–30 Tage mit 4 Häutungen, Puppenruhe 12 Tage.

44. Lemoniidae

Schmetterlinge mit ziemlich gedrungenem und behaartem Körper. Die Fühler sind gezähnt, Eiablage auf niedere Pflanzen, wo die Raupen sich entwickeln. Verpuppung in der Erde.

45. *Saturniidae*, Augenspinner, Pfauenspinner

Große, auffallende Schmetterlinge (Abb. 346a) mit dicker wolliger Behaarung, kleinem Kopf und gedrungenem Hinterleib. Die Fühler sind gezähnt. Die dicken, walzigen Raupen (Abb. 346b) tragen oberseits Borstenkränze, Dornen, Wärzchen oder sind nackt. Sie ernähren sich phytophag auf verschiedenen Laubbäumen. Verpuppung im Gespinst.

Einige Vertreter dieser Familie lassen sich nach der beim Kohlweißling beschriebenen Methode züchten, z.B. die in folgender Tabelle aufgeführten Arten.

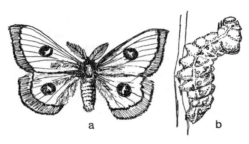

Abb. 346. Pfauenspinner (nach SPULER).

46. *Papilionidae*, Edelfalter, Schwalbenschwänze

Große Falter mit dreieckigen Vorder- und nach innen ausgerandeten oder geschwänzten Hinterflügeln (Abb. 347a). Die Fühler sind kurz. Eiablage auf niedrigwüchsige Pflanzen und Sträucher. Die Raupen (Abb. 347b) stülpen auf Reiz hinter dem Kopf auf dem ersten Segment ihre rotgelbe Fleischgabel aus, die einen starken Geruch abgibt und Feinde abschreckt. Ausgewachsen, fertigen die Raupen eine Gürtelpuppe an.

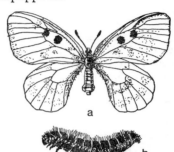

Abb. 347. Ritter (nach LAMPERT).

Die in der Tabelle (Seite 251) aufgeführten Ritter-Arten können nach der für den Kohlweißling beschriebenen Methode gezüchtet und gehalten werden. In der 2. Kolonne sind die von den Raupen bevorzugten Futterpflanzen aufgeführt. Als Naturfutter werden nur die Blätter verfüttert.

47. *Pieridae*, Weißlinge

Schmetterlinge (Abb. 348a) mittlerer Größe mit weißer oder gelber Grundfarbe. Die Hinterflügel umfassen längs des Innenrandes den Körper. Die Raupen (Abb. 348b) sind schlank und kurz behaart und tragen auf dem 2. und 11. Segment zwei

Saturniidae	Futterpflanze (Blätter)	Dauer der Entwicklungsstadien
Eudia pavonia L. Kleines Nachtpfauenauge	Trauerweide, Eiche	Embryonalstadium 7 Tage/21 °C
Aglia tau L. Nagelfleck	Linde, Trauerweide, evtl. Buche, Haltung der Raupen nur bei sehr hoher RLF	Embryonalstadium 12 Tage/24 °C Larvalstadium 21 Tage Puppenruhe 18 Tage
Saturnia pyri Schiff. Großes Nachtpfauenauge	Birne	

Papilionidae	Futterpflanze (Blätter)
Papilio machaon L. Schwalbenschwanz	Karotte
Iphiclides (Papilio) podalirius L. Segelfalter	Schlehe, Weißdorn

lange fleischige Fortsätze. Ausgewachsen bilden sie Stürzpuppen (Abb. 348 c). Ernähren sich polyphag auf verschiedenen Pflanzen.

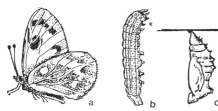

Abb. 348. Weißling.

Großer Kohlweißling, *Pieris brassicae* L. Das Weibchen dieses weißen bis weißgelben Schmetterlings legt die Eier auf Kohlgewächse. Hier entwickeln sich die bläulichgrünen, mit schwarzen Punkten und gelben Seiten- und Rückenstreifen gezeichneten Raupen. Die erste Generation Schmetterlinge fliegt im Mai–Juni, die zweite im Juli–August. Die Schmetterlinge können mit dem Netz eingefangen werden. Raupen und Puppen kann man im Hochsommer und Spätsommer auf Kohlfeldern sammeln.

Zuchttechnik und Futter (modifiziert nach DAVID)
Flugkäfig (Abb. 28, 29), mit massivem Boden und Nylongazebespannung, Schlupfarm oder Reißverschluß). Raupenkasten (Abb. 370) mit Nylongazebespannung und massivem Boden. Temperatur 26–30°C, RLF 70–80%, Photoperiode 16 Stunden/2000–3000 Lux. In den Flugkäfig (0,5–1 m³) werden je nach Anzahl der eingesetzten Falter (150–300) 4–8 eingetopfte, große Kohlsetzlinge eingestellt. Außerdem werden auf eine in halber Höhe auf einem Gestell ruhenden Glasplatte 6 künstliche, mit 10%igem Honigwasser gefüllte, leuchtendblaue oder purpurrote künstliche Blumen (Abb. 51) eingestellt.

Die eingefangenen oder aus Raupen/Puppen herangezogenen Falter werden in den Käfig eingesetzt. Wesentlich für das Gelingen der Zucht ist die Lichtintensität, die bei schwachem oder indirektem Lichteinfall durch zusätzliche Bestrahlung mit Ultrarotstrahlern oder Gewächshauslampen erzielt wird. Diese Licht- und auch Wärmequellen werden so über dem Käfig angebracht, daß im Käfig die Lichtintensität ca. 5000 Lux beträgt und die Temperatur zwischen 28–30°C schwankt.
Nach der Präovipositionsperiode legen die Weibchen Eierhäufchen auf den Kohlsetzlingen ab. Anstelle der eingetopften Pflanzen können auch in Wasser eingestellte verwendet werden (Hydrokultur). Die mit Eiern belegten Pflanzen werden täglich aus dem Käfig entnommen und durch neue ersetzt. Die Eigelege werden dann mit der Unterlage in den Raupenkäfig gestellt und unter den gleichen Bedingungen wie im Flugkäfig gehalten. Die sehr gefräßigen Raupen erhalten als zusätzliches Futter mehrmals täglich, dafür aber nur kleine Mengen, zerschnittene Kohlblätter. Durch Verfüttern frischer, eingetopfter Kohlpflanzen beugt man verschiedenen Raupenkrankheiten vor. Während der 4–5 Raupenstadien ist die Einhaltung der Photoperiode und der Lichtintensität wesentlich, da sonst die Puppen in die Diapause eintreten. Die Verpuppung erfolgt am Boden und an den Käfigwänden. Nach dem Erhärten nimmt man die Puppen vorsichtig ab und legt sie in eine feuchte Kammer (Abb. 33).

Präovipositionsperiode 3–4 Tage, Embryonalentwicklung 4–5 Tage, Raupenentwicklung 14–16 Tage mit 4–5 Häutungen, Puppenruhe 8–10 Tage.

Aufzucht der Raupen auf synthetischem Futter (nach DAVID und GARDNER):

Vormischung:

Wasser	1100	ml
22,5%-wäßrige Kaliumhydroxid-Lösung	18	ml

Agarlösung:

Wasser	2000	ml
Agar	90	g

Futtermischung:

Casein	1260	g
Traubenzucker	1260	g
Weizenkeime, pulv.	1080	g
Kohlblätter, pulv. u. getrocknet	54	g
Wessons Salz (s. Seite 42)	36	g
Natriumalginat	18	g
Cholinchlorid, 10%ige wäßrige Lösung	36	ml
Formalinlösung 10%	15	ml
Vitaminlösung (Zusammensetzung s. S. 42)	6	ml
Nipagin, 15%ige alkoholische Lösung	36	ml
Ascorbinsäure	15	g
Aureomycin	1	g

Die Herstellung und Abfüllung der Futtermischung erfolgt wie auf Seite 40 beschrieben.

Eine von S. WARDOJO entwickelte synthetische Futtermischung (ohne Gehalt an Kohl) enthält:

Casein, vitaminfrei	3,0	g
Albumin (Eier)	4,0	g
Casein-Hydrolysat (Enzym. 10%)	5,0	ml
Traubenzucker	2,0	g
Kartoffelstärke	5,0	g
Lecithin (pflanzl.)	0,5	g
Fettsäure-Sterol-Mischung (1)	0,75	ml
Vitamin-Mischung (2)	1,0	ml
Cholinchlorid	0,1	g
Inositol (meso)	40	mg

Ascorbinsäure	0,4	g
Vitamin-A	10	mg
Menadion	5	mg
Wessons Salz (3)	0,5	g
Agar, pulv.	2,5	g
Natriumalginat (Alphacel)	2,0	g
Kaliumhydroxid	0,56	g
WH-Substanz (4)	0,27	g
Wasser	ad 100,0	ml
Dest. Wasser	1000,0	ml

Technik zur Herstellung der Futtermischung s. Seite 41.

(1)

Ölsäure	0,45	ml
Linolsäure	0,075	ml
Linolensäure	0,225	ml
darin gelöst:		
ß-Sitosterol	36	mg
Stigmasterol	27	mg
Cholesterin	9	mg

(2)

Niacinamid	1,0	g
Calcium-pantothenat	0,5	g
Pyridoxin-Hydrochlorid	0,25	g
Thiamin-Hydrochlorid	0,25	g
Riboflavin	0,25	g
Folsäure	0,25	g
Biotin	10	mg
p-Aminobenzoesäure	0,25	mg

(3) siehe Seite 42

(4) Mischung von:

Sorbinsäure	0,15	g
Nipagin-Wirkstoff	0,10	g
Streptomycin-Sulfat	20	mg

Die in der Tabelle Seite 253 oben aufgeführten Weißling-Arten können nach der gleichen Methode wie der Kohlweißling gehalten bzw. gezüchtet werden.

48. *Satyridae*, Augenfalter, Samtfalter

Mittelgroße, dunkel gefärbte und mit Augenflecken versehene Falter mit verkümmerten Vorderbeinen. Fühler fadenförmig mit schwacher Keule. Raupen nackt oder schwach behaart, längsgestreift und

Pieridae	Futterpflanze (Blätter)
Aporia crataegi L. Baumweißling	Weißdorn, wilde Zwetschgen
Gonepteryx rhamni L. Zitronenfalter	Faulbaum (100 g in Futtermischung 2 oder 3 des Baumwollwurmes, ersetzt Alfalfamehl)

an der Hinterleibsspitze in 2 Spitzen auslaufend, die als Nachschieber dienen. Leben phytophag auf verschiedenen Pflanzen.

Die unten in der Tabelle aufgeführten Satyriden-Arten können nach der für den Kohlweißling beschriebenen Methode gezüchtet und gehalten werden. In der 2. Kolonne sind die von den Raupen bevorzugten Futterpflanzen aufgeführt. Als Naturfutter werden nur die Blätter verfüttert.

Prinzipiell ist es möglich, alle diese Falterarten mit der auf Seite 41 beschriebenen synthetischen Standard-Futtermischung zu züchten. Raupen einzelner Arten nehmen dieses Futter jedoch nur dann oder lieber an, wenn es einen gewissen Anteil der von ihnen bevorzugten Futterpflanze enthält. Da in synthetischen Futtermischungen der Anteil an Trockenmaterial nicht willkürlich festgesetzt werden, sondern nur innerhalb enger Grenzen variiert werden kann, senkt man den Anteil an Weizenkeimmehl und ergänzt ihn durch pulverisiertes Blattmaterial der jeweiligen Futterpflanze. Die Mengen sind in Klammern hinter den einzelnen Futterpflanzen angegeben.

49. *Nymphalidae*, Fleckenfalter

Große, bunt gefärbte Tagfalter mit z. T. gezähnten (Abb. 349a), oben und unterseits verschieden gefärbten Flügeln. Ihre Vorderbeine sind zu »Putzpfoten« umgebildet, in denen sie keine Klauen tragen. Der Schmetterling trägt die Vorderbeine aufrecht und sitzt auf 4 Beinen. Die Raupen finden sich polyphag auf verschiedenen Laubbäumen und Sträuchern; sie sind mit Dornen oder weichen Körperfortsätzen (Abb. 349b) versehen. Ausgewachsen fertigen sie Stürzpuppen (Abb. 348c) an.

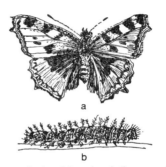

a

b

Abb. 349. Fleckenfalter (nach LAMPERT)

Kleiner Fuchs, Nesselfalter, *Aglais* (*Vanessa*) *urticae* L.

Dieser als Imago überwinternde Schmetterling (Flügelspannweite ca. 5 cm) hat bunt gezeichnete ziegelrote Flügeloberseiten und lebt auf Brennesseln. Die Eiablage und die Entwicklung der Raupen finden auf Brennesseln statt. Die schwarzen, gelb-grün gestreiften Raupen können von Mai bis Oktober auf Brennesseln ge-

Satyridae	Futterpflanze
Melanargia galathea L. Schachbrett	Rasengräser, Raygras (80 g), Luzerne (80 g)
Hipparchia semele L. Rostbinde	Nelken, Weizen

sammelt werden. Pro Jahr erscheinen 2–4 Faltergenerationen.

Zuchttechnik und Futter

Die Aufzucht gleicht der des Kohlweißlings. Die hier als Raupenfutter dienenden Brennesseln müssen wenige Tage vor Zuchtbeginn eingetopft oder sofort nach dem Abschneiden in Nährlösung (s. Seite 38) eingestellt werden. Wesentlich ist für diesen Falter, daß nur frische Pflanzen verwendet werden. Die Eier werden nicht auf welkende Pflanzen abgelegt. Ebenso kann man die Raupen nur mit frischem Pflanzenmaterial aufziehen.

Präovipositionsperiode 6–8 Tage, Embryonalentwicklung 4 Tage, Larvalentwicklung 8–10 Tage, Puppenruhe 6 Tage. Für die Aufzucht der Raupen kann auch die für den Baumwollwurm vorgeschlagene synthetische Futtermischung (s. Seite 264) verwendet werden. Dabei sollte der Anteil an Weizenkeimen durch pulverisierte und getrocknete Brennesselblätter ersetzt werden.

Die in der folgenden Tabelle aufgeführten Falter können nach der für den Kohlweißling beschriebenen Methode gezüchtet und gehalten werden. In der 2. Kolonne sind die von den Raupen bevorzugten Futterpflanzen aufgeführt, von denen nur die Blätter als Naturfutter verfüttert werden. Prinzipiell ist es möglich, diese Falter mit der auf Seite 41 beschriebenen synthetischen Standard-Futtermischung zu züchten. Für Raupen verschiedener Arten gewinnt dieses Futter an Attraktivität oder wird erst dann angegangen, wenn es einen gewissen Anteil der von ihnen bevorzugten Futterpflanze enthält. Da der Trockenanteil in synthetischen Futtermischungen nicht willkürlich festgesetzt werden kann und von dem Wassergehalt und Agaranteil abhängig ist, kann er nur in geringen Grenzen variiert werden. Deshalb senkt man den Anteil an Weizenkeimen und ergänzt ihn durch pulverisiertes Blattmaterial. In manchen Fällen wird statt Weizenkeimen nur Blattmaterial beigemischt und in anderen ein Teil von beidem:

Nymphalidae	Futterpflanze (Blätter)
Argynnis paphia L. Kaisermantel	Veilchen
Melitaea phoebe Schiff. Scheckenfalter	Flockenblume
Apatura ilia Schiff. Kleiner Schillerfalter	Zitterpappel, Espe
Vanessa polychloros L. Großer Fuchs	Kirsche
Inachis io L. Tagpfauenauge	Brennessel (80 g)
Nymphalis antiopa L. Trauermantel	Salweide, Trauerweide (80 g)
Araschnia levana L. Landkärtchen	Brennessel

50. Riodinidae (Erycinidae)

Die Vertreter dieser Familie ähneln stark den Bläulingen. Raupen auf verschiedenen niedrigwachsenden Pflanzen.

51. Lycaenidae, Bläulinge

Kleine, 2–4 cm Spannweite aufweisende Schmetterlinge (Abb. 350a) mit auffallend blauer oder roter Färbung, besonders im männlichen Geschlecht. Die Falter tummeln sich zur heißen Sommerzeit gerne an stehenden Gewässern. Die Raupen (Abb. 350b) sind asselförmig, kurz und fein behaart. Sie leben phytophag auf verschiedenen niedrigwachsenden Pflanzen; einige Arten myrmecophil in Ameisennestern.

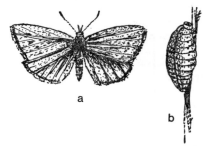

Abb. 350. Bläuling (nach LAMPERT).

Für die Zucht mehrerer Bläulingarten eignet sich die für den Kleinen Fuchs beschriebene Methode am besten.

Grundsätzlich ist es möglich, die unten aufgeführten Bläulingarten auch mit der auf Seite 41 beschriebenen synthetischen Standard-Futtermischung zu züchten. Beide Arten nehmen dieses Futter jedoch nur dann an, wenn es einen gewissen Anteil der von ihnen bevorzugten Futterpflanze enthält. Da in synthetischen Futtermischungen der Anteil an Trockenmaterial nicht willkürlich festgesetzt wird, sondern nur innerhalb enger Grenzen variiert werden kann, senkt man den Anteil an Weizenkeimmehl und ergänzt ihn durch pulverisiertes Blattmaterial der jeweiligen Futterpflanze. Die Mengen sind in Klammern hinter den einzelnen Futterpflanzen angegeben.

52. *Libytheidae*, Schnauzenfalter

Kleine, braune Falter mit langen Palpen. Die Vorderbeine der Männchen sind verkürzt, diejenigen der Weibchen normal gebaut. Die Raupen ernähren sich phytophag auf niedrigwüchsigen Pflanzen.

53. *Geometridae*, Spanner

Mittelgroße, schlanke Falter mit breiten, zarten Beinen und borstenförmigen, bei den Männchen (Abb. 351 a) meist gekämmten Fühlern. Flügel in Ruhestellung dachartig und flach ausgebreitet oder senkrecht über dem Körper zusammengeklappt. Bei den Weibchen (Abb. 351 b) haben manche Arten verkümmerte, rudimentäre Flügel. Raupen (Abb. 351 c) ohne Füße am 6., 7. und 8. Segment. Ihre Fortbewegung erfolgt unter starker Krümmung mit nach-

folgender Streckung (Spanner). Sie leben phytophag auf verschiedenen mehr- oder einjährigen Pflanzen.

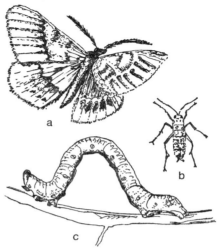

Abb. 351. Spanner.

Kleiner Frostspanner, *Operophthera (Cheimatobia) brumata* L.

Das stummelflügelige, flugunfähige Weibchen legt die grünlichen Eier an die Zweigknospen. Nach dem Überwintern schlüpfen die gelblichgrünen Raupen aus, die im April–Mai von Obstbäumen eingesammelt werden können. Die Raupen sind an der dunklen Rückenlinie und den zwei hellen Seitenlinien zu erkennen. Die Raupen verpuppen sich im Juni in einem losen Gespinst und entlassen im Oktober die Falter. Für Zuchtzwecke können die Weibchen im Oktober–November mit der Gürtelbarriere oder durch Ableuchten der Baumstämme eingesammelt oder im Februar–März die mit Eiern belegten Obstbaumzweige geschnitten werden. Raupen s. oben.

Lycaenidae	Futterpflanze		
Lysandra bellargus Rott. Himmelblauer Bläuling	Hufeisenklee, Kronwicke, Klee (70 g)		
Lycaena phlaeas L. Kleiner Feuerfalter	Sauerampfer Besenginster	(60 g) (60 g)	

Zuchttechnik und Futter
Glasschalen.
Temperatur 20 bzw. 26°C, RLF 70–80%.
In die mit Filterpapier ausgelegten Glasschalen werden Obstbaumzweige kreuzweise geschichtet und mit den am Morgen eingefangenen Weibchen besetzt. Als Verschluß dient ein Gazedeckel. Die Eiablage nimmt mehrere Tage in Anspruch. Die mit Eiern belegten Zweige werden in einer feuchten Kammer (Abb. 33) oder einer Glasschale mit feuchtem Gipsboden (Abb. 38) bei 25°C gehalten. Die ausschlüpfenden Raupen füttert man mit jungem Kirschenlaub. Hierzu treibt man Kirschenzweige in einer warmen feuchten Kammer vor. Diese Zweige werden dann in Schalen (Abb. 360), die mit steriler feuchter Erde-Sägemehl-Mischung (1:2) 2–3 cm hoch gefüllt sind, eingesetzt. Die Zuchtschalenfüllung muß stets feucht gehalten werden. Soll die Zucht unter natürlichen Bedingungen erfolgen, so müssen die mit Eiern belegten Zweige im Freien an Obstbäume gebunden werden.

Um die Diapause zu brechen, stellt man die Raupen 8 Wochen lang bei Temperaturen um 15°C und 2 Wochen bei 2°C auf. Bei 10–18°C schlüpfen dann die Falter innerhalb von 10–14 Tagen aus.

Präovipositionsperiode 3 Tage, Embryonalentwicklung bei 25°C 4–5 Wochen, Raupenentwicklung bei 25°C 16 Tage, Puppenruhe 10–14 Tage (10–18°C). Freiland: Raupen März–April, Puppen – Falter Ende Oktober.

Auf die gleiche Weise kann der **Große Frostspanner**, *Erannis (Hibernia) defoliaria* L., dessen rotbraune Raupen an der gelben

Geometridae	Futterpflanze (Blätter)
Pseudoterpna pruinata Hufn.	Ginster (*G. tinctoria*)
Cidaria (Larentia) truncata Hufn.	Nelkenwurzblätter
Cidaria pectinataria Knoch. (*Larentia viridaria* F.)	Labkraut
Cidaria (Larentia) rubidata F.	Labkraut
Horisme (Phibalapteryx) vitalbata Schiff.	Waldrebe
Campaea (Metrocampa) margaritata L.	Trauerweide, Schlehe
Selenia bilunaria Esp.	Linde, Zwetschge
Selenia lunaria Schiff.	Schlehe, wilde Zwetschge
Selenia tetralunaria Hufn. Mondfleckspanner	Flieder
Phalaena (Hygrochroa) syringaria L.	Liguster, Esche
Gonodontis bidentata Cl. Doppelzahnspinner	wilde Zwetschge, Trauerweide, Birke
Urapteryx sambucaria L. Holunderspanner	Holunder, Waldrebe, Flieder, Efeu
Plagodis (Eurymene) dolabraria L.	Linde, wilde Zwetschge
Biston (Amphidasis) betularia	Trauerweide
Boarmia ribeata Cl.	Linde, wilde Zwetschge, Traubenkirsche, Nadeln von Föhre und Tanne
Boarmia punctinalis Scop. (*B. consortaria* F.)	Apfel, Rotbuche, Schlehe, Fichtennadeln

Rückenlinie und den zwei dunklen Seitenlinien kenntlich sind, gezüchtet werden.
Die Eiablage erfolgt auf die äußersten Ast-
spitzen verschiedener Laubbäume.
In der Tabelle (Seite 256) sind verschiedene Spannerarten aufgeführt, die nach
der für den Kleinen Frostspanner beschriebenen Methode gezüchtet werden
können. In der 2. Kolonne sind die von
den Raupen bevorzugten Futterpflanzen
aufgeführt. Als Naturfutter werden nur
die jungen saftigen Blätter der entsprechenden Pflanzen verfüttert.
Die Aufzucht verschiedener Spannerarten
mit halbsynthetischen oder synthetischen
Futtermischungen ist so gut wie nicht bekannt. Eigene Versuche ergaben, daß die
Spannerraupen erst dann solche Futtermedien annehmen, wenn sie einen Sitzplatz im Zuchtgefäß (Papierscheibe) erhalten.
Als halbsynthetische Futtermischung er-
wies sich die für die Gemüseeule beschriebene Mischung geeignet. Der Anteil an
Weizenkeimmehl sollte zu 25–75 % reduziert und durch die entsprechende Menge
der jeweiligen Futterpflanze im getrockneten pulverisierten Zustand ergänzt werden.

54. *Epiplemidae*

Den Geometriden oder Spannern sehr ähnliche Falter. Die schwach behaarten Raupen haben 3 Paar Brustfüße und anschließend 2 Paar Abdominalfüße.

55. *Drepanidae*, Sichelflügler

Mittelgroße Schmetterlinge mit schlankem
Körper, gezähnten Fühlern und breiten,
an der Spitze sichelförmig ausgezogenen
Flügeln. Eiablage auf Laubbäume und
Sträucher. Raupen mit herzförmigem Kopf
und oberseits höckerigen ersten Segmenten. Das Hinterleibsende fußlos und spitz
auslaufend.

Die Zuchtmethode für **Sichelspinner,**
Drepana falcataria L. (Birke) und *D. binaria*
Hufn. (Eiche) ist dieselbe wie für den
Wolfsmilchschwärmer.

56. *Sphingidae*, Schwärmer

Mittelgroße bis große Falter mit kräftigem,
spindelförmigem, hinten spitz auslaufendem Körper (Abb. 352a). Flügel steif,
ungleich groß. Vorderflügel lang und
relativ spitz. Gute Flieger mit sehr langem
Saugrüssel. Eiablage auf verschiedene
Pflanzen. Die walzigen Raupen sind flei-
schig und nackt, oft buntfarbig und mit
einem auffallenden Horn (Afterhorn),
(Abb. 352b) auf dem 11. Segment. Sehr
gefräßig.

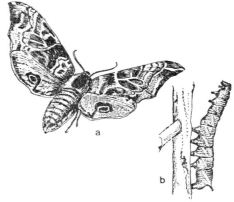

Abb. 352. Schwärmer.

Wolfsmilchschwärmer, *Celerio
euphorbiae* L.
Dieser Schwärmer legt im Juni–Juli die
Eier auf Wolfsmilchgewächsen ab. Die unbehaarte Raupe ist schwarzgrün mit roter
Rückenlinie, jedes einzelne Segment trägt
gelbe, schwarz gesäumte Flecken. Am
11. Segment sitzt das kräftige Afterhorn.
Für Zuchtzwecke werden die Tiere im Juni
bis August mit der Lichtfalle gefangen
oder die Raupen werden von Wolfsmilchgewächsen abgesammelt (Juni–September).

Zuchttechnik und Futter
Paraffinierte Pappdose (3–5 l Inhalt) mit
Gipsboden und Gazeverschluß oder Flug-
käfig (Abb. 361, 370).
Temperatur 28–30 °C, RLF mehr als 90 %.
In das Zuchtgefäß wird eine Pflanze der

Zypressenwolfsmilch *(Euphorbia cyparis-sias)* die auf die Höhe der Dose zugeschnitten ist und in einem mit Wasser gefüllten Glas steht, eingestellt. An den Stengel der Pflanze bindet man ein kleines (1 ml fassendes) Tablettenröhrchen gefüllt mit 10 %igem Honigwasser an (Abb.50). Ein Stück Gaze wird zwischen Deckel und Dosenrand festgeklemmt und dient den Tieren als Sitzplatz.

Jedes Zuchtgefäß wird mit 1 oder 2 Falterpärchen besetzt. Die auf der Pflanze abgelegten Eier werden mit einem feinen Pinsel in eine feuchte Kammer (Abb. 33) umgelegt. Nach 4 Tagen schlüpfen die Raupen aus, die man auf Zypressenwolfsmilch (in 2 cm hohem Sand in Wachspappedosen) umsetzt. Nach 5 Häutungen innerhalb von 18 Tagen verpuppt sich die Raupe, und nach einer Puppenruhe von 18 Tagen erscheint der Falter.

Die bei diesen Schmetterlingen häufig beobachtete Futterverweigerung in der 2. Generation kann durch Umsetzen in größere Flugkäfige (Abb. 28) und durch Zwangsfütterung (Abb. 353) weitgehend behoben werden.

Abb. 353. Zwangsfütterung.

Bei dieser Fütterungsmethode werden die Flügel des Schmetterlings über dem Rükken mit Daumen und Zeigefinger zusammengehalten. Mit der anderen Hand streicht man eine Ballonpipette mit Honig- oder Zuckerwasser gefüllt seitlich am Rüssel hin und her. Sobald der Falter den Rüssel ausstreckt, wird er in die Pipette eingeführt. Die aufgenommene Flüssigkeitsmenge kann bei graduierten Pipetten leicht gemessen werden.

Die Aufzucht des Wolfsmilchschwärmers auf synthetischem Futter ist ebenfalls möglich. Neben der Standard-Futtermischung

(s. Seite 41) kann auch die von WALD-BAUER et al. für Schwärmerraupen entwickelte Mischung verwendet werden. In der Standardmischung muß aber der Anteil an Weizenkeimen durch pulverisierte Zypressenwolfsmilch ersetzt werden.

Die von WALDBAUER et al. hat folgende Zusammensetzung (modifiziert):

Blattbrei der jeweiligen Futterpflanze*	1000,0 g
Cellulosepulver	50,0 g
Traubenzucker	100,0 g
Casein, vitaminfrei	60,0 g
Bacto-Pepton (Difco)	40,0 g
Maisöl	2,0 ml
α-Tocopherol	2,0 ml
Cholesterin	4,0 g
Wessons Salz (s. Seite 42)	8,0 g
Trockenhefe	50,0 g
Cholinchlorid	2,0 g
Aureomycin	750 mg
Agar-Lösung (7 g in 1000 ml Wasser)	1 Liter

* 1000 g frisches Blattmaterial in 2 l dest. Wasser homogenisiert und tiefgefroren.

In der Tabelle auf Seite 259 sind verschiedene Schwärmerarten aufgeführt, die nach der für den Wolfsmilchschwärmer beschriebenen Zuchtmethode gezüchtet werden können. In der 2. Kolonne sind die von den Raupen bevorzugten Futterpflanzen aufgeführt. Als Naturfutter werden nur die jungen saftigen Blätter der entsprechenden Pflanzen verfüttert. Prinzipiell ist die Aufzucht der Raupen mit der auf Seite 41 beschriebenen synthetischen Standard-Futtermischung möglich. Die Raupen nehmen grundsätzlich Futter mit einem Gehalt der von ihnen bevorzugten Futterpflanze lieber an. Aus diesem Grunde wird der Anteil an Weizenkeimmehl auf 30 g gesenkt und durch 50 g des pulverisierten Blattmaterials ergänzt. In synthetischen Futtermischungen ist der Anteil an Trockensubstanz festgelegt und kann nur innerhalb enger Grenzen variiert werden.

Sphingidae	Futterpflanze (Blätter)
Sphinx ligustri L. Ligusterschwärmer	Liguster, Schneeball
Hyloicus (Sphinx) pinastri L. Tannenpfeil, Kiefernschwärmer	Föhrennadeln von Föhren mit rot-braun-schuppiger Rinde
Mimas tiliae L. Lindenschwärmer	Linde
Smerinthus ocellatus L. Abendpfauenauge	Trauerweide
Laothoe (Amorpha) populi L. Pappelschwärmer	Schwarzpappel
Daphnis (Deilephila) nerii L. Oleanderschwärmer	Oleander
Macroglossum stellatarum L. Taubenschwanz	Labkraut
Deilephila elpenor L. Mittlerer Weinschwärmer	Labkraut
Deilephila porcellus L. Kleiner Weinschwärmer	Labkraut

57. *Megalopygidae*

Kleine, braune Falter mit wolligem Aussehen. Die 14füßigen Raupen sind mit Nesselhaaren versehen. Sie leben phytophag auf verschiedenen Pflanzen.

58. *Epipyropidae*

Kleine mottenähnliche Falter, deren Raupen auf Zikaden parasitieren, indem sie unter den Flügeln des Wirtes die Körperoberfläche befressen. In USA vorkommend.

59. *Heterogynidae*, Mottenspinner

Kleine Schmetterlinge mit geflügelten Männchen mit gezähnten Fühlern und flügellosen, raupenähnlichen Weibchen. Die kurz behaarten und gedrungenen, düster gefärbten Raupen leben phytophag auf niedrigwüchsigen Pflanzen.

60. *Zygaenidae*, Widderchen, Blutströpfchen

Schmetterlinge mit metallisch blau gefärbten und rot und gelb gezeichneten

Flügeln von 3–4 cm Spannweite. Die Fühler sind keulenförmig verdickt. Die Falter (Abb. 354a) sind plump und finden sich oft auf Blüten. Die phytophagen Raupen (Abb. 354b) bevorzugen warme, sonnenexponierte Standorte. Im Juni–Juli oft zu Tausenden auf Gräsern oder anderen Pflanzen, auf denen die leeren, glänzenden Puppenhüllen sichtbar sind.

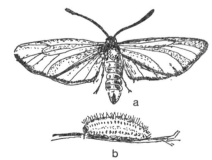

Abb. 354. Widderchen.

Trauerzygaene, *Aglaope infausta* L.
Die Raupen dieses kleinen Falters mit den durchscheinenden Flügeln sind braun mit hellen Rücken- und Seitenstreifen. Man

Zygaenidae	Futterpflanze (Blätter)	Dauer der Entwicklungsstadien
Zygaena purpuralis Brünn.	Feldthymian	Eiablage auf Rosenblättern
Zygaena filipendulae L. Gemeines Bluttröpfchen	Hornklee	Embryonal: 8 Tage/23 °C Larval: 40 Tage/24–28 °C
Zygaena trifolii Esp. Kleewidderchen	Hornklee	Embryonal: 8 Tage/23 °C Kopula mehrere Stunden, Eispiegel

findet sie im Juni auf Schlehen (Nollig bei Lorsch). Für die Aufzucht kommt die für den Flechtenspinner beschriebene Zuchttechnik in Betracht, wobei aber eine Photoperiode von 16 Stunden/3000 Lux erforderlich ist. Als Futterpflanze für die Raupen verwendet man Schlehen-, Weißdorn- oder Zwetschgenblätter. Die Raupen verpuppen sich in einem eiförmigen Kokon an der Wand der Zuchtschale oder auf dem feuchten Gipsboden. Erfolgreich verliefen Versuche mit Raupen auf synthetischer Standard-Futtermischung (Seite 41), bei der man den Anteil an Weizenkeimen um 50 % reduziert und durch Kleemehl ersetzt hatte (Aufzucht über 2 Häutungen). Präovipositionsperiode 3–4 Tage, Embryonalentwicklung 12 Tage, Raupenentwicklung 60 Tage, Puppenruhe 15 Tage. Nach der bei der Trauerzygaene beschriebenen Methode sind auch die in obiger Tabelle aufgeführten Arten zu züchten.

61. *Notodontidae*, Zahnspinner

Den Eulenfaltern sehr ähnlich sehende Schmetterlinge, deren Vorderflügel am Hinterrand einen nach hinten gerichteten und aus Haarschuppen bestehenden Zahn (Abb. 355a) aufweisen. Die Falter strecken in Ruhestellung ihre Vorderbeine parallel nach vorne und legen ihre Flügel dachförmig übereinander. Manche Arten der Raupen tragen auf dem 4. Segment Rückenhöcker (Abb. 355b). Sie leben auf verschiedenen Laubbäumen. Die in der Tabelle (Seite 261) aufgeführten Zahnspinnerarten können nach der für den Wolfsmilchschwärmer beschriebenen Methode gezüchtet und gehalten werden. In der 2. Kolonne sind die von den Raupen

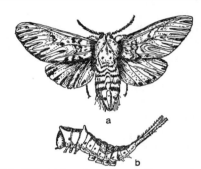

Abb. 355. Zahnspinner (nach LAMPERT).

bevorzugten Futterpflanzen aufgeführt. Als Naturfutter werden nur die Blätter verfüttert. In der 3. Kolonne ist die Dauer einzelner Entwicklungsstadien bei bestimmten Temperaturen angegeben. Prinzipiell ist es möglich, alle diese Zahnspinnerarten mit der auf Seite 41 beschriebenen synthetischen Standard-Futtermischung zu züchten. Raupen einzelner Arten nehmen dieses Futter jedoch nur dann oder lieber an, wenn es einen gewissen Anteil der von ihnen bevorzugten Futterpflanze enthält. Da in synthetischen Futtermischungen der Anteil an Trockenmaterial nicht willkürlich festgesetzt werden, sondern nur innerhalb enger Grenzen variiert werden kann, senkt man den Anteil an Weizenkeimmehl und ergänzt ihn durch pulverisiertes Blattmaterial der jeweiligen Futterpflanze. In manchen Fällen wird der gesamte Anteil an Weizenkeimmehl durch pulverisiertes Blattmaterial der Futterpflanze ersetzt, in anderen wiederum nur ein Teil davon.

62. *Thaumetopoeidae*, Prozessionsspinner

Mittelgroße Schmetterlinge ohne auffallende Färbung. Kopf mit doppelt ge-

Notodontidae	Futterpflanze (Blätter)	Dauer der Entwicklungsstadien
Phalera bucephala L. Mondvogel, Mondfleck	Linde, Trauerweide, Kirsche, Essigbaum (Sumach), Pappel	Embryonal: 8 Tage/24 °C
Clostera (Pygaera) curtula L. Erpelschwanz	Trauerweide, Pappel	Embryonal: 10 Tage/24 °C
Cerura furcula Cl.	Pappel, Weide*	
Cerura (Dicranura) vinula L. Großer Gabelschwanz	Schwarzpappel	Embryonal: 7 Tage/25 °C Larval: 26 Tage/26 °C
Pheosia tremula Cl. Pappelzahnspinner	Pappel	Embryonal: 6 Tage/24 °C Larval: 34 Tage/26 °C
Notodonta dromedarius L. Erlenzahnspinner	Birke	—
Ochrostigma melagona Bkh.	Buche*	Larval: 31 Tage/24 °C

* Mit Weizenkeimmehl auf 70 g auffüllen.

kämmten Fühlern und sehr kleinen Palpen. Vorderkörper stark wollig behaart; Hinterleib beim Weibchen mit, beim Männchen ohne Haarbusch. Die Eier werden als geschlossene Gelege abgesetzt. Raupen kurz, mit Haaren dicht besetzt. Die Haare mit Widerhaken sind leicht brüchig und verursachen bei empfindlichen Menschen starke und schmerzhafte Entzündungen der Haut und Schleimhäute. Die Raupen leben gesellig in Gespinsten und verlassen diese in geordneten Zügen auf der Suche nach frischer Nahrung. Verpuppung in Gespinsten.
Die Haltung und Zucht verschiedener Prozessionsspinner ist nach der beim Wolfsmilchschwärmer beschriebenen Methode möglich. Durch Aufbewahren der abgeschnittenen »Raupennester-Gespinste« bei Temperaturen von 1–5 °C können die Raupen längere Zeit, d. h. über Monate »auf Lager« gehalten werden.

63. *Arctiidae*, Bärenspinner

Kräftige, mittelgroße, meist bunte Falter. Vorderflügel dreieckig, Hinterflügel in Ruhestellung dachförmig gegeneinander gestellt (Abb. 356 a). Eiablage auf verschiedenen Pflanzenteilen. Raupen (Abb.

356 b) dicht behaart. Verpuppen sich in lockerem Gespinst.

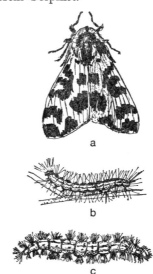

Abb. 356. Bärenspinner.

Brauner Bär, *Arctia caja* L.
Dieser Schmetterling mit den dunkelbraunen, weißgebänderten Vorderflügeln und den leuchtendroten, dunkelblau gefleckten Hinterflügeln kann im Mai–Juni mit dem Netz auf Wiesen gefangen wer-

den. Der Falter legt die Eier an niedrigwüchsigen Pflanzen ab. Die schwarzbraunen Raupen sind dicht rotbraun behaart
und verpuppen sich in einem mit Haaren
durchsetzten Kokon.

Die Aufzucht dieses Falters erfolgt im allgemeinen nach der für den Seidenspinner
beschriebenen Methode. Als Futterpflanze
verwendet man Kopfsalat oder Endivien.
Mit der synthetischen Standard-Futtermischung (Seite 41) ist die Aufzucht der
Raupen ebenfalls möglich.

Präovipositionsperiode 2 Tage, Embryonalentwicklung 3–4 Tage, Raupenentwicklung 16–18 Tage mit 5 Häutungen,
Puppenruhe 6–8 Tage.

In der nachfolgenden Tabelle sind verschiedene Bärenspinner aufgeführt, die
nach der für den Wolfsmilchschwärmer
beschriebenen Methode gezüchtet werden
können. In der 2. Kolonne sind die von
den Raupen bevorzugten Futterpflanzen
aufgeführt. Als Naturfutter werden nur
die jungen, saftigen Blätter der Pflanzen
verfüttert. Prinzipiell ist die Aufzucht mit
der auf Seite 41 beschriebenen synthetischen Standard-Futtermischung möglich.
Die Raupen nehmen grundsätzlich Futter
mit einem Gehalt der von ihnen bevorzugten Futterpflanze lieber an. Aus diesem
Grunde wird der Anteil an Weizenkeimmehl auf 30 g gesenkt und mit 50 g des

pulverisierten Blattmaterials ergänzt. In
synthetischen Futtermischungen ist der
Anteil an Trockensubstanz festgelegt und
kann nur innerhalb enger Grenzen variiert
werden.

Blaßgrauer Flechtenspinner, *Eilema*
(Lithosia) caniola Hbn.

Dieser Schmetterling fliegt im Juni und
legt die Eier an feuchten Flechtenpolstern
ab. Die Raupen sind rotbraun behaart und
tragen 2 rötliche Seitenlinien. Von Juni
bis September kann der Falter mit der
Lichtfalle gefangen werden.

Zuchttechnik und Futter

Einmachgläser und Glasschalen mit 2–3 cm
Gipsboden.

Temperatur 24 °C, RLF 90–95 %.

Das Zuchtglas wird vollständig mit mehreren Lagen Filterpapier ausgeschlagen.
Außerdem stellt man eine Dochttränke
(Abb. 50) zur Erhaltung der Luftfeuchtigkeit ein. Das Glas wird mit Baumwolltuch verschlossen. Pro Zuchtgefäß
setzt man 5–10 Zuchtpaare ein. Die Weibchen legen die Eierhäufchen mit Vorliebe in der Nähe der Tränke ab. Die Eier
werden zusammen mit der Filterpapierunterlage in eine feuchte Kammer gelegt
(Abb. 33). Die ausschlüpfenden Raupen
werden mit Flechten gefüttert. Am besten
verwendet man mit Algenflechten bewach-

Arctiidae	Futterpflanze (Blätter)
Parasemia plantaginis L. Wegerichbär	Löwenzahn, Spitzwegerich
Rhyparia purpurata L. Purpurbär	Labkraut
Arctia villica L. Schwarzer Bär	Löwenzahn, Kopfsalat
Callimorpha dominula L. Schönbär	Löwenzahn, Brombeere
Callimorpha quadripunctaria L. Spanische Flagge	Brombeere, Trauerweide
Spilosoma menthastri Esp. Weiße Tigermotte	Brennessel, Eiche

sene Buchenrinde, die auf den feuchten Gipsboden der Zuchtschale gelegt wird. Jede Schale (Abb. 360) wird mit ca. 100–200 Raupen (∅ der Schale ca. 20 cm) besetzt. Das Futter wird bei Bedarf ergänzt. Die ausgewachsenen Raupen verpuppen sich in einem Kokon zwischen den Rindenstücken.

Präovipositionsperiode 5 Tage, Embryonalentwicklung 6 Tage, Raupenentwicklung 2 Monate mit 5 Häutungen, Puppenruhe 7 Tage.

Der zur gleichen Familie gehörende **Vierpunktspinner** (Würfelmotte), *Lithosia (Oenistis) quadra* L. wird nach der gleichen Zuchtmethode mit verschiedenen Baumflechten gezüchtet. Bevorzugt werden von den Raupen die glatten Flechtenbeläge der Buchen. Eine Generation entwickelt sich innerhalb von 80–100 Tagen.

Die Raupe des **Nadelholzflechtenbärs**, *Eilema (Lithosia) deplana* Esp. bevorzugt die Flechten von Nadelbäumen, insbesondere die festen kurzen Beläge.

64. Lymantriidae, Wollspinner, Trägspinner

Mäßig große Schmetterlinge (Abb. 357a). Körper plump und meist stark behaart. Weibchen bei einigen Arten flügellos. Eiablage auf verschiedene Pflanzenteile. Raupen (Abb. 357b) 16füßig mit abgestutzten Haarbüscheln auf den mittleren Segmenten. Die Haare der Raupen verursachen bei Berührung starke Nesselwirkung *(Urticaria)* und ergeben heftige Entzündung der menschlichen Haut.

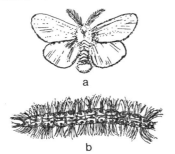

a

b

Abb. 357. Trägspinner (nach LAMPERT).

Schwammspinner, *Lymantria dispar* L.
Im August–September legt das Weibchen die Eier auf den Baumrinden von Obst-, Laub-, Kiefern- oder anderen Nadelbäumen ab. Die massenweise als Eispiegel abgelegten Eier werden mit brauner Afterwolle bedeckt. Nach dem Überwintern schlüpfen im Frühjahr die grauen bis braungrauen Raupen aus. Diese Raupen sind mit Büscheln stechender Haare besetzt. Für Zuchtzwecke kann man die Eigelege oder Raupen einsammeln, die Falter werden im Sommer mit der Lichtfalle eingefangen.

Zuchttechnik und Futter
Glas- und Plastikschalen mit Baumwollgazeverschluß (Abb. 360).
Temperatur 27°C, RLF 60%.

Aus den eingesammelten Eigelegen schlüpfen die Raupen unter den gegebenen Zuchtbedingungen innerhalb von 2 Tagen aus. Sie werden mit Kopfsalat oder Endivien gefüttert. Das Futter muß täglich erneuert werden. Ebenso ist es ratsam, das Zuchtgefäß täglich mit neuem Filterpapier auszulegen. Die Besatzdichte sollte pro Zuchtgefäß nicht mehr als 50 Stück betragen. Die ausgewachsenen Raupen verpuppen sich am Boden in einem Gespinst. Die Puppen sammelt man ein, streift das Gespinst ab und legt sie in eine mit feuchtem Sägemehl gefüllte Schale um. Wenige Stunden nach dem Ausschlüpfen kopulieren die jungen Falter und legen nach 1–2 Tagen die Eispiegel ab. Um die monatelange Diapause zu brechen, bewahrt man die 5 Tage alten Eier 6–8 Wochen bei 2–5°C auf. Aus den so behandelten Eiern schlüpfen schon nach wenigen Tagen die Raupen.

Soweit verfügbar, können die Raupen auch junges Laub verschiedener Laubbäume als Futter erhalten. Die Aufzucht auf synthetischem Futter kann mit der für die Kohleule beschriebenen Mischung erfolgen. Die Mischung sollte statt des Kohlpulvers zu gleichen Teilen Salatpulver und Weizenkeimmehl enthalten.

Lymantriidae	Futterpflanze (Blätter)	Dauer der Entwicklungsstadien
Dasychira pudibunda L. Rotschwanz	Rotbuche, Eiche, Klee, Kopfsalat	Larval: 6 Wochen
Orgyia gonostigma F.* Eckfleck	Schlehe, Trauerweide, Eiche, wilde Zwetschge	Embryonal: 16 Tage Larval: 22–24 Tage
Orgyia antiqua L. Schlehenspinner	Schlehe, Zwetschge	Larval: 3½ Wochen
Arctornis l-nigrum Mill.* Schwarzes L	Linde, Weide, Pappel	Embryonal: 8 Tage
Leucoma (Stilpnotia) salicis L. Weidenspinner	Schwarzpappel, Trauerweide	Embryonal: 14 Tage
Lymantria monacha L. Nonne	Lärche, besser als Rottanne	
Euproctis chrysorrhoea L. Goldafter (!)	Zwetschge	
Thaumetopoea processionea Eichenprozessionsspinner (!)	Eichen	

Präovipositionsperiode 1–2 Tage, Embryonalentwicklung 30 Tage mit 5–6 Häutungen, Puppenruhe 8–10 Tage.

Die in der obenstehenden Tabelle aufgeführten Spinner können nach der für den Schwammspinner beschriebenen Methode gezüchtet werden.

Das Zeichen * bedeutet, daß dieses Insekt auch mit synthetischer Standard-Futtermischung (siehe Seite 41) gezüchtet werden kann, wobei aber der Anteil an Weizenkeimmehl teilweise oder ganz durch Blattmaterial der entsprechenden Futterpflanze zu ersetzen ist.

Die Raupen der mit Ausrufungszeichen (!) versehenen Spinner sind mit besonderer Vorsicht zu behandeln. Man sollte beim Hantieren mit diesen Tieren stets Handschuhe tragen und unbedeckte Hautpartien durch eine Schutzkrem schützen.

65. *Noctuidae*, Eulen

Mittelgroße, meist nachts fliegende Falter, Körper stark behaart und hinten abgestumpft. Borstenförmige Fühler. Flügel in Ruhe steil und dachartig getragen. Vorderflügel lang, dreieckig mit schrägem Saum (Abb. 358 a).

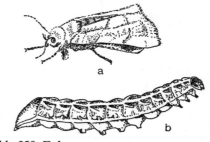

Abb. 358. Eule.

Meist dunkel gefärbt mit Nieren- und Ringfleck, zwischen denen gewellte Querlinien verlaufen. Lebhafte Nachtfalter und eifrige Blütenbesucher. Eiablage auf verschiedenen Pflanzenteilen. Raupen nackt (Abb. 358 b), 16füßig; vor den ersten beiden Häutungen oft nur 12–14füßig. Leben anfänglich gesellig, später einzeln. Tagsüber im Boden versteckt, nachts auf Pflanzen fressend.

Baumwollwurm, *Spodoptera (Prodenia) littoralis* Boisd.

Die dunkelbraunen, silbrig gezeichneten Falter kommen hauptsächlich in Afrika und Asien vor. Das Weibchen legt die Eier nicht nur auf Baumwollblättern sondern auch auf Blättern vieler anderer Pflanzen ab, z.B. Mais, Reis, Klee, verschiedene Gemüse etc.

Die nackte Raupe ist verschieden gefärbt, sie kann hellgrün bis rauchgrau sein und hat in fortgeschrittenem Stadium seitlich auf dem Rücken dunkle Punkte. Die Raupe frißt die Knospen, Blätter und Früchte.

Zuchttechnik und Futter
Adulte: Vollständig mit Filterpapier ausgekleidete Einmachgläser, Verschluß Baumwollgaze oder Metallgazedeckel (Abb.359).

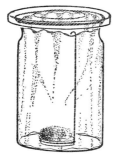

Abb. 359. Zuchtglas mit Dochttränke.

Eier, Larven und Puppen: Glas- oder Plastikschalen (⌀ ca. 30 cm, Höhe ca. 10 cm), Verschluß Baumwollgaze (Abb. 360).

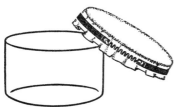

Abb. 360. Zuchtschale.

Temperatur 26–27°C, RLF 65–75%.
Pro Zuchtglas werden 15–25 Falterpaare eingesetzt und mittels einer Dochttränke mit 2,5–5%igem Honigwasser gefüttert (Abb. 359). Die Weibchen legen die Eier dicht aneinander als Eispiegel ab. Jedes Gelege wird dann noch mit Afterwolle

abgedeckt. Die Eigelege werden täglich zusammen mit dem Filterpapier aus dem Zuchtglas entnommen. Das Zuchtglas wird jeweils neu ausgeschlagen, wobei die Falter durch Kälteschock (s. Seite 426) narkotisiert werden. Die Eispiegel werden aus dem Filterpapier ausgeschnitten, aber nicht abgelöst. Diese Eispiegel-Filterpapierplättchen legt man dann auf Salatblätter in die mit Filterpapier und Sägemehl beschickten Zuchtschalen.

Pro Zuchtschale sollten nicht mehr als 3000 Eier eingelegt werden.

Die Raupen erhalten bis zur 3. Häutung täglich frische Salatblätter als Futter. Entweder setzt man die Tiere auf das frische Futter um, oder man legt das frische Futter neben das alte. Aufgrund der Attraktivität wird das frische Futter sehr schnell von den Jungraupen angegangen. Das Filterpapier sollte nach Bedarf, am besten aber täglich, ausgewechselt werden.

Während der einzelnen Larvenstadien sollte in den Zuchtschalen folgende Populationsdichte eingehalten werden:

L_2: 500 Raupen (nach 1. Häutung)
L_3: 250 Raupen (nach 2. Häutung)
L_4: 100 Raupen (nach 3. Häutung)
L_5:   50 Raupen (nach 4. Häutung)
L_6: 25–30 Raupen (nach 5. Häutung)

Mit fortschreitender Entwicklung nehmen Kotmenge, Anfälligkeit gegenüber Krankheiten und Kannibalismus zu. Daher müssen die Tiere täglich in mit mehreren Lagen Filterpapier ausgelegte Zuchtschalen auf frisches Futter umgesetzt werden. Mit zunehmender Stadienzahl steigt der Futterverbrauch beträchtlich, fällt dann aber 2–3 Tage vor der Verpuppung auf Null zurück. Die Tiere verkriechen sich zum Verpuppen zwischen das Filterpapier und in das zusätzlich 2–3 cm hoch eingestreute Sägemehl. Anstelle von Filterpapier kann ein Drahtgitterrost (Maschenweite ca. 5 mm) über das Sägemehl gespannt werden. Die Raupen können so vom darauf liegenden Futter direkt ins Sägemehl kriechen. Nach der 2. Häutung können die Raupen des Baumwollwurms auch mit Blättern folgender Pflanzen gefüttert werden: Weißklee, Luzerne, Mais, Kopf- oder Endiviensalat, Löwenzahn, Buschbohnen, Winden, Roßkastanien, Baumwolle, Malven.

In der folgenden Tabelle sind die Zusammensetzungen von 4 für die Raupen des Baumwollwurms geeigneten synthetischen bzw. halbsynthetischen Futtermischungen beschrieben (vgl. Technik zur Herstellung von künstlichen Diäten auf Seite 40).

Die frischen, rotbraunen Puppen werden in mit feuchter Sägemehl-Gartenerde-Mischung (2:1) gefüllte Zuchtschalen auf Filterpapier ausgelegt. Zur Aufrechterhaltung der notwendigen Luftfeuchtigkeit legt man zusätzlich einen feucht zu haltenden Schwamm auf die Gazebespannung des Deckels.

Präovipositionsperiode 24–36 Stunden, Embryonalentwicklung 2 Tage, Larvalentwicklung 3–4 Wochen mit 6 Häutungen in Intervallen von 4–5 Tagen, 6. Häutung = Verpuppung, Puppenruhe 8 Tage. Für die Aufzucht der im folgenden be-

schriebenen Eulen wird die für den Baumwollwurm ausführlich beschriebene Zuchttechnik empfohlen.

Kohleule, *Barathra (Mamestra) brassicae* L.

Der Falter erscheint von Mai bis September in 2–3 Generationen und kann mit der Lichtfalle eingefangen werden. Die Eier werden auf Kohlarten, Salat und verschiedenen anderen niederwüchsigen Pflanzen abgelegt. Von Juni bis September können auf Kohlfeldern die Raupen eingesammelt werden. Für die Aufzucht der Raupen ist als Naturfutter Blumen- und Rosenkohl-Blattwerk zu empfehlen. Die Aufzucht mit synthetischem Futter ist mit gutem Erfolg möglich gewesen. Die Futtermischung besteht aus:

1. Wasser		2000 ml
22,5%ige wäßrige Kaliumhydroxidlösung		20 ml
2. Casein, vitaminfrei		123 g
Traubenzucker		125 g

| Komponenten | Futtermischungen | | | |
| | Nr. 1. | Nr. 2. | Nr. 3. | Nr. 4. |
	Mengen in g bzw. ml			
Alfalfamehl		100,0	100,0	
Weizenkeimmehl	75,0			
Kleemehle (Weißklee)				100,0
Salatblätter, tief gekühlt		50,0	7,5	
Salatblätter, pulv.				
Casein, vitaminfrei	25,0			15,0
Traubenzucker	50,0			
Methylcellulose	30,0	20,0	20,0	
Trockenhefe	50,0	50,0	50,0	90,0
Ascorbinsäure	5,0	5,0		10,0
Wessons Salz (s. Seite 42)				
Vitaminlösung (1)	75,0	25,0	25,0	
WH-Lösung (2)	5,0	5,0	5,0	
Formaldehyd 38%	2,0	2,0	2,0	
Inositol				0,4
Cholesterol				0,4
Cholinchlorid				0,8
Cystein-Hydrochlorid				0,12
Agar, pulv.	25,0	25,0	25,0	25,0
Wasser	1000,0	1000,0	1000,0	1000,0

getrocknete, pulverisierte
Kohlblätter

(Blumen- oder Rosenkohl)	100 g
Natriumalginat	10 g
Ascorbinsäure	10 g
Trockenhefe	20 g
Wessons Salz	30 g
Aureomycin	500 mg
3. Agar	90 g
Wasser	1000 ml
4. Formalinlösung (10%)	10 ml
alkohol. Bakterizid-Fungizid-Mischung (s. Seite 42)	30 ml
Vitaminlösung (s. Seite 42)	5 ml
10%-wäßrige Cholinchlorid-lösung	35 ml

Auf Seite 42 findet sich eine genaue Anleitung zur Herstellung der Mischung sowie die Zusammensetzung der einzelnen Salz- und anderen Mischungen.

Gemüseeule, *Polia (Mamestra) oleracea* L.
Dieser in Mitteleuropa weit verbreitete Falter erscheint pro Jahr in 3–4 Generationen und kann mit der Lichtfalle (Abb. 18, 19) eingefangen werden. Die grünen Eier werden an verschiedenen niedrigwachsenden Pflanzen abgelegt, die ausschlüpfenden Raupen sind ebenfalls grün und mit schwarzen Warzen bedeckt.
Als Naturfutter eignen sich Blätter von Kopfsalat, Mais oder Löwenzahn. Perioden mit Futterknappheit lassen sich leicht mit Luzernemehl, das man mit der doppelten Menge Wasser anfeuchtet, überbrücken.

Als synthetische Futtermischung verwendet man die auf Seite 41 beschriebene Standard-Futtermischung. Vergleiche auch Technik zur Herstellung von künstlichen Futtermedien (Seite 40).
Die in der folgenden Tabelle aufgeführten Eulenarten können nach der für den Baumwollwurm beschriebenen Methode gezüchtet und gehalten werden. In der 2. Kolonne sind die von den Raupen bevorzugten Futterpflanzen aufgeführt. Als Naturfutter werden nur die Blätter verfüttert. In der 3. Kolonne ist zum Teil die Dauer der einzelnen Entwicklungsstadien bei bestimmten Temperaturen angegeben.
Prinzipiell ist es möglich, alle diese Eulenarten mit der auf Seite 41 beschriebenen synthetischen Standard-Futtermischung zu züchten. Raupen einzelner Arten nehmen dieses Futter jedoch nur dann oder lieber an, wenn es einen gewissen Anteil der von ihnen bevorzugten Futterpflanze enthält. Da in synthetischen Futtermischungen der Anteil an Trockenmaterial nicht willkürlich festgesetzt, sondern nur innerhalb enger Grenzen variiert werden kann, senkt man den Anteil an Weizenkeimmehl und ergänzt ihn durch pulverisiertes Blattmaterial der jeweiligen Futterpflanze. Die Mengen sind in Klammern hinter den einzelnen Futterpflanzen angegeben. In manchen Fällen wird der gesamte Anteil an Weizenkeimmehl durch pulverisiertes Blattmaterial der Futterpflanze ersetzt, in anderen wiederum nur ein Teil davon.

Noctuidae	Futterpflanze (Blätter)	Dauer der Entwicklungsstadien	
Moma (Diphtera) alpium Osb. Orion	Buche	Larval:	32 Tage/24°C
Colocasia coryli L. Graue Eicheneule	Eiche (80 g) Haselnuß	Embryonal: Larval: Puppenruhe:	8 Tage/24°C 28 Tage/25°C 8 Tage/25°C
Acronycta psi L. Pfeileule	wilde Zwetschge		
Acronycta rumicis L. Ampfereule	Sauerampfer Brennessel (90 g) Trauerweide	Larval:	33 Tage/26°C

Noctuidae (Forts.)	Futterpflanze (Blätter)	Dauer der Entwicklungsstadien	
Acronycta aceris L. Ahorneule	Feldahorn	Larval:	38 Tage/23°C
Acronycta alni L. Erleneule	Trauerweide (45 g)*** Kirsche, Linde	Larval:	30 Tage/27°C
Carniophora ligustri Schiff. Ligustereule	Liguster (80 g)	Larval:	26 Tage/26°C
Agrotis segetum Schiff. Wintersaateule	Weißer Gänsefuß Rosenkohl (50 g)** Weißer Senf Weizen, Mais	Embryonal: Larval: Puppenruhe:	8 Tage/28°C 5 Wochen 3 Wochen
Agrotis ipsilon Hufn. Ypsiloneule	Löwenzahn	Embryonal: Larval: Puppenruhe:	6 Tage/27°C 34 Tage/26°C 3–4 Wochen/26°C
Amathes (Agrotis) *candelarum* Str. ssp. *ashworthii* Dbld.	Brombeere (30 g) Löwenzahn (50 g)	Larval:	40 Tage/26°C
Ochropleura (Agrotis) *plecta* L.	Weißklee Kopfsalat	Embryonal: Larval:	8 Tage/26°C 31 Tage/26°C
Peridroma (Agrotis) *saucia* Hbn.	Endivien, Kopfsalat Luzerne	Larval:	33 Tage/26°C
Amathes (Agrotis) *xanthographa* Schiff.	Kriechender Hahnenfuß		
Amathes (Rhyacia) *castanea* Esp.	Kleine Brennessel		
Amathes (Agrotis) *c-nigrum* L. Schwarze C-Eule	Kopfsalat (45 g)*** Löwenzahn (Kohl)	Präovipositions- periode: Embryonal: Larval: Puppenruhe:	1 Tag 3 Tage/26°C 31 Tage/26°C 6–8 Tage/26°C
Anaplectoides (Agrotis) *prasina* Schiff. Grüne Himbeereule	Himbeere Heidelbeere	Larval:	29 Tage/28°C
Noctua fimbriata Schreber Schlüsselblumeneule	Brombeere (60 g, Trocken- hefe auf 80 g erhöhen)	Larval:	39 Tage/26°C
Noctua (Agrotis) *janthina* Schiff.	Schlehe Schlüsselblume		
Noctua (Agrotis) *comes* Hbn.	Brombeere Löwenzahn	Larval:	36 Tage/26°C
Actinotia polyodon Cl.	Johanniskraut	Embryonal:	5 Tage/25°C
Discestra (Mamestra) *trifolii* Hufn. Kleefeldeule	Weißer Gänsefuß Gartenmelde (90 g und Blütenstände)	Larval:	30 Tage/27°C
Discestra (Mamestra) *marmorosa* Bkh.	Kronwicke (*Coronilla emerus*, *C. varia*)		

Noctuidae (Forts.)	Futterpflanze (Blätter)	Dauer der Entwicklungsstadien	
Mamestra suasa Schiff. (*M. dissimilis* Kn.)	Sauerampfer Kopfsalat (45 g)*** Weißklee	Embryonal:	8 Tage/25 °C
Mamestra bicolorata Hufn. (*M. serena* Schiff.)	Hasenlattich Schlehe Zwetschge	Embryonal: Larval:	10 Tage/25 °C 40 Tage/27 °C
Hadena rivularis F. (*H. cucubali* Schiff.)	Leimkraut (*Silene nutans*)		
Polia nebulosa Hufn.	Schlehe Brennessel (70 g) Vogelknöterich Himbeere	Larval:	42 Tage/28 °C
Pachetra sagittigera Hufn.	Mais (90 g)	Embryonal: Larval:	8 Tage/25 °C 28 Tage/28 °C
Xylomiges conspicillaris L.	Eiche, jung (75 g)	Embryonal: Gesamtzyklus: 5 Wochen	8 Tage/25 °C
Orthosia (Monima) munda Schiff.	Pappel		
Orthosia (Monima) miniosa Schiff.	wilde Zwetschge (50 g)* Eiche (25 g)*		
Orthosia (Monima) stabilis View. Gemeine Kätzcheneule	Eiche (25 g)* Linde (50 g)*	Embryonal: Larval:	7 Tage/25 °C 32 Tage/30 °C
Orthosia (Monima) incerta Hufn.	wilde Zwetschge (s. bei *Orthosia miniosa*)	Embryonal: Larval:	7 Tage/25 °C 43 Tage/25 °C
Mythimna (Hyphilare) albinpuncta Schiff. Weißfleckeule	Junge Maispflanzen (100 g Stengel und Blätter)	Embryonal: Larval:	12 Tage/25 °C 45 Tage/25 °C
Cucullia verbasci L. Brauner Mönch	Königskerze (*Verbascum thapsus*)	Larval:	51 Tage/24 °C
Allophyes (Meganephria) oxyacanthae L. Weißdorneule	Apfel, ganz junge Blätter und Blattknospen		
Blepharita (Crino) adusta Esp.	Stechapfel Akelei Taubnessel Heidelbeere Himbeere	Larval:	40 Tage/26 °C
Conistra (Orrhodia) rubiginosa Scop. (*C. varu-punctatum* Esp.)	wilde Zwetschge (70 g)*	Larval:	32 Tage/27 °C
Conistra (Orrhodia) vaccinii L. Braune Heidelbeereule	wilde Zwetschge (s. bei *Orthosia miniosa*)	Larval:	38 Tage/26 °C

Noctuidae (Forts.)	Futterpflanze (Blätter)	Dauer der Entwicklungsstadien	
Conistra (Orrhodia) rubiginea Schiff.	Trauerweide (100 g)	Larval:	30 Tage/27 °C
Agrochola (Orthosia) litura L.	wilde Zwetschge	Larval:	36 Tage/27 °C
Thalpophila (Celaena) matura Hufn.	Löwenzahn (50 g)* Pappel wilde Zwetschge	Larval:	40 Tage/24 °C
Hyppa (Lithomoia) rectilinea Esp. Stricheule	Weidenröschen Vogelknöterich Weißer Gänsefuß	Larval:	40 Tage/25 °C
Spodoptera (Laphygma) exigua Hbn. Zuckerrübeneule	Zaun-, Gartenwinde *(Calystegia sepium, Convolvulus arvensis)* Kopfsalat (Baumwolle) (siehe bei Gamma-Eule)	Larval:	30 Tage/26 °C
Hoplodrina (Caradrina) alsines Brahm. Stabeule	Löwenzahn Hahnenfuß	Larval:	34 Tage/27 °C
Hoplodrina (Caradrina) ambigua Schiff.	Breit- oder Spitzwegerich (50 g)*	Embryonal: Larval: Puppenruhe:	10 Tage/24 °C 4 Wochen 8 Tage
Pyrrhia umbra Hfn.	Hauhechel *(Ononis spinosa)* Grauerle	Embryonal: Larval: Puppenruhe:	10 Tage/25 °C 4 Wochen 12 Tage
Bena (Hylophila) prasinana L. Jägerhütchen	Buche (50 g)* Eiche	Embryonal: Larval:	7 Tage/25 °C 32 Tage/25 °C
Catocala fraxini L. Blaues Ordensband	Schwarzpappel (100 g)	Larval:	36 Tage/27 °C
Catocala nupta L. Rotes Ordensband	Trauerweide wilde Zwetschge		
Ephesia (Catocala) fulminea Scop. Gelbes Ordensband	wilde Zwetschge	Larval:	29 Tage/26 °C
Minucia (Pseudophia) lunaris Schiff. Braunes Ordensband	Eiche (jung) (80 g)	Larval:	40 Tage/25 °C
Plusia chrysitis L. Messingeule	Weiße Taubnessel *(Lamium album)* Brennessel (50 g) Löwenzahn (20 g)		32 Tage/27 °C
Plusia (Autographa) gamma L. Gamma-Eule	Kopfsalat (100 g) Tabak Geranien	Embryonal:	6 Tage/25 °C

Noctuidae (Forts.)	Futterpflanze (Blätter)	Dauer der Entwicklungsstadien	
Plusia pulchrina Haw.	Löwenzahn		
Catephia alchymista Schiff. Weißes Ordensband	Eiche, jung	Larval:	36 Tage/27 °C

*** mit Weizenkeimmehl auf 90 g auffüllen,
** mit Weizenkeimmehl auf 80 g auffüllen,
* mit Weizenkeimmehl auf 70 g auffüllen.

Graseule, *Cerapteryx (Charaeas) graminis* L.
Der bräunliche Falter legt die Eier im Juli–August an die Basis verschiedener Graspflanzen, wo die dunkelbraunen bis grünlichgrauen Raupen fressen und auch überwintern. Die Falter können für Zuchtzwecke mit der Lichtfalle im Hochsommer gefangen werden.

Zuchttechnik und Futter
Zuchtkäfige siehe Baumwollwurm oder Ampferwurzelbohrer.
Temperatur 28 °C, RLF 80–90 %.
Die Falter legen die Eier auf die Auskleidung des Zuchtgefäßes ab. Die Eigelege werden täglich zusammen mit der Unterlage entnommen und in einer feuchten Kammer (Abb. 33) bis zum Ausschlüpfen der Raupen aufbewahrt. Für die Aufzucht der Raupen verwendet man paraffinierte Kartondosen (Abb. 290) mit Gipsboden, auf die eine gleichmäßige Schicht Dauerwiesengrassamen ausgelegt wird. Die Samen läßt man keimen und setzt die frisch geschlüpften Raupen mit einem Haarpinsel auf die frischen Keime. Die Raupen werden anfänglich jeden 3.–4. Tag, später dann jeden 2. Tag auf neue vorgekeimte Grassamen umgesetzt.
Embryonalentwicklung 6 Tage, Raupenentwicklung 5 Wochen, Puppenruhe 8–10 Tage, Präovipositionsperiode 3–4 Tage.
Nach der gleichen Methode läßt sich die **Roggeneule,** *Mesapamea (Hadena) secalis* L. züchten. Diese Eule fliegt im Juli–August und legt die Eier besonders an Roggen ab. Die Raupen können für Zucht-zwecke in Roggenfeldern gesammelt werden. Als Futterpflanze verwendet man für die Raupen ebenfalls Roggen, der in Saatschalen vorgetrieben wird. Mit dem für die Gemüseeule beschriebenen synthetischen Futter (Seite 267) erzielt man recht gute Zuchtergebnisse.

Weißfleckige Schilfeule, *Archanara (Nonagria) geminipuncta* Hatch.
Der Falter fliegt im Juli–August in Süddeutschland (Kaiserstuhlgebiet) und legt die Eier auf Schilf *(Phragmites communis)*. Die Raupen bohren sich in den Schilfstengel ein und verpuppen sich dort im folgenden Jahr. Für Zuchtzwecke sammelt man die Raupen oder besser noch die Puppen in den Schilfstengeln mit abgestorbenen Herzblättern und einem Puppenfensterchen (Abb. 361 a/P) in den unteren Stengelteilen (Juni–Juli).

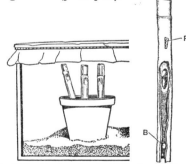

Abb. 361. Zucht der Schilfeule. Links: Die Stengelstücke werden zum Frischhalten in feuchte Erde gesteckt. Rechts: Aufgeschlitzter Schilfstengel mit Schilfeulenpuppe besetzt, B Bohrloch = Einschlupfloch der Raupe, P Puppenfenster = späteres Ausschlupfloch des Falters.

Zuchttechnik und Futter
Kristallisierschalen und Saatschalen.
Temperatur 25°C, RLF 90–98%, Photo-
periode 14 Stunden/1000 Lux.
Aus dem eingesammelten Schilfrohr wer-
den die Puppen sorgfältig herausgelöst
und in feuchten Kammern (Abb. 33) bis
zum Ausschlüpfen des Falters gehalten.
Die Falter werden dann in mit feuchtem
Vermiculith oder Zonolith gefüllte Kristallisierschalen umgesetzt und mit 5%igem
Honigwasser (Wattebausch) gefüttert. Als
Eiablagesubstrat erhalten sie zerschnittene
Schilfstengel und -blätter. Die Schale wird
mit Baumwollgaze verschlossen und im
Dunkeln aufgestellt.
Die mit Eiern belegten Schilfstücke werden täglich entnommen und in feuchten
Kammern bis zum Ausschlüpfen der Raupen aufbewahrt. Die Räupchen setzt man
dann auf in Saatschalen gezogene Schilf-
pflanzen (ca. 50 cm hoch) um. Die Raupen
bohren sich in die jungen, weichen Halme
ein, fressen sich im Inneren des Stengels
zur Basis hin durch, verlassen den Stengel
und bohren sich an der Stengelbasis zur
Verpuppung wiederum ein. Für die Aufzucht der Raupen kann außer Schilf auch
Gerste verwendet werden. Die für *Heliothis virescens* beschriebene synthetische
Futtermischung kann ebenfalls verwendet
werden.
Präovipositionsperiode 2–3 Tage, Embryonalentwicklung 7 Tage, Larvalentwicklung ca. 70–80 Tage mit 5 Häutungen,
Puppenruhe 16 Tage.
Lebensdauer des Weibchens 8–10 Tage,
Eizahl pro Weibchen ca. 50.

66. *Agaristidae*

Kleine Schmetterlinge, meist mit großen
Flecken auf den Flügeln und plumpem
Körper. Raupen leben phytophag auf verschiedenen Pflanzen. Für die Zucht kommen hauptsächlich die Methoden in Betracht, die für die Eulen beschrieben sind.

DIPTERA, ZWEIFLÜGLER

Die Insekten dieser umfangreichen Ordnung sind zwischen 1 und 40 mm lang und
besitzen nur ein Paar häutige Flügel, die
Vorderflügel. Diese sind geädert und für
die Systematik von Bedeutung. Die Hinterflügel sind zu Schwingkölbchen, kleinen
geköpften Stielchen, umgebildet. Kopf
frei beweglich mit stechend-saugenden,
saugenden oder leckenden Mundwerkzeugen. Augen meist groß. Die Fühler bestehen aus zwei Basalgliedern und einer
Geißel und sind entweder lang und schnurförmig oder kurz und verschiedenförmig
mit verschieden gestalteten Borsten und
Haaren. Beine = Schreitbeine.
Die Entwicklung ist holometabol. Aus
den eucephal-apoden Larven der Mücken
(*Nematocera*) entwickeln sich meist freie
Puppen, aus den acephal-apoden Larven
der Fliegen (*Brachycera*) entstehen Tönn-
chen- oder Mumienpuppen.
Die ausschlüpfende Fliege sprengt das
Tönnchen mit Hilfe ihrer Stirnblase, welche mittels Körperturgor erweitert wird,
oder die Puppenhaut spaltet längs der
Rückenpartie.

Abb. 362. Pfriemenmücke (nach LENGERS-
DORF-MANNHEIMS).

1. *Anisopodidae*, Pfriemenmücken

Kleine, 2–3 mm lange, dunkelgefärbte
Mücken (Abb. 362) mit 16gliedrigen Fühlern und 8segmentiertem Hinterleib. Die
Larven leben detritiphag und koprophag
an feuchten Orten.

2. *Blepharoceridae,* Liedmücken, Netzflügel-mücken

Die Mücken sind dunkelgefärbt, 3–6 mm groß, mit langen Beinen und netzartig gefalteten Flügeln. Die Mücken leben raptorisch und legen die Eier in stark und schnell fließende Gewässer (Gebirgsbäche). Larven breit und flach (Abb. 363) mit bauchseits liegenden Saugnäpfen, mit denen sie sich an den Steinen festhalten. Sie leben algophag und verpuppen sich, festgekittet an der Unterlage, im Wasser. Zuchtmethode siehe Köcherjungfer.

Abb. 363. Liedmückenlarve (nach CHU).

3. *Bibionidae,* Haarmücken

Zwischen 2 und 12 mm große, meist dunkelgefärbte und stark behaarte Fliegen mit kurzen, bis zu 11gliedrigen Fühlern. Imagines fliegen mit hängenden Beinen (Abb. 364a) und finden sich im Frühjahr auf verschiedenen Blüten (z. B. Wiesenkerbel). Leben meliphag und zoosuccivor und legen Eier in den Boden. Larven (Abb. 364b) saprophytophag.

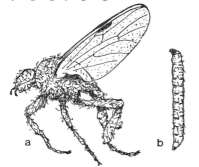

Abb. 364. Haarmücke (nach BORROR/DE-LONG).

Gartenhaarmücke, *Bibio hortulanus* L.

Diese in Europa vorkommenden Mücken (8–10 mm) schlüpfen im Mai aus und sind an den während des Fluges langgestreckten Hinterbeinen zu erkennen. Im Gegensatz zu dem an Hinterleib und Brustoberseite rotgelb gefärbten Weibchen ist das Männchen glänzend schwarz gefärbt und hat einen größeren Kopf. Im Mai–Juni können die Mücken mit dem Netz auf Wiesen mit dichtem Kerbelbestand eingefangen werden. Die graubraunen, walzenförmigen Larven (15 mm) haben auf jedem Segment einen Borstenkranz, die Kopfhaut ist braunschwarz. Sie ernähren sich von den Wurzeln verschiedener Pflanzen. Die Larve verpuppt sich nach der Überwinterung im frühen Frühjahr.

Zuchttechnik und Futter
Glaszylinder, ⌀ 20 cm, Höhe 40 cm.
Temperatur 26 °C, RLF 80 %, Photoperiode 14 Stunden/1000 Lux.
Das Zuchtglas wird 2–3 cm hoch mit Gips ausgegossen. Die gut befeuchtete Gipsschicht wird dann 10 cm überschichtet mit feiner krümeliger Lauberde, der man vorher verrottende Laubbaumblätter und einige haselnußgroße Stücke Stallmist beigemischt hat. Die Erde muß milbenfrei sein und soll daher vorher mit einem Akarizid gemäß Seite 56 behandelt werden. Die Erdschicht wird dann mit einer 1 cm hohen Zonolithschicht, auf die man einige Krümel Fischmehl streut, abgedeckt. In das gut befeuchtete Material steckt man 4–5 Trinkhalme, an denen Dochttränken, gefüllt mit 10 %igem Honigwasser (Abb. 50), angebunden werden.
Das Zuchtgefäß wird mit Nylongaze verschlossen. Das Füllmaterial wird täglich durch einen mit Watte zu verstopfenden Schlitz in der Gaze befeuchtet.
Pro Zuchtgefäß werden 5–10 Pärchen eingesetzt. Die Weibchen legen Eierhäufchen in das Zonolith und sterben nach wenigen Tagen. Die nach 6 Tagen ausschlüpfenden Larven wandern in die Erdschicht und ernähren sich von dem verrottenden Material. Nach 4–6 Wochen füttert man die

Larven zusätzlich mit Weizen- und Mais-
körnern, die man tief in die feuchte Erde
eindrückt. Innerhalb von 12–14 Wochen
ist die Larvenentwicklung beendet. Zur
Verpuppung hält man sie dann 6–8 Wochen bei + 3 °C. Nach 14–16 Tagen schlüpfen die Imagines aus.

4. *Mycetophilidae (Fungivoridae)*, Pilz-mücken

Schlanke, stechmückenähnliche, mit langen Beinen und Fühlern ausgestattete,
zwischen 3 und 12 mm große, hell bis
dunkel gefärbte Mücken (Abb. 365a). Eiablage in Pilze, Schwämme und verrottendem Material. Larven (Abb.365b) minieren darin. Leben mycetophag und nekrophytophag.
Zuchtmethode siehe Seiten 94 und 301.

Abb. 365. Pilzmücke (nach Borror/De-
long).

5. *Trichoceridae (Petauristidae)*, Winter-mücken, Winterschnaken

4–6 mm große, schlanke Mücken. An
schönen sonnigen Tagen im Winter schon
schwärmend. Eiablage in verrottendem
Material, wo Larven nekrophytophag leben. In Kellern häufig.

6. *Limoniidae (Limnobiidae)*, Stelzmücken, Sumpfmücken

Hellbraun bis dunkelbraun gefärbte, zwischen 2 und 16 mm große, langbeinige

Mücken, die ihre Eier in verrottende
pflanzliche Stoffe legen. Larven nekrophytophag im Boden, im Moos etc.

7. *Tipulidae*, Schnaken

Langbeinige, hellbraune bis dunkelgraue,
zwischen 10 und 30 mm große, nicht
stechende Mücken (Abb. 366a). Eiablage
in den Boden. Die walzenförmigen Larven
(Abb. 366b) leben nekrophytophag, phytophag, geophag und algophag im Boden.

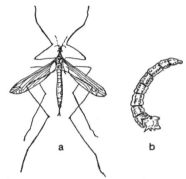

Abb. 366. *Tipula*.

Erdschnake, *Pales (Nephrotoma) ferruginea* Dietz.
Die großen, langbeinigen und nichtstechenden Schnaken leben in feuchtem
Biotop mit dichtem Pflanzenbewuchs. Sie
werden im Hochsommer mit Lichtfallen
oder Keschern eingefangen. Die Weibchen
legen die Eier in sehr feuchte Erde oder in
Moos, wo auch die grau glänzenden,
walzenförmigen Larven leben.

Zuchttechnik und Futter (nach Dietz
modifiziert)
Imagines: Glaszylinder, ⌀ 5–7,5 cm, Höhe
25–30 cm.
Larven: Kristallisierschalen.
Temperatur 25 °C, RLF 85–95 %.
In den Glaszylinder füllt man 5 cm hoch
Kunststoffschrot (Syntopor / Korngröße
3 mm) ein und befeuchtet es mit ca. 50 ml
Wasser. Die Weibchen können zusammen
mit den Männchen oder, unmittelbar nach
der Kopula, einzeln in das Zucht-

gefäß gesetzt werden. Das Gefäß wird dann mit Schaumgummi (Abb. 367) oder Baumwollstoff zugebunden. 1–2 Tage nach der Kopula beginnen die Weibchen mit der Eiablage. Hierzu fliegen sie wippend über die körnige Oberfläche und setzen mit dem Abdomen einzeln die schwarzen Eier zwischen die Syntoporkörner. 5 Tage später schlüpfen die gelblichweißen Larven aus. Diese Larven werden mit Salatpulver oder Brennesselmehl (s. Seite 47) gefüttert. Die Futtermenge ist sehr knapp zu bemessen, da überschüssiges Futter infolge bakterieller Infektion leicht verdirbt. Nach 5–6 Tagen sind die Larven 4–5 mm lang.

Abb. 367. Gefäß für die Zucht der Erdschnake.

Von einem Weibchen erhält man 300–400 Larven, die für die weitere Haltung in mit befeuchtetem Kunststoffschrot (Syntopor oder Styropor) beschickte Kristallisierschalen umgesetzt werden. Hierzu gibt man den Inhalt der Glaszylinder in große, mit Wasser gefüllte Schüsseln, fischt den Kunststoffschrot oben ab und holt dann die am Boden schwimmenden Larven mit einer Saugpipette oder einem Sieb heraus. In den neuen Zuchtschalen sollte die Besatzdichte der Larven nicht mehr als 50–70 Tiere pro dm² betragen. Zur Fütterung wird wie bei den Eilarven wenig Brennesselmehl oder Salatpulver eingestreut. Aufgrund der Verschmutzung durch Ausscheidungen der Larven müssen die Tiere jede Woche in neue Zuchtschalen umgesetzt werden. Nach 4 Larval-

stadien, von denen jedes 6–7 Tage dauert, verpuppen sich die Larven. Die Puppen werden ebenfalls durch Auswaschen isoliert und anschließend in Schalen, die mit Kunststoffschrot und ca. 1 cm hoch mit Wasser gefüllt sind, ausgelegt. Die Schalen werden mit Gaze oder Baumwollstoff verschlossen. Nach 5–6 Tagen schlüpfen die Imagines aus, die wenige Stunden später kopulieren. Die Imagines werden in die Glaszylinder (Abb. 367) eingesetzt und mit 5–10%igem Zuckerwasser (Wattebausch) gefüttert.

8. Liriopeida (Ptychopteridae), Faltenmücken

Bis 10 mm große, dunkelbraun bis grau gefärbte Mücken. Die langen Beine sind oft hell und dunkel gefleckt und die Fühler gekämmt oder einfach. Eiablage in nasse Erde oder Schlamm. Larven atmen durch ein langes Atemrohr am Hinterleibsende und leben nekrophytophag.
Zuchtmethode siehe Erdschnake.

9. Psychodidae, Schmetterlingsmücken

Mücken (Abb. 368a) sehr klein (2–4 mm), variabel in der Färbung, mit beschuppten oder behaarten, dachförmig gehaltenen Flügeln. Körper ebenfalls behaart. Außer zahlreichen, nicht blutsaugenden Arten kommen blutsaugende am Menschen und Tier vor (Phlebotomen). Sandmücken übertragen verschiedene Krankheiten, wie z.B. Dreitagefieber u.a. Eiablage in sehr

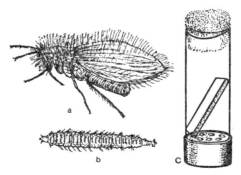

Abb. 368. Schmetterlingsmücke und Zuchtbehälter (nach CHU).

feuchtes oder nasses Substrat mit hohem Anteil von Harn, Faeces oder sich zersetzenden pflanzlichen Stoffen.

Pappataci-Mücke, *Phlebotomus papatasii* Scop.

Die ca. 2 mm große, zierliche Mücke kommt an verschiedenen Orten in Frankreich (Oise, Loire, Mittelmeer) und im Mittelmeerraum vor, wo sie nachts erscheint und den Menschen sticht. Im Verbreitungsgebiet werden die kleinen Mükken mit einem engmaschigen, sehr feinen Netz aus Tüll gefangen.

Zuchttechnik und Futter

Zelluloidzylinder mit gerundetem Ausschnitt und Gazeverschluß. Gipsblock mit Höhlungen (Abb. 368c). Glasschale. Temperatur 26 °C, RLF 90–95%.

Die eingefangenen Mücken setzt man mittels Exhaustor (Abb. 9) in den dem Gipsblock aufsitzenden Zylinder. Ein schräg aufrecht stehendes Stück Syntopor bietet den Mücken Gelegenheit zum Sitzen. Ihre Fütterung geschieht durch Auflegen des Unterarmes auf die Wölbung des Zylinders. Um das Entweichen der Mücken zu verhindern, beleuchtet man den Käfig bei der Wegnahme der Gaze und dem Auflegen des Armes. Stimulierend auf die Stechfreudigkeit wirkt das »Einhauchen« von Atemluft in den Zylinder. Hierzu wird der Arm einen Spalt weit vom Zylinder hochgehoben. Die Fütterung erfolgt 2–3mal täglich. Die Eier werden auf den nassen Gipsblock abgelegt, von dem ungefähr die Hälfte der Löcher mit Kot von Kaninchen, Meerschweinchen oder Rindern gefüllt ist. 6 Tage später verlassen die Larven (Abb.368b) die Eihülle und suchen die Höhlungen mit den eingefüllten Exkrementen auf. Nach dem mittlerweile die Imagines abgestorben sind, entfernt man den Zylinder, stopft in die noch nicht mit Kot gefüllten Löcher tote Raupen oder Regenwürmer und stellt den Block auf nasses Filterpapier in eine feuchte Kammer. Die Larven befallen außer dem Kot auch mit Vorliebe dieserart gebotene tieri-

sche Nahrung, insbesondere wenn diese nach 1–2 Tagen stark von Bakterien durchsetzt ist. Das Ergänzen und Wechseln der Larvenfutterblöcke erfolgt nach Bedarf, meistens 2–3mal. Nach 3–4 Wochen sind die Larven erwachsen, verlassen den Block und versuchen, sich unter der Filterpapiereinlage zu verpuppen. In diesem Zeitpunkt läßt man den Inhalt der feuchten Kammer etwas abtrocknen. Aus den Puppen, die separiert werden, schlüpfen 10–12 Tage später die Mücken.

10. *Dixidae*, Urstechmücken

Kleine, sehr langbeinige, den Tipuliden ähnliche, nicht stechende Mücken von variabler Färbung und 16gliedrigen Fühlern. Larven ähneln Anopheles-Stechmückenlarven, leben im Wasser und ernähren sich algophag. Sie sind kenntlich an ihrer Haltung in U-Form.

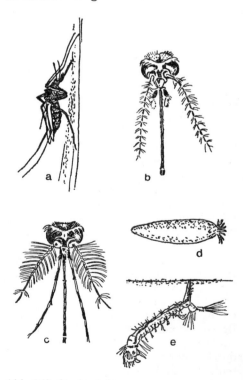

Abb. 369. Stechmücken.

11. *Culicidae*, Stechmücken

Kleine, bis mehrere Millimeter große, hellbraun bis dunkelbraun gefärbte Mücken (Abb. 369 a), deren Weibchen Blut saugen und dabei Krankheitskeime (Malaria) übertragen. Die Eiablage erfolgt ins Wasser oder auf nasse Substrate; Larven und Puppen leben im Wasser und ernähren sich algophag bzw. detritiphag.

Die Vertreter der wichtigsten Gattungen, *Anopheles*, *Culex* und *Aedes*, lassen sich nach bestimmten Merkmalen, die im folgenden jeweils vorangestellt sind, unterscheiden.

Aedes

Weibchen (Abb. 369 b) mit kurzen Tastern und langen Fühlern. Männchen mit langen, kaum behaarten Tastern und behaarten Fühlern (Abb. 369 c). Eier (Abb. 369 d) waagrecht und einzeln auf Wasseroberfläche oder nassen Substraten. Larven schräg nach unten hängend an der Wasseroberfläche (Abb. 369 e). Atemrohr kurz und meist mit einem Haarbüschel. Überwintern als Eier.

Gelbfiebermücke, *Aedes aegypti* L.

Diese in Tropen und Subtropen vorkommende Steckmückenart ist die Überträgerin der Gelbfieber-Viren. Die Mückenweibchen ernähren sich von Menschen- und Tierblut und stechen auch tagsüber. Die Eier werden einzeln in oder in unmittelbarer Nähe von stehendem, teils brackigem Wasser abgelegt. Die Eier überstehen Wochen und Monate andauernde Trockenheit ohne Schaden. Kommen sie dann aber mit Wasser in Berührung, beispielsweise durch Ansteigen des Wasserspiegels nach Regenfällen oder Überschwemmungen, so entwickeln sich sofort die Larven. Für Zuchtzwecke beschafft man sich Mückeneier von Instituten für medizinische Entomologie oder Tropeninstituten.

Zuchttechnik und Futter

Mückenkäfig: Nylongaze-Käfig (Abb. 370)
Larven/Puppen: Tiefe Schüsseln oder Schalen.

Temperatur 26—29 °C, RLF 75–90 %, Photoperiode 12 Stunden/250 Lux.

Die Mückenweibchen werden täglich mit frischem Blut gefüttert. Bei einem Käfigbesatz von 500–1000 Mücken setzt man 2 gemäß Abb. 41 vorbereitete Meerschweinchen 20–30 Minuten in den Käfig. Die Weibchen nehmen im Alter von 24 Stunden das erste Blut auf. Die Männchen werden mit 10%igem Honigwasser oder 20%igem Zuckerwasser gefüttert.

Im Alter von 8–10 Stunden sind die Weibchen kopulationsreif und beginnen nach der Fütterung mit der Eiablage. Hierfür stellt man eine flache, zur Hälfte mit Wasser gefüllte Schale in den Käfig. Die Eier werden einzeln am Schalenrand oder auf der Wasseroberfläche abgelegt und färben sich dann kurz nach der Ablage schwarz. Sie werden täglich mit einem Wattebausch abgefischt. Für die weitere Zucht müssen die Eier mindestens 3–4 Tage trocken lagern. Aus diesem Grunde trocknet man den Wattebausch an der Luft. Bei Temperaturen von 18–25 °C und mindestens 65 % RLF können die Eier so monatelang aufbewahrt werden.

Anschließend gibt man die Eier in eine mit abgestandenem, sauerstoffarmem Wasser zur Hälfte gefüllte Schüssel. In abgestandenem Wasser ist die Schlüpfrate beträchtlich höher als in frischem Wasser. Die nach wenigen Stunden ausschlüpfenden Larven werden dann mit in Strohextrakt lebenden Mikroorganismen gefüttert.

Strohextrakt: Weizenstroh wird lose in eine 5 l große Weithalsflasche gestopft und

Abb. 370. Zuchtkäfig für *Aedes*.

mit Wasser übergossen. Nach 2–3tägigem Stehen bei 26–29 °C kann der filtrierte Extrakt den Eilarven verfüttert werden.

Etwa 1/5 der im Larvenbecken befindlichen Wassermenge wird entnommen und durch Extrakt ersetzt. Sobald sich das Wasser geklärt hat, wird die gleiche Menge Wasser durch Strohextrakt ausgetauscht (auf 2 l Wasser 500 ml Extrakt). Nach der 3. Häutung verfüttert man zusätzlich lebertranfreien pulv. Hundekuchen, dem 5 bis 10% pulv. Weizenkeime beigemischt sind. Der Hundekuchen muß unbedingt lebertranfrei sein, damit keine Ölschicht auf der Wasseroberfläche entsteht. Bei einer Population von 100 Larven pro 1 dm² sollen täglich nicht mehr als 2 g Hundekuchen zusätzlich gefüttert werden. Eine Überdosierung ist peinlichst zu vermeiden, da andernfalls die Entwicklung von für die Larven schädlichen Mikroorganismen begünstigt wird. Bei vorsichtiger Fütterung wird das Futter fast verbraucht, das Wasser im Larvenbecken wird fast klar und muß während der gesamten Entwicklung nicht ausgewechselt werden. Die Populationsdichte im Becken sollte möglichst niedrig gehalten werden, da ein zu dichter Besatz eine Futterkonkurrenz hervorruft und kleine Puppen ausgebildet werden. Im allgemeinen sollte man die Entwicklungsstadien voneinander trennen. Legt man in das Wasser des Larvenbeckens Eisstückchen, so sinken die Larven ab, die Puppen schwimmen auf der Wasseroberfläche und können abgefischt werden. Die Puppen werden dann in 30 °C warmes Wasser gesetzt und in einen Nylongazekäfig gestellt. Man kann aber auch über das sog. Puppenglas einen Trichter stülpen, dessen Ausflußrohr in einen Nylongazekäfig hineinragt. Durch dieses Rohr gelangen dann die ausschlüpfenden Mücken in den Käfig.

Präovipositionsperiode 3 Tage, Larvalentwicklung unter den gegebenen Zuchtbedingungen 5–6 Tage mit 4 Häutungen.

1. Häutung nach 24 Stunden
2. Häutung nach 48 Stunden
3. Häutung nach   3 Tagen
4. Häutung nach 5–6 Tagen.

Puppenruhe 2–3 Tage.

Culex

Weibchen mit kurzen Tastern und langen Fühlern (Abb. 371 a), Männchen mit langen behaarten Tastern und Fühlern (Abb. 371 b). Eier senkrecht zu Schiffchen zusammengeklebt auf der Wasseroberfläche (Abb. 371 c). Larven schräg nach unten an der Wasseroberfläche (Abb. 369 e). Atemrohr relativ lang und schlank und mit mehreren Haarbüscheln. Überwintern als Imagines.

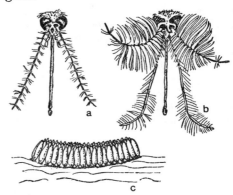

Abb. 371. *Culex*.

Gemeine Hausmücke, *Culex pipiens fatigans* Wiedemann
Diese im tropischen Afrika vorkommende Stechmücke ernährt sich von Menschen- und Tierblut und sticht besonders nachts. Die Eier werden, mehrere miteinander verklebt, auf der Oberfläche stehender Gewässer abgelegt. Die Larven schwimmen fast senkrecht zur Wasseroberfläche mit dem Kopf nach unten und atmen durch die anal gelegenen Stigmen. Die Aufzucht und Haltung erfolgt wie für die Gelbfiebermücke *(Aedes aegypti)* und für die Fiebermücke *(Anopheles stephensi)* beschrieben. Die Fütterung der Larven mit lebertranfreiem Hundekuchen und Weizenkeimen kann bei dieser *Culex*-Art schon nach der 2. Häutung erfolgen.

Präovipositionsperiode 4–5 Tage, Embryonalentwicklung 2–3 Tage, Larvalentwicklung 5–6 Tage mit 4 Häutungen, Puppenruhe 2 Tage.

Die Aufzucht anderer *Culex*-Arten, analog der Gelbfiebermücke und der Fiebermücke (s. oben), ist möglich.

Anopheles

Taster und Fühler bei Weibchen (Abb. 372a) und Männchen (Abb. 372b) lang. Eier (Abb. 372c) mit seitlichen Luftkammern einzeln auf Wasseroberfläche. Larven ohne Atemrohr waagrecht unter Wasseroberfläche. Überwintern als Imagines.

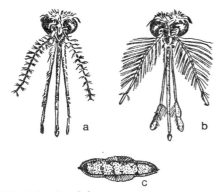

Abb. 372. *Anopheles.*

Anopheles-Mücke, Fiebermücke, *Anopheles stephensi stephensi* L. (*A. quadrimaculatus* Say)

Diese in tropischen und subtropischen Gebieten lebende Stechmücke ist die Überträgerin der Malaria. Die Mückenweibchen ernähren sich von Menschen- und Tierblut, stechen aber nur nachts. Die Eier werden einzeln oder sternförmig miteinander verklebt auf der Oberfläche klarer, stehender, aber besonnter Gewässer abgelegt. Die Larven schwimmen parallel zur Wasseroberfläche. Für Zuchten können die Eier der Stechmücke von Tropeninstituten oder Instituten für medizinische Entomologie bezogen werden.

Aufzucht und Haltung erfolgen unter den für die Gelbfiebermücke beschriebenen Bedingungen. Da insbesondere *Anopheles stephensi stephensi* L. nur nachts sticht, ist die Photoperiode auf 8 Stunden/250 Lux zu beschränken.

Die Eier dieser Stechmückenart setzen sich gern an der Wand des Beckens fest. Aus diesem Grunde ist für das Einsetzen ein Kunstgriff notwendig.

Auf die Wasseroberfläche des Larvenbeckens wird ein Stück Wachspapier mit einem ca. 5 × 5 cm großen Loch in der Mitte gelegt. In dieses Loch legt man die Mückeneier und verhindert somit ein Ankleben an den Gefäßwänden. Sowie die Larven ausgeschlüpft sind, kann das Wachspapier entfernt werden.

Die Besatzdichte im Larvenbecken sollte nicht größer als 50 Tiere pro dm² sein.

Präovipositionsperiode 4 Tage, Embryonalentwicklung 2 Tage, Larvalentwicklung 5–6 Tage mit 4 Häutungen, Puppenstadium 2 Tage.

12. *Ceratopogonidae (Heleidae)*, Gnitzen

Sehr kleine, 1–2 mm große, meist dunkel gefärbte, blutsaugende Mücken (Abb. 373a). Die Fühler der Männchen lang und buschig behaart. Die Mücken saugen Blut an Mensch und Großtieren; aber auch ektoparasitisch auf anderen Insekten (Heuschrecken, Raupen, Käfer etc.). Larven leben räuberisch im Wasser (Abb. 373b), Schlamm, in feuchter Erde etc. (Abb. 373c).

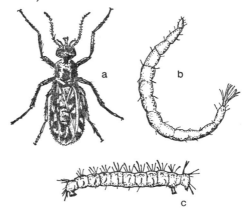

Abb. 373. Gnitze (nach BORROR/DELONG und CHU).

Gnitze, *Culicoides* sp.

Die kleinen, 1–3 mm langen Mücken tragen lange und büschelförmige, behaarte Fühler. Der Stich der abends blutdürstigen Gnitzen brennt heftig. Ihre Eier legen sie als Schnüre oder Klumpen ins Wasser. Die schlanken Larven leben aquatisch und ernähren sich saprophytophag, algophag. Zum Start einer Zucht sammelt man die Eiklumpen von der Wasseroberfläche stehender Gewässer.

Zuchttechnik und Futter

Flugkäfig (Abb. 374) bestehend aus viereckigem oder rundem Unterteil und aufsetzbarem, konischem oder trichterförmigem Oberteil mit Verschlußschieber. Dem Schieber aufsetzbar ist eine Haltevorrichtung für ein Kaninchen. Dazu wird das Tier bauchseits so auf die Vorrichtung geschnallt, daß die enthaarte Bauchpartie beim Öffnen des Schiebers den Mücken im Käfig zum Absitzen und Blutsaugen frei liegt. Für die Larven benötigt man flache Emailwannen (Foto-Entwicklerwannen: 45 × 35 × 8 cm) und eine Aquarienluftpumpe.

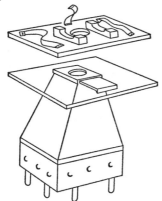

Abb. 374. Flugkäfig für Gnitzen.

Temperatur 26 °C, RLF 50–60%. Photoperiode für die Larven permanent 250–500 Lux.
Die flachen Wannen sind 4–5 cm hoch mit Wasser gefüllt, in das die Eier von der Oberfläche stehender Gewässer eingesammelt oder auf nasser Watte oder Lehm-

stückchen aus dem Flugkäfig eingelegt werden. Nach spätestens 2 Tagen schlüpfen die Larven. Diese füttert man mit einer Mischung von Walderde, verrottenden Buchenblättern und leicht angetrocknetem Kuhmist im Verhältnis 1 : 1 : 1. Diese Mischung wird so angefeuchtet, daß man mit leichtem Handdruck ballenförmige Stücke herstellen kann. Pro Wanne werden dann 3–4 Ballen auf umgekehrten Tontellerchen so eingelegt, daß sie nur zu 3/4 unter Wasser liegen. Eingeleitete Luft hält das Wasser in Bewegung und verhindert die Bildung einer für die Larven schädlichen Haut auf der Wasseroberfläche. Je nach der Besatzdichte werden die Futterballen im Laufe der nächsten 2–3 Wochen ergänzt. Nach 24 Tagen erscheinen die Puppen. Man separiert sie mit einem grobmaschigen Kaffeesieb und legt sie auf mit Wasser gesättigte Watte in eine Petrischale bzw. in den Flugkäfig. Nach 4 Tagen schlüpfen die Mücken, die nach 24 Stunden ihre erste Blutmahlzeit aufnehmen, und 2–3 Tage später beginnen sie Eier abzulegen. Als Futter stellt man in den Flugkäfig der Gnitzen 5–10%iges Honigwasser und als Eiablagesubstrat wassergesättigte Watte oder leicht von Wasser überstandenes Filterpapier.

13. *Simuliidae (Melusinidae)*, Kriebelmücken

Dunkelgrau bis schwarz gefärbte, 2–5 mm große Mücken mit kurzen Beinen und breiten Flügeln. Die Männchen leben miliphag, die Weibchen (Abb. 375a) saugen Blut, besonders am Vieh und dem Menschen. Stich sehr schmerzhaft. Eiablage in fließendes Gewässer. Larven (Abb. 375b)

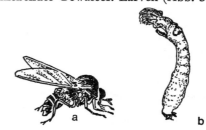

Abb. 375. Kriebelmücke.

mit Strudelapparat und hinten keulig verdickt mit Saugnapf. Leben algophag. Verpuppung in tütenförmigem Gehäuse.

Neustädter Kriebelmücke, *Boophthora erythrocephala* DeG.
Die kleine dunkel gefärbte, robuste Mücke (3 mm) ernährt sich vom Blut des Viehs und des Menschen. Ihr Stich ist sehr schmerzhaft und kann bei Massenbefall das seuchenhafte Eingehen des Jungviehs bewirken. Die Weibchen legen die Eier in stark strömenden Gewässern ab, die Larven halten sich mit Saugnäpfen an Steinen und Geröll fest. Sie ernähren sich von Zerfallstoffen verschiedenster Art, die sie sich mit ihren zu Strudelfächern umgebildeten Mundgliedmaßen zustrudeln. Für die Aufzucht der Mücken sammelt man mit Larven besetzte Steine oder fischt Algenteppiche aus strömenden Gewässern.

Zuchttechnik und Futter
Imagines siehe *Anopheles.*
Larven und Puppen: Glasgefäß, 30–40 cm hoch, ca. 20 cm breit (Abb. 376).
Temperatur 25 °C, Photoperiode 16 Stunden/1000–1500 Lux.
Die eingesammelten Algenteppiche und Steine legt man in Wasser ein. Aufgrund des nach einiger Zeit entstehenden Sauerstoffmangels sammeln sich die Larven an der Wasseroberfläche und können mit einem Sieb oder einer Saugpipette herausgefischt werden.
In den mit Abb. 376 dargestellten Glasbehälter stellt man mehrere angerauhte Glasstäbe und 2 cm über dem Boden senkrecht eine Glasplatte auf. Man füllt den Behälter dann so mit chlorfreiem Wasser (Bach- oder Brunnenwasser), daß der Wasserspiegel Glasstäbe und -platte um mindestens 3 cm überragt. Mit einer Aquarienluftpumpe (Sinterstein) wird das Wasser belüftet. Einige Holzstückchen sollen auf dem Wasser schwimmen. Der Behälter wird durch einen Nylongazekäfig abgedeckt.
Die ausgefischten Larven werden in den Behälter gesetzt und mit fein gemahlenem

Hundekuchen gefüttert. Die Futtermenge richtet sich weitgehend nach Größe und Alter der Larven. Es muß aber immer dann gefüttert werden, wenn das Wasser klar ist.

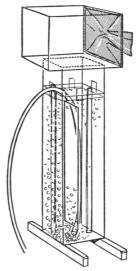

Abb. 376. Einrichtung für die Zucht der Kriebelmücke.

Für 200–300 Larven liegt der tägliche Futterbedarf bei 0,5–1 g. Während der Larvalentwicklung muß das Wasser nicht ausgewechselt werden. Die Larven saugen sich mit dem analen Körperteil an den Glaswänden fest und strudeln sich das mit der Luft zugetragene Futter ein. Die Verpuppung erfolgt an den Glaswänden. Nach ca. 6 Tagen schlüpfen die Imagines aus.
Eine andere, das Wasser belüftende und in Umlauf setzende Apparatur für die Zucht von Simuliidenlarven ist in Abb. 377 dargestellt. Hierbei führt ein zentrales Glasrohr die Luft bis wenige Zentimeter über den Boden des Wasserbassins. Das Rohr ist mit gelochten Syntoporscheiben, die von unten nach oben an Durchmesser zunehmen, beschickt. Man verhindert das Zusammenschieben der Scheiben durch dazwischenliegende Gummimanschetten. Die Luft quirlt so vom Boden des Wassergefäßes nach der Oberfläche und bringt die Nahrungspartikel zu den Strudelappa-

raten der ober- und unterseits der Scheiben festgesaugten Larven. Auf den Scheiben finden sich später auch die Puppen.

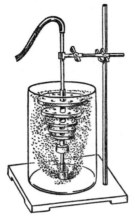

Abb. 377. Apparatur für die Larvenanzucht.

Die Weibchen werden nach der von WENK beschriebenen Methode gefüttert. Einem narkotisierten Kaninchen werden die Gehörgänge sorgfältig mit Watte verstopft, und über die Ohren wird ein Nylonstrumpf gezogen, der an der Ohrwurzel mit Gummiband zugebunden wird. Die Ohren werden dann auf den Rücken des Kaninchens gelegt. Die mit einem Exhaustor (siehe Seite 18) im Käfig eingefangenen Mücken werden in ein Glasröhrchen gesetzt, in diesem unter dem Gummiband auf die Ohrmuschel geschoben und dann ausgeblasen. Dann werden die Ohren mit einem schwarzen Tuch abgedeckt. Nach 30 Minuten werden die Strümpfe sorgfältig von den Ohren entfernt und in eine Schale mit durch Filterpapier abgedeckter 3 cm hoher, feuchter Kunststoffgranulatschicht gelegt. Die Mücken werden zusätzlich mit 5%iger Traubenzuckerlösung (Wattebausch auf Uhrglas) gefüttert. Einige Holzstückchen können den Tieren als Sitzplatz eingelegt werden. Dieses sog. Verdauungsglas wird mit Baumwollstoff, in dem sich eine kleine, mit Watte zugesteckte Öffnung befindet, verschlossen und bei 17–20°C unter diffuser Beleuchtung stehen gelassen.

Mücken, die kein Blut aufgenommen haben, werden 24 Stunden später nochmals an Kaninchenohren gesetzt. Schneller Wechsel der Lichtintensität vor dem Ansetzen bewirkt eine Stimulation zur Blutaufnahme.

Nach der 6tägigen Präovipositionsperiode legen die Weibchen die Eier auf dem Filterpapier ab. Das belegte Filterpapier wird täglich entnommen und in das Larvenbassin gelegt, wozu die Mücken sorgfältig in ein anderes Verdauungsglas umgesetzt werden müssen. Aus den Eiern schlüpfen nach 8–10 Tagen die jungen Larven aus, die sich nach 15–18 Tagen verpuppen.

Nach einer anderen Methode werden die Weibchen durch strömendes Wasser zur Eiablage veranlaßt. Hierbei wird ein Aquarium mit Kunststoffpflanzen beschickt und zur Hälfte mit Wasser gefüllt, so daß ein Teil der Pflanzen im Wasser, der andere über dem Wasser ist. Mit einer Wasserpumpe wird das Wasser umgewälzt (Abb. 323). Die Mücken legen dann die Eier auf der Unterseite der im Wasser befindlichen Pflanzen ab. Die belegten Pflanzen können täglich entnommen und in das Larvenbassin eingesetzt werden.

Nach der gleichen Methode kann auch die **Gemeine Kriebelmücke**, *Odagmia ornata*, gezüchtet werden.

14. *Chironomidae (Tendipedidae)*, Schwarmmücken, Zuckmücken, Tanzmükken, Büschel- oder Federmücken

Zwischen 1 und 10 mm große, hellbraun bis dunkelgrau gefärbte, keinen Stechrüssel besitzende und nicht blutsaugende Mücken (Abb. 378a). Die Männchen meist mit lang- und dickbehaarten Fühlern. Halten beim Sitzen auf den Hinterbeinen die zuckenden Vorderbeine über den Kopf (Name!). Eiablage (Laich) in Wasser oder an feuchten Stellen (Erde, unter Rinde). Die roten Larven (Abb. 378b) im Wasser meist in selbstgesponnenen Röhren; sie leben saprophytophag, bakteriophag, algophag.

Federmücke, Zuckmücke, *Chironomus plumosus* L.

Die nichtstechenden Mücken sind hellbraun und ca. 6 mm lang. Sie schwärmen am Ende des Sommers zu Tausenden über stehendem Wasser und stehenden Gewässern. Das Weibchen legt die Eier als Laich ab. Eine solche Laichgallerte enthält mehrere Hundert spiralförmig angeordneter Eier. Die hellroten bis blutroten Larven leben in selbstgebauten Röhren, in denen sie durch schlängelnde Bewegungen eine Strömung erzeugen, die ihnen die Nahrung in Form kleinster organischer Partikel zuträgt. Zur Zucht fischt man Schlamm oder Algenteppiche aus Seen, Bächen oder Tümpeln.

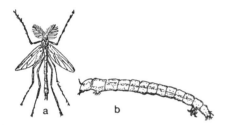

Abb. 378. Zuckmücke.

Zuchttechnik und Futter
Glas- oder Plastikaquarium mit aufgesetztem, genau passendem Gazekäfig. In einer Seitenwand des Gazekäfigs befindet sich ein Schlupfarm (Abb. 379).
Temperatur 25°C, RLF 75–80%, Photoperiode permanent 1000–1500 Lux.

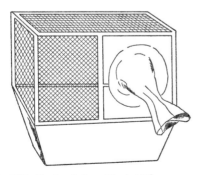

Abb. 379. Zuckmücken-Zuchtkäfig.

Der mit Larven besetzte Schlamm oder Algenteppich wird einige Stunden lang in Wasser eingelegt und von oben beleuchtet. Die Larven schwimmen dann dem Licht zu und können leicht mit einem feinmaschigen Sieb (Kaffeesieb) oder einer Saugpipette abgefischt werden. Man setzt sie dann in das Zuchtbassin ein (Abb. 379), das bis 5 cm unter dem oberen Rand mit Wasser gefüllt ist. Der Wasserstand wird durch Nachfüllen konstant gehalten. Zur Frischhaltung und Belüftung des Wassers verwendet man eine Aquarienpumpe. Bei einer Besetzung von 1000–2000 Larven pro Bassin muß man als Futter 2 mal wöchentlich einen gestrichenen Teelöffel Brennesselmehl auf die Wasseroberfläche streuen. In dem über dem Bassin fugenlos aufgesetzten Flugkäfig (Gazekäfig) befestigt man einen stark verzweigten Ast eines holzigen Strauches oder eine Plastikpflanze als Sitzplatz für frisch geschlüpfte Imagines. Die Imagines (Mücken) erhalten 5%iges Honigwasser auf einem nußgroßen Wattebausch, der in eine Astgabel gelegt wird. Das Honigwasser muß jeden 2. Tag erneuert werden. Nach einer sehr kurzen Präovipositionsperiode legen die Mücken den Laich ins Wasser. 6–7 Tage später schlüpfen die Larven aus und halten sich einige Tage im weitgehend aus abgesunkenem Futter bestehenden Bodenbelag frei auf. Dann fertigen sie sich eine Röhre an, in der sie leben und durch die sie sich mittels schlängelnder Bewegungen Wasser und somit Futterpartikel zustrudeln. Die Larven häuten sich 3–4mal und verpuppen sich nach 12 Tagen. Aus der Puppe schlüpfen nach 2 Tagen die Imagines aus.

Der bei alten Zuchten entstehende Bodenschlamm im Zuchtbassin wird herausgefischt und wie beschrieben von den Larven getrennt. Die Larven werden dann wieder in das saubere Becken eingesetzt.

15. *Scatopsidae*, Dungmücken

Kleine, 1–4 mm große, braun bis schwarz gefärbte Mücken mit nur kurzen Fühlern. Larven (Abb. 380) leben koprophag und nekro-phytophag in Exkrementen und anderem Material.

Abb. 380. Dungmückenlarve (nach CHU).

Dungmücke, *Scatopse notata* L.
Diese in Europa vorkommende Mücke (2 mm) lebt in unmittelbarer Nähe von faulendem Pflanzenmaterial und kann mit dem Netz mühelos eingefangen werden. Das Insekt hat kurze Beine und Fühler. Der Körper ist mit feinen Dornen besetzt, das letzte Segment trägt 2 chitinisierte Fortsätze. Die Eiablage erfolgt auf dem faulenden Pflanzenmaterial, die Larve verpuppt sich in unmittelbarer Nähe des Brutplatzes.

Zuchttechnik und Futter
Glaskolben, 500 ml. Temperatur 25 °C, RLF 85 %.
Der Kolben wird 2–3 cm mit feuchtem Kunststoffschrot gefüllt, auf den man ein fingerhutgroßes Stück HH-Teig auf Filterpapier als Futter für die Imagines und die Larven legt. Außerdem legt man 2–3 ca. 15 cm lange und ca. 3 cm breite Holzbrettchen in den Kolben. 20–30 Mücken werden pro Behälter eingesetzt. Der Kolben wird mit einem Wattestopfen verschlossen. Die Mücken legen die Eier auf dem Futter ab. Nach 2 Tagen schlüpfen die Larven aus. Nach 3 Häutungen innerhalb von 8–10 Tagen verpuppen sie sich, die junge Mücke schlüpft 3–4 Tage später aus.
Zum Umsetzen der Mücken in frische Gefäße bedient man sich eines Exhaustors

(Abb. 9), wobei man außerdem den unteren Teil des Kolbens mit einer Lichtquelle anstrahlt (Tischlampe). Die stark photopositiv reagierenden Tiere können dann leicht vom Boden abgesaugt werden.

16. *Lycoriidae (Sciaridae)*, Trauermücken

Zarte, meist dunkel gefärbte und 1,5–4 mm große Mücken mit 2–14gliedrigen Fühlern und mit über deren Ansätzen zusammenstoßenden Augen. Larven leben mycetophag und nekrophytophag in Pilzen, im Boden etc. Pilze befallende Arten, auch in Kartoffelkellern.

17. *Cecidomyiidae (Itonididae)*, Gallmücken

Zwischen 1 und 5 mm große, zarte, verschiedenartig gefärbte Mücken (Abb. 381 a) mit langen, dünnen Fühlern und Beinen. Flügel mit reduzierter Äderung. Die Larven (Abb. 381 b) sind schlank, mit schwach entwickeltem Kopf und ohne Mandibeln. Ihre Färbung ist rot, orange, rosa oder gelb. Sie leben in Pflanzen und viele verursachen Gallen. Einige Arten leben unter der Rinde alter Bäume oder in Schwämmen oder parasitieren Blatt- und Schildläuse.

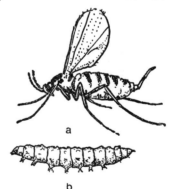

Abb. 381. Gallmücke (nach CHU).

Gallmücke, *Heteropeza pygmaea* Mein.
Diese Art nimmt unter den Gallmücken eine Sonderstellung ein. Die Brut entwickelt sich in morschem Holz und ernährt sich von dem dort wachsenden Pilz-

myzel. Normalerweise leben und ernähren sich die Larven von Gallmücken in Pflanzengallen oder räuberisch.

Diese Gallmücke hat einen heterogenen Fortpflanzungszyklus, es wechseln sich die bisexuelle Fortpflanzung im Adultstadium mit pädogenetischer Fortpflanzung im Larvalstadium ab. Unter pädogenetischer Fortpflanzung versteht man die Fortpflanzungsfähigkeit von weiblichen Larven durch Parthenogenese, d. h. in Abwesenheit männlicher Larven (vgl. CAMENZIND 1966).

»Im Ovar einer weiblichen Larve können sich die Eier pädogenetisch entwickeln. Die jungen Embryonen gelangen in die Leibeshöhle und wachsen dort zu Larven heran. Diese Larven schlüpfen dann aus der inzwischen abgestorbenen Mutterlarve aus. Wenn alle Nachkommen weibliche Larven, d. h. undeterminierte Tochterlarven sind, wird die Mutterlarve als Weibchenmutter bezeichnet. Sind die Nachkommen ausschließlich männliche Larven, so wird die Mutterlarve als Männchenmutter und bei männlichen und weiblichen Nachkommen als Männchen-Weibchen-Mutter bezeichnet. Die männlichen Larven sind sogenannte Imagolarven, weil sie sich bald verpuppen und zu männlichen Imagines werden. Die männlichen Imagolarven sind zum Zeitpunkt des Ausschlüpfens größer als die Tochterlarven. Ihre Augen sind im Gegensatz zu den Augen der Tochterlarven weit getrennt. Die Imagolarven bilden bald nach dem Schlüpfen eine für Gallmücken typische Brustgräte, eine *spatula sternalis*, aus.

Die Tochterlarve kann, statt sich pädogenetisch zu vermehren, auch zur weiblichen Imagolarve werden, sich verpuppen und zur weiblichen Imago verwandeln. Die weibliche Imagolarve hat ebenfalls deutlich getrennte Augen und eine Brustgräte. Sie kann während einiger Zeit ihrer Entwicklung, selbst wenn diese äußeren Metamorphosenmerkmale bereits ausgebildet sind, noch 'umkehren' und sich zu einer der 3 pädogenetischen Mutterlarven entwickeln. Die Entwicklungsrichtung einer

Tochterlarve sowie die Zahl und das Geschlecht ihrer Nachkommen im Falle einer pädogenetischen Vermehrung hängt von der Nahrungsmenge ab und wird durch äußere Faktoren wie Temperatur, Licht und Art des Futterpilzes usw. beeinflußt (vgl. ULRICH 1936, 1940, 1943, NIKOLEI 1961).

Die weibliche Imago von *Heteropeza pygmaea* legt nach der Begattung 2–3 ihrer insgesamt 3–4 Eier ab. Die ausschlüpfende Larve ist mit ca. 0,6 mm Länge nur halb so groß wie die Tochterlarve einer pädogenetischen Mutter. Die Eilarve ist immer weiblichen Geschlechts und entwickelt sich ausschließlich zu einer Weibchenmutter. Bei gewissen Linien von *Heteropeza pygmaea* können sich die von virginellen weiblichen Imagines abgelegten Eier parthenogenetisch entwickeln.«

Zuchttechnik und Futter
Glasschalen, Petrischalen (∅ 9 cm). Temperatur 25 °C.

Aufzucht von Larven mit pädogenetischer Fortpflanzung

a) Allgemeines
In hitzesterilisierte Petrischalen wird der autoklavierte Nährboden (Zusammensetzung siehe unten) gefüllt und mit dem jeweiligen Pilz beimpft. Hierzu löst man aus einer bestehenden Pilzkultur mit einem sterilen Spatel ein Stück Pilzrasen zusammen mit dem Agar aus und legt dieses auf den frisch bereiteten, sterilisierten Nährboden auf. Nach Bildung eines neuen Pilzrasens, d. h. ca. nach 3 Tagen, sind die Schalen für die Zucht verwendbar.
Für die pädogenetische Aufzucht werden Weibchenmütter verwendet, die vorher 10 Minuten lang in 4% Formalinlösung eingelegt worden sind.

b) Aufzucht von Weibchenmüttern
Zusammensetzung des Nährbodens:
2% Agar, 0,5% Malzextrakt, 97,5% dest.

Wasser, Agarmenge pro Schale (⌀ 9 cm) 30 ml.

Pilz
Peniophora albula (oder ein anderer geeigneter Pilz, vgl. NIKOLEI 1961)
Der sterile Nährboden wird mit dem Pilz beimpft, und nach 3 Tagen wird das Pilzmyzel mit 12 Weibchenmüttern (3–3,5 mm Länge) besetzt. Die geschlüpften Tochterlarven saugen die Pilzhyphen aus. Nach 5–6 Tagen haben sie sich zu Weibchenmüttern entwickelt.

c) Aufzucht von männlichen Imagines
Zusammensetzung der Nährböden:
Nährboden I: 2,6 % Agar, 2 % Malzextrakt, 95,4 % dest. Wasser. Menge pro Schale (⌀ 9 cm) 40 ml.
Nährboden II: 98 % dest. Wasser, 2 % Agar. Menge pro Schale (⌀ 9 cm) 40 ml.

Pilz
Peniophora albula
Den Pilz läßt man 7 Tage nach dem Beimpfen wachsen und besetzt das Myzel dann mit 24 reifen Weibchenmüttern. Nach 12 Tagen sind viele der aus den eingesetzten Weibchenmüttern geschlüpften Tochterlarven zu Männchenmüttern und Männchen-Weibchen-Müttern herangewachsen. Von diesen Tochterlarven werden je 30 Männchenmütter und Männchen-Weibchen-Mütter auf das Nährmedium II umgesetzt. Die hier aus den Männchen-Weibchen-Müttern geschlüpften Tochterlarven sterben nach einiger Zeit ab, die geschlüpften männlichen Imagolarven kriechen einige Zeit umher und verpuppen sich frühestens nach 5 Tagen meistens im Medium, seltener auch darauf. 13–15 Tage nach dem Einsetzen der Mutterlarven schlüpfen dann die männlichen Imagines aus.

d) Aufzucht von weiblichen Imagines
Zusammensetzung des Nährbodens:
2 % Agar, 0,5 % Malzextrakt, 97,5 % dest.

Wasser. Einfüllmenge pro Schale (⌀ 9 cm) 30 ml.

Pilz
Trichoderma viride Stamm M 56 (oder siehe NIKOLAI 1961)
3 Tage nach dem Beimpfen werden die Schalen mit 12 Weibchenmüttern (Länge ca. 3 mm) besetzt. Die meisten der ausschlüpfenden Tochterlarven werden zu Imagolarven, verpuppen sich. Nach 13–15 Tagen nach Zuchtbeginn schlüpfen die weiblichen Imagines aus.

e) Aufzucht von Larven mit bisexueller Fortpflanzung
Petrischalen werden mit Filterpapier ausgelegt. Mit einem Pinsel werden auf das Filterpapier unmittelbar nach dem Schlüpfen die Imagines nach Geschlechtern getrennt, eingesetzt. Etwa 1 Stunde nach dem Schlüpfen werden 5–10 Männchen und Weibchen zur Kopulation in eine Petrischale mit trockenem Gipsboden eingesetzt. Auf der trockenen Gipsoberfläche können sich die Tiere gut fortbewegen. Die Schale wird von der Seite her mit einem konzentrierten Lichtstrahl beleuchtet und mit einer Glasplatte abgedeckt. Zwischen Lampe und Schale muß ein Wärmeschutzfilter aufgestellt werden, da die Tiere bei zu hoher Temperatur nicht kopulieren. Die phototaktisch positiven Männchen und Weibchen kopulieren meist nach kurzer Zeit. Die Kopulation dauert 2 Minuten.

f) Aufzucht der Eier
Sofort nach der Kopulation werden die Weibchen in eine mit feuchtem Filterpapier ausgelegte Petrischale umgesetzt. Innerhalb einer Stunde legen die Weibchen ihre Eier ab, im Mittel 2–3 der insgesamt 3–4 Eier. Bei 25 °C entwickeln sich innerhalb von 4–5 Tagen die Eilarven.

Veilchenblattrollmücke, *Dasyneura affinis* Kieff.
Die schlanke Mücke (2 mm) kann in Gewächshäusern mit Veilchenkulturen ge-

sammelt werden. Ihr Hinterleib ist gelb-orange, ihre Brust gelblich gefärbt. Das Weibchen legt die Eier in den Rand junger Blätter oder in Triebe ab. Die ausschlüpfenden Larven bilden Gallen, wobei Verdickungen in dem sich einrollenden Blattrand entstehen. Die Gallen verfärben sich von rot nach blaßgrün. Für die Aufzucht der Mücke können Pflanzen mit Gallen oder mit Gallen besetzte Blätter verwendet werden.

Zuchttechnik und Futter
Käfig mit Deckenbeleuchtung (Abb. 411). Temperatur 24°C, RLF 90–95%, Photoperiode 16 Stunden/1000 Lux.
In den Zuchtkäfig wird eine mit Wasser getränkte Gipsplatte gelegt, auf die frisch eingetopfte Veilchen *(Viola odorata)* gestellt werden. Zwischen diese frischen Pflanzen legt man mit Gallen besetzte Pflanzenstücke oder stellt mit Gallen besetzte Veilchenpflanzen. Die ausschlüpfenden Gallmücken beginnen nach 2–3 Tagen mit der Eiablage. Nach 10–12 Tagen treten an den jungen Blättern die ersten Gallen auf. Die Entwicklung einer Generation nimmt 30–32 Tage in Anspruch.
Bei der Aufzucht dieser Mücke ist auf die gleichbleibend hohe Luftfeuchtigkeit zu achten. Aus diesem Grunde werden Gipsplatte und Pflanzen täglich mit Wasser besprüht.

Die **Roggengallmücke,** *Mayetiola secalis* Bollow, kommt auf verschiedenen Getreidearten vor. Ihre Zucht ist nach der bei der Springkrautminierfliege und der Fritfliege beschriebenen Methode möglich. Als Wirtspflanzen verwendet man Roggen, Gerste oder Weizen im frühen Stadium. Die Mücken fängt man Anfang Mai auf Roggen oder Weizen oder im September auf Gerstennachwuchs. Außer den Mücken können die Larven von befallenem Getreide eingebracht werden.

Die Aufzucht oder Haltung der **Buchenblattgallmücken** erfolgt nach der bei der Veilchengallmücke oder Springkrautminierfliege beschriebenen Methode.

Mikiola fagi Htg.: Zugespitzte, nüßchenförmige Gallen auf der Oberseite von Rotbuchenblättern (April–Mai).
Hartigida annulipes Htg: Stumpfe, bräunlich bis rötlich behaarte, kugelige Gallen ebenfalls auf der Oberseite von Rotbuchenblättern (Juli–August).
Auf in Nährlösung (s. Seite 38) eingestellten und im Zuchtkäfig gehaltenen Trieben entwickeln sich die Larven rasch. Die Gallen fallen nach wenigen Wochen ab – in ihnen sind bereits Puppen vorhanden. Nach der Überwinterung verlassen die Buchenblattgallmücken die Gallen. Will man die Puppenruhe verkürzen, empfiehlt sich das Aufbewahren der Gallen bei 1–3°C während einiger Wochen.

18. Erinnidae (Xylophagidae), Holzfliegen
Rötliche bis braungraue, zwischen 5 und 18 mm große, schlanke Fliegen mit kräftigen, 10gliedrigen Fühlern. Im Typ ähneln sie Ichneumoniden. Sie finden sich an ausfließenden Baumsäften und auf Doldenblüten. Die Larven (Abb. 382) leben in moderndem Holz, unter Rinde, in der Erde und ernähren sich raptorisch.

Abb. 382. Holzfliegenlarve (nach CHU).

19. Stratiomyidae, Waffenfliegen
Fliegen (Abb. 383a) zwischen 3 und 15 mm groß, schwarz und gelb oder metallisch blau bis grün. Sie finden sich auf Blumen und ernähren sich meliphag. Larven, im Wasser oder im Boden lebend, mit abgeflachtem, zugespitztem Körper und einem Borstenkranz an der ausziehbaren, langen

Atemröhre (Abb. 383b). Ihre Nahrung besteht aus Algen, zersetztem Material, kleinen Tieren, Dung, Jauche. Verpuppung an Land.

Abb. 383. Waffenfliege.

Waffenfliege, *Stratiomys chamaeleon* L.
Die Fliege (10–12 mm) mit dem flachen, gelb beringten Hinterleib fällt außerdem noch durch die in der Ruhestellung übereinander gefalteten Flügel und die langen, abgeplatteten, spitz auslaufenden Fühler auf. Die Eier legt das Weibchen in unmittelbarer Nähe von Wasser, an den Gewässerrand ab. Die Larven leben im Wasser, hängen mit dem am letzten Hinterleibssegment befindlichen Haarkranz an der Wasseroberfläche und ernähren sich von Algen und Plankton. Die Verpuppung erfolgt an Land. Die Fliegen werden im Hoch- und Spätsommer mit dem Netz von Doldengewächsen eingefangen. Die Larven können aus Weihern gefischt werden.

Zuchttechnik und Futter
Zuchtkäfig und -behälter sowie Zuchtbedingungen siehe Schlammfliege *(Eristalis tenax)*.
Die Aufzucht und Ernährung der Fliegen erfolgt ebenso wie für die Schlammfliege beschrieben. Die Aufzucht der Larven erfolgt in Zuchtbehältern, die mit Algen, Wasserpflanzen, Steinen und Schlamm beschickt sind.

20. *Rhagionidae (Leptidae)*, Schnepfenfliegen

Braune bis graue oder schwarze, zwischen 5 und 15 mm große Fliegen (Abb. 384a) mit langem, schmalem Hinterleib, kräftiger Brust und relativ kleinem Kopf. An feuchten schattigen Plätzen. Sie leben raptorisch, wie dies auch die schlanken Larven (Abb. 384b) tun, die im Boden, im Mist, unter Rinde und sogar im Wasser leben.

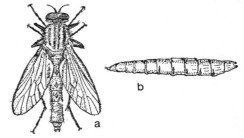

Abb. 384. Schnepfenfliege (nach Lengersdorf-Mannheims).

21. *Nemestrinidae*, Netzfliegen

Fliegen mittlerer Größe mit langem Fangrüssel und Flügeln mit netzartig geäderter Spitze. Larven befallen Engerlinge im Boden. Verschiedene Arten im Mittelmeerraum.

22. *Tabanidae*, Bremsen

Zwischen 10 und 25 mm große, meist dunkle, sehr robuste Fliegen (Abb. 385a). Die männlichen Tiere stechen nicht und besuchen allerlei Blüten. Die Weibchen stechen Mensch und Tier und saugen Blut. Eiablage auf den Boden oder auf niedrigwachsenden Pflanzen feuchter Standorte. Larven (Abb. 385b) leben räuberisch in feuchter Erde oder Schlamm von Würmern, Insektenlarven etc. Der Speichel der Larve wirkt paralysierend, antikoagulierend und extraintestinal.

Abb. 385. Bremse.

Rinderbremse, *Tabanus bovinus* L.

Die in Mitteleuropa lebende Bremse ist insbesondere im Hochsommer für Menschen und Tiere lästig. Die Weibchen ernähren sich von Warmblüterblut, die Männchen von Pflanzensäften. Die Tiere werden von dunklen, sich bewegenden Lebewesen und Gegenständen besonders angezogen, weshalb man sie Rindern und Pferden von Bauch und Brust absammeln kann. Außerdem kann man die Bremsen mit dem Netz oder mit dunklen, sich bewegenden Gegenständen, wie einem aufgespannten Regenschirm, einfangen. Die Eier werden auf dicht bewachsenem, feuchtem Boden zwischen den Pflanzen abgelegt.

Zuchttechnik und Futter
Imagines: Gazekäfig, 15 × 7,5 × 5 cm) in Plastik- oder Metallbehälter (Abb. 386). Flugkäfig 3 × 2 × 2 m.
Temperatur 28–30 °C, RLF 85–95 %, Photoperiode 16 Stunden/500–700 Lux.
Larven: Gipsblöcke (Abb. 387), 20 × 30 × 3 cm, mit 2–3 cm weiten, 2 cm tiefen Löchern, Glas- oder Plastikbehälter (50 l) oder mit Blech beschlagene Holzkiste, Temperatur 25 °C, RLF 80–95 %.
Der mit 15–20 Weibchen besetzte kleine Gazekäfig wird auf den Bauch oder den Rücken eines Pferdes oder Rindes gepreßt oder mit einem Leibgurt festgeschnallt. Nur bei Sonnenschein oder Bestrahlung mit Tageslicht + Infrarot-Lampen beginnen die Bremsen sofort mit der Blutaufnahme. Innerhalb von 3–4 Minuten ist das

Abb. 386. Bremsenzucht.

Abdomen prall gefüllt und die Intersegmentalhäute sind vollkommen gedehnt.

Der Plastik- oder Metallbehälter wird 3–5 cm hoch mit nasser Erde gefüllt. 3–5 mm über der Erde wird der Gazekäfig aufgestellt und so mit einem Trockenstrahler beheizt und bestrahlt, daß in dem Behälter die erforderlichen Bedingungen herrschen (Abb. 386). Obwohl die Weibchen sehr viel flüssige Nahrung aufgenommen haben, werden sie zusätzlich noch mit 5 %iger Zuckerlösung 2mal täglich gefüttert, wobei man die Lösung auf einen auf der Käfiggaze liegenden Wattebausch tropft. Unter diesen Bedingungen dauert die Präovipositionsperiode 3 Tage. Die Eiablage erfolgt unter den angegebenen Bedingungen meist in den frühen Morgenstunden. Der gesamte Eivorrat wird innerhalb von 25–120 Minuten ohne Unterbrechung abgelegt und zwar in Form von 2–3 hutförmigen Gelegen auf die Gaze im Käfig. Ein Weibchen legt 150–350 Eier.

Die Eigelege werden dann auf einen Objektträger in Petrischalen mit mehreren Lagen feuchten Filterpapiers gelegt. Bei 28 °C dauert die Embryonalentwicklung 3 Tage.

Die Larvenaufzucht kann einzeln oder vergesellschaftet erfolgen. Zur Einzelaufzucht setzt man je eine frisch geschlüpfte Larve in ein Loch des beschriebenen Gipsblockes (Abb. 387 und 296). Der Gipsblock wird vor der Besetzung in Wasser eingelegt und dann von Zeit zu Zeit mit Wasser besprüht. Die Löcher werden mit einer Glasplatte abgedeckt. Nach 5–6 Tagen werden die Larven mit einem 2 cm langen Stück Regenwurm gefüttert. Außerdem können auch Schmetterlingsraupen, Käferlarven, Fliegenmaden etc. verfüttert werden. Die folgenden 20–24 Tage bis zur 1. Häutung werden die Larven 2mal gefüttert. Während den folgenden Wochen, in denen sich die Larven in Intervallen von 22–27 Tagen 6mal häuten, wird wöchentlich mit entsprechend größeren Futterstücken gefüttert. Im 6. und 7. Häutungsstadium werden die Larven bei 80 % RLF gehalten. Die sich dann bildenden Puppen

werden in mit feuchtem Filterpapier ausgelegte Petrischalen umgelegt.

Abb. 387. Einzelaufzucht von Bremsenlarven.

Bei der vergesellschafteten Aufzucht setzt
man ca. 50 Larven in den Metall- oder
Glasbehälter, der mit feuchter Humuserde
oder Laub-Acker-Erde (1:1) halb gefüllt
ist. Die Erde darf nicht zusammenbacken,
sondern muß frei fließend sein. Die Larven
werden pro Woche mit ca. 10 Regenwürmern oder entsprechend vielen Insektenlarven gefüttert. Die Entwicklungs-
zeiten entsprechen den bei der Einzelaufzucht angegebenen Intervallen. Die Larven verpuppen sich in den oberen Erdschichten. Nach 8–10 Tagen schlüpfen die
Imagines aus, die dann in den Flugkäfig
umgesetzt und mit 5–10%iger Zuckerlösung oder Honigwasser (Wattebausch)
gefüttert werden.
Die gleiche Methode ist anzuwenden für
die Zucht der **Viehbremse**, *Straba glaucopis* Meig., **Pferdebremse**, *Tabanus sudeticus* Zell., **Blindbremse**, *Haematopota pluvialis* L.

23. Acroceridae (Cyrtidae), Spinnenfliegen,
Kugelfliegen

3–5 mm große, graue bis dunkelbraune
Fliegen (Abb. 388) mit auffallend kleinem

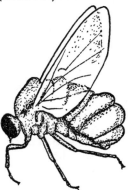

Abb. 388. Spinnenfliege (nach BORROR/DE-
LONG).

Kopf und großen Augen. Brust buckelig
und Hinterleib aufgetrieben. Eiablage auf
Mist oder auf Pflanzen. Larven schmarotzen in Spinnen oder deren Eipaketen und
anderen Wirten.

24. Therevidae, Stilettfliegen

Behaarte, zwischen 5 und 15 mm große,
dunkle und schlanke Fliegen, die auf Wiesen und an Bachufern anzutreffen sind.
Larven lang und dünn. Die Abdominal-
segmente in 2 sekundäre Segmente gegliedert. Imagines (Abb. 389 a) und Larven
(Abb. 389 b) leben räuberisch. Die Larven
kommen in der Erde, in Moos, Kuhdung
etc. vor und parasitieren gelegentlich auch
andere Bodeninsekten.

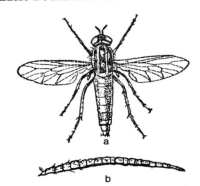

Abb. 389. Stilettfliege (nach BORROR/DE-
LONG).

25. Scenopinidae, Fensterfliegen

Dunkelbraune bis schwarze, 4–7 mm große
Fliegen mit zylindrischem Hinterleib. Ihre
Larven sind schlank, lang und dünn (vgl.
Abb. 390) und leben räuberisch von ande-

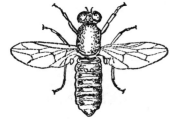

Abb. 390. Fensterfliege (nach BORROR/DE-
LONG).

ren Insekten. Die Fliegen selbst sind oft an Fenstern umherlaufend anzutreffen.

26. *Bombyliidae*, Wollschweber, Hummelfliegen

Bienen- oder hummelähnliche, harmlose Fliegen (Abb. 391a) mit wolligem Haarkleid variabler Färbung. Größe 3–25 mm. Stehen schwebend im Flug und saugen mit ihrem langen Rüssel Nektar aus Blüten. Eiablage in der Nähe der Wirte. Die räuberischen Larven (Abb. 391b) dringen u.a. in Nester verschiedener Hautflügler (Bienen- und Hummelnester) ein, parasitieren und schmarotzen dort.

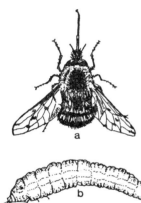

Abb. 391. Hummelfliege (nach Chu).

27. *Asilidae*, Raubfliegen

Etwa 10–30 mm große, meist düster gefärbte, behaarte Fliegen (Abb.392a) mit

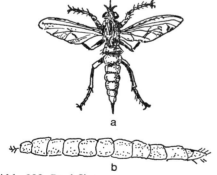

Abb. 392. Raubfliege.

langen Beinen und spitz auslaufendem Hinterleib. Sie leben räuberisch vom Fang anderer Insekten. Eiablage auf feuchtes Material (Erde). Die zylindrischen, abgeflachten Larven (Abb. 392b) leben hauptsächlich nekrophytophag in der Erde. Einige wenige ernähren sich raptorisch.

28. *Empididae*, Tanzfliegen

Die Männchen dieser Fliegen bilden Schwärme, die über Waldwegen oder Gewässern auf und ab tanzen. Die Fliegen (Abb. 393a), den Raubfliegen sehr ähnlich, variabel in der Farbe aber meist dunkel, sind zwischen 2 und 15 mm groß und ernähren sich raptorisch von kleinen Insekten oder phytophag, var. miliphag. Eiablage auf oder in den Boden. Die schlanken Larven (Abb. 393b) leben räuberisch im Wasser, in verrottendem Material, im Boden oder im Moos.

Abb. 393. Tanzfliege (nach Borror/De-long).

29. *Lonchopteridae*

Kleine, 2–4 mm große, schlanke, gelbliche bis bräunliche Fliegen, die feuchte Standorte bevorzugen. Larven leben teils räuberisch, teils phyto- oder saprophytophag in altem Pflanzenmaterial.

30. *Dolichopodidae*, Langbeinfliegen

Fliegen 2–6 mm groß, meist metallisch grün bis blau oder kupferig gefärbt. Männ-

chen tragen den großen Geschlechts-
apparat nach vorne umgefaltet unter dem
Hinterleib (Abb. 394). Fliegen in der Nähe
von Gewässern. Leben räuberisch von
kleinen Insekten. Die zylindrischen Larven
finden sich im Schlamm, zersetzendem
Holz, unter Rinde, in Grasstengeln. Sie
ernähren sich raptorisch oder phytophag.

Abb. 394. Langbeinfliege (nach BORROR/DE-
LONG).

31. *Phoridae*, Buckelfliegen, Rennfliegen

1–3 mm große, lebhafte Fliegen mit gewölbtem, buckligem Thorax. Sie finden
sich an Orten mit verrottender Pflanzendecke oder anderem zersetztem Material. Larven leben in Kadavern, faulenden
Pflanzen, Schwämmen und z.T. endoparasitisch in anderen Insekten und Würmern.

32. *Clythiidae (Platypezidae)*, Pilzfliegen, Tummel- oder Rollfliegen

Dunkle, 2–4 mm große Fliegen mit abgeflachtem Hinterleib. 1. Tarsenglied beim
Weibchen flacher als beim Männchen.
Männchen bilden Schwärme und tanzen
2–3 m über dem Erdboden. An schattigen
feuchten Plätzen und Waldwegen. Die
Larven leben in Schwämmen.

33. *Syrphidae*, Schwebfliegen

Große, stattliche, sehr fluggewandte, harmlose Fliegen (Abb. 395 a) mit wespen- oder
bienenähnlicher Zeichnung, die während
des Fluges über längere Zeit an einer bestimmten Stelle verharren können. Sie

finden sich auf verschiedenen Blüten. Die
Larven sind verschieden gebaut und ihrer
Lebensweise angepaßt. So leben zahlreiche
Arten (Abb. 395 b) räuberisch von Blattläusen oder anderen Insekten auf Pflanzen
oder sie dringen in Nester von Bienen und
Ameisen ein oder ernähren sich in Jauche
(Rattenschwanzlarve, Abb. 395 c) oder in
sich zersetzendem Pflanzenmaterial. Wieder andere sind schädlich an Narzissen-
zwiebeln u.a.

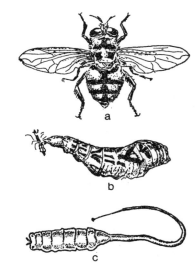

Abb. 395. Schwebfliege.

Schlammfliege, Mistbiene, *Eristalis tenax* L.

Die plumpe, dunkelbraune Fliege mit
bienenartigem Aussehen wird häufig auch
als Stallbiene bezeichnet. Brust und Hinterleib sind dicht gelbbraun behaart, das
erste breite Segment des Hinterleibes weist
auf jeder Seite ein großes, gelbes Dreieck
auf. Die Fliegen findet man im Herbst auf
den Blüten verschiedenster Pflanzen mit
feuchten Standorten. Man fängt sie am
frühen Morgen bei Sonneneinstrahlung
mit Netz von den Blüten der Goldrute, des
Wiesenkerbels etc. ein. Die Eier werden in
Faulschlamm abgelegt, wo sich dann auch
die sogenannten Rattenschwanzlarven entwickeln.

Zuchttechnik und Futter
Nylongazekäfig (Abb. 409), 25 × 15 × 15 cm, in einer Metall- oder Plastikwanne. Kristallisierschalen.
Temperatur 26–28 °C, RLF 85–95 %, Photoperiode permanent mit 1500–2500 Lux (Ultrarotlampe, evtl. zusammen mit Tageslichtlampe).
In die ca. 5 cm hoch mit Kunststoffgranulat oder Erde gefüllten Wanne wird auf 2–3 cm hohe Klötzchen der Nylongazekäfig gesetzt (Abb. 386). In den Käfig stellt man als Futter ein Honig-Haselpollen-Hefe-Gemisch (siehe Seite 48), auf einen feuchten Wattebausch gestrichen, sowie eine ca. 5 mm hoch mit Kunststoffgranulat (Korngröße 2–3 mm) und etwas Wasser gefüllte Schale ein. Der Käfig wird dann mit 20–30 Fliegen beschickt und gleichzeitig mit einer Ultrarotlampe angestrahlt. Nach 4–5 Tagen, während denen die Tiere mehrmals kopulieren, legen die Weibchen die weißen länglichen, leicht gekrümmten Eier zwischen den Kunststoffgranulen in das Wasser ab. Damit die Eier und später die Larven gut zu erkennen sind, empfiehlt es sich, rot und dunkel gefärbtes Granulat zu verwenden. Es ist ferner darauf zu achten, daß das Kunststoffgranulat eine zusammenhängend schwimmende Schicht bildet, da sonst die Eiablage nicht in gewünschtem Maße erfolgt. Aus den sich graubraun verfärbenden Eiern schlüpfen nach 2 Tagen die Larven aus, die man mit einer Saugpipette herausfischt. Für die Aufzucht der Larven verwendet man eine große Schale, die mit Wasser zur Hälfte gefüllt ist. Auf das Wasser legt man eine ca. 2 cm dicke, mit vielen 1–2 cm weiten Löchern versehene und schwimmende Kunststoffplatte. Auf die Platte wird eine Mischung von Pferde- und Kuhmist gestrichen. Eine Mischung von Pferde-, Kuhmist und Häcksel füllt man in einen Gazebeutel und hängt ihn auch ins Wasser. In dieses Bassin setzt man die Larven ein. Sind die Larven verpuppungsreif, so schwimmen sie mit dem analen Körperteil nach oben an der Oberfläche oder sitzen zwischen dem auf die Platte gestrichenen

Mist. Sie werden ausgewachsen und ausgesammelt und auf den feuchten Gipsboden einer Kristallisierschale zwischen feuchte Holzstückchen gelegt.

Schwebfliege, *Syrphus corollae* F.
Die wespenähnlich gezeichnete Fliege (15 mm) kann während des Fluges längere Zeit »am Ort« verharren. Die Fliege legt die Eier an von Blattläusen stark befallenen Pflanzen ab. Die Larven ernähren sich von den Blattläusen. Für Zuchtzwecke werden entweder die mit Larven besetzten Pflanzenteile eingesammelt oder die Fliegen am frühen Morgen von verschiedenen Blütenpflanzen (z. B. Umbelliferen) gekeschert.

Zuchttechnik und Futter
Fliegenkäfig: 2-Liter-Glas mit Gipsboden (Abb. 396). Larvenkäfig: Kristallisierschale mit Gipsboden. Puppen: Kristallisierschale mit Gipsboden.

Abb. 396. Gefäß für die Schwebfliegenzucht.

Temperatur 23 °C, RLF 65–70 %, Photoperiode 16 Stunden/500–750 Lux.
Die mit Larven besetzten Pflanzenteile werden auf den feuchten Gipsboden ausgebreitet. Zur Fütterung werden Blattläuse auf Pflanzenteilen oder lose in die Schale gegeben. Altes Pflanzenmaterial und Exkremente müssen vor dem Einlegen neuen Futters sorgfältig entfernt werden, wobei besonders auf eventuell mitlaufende Fliegenmaden zu achten ist. Pro Schale können 50–100 Larven aufgezogen werden. Die Larven müssen im Dunkeln gehalten werden.

Bei großen Zuchten werden die Larven direkt auf mit Blattläusen (*Aphis fabae*) besetzte Bohnenpflanzen (*Vicia faba*) gesetzt oder die Pflanzenteile werden mit Nadeln an solche Bohnenpflanzen gesteckt. Da sich die Larven gern im Boden verpuppen, ist es ratsam, die Bohnenpflanzen in Erde, Vermiculith oder ähnlichem Material zu kultivieren, um das Ausschwemmen der Puppen zu erleichtern. Da die Maden mit zunehmendem Alter eine immer intensivere Fraßtätigkeit entwickeln, ist es notwendig, von Zeit zu Zeit neue Blattläuse auf die alten Bohnenpflanzen zu setzen oder dicht mit Läusen besetzte Pflanzenteile mit Nadeln an die bestehenden Pflanzen anzustecken.

Die Puppen werden bis zum Erhärten (einige Tage) im Zuchtgefäß oder im Bodenmaterial belassen und anschließend in Kristallisierschalen mit feuchtem Gipsboden aufbewahrt.

Die ausschlüpfenden Fliegen werden dann in große Gläser (Gazedeckel und Gipsboden) umgesetzt (Abb. 396). Um die Flugaktivität auszuschalten, wird ihnen ein Flügel abgeschnitten. Die Tiere werden mit Honiglösung (Honig : Wasser = 2 : 1) und Haselpollen gefüttert. Außerdem erhalten sie Wasser in einer Dochttränke (Abb. 50). Als Eiablagesubstrat legt man einige dicht mit Bohnenblattläusen oder Pfirsichblattläusen besetzte Blätter oder Pflanzenteile in das Zuchtglas ein (Blattlauszuchten siehe Seiten 147–149). Um die notwendige Luftfeuchtigkeit im Zuchtgefäß zu erhalten, muß der Gipsboden von Zeit zu Zeit mit Wasser besprüht werden.

Präovipositionsperiode 3–4 Tage, Embryonalentwicklung 2 Tage, Larvalentwicklung 7–9 Tage mit 2 Häutungen, Puppenruhe 8 Tage. Die Lebensdauer der Imagines beträgt ca. 4–6 Wochen. Ein Weibchen legt ca. 400 Eier.

Schwebfliege, *Syrphus luniger* Meig.

Diese Schwebfliege ist *Syrphus corollae* sehr ähnlich. Sie ist sehr flugaktiv und kopuliert auch im Flug. Aus diesem Grunde muß für die Zucht dieser Fliege ein Flug-

käfig (Abb. 29) verwendet werden, während sonst die oben beschriebene Methode verwendbar ist. Die Tiere werden mit 50%igem Honigwasser und Haselpollen gefüttert. Der Pollen wird ungefähr 10–15 cm unter der Käfigdecke auf einem freihängenden Brettchen ausgestreut. Der Entwicklungszyklus ist gleich dem von *S. corollae.*

34. *Pipunculidae (Dorylaidae)*, Kugelkopffliegen, Augenfliegen, Großkopffliegen

2–10 mm große, düster gefärbte Fliegen mit auffällig großem Kopf (Abb. 397), dessen größter Teil von den Augen eingenommen wird. Die Larven parasitieren in Zikaden.

Abb. 397. Augenfliege (nach Borror/De-long).

35. *Conopidae*, Dickkopffliegen

Bräunliche, wespenähnliche Fliegen, zwischen 4 und 10 mm groß, mit langem Rüssel, vorspringenden Augen und langen Fühlern am breiten Kopf. Der Hinterleib ist basal stielartig verlängert und weist bei einigen Arten eine lange Eilegeröhre (Ovipositor) auf. Fliegen leben auf Blüten; legen Eier an Hautflügler; Larven leben parasitisch in Hummel-, Bienen- und Wespennestern.

36. *Cordyluridae (Scatophagidae),* Kotfliegen siehe *Anthophyiidae*

Für die Zucht der **Kotfliege,** *Scopeuma stercoraria* L., die im Freien auf frischem Kot stets anzutreffen ist, eignet sich die bei der Schmeißfliege beschriebene Methode. Als Larvenfutter hat sich frischer Kuhmist besonders bewährt.

37. *Braulidae*, Bienenläuse

1–1,5 mm groß, rotbraune, ungeflügelte, lausähnliche, flache und mit kräftigen und kurzen Beinen versehene Fliege. Die Fliege, die sog. Bienenlaus, hält sich zeitweilig auf Bienen auf. Ihre Larven finden sich in Nestern von Bienen, Hummeln, Wespen etc.
Die Haltung der Larven erfolgt mit Pollen und pollenhaltigem Wachs. Die Adulten sitzen auf den Bienen und ernähren sich vom Futtersaft der Arbeitsbienen.

Abb. 398. Bienenlaus (nach LENGERSDORF-MANNHEIMS).

38. *Pyrgotidae*

Etwa 10 mm große, schlanke und sehr flinke Fliege mit bandförmiger Zeichnung auf den Flügeln. Kopf groß und rundlich. Larven parasitieren in großen Käfern, wie Juni- oder Maikäfer und anderem Lamellicorniern.

39. *Sciomyzidae*, Hornfliegen

Zwischen 2 und 12 mm große, braungelbe bis dunkelbraune Fliegen mit fleckiger Flügelzeichnung, die sich an feuchten Standorten (Bachufer, Weiher, feuchte Senken etc.) aufhalten. Larven leben parasitär in Wasserschnecken.

40. *Dryomyzidae*

Ähnlich den Sciomyziden. Larven im Wasser oder in feuchtem Material, in Schwämmen, Exkrementen.

41. *Neottiophilidae*, Blutlarvenfliegen, Meisensauger

Zwischen 5 und 10 mm große, dunkel gefärbte Fliegen. Ihre Eier legen sie in Nester von Sperlingen, Finken, Meisen u.a., wo die ausschlüpfenden Larven auf den Jungvögeln Blut saugen.

42. *Sepsidae*, Schwingfliegen

Schwarz bis rotbraun gefärbte, 2–6 mm große Fliegen mit deutlich verengter Hinterleibsbasis. Eiablage in Exkremente, zersetzendes Pflanzenmaterial etc., wo die Larven sich entwickeln.

43. *Megamerinidae*, Schenkelfliegen

Die Fliegen der einzigen Art dieser Familie sind 8–10 mm groß, schwarz und haben gelbe Beine. Larven saprophytophag im Schlamm und sich zersetzendem Pflanzenmaterial.

44. *Piophilidae*, Käsefliegen

Etwa 2–5 mm große, metallisch gefärbte, lebhafte Fliegen (Abb. 399a). Die Larven (Abb. 399b) – einige Arten können, ausgewachsen, 20–30 mm weit springen – entwickeln sich in Käse und in geräucherten oder getrockneten Fleischwaren.

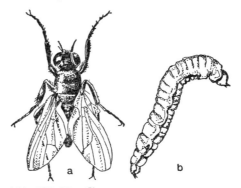

Abb. 399. Käsefliege.

Käsefliege, Salzfliege, *Piophila casei* L.
Die kleine, glänzendschwarze Fliege (4 bis 5 mm) hat rote Augen. Die Flügel überdecken sich und überragen den Hinterleib des sitzenden Tieres. Die Eier werden auf Käse, Fleisch oder Fisch abgelegt. Die Larven sind die bekannten, springenden

Maden. Für die Aufzucht der Fliege besorgt man sich verpuppungsreife Larven oder Puppen aus Käsereien, Käselagern, Abdeckereien und Häuteverwertungsbetrieben.

Zuchttechnik und Futter
Zuchtkäfige und -behälter siehe Stubenfliege.
Temperatur 26 °C, RLF 60–70 %, Photoperiode siehe Stubenfliege.
In den Flugkäfig stellt man in separaten Schalen Trockenmilch, einen mit defibriniertem oder Na-Citrat behandelten blutgetränkten Zuckerwürfel, ein Stück Rahmkäse (handelsüblich) und eine Dochttränke (Abb. 50). Pro Käfig können 300–500 Tiere eingesetzt werden, die sich hauptsächlich von Milchpulver und Blut ernähren und auf dem Käse die Eier ablegen. Das Futter muß täglich erneuert werden. Ebenso wird das Eiablagesubstrat täglich ausgewechselt. Das Käsestück wird dann in eine mit Kunststoffgranulat belegte Schale gelegt, die mit einer Glasplatte oder dichtem Baumwollstoff verschlossen wird. Die 24 Stunden später ausschlüpfenden Larven sind nach 7–8 Tagen verpuppungsreif und verlassen den Käse. Die walzenförmigen, glatten, glänzenden Maden kriechen oder springen (bis zu 30 cm hoch) in den trockenen Kunststoff, verpuppen sich dort und können dann als Puppen, wie bei der Stubenfliege beschrieben, isoliert werden. Aus den Puppen schlüpfen nach 8 Tagen die jungen Fliegen aus. Die Lebensdauer der Käsefliegen beträgt etwa 6 Wochen.

45. *Psilidae*, Nacktfliegen

Schlanke, zwischen 3 und 15 mm große, variabel gefärbte Fliegen mit ziemlich langen Fühlern. Die Larven der Nacktfliegen leben radicicol oder gallivor auf verschiedenen Pflanzen.

Möhrenfliege (Eisenmade), *Psila rosae* F.
Die glänzendschwarze Fliege (4–5 mm) mit gelben Beinen legt die Eier in die Möhren umgebende Erde ab. Die Larven bohren sich in die Möhren ein und fressen Gänge aus. Die ausgewachsenen Larven sind 6–8 mm lang, walzenförmig, schlank, glatt, glänzend und gelblichweiß gefärbt. Die verpuppungsreifen Larven werden von den Möhren oder aus der die Möhren umgebenden Erde gesammelt. Durch Auswaschen der Möhrenbeeterde gemäß Seite 24 erhält man die Puppen. Die Puppe überwintert in der Erde.

Zuchttechnik und Futter
Imagines: Nylongazekäfig mit festem Boden und Schlupfarm. Larven: Saatschalen oder Blumentöpfe. Puppen: Kristallisierschale mit Gipsboden und Gazedeckel.
Temperatur 24 °C, RLF 80–90 %, Photoperiode 16 Stunden/1500 Lux.
Die eingesammelten verpuppungsreifen Larven werden auf feuchte Erde (Erde-Sand-Gemisch = 1 : 1) gelegt. Die Larven verpuppen sich in der Erde, die Puppen werden gemäß Seite 24 ausgewaschen. Anschließend legt man sie auf den feuchten Gipsboden der Kristallisierschale.
Die ausschlüpfenden Imagines werden in den Nylongazekäfig gesetzt, der folgendermaßen vorbereitet wurde: der Boden wird von einer 1–2 cm hohen, gut befeuchteten Zonolith-Schicht bedeckt. In den Käfig wird eine mit Wasser gefüllte Schwimmertränke (Abb. 52) gestellt und außen auf den Käfig ein mit Wasser getränkter Wattebausch gelegt. Als Eiablagesubstrat stellt man 4–5 gut bewurzelte und belaubte Möhrenpflanzen, eingetopft in einen Blumentopf, ein. Pro Käfig werden 100–200 Imagines eingesetzt. Zur Fütterung verwendet man eine Mischung folgender Zusammensetzung: 5 g Honig, 1 g Caseinhydrolysat, 1 g Trockenhefe und 0,5 g Trockenmilch. Mit dieser Mischung wird ein Wattebausch getränkt, den man mit einigen Streichhölzern belegt auf einem Uhrglas oder in einer Petrischale in den Käfig stellt. Durch die Hölzer wird ein Verschmutzen der Tiere mit Futter verhindert. Nach wenigen Tagen beginnen

die Fliegen mit der Eiablage in die Erde in unmittelbarer Nähe der Möhrenwurzeln. Durch Auswechseln der Pflanzen jeden 2. Tag erhält man datiertes Larvenmaterial. Nach 5–6 Tagen schlüpfen die Larven aus und befallen zuerst die feinen Seitenwurzeln. Zur Feststellung der Populationsdichte schüttet man 14 Tage nach dem Ausschlüpfen der Larven den Topfinhalt aus, sammelt die Larven und setzt sie auf vorbereitete Möhrenpflanzen um. Es sollen pro Pflanze nicht mehr als 10 Larven angesetzt werden. Nach weiteren 3 Wochen verpuppen sich die Larven in der Erde. Die Puppen werden gemäß Seite 24 ausgewaschen und auf feuchten Gips, Zonolith oder Vermiculith gelegt.

Nach der von NATON beschriebenen Methode setzt man nicht Möhrenpflanzen,

Abb. 400. Pseudomöhre.

sondern sog. »Pseudomöhren« (Abb. 400) in den Käfig ein. Diese bestehen aus Möhrenblättern, die in ein mit Wasser gefülltes und mit Watte verschlossenes Tabletten- oder Reagenzglas eingestellt sind. Dieses Glas steckt so in einem Korken, daß es diesen um ca. 1 cm überragt. Auf den Korken stellt man einen kleinen Plastik- oder Aluminiumteller (⌀ ca. 4–5 cm, 1 cm hoher Rand, Mittelbohrung entsprechend dem Glasdurchmesser). Auf diesem Teller wird aus feuchter krümeliger Erde ein kleiner Wall um das Glas herum gezogen.

Nur in einen solchen Wall legen die Fliegen die Eier ab. Die belegte Erde wird dann mit Wasser angeteigt, mit einer Saugpipette aufgezogen und in Schalen, die mit Möhrenpflanzen besetzt sind, unmittelbar um die Pflanzen herum verteilt. Die Impfstellen werden mit feuchter Erde abgedeckt. Die Entwicklung erfolgt in den oben angegebenen Zeitintervallen. Die Puppen werden ebenfalls ausgewaschen und auf feuchte Unterlagen ausgelegt.

Als Eiablagesubstrat eignet sich auch die von E. STÄDLER beschriebene Methode. Danach stellt man eine 100-ml-Flasche, in der 2–3 Möhrenblätter in Wasser eingestellt sind, auf zwei schwarze Nylonnetze (Maschenweite 0,75–1 mm und Netzabstand 1–2 mm), unter denen sich ein feuchtes schwarzes Tuch befindet (Abb. 401).

Abb. 401. Eiablage-Substrat für Möhrenfliege.

Die Fliegen legen die Eier durch die Doppelgaze hindurch auf das feuchte Tuch. Durch Einlegen des Tuchstückes in Wasser können die auf der Oberfläche schwimmenden Eier leicht separiert werden.

Bei 15–18 °C nimmt die Puppenruhe ca. 30 Tage in Anspruch. Werden die Puppen bei höheren oder tieferen Temperaturen gehalten, so treten sie teilweise in Diapause, die mehrere Monate dauern kann. Durch Lagerung bei +2 °C über mehrere Wochen und anschließende Haltung bei 16 °C kann die Diapause gebrochen werden.

Im allgemeinen ist bei der Aufzucht der Möhrenfliege streng auf die Einhaltung der notwendigen Luftfeuchtigkeit, insbesondere während der Larvalstadien, zu achten.

46. Tylidae (Micropezidae), Stelzfliegen

Fliegen mit langen Beinen und meist dunkler Färbung. Größe zwischen 4 und 8 mm. Eiablage in Dung, Exkremente etc., wo die Larven sich entwickeln.

47. Lonchaeidae

Zwischen 3 und 6 mm große, meist dunkel gefärbte Fliegen mit gezeichneten Flügeln. Die Larven leben carnivor, carpophag, caprophag, phytophag und gallivor.

48. Platystomatidae

Zwischen 5 und 8 mm große, lebhafte und dunkel gefärbte Fliegen mit heller band- oder punktförmiger Flügelzeichnung. An feuchten Plätzen. Larven ernähren sich phytophag oder nekrophytophag in Pflanzen oder verrottendem Pflanzenmaterial.

49. Tephritidae (Trypetidae), Bohrfliegen, Fruchtfliegen

Lebhafte, z. T. bunt gefärbte, zwischen 2 und 8 mm große Fliegen (Abb. 402). Flügel meist mit dunkler, fleckiger Zeichnung. Weibchen mit Legebohrer. Abdomen aus fünf Segmenten bestehend. Eiablage in oder an Früchte oder andere weiche Pflanzenteile. Larven fußlos, weiß, minieren im Pflanzengewebe. Verpuppung im Nährsubstrat oder in Erde.

Abb. 402. Fruchtfliege.

Mittelmeerfruchtfliege, *Ceratitis capitata* Wied.
Die hübsch gelb, schwarz und weiß gezeichnete Fliege ist ca. 5 mm lang. In Gegenden mit mildem Klima oder in extrem warmen Sommern kommt sie auch bei uns vor und kann Pfirsiche, Birnen und Aprikosen befallen. Die Insekten werden eingeschleppt (Orangen mit Maden) und vermögen sich dank der hohen Temperaturen zu entwickeln (Müllablagen!). Die Fliege kann in unseren Gebieten nicht überwintern.

Zuchttechnik und Futter
Zuchtkäfige und -behälter siehe Kohlfliege. Temperatur 25°C, RLF 70–80%, Photoperiode permanent 1500–3000 Lux.
Die Puppen werden auf den feuchten Gipsboden einer Kristallisierschale gelegt und in den Flugkäfig eingestellt. Die ausschlüpfenden Imagines erhalten als Futter HH-Teig (s. Seite 48), 10%iges Zuckerwasser (Wattebausch) und eine Bananenscheibe. Als Eiablagesubstrat hängt man den Tieren entweder das ausgehöhlte Endstück einer Banane, oder stellt die gelbgefärbte Hälfte eines Tee-Eies, das mit feuchtem Filterpapier ausgeschlagen ist, auf einem Uhrglas ein (Abb. 403).

Abb. 403. Vorrichtung für die Eiablage der Mittelmeerfruchtfliege.

Nach einer 5tägigen Präovipositionsperiode beginnen die Tiere mit der Eiablage in die Bananenschale oder durch die Öffnungen des Tee-Eies auf das Filterpapier. Die belegten Substrate werden täglich ausgewechselt und auf Larvenfutter gelegt. Als Larvenfutter dient die von SERVAS entwickelte Mischung aus:

17,8 g	Möhrenpulver oder geriebene Möhrenschnitzel
3,7 g	pulverisierte Trockenhefe
3,0 ml	1molare Salzsäure

0,3 g Benzoesäure-Natriumsalz
0,2 g Nipagin (Merck)
70,0 ml Wasser

Diese Mischung wird nach kurzer Quell-zeit in Petrischalen gefüllt und mit den Ei-gelegen belegt. Anstelle dieser Mischung können auch 1 cm dicke Bananenscheiben verwendet werden. Eine andere Futter-mischung besteht aus 1 l Wasser, 20 g Agar, 160 g Trockenhefe, 160 g Rohzuk-ker, 80 g Kleie, 650 ml weißem Weinessig. In das siedende Wasser werden die Sub-stanzen der Reihe nach gegeben und homogenisiert. Die Futtermischung oder die Fruchtscheiben werden dann in die größere, mit Sand ca. 3 cm hoch gefüllte Schale gestellt und mit dichter Nylongaze zugebunden. Nach 10 Tagen sind die er-sten Larven verpuppungsreif. Man er-kennt das daran, daß sie bis zu 30 cm weite Sprünge machen. Die großen Schalen müs-sen nun gegen noch größere mit Sand be-schichtete Schalen ausgewechselt werden. Die Behälter werden mit dichtem Baum-wollstoff zugebunden. Die Larven sprin-gen vom Futter in den Sand und verpup-pen sich dort. Durch Aussieben werden die Puppen isoliert und dann in den Flug-käfig eingesetzt. Die normalerweise 10 Tage dauernde Puppenruhe kann durch Lagerung bei 8 °C um mehrere Tage ver-längert werden.

Olivenfliege, *Dacus oleae* Gmel.
Diese im Olivenanbau sehr gefürchtete Fruchtfliegenart beschafft man sich aus den Anbauländern, z. B. Italien, Griechenland u. a.
Für die Zucht der Fliege ist die gleiche Methode anzuwenden wie für die Mittel-meerfruchtfliege. Die Lichtintensität soll mindestens 4000 Lux betragen. Die Futter-mischung für die Larven setzt sich wie folgt zusammen (nach TzANAKAKIS et al.):

Wasser	66,0	ml
Agar	2,0	g
Nipagin	0,2	g
Kaliumsorbat	0,05	g

Tween-80 (Emulgator)	0,8	ml
Olivenöl	2,4	ml
Brauerei-Hefe	9,0	g
Soja-Hydrolysat	3,5	g
Erdnüsse, geröstet	6,0	g
Fruchtzucker	2,4	g
2 n-Salzsäure	3,5	ml

50. *Chamaemyiidae*, Blattlausfliegen

Dunkel- bis hellgraue, 1,5–5 mm große Fliegen mit schwarzgepunktetem Hinter-leib. Die Larven leben räuberisch von Blattläusen, Schild- und Wolläusen auf verschiedenen Pflanzen.

51. *Coelopidae*, Tangfliegen

2–8 mm große, dunkel gefärbte Fliegen mit rücklings stark abgeflachter Brust mit z. T. deutlichen Längslinien. Beine relativ stark behaart. Schenkel und Schienen bei einigen Arten deutlich verdickt. Fliegen an Meerufern häufig, wo sie Blüten be-suchen. Eiablage in Seetang (Braunalgen etc.). Larvenentwicklung im Seetang.

52. *Helomyzidae*, Scheufliegen, Dunkel-fliegen

Zwischen 3 und 8 mm große, meist dunkel gefärbte Fliegen, die den Hornfliegen ähn-lich sehen. Larven leben in Wasser, in Algen, Seetang, einige in Vogelnestern und andere fressen Fledermauskot.

53. *Clusiidae*

Variabel gefärbte, zwischen 2 und 6 mm große Fliegen. Die springfähigen Larven (wie Käsefliegen) ernähren sich nekro-phytophag unter Baumrinden oder in verrottendem Material.

54. *Ephydridae*, Salzfliegen, Sumpffliegen, Weitmaulfliegen

Kleine, nur 1–3 mm große, dunkel ge-färbte Fliegen, die an feuchten Orten (Weiher, sumpfige Wiesen, Sümpfe etc.) oft massenhaft vorkommen. Die Larven leben im Wasser, z. T. Salzwasser.

55. *Borboridae (Sphaeroceridae)*, Dungfliegen

Die Vertreter dieser Familie haben ein stark verkürztes Hintertarsenglied. Die Fliegen sind klein, 0,5–2,5 mm, schwarz oder braun gefärbt. Larven leben in Exkrementen, in verrottendem Pflanzenmaterial, Algen, Pilzen, Seetang etc.

56. *Drosophilidae*, Taufliegen, Essigfliegen, Obstfliegen

3–4 mm große Fliegen mit gelber bis rotbrauner Färbung. Die Fliegen suchen überreifes, gärendes Obst sofort auf und belegen es mit Eiern. Die Larven entwickeln sich in diesen Substraten sehr schnell. Zahlreiche Stämme von *Drosophila melanogaster* sind vielbenutztes Versuchsobjekt in der Genetik.

Taufliege, Essigfliege, *Drosophila melanogaster* L.

Diese hellbraune Fliege (2–2,5 mm) mit roten Augen legt die Eier auf gärenden Früchten ab. Hier entwickeln sich auch die Larven. Für Zuchtzwecke legt man faulende Früchte möglichst in der Nähe von Müllhaufen, Misthaufen etc. aus und fängt die Fliegen mit dem Netz oder der Falle (Abb. 16, 17).

Zuchttechnik und Futter
250-ml-Erlenmeyerkolben, Becher oder Gläser.
Temperatur 25 °C, RLF 80–90 %.
Das Zuchtgefäß wird 1–2 cm hoch mit Larven-Nährmedium gefüllt. Dieses Nährmedium hat folgende Zusammensetzung: 100 g Bäckerhefe werden mit ca. 4 Eßlöffeln Rohrzucker bestreut, und sowie die Hefe breiig zu werden beginnt, werden 200 ml Weinessig untergemischt. Diese Mischung füllt man 1–2 cm hoch in den Erlenmeyerkolben und stampft Watte ein, bis diese nicht mehr naß erscheint. Ein weiteres Nährmedium besteht aus 10 g Bacto-Agar, gelöst in 700 ml heißem Wasser, 60 g Rohrzucker, 120 g Maisgrieß und 10 g Trockenhefe vermischt mit 160 ml Wasser. Die Mischung wird aufgekocht und heiß in die Zuchtgefäße gefüllt. Nach dem Erstarren gibt man noch einige Tropfen Hefesuspension (Wasser) auf den Nährboden. Eventuell abgeschiedenes Kondenswasser muß aus dem Glas entfernt werden.

Auf das Nährmedium stellt man ein dachförmig geknicktes Filterpapier und legt einige Holzstückchen ein.

In die so vorbereiteten Zuchtgefäße setzt man dann mit einem Exhaustor 50 Fliegen durch eine kleine Öffnung in dem als Verschluß dienenden Baumwollstoff ein. Die Öffnung muß dann sorgfältig mit Watte verschlossen werden. Die Weibchen legen die Eier direkt auf das Nährmedium. Dort schlüpfen nach 24 Stunden die Larven aus. Nach 3 Häutungen innerhalb von 10 Tagen sind sie verpuppungsreif. Nach weiteren 4–5 Tagen schlüpfen die Imagines aus, die bereits am ersten Tag kopulieren und vom 3. Tag an Eier legen. Zwischen dem 3. und 6. Lebenstag ist die stärkste Eiablage zu beobachten. Die Lebensdauer der Fliegen beträgt 4–5 Wochen, von denen sie 3–4 Wochen lang Eier legen. Für die kontinuierliche Aufzucht der Taufliege sollten jede Woche neue Zuchtgefäße beschickt werden.

57. *Agromyzidae*, Minierfliegen

Schwarze bis graue oder gelbliche Fliegen (Abb. 404a) in der Größe zwischen 1 und 4 mm. Die Weibchen legen die Eier in das Blattgewebe, in welchem dann die ausschlüpfenden Larven ohne die obere und untere Epidermis zu zerstören verschiedenförmige Minen (Abb. 404b) fressen.

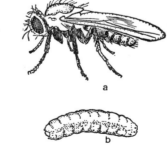

Abb. 404. Minierfliege.

Springkraut-Minierfliege, *Liriomyza impatientis* Bri.

Die kleine, grau bis graubraun gefärbte, unscheinbare Fliege legt im Mai–Juni die Eier in die Blätter des Springkrautes an schattigen, feuchten Standorten.

Zuchttechnik und Futter
Gazekäfig (Abb.28), Saatschalen (Abb. 207).
Temperatur 24 °C, RLF 90–95 %, Photoperiode 12 Stunden/3000–5000 Lux, davon 8 Stunden/200–300 Lux.
Die eingesammelten, mit Larven besetzten Blätter des Springkrautes werden auf feuchtem Filterpapier ausgebreitet. Die auswandernden Larven verpuppen sich zwischen dem feuchten Filterpapier.
Für die Aufzucht der Fliegen sammelt man an schattigen Waldrändern zusammen mit der Walderde junge Springkrautpflanzen (15–20 cm hoch), setzt sie, ohne das Wurzelwerk zu beschädigen, in Knopsche Nährlösung ein. Ein mit Gummibändern kreuz und quer umspanntes Drahtgestell (Abb. 405) dient als Halterung für die empfindlichen Pflänzchen. Zwischen die Pflanzen werden kleine Holzstäbchen gesteckt (4–6 cm breit). Diese Stäbchen sollten die Pflanzen etwas überragen, da man auf ihnen als zusätzliches Futter HH-Teig aufstreicht (s. Seite 48).
Die so vorbereiteten Pflanzen werden zusammen mit zwei Schwimmertränken in den mit feuchter Erde oder Gips ausgelegten Gazekäfig (Abb. 30) eingesetzt. Die angegebenen Photoperioden dienen einerseits dazu, das Wachstum der Pflan-

Abb. 405. Käfig für die Zucht der Springkraut-Minierfliege.

zen zu erhalten, andererseits dem Insekt, das die Eier nur bei diffusem Licht ablegt, günstige Bedingungen zu bieten. Durch ständiges Feuchthalten der Erde bzw. des Gipses wird im Zuchtkäfig die notwendige Luftfeuchtigkeit erzielt und erhalten. Die ausgeschlüpften Fliegen werden dann in den so vorbereiteten Gazekäfig eingesetzt und beginnen nach wenigen Tagen mit der Eiablage. Wünscht man datiertes Tiermaterial zu erhalten, so empfiehlt es sich, die Fliegen jeden 2. Tag nach der Eiablage auf neue, gleichartig vorbereitete Pflanzen umzusetzen. Die ausschlüpfenden Larven (Maden) minieren in den Blättern bis zur Verpuppungsreife. Es ist ratsam, die mit verpuppungsreifen Larven besetzten Pflanzenstücke abzuschneiden und in ein in feuchtem Vermiculith oder Erde eingebettetes Gefäß mit Wasser oder Knopscher Nährlösung einzusetzen. Zur Verpuppung verlassen die Larven die Blätter und verpuppen sich in dem Vermiculith bzw. der Erde. Die 3–4 Tage alten Puppen werden dann mit Wasser ausgeschwemmt, und auf Filterpapier in eine feuchte Kammer (Abb. 33) gelegt.
Präovipositionsperiode 6 Tage, Embryonalentwicklung 3 Tage, Larvalentwicklung 10–14 Tage, Puppenruhe 8 Tage.

Die Aufzucht der **Gerstenminierfliege,** *Hydrellia griseola* Fall., der **Zwiebelminierfliege,** *Phytobia (Cephalomyza) cepae* Hg., und der **Rapsminierfliege,** *Scaptomyza flaveola* Meig., kann unter Verwendung der entsprechenden Wirtspflanzen nach der beschriebenen Methode erfolgen. Die **Schwarze Gerstenminierfliege,** *Agromyza megalopsis* Hg., kann im Mai und Juni auf Gerste gefangen oder etwas später als Larve in Pflanzen eingebracht werden. Gerste als Wirtspflanze eignet sich vorzüglich. Die Photoperiode ist bei allen 4 Arten auf 16 Stunden/3000–5000 Lux zu erhöhen.

58. Odiniidae

Den Agromyziden sehr ähnliche Fliegen. Von diesen unterscheiden sie sich hauptsächlich dadurch, daß der Hinterleib vor den Geschlechtsorganen anstelle von 6 nur 5 sichtbare Segmente aufweist und die Legeröhre des Weibchens einziehbar und weichhäutig ist, statt wie diejenige der Agromyziden stark chitinisiert mit nicht einziehbarem Basalglied. Die Larven entwickeln sich in Schwämmen.

59. Milichiidae

Kleine, 2–4 mm große, schwarze bis graue Fliegen. Eiablage in Exkremente, wo sich die Larven entwickeln. Viele Arten sind Kommensalen, sie finden sich zusammen mit anderen Insekten, so z.B. in Nestern von Erdbienen.

60. Carnidae, Falkenlausfliegen

Die einzige Art dieser Familie, *Carnus hemapterus* Egg., ist ca. 1 mm groß. Sie hat schwarze Schienen und die Vordertarsen und der angeschwollene Hinterleib sind gelb. Die queraderlosen Flügel sind rudimentär bzw. brechen gewisse Zeit nach dem Schlüpfen ab. Das 2. Fühlerglied ist rostrot gefärbt. Die Fliege ist blutsaugend, sie lebt als Parasit in Vogelnestern.

61. Chloropidae, Halmfliegen

Zwischen 1 und 7 mm große, meist gelb und schwarz gefärbte Fliegen (Abb. 406a). Eiablage an Pflanzen verschiedener Art (z.B. Getreide). Larven (Abb. 406b) bohren sich im Halm ein und stören durch ihre Fraßtätigkeit die Entwicklung der Pflanze (Weißährigkeit, Ährenpest).

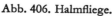

Abb. 406. Halmfliege.

Fritfliege, *Oscinella (Oscinis) frit* L.

Diese Fliege tritt im Jahr in 3 Generationen auf. Die 1. Generation entwickelt sich aus den überwinternden Larven, aus denen im April–Mai die Imagines schlüpfen. Die Weibchen legen die Eier an Gräser und Getreide, insbesondere an Hafer. Die Fliegen der 2. Generation erscheinen schon im Juni–Juli und legen die Eier auf Ähren ab. Die aus ihnen schlüpfenden Adulten sind die Eltern der überwinternden Larven.

Die Larven fressen sich durch die Blattscheide in das Herz der Pflanzen ein und bringen sie dadurch zum Absterben. Für Zuchtzwecke sammelt man die mit Larven besetzten Pflanzenteile.

Zuchttechnik und Futter

Eingetopfte Haferpflanzen mit Zelluloidzylinder (Abb.407), Gazeverschluß. Petrischalen.

Temperatur 25 °C, RLF 80–90 %, Photoperiode 14 Stunden/1000–2000 Lux.

Abb. 407. Fritfliegenzucht.

Die mit Larven oder Puppen besetzten Pflanzenstücke werden in mit mehreren Lagen feuchten Filterpapiers ausgelegten Schalen (feuchten Kammern) aufbewahrt. Die ausgeschlüpften Imagines werden dann auf die ca. 20–30 cm hohen eingetopften Haferpflanzen umgesetzt. Als zusätzliches Futter erhalten die Tiere HH-Teig (siehe Seite 48), den man auf Holz-

stäbchen streicht und dann zwischen die Pflanzen stellt. Ein feuchter Wattebausch auf dem Zelluloidzylinder dient als Tränke. Die Weibchen legen die Eier in den Blattscheiden ab und die ausschlüpfenden Larven fressen sich in die Pflanzen ein. Um einerseits eine Überpopulation zu vermeiden, andererseits die Haferpflanzen nicht zu lange ungünstigen Wachstumsbedingungen auszusetzen, setzt man die Fliegen jeden 2. Tag mit einem Exhaustor um. Zu diesem Zweck ist in der Zylinderwand ein normalerweise mit Watte verstopftes kleines Loch ausgeschnitten. Nachdem man die Fliegen umgesetzt hat, werden die Pflanzen ohne Zelluloidzylinder bei einer RLF von 60–75% gehalten und täglich 2–3mal mit Wasser besprüht. Sowie die Larven sich verpuppt haben, erkennbar im Gegenlicht in der Pflanze (Tönnchenpuppe), schneidet man diese Stücke aus und legt sie in eine feuchte Kammer (s. oben).
Embryonalentwicklung 2–3 Tage, Larvalentwicklung 12–16 Tage, Puppe 6–8 Tage.

Gelbe Weizenhalmfliege, *Chlorops pumilionis* Bjerk. (*C. taeniopus* Meig.)

Im Mai kann man von Gersten- und Weizenfeldern die kleinen gelben Fliegen mit dem Netz einfangen. Auf diesen Getreidearten legen die Weibchen auch die Eier ab. Die Larven fressen sich durch die Scheide zur Ähre durch, sie verpuppen sich dann aber im Halm. Die 2. Generation schlüpft im August aus und legt die Eier an Quecken und Wintergetreide ab. Die Larven überwintern dann in den Halmen.
Zucht siehe Fritfliege. Als Wirtspflanze wird Gerste, besser noch Weizen verwendet. Die Entwicklungsperiode ist etwas länger als die der Fritfliege.

62. *Muscidae*, Echte Fliegen

Zwischen 3 und 10 mm große, meist dunkelgrau gefärbte Fliegen (Abb. 408a), mit leckend-saugenden Mundwerkzeugen. Häufig in Ställen, Häusern und im Freien. Eiablage in sich zersetzendem pflanzli-

chem oder tierischem Material. Larven (Abb. 408 b) schlank, walzenförmig.

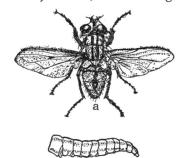

Abb. 408. Stubenfliege.

Gemeine Stubenfliege, Hausfliege, *Musca domestica* L.

Diese über die ganze Welt verbreitete Fliege (1 cm) lebt im Gefolge von Menschen und Haustieren. Die Weibchen legen die Eier in Abfälle, Mist, Exkremente etc. ab. Die Fliege spielt als Krankheitsüberträgerin eine wesentliche Rolle. Zur Zucht werden die Fliegen mit dem Netz in Ställen eingefangen.

Zuchttechnik und Futter
Imagines: Nylongazekäfig mit Schlupfarm (Abb. 409 oder 370). Larven: Schüsseln oder Schalen.
Temperatur 27–28°C, RLF 60%, Photoperiode permanent 100–200 Lux.
In den Zuchtkäfig stellt man außer einer Schwimmertränke eine große Schüssel mit Larvenfutter ein. Das Larvenfutter besteht aus einer fermentierten Mischung von Alfalfa-Mehl (Luzerne-Mehl), Weizenkleie, Hefe und Wasser im Verhältnis 1:1:0,2:5. Nach 3tägigem Fermentieren bei 26°C muß aus dem in der Hand zu-

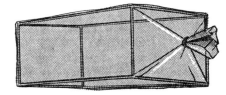

Abb. 409. Nylongazekäfig.

sammengedrückten Futter Wasser austreten[1]. Auf das Larvenfutter streut man für die Imagines noch etwas Trockenmilch. Die eingefangenen Imagines ernähren sich von der Trockenmilch und dem Larvenfutter. Gleichzeitig belegen sie das Futter mit Eiern. Das belegte Futter wird täglich entnommen, mit frischer Futtermischung vermischt und mit Gaze zugebunden stehen gelassen. In den Käfig wird neues Larvenfutter eingesetzt. Nach 2 Tagen sind die Larven ca. 3 mm groß. Bei zu hoher Populationsdichte in dem Futter muß die mit Maden besetzte Mischung auf mehrere Futterschalen verteilt werden. Dabei ist die Regel zu beachten, daß ca. 1 kg Futtermischung für die Aufzucht von 1000 Maden ausreicht. Nach ca. 6 Tagen sind die Maden verpuppungsreif, sie fressen nicht mehr, sondern sammeln sich an der trocknenden Futteroberfläche. Hier verpuppen sie sich nach weiteren 4–8 Tagen zu hellrotbraunen Puppen, die sich innerhalb von 2 Tagen dunkelrotbraun verfärben. Die dunkel gefärbten Puppen können durch Auswaschen bzw. Füllen der Futterschale mit Wasser vom Futter getrennt werden. Diese Puppen schwimmen auf der Wasseroberfläche, Futter und die hellen Puppen bilden das Sediment. Die abgefischten alten Puppen werden mit befeuchtetem Sägemehl vermischt aufbewahrt. Nach 4–5 Tagen schlüpfen die Imagines aus, die dann mit Trockenmilch, Zucker und/oder dem Larvenfutter gefüttert werden. Werden die Puppen bei 4–6 °C gehalten, so wird die Dauer der Metamorphose gehemmt. Bei einer länger als 10 Tage dauernden Lagerung innerhalb dieses Temperaturbereiches wird die Puppensterblichkeit hoch. Um einige Tage hinausgezögert wird dagegen die Entwicklung durch Lagerung der Puppen in einem Temperaturbereich von 8–10 °C.

---

[1] Anstelle der angegebenen Larvenfutter-Mischung kann die von SAWICKI et al. beschriebene *YMA-Futtermischung* verwendet werden. YMA-Medium besteht aus gleichen Teilen Trockenhefe und Milchpulver (10 %) in 2 % kochender Agarlösung.

Um in einer kontinuierlichen Zucht dauernd legereife Weibchen zu haben, müssen wöchentlich frische Weibchen in die Zuchtkäfige eingesetzt werden. Ein Weibchen legt während seines 24–27 Tage dauernden Lebens innerhalb von 14–18 Tagen ca. 1200 Eier ab. Die Präovipositionsperiode nimmt 3 Tage in Anspruch.

Kleine Stubenfliege, Hundstagsfliege, *Fannia canicularis* L.

Diese Fliege ähnelt in Farbe und Aussehen der Stubenfliege. Auffallend ist ihr ständiges Fliegen auf engstem Raum, meist an der Decke. Die Maden haben stark bedornte, geißelförmige Fortsätze und leben im Mist oder den Exkrementen der Haustiere. Für die Zucht werden die Fliegen in Ställen mit dem Netz eingefangen. Die Larven können auch aus dem Streu von Kaninchenställen eingesammelt werden.

Zuchttechnik und Futter

Flugkäfig (60 × 60 × 80 cm) und Zuchtbehälter siehe *Musca domestica*. Temperatur 28–30 °C, RLF 50–60 %, Photoperiode 16 Stunden/750 Lux. In den Flugkäfig stellt man neben der Dochttränke in flachen Schalen Trockenmilchpulver und Zucker und außerdem das Eiablagesubstrat ein. Als Eiablagesubstrat wird das gleiche wie für die Stubenfliegen verwendet, nur muß es mindestens 2–3 Wochen alt sein. Dieses oft schon verschimmelte Futter wird bis zur Sättigung mit Wasser angeteigt und in einer Tasse oder Schale in den Flugkäfig gestellt. Auch Kaninchenkot eignet sich gut als Eiablagesubstrat. Der Käfig wird mit 200–300 Tieren besetzt, von denen die Weibchen nach der 8tägigen Präovipositionsperiode mit der Eiablage beginnen. Es ist zu empfehlen, das Eiablagesubstrat nur 24 Stunden im Käfig zu belassen und erst nach 4 Tagen wieder neues einzustellen. Das belegte Futter wird dann mit 1–2 kg frisch hergestelltem Larvenfutter vermischt. Bei zu hoher Populationsdichte, d.h. zu raschem Futterverbrauch, wird entweder weiteres Larvenfutter zugegeben oder aber das Substrat auf mehrere Schalen verteilt. Die Entwicklung der Larve dauert 8–9 Tage. Aus den Puppen schlüpfen schon nach 8 Tagen die Imagines aus. Die Lebensdauer der Fliegen beträgt unter den gegebenen Zuchtbedingungen ca. 6 Wochen. Für die Larven- und Puppenaufzucht gilt im allgemeinen das gleiche wie bei den Stubenfliegen beschrieben wurde.

Wadenstecher, *Stomoxys calcitrans* L.

Der Wadenstecher oder die Gemeine Stechfliege, sieht äußerlich der Stubenfliege sehr ähnlich, unterscheidet sich aber von ihr durch den lang vorgestreckten Saugrüssel. Diese Stechfliege lebt zu Tausenden in Viehställen und sticht sowohl Menschen als auch das Vieh. Insbesondere für das Vieh ist diese Fliege eine große Plage. Die Larven entwickeln sich im Stallmist. Für Zuchtzwecke werden die Fliegen in Viehställen eingefangen.

Zuchttechnik und Futter
Imagines: Nylongazekäfig (siehe Stubenfliege).
Larven: Schüsseln (siehe Stubenfliege).
Temperatur 27°C, RLF 80–90%. Photoperiode für Imagines permanent 50–100 Lux.
Im Käfig werden ca. 500 Fliegen gehalten. Zur Fütterung verwendet man defibriniertes oder mit Natriumcitrat versetztes Rinderblut (Seite 46). Das präparierte Blut ist mehrere Tage im Eisschrank haltbar und wird, wenn auf 37°C erwärmt, von den Fliegen ohne weiteres gut angenommen. Das Blut wird in einer flachen Schale in den Käfig gestellt. Ein Wattebausch in der Blutschale dient den Tieren als Sitzplatz. Weiterhin werden eine Wassertränke und Honigwasser (1:1; Wattebausch in flachen Schalen) in den Käfig gestellt. Ein mit Larvenfutter (s. Stubenfliege) gefülltes Tellerchen oder ein mit schwarzem Baumwollstoff ausgeschlagener Becher, in dem man zur Erhöhung der Attraktivität einige Tropfen Pferdekot-Preßsaft gegeben hat, dient zur Eiablage.
6 Stunden nach dem Ausschlüpfen nehmen die Stechfliegen die erste Nahrung auf. Nach der 4tägigen Präovipositionsperiode beginnen die Weibchen mit der Eiablage. Die höchste Zahl abgelegter Eier kann zwischen dem 7. und 10. Tag beobachtet werden. Die Embryonalentwicklung nimmt 2 Tage, die Larvalentwicklung 8 Tage in Anspruch.
Das mit Eiern belegte Larvenfutter bzw. der Baumwollstoff werden täglich aus dem Käfig entnommen und durch neue Substrate ersetzt. Die Eier werden mit der Unterlage in die zu einem Drittel mit Larvenfutter gefüllte Schüssel (Eier direkt auf das Futter legen) gegeben. Die Aufzucht der Larven und Puppen erfolgt wie bei der Stubenfliege. Nach 4tägiger Puppenruhe schlüpfen die Imagines aus.

Tse-Tse-Fliege, *Glossina palpalis* R.-D.

Die ca. 10 mm lange Stechfliege ist schwarzbraun und grau und kommt in den afrikanischen Galeriewäldern vor. Männchen und Weibchen stechen den Menschen und verschiedene Tiere, um Blut zu saugen. Sie übertragen dabei Trypanosomen, die Erreger der Schlafkrankheit. Das Weibchen gebärt reife, ca. 10 mm lange Maden, die sich nach wenigen Stunden verpuppen. Die Puppenruhe dauert 35–40 Tage. Zuchtmaterial bezieht man direkt aus den Verbreitungsgebieten.

Zuchttechnik und Futter (nach GEIGY)
Nylongazekäfig (Maschenweite 2 mm) wie bei *Tabanus bovinus* beschrieben. Emaillierte Schüsseln für die Aufnahme von 3–4 neben- und übereinander geschichteter Käfige.
Temperatur 26°C, RLF 85%.
Der mit 8–12 Fliegen beschickte Käfig wird 1–2mal täglich für 30–60 Minuten auf Meerschweinchen gesetzt. Zu diesem Zweck verwendet man einen Halteapparat ähnlich wie in Abb. 41 beschrieben. Die Meerschweinchen werden darin ebenfalls mit dem Kopf fixiert und die Käfige links und rechts dicht auf den Körper mittels Quergurten geschnallt. Die Gurte hindern die Tiere auch am Strampeln und Beschä-

digen der Käfige. Die Meerschweinchen werden, um den Fliegen eine bessere Nahrungsaufnahme zu bieten, von Zeit zu Zeit seitlich mit der Schere vorsichtig enthaart. Nach jeder Fütterung legt man die Käfige in die Schüsseln. Abgelegte Maden kriechen durch die Käfiggaze und können am Boden der Schüssel, meist schon verpuppt, eingesammelt werden.

Nach GEIGY lassen sich folgende Zuchtdaten anführen:
Dauer des Saugaktes 2–6 Minuten.
16 Larvengeburten pro Weibchen.
Trächtigkeitsdauer der Weibchen: Bei der ersten Larve durchschnittlich 22 Tage, bei allen nächstfolgenden Larven durchschnittlich 10 Tage.
Dauer der Puppenruhe 35–37 Tage.

Nach BURSELL kann die Art *Glossina morsitans* im großen Flugkäfig (Abb. 29) gezüchtet werden. Das Vorsetzen des Meerschweinchens kann mit dem in Abb. 41 beschriebenen Behälter erfolgen, oder die Tiere werden auf einem Holzbrett mit einer direkt dem Körper anliegenden Drahtgazeglocke überspannt und festgehalten. Die Expositionszeit der Wirtstiere beträgt täglich 45–60 Minuten. Die Fliegen legen die Larven in Schalen mit Sand. Geschlechterverhältnis: 25 Weibchen zu 5 Männchen.

Kleine Kohlfliege (Kohlmade), *Phorbia (Hylemya, Chortophila) brassicae* Bché.
Diese schwarzgraue, zur Unterfamilie *Anthomyiinae* gehörende Blumenfliege (Abb.

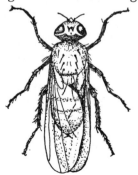

Abb. 410. Kohlfliege.

410), legt die Eier in unmittelbarer Nähe von jungen Kohlpflanzen ab. Die Larven fressen an den Wurzeln dieser Pflanzen. Zur Zucht werden entweder befallene Kohlpflanzen eingesammelt oder die Puppen aus der die Kohlpflanzen umgebenden Erde gemäß Seite 24 ausgewaschen.

Zuchttechnik und Futter
Adulte: Zuchtkäfig (Abb. 411) mit Glasdecke und Deckenbeleuchtung.
Larven: Kristallisier- oder Plastikschalen mit Gipsboden (⌀ 10–15 cm).
Puppen: Kristallisierschalen mit Gipsboden.
Temperatur 22–24 °C, RLF 80–90 %, Photoperiode permanent 1000 Lux.

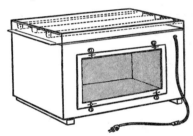

Abb. 411. Zuchtkäfig mit Deckenbeleuchtung.

Die eingesammelten Puppen werden auf den sehr feuchten Gipsboden einer Kristallisierschale gelegt und bei 23 °C gehalten. Die ausschlüpfenden Imagines werden in den Zuchtkäfig (Abb. 411) umgesetzt. Die Populationsdichte beträgt 150 Fliegen. In den Zuchtkäfig stellt man eine Schwimmertränke (Abb. 52), als Futter HHS-Teig (s. Seite 48) und das Eiablagesubstrat ein. Dieses Substrat besteht aus einem Würfel (3 × 5 × 5 cm) der gelben Kohlrübe. Der Würfel wird in die Kristallisierschale mit feuchtem Gipsboden gelegt und mit einem Sand-Erde-Gemisch (1:1) so umgeben, daß nur das oberste Viertel noch sichtbar ist. Die den Rübenwürfel umgebende Erde muß ständig feucht gehalten werden. Nach der 5tägigen Präovipositionsperiode legen die Weibchen die Eier in die Erde in unmittelbarer

Nähe des Rübenwürfels ab. Die so mit Eigelegen versehene Schale wird dann oberflächlich leicht mit Wasser besprüht und mit einem feuchten Baumwolltuch verschlossen. Es ist darauf zu achten, daß sowohl der Gipsboden der Schale als auch die das Larvensubstrat umgebende Erde ständig feucht gehalten werden. Die Embryonalentwicklung dauert 3 Tage. Nach 21 Tagen treten die ersten großen Maden auf. Diese sind in der Erde, nahe des Gipsbodens zu finden. Die Größe der Puppen wird einerseits von der Populationsdichte und andererseits von dem zur Verfügung stehenden Futter bestimmt. Aus diesem Grunde ist es ratsam, nicht mehr als 100–150 Larven pro Schale zu halten oder von Zeit zu Zeit frische Rübenscheiben in die Erde zu stecken.

Die Puppen werden entweder ausgesammelt oder gemäß Seite 24 ausgewaschen. Der 12–20tägigen Puppenruhe geht ein 3–5tägiges Präpupalstadium voraus. Bewahrt man die Puppen bei zu hohen (über 24 °C) oder zu niedrigen (unter 16 °C) Temperaturen auf, so ist mit dem Auftreten einer mehrwöchigen bis mehrmonatigen Diapause zu rechnen.

Bohnenfliege, *Phorbia platura* Meig.
(*Hylemya cilicrura* Rond.)
Die Fliege ähnelt der Kleinen Stubenfliege. Sie ist weitverbreitet über Europa und ist oft in Bohnenkulturen schädlich. Ihre Eier legt sie äußerlich in die Spalten der geplatzten Samenschale im Boden oder an die bereits oberirdisch erscheinenden Pflanzenteile. Die Maden fressen zuerst Gänge in die Keimblätter, später in den Wurzelhals. Man fängt die Fliegen auf frisch bestellten Bohnenpflanzungen im Frühjahr oder sammelt Maden aus befallenen Keimblättern.

Zuchttechnik und Futter (nach HARRIS et al., modifiziert)
Zuchtkäfige und -behälter siehe Kohlfliege. Temperatur 22–24 °C, RLF 70–80 %, Photoperiode permanent 1000 Lux.
Die eingesammelten verpuppungsreifen Larven oder die Puppen werden auf den feuchten Gipsboden einer Kristallisierschale gelegt. Bei 23 °C gehalten, schlüpfen die Imagines nach 10–12 Tagen aus.

Die Imagines werden in einen mit Schwimmertränke, Futter und Eiablagesubstrat vorbereiteten Käfig (Abb. 411) umgesetzt. Als Futter erhalten die Tiere HHS-Teig (siehe Seite 48). Als Eiablagesubstrat verwendet man 4–5 cm große Teigkugeln, die aus folgender Mischung hergestellt werden:

200 g	Sojabohnenmehl
200 g	Weizen-Vollmehl
100 g	Brauhefe
100 g	Kartoffel- oder Rübenschnitzel
60 g	Kondensmilch
40 g	Honig
10 g	Maisöl
2 g	Cholesterin
1 ml	Ameisensäure

2 solcher Kugeln werden je zwischen 2 Scheiben roher Kartoffeln in die Kristallisierschale gelegt und dann in feuchtem Sand-Erde-Gemisch (1:1) eingebettet. Im Gegensatz zum Kohlfliegensubstrat deckt man hier die Kugeln mit etwas Erdemischung ab. Auf die Erde werden dann vorgequollene Erbsen und Bohnen gestreut und ebenfalls leicht mit Erde bedeckt. Die Weibchen legen die Eier in die Erde, dicht neben den Bohnen oder Erbsen ab. Dann streut man einen Teelöffel Fischmehl auf die mit Eiern belegte Erde, besprüht die Oberfläche mit etwas Wasser und verschließt die Schale mit Baumwollstoff. Die Eier werden dann bei 22–24 °C gehalten. Nach 2–3 Tagen schlüpfen die Eilarven aus, die sich in die Futterkugeln einfressen. Während der folgenden 12–14 Tage muß das Futter, dessen Bedarf mit zunehmender Größe der Larven steigt, kontrolliert und wenn nötig ergänzt werden. Die Larven verpuppen sich entweder in der Erde oder in dem Futterbrei. Die Puppen werden durch Auswaschen gemäß Seite 24 isoliert. Nach 10–12 Tagen schlüpfen die jungen Fliegen aus.

Zwiebelfliege, *Phorbia (Hylemya) antiqua*
Meig.
Diese der Stubenfliege sehr ähnliche Fliege
(6 mm) lebt in Zwiebel- oder Lauchkultu-
ren. Die Larven minieren die Herzblätter
und Knollen jüngerer Pflanzen. Im Juni
werden mit Larven besetzte Zwiebeln aus
Zwiebelkulturen eingesammelt. Außerdem
können die Puppen aus der Erde von
Zwiebelfeldern gemäß Seite 24 ausgewaschen werden.

Zuchttechnik und Futter
Käfige siehe Kohlfliege oder Möhrenfliege.
Temperatur 26–28 °C, RLF 75–80 %, Photoperiode permanent 1000 Lux.
Die mit Eiern belegten Pflanzen und
Pflanzenteile werden in Erde gesteckt und
gut angegossen. Zwischen die eingesteck-
ten Pflanzen kommen noch einige Zwiebelstücke, die den später ausschlüpfenden
Larven als zusätzliches Futter dienen.
Dann werden die Schalen in einem dunklen
Raum bei 20 °C aufgestellt, wobei von Zeit
zu Zeit Populationsdichte und Feuchtigkeit kontrolliert werden müssen. Bei zu
großer Populationsdichte müssen entweder weitere Zwiebelstücke in die Erde
gesteckt oder die Larven auf mehrere
gleich beschickte Saatschalen umgesetzt
werden. Bis zur Verpuppung häuten sich
die Larven 3mal und verpuppen sich dann
an faulenden Zwiebeln. Die Puppen werden durch Auswaschen gemäß Seite 24
isoliert und anschließend auf den feuchten
Gipsboden einer Kristallisierschale ausgelegt. Die Schale wird mit einem Baumwoll-
oder Gazedeckel verschlossen. Nach der
10–12tägigen Puppenruhe schlüpfen die
frischen Fliegen aus. Die Puppenruhe kann
durch Haltung bei Temperaturen zwischen
6 und 10 °C um mehrere Tage verlängert
werden. Die Fütterung der frischen Imagines erfolgt wie die der Kohlfliege. Die
Tiere werden dann in einen Flugkäfig, in
den man einige junge Zwiebelpflanzen
(eingetopft) mit vorgebildeter Knolle eingestellt hat, umgesetzt. Im Alter von
5 Tagen beginnen die Fliegen mit der Eiablage an den Pflanzen. Als besonders

stimulierend wirkt es, wenn man die
Zwiebelknolle vorher mit einer Nadel
mehrmals eingeritzt hat. Nach einer münd-
lichen Mitteilung von TICHERER ist die
Aufzucht der Larven auf feuchtem Möhren-
pulver (siehe auch Mittelmeerfruchtfliege)
möglich. Es ist besonders darauf zu achten,
daß die Pflanzen sehr feucht gehalten werden und die Luftfeuchtigkeit im angegebenen Bereich liegt. Um datiertes Larven-
material zu erhalten, werden die belegten
Pflanzen jeden 2. Tag durch neue Pflanzen
ersetzt.

Rübenfliege, *Pegomyia hyoscyami* Panz.
Diese der Kohlfliege sehr ähnliche Fliege
kommt in Europa vor. Sie ist an den gelbbraunen Beinen und den 3–5 Rückenstreifen kenntlich. Im Mai–Juni legen die
Weibchen die Eier an der Unterseite von
Rübenblättern ab. Die Larven bohren sich
in das Blatt ein und minieren im Paren-
chym. Die ausgewachsene Larve verpuppt
sich im Boden. Zur Zucht sind die Larven
am leichtesten zu beschaffen. Von Juni bis
September sammelt man Rübenblätter,
die mit Larven besetzte Minen aufweisen.

Zuchttechnik und Futter
Flugkäfig und Saatschale siehe Abb. 411,
207.
Temperatur 24 °C, RLF 90–95 %, Photoperiode permanent 500–750 Lux.
Die mit Larven besetzten Rübenblätter
werden auf feuchte Erde in eine mit Gaze
abzudeckende Saatschale gelegt. Die ausschlüpfenden Fliegen werden dann in den
Flugkäfig umgesetzt und jeden zweiten
Tag mit HHS-Teig (siehe Seite 48) gefüttert. Als Tränke verwendet man eine
Schwimmertränke mit Wasser. Im Alter
von 4–6 Tagen beginnen die Fliegen mit
der Eiablage. Hierfür stellt man eingetopfte, möglichst großblättrige Rübenpflanzen täglich für 3–4 Stunden lang in
den Käfig. Die Blätter der Rübensetzlinge
werden vorteilhaft mit einem Steckstab
gestützt. Die belegten Pflanzen werden
dann bei ca. 90 % RLF und 500–1000 Lux
gehalten und mehrmals täglich mit Wasser

besprüht. Nach 2–3 Tagen schlüpfen die Larven aus, die sich sofort in das Blattgewebe einbohren und nach 14–16 Tagen ausgewachsen sind. Kurz bevor die Maden das Blatt verlassen, wird dieses abgeschnitten und wiederum auf feuchte Gartenerde in eine Saatschale gelegt. Nach 14–16 Tagen schlüpft die junge Fliege aus.

63. *Calliphoridae*, Schmeißfliegen, Fleischfliegen

Metallisch blau oder grün bzw. dunkelgrau bis schwarz gefärbte, 6–18 mm große Fliegen (Abb. 412a). Eiablage auf Kadaver. Larven (Abb. 412b) ernähren sich zoonekrophag oder zoosaprophag.

Abb. 412. Schmeißfliege.

Brummer, Schmeißfliege, *Calliphora erythrocephala* Meig.

Diese plumpe, meist blau schillernde Fliege (15 mm) lebt auf Kadavern und legt dort die Eier ab. Die Maden fressen in den Kadavern, verpuppen sich aber in der Erde. Durch Auslegen von Fleischködern am besten unter Zuhilfenahme einer Falle (Abb. 16, 17) können die Tiere eingefangen werden.

Zuchttechnik und Futter
Käfige siehe Stubenfliege (Abb. 409).
Temperatur 20–22 °C, RLF 70–75 %, Photoperiode permanent 1000–1200 Lux.
In jeden Zuchtkäfig werden 100–200 Imagines eingesetzt. Für eine kontinuierliche Zucht muß wöchentlich frisches Tiermaterial zugesetzt werden. Die Tiere werden mit einer Mischung von Honig und Milchpulver (1:1), der ca. 5 % Trocken-

hefe zugesetzt ist, oder einem Blutkuchen mit 10 % Zuckerzusatz gefüttert und erhalten als Eiablagesubstrat frische Pferde- oder Rinderleber. Getötete oder bauchseits geöffnete Mäuse (weiße Labormäuse), die man mit schwarzem Papier teilweise abdeckt, bilden ein sehr attraktives Substrat. Wasser wird in einer Schwimmertränke (Abb. 52) geboten. Futter und Eiablagesubstrat werden täglich durch neues ersetzt. Für die Aufzucht der Maden werden Innereien vom Kalb, Rind oder Schwein sowie Kleintierkadaver in ein mit saugfähigem Material (Sägemehl oder Zonolith) ausgelegten Gefäß ausgebreitet. Auf dieses Fleischmaterial legt man die mit Eiern belegten Leberstückchen. Die ausschlüpfenden Eilarven bohren sich in das Substrat ein und verlassen es erst kurz vor dem Verpuppen. Die Puppen werden dann aus der Streu gesammelt (ausgewaschen) und in einer Kristallisierschale aufbewahrt. Über die Lagerung der Puppen bei niedrigen Temperaturen siehe bei *Musca*.
Präovipositionsperiode 6–8 Tage, Embryonalentwicklung 24 Stunden, Larvalentwicklung 6–7 Tage, Puppenruhe 8–10 Tage.
Die Lebensdauer eines Weibchens beträgt 3–4 Wochen. Ein Weibchen legt ca. 1000 Eier, wobei die Höchstzahl der Eiablage zwischen dem 16. und 24. Lebenstag erreicht wird.

Schraubenwurmfliege (Screwworm),
Cochliomyia (Callitroga) hominivorax Coquerel
Die Fliege ist unserer Schmeißfliege sehr ähnlich und kommt in den subtropischen und tropischen Gebieten Amerikas vor. Die ektoparasitäre Fliege legt ihre Eier in Wunden, insbesondere beim Vieh. Die ausschlüpfenden Maden bohren sich in die Wunden ein. Zuchtmaterial ist direkt aus den Verbreitungsgebieten zu beziehen.
Die Schraubenwurmfliege wird im Prinzip nach der bei der Schmeißfliege beschriebenen Methode gezüchtet. Die Zuchttemperatur beträgt 28–30 °C. Das Futter für die Imagines besteht aus 1 Teil Honig und

4 Teilen Blutserum und wird in einer Petrischale mit Watteeinlage vorgesetzt. Als Eiablagesubstrat benützt man Rinderherzfleisch, das in kleinen Portionen an stark belichteter Stelle exponiert wird. Die Eier werden auf Pferdefleisch übertragen und für die ersten 3 Tage bei hoher RLF und 37°C gehalten. Danach setzt man die Maden in 28°C. Nach 8 Tagen sind die ersten Puppen gebildet.

Goldfliege, *Lucilia caesar* L.
Diese goldgrün schillernde Fliege lebt auf Kadavern und frischem Kot. Eine von Viehzüchtern gefürchtete Verwandte dieser Fliege ist *Lucilia cuprina*, in Australien als Blow fly bekannt. Sie verursacht beim Vieh gefährliche Myasen. Die Aufzucht und Haltung der Goldfliege ist wie bei *Calliphora erythrocephala*.
Präovipositionsperiode 3–4 Tage, Embryonalentwicklung 1 Tag, Larvalentwicklung 4 Tage, Puppenruhe 5–7 Tage.

Australische Schaf-Goldfliege (Blowfly), *Lucilia cuprina* Wied.
Die grüngolden schillernde Fliege ist in weiten Gebieten Australiens und Südamerikas zu Hause. Sie legt ihre Eier in die Wunden von Tieren, z.B. Schafen, wo die ausschlüpfenden Maden großen Schaden anrichten. Zuchtmaterial beschafft man sich aus den Verbreitungsgebieten der Fliege.
Die Zucht ist prinzipiell gleich der der Schmeiß- bzw. Goldfliege. Die Imagines werden gefüttert mit einer Mischung von Honig, Blutserum und Milchpulver (1:1:1), oder 1 Teil Staubzucker + 1 Teil Milchpulver und eine Spur Eigelb, der man 5% Trockenhefe zusetzt. Als Eiablage- und Madenfutter benutzt man Pferdefleisch oder Schweineleber. Bei 28°C schlüpfen die Maden nach 24 Stunden. Die Entwicklung der Maden in der auf Sand aufgelegten Leber nimmt 4–5 Tage in Anspruch.

Schillerfliege, *Ophyra anthrax*
Diese dunkle, schillernde Fliege (7–8 mm) legt die Eier auf Kadavern ab. Die Larven besitzen kräftige Kriechwülste und ernähren sich u.a. von Innereien anderer Fliegenmaden. Sie sind Prädatoren von Brummerlarven. Werden Brummerlarven im Präpupalstadium an Blumenfliegenlarven verfüttert, so verpuppen sich letztere schneller. Dies ist auf das in den Brummerlarven schon ausgeschüttete Verpuppungshormon zurückzuführen.
Die Aufzucht dieser Fliegen erfolgt ebenso wie die der Brummer. Die Präovipositionsperiode beträgt 3–4 Tage, die Larvalentwicklung 10–13 Tage.

64. *Tachinidae (Larvaevoridae)*, Raupenfliegen

Meist dunkel gefärbte, plumpe, behaarte und zwischen 4 und 16 mm große Fliegen, die oft auf Blüten angetroffen werden. Die Eier kleben sie auf Schmetterlingsraupen, Käferlarven oder andere Insekten. Die Tachinenmade entwickelt sich endoparasitisch im Körper ihres Wirtes, in den sie auf verschiedene Weise gelangt. Entweder bohrt sich die junge Made durch die Haut hindurch selbst ein, oder die Fliege legt das Ei in den Wirt, oder das Ei wird vom Wirt mit dem Futter aufgenommen.

Abb. 413. Raupenfliege.

Die Aufzucht der Imagines von Raupenfliegen setzt die Haltung der entsprechenden Wirtstiere voraus. Oft und hochgradig parasitiert sind die Nonnenraupe (*Lymantria monacha*) und verschiedene Arten unserer Kurzfühlerschrecken. Bei der Haltung dieser Tiere im Käfig können die Raupenfliegenmaden oder -puppen meist schon nach kurzer Zeit festgestellt und am Boden des Zuchtgefäßes eingesammelt werden.

In mehreren Zuchtversuchen mit Raupenfliegen erwiesen sich Temperatur, RLF, Intensität der Photoperiode und Käfiggröße als wichtigste Faktoren. Mit der beim Kohlweißling beschriebenen Methode gelang uns in zwei Fällen eine »Wirtsbelegung« durch eine *Xysta* sp. auf Feldheuschrecken. Die Temperatur betrug dabei 32 °C, die RLF 80 %, die Lichtintensität 3500 Lux und die Käfiggröße 1,5 m³.

65. *Oestridae*, Nasenbremsen

Robuste, 10–12 mm große, bienenähnliche Fliegen (Abb. 414a) mit großem Kopf. Larven leben parasitär im Nasen- und Rachenraum von Haus- und Wildtieren. Die Weibchen legen die Eier oder bereits lebende Larven (Abb. 414b) ab. Andere Arten legen die Eier an die Haare von Rindern. Die ausschlüpfenden Larven dringen in die Haut ein und gelangen in den Wirbelsäulenkanal oder ins Zwerchfell. Sie setzen sich schließlich im Bereich des Rückens fest und verursachen dort die Dasselbeulen. Nach dem Verlassen der Beule erfolgt Verpuppung in der Erde.

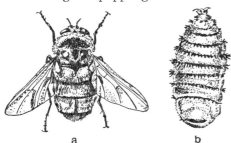

a   b

Abb. 414. Dasselfliege.

Große Rinderdasselfliege, *Hypoderma bovis* DeG.
Die hummelähnliche Fliege (15 mm) fliegt an heißen, sonnigen Tagen und legt die Eier an den Haaren des Rinderfelles einzeln ab. Die ausschlüpfenden Maden wandern dann im Rinderkörper zum Rücken und bilden dort als verpuppungsreife Maden die »Dasselbeulen«. Durch Ausdrücken der Beulen können die Maden eingesammelt werden. Die Fliege selbst lebt nur wenige Tage.

Zuchttechnik und Futter
Glasschalen mit Gipsboden (Abb. 38). Temperatur 26–28 °C, RLF 90 %. Auf die feuchte Gipsschicht streut man 1–2 cm hoch Zonolith und legt die eingesammelten Maden und die dunkelbraunen Puppen. Die Fliegen schlüpfen nach 16–19 Tagen.

66. *Hippoboscidae*, Lausfliegen

Dunkelbraune bis hellrotbraune, geflügelte oder ungeflügelte Fliegen (Abb. 415). Als blutsaugende Ektoparasiten auf Säugern (Schafen) und Vögeln (Spiren, Schwalben) zu finden. Weibchen gebären verpuppungsreife Larven.

Abb. 415. Lausfliege.

Taubenlausfliege, *Pseudolynchia canariensis* Macq. (*Lynchia maura* Big.)
Diese Fliege findet man häufig auf Tauben und gelegentlich auf Hühnern. Die von Wildtauben oder aus ungepflegten Taubenzuchten gesammelten Tiere werden am einfachsten auf Tauben gezüchtet. Temperatur 30–32 °C, RLF 80–90 %. Zu Beginn einer Zucht müssen die Tiere an den Wirt, eine Taube, adaptiert werden. Die Parasiten werden einer gemäß Abb. 435 vorbereiteten Taube in einer Nutaldose aufgeschnallt. Für das Adaptieren vgl. Seite 63. In jedem Falle ist darauf zu achten, daß das Wirtstier stark pigmentiert ist, schwach pigmentierte Wirte werden praktisch nicht angenommen.

67. *Nycteribiidae*, Fledermausfliegen

Spinnenähnliche, flügellose und augenlose Fliegen von 3–4 mm Größe. Ektoparasiten auf Fledermäusen. In Ruhestellung wird der kleine Kopf in eine Grube am Thorax gelegt. Verhaltung und Entwicklung siehe Lausfliegen *(Hippoboscidae)*.

68. *Streblidae*, Fledermausfliegen

Ähnlich wie *Nycteribiidae*. Der Kopf wird in Ruhestellung nicht nach hinten in eine Grube des Thorax gelegt.

SIPHONAPTERA (APHANIPTERA), FLÖHE

Flügellose Insekten mit seitlich abgeflachtem Körper (Abb. 416a). Der Kopf trägt die aus zwei gegliederten Basalgliedern und einer gegliederten Keule bestehenden Fühler sowie die stechend-saugenden Mundwerkzeuge. Anstelle von Facettenaugen finden sich Ocellen oder Punktaugen. Der Unterrand des Kopfes und die Vorderbrust sind oft mit starken, spitzen Borsten oder Stachelkämmen (Ctenidium) besetzt. Die Hinterbeine dienen als Sprungbeine. Die hell- bis dunkelbraun gefärbten Tierchen sind 1–5 mm lang und haben eine holometabole Entwicklung. Sie saugen Blut von Vögeln, Säugetieren und Menschen; eine strenge Wirtsspezifität besteht nicht. Die eucephal-apoden, augenlosen Larven (Abb. 416b) ernähren sich nichtparasitär von organischen Stoffen.

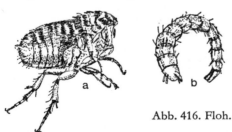

Abb. 416. Floh.

1. *Vermipsyllidae*

2,5–3,5 mm große, dunkelbraune Flöhe mit Augen und 5–10gliedrigen Lippentastern, ohne Stachelkämme und Antepygidialborsten (Borsten am Vorderrand des 7. Tergits). Rückenplatten des 2.–6. Hinterleibssegments mit 2 Reihen von Borsten. 1. Hintertarsenglied kürzer als das 2. und 3. aber länger als das 3. und 4. Vertreter dieser Familie kommen vor auf Bär, Marder, Fuchs, Dachs.

2. *Ischnopsyllidae*

Flöhe von 1,5–3 mm Länge, dunkel bis rotbraun. Kopf beiderseits mit 2 starken, abgestumpften Chitinzähnen (Abb. 417). Augen rudimentär. Abdominalctenidien aus zahlreichen Stacheln bestehend. Rückenplatten 2–6 des Hinterleibes mit je 6 Borstenreihen. Kommen vor auf verschiedenen Fledermausarten.

Abb. 417. Kopfpartie von Floh *(Ischnopsyllidae)*.

3. *Hystrichopsyllidae*

2–5 mm große, dunkelbraune Flöhe mit oder ohne Stachelkamm (4–9 Stacheln seitlich) am Kopf und 2–3 Borstenreihen auf dem Vorderteil des Kopfes (Abb. 418). Auf dem Scheitel zwischen den beiden Fühlergruben eine Furche. Weibchen mit 2 Samentaschen (Receptaculum seminis). Das 5. Tarsenglied mit 5 Paar seitlichen Borsten. Kommen vor auf Maulwurf, Mäusen, Ratten.

Abb. 418. Kopfpartie von Floh *(Hystrichopsyllidae)*.

4. *Pulicidae*, Menschenflöhe

Rotbraune bis schwarzbraune Flöhe (Abb. 416), 1,5–3 mm groß mit gut entwickelten Augen. Labialtaster mindestens 4gliedrig. Rückenplatten 2–6 des Hinterleibes mit einer Borstenreihe. Die Rückenplatten der

Vorder-, Mittel- und Hinterbrust sind zusammen länger als die erste Rückenplatte des Hinterleibes. Wangen und Brustkamm (Ctenidium) vorhanden oder fehlend. Das 1. Mitteltarsenglied kürzer als das zweite. Kommen vor auf Kaninchen, Hund, Katze, Igel, Ratte, Mensch.

Tropischer Rattenfloh, Pestfloh, *Xenopsylla cheopis* Rothsch.
Dieser dunkelbraunrote Floh (1,5 mm) lebt im Haarkleid von Kleinsäugern und Kleinnagern, insbesondere auf Ratten im tropischen und subtropischen Klima. Für Zuchtzwecke werden die Tiere entweder im Verbreitungsgebiet oder von Instituten für medizinische Entomologie angefordert. Die Eier werden auf dem Wirt abgelegt und durch diesen dann verstreut.

Zuchttechnik und Futter
Glasbehälter mit einer Mindestbodenfläche von 50 cm², 3–4 cm hoch mit einer Mischung von sterilem Sand oder Zonolith (12 : 1) und Ratten- oder Hundefutter (Seite 49). Als Wirtstier verwendet man besser einen Goldhamster, den man jede 2. Woche auswechselt. Das neue Tier wird in einem Holzkästchen (Abb. 419a), in dem es sich frei bewegen kann und aus- und eingeht (Öffnung), 2–3 Tage vorher in den Käfig gestellt.
Der Hamster wird mit dem üblichen Futter (Seite 49) und mit genügend Trinkwasser (Abb. 53) versorgt. Für das Auswechseln des Wirtstieres vergleiche Seite 26. Temperatur 27 °C, RLF 60%.
Die von dem Wirtstier in die Käfigstreu abfallenden Eier entwickeln sich innerhalb von 3 Tagen zu den weißlichgelben Larven, die ihre Entwicklung in dieser Mischung durchlaufen. Für die nötige

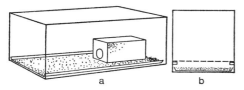

a   b
Abb. 419. Kästchen für die Rattenflohzucht.

Feuchtigkeit ist durch die vom Hamster abgegebenen Exkremente (immer am gleichen Ort) genügend gesorgt. Nach 3 Häutungen verpuppen sich die Larven, 4 Tage später schlüpft der Jungfloh aus. Wenige Tage später beginnt er mit der Eiablage.
Um die Flöhe im offenen Zuchtkäfig einzufangen, legt man ein Stückchen weißen Baumwollstoff in den Käfig. Die Flöhe setzen sich sofort darauf. Das Stoffstück kann dann mit einer langen Pinzette aus dem Käfig geholt und unverzüglich in neue bereitgehaltene Zuchtkäfige oder andere Gefäße eingelegt werden.
Datiertes Flohmaterial erhält man durch Entnahme der Streu aus der Badewanne des eigens diesem Zwecke dienenden Hamsterhäuschens. Wie in Abb. 419 b dargestellt ist, ist der Boden des 15 × 10 × 10 cm messenden Häuschens mit einer Blech- oder Plastikwanne bedeckt. Wenige Millimeter über der Wanne befindet sich als zweiter Boden ein Rost aus Metallgaze (Maschenweite 1–2 mm). Wanne, Rost und der oben abschließende Deckel sind auswechselbar.
Dadurch ist das Reinigen des Kästchens einfach. Als Streu gibt man 2–3 mm hoch Sägemehl oder Zonolith in die Bodenwanne. Je nach Befallsgrad des Hamsters durch die Flöhe entnimmt man 1, 2 oder 3mal pro Woche die Streu, die die vom Hamster abgefallenen und durch die Bodengaze gefallenen Eier enthält. Dem Material fügt man eine Prise pulverisiertes Ratten- oder Mäusefutter (s. Seite 49) oder Trockenblut zu und bewahrt es in einer 100-ml-Weithalsflasche, die mit Baumwollstoff verschlossen wird, auf.

Der **Katzenfloh,** *Ctenocephalides felis* Bché., ist nicht wirtsspezifisch. Man findet ihn auch auf Hunden und sogar auf Menschen. Seine Aufzucht erfolgt nach der für den Rattenfloh beschriebenen Methode. Die Eier werden ebenfalls auf dem Wirtstier abgelegt und von diesem verstreut. Die Larven ernähren sich von pflanzlichen und tierischen Materialien. Sie verpuppen sich in einem Gespinst.

Der **Hühnerfloh**, *Ceratophyllus gallinae* Schr. wird nach der für den Rattenfloh beschriebenen Methode gezüchtet. Als Wirtstier verwendet man ein Huhn, das in einem Käfig mit einer Gitterseitenwand und einem Maschendrahtboden (Maschenweite ca. 5 mm) gehalten wird. Der Käfig wird in eine mit Sägemehl gefüllte Blechwanne gestellt. Die Flöhe legen die Eier auf dem Wirt ab, von wo sie in das Sägemehl fallen. Dieses wird jeden 2.–3. Tag durch neues ersetzt und bis zum Ausschlüpfen der Jungtiere in einem mit Gaze verschlossenen Erlenmeyerkolben aufbewahrt. Die Larven werden mit Hautschuppen, Hundefutter oder Rattenfutter (vgl. Rattenfloh) gefüttert.

5. Leptopsyllidae

Kopfstachelkamm aus 4–18 Stacheln bestehend. Lippentaster 4–5gliedrig. Die Scheitelfurche verbindet die beiden Fühlergruben. Augen rudimentär. Rückenplatten des Hinterleibes meist mit Chitinzähnchen versehen. Keine abdominalen Stachelkämme. Kommen vor auf Maulwurf, Mäusen, Ratten.

6. Tungidae

Flöhe mit schmaler Brust. Die 3 Brustrückenschilder sind zusammen kürzer als das 1. Hinterleibssterkit. Beine kurz. Zu dieser Familie, die bei uns nicht vertreten ist, gehört der in den Tropen weitverbreitete Sandfloh, *Tunga penetrans* L., dessen Weibchen sich nach der Begattung in die Haut, vornehmlich zwischen den Zehen, einbohrt. Als Folge davon entstehen schmerzhafte, eiternde Beulen, aus deren Zentrum die Abdomenspitze des Weibchens herausragt und die Eier ins Freie legt.

7. Ceratophyllidae

1,5–3 mm große, braune bis schwarzbraune Flöhe mit Ctenidium am Kopf und der Brust. Mit oder ohne Augen und Scheitelfurche zwischen den beiden Fühlergruben. Labialtaster 5gliedrig. 1. und 2.

Mitteltarsenglied ungefähr gleich lang. Kommen vor auf Tauben, Hühnern, Schwalben, Sperlingen, Finken sowie Wühlmaus, Eichhörnchen, Ratte, Dachs, Siebenschläfer, Maulwurf, Blindmaus.

Milben

Die stichwortartige Beschreibung der morphologischen, ökologischen und biologischen Charakteristik der aufgeführten Milbenfamilien beruht auf den Angaben von BAKER, VITZTHUM, VIETS, WILLMANN und THOR. Zum besseren Verständnis der morphologischen Situation empfiehlt sich das Studium des Abschnittes über den Bauplan (Seiten 84–87). Die ökologische und biologische Terminologie geht aus dem gleichen Abschnitt hervor.

Alle technischen und biologischen Hinweise und Details in den folgenden Zuchtbeschreibungen sind bereits unter den Methoden der Insektenzucht und -haltung beschrieben.

MESOSTIGMATA (komb. System nach OUDEMANN-EVANS und KRANTZ)

Das Tracheenstigmenpaar findet sich in der Umgebung der Hüften (Coxen) des 2. oder 3. Beinpaares (Abb. 420). Die Scherentragenden Oberkiefer sind lang, mehr-

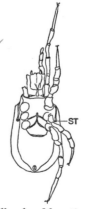

Abb. 420. Milbe der *Mesostigmata*.

gliedrig und zurückziehbar. Die Kiefern-
taster oder Maxillarpalpen sind einfach,
und die breite Unterkieferplatte trägt vorne
beidseitig kleine Unterlippentaster. Die
Tierchen sind augenlos.

1. Microgyniidae

0,3–0,4 mm große, bräunliche bis krem-
farbene Milben mit 3 deutlich sichtbaren
Platten auf dem Rücken. Leben unter
Rinden und im Bodenstreu.

2. Parasitidae

1–2 mm große, kremfarbene braune, länglich bis ovale Milben mit verschieden
großen, zum Teil dreieckigen Platten auf
der Unterseite des Körpers (Abb. 421).
Saprophytophag, zum Teil raptorisch in
Bodenstreu und in oder in der Nähe von
verrottendem Pflanzenmaterial.

Abb. 421. Käfermilbe (nach BERLESE).

Käfermilbe, *Parasitus (Gamasus) coleoptra-*
torum L.
Diese braunrote Milbe lebt im Moos, Laub,
auf alten Exkrementen von Waldtieren
und wird auch auf Insekten gefunden.
Hier klammert sie sich zwischen den Segmenten fest. So können die Milben zum
Beispiel von Mistkäfern abgesammelt oder
aus trockenen Weichtierexkrementen gesammelt werden.

Zuchttechnik und Futter
Kristallisierschale mit feuchtem Gips-
boden.
Temperatur 24°C, RLF 90–95%.
Auf den feuchten Gipsboden legt man
2–3 auseinander gezupfte frische Pferde-

äpfel, die mit Plastiktuch abgedeckt werden, und zerschnittene Mehl- oder Regenwürmer ein. Nach 29–33 Tagen hat sich
aus den eingesetzten Milben die neue
Generation entwickelt.

3. Halarachnidae

Endoparasitär lebende Milben, 1–2,5 mm
groß, Körper länglich-birnförmig mit relativ kurzen Beinen. Leben in der Nasenhöhle von Seehunden.

4. Entonyssidae

Endoparasitär lebende Milben, ca. 1 mm
groß, kremfarben, mit langem bis ovalem
Körper. Weibchen trägt großen länglichen
Rückenschild. Leben parasitär in der
Lunge von Schlangen.

5. Rhinonyssidae

Endoparasitär lebende Milben von 0,5 bis
1,5 mm Größe. Körper kurz oval mit
mehreren starken Platten auf dem Rücken.
Beine kräftig, relativ kurz und dick.
Lebendgebärend. Leben in der Nasenhöhle verschiedener Vögel.

Abb. 422. Milbe der *Rhinonyssidae* (nach
STRANDTMANN aus BAKER/WHARTON).

6. Spelaeorhynchidae

Kurze birnenförmige Milben mit breitem
Körperende. Kremfarben bis hellbraun.
Parasitieren auf Fledermäusen in den Tro-
pen und Subtropen.

7. Phytoseiidae

Grauweiße bis hellbraune, 0,5–1 mm große
Milben mit länglich-ovaler, gestützter oder
eingebuchteter Platte zwischen den Hinterbeinen. Leben raptorisch auf Pflanzen und

ernähren sich hauptsächlich von anderen Milben.

Abb. 423. Milbe der Phytoseiidae (nach GAR-MAN aus BAKER/WHARTON).

Raubmilbe, *Phytoseyulus, persimilis, P. rigeli*
Diese weißliche Milbe ist ein geschickter Räuber und ernährt sich von anderen auf Blättern lebenden Milben und Kleinst-insekten. Im Vergleich zu den Blattspinn-milben hat diese Milbe längere Beine; die Vorder- und Hinterbeine sind länger als die beiden mittleren Beinpaare. Für Zucht-zwecke müssen die Milben von Instituten für biologische Schädlingsbekämpfung an-gefordert werden.

Zuchttechnik und Futter
Siehe Blattspinnmilbe (Seite 328).
Temperatur 26 °C, RLF 60–70%.
Für die Zucht und Haltung der Raubmilbe ist die Zucht der Blattspinnmilbe erforder-lich. Der tägliche Nahrungsbedarf einer Raubmilbe sind ca. 20 Blattspinnmilben oder ca. 30 Milbeneier. Man setzt die Raubmilbe in eine dichte Population von *Tetranychus urticae* auf Bohnenpflanzen. Es ist aber darauf zu achten, daß die optimale Luftfeuchtigkeit für *T. urticae* niedriger liegt als die der Raubmilbe. Es ist demnach die benachteiligte Population des Beute-tieres häufig zu kontrollieren und wenn nötig zu ergänzen. Die Raubmilben wer-den wöchentlich in frische *T. urticae*-Populationen auf frischen Bohnenpflanzen umgesetzt. Der Entwicklungszyklus der Raubmilbe verläuft unter den gegebenen Bedingungen ca. um die Hälfte schneller als der der Spinnmilbe, also ca. 4–5 Tage.
Als Beutetiere eignen sich für die Aufzucht dieser Milbe auch *Tetranychus cinnabarinus* oder *T. dianthica*.

Die Aufzucht der **Raubmilbe** *Typhlodromus longipilus* erfolgt in gleicher Weise.

8. *Rhodacaridae*
0,3–0,5 mm große, farblose bis rosarot ge-färbte, länglich-konische Milben in der Bodenstreu. Leben saprophytophag.

Abb. 424. Milbe der *Rhodacaridae* (nach BANKS aus BAKER/WHARTON).

9. *Discozerconidae*
Maulöffnung flankiert von großen glocken-förmigen Saugnäpfen. Körper kurz be-borstet. Parasitisch auf Tausendfüßler, Termiten und Schlangen. Tropen und Sub-tropen. Werden mit Schlangen einge-schleppt.

10. *Zerconidae*
Dreieckige, flache, 0,3–0,5 mm große Mil-ben mit geteilter, oft auch nicht geteilter Rückenplatte. In der Bodenstreu, unter Moos etc.

11. *Epicriidae*
Milben goldbraun, ca. 0,5 mm lang. Mit erhabenem Punktmuster auf dem Rücken. In Moos und verfaulenden Pflanzen.

Abb. 425. Milbe der Epicriidae (nach POPP aus BAKER/WHARTON).

12. Uropodidae

Breit-ovale Milben, 0,4–0,8 mm groß. Rand und Rückenschild vorne verschmolzen und deutliche Beingruben. Myrmecophil, in verrottendem Pflanzenmaterial und zum Teil raptorisch.

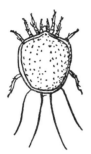

Abb. 426. Milbe der *Uropodidae* (nach Popp aus Baker/Wharton).

13. Discourellidae

Eiovale, mittelgroße, 0,3–0,8 mm große Milben. Weibliche Geschlechtsöffnung im Zentrum der Bauchplatte zwischen dem hintersten Beinpaar. In der Bodenstreu, auf Käfern, in Ameisennestern.

14. Coxequesomidae

0,3–0,7 mm große, ovale Milben mit längeren Haaren am Hinterleib und an den Seiten. Rückenplatte greift seitlich nach unten und schützt das Tier wie in einem Schild. Braun bis grauschwarz. In Ameisennestern.

15. Cillibidae

0,5–0,8 mm große, rund-ovale bis runde und braune Milben. Der ganze Rückenschild wird von einem Randschild, der vorne ausläuft, eingefaßt. Beingruben deutlich. Myrmecophil.

16. Trematurellidae

0,3–0,7 mm große, mit sehr stark skulpturierten Rücken- und Bauchplatten versehene Milben. Rückenplatte nicht geteilt.

17. Urodiaspidae

Milben 0,5–0,8 mm lang, rundoval und mit kräftiger Rückenplatte. Unter Moos und an verfaulendem Holz. Myrmecophil.

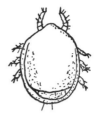

Abb. 427. Milbe der *Urodiaspidae* (nach Kramer aus Baker/Wharton).

18. Trachyuropodidae

Ziemlich runde Milben. Rückenplatte mit Seitenschildern, die den Körper schützen. Rückenfläche eingesenkt. Beingruben vorhanden. Myrmecophil.

19. Macrochelidae

1–2 mm große Milben mit Vorderbeinen ohne Klauen und Haftlappen. Körper länglich oval; Unterseite mit dreieckigen Platten (Anus). Koprophag, saprophytophag, zum Teil raptorisch.

20. Laelaptidae

Milben rund- bis länglich-oval. Platte zwischen den hinteren Beinen meist tropfen- oder schildförmig. Rückenschild höckerig oder glatt. Alle Beine mit Klauen und kurz aber deutlich behaart. Vorderbeine 2–3mal so lang wie der Körper. Größe: 0,5–1 mm. Parasitär auf Wirbeltieren, besonders Säugern. Auch auf Nichtwirbeltieren.

Abb. 428 Milbe der *Laelaptidae* (nach Hirst aus Baker/Wharton).

21. *Haemogamasidae*

Länglich-ovale, ca. 1 mm große Milben mit zum Teil dichter kurzer Behaarung. Kopfteil oberseits deutlich punktiert. Parasitär auf Maulwurf, Ratten, Mäusen, Vögeln.

22. *Ixodorhynchidae*

0,4–0,8 mm große Milben, die u.a. als Ektoparasiten auf Schlangen vorkommen. Bei uns nicht vertreten.

23. *Dermanyssidae (Raillietidae)*, Vogelmilben

Etwa 1 mm große, lang-ovale bis rundovale Milben mit rund oder spitz auslaufender Rückenplatte. Körper und Beine spärlich bis mäßig behaart (Abb. 429). Beine lang bis mittellang. Kremfarben bis grau. Parasitär auf verschiedenen Vogelarten und Säugern.

Abb. 429. Vogelmilbe.

Vogelmilbe, *Dermanyssus gallinae* DeG.
Die Milbe lebt in Hühnerställen und Vogelnestern, sie befällt ihre Wirtstiere nachts. Hungrig ist die Milbe hellbraun und länglich-rund, mit Blut gefüllt rot bis rotbraun und kugelrund. Das Weibchen legt die Eier in Ritzen und Spalten; die nach wenigen Tagen ausschlüpfenden 6beinigen Larven entwickeln sich nach der ersten Blutaufnahme und der dann erfolgenden Häutung zu den 8beinigen Nymphen. Bei hoher Populationsdichte befallen die Milben auch Menschen.
Für Zuchtzwecke sammelt man die Tiere aus ungepflegten Hühnerställen, insbesondere aus den Falzen und Winkeln der Hühnerleitern und Sitzstangen (Kontaktstellen).

Zuchttechnik und Futter
Vogelkäfig, in dem die beiden Enden der Sitzstange mit Wellpappe umwickelt sind (Abb. 430). Als Wirtstiere verwendet man entweder Stubenvögel (Kanarienvögel) oder Tauben. Die Größe der Käfige richtet sich nach dem zur Verfügung stehenden Wirtstier; für einen Kanarienvogel sollte der Käfig mindestens 20 × 20 × 10 cm, für eine Taube 30 × 20 × 20 cm groß sein. Die Haltung des Wirtstieres erfolgt nach den üblichen Vorschriften.
Futterkapseln (Abb. 160).
Temperatur 26–28 °C, RLF 80–90 %.
Die eingesammelten Milben werden mit einem Pinsel in die Rillen der Wellpappe gesetzt. Zur Nahrungsaufnahme suchen die Milben nachts die Wirtstiere auf und wandern satt wieder in ihr Versteck ab. Um das Wirtstier bei einer zu hohen Milbenpopulation zu schonen, wird es jeden 3. Tag gegen ein neues ausgewechselt.
Eine andere Zuchtmethode besteht in der Verwendung von Futterkapseln. In diese Futterkapseln legt man einige Holzstückchen kreuzweise übereinander. Die Milben werden in die Kapsel eingesetzt und täglich auf die von Federn befreite Brust eines gut fixierten Huhnes oder Taube (Abb. 435) 2 Stunden lang aufgeschnallt. Die Eiablage erfolgt auf den Hölzchen. Die Kapseln werden in einem Thermostaten bei den gegebenen Bedingungen aufbewahrt.

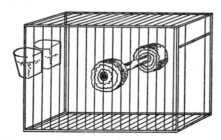

Abb. 430. Käfig für die Vogelmilbenzucht.

Präovipositionsperiode 3–4 Tage, Embryonalentwicklung 4 Tage, Nahrungsaufnahme nach 12–16 Stunden, Larvalentwicklung 4–5 Tage zur Nymphe, die nach 6–8 Tagen adult ist.

Rattenmilbe, *Liponissus (Bdellanyssus) bacoti* Hirst.
Diese dunkelbraune Milbe trägt auf der Oberseite zahlreiche Borsten. Sie ist ca. 0,5–0,6 mm lang und 0,3–0,35 mm breit. Es wird insbesondere die Wanderratte (*Rattus norvegicus*), gelegentlich aber auch der Mensch von ihr befallen. Nach dem Stich treten Quaddeln mit starkem Juckreiz auf. Für Zuchtzwecke fordert man diese Milben von tropenmedizinischen Instituten an.

Zuchttechnik und Futter
Kristallisierschalen verschiedener Größe mit hohem Rand. Je zwei werden ineinander gestellt, von denen die größere mit feuchtem Zonolith gefüllt als feuchte Kammer für eine kleinere Schale dient, deren Rand mit einer Ölbarriere (vgl. Seite 55) versehen ist und die mit Syntopor-Granulat oder Kugeln 1–2 cm hoch gefüllt wird. Die Größe der zu verwendenden Schalenpaare richtet sich nach dem zur Verfügung stehenden Wirtstier. Am besten eignen sich frisch geworfene Mäuse oder Ratten, die in die kleinere, mit Milben besetzte Schale zweimal pro Woche für 24 Stunden eingesetzt werden. Verschluß Baumwolltuch oder Glasplatte.
Temperatur 28 °C, RLF 85–90 %.
Die Zuchtgefäße müssen konstant im Dunkeln stehen.
Beim Absetzen müssen die Wirtstiere immer sorgfältig von Milben befreit werden. Hierzu hält man die Tiere mit einer Pinzette am Genick fest, streift mit dem Pinsel die anhaftenden Milben ab und setzt dann das Wirtstier auf einen mit Äther getränkten Wattetampon. Dabei fallen auch die versteckten Milben ab und können wieder zurück in die Zuchtschale gebracht werden. In jedem Falle muß die Möglichkeit

des Abwanderns der Milben ausgeschlossen werden.
Präovipositionsperiode 3–4 Tage, Eiablage 2 Tage nach der ersten Blutaufnahme, Embryonalentwicklung 1–1,5 Tage. Aus den Larven entwickeln sich innerhalb weniger Stunden ohne Blutaufnahme die Protonymphen, die dann Blut aufnehmen und sich zu den Deutonymphen innerhalb von 2 Tagen entwickeln. Aus den Deutonymphen entwickeln sich ohne weitere Nahrungsaufnahme die Adulten.

24. Urodinychidae

0,5–0,8 mm lange, breit-ovale Milben mit Rücken- und Randschild, oft auch mit hinterem Querschild. Deutliche Beingruben vorhanden. Myrmekophil und in verrottendem Pflanzenmaterial.

25. Polyaspidae

Lang-ovale, 0,5–0,8 mm messende Milben mit langer und schmaler Rückenplatte. Beine kräftig und mit blattförmiger Behaarung. In moderndem Pflanzenmaterial.

26. Diarthrophallidae

0,3–0,8 mm große, runde und ziemlich hochgewölbte Milben. Hinterteil mit langen, gefiederten Haaren. Finden sich besonders auf Käfern. Lebensweise noch unbekannt.

Abb. 431. Milbe der *Diarthrophallidae* (nach Trägardh aus Baker/Wharton).

27. Euzerconidae

Milben breit-oval, mit seitlichen Platten. Die Analplatte (den After umgebend) ist

nicht mit der großen Bauchplatte zusammenhängend. Mäßige, lange Behaarung. Kommensal bei Käfern.

28. Diplogyniidae

0,5–1,5 mm messende, breit-ovale Milben
mit dünnen Vorderbeinen. Seitlich mit
dreieckigen Platten. Parasitär oder komen-
sal auf Insekten.

29. Schizogyniidae

Milben 0,5–0,8 mm lang. Seiten-, Anal-
und Bauchschild verwachsen. Parasitär auf
Insekten (besonders Käfern).

30. Megisthanidae

1–3 mm große, ovale Milben mit ungeteilter Rückenplatte. Vorderbeine schlank
und länger als die anderen. Kein Epigynial-
schild. Auf Insekten.

31. Antennophoridae

Runde, breit-ovale Milben mit ungeteilter
Rückenplatte. Das Epigynium ist mit der
Bauchplatte verschmolzen. Auf verschie-
denen Insekten und Tausendfüßlern.

32. Paramegistidae

Sehr breite und ovale Milben mit gut ausgebildeten Seitenplatten, die mit der Bauchplatte verschmolzen sind. Auf Insekten
und Tausendfüßlern.

33. Parantennalidae

Milben breit, hinten stumpf oval und
0,7–1,5 mm groß. Die Rückenplatte unge-
teilt mit breitem Epigynium. Myrmecophil,
auf Tausendfüßlern und Laufkäfern.
(Kommensal.)

34. Fedrizziidae

Breit-ovale, flache Milben mit ungeteilter
Rückenplatte und sehr kurzen Beinen. Auf
Insekten und Tausendfüßlern.

Abb. 432. Fledermausmilbe (nach HOFFMANN
aus BAKER/WHARTON).

35. Spinturnicidae

Milben 0,5–2 mm groß, flach, eher eckig-
oval mit dicht behaarten Beinen und kräftigen Klauen. Parasitär auf Fledermäusen
und in der Nasenhöhle von Vögeln.

METASTIGMATA, ZECKEN

Die Tracheenöffnungen (St = Stigmen)
finden sich in einer Platte bei oder nach der
Hüfte des 4. Beinpaares (Abb. 433a). Das
Hypostom (Hy = Rüssel) ist verlängert
und bezahnt und die kürzeren Oberkiefer
oder Cheliceren sind mit Hafthaken ausgerüstet. Die Tarsen des 1. Beinpaares
tragen das sog. Hallersche Organ (Sinnesorgan; Abb. 433b). Männchen und Weibchen sind durch die Schildgröße gut voneinander unterscheidbar. Die Zecken leben
parasitisch auf verschiedenen Warm- und
Kaltblütern.

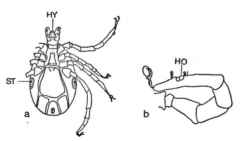

Abb. 433. Zecke.

1. Argasidae, Lederzecken, Saumzecken

Rücken der Zecken glatt oder faltig und
weich, stets ohne abgesetztes hornartiges

Schild (Abb. 434). Die Mundwerkzeuge werden vom stark vorspringenden Vorderrand des Körpers überdeckt. Palpen (Taster) aus 4 runden, gleichlangen Gliedern bestehend. Tarsen ohne Haftapparat (Pulvillen). Stigmen seitlich zwischen der 3. und 4. Hüfte. Genitalfeld auf der Höhe der 2. Hüfte. Geschlechtsöffnung beim Weibchen als Querspalt, beim Männchen als rundliche Öffnung sichtbar.

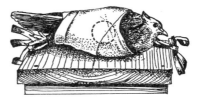

Abb. 435. Taubenzeckenzucht.

Abb. 436. Halteapparat zur Ruhigstellung von Vögeln.

Abb. 434. Lederzecke.

Taubenzecke, Saumzecke, *Argas reflexus* F.

Diese schmutziggraue Zecke ist 8–10 mm groß und lebt versteckt in Taubenschlägen. Sie befällt die Tauben nachts. Auch diese Zecke ist mehrwirtig. Für Zuchtzwecke sammelt man nachts die Zecken in Taubenschlägen ein, insbesondere im Hochsommer.

Zuchttechnik und Futter
500-ml-Gläser mit Gipsboden und Wellpapperöllchen. Als Wirtstiere werden Tauben verwendet. Diese Tauben werden auf dem Rücken und auf der Brust entfedert (etwa 3–4 cm großer Fleck). Auf die entfederte Stelle wird eine gleichgroße, nur auf der Oberseite mit Gaze verschlossene Nutaldose (Abb. 160) aufgeschnallt. Über die Dose und um Brust und Flügel wird dann mit einer elastischen Binde ein Verband angelegt. Die Beine werden ebenfalls mit breiten elastischen Bändern zusammengebunden (Abb. 435). Jede Strangulation ist peinlich zu vermeiden. Abb. 436 zeigt einen massiven, eigens für die Ruhigstellung von Vögeln konstruierten Halteapparat.

Temperatur 30 °C, RLF 75–85 %.
Die Zecken werden 30 Minuten lang auf den Tauben gefüttert, dann anschließend zwischen die Wellpappe gesetzt. Um die Wirtstiere zu schonen, muß zwischen 2 Fütterungen eine Pause von mindestens 14 Tagen liegen. Diese Zecken können auch mit künstlichen Membranen und Taubenblut (s. Seite 43) gefüttert werden.
Die Embryonalentwicklung dauert 4 Wochen, nach 14 Hungertagen füttert man die Larven zum erstenmal. 4–5 Wochen nach der ersten Blutaufnahme schlüpfen die 8beinigen Nymphen aus. Nach 4 Häutungen, zwischen denen sich Blutaufnahme und 3wöchige Hungerperioden abwechseln, schlüpfen die adulten Tiere.

Rückfallfieberzecke, *Ornithodorus moubata* Murray

Lebt im tropischen Afrika und kann von den dortigen Versuchsstationen oder Tropeninstituten angefordert werden. Sie ist erdfarben, 10 mm lang und ca. 7 mm breit, oval; vollgesogen ist sie hochgewölbt und nahezu kugelig. Das Weibchen legt mehrmals im Jahr Eier. Die ausschlüpfenden Larven häuten sich nach 4 Tagen zur 8beinigen Nymphe, aus der nach weiteren 5–6 Häutungen das adulte Tier erscheint. Diese Zecke ist die Überträgerin des Zecken-Rückfallfiebers.

Zuchttechnik und Futter

Glasgefäße mit 3 cm hohem, trockenem Gipsboden und 1 cm hoher Sandschicht. Verschluß Baumwollstoff.

Wirtstiere: Kaninchen auf einem Spezialbrett festgebunden (Abb. 40). Die Zecken werden in Nutaldosen festgebunden (Abb. 160), direkt auf den Bauch des Wirtstieres geschnallt. Die Nutaldose ist mit feinmaschiger Nylongaze überzogen.

Bei kleinen Zuchten können auch neugeborene Ratten oder Mäuse verwendet werden. Diese Tiere werden dann einfach in die Zuchtgläser zu den Zecken gesetzt und nach 24 Stunden wieder herausgenommen. Die Zecken sind, sofern sie noch nicht abgefallen sind, sorgfältig durch leichtes Betupfen mit einem Haarpinsel von dem Wirtstier abzulösen.

Aufgrund des toxischen Speichels darf ein Kaninchen innerhalb von 4 Wochen nur einmal zur Fütterung von ca. 50–100 Adulten oder 200–400 Nymphen verwendet werden. Die kleineren Wirtstiere dürfen im gleichen Zeitraum nur für die Fütterung von 6 Adulten bzw. 10–12 Nymphen eingesetzt werden.

Fütterung durch künstliche Membranen: Mit der Fütterung durch künstliche Membranen können lebende Wirte umgangen werden. Defibriniertes und auf 37°C erwärmtes Blut (Rind) wird in einer Glasschale mit einer Membran (vgl. Seite 43) abgedeckt. Man erhält auch mit dieser Methode der Fütterung recht gute Zuchtergebnisse.

Die Lebensdauer einer Zecke beträgt mehrere Jahre. Nach einer Präovipositionsperiode von 9–13 Tagen beginnt das Weibchen die Eier schubweise abzulegen. Die Nymphenstadien häuten sich alle 10 Tage nach der Nahrungsaufnahme. Zwischen Häutung und Fütterung der Nymphen sollten mindestens 5 Hungerwochen liegen. Die Adulten werden in der Regel nur jeden 3.–4. Monat gefüttert.

2. *Ixodidae*, Schildzecken, Holzböcke

Rücken der Zeckenmännchen ganz (Abb. 437a), der Weibchen teilweise (Abb. 437b) von einem hornartigen starken Schild bedeckt. Die Männchen tragen beiderseits der Analöffnung auf dem Bauch starke Chitinplatten. Die Mundwerkzeuge sitzen am vorderen Körperrand. Tarsen mit Haftapparat (Pulvillen) Genitalfeld in Höhe der 2. Hüfte.

a   b

Abb. 437. Schildzecke.

Holzbock, Hundezecke, Schildzecke, *Ixodes ricinus* L.

Die hungrigen Männchen dieser dreiphasigen Zecke sind ca. 1,5–2 mm, die Weibchen 3–4 mm groß. Die Männchen sind braunrot bis schwarz, die Weibchen gelbrot gefärbt. Die Larven befallen besonders Nagetiere, Vögel und Reptilien, die Adulten und Nymphen Huftiere, Hunde, Rotwild etc. Nach der Blutaufnahme sind die nun kugelrunden Weibchen bleigrau bis braunviolett gefärbt und ca. 10–12 mm groß. Sie legen die Eier auf feuchter Erde ab. Die ausschlüpfenden 6beinigen Larven klettern auf Gräser, Sträucher etc. und lassen sich von vorbeiziehenden Tieren abstreifen. Auf diesen Wirten versorgen sie sich in den folgenden Tagen mit Nahrung, verlassen aber vor der Häutung zur Nymphe das Wirtstier. Die 8beinige Nymphe nimmt wieder auf einem Warmblüter (siehe oben) Nahrung auf und häutet sich dann zur adulten Zecke. Das adulte Tier befällt wiederum Warmblüter. Für Zuchtzwecke sammelt man die Larven und Nymphen mit einem Schleiftuch (Abb. 4) an wildreichen oder feuchten Waldrändern von März bis Oktober.

Zuchttechnik und Futter
Drahtgitterkäfig (Maschenweite ca. 1 cm),
aufgestellt in einer entsprechend großen
Blech- oder Plastikwanne (Abb. 438).

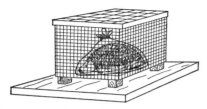

Abb. 438. Zucht von *Ixodes ricinus*.

Als Wirtstiere verwendet man Igel. Es
können auch Kaninchen oder Meerschweinchen sein, jedoch lassen sich mit
Igeln die besten Zuchtergebnisse erzielen.
Das Wirtstier wird in einen entsprechend
großen Baumwollsack gesetzt, die Zecken-
larven zwischen die Stacheln mit einem
Pinsel übertragen, der Sack zugebunden
und das Wirtstier in dem Sack 8–16 Stunden in den Käfig (Abb. 438) gelegt. Anschließend entfernt man den Sack und läßt
das Wirtstier frei im Käfig herumlaufen.
Es wird unmittelbar nach Abstreifen des
Sackes mit rohem Fleisch und ungekochter
Milch gefüttert.
Die adulten Zecken und ihre Entwicklungsstadien werden zwischen den einzelnen Fütterungen in Glasflaschen mit feuchtem Gipsboden unter geknülltem Filterpapier aufbewahrt.
Temperatur 26–28 °C, RLF 90–95 %.
Man kann die Tiere auch in Tablettenröhrchen halten, nur müssen sie dann in
einer Klimakammer aufgestellt werden.
Für kleinere Zuchten bedient man sich
eines mit übersättigter Kaliumsulfatlösung
gefüllten Exsikkators, in den man die mit
Watte verschlossenen Röhrchen (Becherglas oder Kristallisierschale) einstellt. Die
Luftfeuchtigkeit beträgt in dem Exsikkator
mehr als 90 % konstant (vgl. auch Abb.
35, 36).
Nach einer Präovipositionsperiode von
7–10 Tagen beginnt die Zecke mit der Eiablage, die sich über mehrere Tage er-
streckt. Nach 30 Tagen schlüpfen die

Larven aus. Sie werden erst 30–40 Tage
später auf das Wirtstier gesetzt.
Die Aufzucht der mit der *Ixodes ricinus*
häufig vergesellschaftet lebenden *Ixodes
hexagonus* Leach erfolgt in gleicher Weise.
Für diese Zecke kann nur der Igel als
Wirtstier verwendet werden, da sie wirtsspezifisch ist.

Zecke, *Rhipicephalus bursa* Can. et Fan.
Diese zweiphasigen Zecken haben ein dicht
gepunktetes, polygonales Schild, an dessen
stumpfen Seitenecken die kleinen Augen
liegen. Diese rotbraune Zecke lebt auf
Rindern und Schafen (Wiederkäuern). Ihre
6beinige Larve häutet sich nach der Nahrungsaufnahme zur Nymphe ohne das
Wirtstier zu verlassen. Erst die satte
Nymphe verläßt den Wirt, die nach der
Häutung erscheinende adulte Zecke geht
den Wirt dann wieder an. Diese Zecke
kommt hauptsächlich in Südeuropa und
Rußland vor und muß von Zuchtstationen
in den Verbreitungsgebieten angefordert
werden.

Zuchttechnik und Futter
Glasgefäße mit Gipsboden zum Aufbewahren der Tiere zwischen den einzelnen
Fütterungen.
Temperatur 26 °C, RLF 90 %.
Wirtstier: Kaninchen oder Schafe.
Die Larven werden nach einer 4–5wöchi-
gen Hungerperiode auf die Innenseite von
Kaninchenohren gesetzt. Das Wirtstier
wird in einer Spezialkammer (Abb. 439)
gehalten. Einem Kaninchen setzt man ca.
100–150 Larven auf die Ohrmuschel und
deckt das Ohr dann mit einem Nylongazebeutel ab. An der Ohrwurzel wird der
Beutel mit Leukoplast zugebunden, damit
keine Larven abwandern. Nach 1–2 Stun-

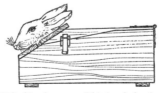

Abb. 439. Zucht von *Rhipicephalus bursa*.

den, die Larven haben sich festgesaugt, werden die Kaninchen in den Stall gebracht und normal gehalten.

Für Großzuchten verwendet man Schafböcke als Wirtstiere. Die Larven werden auf das Skrotum gesetzt und mit einem Gazebeutel abgedeckt. Ebenso kann man die Larven auf dem vorher enthaarten Schwanz eines Kalbes oder Rindes füttern. Man setzt die Tiere ca. 30 cm vor der Schwanzwurzel an und überzieht den Schwanz mit einem Nylongazebeutel.

Nach 4 Tagen sind die Larven vollgesogen. Nach einem 8tägigen Ruhestadium häutet sich die Larve zur Nymphe, die auch wieder 4–6 Tage saugt und sich nach ca. 10 Tagen zur adulten Zecke häutet. Die Zecke setzt man dann in die Glasgefäße ein. Nach 4–6 Wochen werden die Tiere zum erstenmal gefüttert. Ein Weibchen ist erst nach 7–10 Tagen satt, löst sich vom Wirtstier und wird in das Glasgefäß unter Filterpapier gelegt. Nach ca. 7–8 Tagen beginnt es mit der Eiablage. Die Zahl der abgelegten Eier erreicht zwischen dem 3. und 15. Tag das Maximum. Nach 30 Tagen schlüpfen die Larven aus.

Die Aufzucht der Tiere auf künstlichen Membranen (vgl. Seite 43) ist möglich.

Blaue Zecke, *Boophilus microplus* Can.

Diese einphasige Zecke lebt in Australien, Südafrika und Südamerika. Sie wird für Zuchtzwecke von Zuchtstationen in diesen Gebieten angefordert. Die Männchen sind gegenüber den mit Blut vollgesogenen Weibchen (ca. 12 mm) kleiner und tragen am Hinterleib einen Fortsatz.

Zuchttechnik und Futter
Glasgefäße mit Gipsboden (Abb.449) und zerknülltem Filterpapier. Wirtstiere sind Kühe und Kälber, deren enthaarte Schwänze mit Larven besetzt werden. Die Schwänze werden mit einem Nylongazebeutel überzogen. Vor der Fütterung sind die Larven mindestens 3 Wochen ohne Nahrung zu halten. 21–23 Tage nach der Fütterung können die bereits adulten Weibchen aus dem Beutel gesammelt werden.

Zur Eiablage werden die Weibchen in Glasröhrchen (Abb.35 und 36) gehalten. Nach 2–4 Tagen beginnen sie innerhalb von 20 Tagen 3000–4000 Eier abzulegen. Die Embryonalentwicklung dauert ca. 30 Tage.

Zecke, *Dermacentor reticulatus* F.

In Frankreich, Südrußland, Rumänien etc. findet man diese dreiwirtige Zecke. Das hungrige Weibchen ist an dem bunten Rückenschild kenntlich, das Männchen hat ein punktiertes, dunkel gezeichnetes Rückenschild. Sie befällt Rinder, Schafe, Pferde. Der Entwicklungszyklus verläuft wie für *Ixodes* beschrieben. Für Zuchtzwecke müssen die Tiere von Zuchtstationen in den Verbreitungsgebieten angefordert werden.

Zuchttechnik und Futter
Wirtstier und Zuchtkäfige siehe *Ixodes ricinus* und *Rhipicephalus bursa*.
Temperatur 20–25 °C, RLF 80–85 %.
Zwischen den einzelnen Fütterungen läßt man die Adulten, Larven und Nymphen 4–5 Wochen hungern.
Präovipositionsperiode 5–8 Tage (Eiablage dauert ca. 10 Tage, 3000–4000 Eier), Larvalentwicklung ca. 6 Wochen, Nymphen 6 Wochen.

PROSTIGMATA

1 Paar Tracheenstigmen finden sich dorsal im Bereich des Gnathosoma (Abb. 440/St). Oberkiefer nadelförmig oder mit Schere oder Kralle ausgerüstet. Zahlreiche Vertreter dieser Unterordnung sind parasitär und saugen Pflanzensaft.

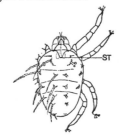

Abb. 440. Milbe der *Prostigmata*.

1. *Tarsonemidae*, Weichhautmilben

0,2–0,4 mm große, farblose, längliche Milben mit deutlicher Gliederung (Abb. 441). Das Weibchen mit keulenförmigem Organ zwischen den Hüften 1 und 2. Leben meist in Gallen auf verschiedenen Pflanzen.

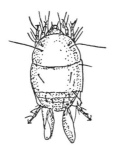

Abb. 441. Fadenfußmilbe.

Erdbeermilbe, *Tarsonemus pallidus* Banks (*T. fragariae* Zimm.)
Durch die Saugtätigkeit der Milben krümmen sich die Erdbeerblätter. Solche Blätter sammelt man für Zuchtzwecke im Mai–Juni ein. Die Milbe ist ca. 0,3 mm groß, sie trägt am hinteren Beinpaar je einen langen dünnen Faden. Die Weibchen überwintern an Blattstielen und legen im Frühjahr die Eier an jungen Blättern ab.

Zuchttechnik und Futter
In Saatschalen kultivierte Erdbeerpflanzen werden in einem Käfig mit Deckenbeleuchtung (Abb. 411) gehalten.
Temperatur 24 °C, RLF 85–90 %, Photoperiode permanent 1500–2000 Lux.
Die eingesammelten Blätter werden zwischen die kultivierten Pflanzen gelegt. Ältere Blätter werden von den Milben nicht angegangen, folglich müssen sie von Zeit zu Zeit entfernt werden. Die dann austreibenden Blätter sind das von den Milben bevorzugte Substrat. Zur Erhaltung der hohen Luftfeuchtigkeit müssen die Pflanzen täglich gründlich gegossen werden.
Unter den gegebenen Zuchtbedingungen dauert die Entwicklung einer Milbengeneration 42 Tage.

2. *Scutacaridae*

Runde und flache oder auch spindelförmige, 0,2–0,5 mm große Milben. In Bodenstreu, Moos etc. ebenso parasitisch auf Hautflüglern, in deren Luftröhre sie vorkommen, z. B. die Bienenmilbe (*Acarapis woodi* Rennie).

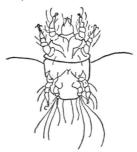

Abb. 442. Bienenmilbe.

3. *Pyemotidae (Pediculoididae)*, Kugelbauchmilben

0,2–0,4 mm bzw. 3 mm große, deutlich gegliederte Milben mit Beinbehaarung (Abb. 443a). Körper nach vorn und hinten verjüngt. Parasitieren auf verschiedensten Insekten und deren Larven sowie auch auf Kleinsäugern. Weibchen (Abb. 443b) schwillt zu einer Kugel an (2 mm ∅). Können auch den Menschen befallen, verursachen Quaddeln, Juckreiz etc.

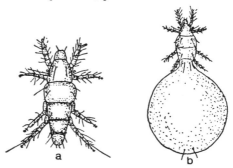

Abb. 443. Kugelbauchmilbe (nach BAKER/ WHARTON).

Kugelbauchmilbe, *Pyemotes ventricosus* Newp.
Das lebende Larven gebärende Weibchen ist gelblichweiß, kugelrund und ca. 2 mm

groß. Das um ein Vielfaches kleinere Männchen sitzt häufig auf dem Weibchen. Die Milbe befällt weichhäutige Insekten, z.B. Schmetterlingsraupen. Durch Einsammeln befallener Raupen kann eine Zucht dieser Milbe aufgebaut werden. Vom Frühjahr bis zum Herbst treten mehrere Generationen dieser Milben auf.

Zuchttechnik und Futter
Kleine Bechergläser oder große Reagenzgläser (Kochgläser) werden in eine mit Paraffinöl ausgestrichene Glasschale oder Kristallisierschale gestellt. In die kleinen Gefäße steckt man einen schmalen Filterpapierstreifen, legt 5–10 Mehlmottenraupen ein und setzt die eingesammelten Milben hinein. Verschluß Wattebausch. Temperatur 26 °C, RLF 60 %.
Außer in den paraffinierten Glasschalen können die Milben auch in Exsikkatoren aufgestellt werden, dadurch wird die Einstellung der erforderlichen Luftfeuchtigkeit erleichtert (vgl. Seite 32).
Die Entwicklung einer Generation ist in ca. 10–12 Tagen durchlaufen. Das Futter wird bei Bedarf erneuert.

Grashalmmilbe, *Siteroptes (Pediculopsis) graminum* Reut.
Für die Zucht dieser in den Blattwinkeln von verschiedenen Getreidearten lebenden Milbe verwendet man die für die Erdbeermilbe beschriebene Methode. Als Futterpflanzen verwendet man Raygras oder Weizen.

4. Lordalychidae

Hochgewölbte, eher rund-ovale Milben mit deutlicher Quergliederung. 0,3–0,4 mm lang, farblos. Oberfläche runzelig strukturiert. In der Bodenstreu.

5. Nanorchestidae

Milben 0,15–0,4 mm groß, weiß oder rötlich, schlank, mit sackförmig erweitertem Hinterleib und Quergliederung. Springfähige Milben mit spärlichem Besatz von schuppenförmigen Borsten. In Moos, Bodenstreu etc.

6. Alicorhagiidae

Länglich-ovale Milben, 0,2–0,3 mm groß, farblos mit bräunlicher oder gelblicher Hinterleibsspitze. Leben saprophag im Boden.

7. Terpnacaridae

Milben lang-oval, nach hinten breiter, 0,25–0,35 mm groß mit zahlreichen, reihenständigen Borsten auf dem quer segmentierten und rötlich gefärbten Körper. Leben saprophytophag.

8. Eupodidae

Milben 0,15–1 mm groß, gelb, schwarz, rötlich oder grünlich gefärbt und mit andersfarbiger fleckiger Zeichnung. Der birnförmige, leicht behaarte Körper trägt zum Teil lange Vorderbeine. Saprophytophag, zum Teil mycetophag unter Steinen, in moderndem Holz, etc.

Abb. 444. Milbe der *Eupodidae* (nach BAKER/ WHARTON).

9. Rhagidiidae

Milben 0,3–2 mm groß, weiß, gelb oder rötlich, schlank, lang-oval mit spärlicher

Abb. 445. Milbe der *Rhagidiidae* (nach OUDEMANS aus BAKER/WHARTON).

Körper- und starker Beinbehaarung. Beine lang. Augenflecke vorhanden. Die schnell laufenden Milben finden sich in Höhlen, unter Steinen, in der Bodenstreu, etc.

10. *Tydeidae*

Lang-ovale bis ei-ovale Milben mit Querfurche zwischen Propodosoma und Hysterosoma. 0,1–0,25 mm groß und bräunlich bis grünlich gefärbt. Raptorisch unter Moos, Bodenstreu oder auf Pflanzen.

11. *Ereynetidae*

Milben farblos bis rotbraun, schildförmig und nach hinten verjüngt mit spärlicher Behaarung. Größe: 0,2–0,5 mm. Schnell laufende Arten finden sich u.a. auf Schnecken, Fliegen etc.

12. *Anystidae*

0,5–1,5 mm große, rot oder gelb gefärbte und schnell laufende Milben. Körper sackförmig mit wenig langen Haaren. Beine dicht mit längeren Haaren besetzt. Raptorisch auf Pflanzen verschiedener Art. Fressen andere Milben und kleine Insekten.

Abb. 446. Milbe der *Anystidae* (nach Popp aus Baker/Wharton).

13. *Pterygosomidae*

Rot gefärbte, 0,15–1,5 mm große Milben von breit-ovaler an den Seiten schulterig betonter Gestalt. Körperoberfläche strukturiert. Parasitisch auf Eidechsen, Insekten u.a. Nicht in Europa. Werden eingeschleppt mit Echsen.

14. *Cheyletidae*, Raubmilben

Milben (Abb. 447) 0,2–0,6 mm groß, gelb- bis rötlich gefärbt und von ovaler Gestalt.

Körperoberfläche oft mit Querfurchen. Palpen meist auffallend groß. Die Cheliceren kurz und stilettförmig. Raptorisch im Freien auf Pflanzen verschiedener Art, in Gewächshäusern, in Lagerhäusern, etc.

Abb. 447. Raubmilbe (nach Popp aus Baker/Wharton).

Getreideraubmilbe, *Cheyletus eruditus* Westw.
Die ca. 0,75 mm große, weiße Raubmilbe fällt auf durch ihre weit vorragenden Palpen. Sie lebt überall im Getreide, Mehl- und anderen Mahlwaren, wo Mehlmilben oder andere Milben vorkommen. In Wischproben, aus denen man sie sammelt, finden sich die verschiedenen Stadien.

Zuchttechnik und Futter
Als Nähr- und Brutsubstrat verwendet man die Mehlmilbe (s. Seite 344).
Die in die Zuchtgläser der Mehlmilben eingesetzten Raubmilben benötigen bei 26 °C für die Entwicklung einer Generation 14–16 Tage. Da die Populationsdichte der Mehlmilbe im Zuchtglas Wachstum und Dichte der Raubmilbenpopulation bestimmt, werden anläßlich der wöchentlichen Kontrollen je nach Bedarf die Beutetiere ergänzt oder Raubmilben in frische Beutetier-Milieus gesetzt.

15. *Myobiidae*

0,2–0,5 mm lange und schlanke Milben mit Einschnürungen auf der Seite und kurzen Beinen. Vorderbeine mit spiralig gewundenen Krallen. Hinterleibsende oft mit langen Haaren besetzt. Parasitisch auf Mäusen, Spitzmäusen und Fledermäusen.

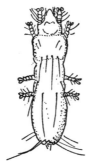

Abb. 448. Federspulmilbe (nach BAKER/WHARTON).

Federspulmilbe, *Syringophilus bipectinatus* Heller

Diese 0,75–1 mm lange, wurmförmige Milbe schmarotzt beim Huhn und der Taube. Oft wird die Milbe auch auf Wasser- und Sperlingsvögeln angetroffen. Die Zucht und Haltung dieses Schmarotzers erfolgt nach der bei *Dermanyssus* beschriebenen Methode.

Eine andere *Syringophilus*-Art lebt auf dem Meerschweinchen. Ihre Zucht und Haltung erfolgt auf diesem Wirt.

16. Demodicidae

Milben von 0,1–0,3 mm Länge, spindel- bis wurmförmig und weißgrau bis leicht bräunlich. Die acht Beine sind sehr kurz und stummelförmig. Parasitisch auf Fledermäusen und verschiedenen Warmblütern (Haustieren).

Die Okarusmilbe, *Demodex canis* Leydig, verursacht beim Hund die Okarusräude.

Abb. 449. Haut- und Fellmilbe.

17. Cunaxidae

Rote, schlank-ovale Milben von 0,4–0,5 mm Größe. Querfurche zwischen Propodosoma und Metapodosoma. Die 5gliedrigen Palpen oft viel länger als die Mandibeln. Leben unter Moos, Rinde, Bodenstreu, raptorisch von anderen Milben und Kleininsekten.

18. Bdellidae

Lang-ovale, schlanke und rot gefärbte und von durchscheinendem Darminhalt fleckig gezeichnete Milben. Mundwerkzeuge auffallend groß. Zwischen 0,5 und 2 mm groß. Leben raptorisch in verschiedensten feuchten Biotopen.

19. Labidostommidae

Ca. 0,5 mm große, gelbrote bis orangegelbe Milben mit je einem deutlichen Höcker an den Seiten. Raptorisch in Bodenstreu, Moos, etc.

20. Tetranychidae, Spinnmilben

Gelblich bis grünlich oder orange bis rot gefärbte Milben. 0,5–1 mm groß, breit- oder lang-oval mit deutlicher Schulter und nach hinten verjüngt (Abb. 450). Augen als Flecken auf den Schultern. Behaarung nicht dicht, oft längere Einzelhaare auf der Körperoberfläche. Die Beine sind lang und schlank. Einige Arten verfertigen Gespinste. Phytophag auf verschiedenen Pflanzen.

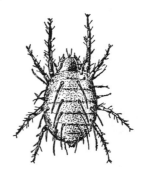

Abb. 450. Spinnmilbe.

Gemeine Spinnmilbe, *Tetranychus urticae* Koch

Die gelblichweißen, dunkel gefleckten Milben verfärben sich im Spätsommer und in Trockenperioden zinnoberrot. Auch hier ist das Männchen kleiner als das Weibchen. Die Milben entwickeln sich auf den verschiedensten Wirtspflanzen. Durch Einsammeln von mit Gespinsten überzogenen oder grauweiß gesprenkelten Blättern verschiedener Ziersträucher im Freien oder in Gewächshäusern wird diese Milbe für Zuchtzwecke beschafft. Die Weibchen überwintern in der Erde oder in Baumrinden.

Ein Weibchen legt unter optimalen Bedingungen durchschnittlich 10–12 Eier pro Tag, im ganzen ca. 170–180 Eier. Das zuerst glashelle Ei verfärbt sich nach gelborange.

Entwicklungszyklus: Ei – 6beinige Larve – 1. Ruhestadium (Nymphochrysalis) – 1. Nymphenstadium oder 8beinige Protonymphe – 2. Ruhestadium (Deutochrysalis) – 2. Nymphenstadium (Deutonymphe) – 3. Ruhestadium (Teleiochrysalis) – Adulte. Während des Ruhestadiums sitzen die Milben bewegungslos mit angezogenen Beinen auf den Blättern.

Zuchttechnik und Futter

Wirtspflanzen: Luzerne, Klee, Erdbeeren, bevorzugt aber Busch- oder Stangenbohnen (Phaseolus).

Die Wirtspflanzen werden in Saatschalen kultiviert und in Blechwannen mit Wasservorrat mit ca. 2,5 cm hohem Rand eingestellt.

Temperatur 26°C, RLF 45–55%, Photoperiode permanent 1000–1500 Lux.

Sobald die Pflanzen 20–25 cm hoch sind bzw. sich die Sekundärblätter entfalten, werden die gesammelten Milben aufgesetzt oder die mit Milben besetzten Pflanzenteile mit Stecknadeln an die Pflanzen angesteckt. Ebenso kann man kleine besetzte Stückchen der gesammelten Pflanzenteile auf die Blattoberseite der herangezogenen Pflanzen legen.

Da die Wirtspflanzen aufgrund der stark wachsenden Populationsdichte sehr im Wachstum geschädigt werden, müssen die Tiere innerhalb von 10–12 Tagen auf frisches Pflanzenmaterial umgesetzt werden.

Die Entwicklung einer Generation:

Ei	ca. 72 Stunden
6beinige Larve	24 Stunden
Nymphochrysalis	24 Stunden
Protonymphe	24 Stunden
Deutochrysalis	24 Stunden
Deutonymphe	24 Stunden
Teleiochrysalis	24 Stunden
Gesamtentwicklung	9 Tage
Präovipositionsperiode	1 Tag

21. Phytoptipalpidae (Tenuipalpidae)

Sehr kleine, 0,2–0,4 mm große, breit- bis langovale Milben mit kräftigen einzelnen Haaren am Körperrand (Abb. 451). Beine eher kurz und gedrungen. Körperfarbe rötlich. Phytophag auf verschiedenen Pflanzen.

Abb. 451. Milbe der Phytoptipalpidae (nach POPP aus BAKER/WHARTON).

22. Eriophyidae, Gallmilben

Milben ca. 0,2 mm lang, wurmförmig, farblos oder grauweiß mit nur 2 Beinpaaren. Körperende meist mit fadenförmigen Anhängen (Abb. 452). Keine Augen vorhanden. Körper geringelt. Phytophag auf verschiedenen niederen und höheren Pflanzen. Zahlreiche Arten erzeugen Gallen.

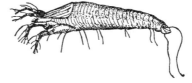

Abb. 452. Gallmilbe.

Johannisbeergallmilbe, Cecidophyopsis ribis Westw.

Diese Milbe lebt auf Johannisbeertrieben in den Knospen. Die Zucht erfolgt nach der für die Erdbeermilbe beschriebenen

Methode. Als Wirtspflanzen verwendet man Johannisbeerstecklinge.

Citrus-Knospenmilbe, *Aceria sheldoni* Ewing

Die gelbliche, wurmförmige Milbe mißt 0,15–0,2 mm. Sie legt die Eier in die jungen Knospen von Citrusbäumen. Durch die Saugtätigkeit der Milben werden Knospen und junge Früchte deformiert. Die Zucht der Milbe ist gut durchführbar nach der von M. STERNLICHT beschriebenen Methode. Danach dienen als Futtersubstrat 10–15 cm hohe Citrussämlinge (Orangen), die in Sand oder Zonolith mit Knopscher Nährlösung (s. Seite 38) herangezogen wurden. 5–10 Milben werden mit einem Haar übertragen.

Zuchtbedingungen
Temperatur 25°C, RLF 70–85%, Photoperiode 15 Stunden/3000–5000 Lux.
Die Milben besiedeln die jungen Blättchen, wobei sie die Spitzenknospe bevorzugen. Die Entwicklung einer Generation nimmt 10 Tage in Anspruch.
Nach der gleichen Methode läßt sich die **Citrusgallmilbe,** *Phyllocoptruta oleivora* Ashm., züchten.

Luzernegallmilbe, *Aceria plicator* Nal.

Durch die Saugtätigkeit dieser Milbe verdrehen sich die Luzerneblätter und die Behaarung färbt sich violett. Solche gedrehten Blätter werden eingesammelt und zwischen in Saatschalen kultivierte Luzernepflanzen gesteckt. Man verwendet die für die Erdbeermilbe beschriebene Methode. Das Ansetzen neuer Zuchten ist weitgehend von dem Zustand der Wirtspflanzen abhängig. Normalerweise setzt man wöchentlich eine neue Zucht an und erhält so unterschiedlich starke Populationen.

23. *Erythraeidae*

2–3 mm große, ovale, rote bis dunkelbraune und oft gefleckte Milben mit meist auffallend langen Hinterbeinen und kurzer, dichter Behaarung. Raptorisch an feuchten Stellen, unter Steinen etc., auch im Boden.

24. *Smaridiidae*

Milben 1–1,5 mm groß, langoval mit deutlichen Schultern und verjüngt auslaufender Hinterleibsspitze. Vorderteil des Körpers zum Teil rüsselähnlich ausgezogen (Abb. 453). Körperhaare kurz und blattförmig oder kantig und gezackt. Behaarung kurz und dicht oder spärlich und lang. Unter Steinen, im Moos, in verfaulendem Pflanzenmaterial. Leben raptorisch, zum Teil auch parasitisch.

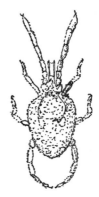

Abb. 453. Milbe der *Smaridiidae* (nach BAKER/WHARTON).

25. *Calyptostomidae*

Robuste, rote Milben mit stark spitz auslaufendem Kopfteil. Körper breit und wappenförmig, eher plump und mit kurzer dichter Behaarung mit einigen nackten Stellen. Die Tiere leben raptorisch in Bodenstreu etc.

26. *Trombidiidae*, Samtmilben, Laufmilben

Adulte Milben, grauweiß bis rot, zwischen 0,5–2 mm groß, mit dichter kurzer, samtartiger Behaarung (Abb. 454). Körperform oval, seitlich leicht eingeschnürt. Adulte und Larven leben raptorisch von Insekten in Bodenstreu und verrottendem Pflanzenmaterial.

Abb. 454. Samtmilbe (nach POPP aus BAKER/WHARTON).

27. Trombiculidae

Milben ca. 1 mm lang, oval mit dichter, kurzer, roter und samtartiger Behaarung. Die Körperabschnitte, Gnathosoma-Propodosoma und Hysterosoma gut erkennbar (Abb. 455a). Adulte raptorisch in verrottendem Pflanzenmaterial. Larven u. a. parasitisch auf Warmblütern (Mensch, Haustier).

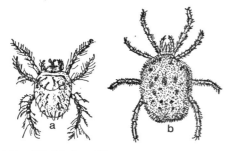

Abb. 455. Herbstmilbe.

Erntemilbe, Herbstmilbe, *Trombicula autumnalis* Shaw

Die leuchtendrote Larve ist im Hochsommer massenhaft auf sonnigen Weiden und Wiesen zu finden. Wild, Haustiere, Menschen, Vögel etc. werden von den Larven angefallen. Wenn sie vollgesogen sind, verlassen sie den Wirt, der dann stark gerötete und juckende Quaddeln aufweist. Die Larven (Abb. 455b) werden im Hochsommer mit Schleiftüchern auf Wiesen gesammelt. Häufig findet man im September noch Larven in den Ohrmuscheln von Feldmäusen. Die adulten Milben leben auf verrottendem Pflanzenmaterial und saugen kein Blut.

Zuchttechnik und Futter (nach NOEL und LIPORSKY, modifiziert)
Glaszylinder, 20 cm hoch, 5–7 cm ∅; Boden: 5 cm hohe Gipsschicht, Wände auch mit Gips beschichtet, ein ca. 2 cm breiter vertikaler Streifen muß zur Beobachtung der Tiere frei bleiben. Verschluß mit Schaumgummistopfen.
Temperatur 27 °C, RLF 90–95 %.

Abb. 456. Glaszylinder für die Zucht der Herbstmilbe.

Die Gipsbeschichtung wird sehr gut befeuchtet. Ca. 500 Larven werden in das Zuchtglas eingesetzt. Nach 2–3 Tagen setzt man 3–4 frisch geborene Mäuse 24 Stunden in das Gefäß. Beim Herausnehmen der Tiere müssen die Milben sorgfältig entfernt werden (vgl. Angaben Seite 26). Es ist empfehlenswert, die Larven nach 48 Stunden nochmals zu füttern. Die mit Hämolymphe vollgesogenen Larven halten sich auf den feuchten Gipswänden auf. Sie häuten sich nach wenigen Tagen zu den Nymphen. Die Fütterung der Nymphen und Adulten erfolgt mit Mehlmotteneiern, wöchentlich 2mal mit ca. 100 Eiern. Andere Insekteneier (Collembolen, siehe Seite 94), auch Schneckeneier, werden von den postlarvalen Stadien ebenfalls gefressen.

Hydracarina, Wassermilben

Die Wassermilben bilden eine ökologische Gruppe der *Prostigmata (Trombidiformes)* in der Ordnung *Acariformes*. Bei der im

Wasser lebenden Milbe unterscheidet man zwischen *Süßwassermilben* oder *Hydrachnella* bzw. *Meeresmilben* oder *Halacaridae*. Die Lebensräume dieser Milben sind nicht exakt auf Süß- oder Salzwasser beschränkt. Einige Arten der *Hydrachnellae* kommen im Meer-, einige der *Halacaridae* im Süßwasser vor. In den nachfolgenden kurzen Beschreibungen (die dem Werk von VIETS entnommen sind) der Familiencharakteristik der Süßwassermilben sind nur jene der mitteleuropäischen Fauna berücksichtigt.

1. Hydrovolziidae

0,8–1 mm lange, ei-ovale, bisweilen abgeflachte und rote bis gelbrote Milben (Abb. 457) mit kräftigen Beinen ohne Schwimmhaare und einfachen Krallen. Leben in kalten Quellen und Bächen der Mittelgebirge. Schwimmen nicht, sondern klettern an Laub- und Lebermoosen.
Haltung und Zucht siehe *Hydryphantidae*.

Abb. 457. Wassermilbe der *Hydrovolziidae* (nach VIETS).

2. Hydrachnidae

Meist rote, kugelige, große, d. h. zwischen 2 und 8 mm messende Milben mit behaarten Beinen (Abb. 458), langem und schnabelartigem Rostrum und paarigen oder unpaarigen Chitinschildern auf dem Rücken. In stehenden Gewässern lebend. Bei Berührung stellen sie sich tot, d. h. lassen sich zu Boden sinken. Eiablage ins Gewebe von Wasserpflanzen. Larven saugen sich an Wasserinsekten fest. Bei der Laborzucht von *Hydrachna geographica* beobachteten wir adulte Milben die ihre Mundwerkzeuge in die jungen Triebe von *Elodea* versenkten und längere Zeit an der

Stelle verharrten. Einige Stunden danach zeigten sich an der *Stichstelle* der Pflanze deutliche, braune *Nekrosen*.
Haltung und Zucht siehe *Hydryphantidae*.

Abb. 458. Wassermilbe der *Hydrachnidae* (nach VIETS).

3. Limnocharidae

Rote, 4–5 mm große, ovale und hochgewölbte, weichhäutige Milben. Das zylindrische Rostrum (Rüssel) breit und vorne scheibenförmig. Beine ohne Schwimmhaare (Abb. 459). In langsamfließenden Gewässern auf Pflanzen und Ablagerungen kriechend.

Abb. 459. Wassermilbe der *Limnocharidae*.

4. Eylaidae

Meist rote, bis 6 mm große, eiovale und hochgewölbte Milben mit feiner, zarter Körperhaut ohne Chitinplatten. Auf der Haut sind kleine birnförmige Gebilde anzutreffen. Augen in Kapseln, welche durch eine Chitinspange verbunden sind (Brille). Beine mit Schwimmhaaren. Leben in stehenden oder langsamfließenden Gewässern. Das unterste Beinpaar wird beim Schwimmen kaum bewegt. Mit dem 2. und 3. Beinpaar werden in Ruhestellung fächelnde Bewegungen über dem Rücken ausgeführt.

Haltung und Zucht siehe *Hydryphantidae*. In Zuchtversuchen gewannen wir den Eindruck, daß *Eylais*-Arten teilweise auch pflanzliche Nahrung aufnehmen, wie z. B.: *Eleoda*-Arten und *Ranunculus aquatilis*.

5. *Piersigiidae*

1,5–2 mm große, rote und weichhäutige Milben mit lateral gelegenen Augenkapseln, die durch eine große, starke Chitinplatte (Stirnschild) verbunden sind. Beine ohne Schwimmhaare. In stehenden Gewässern auf dem Grund kriechend. Haltung und Zucht siehe *Hydryphantidae*.

6. *Protziidae*

0,8–2 mm große, orange- bis dunkelrote, weichhäutige Milben mit Beinen ohne Schwimmhaare (Abb. 460) und Seitenaugen in Kapseln. Die Hüftplatten auf der Bauchseite stehend in 4 Gruppen, wobei die hinteren von den vorderen abgerückt sind. Die nicht schwimmenden Milben bevorzugen kalte, fließende Gewässer (Quellbäche, Mittelgebirgsquellen). Haltung und Zucht siehe *Hydryphantidae* (Wassertemperatur: 5–8 °C).

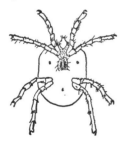

Abb. 460. Wassermilbe der *Protziidae* (nach VIETS).

7. *Thyasidae*

Rot bis gelblich gefärbte Milben in der Größe von 0,8–2 mm. Ihre Haut ist mit vereinzelten Wärzchen, Chitinplatten und Haarplättchen durchsetzt. Augen meist in Kapseln, mit sichelförmigen Krallen. Hüftplatten auf Bauchseite meist zu 4 Paaren (Abb. 461) lokalisiert. Kriechend

in kalten Kleingewässern, Quellen und Sümpfen.
Haltung und Zucht siehe *Hydryphantidae* (Wassertemperatur: 5–8 °C).

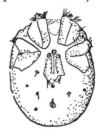

Abb. 461 Wassermilbe der *Thyasidae* (nach VIETS).

8. *Hydryphantidae*

1,2–3,5 mm große, ei-ovale, hochgewölbte, meist leicht abgeflachte rote Milben mit warziger Haut und mit oder ohne Chitinplatte in der Mitte des vordersten Rückenabschnittes (Abb. 462). Beine mit Schwimmhaaren und einfachen sichelförmigen Krallen. Augen beidseitig in Kapseln, in stehenden Gewässern (Tümpel).

Abb. 462. Wassermilbe der *Hydryphantidae*.

Wassermilbe, *Hydryphantes* sp. (insbes. *ruber* DeG.)
Die kugelige, leuchtendrote bis rotbraune und 2,5 mm messende Milbe kommt überall in stehenden oder langsamfließenden Gewässern vor. Man fischt sie in 20–50 cm Tiefe, zwischen den Pflanzen der flachen Uferregion das ganze Jahr über.

Zuchttechnik und Futter
Aquarium aus Plexiglas (z. B. 80 × 40 × 40 cm) mit Wasserumwälz- und Luftpumpe (Abb. 323 b).

Wassertemperatur 15–20 °C.

Photoperiode 16 Stunden/750–1000 Lux.
Das Aquarium (oder auch kleinere Behälter aus Plastik) wird zur Hälfte mit chlorfreiem Leitungswasser oder besser mit Wasser des Fangortes der Milben gefüllt. Zur Frischhaltung wird das Wasser belüftet und wenn möglich jede Woche 1–2mal umgewälzt. Als Futter und als Absitzplätze für die Milben stellt man eingetopfte Wasserpflanzen, wie z.B. Laichkraut, Hahnenfuß, Wasserfeder, Hornblatt, Tausendblatt, Wasserpest u.a. ins Aquarium. Einige ca. 10 cm lange Stengelstücke und Blätter vom Froschlöffel, der Wasserlilie oder Cyperusgras dienen den Milben als Eiablagesubstrat. Für zahlreiche räuberische Arten besteht das Futter der adulten Milben aus Kleinkrebsen, wie Wasserflöhen und Hüpferlingen, kleinen Stechmückenlarven und Chironomuslarven und anderen Kleinstinsekten. In solchen Fällen füttert man 1–2mal pro Woche, je nach Populationsdichte und Bedarf.

Die Milben legen die purpurroten Eier als sog. Eispiegel (Eier in ovaler Gallerte) auf die im Wasser schwimmenden Pflanzenteile (s. oben). Nach 10 Tagen schlüpfen aus den Eiern die Larven.

Die Junglarven schmarotzen auf verschiedenen wasserbewohnenden Insekten, Krebstieren oder anderen, wobei eine Wirtsspezifität bei den Milben zu beobachten ist. Für die Zucht ist es in erster Linie erforderlich, die für die einzelnen Wassermilbenarten spezifischen Wirtstiere zu finden. Es kommen die wasserbewohnenden Formen in Betracht:

Strudelwürmer	Stein- und Uferfliegen
Saitenwürmer	Eintagsfliegen
Wenigborster	Wasserwanzen
Egel	Käfer
Kiemenfüßer	Mücken
Großblattfüßer	Fliegen
Wasserflöhe	Libellen
Hüpferlinge	Netzflügler
Muschelkrebs	Köcherfliegen
Wasserasseln	Muscheln
Flohkrebse	Schnecken

In den Fällen, wo Wasserinsekten als Wirtstier verwendet werden müssen, empfiehlt sich deren Aufzucht und Haltung nach den vorstehend beschriebenen Methoden.

9. Hydrodromidae

Etwa 2 mm große, runde (Abb. 463), auf dem Rücken etwas abgeflachte weichhäutige und mit kleinen Wärzchen besetzte, rote Milben mit kurzen und dünnen Beinen. Sehr häufig, oft massenhaft in stehenden Gewässern. Die Milbe schwimmt gleitend.
Haltung und Zucht siehe *Hydryphantidae*. Einige Arten sind zoonekrophag.

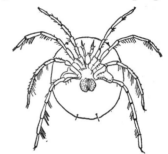

Abb. 463. Wassermilbe der *Hydrodromidae* (nach VIETS).

10. Pseudohydryphantidae

Rasch schwimmende, fast kugelige, 0,6 bis 0,9 mm große, rote Milben. Ihre Haut ist bedeckt mit gegabelten Chitinspitzchen. Lebt in ruhig fließenden, stark bewachsenen Bächen des Tieflandes.
Haltung und Zucht siehe *Hydryphantus*.

11. Teutoniidae

1–1,5 mm große, runde und kugelige, rötlichgelbe bis bräunliche Milben (Abb. 464) mit bläulichen Beinen und Palpen und weichhäutigem, fein liniertem Körper. Die Seitenaugen ohne Kapseln und die Endglieder des hintersten Beinpaares ohne Krallen. Die rasch schwimmenden Milben leben in stehenden und langsamfließenden Gewässern.
Haltung und Zucht siehe *Hydryphantidae*.

Abb. 464. Wassermilbe der *Teutoriidae* (nach VIETS).

12. Sperchonidae

Rötlich- bis gelblichbraune, 0,5–2 mm große lang- bis kurzovale und hochgewölbte Milben mit Beinen ohne Schwimmhaare oder nur mit einer Reihe langer, gefiederter Haare. Die Seitenaugen in Kapseln. Die Frontalseite des Rückens meist ohne Platte. Körper weich oder lederartig bzw. warzenartig. Palpen am Innenrand mit 2 Taststiften oder Zapfen. Körperende oft mit Drüsenwarzen (Abb. 465) besetzt. Leben in fließenden Gewässern und Quellen.
Haltung wie bei *Hydryphantus* beschrieben (Wassertemperatur 5–6 °C).

Abb. 465. Wassermilbe der *Sperchonidae* (nach VIETS).

13. Anisitsiellidae

Zwischen 0,5 und 1 mm große, ovale, weichhäutige, rückenseits mit kleinen Chitinplatten gepanzerte Milben. Die Seitenaugen nicht in Kapseln und die Chitinteile erscheinen violett. Bauchseits ohne Hüftplatten. Leben in fließenden Gewässern.
Haltung und Zucht siehe *Hydryphantus* (Wassertemperatur 12–14 °C).

14. Lebertiidae

Sehr variabel, von dunkelbraun bis gelblich- und grünlichbraun gefärbte Milben von 0,75–2 mm Größe und ei-rundlicher bzw. kurz- bis lang-elliptischer Form. Ihre Haut ist weich bis lederartig, fein, steif, porös und ohne eingelagerte Chitinplatten auf dem Rücken. Bauchseits oft stark chitiniert (Abb. 466). Neben der Genitalöffnung oft zahlreiche Drüsen. Seitenaugen als Doppelaugen sichtbar oder als Kapseln unter der Haut. Kommen besonders in Quellbereichen und Quellbächen vor.
Haltung und Zucht siehe *Hydryphantus* (Wassertemperatur 12–14 °C).

Abb. 466. Wassermilbe der *Lebertiidae* (nach VIETS).

15. Oxidae

Zwischen 0,6 und 1,5 mm große, langovale, hochgewölbte seitlich abgeflachte, oder walzenförmige, rotbraun bis blaugrün gefärbte Milben mit weicher Haut und Chitinplatten auf der Bauch- und Rückenseite. Beine mit Schwimmhaaren und vorn am Körper invertiert. In stehenden Gewässern und langsamfließenden Bächen.
Haltung und Zucht siehe *Hydryphantus*.

16. Torrenticolidae

Zwischen 0,75 und 1 mm große, rotgelbe Milben mit Beinen ohne Schwimmhaare (Abb. 467). Körper bauch- und rückenseits gepanzert und oft abgeflacht. Diese Milben sind nicht schwimmfähig, sie krie-

chen auf Moosen, Pflanzen, Steinen in fließenden Gewässern.
Haltung und Zucht siehe *Hydryphantus*.

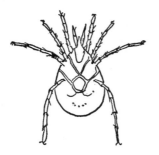

Abb. 467. Wassermilbe der *Torrenticolidae* (nach VIETS).

17. *Mamersopsidae*

Etwa 0,5 mm große, flache und ovale, rotgelbe Milben mit Beinen ohne oder mit Schwimmhaaren. Rückenpanzer aus einteiligen oder mehreren Platten bestehend. Leben nicht schwimmend in Quellen, bzw. deren oberflächlichem Schlamm.
Haltung und Zucht siehe *Hydryphantus*.

18. *Limnesiidae*

Zwischen 0,5 und 2 mm große, glatte und weichhäutige, hell- bis dunkelrote oder gelblichgrüne Milben (Abb. 468) mit roten Augen. Der hintere Teil des Rückens weist kleinere Chitinplatten auf, die Bauchseite zeigt keine Hüftplatten. Leben in stehenden und langsamfließenden Gewässern.
Haltung und Zucht siehe *Hydryphantus*.
Einige Arten sind zoonekrophag.

Abb. 468. Wassermilbe der *Limnesiidae* (nach VIETS).

19. *Hygrobatidae*

Gelbbraune bis rotbraune, graugelbe bis gelblichweiße oder graugelbe bis hellgelbe und eiförmige bzw. kurz- bis lang-elliptische Milben (Abb. 469) mit feingerippter oft mit Wärzchen besetzter, weicher Haut. Zwischen 0,5–2,5 mm groß. Erstes Beinpaar verschieden gebaut (Bestimmungsmerkmal). Leben im Pflanzenwuchs der Bäche, langsamfließenden und stehenden Gewässern und in Quellen.
Haltung und Zucht siehe *Hydryphantus*.

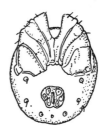

Abb. 469. Wassermilbe der *Hygrobatidae* (nach VIETS).

20. *Unionicolidae*

Milben (Abb. 470) hellgelb, orange oder grüngelb oder mit roter Tüpfelung, 0,5 bis 2 mm groß. Form meist eiförmig. Der Körper ist häutig, weich oder lederartig oder mehr oder weniger gepanzert, oft auch mit Chitinspitzen oder haarartigem Besatz bedeckt. Beine an der Spitze oft verbreitert und mit Schwimmhaaren. Leben in stehenden und langsamfließenden Gewässern, in Seen in Tiefen bis 10 m, wo sie zum Teil in Muscheln (Kiemenraum) angetroffen werden.
Haltung und Zucht siehe *Hydryphantus*.

Abb. 470. Wassermilbe der *Unionicolidae*.

21. Feltriidae

Kleine, 0,3–0,45 mm große, breit-ovale, rote Milben. In die Haut eingelagert sind Chitinplatten (Abb. 471). Beine ohne Schwimmhaare. Leben in überfluteten Moosen und an Steinen raschfließender Bäche.
Haltung und Zucht siehe *Hydryphantus*.

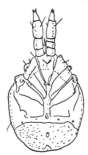

Abb. 471. Wassermilbe der *Feltriidae* (nach VIETS).

22. Nautarachnidae

Etwa 1 mm große, rötlichgelbe und ziemlich kugelige Milben, deren Haut mit kegeligen Chitinspitzen besetzt ist. Die Beine tragen Schwimmhaare. Leben in langsamfließenden Gewässern.
Haltung und Zucht siehe *Hydryphantus*.

23. Pionidae

Meist breitovale Milben (Abb. 472) ohne Wärzchen oder Chitinspitzchen auf der weichen Körperhaut. Größe zwischen 0,5 und 3 mm. Färbung hell- bis blaugelb, grünlich oder gelbgrau bis blaugrau, blaßblau bis blaßlila, rot bis grünlich oder rotbraun bis gelbrot und gelbbraun. Beine

Abb. 472. Wassermilbe der *Pionidae* (nach VIETS).

mit Schwimmhaaren. Das Genitalfeld mit 6 oder mehr Näpfen. Leben in stehenden und langsamfließenden Gewässern.
Haltung und Zucht siehe *Hydryphantus*.

24. Aturidae

Rote oder rotgelbe bis rotbraune, kreisrunde bis lang- oder kurzovale, hochgewölbte oder abgeflachte Milben von 0,3–0,6 mm Größe und mit Beinen mit oder ohne Schwimmhaare. Der Körper ist gepanzert und hat auf dem Rücken eine randständig (Abb. 473a) verlaufende Furche. Die Männchen (Abb. 473b) besitzen an den Seiten oder am Genitalfeld oft auffallende Haarbüschel oder Borsten. Leben in Bächen.
Haltung und Zucht siehe *Hydryphantus*.

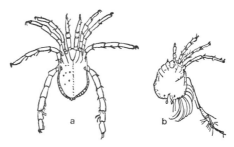

Abb. 473. Wassermilbe der *Aturidae* (nach VIETS).

25. Mideidae

0,6–0,8 mm große, runde und kugelige, olivgrün bis blaue Milben. Das 2., 3. und 4. Beinpaar mit Schwimmhaaren. Das Genitalorgan des Weibchens mit 10–14 Näpfen auf sichelförmigen Platten. Leben in stehenden oder langsamfließenden Gewässern und treten oft häufig auf.
Haltung und Zucht siehe *Hydryphantus*.

26. Mideopsidae

Etwa 1 mm große, scheibenförmige, flache und gepanzerte, rotbraune oder gelbrote oder grüngelbe Milben (Abb. 474) mit Beinen und mit oder ohne Schwimmhaare. Der Rückenpanzer ist meist einteilig.

Abb. 474. Wassermilbe der *Mipeopsidae* (nach VIETS).

Leben im Bodenschlamm stehender oder langsamfließender Gewässer.
Haltung und Zucht siehe *Hydryphantus*.

27. *Krendowskiidae*

Milben ca. 1 mm groß, rund und gewölbt bis ei-oval, gepanzert, grünlich mit violettem Anflug und Beinen mit Schwimmhaaren. Das Genitalorgan weist 6 Näpfe auf. In fließenden Gewässern.
Haltung und Zucht siehe *Hydryphantus*.

28. *A-Thienemannidae*

Etwa 0,7 mm große, kurz-ovale und hochgewölbte, rostrote bis bräunlichrote Milben mit gepanzerter gelblicher Bauch- und schwach violettroter Rückenpartie. Beine beborstet, ohne Schwimmhaare. Das Genitalfeld mit vielen Näpfen. Leben in Quellen.
Haltung und Zucht siehe *Hydryphantus*.

29. *Arrenuridae*

Zwischen 0,75 und 2 mm große, gepanzerte und rot bis ziegelrot oder kaffeebraun, gelbgrün bis grün oder blaugrün gefärbte Milben. Bei vielen Arten fallen die Männchen (Abb. 475a) durch besonders geformtes und gestaltetes Hinterende auf. Die Weibchen (Abb. 475b) sind oval

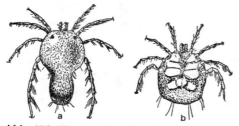

Abb. 475. Wassermilbe der *Arrenuridae*.

und im hinteren Bereich oft eckig abgestutzt. Leben in stehenden Gewässern, Seen, Bächen etc.
Haltung und Zucht siehe *Hydryphantus*.

30. *Limnophalacaridae* (*Halacaridae* im Süßwasser)

Bis ca. 0,5 mm große, lang-ovale Milben mit porendurchsetzter Chitinplatte hinter jeder Okularplatte auf dem Rücken. Das Rostrum ist kegelförmig. Das Genitalfeld mit mehreren Näpfen, die oft durch einen perlschnurartigen Ring abgegrenzt sind. Beine mit gekämmten Krallen. In Tümpeln (Moore, etc.).

CRYPTOSTIGMATA, HORN-MOOSMILBEN

Meist braungefärbte, robuste, lederartig aussehende Milben mit 4 Stigmenpaaren im Bereich der Hüften des 2. und 3. Beinpaares. Auffallend sind die 2 gestielten, sog. Pseudostigmalorgane, die je einem Pseudostigma seitlich oder auf dem Rücken (Abb. 476, PstO) der Milben entspringen. Männchen und Weibchen sind ohne spezielle Präparation nicht unterscheidbar. Die Tierchen leben insbesondere von pflanzlichem, aber auch tierischem Substrat. Ihnen kommt als Humusbildner eine große Bedeutung zu.

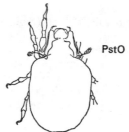

PstO

Abb. 476. Hornmilbe.

1. *Palaeacaridae*

Etwa 0,5 mm große, grauweißliche, lang-ovale Milben mit deutlicher Querlinie und leichter Einschnürung zwischen Propodosoma und Hysterosoma. Hysterosoma gestreckt. Propodosoma am Vorderrand gerade abgestutzt. Mandibeln von oben gut sichtbar. Saprophytophag im Boden.

2. Nanhermanniidae

0,6–0,7 mm große, längliche und schmale Milben. Hinterleib sackartig und punktiert. Borsten des Hinterleibes anliegend. Phytophag unter feuchtem Moos, Steinen etc.

3. Eulohmannidae

0,6–1 mm große Milben, walzenförmig mit Querlinie bzw. Membran zwischen Propodosoma und Hysterosoma. Spärliche und kurze Behaarung auf Rücken. Saprophytophag unter Moos, im Humus etc.

4. Hermannidae

1–1,5 mm große, stark gepanzerte und dunkelbraune Milben. Hysterosoma stark hochgewölbt und mit Reihen spatelförmiger Borsten auf dem Rücken. Genital- und Analplatte verbunden. Saprophytophag in Erde, unter Moos etc.

5. Neoliodidae

1–1,5 mm große Milben mit wenig gewölbtem Hysterosom. Bauchfläche hinter der Analspalte geschlossen oder mit schmalem Spalt. Rücken oft mit der Haut des vorangegangenen Stadiums bedeckt. Saprophytophag unter Moos, im Kuhmist etc.

6. Hermanniellidae

0,5–0,7 mm große Milben, mit seitlichen Tuben am Hysterosom. Körper und Beine mit Sekretschicht bedeckt. Dunkel- und hellbraune Arten. Saprophytophag in Bodenstreu, Kompost etc.

7. Carabodidae

Bis 2 mm große, dunkle, ovale, meist hochgewölbte Milben mit stark strukturierter Rückenfläche (Abb. 477). Ränder des Hysterosoms nicht nach unten gebogen. Saprophytophag, xylophag, koprophag auch mycetophag in Bodenstreu

Abb. 477. Hornmilbe der *Carabodidae* (nach BAKER/WHARTON).

unter Moos etc. Einige Arten übertragen Wurmeier.

Hornmilbe, *Xenillus* sp.

Diese ca. 1 mm große, dunkelbraune Milbe hat breite, vorn stark eingebuchtete Chitinleisten oder Lamellen auf ihrem hochgewölbten, vorn und hinten spitz auslaufenden Körper. Sie lebt an feuchten, schattigen und mit Moos überwachsenen Orten. Die Larven sind grauweiß mit verschieden langer Behaarung. Die Milben erhalten als Futter verrottendes Holz oder Pferdemist. Die Zuchtmethode und Zuchtgeräte sind die gleichen wie für die Hornmilbe *Galumna* sp.

Entwicklungsdauer unter den gegebenen Zuchtbedingungen: Ei 15 Tage, Larvalentwicklung 14 Tage, Protonymphe 20 Tage, Deutonymphe 24 Tage, Tritonymphe 23 Tage; Präovipositionsperiode 5 Tage.

8. Cymbaeremaeidae

0,3–0,8 mm große Milben, oval mit zum Teil starker Struktur auf dem Rücken. Rückenpanzer nach der Bauchseite gebogen und daher von unten teilweise sichtbar. Genital- und Analplatte dicht beieinander oder weit auseinander liegend. Saprophytophag, algophag und xylophag unter Moos, Rinde etc.

9. Achipteriidae (Notaspididae)

0,5–0,75 mm große, rund-ovale Milben. Propodosoma an den Seiten mit nach vorn zugespitzten flachen Anhängen (Abb. 478),

bzw. Auswüchsen. Saprophytophag, xylophag und mycetophag unter Moos und in
Bodenstreu.

Abb. 478. Hornmilbe der *Achipteriidae* (nach
BAKER/WHARTON).

10. *Pelopidae*

0,5–0,75 mm große Milben, breit-oval,
fast rund, hochgewölbt und meist mit
Sekret- oder Schmutzschicht bedeckt.
Vorderrand des Hysterosoms nur leicht
oder dreieckig vorspringend. Vorderer
Körperteil seitlich mit breiten, nach vorn
meist gerundeten, flachen flügelartigen
Blättern oder Anhängen. Saprophytophag,
koprophag, mycetophag in Bodenstreu.
Einige Arten sind Vektoren für Bandwurmeier.

Abb. 479. Hornmilbe der *Pelopidae*.

Die beiden **Hornmilben** *Pelops tardus*
Koch und *P. planicornis* Schrank sind ca.
0,5 mm groß und hochgewölbt. Struktu-
relle Einzelheiten der Oberfläche sind
infolge starker Verkrustung oft kaum
sichtbar (Larven und Nymphen fressen
diese Krusten auf den Adulten). Beide
Milbenarten finden sich im Moos und in
der Bodenstreu von feuchten und schattigen Orten (Auslese mit Berlese-Apparat
(Abb. 21).
Für beide Arten wird die Zuchtmethode
von *Galumna* sp. empfohlen.

11. *Galumnidae*

0,5–1 mm, meist dunkelbraune und zum
Teil hochgewölbte Milben mit großen
flachen, vorn und hinten abgerundeten,
breiten, flügelähnlichen Platten bzw. Anhängen an beiden Seiten des Vorderkörpers
(Abb. 480). Genital- und Analschild nicht
zusammenstoßend, jedes Schild mit besonders angeordneten Borsten (Setae).
Unter Moos, in Bodenstreu, in Ameisennestern und Mäusenestern, feuchten Habi-
taten. Koprophag, saprophytophag, mycetophag. Einige Arten sind Vektoren für
Bandwurmeier. Exkretfresser.

Abb. 480. Hornmilbe der *Galumnidae* (nach
BAKER/WHARTON).

Hornmilbe, *Galumna* sp.
Diese Milbe wird aus moosbedeckten
Bodenproben, die man in feuchten Habi-
taten wie Waldrändern, schattigen Wiesen
etc. sammelt, isoliert (Auslese-Apparat:
Abb. 21).

Zuchttechnik und Futter
Weithalsflaschen mit Schnappdeckelver-
schluß (Abb. 481). Für die nötige Luft-

Abb. 481. Weithalsfläschchen für die Horn-
milbenzucht.

zufuhr sorgt eine in den Deckel gesteckte Injektionsnadel. Die Flasche wird 1–2 cm hoch mit Gips ausgegossen.
Temperatur 25 °C, RLF 85 %.
Durch Anfeuchten der Gipsschicht erhält man die notwendige Luftfeuchtigkeit.
Als Futter- und Zuchtsubstrat legt man ein ca. nußgroßes Stück frischen Pferde-, Kuh- oder Schafmist in das Gefäß. Man breitet den Mist auf einer Hälfte des Bodens aus, die andere wird nach 15–20 Tagen von frischem Futter bedeckt. Anstelle von Mist kann auch Kompost oder verrottendes Laub eingelegt werden. Die Milben bevorzugen aber den Mist, was auch an der höchsten Anzahl dort abgelegter Eier zum Ausdruck kommt.
Unter den gegebenen Bedingungen beansprucht die Entwicklung einer Generation durchschnittlich 35–39 Tage.
Embryonalentwicklung 10 Tage, Larvalentwicklung 6–7 Tage, Protonymphe 6–7 Tage, Deutonymphe 6–7 Tage, Tritonymphe 7–8 Tage, Präovipositionsperiode 4–5 Tage.
Als Futtersubstrat, das vorbereitet und im Kühlschrank für lange Zeit gelagert werden kann, eignet sich Pferdemistsaft mit Agarlösung (10 ml Saft : 10 ml kochendheiße 2,5 % Agarlösung). Das Gemisch, das kurze Zeit auf 85–90 °C erhitzt wird, legt man in Form von Gallerten-Würfelchen auf die Gipsschicht des Zuchtbehälters.

12. Lohmanniidae

Etwa 1 mm große, dunkle, walzenförmige Milben. Propodosoma und Hysterosoma sind breit verbunden und mit blattartigen Haaren lose besetzt. Saprophytophag in Humus, Moos etc.

13. Hypochthoniidae

0,3–0,75 mm große Milben, braun oder strohgelb mit deutlich schmälerem Propodosoma als Hysterosoma, das eiförmig und hinten breiter als vorne ist und außerdem mit verschieden langen Haaren besetzt ist. Saprophytophag unter Moos, Bodenstreu.

14. Camisiidae

0,5–1 mm groß, braun, schlank-oval, mit kurzem dreieckigen Prodosoma oder im Rücken flach eingedrücktem Hysterosoma. Hinterrand des Körpers oft mit länglichen Fortsätzen oder Apophysen (Abb. 482). Saprophytophag, mycetophag, xylophag in Moos, Bodenstreu, Humus etc.

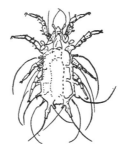

Abb. 482. Hornmilbe der *Camisiidae* (nach POPP aus BAKER/WHARTON).

Hornmilbe, *Nothrus silvestris* Nic., *Nothrus pratensis* Sell.
Beide Milben kenntlich an der warzigen, rauhen und beborsteten Körperoberfläche sowie den kurzen kräftigen Beinen, bewohnen feuchte, vermooste Habitate, wie Waldstreu, Baumstrünke, etc. Für beide Arten ist die für *Galumna* sp. beschriebene Zuchtmethode zu verwenden. Als Futter ist Pferde-, Schaf- und Kuhmist der Vorzug zu geben. Es kann aber auch Kompost mit hohem Bodenpilzanteil verfüttert werden. Die Aufzucht auf einem Gemisch verschiedener Bodenpilze, kultiviert auf Malzagar (vgl. Seite 286) ist möglich.
N. silvestris hat folgende Entwicklungsdaten:
Embryonalentwicklung 19 Tage, Deutonymphe 25 Tage, Tritonymphe 27 Tage, Präovipositionsperiode 4–6 Tage.

15. Malaconothridae

Ähnlich den Camisiidae. Gelbbraun bis graubraun gefärbte Milben von ovaler Form und leicht hochgewölbter Rückenpartie. 0,3–0,7 mm groß. In feuchten Bodenbiotopen.

16. *Eremaeidae*

Milben 0,2–0,6 mm groß, oval bis fast rund, meist braun und mit krustenartigem Sekret bedeckt. Der Rand des Hysterosomas wird seitlich nach hinten und nach unten verlängert. Beine kürzer als Körper, das Hysterosoma mit oder ohne Vertiefungen. Propodosoma oft mit bizarren Erhöhungen (Leisten) oder seitlich stark gezackten Chitinblättern. Genital- und Analplatten nah oder weit voneinander. Saprophytophag und mycetophag in Moos, Bodenstreu etc. Eine Gattung (Hydrozetes) lebt im Wasser.

Wasserlinsenmilbe, Hornmilbe, *Hydrozetes (Notaspis) lacustris* Michael

Im Inneren dieser Milbe kann man häufig eine Luftblase sehen. Die Milbe ist 0,5 mm lang, 0,3 mm breit mit hochgewölbtem Körper und dunkelbraun gefärbt. Sie lebt auf und im Wasser, ernährt sich mit Vorliebe von alten, absterbenden (verrottenden) Blättern der Kleinen Wasserlinse (*Lemna minor* L.), die für Zuchtzwecke von stehenden Gewässern abgefischt werden kann.

Zuchttechnik und Futter

Glasschalen (∅ 20 cm, 10 cm hoch), gefüllt mit abgestandenem Wasser und Belüftung mit Aquarienluftpumpe.
Temperatur 25 °C, Photoperiode permanent 1000–1500 Lux, während der Wintermonate zusätzlich 1000 Lux.
In die Glasschale wird der abgefischte dichte Wasserlinsenteppich eingelegt. Die Larven und Nymphen leben nur im Wasser und ernähren sich ausschließlich von absterbenden Wasserlinsenblättern. Die Adulten verlassen das Wasser und halten sich oft auf den Wasserlinsenblättchen auf. Die Eiablage erfolgt mit Vorliebe in ausgefressene Höhlungen der Wasserlinsenblätter.
Unter den gegebenen Zuchtbedingungen nimmt die Entwicklung einer Milbengeneration folgende Zeitintervalle ein: Embryonalentwicklung 4–5 Tage, Larval-

entwicklung 10–12 Tage, 1. Nymphenstadium 9–10 Tage, 2. Nymphenstadium 7–8 Tage, 3. Nymphenstadium 10 Tage, Lebensdauer eines Weibchens 35–40 Tage, Präovipositionsperiode 3–4 Tage, Anzahl abgelegter Eier 5–7.
Für die Kultur der Wasserlinse verwendet man folgende Düngelösung:

1	l	Wasser
0,2	g	Kaliumnitrat
0,8	g	Calciumsulfat
0,2	g	Kaliumhydrogenphosphat
0,2	g	Magnesiumsulfat
1	mg	Eisenchelat
1	mg	Manganchlorid

Lemna minor gedeiht auch sehr gut in altem, aber belüfteten Wasser, dem etwas frischer Kaninchenkot beigemischt ist. Die Temperatur soll 25 °C betragen und die permanente Lichtintensität mindestens 1500 bis 2000 Lux.

17. *Belbidae*

Etwa 1–1,5 mm große, braune bis gelbrote, ovale bis runde hochgewölbte Milben mit oder ohne Grenzlinie zwischen Propodosoma und fast rundem Hysterosoma. Beine länger als der ganze Körper. Einige Arten mit »Perlenkette-Beinen« (einzelne Beinglieder kugelig). Saprophytophag, mycetophag, in Bodenstreu, Moos etc.

18. *Liacaridae*

0,2–1,3 mm, braune, breit-ovale und hochgewölbte Milben. Links und rechts des Propodosomas je eine Chitinleiste die vorn abgestumpft oder zusammenlaufend eine Spitze bilden. Hysterosoma mit langen Haaren besetzt. Saprophytophag, mycetophag, koprophag in der Bodenstreu. Einige sind Vektoren für Bandwürmer (Eier).

19. *Zetorchestidae*

Sehr seltene Milben, deren hinterstes Beinpaar als Sprungbeine dienen.

20. Gustaviidae

Milben ca. 0,5 mm groß, weiß und rund, mit kleinem, zugespitzten Propodosoma. Mandibeln oder Cheliceren lang, an der Spitze mit Zähnchen. In Moos.

21. Oribatellidae

0,4–0,6 mm große Milben, rund-oval mit großen Chitinleisten (Lamellen) am Propodosoma (Abb. 483). Die Leisten nach vorne zahnartig ausgezogen. Das Gnathosoma ist beidseitig ebenfalls eckig vorspringend. Seitlich des Hyperostoma zudem noch flügelartige, nach vorn breiter werdende Chitinanhänge. In Moos.

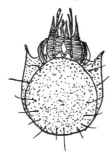

Abb. 483. Hornmilbe der *Oribatellidae* (nach Willmann).

22. Tenuialidae

Etwa 1 mm große, rund-ovale bis birnförmige Milben mit breiten Scheren. Saprophytophag in Moos, Kompost etc.

23. Oribatulidae

Etwa 0,5 mm große Milben, oval, mit vorne auf dem Propodosoma verbreiterten Lamellen. Saprophytophag, mycetophag, koprophag in Moos und Bodenstreu, Vektor für Bandwurmeier.

Moosmilbe, *Scheloribates laevigatus* Koch
Diese Milbe kann mit dem Ausleseapparat (Abb. 21) leicht aus Walderde isoliert werden. Die ca. 0,6 mm großen und 0,4 mm breiten, dunkelbraunen, schwach abgeflachten Milben haben ein kurzes Propodosoma. Sie sollen häufig in den Nestern von

Maulwurf und Feldmaus vorkommen. Als Zuchtmethode verwendet man die für die Hornmilbe *Galumna* sp. beschriebene.
Unter diesen Bedingungen ergeben sich folgende Intervalle für die Entwicklung einer Milbengeneration: Embryonalentwicklung 10 Tage, Larvalentwicklung 7–8 Tage, Protonymphe 9 Tage, Deutonymphe 8 Tage, Tritonymphe 7 Tage, Präovipositionsperiode 5 Tage.

24. Ceratozetidae

Etwa 0,5 mm große, breit-ovale Milben mit sackförmig erweitertem Hysterosom. Die Lamellen am Propodosoma schräg hochstehend und in der Mitte am breitesten. An sehr feuchten Orten im Moos etc.

25. Parakalummidae

0,5–0,7 mm große, hellbraune, birnförmige Milben mit breiten, und flügelähnlichen Chitinfortsätzen an beiden Seiten des Hystosomas. Den *Galumnidae* sehr ähnlich. Saprophytag, koprophag.

26. Phthiracaridae

Milben bis 1 mm groß, meist braun, oval, hochgewölbt bis kugelig, mit glatter oder gekörnter Oberfläche. Propodosoma durch Schild (Abb. 484) bedeckt und gegen Hystosoma einklappbar. Beine kurz. Beine und Mundwerkzeuge unter Schild einziehbar (Schutz als Kugel). Saprophytophag in Moos, Bodenstreue etc.

Abb. 484. Moosmilbe.

Kugelige Moosmilbe, *Phthiracarus piger* Scop.
Die ca. 0,75 mm hoch gewölbte und 0,5 mm lange Milbe (Abb. 484) findet man in faulenden Baumstrünken oder Fallholz,

unter Moos und in der Bodenstreu feuchter Habitate (Wald). Als Zuchtmethode verwendet man die für die Hornmilbe *Galumna* sp. beschriebene. Als Futter eignet sich am besten verrottendes Holz von Tanne, Eiche, Birke, Erle oder Kirsche. Das Substrat wird besser von den Milben angegangen, wenn es vorher einige Minuten in Wasser eingelegt wird. Vor dem Einlegen in den Zuchtbehälter wird das nasse Holz durch Einlegen zwischen Filterpapier gut abgetrocknet.

27. *Protoplophoridae*

Den *Phthiracaridae* sehr ähnlich.

28. *Mesoplophoridae*

Den *Phthiracaridae* sehr ähnlich.

ASTIGMATA (SARCOPTIFORMES)

Milben ohne Stigmen und mit 2gliedrigen Palpen (Abb. 485, PP). Körperform eher breit, oft mit deutlichen Querlinien. Männchen (Abb. 486a) und Weibchen (Abb. 486b) in Form und Größe verschieden. Die Arten dieser Unterordnung leben auf den verschiedensten Materialien pflanzlichen und tierischen Ursprungs. Einige sind auch parasitisch und raptorisch.

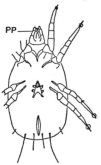

Abb. 485. Milbe der *Astigmata*.

1. *Tyroglyphidae (Acaridae)*, Modermilben, Hausmilben, Vorratsmilben

0,5–1,5 mm große, weichhäutige, meist farblose, ovale, hochgewölbte Milben.

Vorder- und Hinterkörper durch Querfurche (Abb. 486) abgegrenzt. Kurze und lange Körperbehaarung. Polyphag auf verschiedenen pflanzlichen und tierischen Nährsubstraten.

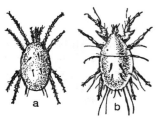

Abb. 486. Mehlmilbe.

Mehlmilbe, *Acarus siro* L. (*Tyroglyphus farinae* DeG.)

Diese Milbe kann durch Auslegen feuchter Tücher und Zeitungen in Getreidespeichern, Mühlen, Backstuben angelockt und gesammelt werden. Die Milbe ist ca. 0,5 mm groß, weiß mit zartvioletten Beinen und weist an der Unterseite des Körperendes 6 lange Haare auf. In feuchtem Mehl, in dem sich Schimmelpilze stark ausbreiten, vermehrt sich die Milbe außerordentlich rasch.

Zuchttechnik und Futter
Für größere Zuchten vergleiche Staublaus (*Trogium pulsatorium*).
Für kleine Zuchten oder spezielle biologische Untersuchungen eignet sich die in Abb. 487 dargestellte Einrichtung. Sie besteht aus zwei rechteckigen Glasplatten, zwischen denen gelochte Gummiringe von 3–4 mm Dicke liegen. Um die Luftfeuchtigkeit in den beiden runden Zuchtkammern hoch zu halten, feuchtet man das den Gummiringen unterlegte Filterpapier täglich an. Die Glasplatten werden durch 2 Gummibänder zusammengehalten. In ei-

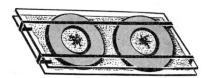

Abb. 487. Einrichtung zur Mehlmilbenzucht.

ner feuchten Kammer lassen sich beliebig viele dieser Zuchtplatten unterbringen. Temperatur 28 °C, RLF 85–90 %.

Käsemilbe, *Tyrophagus (Tyrolichus, Tyroglyphus) casei* Oudem.
Diese weltweit verbreitete Milbe lebt in Käsekellern. Das Weibchen legt die Eier auf der Rinde alternden Lagerkäses ab. Bei der Aufzucht und Haltung verwendet man Käserinde oder einen halbfetten Streichkäse, den man in dünner Schicht auf Filterpapierschnitzel streicht. Für die Zucht der Käsemilbe eignen sich auch zahlreiche andere Lebensmittel (Mehl- und Backwaren, Trockenfleisch etc.). Die Zuchttechnik entspricht der der Mehlmilbe bzw. Staublaus. Der Entwicklungszyklus ist praktisch gleich dem der Mehlmilbe.

2. Glycyphagidae

0,5–1,5 mm große Milben, glänzend, farblos und weichhäutig mit langen, oft gefiederten Haaren (Abb. 488). Keine Querfurche zwischen Vorder- und Hinterkörper. Sehr polyphag auf Nährsubstraten tierischen und pflanzlichen Ursprungs.

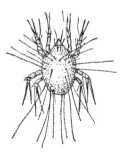

Abb. 488. Hausmilbe.

Hausmilbe, *Glycyphagus domesticus* DeG.
Diese Milbe legt ihre Eier in feuchte, verschimmelte pflanzliche Nährsubstrate, wie Mehl etc. Die Beschaffung und Aufzucht erfolgt wie für die Mehlmilbe beschrieben,

d.h. unter Verwendung der Zuchttechnik der Staublaus.
Temperatur 25 °C, RLF 80–85 %.

Unter den gegebenen Bedingungen entwickelt sich eine Milbengeneration wie folgt: Präovipositionsperiode 2 Tage, Embryonalentwicklung 2 Tage, Larvalstadium 3 Tage, Ruhestadium 1 Tag, Nymphenstadium 4 Tage, Ruhestadium 1 Tag, Gesamtentwicklung 10–12 Tage.

Wurzelmilbe, Kartoffelmilbe, *Rhizoglyphus echinopus* Fum. et Rob.
Die weißglänzende, birnförmige Milbe wird durch Auslegen roher Kartoffelstücke in Kartoffellagern angelockt und gesammelt. Sie siedelt sich auch auf ausgelegten kleinen Häufchen HH-Teiges an. Die kurzen Beine und die Mundgliedmassen sind rötlich gefärbt.

Zuchttechnik und Futter
Erlenmeyerkolben mit Watte oder Schaumgummiverschluß, ausgelegt mit feuchtem Filterpapier, auf dem man kleine HH-Teig-Häufchen (s. Seite 48) als Futter setzt. Außerdem erhalten die Tiere einige zerschnittene Mehlwürmer und kleine faulende Kartoffelscheiben. Die Kolben werden dann in Blechwannen, die entweder mit Paraffinöl oder paraffiniertem Papier ausgelegt sind, bei 28 °C, RLF 90–95 % aufgestellt.

Unter den gegebenen Bedingungen entwickelt sich eine Milbengeneration innerhalb von 8–10 Tagen (1 Larvalstadium und 2 Nymphenstadien).

Für Ansatz neuer Zuchten überträgt man etwas Futter, das mit Milben besetzt ist, in ein vorbereitetes Zuchtgefäß.

3. Listrophoridae

Milben (Abb. 489) 0,2–0,9 mm groß, langoval, schlank, mit verschieden geformten Schildern auf der Rückenfläche. Maxillen oder Beine zu kräftigen Klammerorganen ausgebildet. Im Haarkleid von Säugern; einige auf Vögeln.

Hinterkörper vorhanden. Mycetophag in verrottendem Pflanzenmaterial.

Abb. 489. Milbe der *Listrophoridae* (nach HIRST aus BAKER/WHARTON).

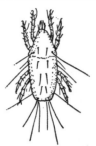

Abb. 491. Milbe der *Saproglyphidae* (nach BERLESE).

4. Cytoditidae

Ovale, weißliche und zwischen 0,5 und 0,6 mm lange, weichhäutige und äußerst schwach behaarte Milben. Beine kurz und gedrungen. In den Luftsäcken bzw. Atmungsorganen von Hühnern.

5. Laminosioptidae

Milben (Abb. 490) 0,2–0,25 mm groß, lang-oval und ziemlich flach. Schwach behaart, aber Körperende und Schulter mit langen, einzelnen Haaren besetzt. Beine kurz, dick und zugespitzt. Minieren in der Haut von Vögeln (Huhn, Fasan etc.).

Abb. 490. Hautmilbe (nach HIRST aus BAKER/WHARTON).

6. Saproglyphidae

Etwa 0,3 mm große, lang-ovale, schlanke Milben mit einzelnen langen Haaren (Abb. 491). Querlinie zwischen Vorder- und

7. Chortoglyphidae

Farblose, ovale, glänzende, ziemlich hochgewölbte Milben ohne Querlinie zwischen Vorder- und Hinterleib. Rückenpartie unbehaart. Herbivor in pflanzlichem Material.

8. Canestriniidae

Milben flach, oval oder rhombisch bis fünfeckig, mit stark vortretenden Seiten und langen einzelnen Haaren. 0,5–1 mm groß. Wahrscheinlich parasitisch auf Insekten.

9. Linobiidae

Etwa 0,5 mm große, rötliche und etwas dunkel gefleckte, ovale Milben mit leicht zugespitztem Hinterleib. Rücken mit dornartigen Haaren, Schultern mit je einem langen Haar und Hinterleibsspitze mit einigen langen Haaren besetzt. Beine kurz und gedrungen. Arten dieser Familie unter den Flügeldecken des Weidenblattkäfers.

10. Anoetidae

Milben 0,5–1 mm groß. Oval mit breit gerundetem Körperrand. Haare spärlich und verdickt über Ansatz. Beine kurz und gedrungen. Polyphag in verschiedenem, verrottendem Material.

11. Psoroptidae

Breit-ovale Milben mit stark vorstehenden Seiten und oft warzenförmigen, mit Haaren

besetzten Höckern. Rücken mit Schildchen. Beine relativ lang und dick; hintere
Beine mit langen Haaren (Abb. 492). 0,4
bis 1 mm groß und schmutzigweiß. Parasitisch auf Tieren, z.B. Esel, Kaninchen,
Schaf.

Abb. 492. Kaninchenräudemilbe (nach HIRST
aus BAKER/WHARTON).

Räudemilbe, *Psoroptes equi* var. *cuniculi*
Delaf.
Die sehr kleine Milbe ist fast rund, flach
und farblos. Sie lebt in den Ohrmuscheln
von Haustieren, deren Gehörgänge dann
mit einem gelbbraunen Sekret und blättri-
gen Krusten gefüllt sind. Am häufigsten
findet man sie bei Kaninchen. Für Zuchtzwecke fordert man die Tiere von befallenen Kaninchen in Kaninchenzuchtstatio-
nen an.

Zuchttechnik und Futter
Die Zucht der Milbe erfolgt in den Ohrmuscheln von Kaninchen und bedarf kei-
ner besonderen Einrichtungen. Die Kaninchen werden in normalen Ställen gehalten
und nur beim Ansetzen neuer Zuchten auf
Halteapparaten (Abb. 40 oder 439) festgeschnallt. Man legt die mit Milben besetzten Krustenstücke in die Ohrmuscheln
gesunder Kaninchen ein und verstopft die
Muscheln mit Watte für 10–12 Stunden,
um ein Abwandern der Milben zu verhindern.
10–12 Tage später sind die ersten Anfänge
einer neuen Kolonie in den Ohrmuscheln
zu erkennen. Kaninchen, deren Ohrmuscheln zu stark befallen sind, d.h. deren
Ohrmuscheln eine sehr starke Krusten-

bildung aufweisen, müssen mit einem Akarizid behandelt werden. Andernfalls dringen die Milben in den inneren Gehörgang vor und das Kaninchen geht qualvoll
zugrunde. Das Akarizid wird den auf den
Halteapparaten festgeschnallten Kaninchen
in die Ohrmuscheln geträufelt, nachdem
die Krusten sorgfältigst mit einer Pinzette
entfernt wurden. Innerhalb weniger Tage
sind die Tiere von den Parasiten befreit
und können nach einer Erholungspause
wieder für neue Milben oder andere Zuchten verwendet werden.

12. Analgesidae

Etwa 0,5 mm große Milben, weiß bis
schmutzig grau, lang- bis rund-oval, ziemlich flach, oft mit dornartig und doppelt
ausgezogenem Hinterkörper. Rücken mit
Schild. Beine oft bizarr geformt. Hinterbeine mit gezähnten Schenkeln (Abb. 493).
Behaarung schwach. Detritivor zwischen,
auf und in den Federn verschiedener
Vögel.

Abb. 493. Milbe der *Analgesidae*.

13. Dermoglyphidae (Pterolichidae)

Etwa 0,5 mm große, weißgraue Milben
von lang-ovaler zylindrischer bis ovaler,
schulterbetonter Form (Abb. 494). Be-

Abb. 494. Milbe der *Dermoglyphidae* (nach HIRST
aus BAKER/WHARTON).

haarung eher spärlich. Rückenpartie mit Schild im propodosomalen und hysterosomalen Bereich. Im Federkleid verschiedenster Vögel.

14. *Proctophyllodidae*

Zwischen 0,2 und 0,5 mm große, schlanke, lang-ovale Milben mit einzelnen langen Haaren am Körperende, welches bei vielen Arten (Abb. 495) gespalten ist. Oberseite des Körpers im vorderen und hinteren Bereich mit je einem Schild. Im Federkleid verschiedener Vögel.

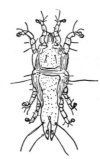

Abb. 495. Milbe der *Proctophyllodidae* (nach BAKER/WHARTON).

15. *Epidermoptidae*

0,2–0,4 mm große Milben, weißgrau, oval und ziemlich flach mit gerunzelter Oberfläche und spärlichen kurzen Haaren auf dem Rücken, einigen wenigen langen Haaren am Körperende und an den Schultern (Abb. 496). Detritivor in Häusern, Vogelnestern etc.

Abb. 496. Schuppenmilbe (nach BAKER/ WHARTON).

Schuppenmilbe, *Dermatophagoides pteronyssinus* Bog.

Diese kleine, farblose Milbe findet man häufig im Staub unter Staubleisten und im Matratzenstaub. Das Tierchen ist u.a. in England mehr verbreitet. Nach K. MAUNSELL et al., London, kennt man sie auch als Allergikum bei Asthmatikern.

Zuchttechnik und Futter

Als Zuchtkäfige dienen kleine Weithalsflaschen oder Glasröhrchen (vgl. Abb. 35 und 481). Verschluß mit Watte oder Deckel. Die Milben werden aus eingesammeltem Staub mit einem Pinsel ausgelesen und auf einem Stückchen feuchten Filterpapiers in den Käfig gesetzt. Als Futter gibt man etwa 1 Messerspitze Hautschuppen (Rückstände aus Trockenrasierapparat) oder hautschuppenhaltigen Materials in den Käfig. Die Gefäße werden dann in einer feuchten Kammer bei 25 °C und 80 % RLF gehalten. Eine Generation entwickelt sich innerhalb von 3 Wochen. Das Futter muß bei Bedarf aber mindestens pro Woche einmal ersetzt werden.

16. *Sarcoptidae*

0,2–0,4 mm große, rund-ovale grauschmutzigweiße Milben mit runzeliger Rückenfläche. Beine sehr kurz. Einzelne lange Haare seitlich am Körper (Abb. 497). Parasit auf Mensch und Haustieren (Räude). Zuchtmethode siehe Räudemilbe auf Seite 347.

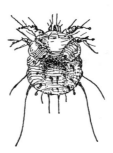

Abb. 497. Räudemilbe.

Literaturverzeichnis

ABDERHALDEN, E.: Spezielle Methoden der Tierhaltung und Tierzüchtung. Handbuch der biologischen Arbeitsmethoden, Band 1. Urban und Schwarzenberg, Berlin–Wien 1928, 850 Seiten.

ABDERHALDEN, E.: Haltung und Züchtung von Vorratsschädlingen. Handbuch der biologischen Arbeitsmethoden, Lieferung 416. Urban und Schwarzenberg, Berlin–Wien 1933, 203 Seiten.

AUCLAIR, J. L.: Effects of light and sugars on rearing the cotton aphid, *Aphis gossypii*, on a germ-free and holidic diet. J. Ins. Physiol. 13, 1247–1268, 1967.

BAILEY, D. L., und CHADA, H. L.: Effects of natural (sorghum) and artifical (wheat germ) diets on development of the corn earworm, fall armyworm, and southwestern corn borer. J. econ. Ent. 61 (1), 257–260, 1968.

BAKER, E. W., und WHARTON, G. W.: An introduction to acarology. The Macmillan Company, New York 1952, 465 Seiten.

BANKS, N.: The Acarina or mites. U.S. Dept. Agric. Rep. 108, 1–153, 1915.

BARKER, P. S.: The effects of high humidity and different temperatures on the biology of *Thyrophagus putrescentiae* (Schrank) (*Acarina: Tyroglyphidae*). Canad. J. Zool. 45, 91–96, 1967.

BEANLANDS, G. E.: A laboratory-rearing method for observing adult bark beetles and their developing broods. Canad. Ent. 98, 412–414, 1966.

BECKER, I.: Über Haltung von Termiten im Laboratorium. Z. angew. Zool. 57, 385–398, 1965.

BECTON, A. J., GEORGE, B. W., und BRINDLEY, I. A.: Continuous rearing of european corn borer larvae on artificial medium. Iowa State J. Sci. 37, 163–172, 1962.

BEDARD, W. D.: A ground phloem medium for rearing immature bark beetles (*Scolytidae*). Ann. Ent. Soc. Am. 59 (5) 931–938, 1966.

BELL, W. und SCHAEFER, C. W.: Longevity and egg production of female bed bugs *Cimex lectularius* fed various blood fractions and other substances (membran methode). Ann. Ent. Soc. Amer. 95 (1), 53–56, 1966.

BEN DOV, V.: Laboratory rearing of wax scales. J. econ. Ent. 63 (6), 1998, 1970.

BERLESE, A.: Acari, Myriopoda et Scorpiones hucusque in Italia reperta. Fasc., Padua, 1–101, 1882–1903.

BODE, F. E.: Untersuchungen zur Unterbrechung der Keimruhe bei Kartoffeln. Nachrichtenbl. Dt. Pflanzenschutzd. 2 (12), 183–186, 1950.

BLAUVELT, J., in BAKER und WHARTON: An introduction to acarology. Macmillan Company, New York 1952.

BOLLER, E. F.: An artificial oviposition device for the european cherry fruit fly, *Rhagoletis cerasi*. J. econ. Ent. 61 (3), 850–852, 1968.

BORISOVA, A. E.: Rearing *Locusta migratoria manilensis* Mey. and *L. m. migratoria* L. on semi-synthetic media (russisch). Zool. Zh. 45 (6), 858–864, 1966.

BORROR, D. J., und DELONG, D. M.: An introduction to the study of insects. Holt, Rinehart and Winston, New York–Chicago–San Francisco–Toronto–London 1966, 819 Seiten.

BOT, J.: Un milieu nutritif artificiel pur l'élevage de l'arpenteuse des tomates, *Plusia acuta* Wlk. S. Afric. J. agric. Sci. 9 (1), 67–70, 1966.

BROHMER, P., EHRMANN, P., und ULMER, G.: Die Tierwelt Mitteleuropas. Insekten, 3. Teil. Quelle & Meyer, Leipzig 1932.

BURMEISTER, F.: Biologie, Ökologie und Verbreitung der europäischen Käfer auf systematischer Grundlage. I. Band: Adephaga – I. Familiengruppe: *Caraboidea*. Hans Goecke Verlag, Krefeld 1939, 307 Seiten.

CAMENZIND, R.: Die Zytologie der bisexuellen und parthenogenetischen Fortpflanzung von *Heteropeza pygmaea* Winnertz, einer Gallmücke mit paedogenetischer Vermehrung. Chromosoma (Berlin) 18, 123–152, 1966.

CARROL, N. SMITH: Insect colonization and mass production. Academic Press, New York–London 1966, 618 Seiten.

CHAMBRES, D. L., und MOFFITT, C.: Improved laboratory methods for rearing the citrus red mite. J. econ. Ent. 60 (6), 1748–1749, 1967.

CHIPPENDALE, G. M., und BECK, S. D.: A method for rearing the cabbage looper *(Trichoplusia ni)* on a meridic diet. J. econ. Ent. 58 (2), 377–378, 1965.

CHU, H. F.: How to know the immature insects. WM. C. Brown Comp. Publishers, Dubuque, IOWA 1949, 234 Seiten.

CLARK, E. W., and OSGOOD, jr., E. A.: A simple laboratory technique for rearing *Ips calligraphus*. Res. Note SEast. Forest Exp. Stat. 31 (3), Asheville, N. Car., 1964.

CROCKETT, D. B.: A method for collecting featherlice *(Mallophaga)*. J. Kans. Ent. Soc. 40 (2), 192–194, 1967.

CROME, W.: *Strepsiptera*, in STRESEMANN: Exkursionsfauna, Wirbellose II/I, 1. Halbband. VE Verlag Volk und Wissen, Berlin 1964.

CROSS, H. F.: Feeding tests with blood sucking mites on heparinized blood. J. econ. Ent. 47, 1154–1155, 1954.

CROSS, H. F., und WHARTON, G. W.: Feeding tests with several species of mites on different rinds of blood and blood components. Ann. Ent. Soc. Amer. 59 (1), 182–185, 1966.

DADD, R. H.: Observations on the effects of carotène on the growth and pigmentation of locusts. Bull. ent. Res. 52, 63–81, 1961.

DADD, R. H.: Improvement of synthetic diet for the aphid *Myzus persicae* using plant juices, nucleic acids, or trace metals. J. Ins. Physiol. 13, 763–778, 1967.

DAUM, R. J., und McKIBBEN, G. H.: A vacuum probe for manipulating insects. J. econ. Ent. 62 (1), 267–269, 1969.

DAVID, W. A. L., und GARDINER, B. O. C.: Rearing of *Mamestra brassicae* L. on semisynthetic diet. Bull. ent. Res. 57 (1), 137–142, 1966.

DOSSE, G.: Über die Bedeutung der Pollen-Nahrung für *Typhlodromus (T.) pyri* Scheuten. Ent. exp. appl. 4, 191–195, 1961.

DUFAY, Cl.: Contribution à la connaissance du peuplement en lépidoptères de la Haute-Provence. Bull. Mensuel de la Soc. Linnéenne de Lyon. 34, 35, 145–376, 17–488, 1965.

DUNWOODY, J. E., und HOOPER, G. H. S.: An artificial medium for rearing *Epiphyas postvittana*. J. econ. Ent. 60 (6), 1753–1754, 1967.

ECKSTEIN, K.: Die Schmetterlinge Deutschlands. Mit besonderer Berücksichtigung ihrer Biologie und wirtschaftlichen Bedeutung. K. G. Lutz Verlag, Stuttgart 1933, 223 Seiten.

EICHLER, W.: Behandlungstechnik parasitärer Insekten. Akademische Verlagsgesellschaft Geest & Portig K.G., Leipzig 1952, 286 Seiten.

ENDERLEIN, G.: Insekten, 3. Teil, Zweiflügler, Diptera in P. BROHMER, P. EHRMANN und G. ULMER: Die Tierwelt Mitteleuropas. Quelle & Meyer, Leipzig 1932, 259 Seiten.

ENGELHARDT, W.: Was lebt in Tümpel, Bach und Weiher? Franckh'sche Verlagshandlung, Stuttgart 1955, 231 Seiten.

FELLIN, D. G.: Sampling mites on douglas-fir foliage with the Henderson McBurnie machine. J. econ. Ent. 60 (6), 1743–1744, 1967.

FORSTER, W., und WOHLFAHRT, B. A.: Die Schmetterlinge Mitteleuropas. Bd. 1–4, 1954 bis 1970.

FRANZ, J., und SZMIDT, A.: Beobachtungen beim Züchten von *Perillus bioculatus* (Fabr.) *(Heteroptera, Pentatomidae)*, einem aus Nordamerika importierten Räuber des Kartoffelkäfers. Entomophaga 5 (2), 87–110, 1961.

FRIEDRICHS, K.: Die Grundfragen und Gesetzmäßigkeiten der land- und forstwirtschaftlichen Zoologie, insbesondere der Entomologie, 2 Bände. Verlag Paul Parey, Berlin 1930, 880 Seiten.

GANSSER, A.: Die Dasselfliege, ihre Schäden und die Bekämpfung in der Schweiz. Verbandsdruckerei AG, Bern 1923.

GARNETT, W. B., und FOOTE, B. A.: Biology and immature stages of *Pseudoleria crassata (Dipt., Heleomyidae)*. Ann. Ent. Soc. Am. 60 (1), 126–134, 1967.

GEIGY, R., und HERBIG, A.: Erreger und Überträger tropischer Krankheiten. Verlag für Recht und Gesellschaft, Basel 1955, 472 Seiten.

GEILER, H.: Allgemeine Zoologie. Taschenbuch der Zoologie, Band 1. VEB G. Thieme, Leipzig 1962, 2. Aufl., 458 Seiten.

GEYER, H.: Praktische Futterkunde für den Aquarien- und Terrarienfreund. Alfred Kernen Verlag, Stuttgart 1957, 140 Seiten.

GLEICHAUF, R.: Schmetterlinge sammeln und züchten. Verlag Eugen Ulmer, Stuttgart 1968, 154 Seiten.

GODAN, DORA: Untersuchungen über die Nahrung der Maulwurfsgrille (Gryllotalpa gryllotalpa L). Angew. Zool. 23, 342–357, 1961.

GODAN, DORA: Untersuchungen über den Einfluß tierischer Nahrung auf die Vermehrung der Maulwurfsgrille (Gryllotalpa gryllotalpa L). Angew. Zool. 14, 208–223, 1964.

GROSS, I.: Das Tierreich, V Insekten. Göschensche Verlagsbuchhandlung GmbH. Berlin und Leipzig 1912, 134 Seiten.

GUENNELON, G.: L'alimentation artificielle des larves de lepidoptères phytophages. Ann. Epiphyties 19 (3), 539–570, 1968.

HAGEN, K. S., und TASSAN, R. L.: A method of providing artificial diets to Chrysopa larvae. J. econ. Ent. 58 (5), 999–1000, 1965.

HAGLEY, E. A. C.: Artificial diet for the adult froghopper. Nature, London, 231 (5074), 414–415, 1967.

HAIR, J. A., und TURNER jr., E. C.: Laboratory colonization and massproduction procedures for Culicoides guttipennis. Mosquito News 26 (3), 429–433, 1966.

HANDSCHIN, E.: Praktische Einführung in die Morphologie der Insekten. Sammlung natur. Praktika. Bd. 16, 1–112. Gebr. Borntraeger, Berlin 1928.

HARRIS, C. R., et al.: Mass rearing of root maggots under controlled environmental conditions: Seed-corn maggot Hylemia cilicrura, bean seed fly H. liturata, Euxesta notata and Chaetopsis sp. J. econ. Ent. 59 (2), 407–412, 1966.

HASE, A.: Das Halten und Züchten zoologischer Untersuchungsobjekte. III Insekten. Allg. Physiologie von T. PÉTERFI. Verlag Springer, Berlin 1928, Seiten 265–289.

HAYDAK, M. A.: A food for rearing laboratory insects. J. econ. Ent. 29, 1026, 1936.

HERFS, W.: Laboratoriums-Untersuchungen zur Biologie des Nelkenwicklers (Tortrix pronubana Hbn.). Z. Pflanzenkrankh. Pflanzenschutz 69 (9), 533–541, 1962.

HOLST, E. C.: Aseptic rearing of bark beetles. J. econ. Ent. 30, 676–677, 1937.

IGLISCH, I.: Über die Bewertung von Pflanzen als Nahrungsquelle für polyphage Blattlausarten (Homoptera: Aphididae). Z. angew. Zool. 55 (4), 1968.

ILLIES, J.: Wir beobachten und züchten Insekten. Franckh'sche Verlagshandlung, Stuttgart 1956, 133 Seiten.

ITO, T.: Nutritional requirements and artificial diets for the silkworm, B. mori L. Rev. Ver à soie, 15 et 16, 74–78, 1963–1964.

JANUS, H.: Unsere Schnecken und Muscheln. Franckh'sche Verlagshandlung, Stuttgart 1958, 124 Seiten.

KEVAN, D. K. Mc E., und SHARMA, G. D.: The effects of low temperatures on Tyrophagus putrescentiae. Advanc. Acarol. 1, 112–130, 1963.

KINZELMANN, R.: Die Fächerflügler, in: Grzimeks Tierleben Bd. 2 Insekten, 1–627. Kindler Verlag AG, Zürich 1969.

KHAN, A. R., GREEN, H. B., und BRAZZEL, J. G.: Laboratory rearing of the imported fire ant. J. econ Ent. 60 (4), 915–917, 1967.

KIECKHEFFER, R. W., und DERT, R. F.: Rearing three species of cereal aphids on artificial diets. J. econ. Ent. 60 (3), 663–665, 1967.

KOCH, M.: Wir bestimmen Schmetterlinge, Bd. 1–4. Neumann Verlag, Radebeul und Berlin 1961–1966.

KRANTZ, G. W.: A manual of acarology. O. S. u. Book Stores. Inc. Corvallis Oregon 1970.

KRUMBIEGEL, I.: Wie füttere ich gefangene Tiere? DLG-Verlag, Frankfurt (Main) 1965, 213 Seiten.

KÜHN, A.: Grundriß der allgemeinen Zoologie. Georg Thieme Verlag, Stuttgart 1967, 389 Seiten.

KÜSTER, Dr. E.: Die Gallen der Pflanzen. Ein Lehrbuch für Botaniker und Entomologen. Verlag von S. Hirzel, Leipzig 1911, 437 Seiten.

LAMPERT, K.: Die Großschmetterlinge und Raupen Mitteleuropas, mit besonderer Berücksichtigung der biologischen Verhältnisse. Verlag I. F. Schreiber, Schlingen und München 1907, 308 Seiten.

LANDES, D. A., und STRONG, F. E.: Feeding and nutrition of Lygus hesperus (Hemipt., Mirid.) I: Survival of bugs fed on artificial diets. Ann. Ent. Soc. Amer. 58 (3), 306–309, 1965.

LEA, A. O., DIMOND, J. B., und DE LONG, D. M.: A chemically defined medium for rearing Aedes aegypti larvae. J. econ. Ent. 49 (3), 313–315, 1956.

LENZ, M.: Zur Wirkung von Schimmelpilzen auf verschiedene Tierarten. Z. angew. Zool. 55 (4), 1968, 386 Seiten.

LENGERSDORF, F., und MANNHEIMS, B.: Das kleine Fliegenbuch. Verlag E. Reitter, München 1951, 83 Seiten.

LIGHT, S. F., und WEESNEI, F. M.: Method for culturing termites. Science 106, 1947, 131 Seiten.

MANI, E.: Biologische Untersuchungen an *Pandemis heparana* (Den. und Schiff.) unter besonderer Berücksichtigung der Faktoren, welche die Diapause induzieren und die Eiablage beeinflussen. Mitt. Schweiz. Ent. Ges. XI (3/4), 145–203, 1968.

MATTESON, I. W.: Flotation technique for extracting eggs of *Diabrotica* spp. and other organismus from soil. J. econ. Ent. 59 (1), 223–224, 1966.

McCLANAHAN, R. J.: A synthetic diet for the onion maggot, *Hylemya antiqua* (Meigen) *(Diptera: Antomyiidae)*. Canad. J. Zool. 44 (6), 1089–1090, 1966.

McGINNIS, A. J., and KASTING, R.: A method of rearing larvae of the wheat stem sawfly, *Cephus cinctus (Hym. Cephid.)*, under artificial conditions. Canad. Ent. 94 (6), 573–574, 1962.

McKAUER, M. J. P., und BISDEE, H. E.: Two simple devices for rearing aphids. J. econ. Ent. 58 (2), 365–366, 1965.

MITCHELL, S., TANAKA, N., and STEINER, L. F.: Methods of mass culturing melon flies and oriental and mediterranean fruit flies. U.S. D. A. ARS, 33–104, 1965.

MITTLER, T. E., und DADD, R. H.: A improved method for feeding aphids on artificial diets. Ann. Ent. Soc. Amer. 57, 139–140, 1967.

MOORE, I., und NAVON, A.: An artificial medium for rearing *Prodenia litura* F. and two other Noctuids. Entomophaga 9 (2), 181–185, 1964.

MOORE, I., und NAVON, A.: The rearing and some bionomics of the leopard moth, *Zeuzera pyrina* L., on an artificial medium. Entomophaga 11 (3), 285–296, 1966.

MULLA, M. S.: Mass rearing of three species of *Hippelates* eye gnats *(Dipt., Chloropidae)*. Ann. Ent. Soc. Amer. 55, 253–258, 1962.

NASH, R. R., und TOMBES, A. S.: Evaluation of five artificial diets for the laboratory-rearing of alfalfa weevil larvae. J. econ. Ent. 59 (1), 220–221, 1966

NATON, E.: Voraussetzungen für eine Labor-Zucht der echten Möhrenfliege *Psila rosae* (Fabr.). Anz. Schädlingskde. 39 (6), 85–91, 1966.

NAYAR, J. K.: A method of rearing salt-marsh mosquito larvae in a defined sterile medium. Ann. Ent. Soc. Amer. 59 (6), 1283–1285, 1966.

NEAGLE, J. A., und McENROE, W. D.: Mass rearing of the two-spotted spider mite. Advanc. Acarol. I, 191–192, 1963. Cornell Univ. Press.

NEUBECKER, F.: Beitrag zur Technik der Massenzucht der Getreidemotte *(Sitotroga cerealella)* (Oliv.). Anz. Schädlingskde. 40 (7), 104–110, 1967.

NEUFFER, G.: Erfahrungen in der Massenzucht von *Prospaltella perniciosi* Tow. im veränderten Stuttgarter Insektarium. (An account of the mass rearing of *P. perniciosi* in a modified insectarium in Stuttgart.) Entomophaga 12 (3), 235–239, 1967.

NUESSLIN, O.: Forstinsektenkunde. Hg. von L. RHUMBLER. Verlag Parey, Berlin 1927, 625 Seiten.

PÉTERFI, T.: Methodik der Wissenschaftlichen Biologie, 2 Bde. Allgemeine Physiologie, Bd. 2. Verlag Julius Springer, Berlin 1928, 1219 Seiten.

PACLT, J.: Biologie der primär flügellosen Insekten. VEB Gustav Fischer, Jena 1956, 258 Seiten.

PETERSON, D. M., und HAMNER, W. M.: Photoperiodic control of diapause in the codling moth. J. Ins. Physiol. 14 (4), 519–528, 1968.

PROKOPY, R. J.: Artificial oviposition devices for apple maggot. J. econ. Ent. 59 (1), 231–232, 1966.

PUISSÉGUR, C.: Recherches sur le génétique des carabes. Supplément no 18 á „Vie et Milieu". Masson & Cie., Paris 1964, 288 Seiten.

POPP, S.: Parasitische Milben. Abhandlung Naturwiss. Verein Bremen. 1896.

POPP, E.: Acari, Milben in P. BROHMER: Fauna von Deutschland. Quelle & Meyer Verlag, Heidelberg 1971, 11. Aufl.

RAWLINS, W. A.: Oviposition by onion maggot adults fed on a chemically defined diet. J. econ. Ent. 60 (6), 1747–1748, 1967.

REDFERN, R. E.: Concentrate medium for rearing the codling moth: *Carpocapsa pomonella*. J. econ. Ent. 57 (4), 607–608, 1964.

REITTER, E.: Fauna Germanica, Bd. I–V. K. G. Lutz Verlag, Stuttgart 1908.

RENNER, K.: Die Zucht von *Gastroidea viridula* DeG. *(Col., Chrysomelidae)* auf Blättern und Blattpulversubstraten von *Rumex obtusifolius* L. Z. angew. Ent. 65, 131–146, 1970.

RITGEN, C.: Grundlehren der Chemie für Landwirte, Ausgabe C. Selbstverlag C. Ritgen, Odenkirchen (Rhld.) 1928–1929, 362 Seiten.

RODRIGUEZ, J. G.: Nutritional studies in the *Acarina*. Acarologia 6, 324–337, 1964.

ROELOFS, W. L.: Agarless medium for mass rearing the redbanded leaf roller. J. econ. Ent. 60 (5), 1477–1478, 1967.

SACHS, W. B.: Praktische Tierpflege für Naturfreunde und Forscher. Franckh'sche Verlagshandlung, Stuttgart 1952, 106 Seiten.

SAWICKI, R. M., und DAPHNE V. HOLBROOK: The rearing, handling and biology of house flies (*Musca domestica* L.) for assey of insecticides by the application of measured drops. Pyrethrum Post 6 (2), 3–18, 1948.

SCHERNEY, F.: Unsere Laufkäfer – ihre Biologie und wirtschaftliche Bedeutung, A. Ziemsen Verlag, Wittenberg-Lutherstadt 1959, 79 Seiten.

SCHIEMENZ, H.: Die Libellen unserer Heimat. Urania-Verlag, Jena 1953, 154 Seiten.

SCHINDLER, U.: Beiträge zur Biologie des Kiefernknospentriebwicklers *Rhyacionia (Evetria) buoliana* Schiff. (*Lepid., Tortricidae*), II. Teil. (Contributions to the bionomics of *R. buoliana*, part II.) Z. angew. Ent. 58 (3), 309–318, 1966.

SCHMIDT, G.: Die Bedeutung des Wasserhaushaltes für das ökologische Verhalten der Caraben (*Ins., Coleopt.*). Z. angew. Ent. 40 (3), 390–398, 1957.

SCHMIDT, G.: Die deutschen Namen wichtiger Arthropoden. Mitt. Biol. Bundesanstalt, Heft 137, Berlin 1970.

SCHMIEDEKNECHT, O.: Die Hymenopteren Nordund Mitteleuropas, mit Einschluß von England, Südschweiz, Südtirol und Ungarn. Verlag Gustav Fischer, Jena 1930, 1053 Seiten.

SCHNITZLER, W. H., und MÜLLER, H. P.: Über die Lockwirkung eines Senföls (Allylisothiocyanat) auf die Große Kohlfliege, *Phorbia floralis* (Fallén). Z. angew. Ent. 63 (1), 1–8, 1969.

SCHRÖDER, Ch.: Handbuch der Entomologie, 3 Bde., Bd. 2. Verlag Gustav Fischer. Jena 1929, 1410 Seiten.

SHANDS, W. A., SHANDS, M. K., und SIMPSON, G. W.: Techniques for massproducing *Coccinella septempunctata*. J. econ. Ent. 59 (4), 1022–1023, 1966.

SHOREY, H. H., und HALE, R. L.: Mass rearing of the larvae of nine noctuid species on a simple artificial medium. J. econ Ent. 58, 522–524, 1965.

SIRE, M.: Les élevages des petits animaux, 2 Bde. Editions Paul Lechevalier, Paris 1967, 906 Seiten.

SPRADBERY, J. P.: A technique for artificially culturing ichneumonid parasites of wood

wasps (*Hymenoptera: Siricidae*). Ent. Exp. 11, 257–260, 1968.

SPULER, A.: Die Schmetterlinge Europas, Bd. 1–4. E. Schweizerbartsche Verlagsbuchhandlung, Stuttgart 1908.

SRIVASTAVA, P. D., KUMAR, S. S., BHAMBURKAR, M. W., und PRADHAN, S.: An artificial diet for rearing the desert locust. Indian. J. Ent. 26 (3), 352–356, 1964.

STADELBACHER, E. A.: Chambres for incubating individual insect eggs and egg parasites. J. econ Ent. 62 (1), 253–254, 1969.

STEINER, G.: Das Zoologische Laboratorium. E. Schweizerbartsche Verlagsbuchhandlung, Stuttgart 1963, 557 Seiten.

STERNLICHT, M.: A method of rearing the citrus bud mite. Israel J. agric. Res. 17 (1), 1967.

STICHEL, W.: Illustrierte Bestimmungstabellen der Deutschen Wanzen. Verlag naturwissenschaftlicher Publikationen, Berlin 1925–1938, 499 Seiten.

STRESEMANN, E.: Exkursionsfauna von Deutschland. Wirbellose II/1, Insekten, und Wirbellose. VE Verlag Volk und Wissen, Berlin 1964, 1967, 518 Seiten.

STRONG, R. G., PARTIDA, G. J., und WARNER, D. N.: Rearing stored-product insects for laboratory studies: bean and cowpea weevils. J. econ. Ent. 61 (3), 747–751, 1968.

STÜRKEN-WILKENING, K.: Die Bedeutung der Imaginalernährung für das Reproduktionsvermögen der Syrphiden. Angew. Zool. 25, 386–417, 1964.

TAMAKI, Y.: Mass rearing of the smaller tea tortrix, *Adoxophyes orana* Fischer, on asimplified artificial diet for successive generations (*Lep., Tortricidae*). Appl. ent. Zool. (Tokyo) 1 (3), 120–124, 1966.

TAYLOR, E. A., und SMITH, F. F.: Three methods for extracting thrips and other insects from rose flowers. J. econ. Ent. 48, 767–768, 1955.

THOMAS, R. T., und SIMON, A.: A method of breeding *Philanthus triangulum* F. (*Sphecidae, Hymenoptera*). Ent. Berl., Amsterdam, 26, 114–116, 1966.

TOBA, H. H., KISHABA, A. N., PANGALDAN, R., und RIGGS, S.: Laboratory rearing of pepper weevils on artificial diets. J. econ. Ent. 62 (1), 257–258, 1969.

TURNER, E. C. jr., und HAIR, J. A.: Effect of diet on longevity and fecundity of laboratory-reared face flies. J. econ Ent. 60 (3), 857–860, 1967.

TZANAKAKIS, M. E. et al.: Improved artificial food media for larvae of *Dacus oleae* (Gmelin). Z. angew. Ent. 58, 373–383, 1966.

VANDERZANT, E. S.: An artificial diet for larvae and adults of *Chrysopa carnea* an insect predator of crop pests. J. econ. Ent. 62 (1), 256–257, 1969.

VANDERZANT, E. S., RICHARDSON, C. D., und FORT, S. W. jr.: Rearing of the bollworm in artificial diet. J. econ. Ent. 55 (1), 140, 1962.

VIETS, K.: Spinnentiere oder Arachnoidae, VII: Wassermilben oder Hydracarina. 31. und 32. Teil in: Die Tierwelt Deutschlands. Verlag Gustav Fischer, Jena 1936, 574 Seiten.

VITZTHUM, H.: In: Die Tierwelt Mitteleuropas. 3. Bd.: Spinnentiere. Verlag Quelle & Meyer, Leipzig 1929.

WAEDE, M.: Ein Beitrag zur Biologie der Weizengallmücken *Contarinia tritici* (Kirby) und *Sitodiplosis mosellana* (Géhin). Z. Pflanzenkrankh. Pflanzenschutz 66, 508–519, 1959.

WALDBAUER, G. P., YAMAMOTO, R. T., und BOWERS, W. S.: Laboratory rearing of the tobacco hornworm, *Protoparce sexta (Lep., Sphing)*. J. econ Ent. 57 (1), 93–95, 1964.

WEBER, H.: Grundriß der Insektenkunde. VEB Gustav Fischer Verlag, Jena 1966, 4. Aufl., 428 Seiten.

WEISER, J.: Die Mikrosporidien als Parasiten der Insekten. Monographie zur Z. angew. Ent., Paul Parey, Hamburg–Berlin 1961, 149 Seiten.

WELLINGTON, E. F.: Artificial medium for rearing some phytophagous *Lepidoptera*. Nature 163, 1949, 574 Seiten.

WESENBERG-LUND, C.: Biologie der Süßwasserinsekten. Kopenhagen, Gyldendaske Boghandel, Nordisk Forlag und Verlag J. Springer, Berlin–Wien 1943, 682 Seiten.

WILDBOLZ, Th.: Die Eiablage der Miniermotte. Schweiz. Z. Obst- und Weinbau 70, 283–284, 1961.

WINKLER, D.: Megaloptera, Schlammfliegen, in STRESEMANN: Exkursionsfauna von Deutschland II/1, 1. Halbband. VE Verlag Volk und Wissen, Berlin 1964.

WILLMANN, C.: Moosmilben oder Oribatiden, in F. DAHL: Die Tierwelt Deutschlands, 22. Teil: Spinnentiere. Verlag Gustav Fischer, Jena 1931.

WRESSELL, H. B.: Rearing of the european corn borer, *Pyrausta nubilalis* Hbn. on an artificial diet. Rept. Ent. Soc. Ont. 86, 10–13, 1955.

WUNDT, H.: Die Netzflügler, in Grzimeks Tierleben, 2. Bd.: Insekten, S. 289–293. Kindler Verlag AG, Zürich 1969.

WRIGHT, R. H.: A Mosquito trap. J. econ. Ent. 60 (3), 867–877, 1967.

WYNIGER, R.: Beiträge zur Ökologie, Biologie und Zucht einiger europäischer Tabaniden. Acta tropica 10 (4), 309–347, 1953.

WYNIGER, R.: Über die Wirkung von abiotischen Faktoren auf die Entwicklungsvorgänge im Apfelwicklerei. Mitt. Schweiz. Ent. Ges. 29 (1), 41–57, 1956.

YEARIAN, W. C., und WILKINSON, R. C.: Two larval rearing media for *Ips* bark beetles. Fla. Ent. 48 (1), 25–27, 1965.

ZACHER, F.: Die Vorrats-, Speicher- und Materialschädlinge und ihre Bekämpfung. Verlag Paul Parey, Berlin 1927, 366 Seiten.

ZSCHINTZSCH, J.: Einfluß des Nährsubstrates auf die Insektizidempfindlichkeit von *Drosophila melanogaster* (Meig.) Anz. Schädlingskde. 39 (9), 132–135, 1966.

Register der wissenschaftlichen Namen

Acanaloniidae 144
Acanthoscelides obtectus 199
Acanthosomatidae 140
Acarapis woodi 325
Acaridae 344
Acariformes 93
Acarus siro 344
Acerentomonidae 95
Aceria plicator 330
– sheldoni 330
Acheta domesticus 112
Achipteriidae 339
Aclerdidae 153
Acrididae 108
Acroceridae 290
Acrolepia assectella 242
Acrolepiidae 242
Acronycta aceris 268
– alni 268
– psi 267
– rumicis 267
Acrydiidae 108
Actinotia polyodon 268
Acyrthosiphon pisum 149
Adelgidae 150
Aedes aegypti 277
Aegeriidae 246
Aelothripidae 127
Aeschna cyanea 106
Aeschnidae 105
Aetalionidae 144
Agaristidae 272
Aglais (Vanessa) urticae 253
Aglaope infausta 259
Aglia tau 250
Agrion puella 105
Agrionidae 104
Agriotes lineatus 183
– obscurus 182
Agriotypidae 158
Agrochola litura 270
Agromyza megalopsis 301
Agromyzidae 300
Agrotis candelarum 268
– c-nigrum 268
– ipsilon 268
– plecta 268

Agrotis saucia 268
– segetum 268
Aleochara curtula 178
Aleyrodidae 146
Alicorhagiidae 326
Alleculidae 193
Allophyes oxyacanthae 269
Alphitobius diaperinus 195
Amathes candelarum 268
– castanea 268
– c-nigrum 268
– xanthographa 268
Amorpha populi 259
Amphidasis 256
Amphimallon solstitialis 210
Anagasta (Ephestia) kuehniella
    228
Analgesidae 347
Anaplectoides prasina 268
Anisitsiellidae 335
Anisopodidae 272
Anobiidae 190
Anobium pertinax 191
– punctatum (striatum) 191
Anoetidae 346
Anopheles quadrimaculatus 279
– stephensi stephensi 279
Anoplura 125
Antennophoridae 320
Anthicidae 192
Anthocoridae 134
Anthonomus pomorum 203
Anthrenus museorum 184
– scrophulariae 185
– vorax 185
Anthribidae 200
Anystidae 327
Apatura ilia 254
Aphaniptera 312
Aphelocheiridae 129
Aphididae 147
Aphis fabae 147
Apiden 171
Apiomorphidae 153
Apis mellifera 172
Aporia crataegi 253
Aradidae 136

Araecerus fasciculatus 200
Araeopidae 140
Araschnia levana 254
Archanara geminipuncta 271
Archips rosana 232
Arctia caja 261
– villica 262
Arctiidae 261
Arctornis L-nigrum 264
Arenocoridae 138
Argasidae 320
Argas reflexus
Argidae 155
Argynnis paphia 254
Argyresthia ephipella 242
Argyresthiidae 242
Arrenuridae 338
Ascalaphidae 216
Asilidae 291
Asterolecaniidae 152
Astigmata 93, 344
Athalia rosae 155
Atheta nigritula 178
– wynigeri 178
A-Thienemannidae 338
Athous spp. 183
Attagenus pellio 185
– piceus 185
Aturidae 337
Aulacidae 159
Autographa gamma 270

Bacteriidae 113
Baetidae 100
Balaninus nucum 202
Barathra brassicae 266
Baris laticollis 206
Bdellanyssus bacoti 319
Bdellidae 328
Belbidae 342
Bembecia hylaeiformis 246
Bena prasinana 270
Beraeidae 223
Bibio hortulanus 273
Bibionidae 273
Biston betularia 256
Bittacidae 220

Blaberus giganteus 117
– trapezoides 117
Blaps mortisaga 194
Blasticotomidae 154
Blatta orientalis 117
Blattaria 89
Blattella germanica 116
Blattidae 117
Blepharita adusta 269
Blepharoceridae 273
Blitophaga opaca 177
Boarmia punctinalis 256
– ribeata 256
Bohartillidae 213
Bombus hypnorum 172
Bombycidae 249
Bombyliidae 291
Bombyx mori 249
Boophilus microplus 324
Boophthora erythrocephala
    281
Borboridae 300
Boreidae 221
Boreus hyemalis 221
Bostrychidae 190
Brachycentridae 224
Brachycera 272
Braconidae 158
Braulidae 295
Brevicoryne brassicae 149
Bruchidae 199
Buprestidae 183
Byctiscus betulae
Byturidae 186

Cacoecimorpha pronubana 237
Caeciliidae 123
Caenidae 100
Calamoceratidae 224
Callimorpha dominula 262
– quadripunctaria 262
Callipharixenidae 213
Calliphora erythrocephala 179,
    309
Calliphoridae 309
Callitroga hominivorax 309
Calopterygidae 104
Calosoma inquisitor 174
Calyptostomidae 330
Camisiidae 341
Campaea margaritata 256
Campodea fragilis 95
Campodeidae 95
Camponotus herculeanus
    ligniperdus 168
Candida utilis 47
Canephora unicolor 247
Canestriniidae 346
Cantharidae 180
Cantharis rustica 180
Capniidae 102
Carabidae 173

Carabodidae 339
Carabus auratus 174
– cancellatus 174
– granulatus 174
– hortensis 174
– ullrichi 174
Caradrina alsines 270
– ambigua 270
Carausius morosus 113
Carnidae 302
Carniophora ligustri 268
Carpophilus hemipterus 186
Cartodere filum 187
Catephia alchymistra 271
Catocala fraxini 270
– fulminea 270
– nupta 270
Catopidae 176
Cecidomyiidae 284
Cecidophyopsis ribis 239
Celerio euphorbiae 257
Cemiostomidae 241
Centrotus cornutus 141
Cephalomyza cepae 301
Cephidae 157
Cerambycidae 195
Ceraphronidae 162
Cerapteryx graminis 271
Ceratitis capitata 298
Ceratophyllidae 314
Ceratophyllus gallinae 313
Ceratopogonidae 279
Ceratozetidae 343
Cercopidae 141
Ceropalidae 170
Cerophytidae 183
Cerura vinula 261
Cetonia aurata 211
Ceutorrhynchus assimilis 206
– napi 206
– pleurostigma 206
– quadridens 205
Chalcididae 160
Chamaemyiidae 299
Charaeas graminis 271
Cheimatobia brumata 255
Chelicerata 84
Chermesidae 150
Cheyletidae 327
Cheyletus eruditus 327
Chilo suppressalis 231
Chironomidae 282
Chironomus plumosus 283
Chloroperlidae 103
Chlorophyceen 225, 226
Chloropidae 302
Chlorops pumilionis 303
– taeniopus 303
Choripinae 160
Chortoglyphidae 346
Chortophila brassicae 306
Chrysididae 163

Chrysomelidae 197
Chrysopa carnea 216
Chrysopidae 216
Cicadidae 141
Cicadula sexnotata 142
Cicindelidae 173
Cidaria pectinataria 256
– rubidata 256
– truncata 256
Cillibidae 317
Cimbicidae 155
Cimex lectularius 134
Cimicidae 134
Cisidae 189
Cixiidae 143
Clambidae 177
Cleridae 181
Clostera curtula 261
Clusiidae 299
Clythiidae 292
Coccidae 152
Coccinella septempunctata
    188
Coccinellidae 188
Coccus hesperidum 152
Cochliomyia (Callitroga)
    hominivorax 309
Coelopidae 299
Coenagrionidae 104
Coleophoridae 239
Coleoptera 91, 173
Collembola 87, 94
Colocasia coryli 267
Colonidae 176
Colydiidae 188
Conchaspididae 153
Coniopterygidae 219
Conistra rubiginea 270
– rubiginosa 269
– vaccinii 269
Conocephalidae 110
Conopidae 294
Copeognatha 121
Coptotermes formosanus 120
Cordulegasteridae 105
Corduliidae 107
Cordyluridae 294
Coreidae 138
Corixidae 130
Corizidae 139
Corrodentia 121
Corydalidae 213
Cossidae 245
Cossus cossus 246
Coxequesomidae 317
Crambidae 230
Crambus perlellus 230
Crioceris asparagi 198
Cryptolestes (Laemophloeus)
    ferrugineus 187
Cryptophagidae 187
Cryptostigmata 93, 338

Cryptotermes brevis 118
Ctenocephalides felis 313
Cucujidae 186
Cucullia verbasci 269
Culex pipiens fatigans 278
Culicidae 277
Culicoides sp. 280
Cunaxidae 328
Curculionidae 200
Cyanophyceen 225
Cydnidae 139
Cylas formicarius 205
Cylindrococcidae 153
Cymbaeremaeidae 339
Cynipidae 160
Cyrtidae 290
Cytoditidae 346

Dactylopiidae 152
Dacus oleae 299
Damalinia egui
Daphnis nerii 259
Dascillidae 181
Dasychira pudibunda 264
Dasyneura affinis 286
Dasytidae 181
Deilephila elpenor 259
– nerii
– porcellus 259
Delphacidae 140
Demodicidae 328
Dendrolasius fuliginosus 166
Deporaus betulae 203
Derbidae 144
Derephysia foliaceae 135
Dermacentor reticulatus 324
Dermanyssidae 318
Dermanyssus gallinae 318
Dermaptera 89, 114
Dermatophagoides
    pteronyssinus 348
Dermestes vulpinus 184
Dermestidae 184
Dermoglyphidae 347
Derodontidae 181
Diapriidae 163
Diarthrophallidae 319
Diaspididae 153
Diatomeen 226
Diatraea saccharalis 227
Dicranocephalidae 138
Dicranura vinula 261
Dictyopharidae 140
Diphtera alpium 267
Diploglossata 89, 115
Diplogyniidae 320
Diplura 87, 95
Diprionidae 155
Diptera 92, 272
Discestra marmorosa 268
– trifolii 268
Discourellidae 317

Discozerconidae 316
Dixidae 276
Dolichoderidae 165
Dolichopodidae 291
Dorylaidae 294
Drepana binaria 257
– falcataria 257
Drepanidae 257
Drilidae 180
Drosophila melanogaster 300
Drosophilidae 300
Dryomyzidae 295
Dryopidae 183
Dysdercus fasciatus 137
Dytiscidae 174
Dytiscus marginalis 175

Ecdyonuridae 99
Echinophthiriidae 125
Ectobius lapponicus 117
– silvestris 117
Eilema caniola 262
– deplana 263
Elachistidae 241
Elateridae 182
Elipsocidae 124
Embiodea 88, 107
Embolemidae 164
Empididae 291
Endomychidae 188
Endromididae 248
Entomobryidae 94
Entonyssidae 315
Eosentomonidae 95
Eosentomon transitorium 95
Ephemera vulgata 98
Ephemerellidae 100
Ephemeridae 98
Ephemeroptera 88, 97
Ephesia fulminea 270
Ephippigeridae 111
Ephydridae 299
Epicriidae 316
Epidermoptidae 348
Epilachna varivestis 189
Epiplemidae 257
Epipsocidae 123
Epipyropidae 259
Eremaeidae 342
Ereynetidae 327
Erinnidae 287
Eriocraniidae 244
Eriophyidae 329
Eriosoma lanigerum 150
Eristalis tenax 292
Erotylidae 187
Erycinidae 254
Erythraeidae 330
Eucharitidae 161
Eucilinae 160
Eudia pavonia 250
Eulohmanniidae 339

Eumenidae 169
Eupistidae 239
Eupodidae 326
Eupoecilia (Conchylis)
    ambiguella 236
Euproctis chrysorrhoea 264
Eurydema oleraceum 139
Eurymene 256
Eurymetopidae 124
Euzerconidae 319
Evania appendigaster 159
Evaniidae 159
Eylaidae 332

Fannia canicularis 304
Fedrizziidae 320
Feltriidae 337
Figitidae 160
Flatidae 144
Forficula auricularia 114
Forficulidae 114
Formica fusca 166
– lugubris 166
– polyctena 165
– pratensis 166
– rufa 166
Formicidae 165
Fulgoridae 143
Fungivoridae 274

Galleria mellonella 230
Galleriidae 229
Galumna sp. 340
Galumnidae 340
Gamasus coleoptratorum 315
Gargara genistae 141
Gasteruptionidae 159
Gastropacha quercifolia 248
Gelechiidae 238
Geometridae 255
Georyssidae 183
Geotrupes mutator 212
Gerridae 131
Gerris lacustris 131
Glossina palpalis 305
Glycyphagidae 345
Glycyphagus domesticus 345
Glyphipterygidae 237
Gnathocerus cornutus 194
Gnathosoma 84
Goeridae 224
Gomphidae 105
Gonepteryx rhamni 253
Goniodes dissimilis 124
Goniodidae 124
Gonodontis bidentata 256
Gracilariidae 239
Gracilia minuta 195
Grapholitha (Laspeyresia)
    funebrana 236
Gryllacridoidea 111
Gryllidae 112

Gryllotalpa vulgaris 111
Gryllotalpidae 111
Gryllus campestris 113
Gustaviidae 343
Gyrinidae 176
Gyropidae 125

Hadena rivularis 269
– secalis 271
Haematomyzus elephantis 125
Haematopinidae 125
Haematopota pluvialis 290
Haemogamasidae 318
Halacaridae 332
– (Süßwasser) 338
Halarachnidae 315
Halictophagidae 213
Haliplidae 174
Haplothrips aculeatus 127
Harpalus pubescens 174
Hartigida annulipes 287
Hebridae 132
Heleidae 279
Heliodinidae 239
Heliothis zea 43
Heliothrips haemorrhoidalis 127
Heliozelidae 244
Helodideae 182
Helomyzidae 299
Heloridae 59, 162
Hemerobiidae 216
Hemimerus 115
Hepialidae 245
Hepialus humuli 245
– sylvina 245
Hermannidae 339
Hermanniellidae 339
Hesperiidae 247
Heteroceridae 183
Heterogynidae 259
Heteropeza pygmaea 284
Heteroptera 90
Hipparchia semele 253
Hippoboscidae 312
Histeridae 179
Hodotermitidae 118
Homoptera 91
Hoplocampa brevis 156
– minuta 156
– testudinea 156
Hoplodrina alsines 270
– ambigua 270
Horisme vitalbata 256
Hydracarina 331
Hydrachnella 332
Hydrachnidae 332
Hydraenidae 176
Hydrellia griseola 301
Hydrobius fuscipes 176
Hydrodromidae 334
Hydrometra stagnorum 132

Hydrometridae 132
Hydrophilidae 184
Hydropsychidae 222
Hydroptilidae 223
Hydrous piceus 176
Hydrovolziidae 332
Hydrozetes lacustris 342
Hydryphantes ruber 333
– sp. 333
Hydryphantidae 333
Hygrobatidae 336
Hygrobiidae 174
Hygrochroa 256
Hylastinus obscurus 207
Hylecthridae 213
Hylemya antiqua 308
– brassicae 306
– cilicrura 307
Hylesinus crenatus 207
Hyloicus pinastri 259
Hylophila prasinana 270
Hylophilidae (Aderidae) 192
Hylotrupes bajulus 195
Hymenoptera 154
Hypera (Phytonomus) nigrirostris 203
Hypochthoniidae 341
Hypoderma bovis 312
Hyponomeuta padellus 241
Hyponomeutidae 241
Hyppa rectilinea 270
Hysterosoma 85
Hystrichopsyllidae 312

Iapygidae 95
Icerya purchasi 151
Ichneumonidae 158
Inachis jo 254
Incurvariidae 244
Iphiclides (Papilio) podalirius 251
Ips typographus 207
Ischnopsyllidae 312
Isoptera 89
Isotomidae 94
Issidae 144
Itonididae 284
Ixodes ricinus 322
Ixodidae 322
Ixodorhynchidae 318

Jassidae 142

Kakothrips robustus 127
Kalotermes flavicollis 119
Kalotermitidae 118
Kaltenbachiella pallida 150
Kermidae 152
Krendowskiidae 338

Labidostommidae 328
Labiduridae 115

Labiidae 115
Lacciferidae 152
Lachesillidae 122
Lachnidae 149
Laelaptidae 317
Laemobothriidae 125
Lagriidae 193
Laminosioptidae 346
Lampyridae 179
Laothoe populi 259
Laphygma exigua 270
Larentia 256
Larvaevoridae 310
Lasiocampa quercus 248
Lasiocampidae 248
Lasioderma serricorne 190
Lasius flavus 169
– niger 167
Laspeyresia (Grapholitha) nigricana 232
– (Carpocapsa) pomonella 233
Lathridiidae 187
Lebertiidae 335
Lecaniidae 152
Lemoniidae 249
Lepidocyrtus cyaneus 94
Lepidoptera 92, 226
Lepidostomatidae 224
Lepisma saccharina 96
Lepismatidae 96
Leptidae 288
Leptinidae 176
Leptinotarsa decemlineata 197
Leptoceridae 223
Leptophlebiidae 100
Leptopodidae 131
Leptopsyllidae 314
Lestidae 104
Leucoma salicis 264
Leucospididae 160
Leuctridae 101
Liacaridae 342
Libellula depressa 107
Libellulidae 107
Libytheidae 255
Limnesiidae 336
Limnobiidae 274
Limnocharidae 332
Limnophalacaridae 338
Limnophilidae 223
Limoniidae 274
Limothrips denticornis 127
Linobiidae 346
Liodidae 176
Lipeuridae 124
Lipeurus baculus 124
Liponissus (Bdellanyssus) bacoti 319
Liriomyza impatientis 301
Liriopeida 275
Listrophoridae 345
Lithocolletis faginella 240

Lithosia caniola 262
– quadra 263
Locusta migratoria 34
– migratoria migratorioides 108
Lohmanniidae 341
Lonchaeidae 298
Lonchopteridae 291
Lordalychidae 326
Lucilia caesar 310
– cuprina 310
Lycaena phlaeas 255
Lycaenidae 254
Lycidae 179
Lycoriidae 284
Lyctidae 189
Lyctus brunneus 190
– linearis 189
Lygaeidae 136
Lygus pratensis 136
Lymantria dispar 263
– monacha 264
Lymantriidae 263
Lymexylonidae 181
Lyonetia clerkella 241
Lyonetiidae 240
Lysandra bellargus 255

Machilidae 96
Macrochelidae 317
Macroglossum stellatarum 259
Macrosiphum rosae 149
– solanifolii 149
Macrotylatia rubi 248
Malachiidae 181
Malaconothridae 341
Malacosoma neustria 248
Mallophaga 124
Mamersopsidae 336
Mamestra bicolorata 269
– brassicae 266
– oleracea 267
– suasa 269
– trifolii 268
Mantidae 115
Mantispidae 218
Mantis religiosa 115
Mantodea 89, 115
Margarodidae 151
Masaridae 170
Mastotermitidae 118
Mayetiola secakis 287
Meconematidae 110
Mecoptera 92, 219
Megalodontidae 154
Megaloptera 91, 213
Megalopygidae 259
Megamerinidae 295
Megisthanidae 320
Melanargia galathea 253
Melandryidae 193
Melanotus spp. 183

Melasidae 183
Melasoma populi 199
Melitaea phoebe 254
Meloidae 192
Melolontha melolontha 208
Melusinidae 280
Membracidae 141
Mengeidae 213
Mengenillidae 213
Menoponidae 125
Mesapamea secalis 271
Mesoplophoridae 344
Mesopsocidae 123
Mesopsocus unipunctatus 123
Mesostigmata 93, 314
Mesoveliidae 132
Metapodosoma 84
Metastigmata 93, 320
Methochidae 163
Metrocampa 256
Mezium affine 191
Micrezidae 298
Microgyniidae 315
Micropterigidae 245
Mideidae 337
Mideopsidae 337
Mikiola fagi 287
Milichiidae 302
Mimas tiliae 259
Minucia lunaris 270
Miridae 135
Molannidae 223
Moma alpium 267
Momphidae 239
Monima miniosa 269
– munda 269
Monomorium pharaonis 164
Monopidae 244
Mordellidae 193
Musca domestica 303
Muscidae 303
Mutillidae 163
Mycetophagidae 187
Mycetophilidae 274
Mymaridae 162
Myobiidae 327
Myrmecolacidae 213
Myrmecophilidae 112
Myrmeleon formicarius 218
Myrmeleonidae 217
Myrmica laevinodis 165
– scabrinodis 165
Myrmicidae 164
Myrmosidae 163
Mythimna albipuncta 269
Myzus persicae 149

Nabidae 133
Nanherrmanniidae 339
Nanorchestidae 326
Naucoridae 129
Naucoris cimicoides 129

Nautarachnidae 337
Necrobia rufipens 181
Necrophorius vespillo 177
Neidiidae 138
Nemapogon cloacellus 243
– granellus 244
Nematocera 272
Nemeritis canescens 159
Nemestrinidae 288
Nemopteridae 218
Nemouridae 101
Neoliodidae 339
Neottiophilidae 295
Nepa rubra 128
Nephrotoma ferruginea 274
Nepidae 128
Niptus hololeucus 191
Nitidulidae 186
Noctua comes 268
– fimbriata 268
– janthina 268
Noctuidae 264
Nonagria geminipuncta 271
Notaspididae 339
Notaspis lacustris 342
Nothrus pratensis 341
– silvestris 341
Notodonta dromedarius 261
Notodontidae 260
Notonecta glanca 130
Notonectidae 130
Notostigmata 93
Nycteribiidae 312
Nymphalidae 253
Nymphalis antiopa 254

Ochropleura plecta 268
Ochrostigma melagona 261
Ochsenheimeriidae 238
Odagmia ornata 282
Odiniidae 301
Odonata 88, 103
Odontoceridae 223
Oecanthidae 111
Oecanthus pellucens 111
Oedemeridae 192
Oenistis quadra 263
Oestridae 311
Oinophilidae 240
Oligoneuriella rhenana 99
Oligoneuriidae 98
Onychiuridae 94
Onychopalpidae 93
Operophtera brumata 255
Ophyra anthrax 310
Opilioacariformes 93
Opisthosoma 84
Orgyia gonostigma 264
Oribatellidae 343
Oribatulidae 343
Orneodidae 238
Ornithodorus moubata 321

Orrhodia rubiginea 270
Orthezia insignis 150
Ortheziidae 150
Orthoperidae 188
Orthosia incerta 269
– litura 270
– miniosa 269
– munda 269
– stabilis 269
Orthoteliidae 242
Orussidae 157
Oryzaephilus surinamensis 187
Oscinella (Oscinis) frit 302
Oscinis frit 302
Osmia rufa 171
Osmylidae 217
Ostrinia nubilalis 229
Otiorrhynchus sulcatus 202
Oxidae 335

Pachetra sagittigera 269
Pachnoda marginata 210
Pachygastria trifolii 248
Palaeacaridae 338
Pales (Nephrotoma)
    ferruginea 274
Palingeniidae 97
Pamphiliidae 154
Pandemis heparana 231
Panorpa communis 219
Panorpidae 219
Papilio machaon 251
Papilionidae 250
Parakalummidae 343
Paramegistidae 320
Parantennalidae 320
Parasemia plantaginis 262
Parasitidae 315
Parasitiformes 93
Parasitus (Gamasus)
    coleoptratorum 315
Parasyndemis histrionana 233
Paururus juvencus 157
Pectinophora gossypiella 239
Pediculidae 125
Pediculoididae 325
Pediculopsis graminum 326
Pediculus humanus humanus
    125
Pegomyia hyoscyami 308
Pelopidae 340
Pelops planicornis 340
– tardus 340
Pemphigidae 149
Pentatomidae 139
Peridroma saucia 268
Perilampidae 161
Periplaneta americana 117
– australasiae 117
– brunnae 117
Peripsocidae 123
Perlidae 103

Perlodes dispar 102
Perlodidae 102
Petauristidae 274
Phalacridae 187
Phalaena syringaria 256
Phalera bucephala 261
Phaneroptera falcata 110
Phaneropteridae 110
Phasmida 89, 113
Phenacoleachiidae 153
Pheosia tremula 261
Phibalapteryx 256
Philaenus spumarius 141
Philopotamidae 222
Philotarsidae 124
Phlebotomus papatasii 276
Phloeothripidae 127
Pholetes spp. 183
Phorbia antiqua 308
– brassicae 306
– platura 307
Phoridae 292
Phryganeidae 223
Phthiracaridae 343
Phthiracarus piger 343
Phthiriidae 125
Phthorimaea operculella 238
Phtiraptera 90, 124
Phycitidae 228
Phylliidae 113
Phyllobius spp. 201
Phyllocnistidae 240
Phyllocoptruta oleivora 330
Phyllopertha horticola 210
Phyllotreta atra 199
Phylloxeridae 150
Phymatodes testaceus 196
Physostomidae 125
Phytobia (Cephalomyza)
    cepae 301
Phytoptipalpidae 329
Phytoseiidae 315
Phytoseyulus persimilis 316
– rigeli 316
Pieris brassicae 251
Piersigiidae 333
Piesma quadrata 135
Piesmidae 135
Pimpla thrinella 157
Pionidae 337
Piophila casei 295
Piophilidae 295
Pipunculidae 294
Plagodis dolabraria 256
Planipennia 92, 215
Planococcus citri 151
Plataspidae 140
Platycnemididae 104
Platypezidae 292
Platypodidae 208
Platystomatidae 298
Plecoptera 88, 101

Pleidae 130
Plodia interpunctella 228
Plusia chrysitis 270
– gamma 270
– pulchrina 271
Plutella xylostella
    (maculipennis) 242
Plutellidae 242
Poduridae 94
Poecilocampa populi 248
Poistes dubius 169
Polia nebulosa 269
– oleracea 267
Polyaspidae 319
Polycentropidae 223
Polygraphus polygraphus 207
Polymitarcidae 97
Polyplax spinulosa 126
Pompilidae 170
Poneridae 165
Potamanthidae 98
Potosia cuprea 211
Proctophyllodidae 348
Proctotrupidae 162
Prodenia littoralis 264
Propodosoma 84
Prosternon spp. 183
Prostigmata 93, 324
Proterosoma 84
Protoplophoridae 344
Protura 87
Protziidae 333
Pseudococcidae 151
Pseudohydryphantidae 334
Pseudolynchia canariensis 312
Pseudomopidae 116
Pseudophia lunaris 270
Pseudoterpna pruinata 256
Psila rosae 296
Psilidae 296
Psocidae 122
Psocoptera 90
Psoroptes cuniculi 347
– equi 347
Psoroptidae 346
Psychidae 246
Psychodidae 275
Psychomycidae 222
Psylla mali 145
– pirisuga 145
Psyllidae 144
Psyllipsocidae 121
Pterolichidae 347
Pterophoridae 238
Pterostichus vulgaris 174
Pterygosomidae 61, 327
Ptiliidae 176
Ptinidae 191
Ptinus fur 191
Ptychopteridae 275
Pulicidae 312
Pumea crassiorella 247

Pyemotes ventricosus 325
Pyemotidae 325
Pygaera sp. 261
Pyralidae 227
Pyralis farinalis 228
Pyraustidae 228
Pyrgotidae 295
Pyrochroidae 192
Pyrrhia umbra 270
Pyrrhocoridae 136
Pyrrhocoris apterus 137
Pythidae 192

Quadraspidiotus perniciosus
    153
Quedius unicolor 178

Raillietidae 318
Ranata linearis 129
Raphidia major 215
Raphidides 91, 214
Reduviidae 133
Reduvius personatus 133
Reticulitermes flacipes 120
– lucifugus 120
Reuterellidae 123
Rhagidiidae 326
Rhagionidae 288
Rhinonyssidae 315
Rhinotermitidae 118
Rhipicephalus bursa 323
Rhipiphoridae 193
Rhizoglyphus echinopus 345
Rhizopertha dominica 190
Rhodacaridae 316
Rhodnius prolixus 133
Rhyacia castanea 268
Rhyacionia buoliana 233
– duplana 233
Rhyacophilidae 222
Rhynchaenus (Orchestes) fagi
    204
Rhynchites bacchus 203
Rhyparia purpurata 262
Ricaniidae 144
Ricinidae 124
Riodinidae 254

Saccharomyces cerevisiae 47
Saldidae 131
Saltatoria 88
Saproglyphidae 346
Sapygidae 169
Sarcoptidae 348
Sarcoptiformes 93
Saturnia pyri 250
Saturniidae 250
Satyridae 252
Scaphidiidae 177
Scaptomyza flaveola 301
Scarabaeidae 208
Scarabaeus semipunctatus 211
Scatophagidae 294

Scatopse notata 284
Scatopsidae 283
Scelionidae 162
Scenopinidae 290
Scheloribates laevigatus 343
Schistocerca americana 110
– gregaria 110
– paranensis 110
– peregrina 110
Schizogyniidae 320
Schizoneura lanuginosa 150
Schoenobiidae 231
Sciaridae 284
Sciomyzidae 60, 295
Scoliidae 163
Scolytidae 207
Scolytus scolytus 207
Scopeuma stercoraria 294
Scotia c-nigrum 63
Scraptiidae 192
Scutacaridae 325
Scydmaenidae 178
Scyphophorus interstitialis 204
Scythridiidae 241
Selenia bilunaria 256
– lunaria 256
– tetralunaria 256
Sepsidae 295
Sericostomatidae 224
Serritermitidae 118
Sesiidae 246
Sialidae 213
Sialis lutaria 213
Sigara hieroglyphica 131
Silphidae 177
Simuliidae 280
Siphlonuridae 99
Siphonaptera 312
Sirex juvencus 157
– (Paururus) juvencus 157
Siricidae 156
Sisyridae 219
Siteroptes (Pediculopsis)
    graminum 326
Sitotroga cerealella 239
Sitona lineatus 200
Sitophilus granarius 206
– oryzae 207
– zeamais 207
Smaridiidae 330
Smerinthus ocellatus 259
Spelaeorhynchidae 315
Sperchonidae 335
Sphaeriidae 176
Sphaeritidae 186
Sphaeroceridae 300
Sphecidae 170
Sphindidae 189
Sphingidae 257
Sphinx ligustri 259
– pinastri 259
Spilosoma menthastri 262

Spinturnicidae 320
Spodoptera exigua 270
Spodoptera littoralis 64, 264
Staphylinidae 60, 178
Stegobium (Sitodrepa)
    paniceum 190
Stenopsocidae 122
Stephanidae 159
Stictococcidae 153
Stigmellidae (Nepticulidae)
    244
Stilpnotia salicis 264
Stomoxys calcitrans 305
Straba glaucopis 290
Stratiomyidae 287
Stratiomys chamaeleon 288
Streblidae 313
Strepsiptera 91
Stylopidae 213
Synanthedon tipuliformis 233
Syringophilus bipectinatus 328
Syrphidae 292
Syrphus corollae 293
– luniger 294

Tabanidae 288
Tabanus bovinus 289
– sudeticus 290
Tachardiidae 152
Tachinidae 310
Taeniopterygidae 101
Talaeporia tubulosa 247
Tapinoma erraticum 169
Tarsonemidae 325
Tarsonemus fragariae 325
– pallidus 325
Temnochilidae 186
Tendipedidae 282
Tenebrio molitor 195
Tenebrionidae 193
Tenebrioides mauritanicus 186
Tenthredinidae 155
Tenuialidae 343
Tenuipalpidae 329
Tephritidae 298
Termitidae 118
Termopsidae 118
Terpnacaridae 326
Tettigometridae 144
Tettigonia viridissima 110
Tetramorium caespitum 169
Tetranychidae 328
Tetranychus urticae 328
Tetrastigmata 93
Tetrigidae 108
Tettigoniidae 110
Teutoniidae 334
Thalpophila matura 270
Thaumetopoea processionea
    264
Thaumetopoeidae 260
Therevidae 290

Thripidae 127
Throscidae 183
Thyasidae 333
Thysanoptera 126
Thysanura 88
Tineidae 243
Tineola bisellella 243
Tingidae 135
Tiphiidae 163
Tipulidae 274
Tischeriidae 244
Torrenticolidae 335
Tortricidae 231
Tortrix viridana 237
Torula utilis 47
Torymidae 162
Trachyuropodidae 317
Trematurellidae 317
Trialeurodes vaporariorum 146
Tribolium castaneum 194
– confusum 194
– destructor 194
– madens 194
Trichoceridae 274
Trichodectes canis 124
Trichodectes ssp. 124
Trichodectidae 124
Trichogramma cacoeciae 161
Trichophaga tapetiella 243
Trichopsocidae 122
Trichoptera 92

Trigonalidae 158
Trimenopion hispidum 124
Trioza apicalis 145
Trixagidae 183
Troctidae 121
Trogiidae 121
Trogium pulsatorium 121
Trogoderma granarium 185
Trombicula autumnalis 331
Trombiculidae 331
Trombidiformes 93
Trombidiidae 330
Trypetidae 298
Tunga penetrans 314
Tungidae 314
Tydeidae 327
Tylidae 298
Typhlocyba rosae 143
Typhlodromus longipilus 316
Tyroglyphidae 344
Tyroglyphus casei 345
– farinae 344
Tyrolichus casei 345
Tyrophagus casei 345

Unionicolidae 336
Urapteryx sambucaria 256
Urocerus (Sirex) gigas 157
Urodiaspidae 317
Urodinychidae 319
Uropodidae 317

Vanessa polychloros 254
Velia currens 312
Veliidae 132
Vermipsyllidae 312
Vespa crabro 169
– germanica 169
– vulgaris 169
Vespidae 169
Vicia faba 147

Xenillus sp. 339
Xenopsylla cheopis 313
Xiphydriidae 156
Xyelidae 154
Xyleborus monographus 207
Xylomiges conspicillaris 269
Xylophagidae 287

Yponomeutidae 241

Zabrus tenebrionides 174
Zeiraphera diniana 236
Zerconidae 316
Zetorchestidae 342
Zootermopsis nevadensis 119
Zoraptera 90, 120
Zorotypidae 120
Zygaena filipendulae 260
– purpuralis 260
– trifolii 260
Zygaenidae 259

Sachregister, einschließlich deutsche Namen

Aaskäfer 177
Abendpfauenauge 259
Absonderungsorgane 77
Adaption 63
Ahorneule 268
Allometabolie 81
Ameisen-Bungalow 168
Ameisengrillen 112
Ameisenjungfer 218
Ameisenkäfer 178
Ameisenlöwe(n) 217, 218
Ampfereule 267
Anatomie, Insekten 73

Anatomie, Milben 86
Anlockmittel 19
Anopheles-Mücke 279
Antennen 67
Antibiotika 52
Antimikrobika 42
Apfelblattsauger 145
Apfelblütenstecher 203
Apfelfruchtstecher 203
Apfelsägewespe 156
Apfelwickler 233
Atmungssystem 74
Aufbaustoffwechsel 34

Augenfliegen 294
Augenspinner 250
Auslesegeräte 23
Ausscheidungsorgane 75
Außen-Cuticula 66
Auswahltest 39
A–Z-Lösung nach HORGLAND 38

Bachhafte 217
Bachläufer 132
Bäckerhefe 47
Bakterien 57
Bakteriosen 53

Sachregister, einschließlich deutsche Namen   363

Bär, Brauner 261
– Schwarzer 262
Bärenspinner 261
Basalmembran 66
Batatenkäfer, Zweifarbiger 205
Baumfalle 21
Baumläuse 149
Baumwanze 139
Baumweißling 253
Baumwollkapselwurm, Roter
   239
Baumwollwanze 137
Baumwollwurm 264
Bauplan, Insekten 66
Beine 70
Beintastler 87, 95
Berlese-Apparat 24
Bettwanze 134
Biene (Honig-) 172
Bienen, soziale 172
Bienenhonig 47
Bienenläuse 295
Bienenmilbe 325
Binsenzünsler 231
Birkenblattroller 203
Birnenblattsauger 145
Birnenblutlaus 150
Birnensägewespe 156
Blasenfüße 90, 126
Blasenkäfer 192
Blasenläuse 149
Blattflöhe 144
Blatthornkäfer 208
Blattkäfer 197
Blattläuse 147
Blattlausfliegen 299
Blattlauslöwen 216
Blattrandkäfer 200
Blattütenmotten 239
Blattwespe 155
Blaualgen 255
Bläulinge 254
Bläuling, Himmelblauer 255
Blindbremse 290
Blindspringer 94
Blindwanzen 135
Blume, künstliche 49
Blumenwanze 134
Blütenblasenfuß 127
Blütenfresser 186
Blütengrillen 111
Blütenmulmkäfer 192
Blütenstaub 47
Blutlarvenfliegen 295
Blutlaus 150
Blutströpfchen 259, 260
Bockkäfer 195
Bodenläuse 90, 120
Bodensieb 17
Bodenwanzen 135
Bohnenblattlaus, Schwarze 147
Bohnenfliege 307

Bohnenkäfer, Mexikanischer
   189
Bohrfliegen 298
Bohrmotten 238
Borkenkäfer 207
Borstenschwänze 88, 96
Brachkäfer 210
Brackwespen 158
Brauerhefe 47
Breitrüßler 200
Bremsen 288
Brombeerspinner 248
Brotkäfer 190
Brummer 309
Brust 69
Buchenblattgallmücken 287
Buchenminiermotten 240
Buchenspringrüßler 204
Buckelfliegen 292
Buckelzikaden 141
Buntkäfer 181
Büschelmücken 282
Buschhornblattwespen 155

Chemotherapeutika 52
Chitin 60
Chitinpulver 48
Cryptometabolie 81

Darmtrakt 73
Dauerklebeleim 55
Deckelschildläuse 153
Desinfektion 52, 54, 56
Diapause 84
Diäten, künstliche 39
Diät-Wurst 44
Dickkopffalter 247
Dickkopffliegen 294
Dickmaulrüßler, Gefurchter
   202
Dicksackträger, Einfarbiger 247
Diebkäfer 191
Dochttränke 49
Doppelschwanz 95
Doppelschwänze 87
Doppelzahnspinner 256
Doppelzüngler 89, 115
Dormanz 83
Dornschrecken 108
Dörrobstmotte, Kupferrote 228
Drahtgazekäfige 109
Duftkerze 44
Dungfliegen 300
Dungmücke(n) 283, 284
Dunkelfliegen 299
Düsterkäfer 193

Ecdyson 80
Eckfleck 264
Edelfalter 250
Edellibellen 105
Eiablagesubstrat 46

Eicheneule, Graue 267
Eichenprozessionsspinner 264
Eichenschrecken 110
Eichenspinner 248
Eichenwickler 237
Einrichtungen, technische 27
Eintagsfliege(n) 88, 97, 98
Einzelaufzucht 209
Eischlupfwespe 161
Eisenmade 296
Elefantenlaus 125
Embien 88, 107
Embryonalentwicklung 79
Entenmilbe 331
Entwicklung 78
Entwicklungsnullpunkt 79
Epidermis 66
Epimetabolie 80
Erbsenblasenfuß 127
Erbsenblattlaus 149
Erbsenwickler 232
Erdbeermilbe 325
Erdfallen 20
Essigfliege(n) 300
Erzwespe(n) 160, 162
Erzglanzmotten 244
Erpelschwanz 261
Erlenzahnspinner 261
Erleneule 268
Erdwanze(n) 136, 139
Erdschnake 274
Eudiapause 84
Eulen 264
Exhaustor 17
Exkretionsorgane 75
Exsikkator 32
Exuvialflüssigkeit 80

Fächerflügler 91, 176, 212
Fächerkäfer 193
Fadenflügler 218
Falkenlausfliege 302
Falkenlibellen 107
Fallen 19
Fall-Vorhang 30
Faltenmücken 275
Faltenwespen 169
Fang 16
Fanggeräte, mech. 16
Fanggürtel 19
Fanghafte 218
Fangkasten 21
Fangschrecken 89
Faulholzkäfer 188
Federflügler 176
Federlibellen 104
Federling 124
Federmotten 238
Federmücke(n) 282, 283
Federpinzetten 27
Federspulmilbe 328
Feldgrille 113

Feldheuschrecken 108
Feldwespe 169
Felsenspringer 96
Fensterfliegen 290
Fersenspinner 107
Feuchthaltung 33
Feuchtholztermite 119
Feuchtkäfer 174
Feuerfalter, Kleiner 255
Feuerkäfer 192
Feuerwanze 137
Fichtentriebwickler 233
Fiebermücke 279
Flachkäfer 186
Flagge, Spanische 262
Flechtenspinner, Blaßgrauer
  262
Flechtling(e) 121, 122, 123
Fleckenfalter 253
Fledermausfliegen 311, 312
Fleischfliegen 309
Fliegen, Echte 303
Fliege, Weiße 146
Fliegen und Mücken 92
Flöhe 92, 312
Florfliege(n) 216
Flügel 71
Flugkäfige 30
Flußjungfern 105
Fortpflanzung 78
Fransenflügler 126
Fransenmotten 239
Fraßverhalten 34
Freilandzucht 31
Fritfliege 302
Frostspanner, Großer 256
– Kleiner 255
Fruchtfliegen 298
Fruchtzünsler 228
Frühlingsspinner 248
Fuchs, Großer 254
– Kleiner 253
Fühler 67
Futter, halbsynthetisches 39
– synthetisches 39
Futterkissen 44
Futtermedium 44
Futtermischung nach ADKINSON
  239
– nach AUCLAIR 45
– nach BERGER 235
– nach DAVID/GARDNER 252
– nach HAGEN/TASSAN 217
– nach HARRIS 307
– nach HAYDAK 230
– nach ROCK 236
– nach SAWICKI 304
– nach SERVAS 298
– nach SHOREY/HYLE 43
– nach TZANAKAKIS 299
– nach WALDBAUER 258
– nach WARDOJO 198, 252

Futtermischungen 48
– halbsynthetische oder meri-
  dische bzw. oligidische 39
– holidische oder
  vollsynthetische 39
– künstliche für
  pflanzenfressende und
  blutsaugende Insekten 35
– synthetische oder halb-
  synthetische für blutsaugende
  Insekten 35
– synthetische und
  halbsynthetische 40
Fütterungsdosen 35
Fütterungskapseln 37

Gabelschwanz, Großer 261
Gallerten-Tränke 50
Gallmilben 85, 329
Gallmücke(n) 284
Gallwespen 159
Gamma-Eule 270
Gartenhaarmücke 273
Gartenlaubkäfer 210
Gasdrucklampen 23
Gazezelt 28
Gehörorgan 110, 111
Geistchen 238
Gelbfiebermücke 277
Gelbhalstermite 119
Gelbrandkäfer 175
Gemüseeule 267
Geräte 26
Gerstenminierfliege 301
– Schwarze 301
Geruchsstoffe 34
Geschlechtsorgane 77
Geschmacksstoffe 34
Gespenstschrecken 89, 113
Gespinstmotten 241
Getreideblasenfuß 127
Getreidekapuziner 190
Getreidemotte 239
Getreidenager, Schwarzer 186
Getreideplattkäfer 187
Getreideraubmilbe 327
Getreideschimmelkäfer,
  Glänzendschwarzer 195
Getreidezünsler 228
Gewächshausblasenfuß,
  Schwarzer 127
Gewächshauszuchten 29
Giftköder 55, 56
Gipsplatten 33
Gitterwanze 135
Glanzkäfer 186
Glasflügler 246
Glattkäfer 187
Glattkopf-Blattminiermotten
  241
Gleichringler 94
Glucken 248

Glückskäfer 188
Gnitze(n) 279, 280
Goldafter 264
Goldauge(n) 216
Goldfliege 310
Goldlaufkäfer 174
Goldschmied 174
Goldwespen 163
Gottesanbeterin 115
Graseule 271
Grashalmmilbe 326
Grasminiermotten 241
Grasmotte(n) 230
Graswanzen 139
Grillen 112
Grillenartige 111
Großkopffliegen 294
Grünalgen 225, 256
Grünrüßler 201
Grundwanzen 129
Gürtelbarriere 20

Haarlinge 124
Haarmücken 273
Hafte 215
Hakenkäfer 183
Halbmotten 242
Halmfliegen 302
Halmwespen 157
Haselnußbohrer 202
Hausbock 195
Hausfliege 303
Hausgrille 112
Hausmilbe(n) 344, 345
Hausmücke, Gemeine 278
Hausschabe, Deutsche 116
Hautdrüsen 77
Hautflügler 91, 154
Hautpanzer 66
Häutung 80
Heckenwickler 232
Heidelbeereule, Braune 269
Hefe 47
Heimchen 112
Hemimetabolie 80
Herbstmilbe 331
Heupferd, Grünes 110
Heuschrecken 108
Heuwurm 236
Hilfsmittel 26
Himbeereule, Grüne 268
Himbeerglasflügler 246
Hinterleib 72
Hirschkäferartige 211
Holometabolie 81
Holunderspanner 256
Holzameise, Glänzendschwarze
  166
Holzbock 322
Holzbohrer 245
Holzbohrkäfer 190
Holzfliegen 287

Holzmehlkäfer 189
Holzwespen 156
Homogenisator 40
Homometabolie 81
Honigbiene 172
Hopfenwurzelspinner 245
Hören 77
Hornfliegen 295
Hornisse 169
Hornmilbe(n) 338, 339, 340, 341
Hornzikaden 140
Hufeisen-Azur-Jungfer 105
Hüftwasserläufer 132
Hühnerfloh 314
Hummel 172
Hummelfliegen 291
Humusschnellkäfer 182
Hundekuchen 48
Hundstagsfliege 304
Hundszecke 322
Hungerwespen 159
Hüpfkäfer 183
Hypermetabolie 81

Inaktivieren 26
Infrarotbestrahlung 28
Inkubationszeit 54
Innenskelett 72
Insekten 66
Insektenkörper 66

Jägerhütchen 270
Johannisbeergallmilbe 239
Johannisbeerglasflügler 233
Jungfernzeugung 78, 87
Junikäfer 210
Juvenilhormon 80

Kabinettkäfer 184
Käfer 91, 173
Käfermilbe 315
Käferzikaden 144
Kaffeebohnenkäfer 200
Kahnkäfer 177
Kaisermantel 254
Kälteschock 26
Kamelhalsfliege(n) 91, 214, 215
Kammern, feuchte 31
Kammhornkäfer 211
Kaninchenwürfel 49
Kartoffelblattlaus 149
Kartoffelkäfer 197
Kartoffelmilbe 345
Kartoffelmotte 238
Käsefliege(n) 295
Käsemilbe 345
Kätscher 16
Kätzcheneule, Gemeine 269
Katzenfloh 313
Kescher 16
Keulhornblattwespen 155
Khaprakäfer 185

Kiefernquirlwickler 233
Kiefernschwärmer 259
Kieferntriebwickler 233
Kiemenblatt 98
Kieselalgen 226
Kirschblütenmotte 242
Kleeblütennager, Grüner 203
Kleefeldeule 268
Kleespinner 248
Kleewidderchen 260
Kleewurzelkäfer 207
Kleidermotte 243
Kleiderlaus 243
Kleinstwasserläufer 132
Kletterfalle 21
Klettertränke 49
Klimakammer 32
Klopfkäfer 190
Klopfschirm 16
Knopsche Nährsalzlösung 38
Knospenwickler 233
Knotenameisen 164
Köcherfliegen 92, 221
Köcherjungfer 224
Köder, geruchliche 19
– optische 22
Köderkasten 21
Kohlblattlaus 149
Kohlerdfloh, Schwarzer 199
Kohleule 266
Kohlfliege, Kleine 306
Kohlgallrüßler 206
Kohlmade 306
Kohlmotte 242
Kohlschabe 242
Kohlschotenrüßler 206
Kohltriebrüßler, Großer 206
– Kleiner 205
Kohlwanze 139
Kohlweißling, Großer 251
Kolbenflügler 212
Kolbenwasserkäfer 176
Kolonistenkäfer 176
Kommensalen 59
Kopf 67
Koprakäfer 181
Korkmotte 243
Kornkäfer 206
Kornmotte 239, 244
Kornwurm, Weißer 244
Körperanhänge 85
Kotfliegen 294
Krankheiten 51
Krankheitserreger 57
Kräuterdieb 191
Kreiselkäfer 176
Kreislauf 74
Kriebelmücke(n) 280, 281, 282
Küchenschabe, Orientalische
   117
Kuckucksbienen 173
Kugelbauchmilbe 325

Kugelfliegen 290
Kugelkäfer 176, 191
Kugelkopffliegen 294
Kugelspringer 95
Kugelwanzen 140
Kükenfutter 49
Kunststoffe 30
Kupferglucke 248
Kurzdeckenflügler 178
Kurzflügler 178
Kußwanze 133

Lackschildläuse 152
Landkärtchen 254
Langbeinfliegen 291
Langhorn-Blattminiermotten
   240
Langtaster-Wasserkäfer 176
Lärchenwickler, Grauer 236
Larvenformen und -typen 82
Larviparie 83
Laternenträger 143
Lauchmotte 242
Laufkäfer 173, 174
Laufmilben 330
Laufspringer 94
Lausfliege(n) 311
Lebensräume, aquatische 13
– terrestrische 14
Lederwanze 138
Lederzecken 320
Leibeshöhle 72
Leim-Barrieren 56
Leistenkopfplattkäfer 187
Leistenzikade 143
Leuchtkäfer 179
Leuchtstofflampen 23
Leuchtzirpe 144
Libellen 88, 103
Lichtfang 22
Lichtfangkäfig 23
Lichtintensität 28
Licht-Meßwert 28
Lichtstrahlen 35
Liedmücken 273
Ligustereule 268
Ligusterschwärmer 259
Lindenschwärmer 259
Lockmittel 22
Luftbefeuchter 28
Luftfeuchtigkeit 31
Lux 28
Luzernegallmilbe 330

Maikäfer, Gemeiner 208
Maiskäfer 207
Maiszünsler 229
Malachitkäfer 181
Malvenwurzelspinner 245
Marienkäfer 188
Mauerbiene 171
Maulwurfsgrille 111

Mäusegranulate 49
Mauszahnrüßler, Schwarzer 206
Mehlkäfer 195
Mehlmilbe 344
Mehlmotte 228
Mehlmottenschlupfwespe 159
Mehlwurm 195
Mehlzünsler 228
Meldenwanzen 135
Membran 43
Menschenfloh 312
Messingeule 270
Messingkäfer 191
Metamorphose 80
Microsporidia 54
Mikroklima 29
Milben 84, 85, 93, 314
Milchpulver 48
Minierfliegen 300
Miniermotten 239
Miniersackmotten 244
Mischlichtglühlampen 23
Mistbiene 292
Mistkäfer 212
Mittelmeerfruchtfliege 298
Mixer 40
Moderkäfer 187
Modermilben 344
Möhrenblattfloh 145
Möhrenfliege 296
Mönch, Brauner 269
Mondfleck 261
Mondfleckspanner 256
Mondvogel 261
Moosmilbe(n) 338, 343
Morastkäfer-Larve 181
Mosaikjungfer 106
Motten, echte 243
Mottenschildlaus 146
Mottenspinner 259
Mücken und Fliegen 92
Mückenhafte 220
Mulmkäfer 192
Mundwerkzeuge 68
Museumkäfer 184
Muskulatur 72
Mykosen 53

Nachtfang 22
Nachtpfauenauge, Großes 250
– Kleines 250
Nacktfliegen 296
Nadelholzflechtenbär 263
Nagelfleck 250
Nährlösungen 43
Nährsubstrate 35
Napfschildläuse 152
Nasenbremsen 311
Nelkenwickler 237
Nematoden 58
Nematoden-Infektion 55
Neometabolie 81

Nervensystem 75
Nesselfalter 253
Nestkäfer 176
Netzfliegen 288
Netzflügelmücken 273
Netzflügler 92, 215
Netzwanzen 135
Nonne 264
Nußrüßler 202
Nutal-Dose 64

Obstbaumminiermotte 241
Obstfliegen 300
Obstmade 233
Ohrwürmer 89, 114
Öl-Barrieren 55
Oleanderschwärmer 259
Oligopause 83, 84
Olivenfliege 299
Ölkäfer 192
Ordensband, Blaues 270
– Gelbes 270
– Rotes 270
– Weißes 271
Orion 267
Ovoparie 83
Ovoviviparie 83

Pädogenese 78
Paläometabolie 80
Pappehülsen 36
Palpenmotten 238
Pappataci-Mücke 276
Pappelblattkäfer 199
Pappelschwärmer 259
Pappelspinner 248
Pappelzahnspinner 261
Parafilm M 44
Parametabolie 81
Parapause 84
Parasiten 55, 57, 59
Parkettkäfer 189
Parthenogenese 78, 87
Paurometabolie 81
Pelzflohkäfer 176
Pelzkäfer, Dunkler 185
– Gemeiner 185
Pestfloh 313
Pfauenspinner 250
Pfeileule 267
Pferdebremse 290
Pfirsichblattlaus 149
Pflanzenkäfer 193
Pflanzensauger 91, 140
Pflaumengespinstmotte 241
Pflaumensägewespe 156
Pflaumenwickler 236
Pfriemenmücken 272
Pharaoameise 164
Phase, sensible 84
Photometer 28
Photoperiode 28, 76, 83

Pillendreher 185, 211
Pilze 57
Pilzfliegen 292
Pilzkäfer 187
Pilzmücken 274
Planktonnetz 17
Plastikhülsen 35
Plattbauch 107
Plattkäfer 186
Pochkäfer 190
Pockenschildläuse 152
Pollen 47
Prachtkäfer 183
Prachtlibellen 104
Präovipositionsperiode 78
Prometabolie 80
Prothorakaldrüse 80
Protozoasen 53
Protozoen 58
Prozessionsspinner 260
Pseudomöhre 297
Puffbohnen 147
Punktkäfer 177
Pupiparie 83
Puppenformen 82
Purpurbär 262

Quelljungfern 105
Quieszenz 83, 84

Randwanzen 138
Rapsminierfliege 301
Rapsrüßler 206
Rapsstengelrüßler 206
Rasenameise 169
Rattenfloh, Tropischer 313
Rattengranulate 49
Rattenlaus 126
Rattenmilbe 319
Räuber 55, 57, 59
Raubfliegen 291
Raubmilbe(n) 316, 327
Raubwanzen 133
Rauchsackträger 247
Räudemilbe 347, 348
Raupenfliegen 310
Rebstecher 203
Reifefraß 34
Reiskäfer 207
Reismehlkäfer, Amerikanischer
– Großer 194
– Rotbrauner 194
– Schwarzbrauner 194
Reisstengelbohrer, Gestreifter
231
Remetabolie 81
Rennfliegen 292
Reusenfalle 21
Rheinmücke 99
Rickettsien 57
Rickettsiosen 53
Riechen 76

Riesenholzwespe 157
Riesenwaldschaben 117
Rindenkäfer 188
Rindenwanze 135
Rinderbremse 289
Rinderdasselfliege, Große 311
Ringelspinner 248
Roggeneule 271
Roggengallmücke 287
Röhrenläuse 147
Röhrenschildlaus 150
Rollfliegen 292
Rosenblattlaus 149
Rosenkäfer 210, 211
Rosenzikade 143
Roßameise 168
Roßkäfer 212
Rostbinde 253
Rotdeckenkäfer 179
Rotschwanz 264
Rübenaaskäfer 177
Rübenblattwespe 155
Rübenfliege 308
Rübenwanze 135
Rückenschwimmer 130
Rückfallfieberzecke 321
Ruderplättchen 104
Ruderwanze 131
Ruhestadien 83
Rundstirnmotten 237
Rüsselkäfer 200
Rüsselkäferfalle 20

Saatschnellkäfer 183
Sackträger 246, 247
Sackträgermotten 239
Sägekäfer 183
Saftkäfer 186
Saftschlürfermotten 240
Salzfliege(n) 295, 299
Salzlösungen, übersättigte 32
Salzmischung, Wessons 42
Samenkäfer 199
Sammelbienen, Solitäre 171
Samtmilben 330
Sand-Erde-Gemisch 33
Sandfloh 314
Sandlaufkäfer 173
San José-Schildlaus 153
Sattelschrecken 110
Saubohnen 147
Sauerwurm 236
Saugrohr 17
Saumzecke(n) 320, 321
Screwworm 309
Segelfalter 251
Segellibellen 107
Sehen 76
Seidenkäfer 192
Seidenspinner 249
Selektion 62
Selektionsprozeß 63

Separiertüte 23
Sichelflügler 257
Sichelschrecke(n) 110
Sichelspinner 257
Sichelwanzen 133
Silberfischchen 96
Singschrecken 100
Singzikaden 141
Siphontränke 50
Sisalbohrer, Mexikanischer 204
Skorpionsfliegen 219
Skorpionswanzen 128
Sommerschlaf 83
Sonnenmotten 239
Spanner 255
Spargelhähnchen 198
Speckkäfer 184
Speisebohnenkäfer 199
Spinnenameisen 163
Spinnenfliegen 290
Spinnmilbe(n) 328
Splintholzkäfer 189
Spornformel 221
Spornzikaden 140
Springkraut-Minierfliege 301
Springschwanz 94
Springschwänze 87
Springwanzen 131
Sumpffieberkäfer 182
Sumpffliegen 299
Sumpfmücken 274
Schaben 89
Schabe, Amerikanische 117
– Australische 117
– Braune 117
Schachbrett 253
Schaf-Goldfliege,
    Australische 310
Schattenkäfer 189
Schaumzikaden 141
Scheckenfalter 254
Scheibenbock, Veränderlicher
    196
Scheinbockkäfer 192
Scheinrüßler 192
Schenkelfliegen 295
Scheufliegen 299
Schildlaus, Weiche 152
Schildwanzen 139
Schildzecke 322
Schilfeule, Weißfleckige 271
Schilfwickler 242
Schillerfalter, Kleiner 254
Schillerfliege 310
Schinkenkäfer 181
Schlagnetz 16
Schlammfliege 292
Schlammfliegen 91, 213
Schlankjungfer 105
Schlanklibellen 104
Schleiermotten 242

Schleusenmotte 243
Schlupfarm 30
Schlupfwespe(n) 157, 158
Schlüsselblumeneule 268
Schmalbauch 201
Schmarotzerbienen 173
Schmecken 76
Schmeißfliege 309
Schmetterlinge 92, 226
Schmetterlingshafte 216
Schmetterlingsmücken 275
Schmetterlingsnetz 16
Schmierläuse 151
Schnaken 274
Schnabelfliegen 92, 219
Schnauzenfalter 255
Schneckenhaus-Nistkäfer 180
Schneckenmotten 240
Schneefloh 221
Schnellkäfer 182
Schnepfenfliegen 288
Schnürsack 17
Schönbär 262
Schopfstirnmotten 244
Schraubenwurmfliege 309
Schröter 211
Schreitwanzen 133
Schrillorgan 108
Schreier 88, 108
Schröter 211
Schuppenmilbe 348
Schwalbenschwanz 251
Schwalbenschwänze 250
Schwammfliegen 219
Schwammfresser 189
Schwammkugelkäfer 176
Schwammspinner 263
Schwärmer 257
Schwarmmücken 282
Schwarzes L 264
Schwarzkäfer 193
Schwebfliege(n) 292, 293, 294
Schwemm-Methode 24
Schwertheuschrecken 110
Schwimmkäfer 174, 187
Schwimmertränke 50
Schwimmwanze 129
Schwingfliegen 295
Stabeule 270
Stabheuschrecke 113
Stabwanze 129
Stachelkäfer 193
Staubhafte 219
Staublaus 121
Staubläuse 90
Stäublingskäfer 188
Staubpilzkäfer 189
Stechmücken 277
Steinfliege(n) 88, 101, 102
Stelzenwanze 138
Stelzfliegen 298
Stelzmücken 274
Stilettfliegen 290

Stinkwanzen 139
Streichköder 22
Streifsack 16
Stricheule 270
Stubenfliege, Gemeine 303
– Kleine 304
Stutzkäfer 179

Tabakkäfer, Kleiner 190
Tagfang 22
Taghafte 216
Tagpfauenauge 254
Talkum-Barrieren 56
Tangfliegen 299
Tannenläuse 150
Tannenpfeil 259
Tanzfliegen 291
Tanzmücken 282
Tapetenmotte 243
Tasten 76
Tastermotten 238
Taubenlausfliege 311
Taubenschwanz 259
Taubenzecke 321
Taufliege(n) 300
Taumelkäfer 176
Teichläufer 132
Teichjungfern 104
Tellertränke 49
Temperaturregulierung 28
Teppichkäfer 184
Termiten 89, 118
Therapie 53, 54, 55
Thripse 126
Tierläuse 90, 124
Tigermotte, Weiße 262
Totengräber 177
Totenkäfer 194
Totenuhr 191
Tracheenkiemen(blättchen) 97
Trägspinner 263
Tränken 49
Transport, Behälter 25, 26
Traubenwickler, Einbindiger
   236
Trauermantel 254
Trauermücken 284
Trauerzygaene 259
Triebbohrer 190
Trockenblut 48
Trockenexkremente 48
Trockenholztermite 118
Trotzkopf 191
Trugmotten 244
Tse-Tse-Fliege 305
Tummelfliegen 292

Überliegen 83
Übersetzen 26
Übertragung, transovariale 54
Uferschlammkäfer 183
Uferwanzen 131

Ulmenblattgallenlaus 150
Ultrarotstrahler 35
Umsetzen 26
Umsetzkasten 27
Urmotten 245
Urstechmücken 276

Veilchenblattrollmücke 286
Versand 26
Verstecke 19
Verwandlung 80
Viehbremse 290
Vierhornkäfer 194
Vierpunktspinner 263
Viren 57
Virosen 52
Virulenz 54
Viviparie 83
Vogelmilbe(n) 318
Vorratsmilben 344

Wachsmotte(n) 229, 230
Wachspappedosen 30
Wachstum 80
Wadenstecher 305
Waffenfliege(n) 287, 288
Waldameise, Rote 165
Waldschabe 117
Wanderheuschrecke,
   Afrikanische 108
– Südamerikanische 110
Wanderphase 83
Wanzen 90, 128
Wärmestrahlen 35
Wärmesumme 79
Wasser-Barrieren 55
Wasserdampfdruck 32
Wasserflorfliege 213
Wasserkäfer 184
Wasserläufer 131
Wasserlinsenmilbe 342
Wassermilbe(n) 331, 333
Wassernetz 17
Wasserskorpion 128
Wassertreter 174
Wegameise, Schwarzgraue 167
Wegerichbär 262
Wegwespe 170
Weichhautmilben 325
Weichkäfer 180
Weichwanzen 135
Weidenböckchen 195
Weidenbohrer 246
Weidenspinner 264
Weinmotten 240
Weinschwärmer, Kleiner 259
– Mittlerer 259
Weißdorneule 269
Weißfleckeule 269
Weißling 251
Weitmaulfliegen 299
Weizenhalmfliege, Gelbe 303

Weizenkeimmehl 48
Werftkäfer 181
Wespe, Deutsche 169
– Gemeine 169
Wessons Salzmischung 42
Wickler 231
Widderchen 259
Wiesenameise, Gelbe 169
Wiesenschaumzikade 141
Wiesenwanze 136
Winterhafte 221
Wintermücken 274
Wintersaateule 268
Winterschlaf 83
Winterschnaken 274
Wirtsspezifität 34, 35
Wirtstier 35
Wirtszylinder 36
Wolfsmilchschwärmer 257
Wollhaarkäfer 181
Wollkäfer 193
Wollkopfmotten 244
Wolläuse 151
Wollschweber 291
Wollspinner 263
Würfelmotte 263
Wurzelbohrer 245
Wurzelmilbe 345
Wüstenheuschrecke 110

Ypsiloneule 268

Zahnspinner 260
Zecke(n) 320, 323, 324
Zitronenfalter 253
Zuchtauslese 62
Zuchtbehälter 33
Zuchtdiagramm 64
Zuchthygiene 51
Zuchtjournal 64
Zuchtkäfig 31
Zuchtkammer 28
Zuchtmethoden 93
Zuchträume 27
Zuchtschädlinge 51
Zuchtzelt 29
Zuckerrohrbohrer,
   Amerikanischer 227
Zuckerrübeneule 270
Zuckmücke 282, 283
Zünsler 227
Zusatzfutter 47
Zweiflügler 272
Zwergläuse 150
Zwergmotten 244
Zwergrückenschwimmer 130
Zwergwasserläufer 132
Zwergwespe 162
Zwergzikade 142
Zwiebelfliege 308
Zwiebelminierfliege 301
Zwölfer-Methode 32